DIE WISSENSCHAFTLICHE UND ANGEWANDTE PHOTOGRAPHIE

ERNEUERUNG UND FORTFÜHRUNG
DES HAY- v. ROHRSCHEN HANDBUCHS DER
WISSENSCHAFTLICHEN UND ANGEWANDTEN PHOTOGRAPHIE
DURCH KURT MICHEL

WEITERGEFÜHRT VON

JOSEF STÜPER
STUTTGART

VIERTER BAND

FARBPHOTOGRAPHIE

THEORIE UND PRAXIS

1967
SPRINGER-VERLAG WIEN GMBH

FARBPHOTOGRAPHIE
THEORIE UND PRAXIS

VON

EDWIN MUTTER
HAMBURG

MIT 127 TEILS FARBIGEN TEXTABBILDUNGEN

1967
SPRINGER-VERLAG WIEN GMBH

URSPRÜNGLICH ERSCHIENEN BEI SPRINGER-VERLAG / WIEN 1967
SOFTCOVER REPRINT OF THE HARDCOVER 1ST EDITION 1967

LIBRARY OF CONGRESS CATALOG CARD NUMBER 67-11661

ISBN 978-3-7091-3872-4 ISBN 978-3-7091-3871-7 (eBook)
DOI 10.1007/978-3-7091-3871-7

TITEL NR. 8639

Vorwort des Herausgebers

Im Jahre 1929 erschien der erste Band vom „Handbuch der wissenschaftlichen und angewandten Photographie", herausgegeben von ALFRED HAY und nach seinem Tode (1931) weitergeführt von MORITZ VON ROHR. Anfang 1933 lag das Gesamtwerk in acht Bänden vor. Verlag, Herausgeber und Verfasser hatten sich zum Ziel gesetzt, in dem Handbuch eine zeitgemäße umfassende Darstellung des Standes der Photographie als Wissenschaft in ihrer Anwendung unter besonderer Hervorhebung alles Wesentlichen zu bringen. Das Werk war gedacht für die Forscher auf dem Gebiet der Photographie und für alle, die sich der Photographie als Hilfsmittel oder Hilfswissenschaft bedienen; auch den in der photographischen Industrie Tätigen sollte das Handbuch von Nutzen sein. Dieses Ziel ist erreicht worden. Ein kleiner Beweis mag darin gesehen werden, daß man 1944, als in Österreich und Deutschland an eine Neuauflage nicht zu denken war, in den USA einige Bände des Werkes lithographisch vervielfältigt und herausgegeben hat.

In den Jahren unmittelbar nach dem Abschluß des Handbuches ging die Entwicklung der photographischen Technik stürmisch weiter. Es kam der revolutionierende Durchbruch der Kleinbildphotographie, und 1935 erschien der erste Mehrschichtenfarbfilm mit chromogener Entwicklung, der die Ära des Farbbildes einleitete. Um das Handbuch auf den neuesten Stand der wissenschaftlichen und angewandten Photographie zu bringen, entschloß man sich im Jahre 1938, Ergänzungsbände erscheinen zu lassen. Trotz der sehr schwierigen Zeitverhältnisse konnte KURT MICHEL, der damals die weitere Betreuung des Werkes als Herausgeber übernommen hatte, im Jahre 1943 den ersten Band des Ergänzungswerkes fertigstellen. Weitere geplante und vorbereitete Bände sind jedoch nicht mehr erschienen.

Es war dann wieder KURT MICHEL, der im Jahre 1953 in Zusammenarbeit mit dem Verlag den Plan einer Neuauflage des Gesamtwerkes aufgriff und verwirklichte. Auf seinen Vorschlag hin hat man sich jedoch entschlossen, das Handbuch nicht in der alten Form wieder aufleben zu lassen, sondern das weite Gebiet der wissenschaftlichen und angewandten Photographie in einer Reihe von in sich abgeschlossenen selbständigen Einzeldarstellungen herauszugeben. Diese Form hat den Vorteil, daß jedes Thema unabhängig von den anderen bearbeitet und verlegt werden kann, daß der Käufer nur das ihn Interessierende zu kaufen braucht und daß ein noch im Fluß befindliches Gebiet schneller und leichter durch eine Neuauflage auf den jüngsten Stand gebracht werden kann. Die Tatsache, daß vielleicht das eine oder andere Teilgebiet (z. B. Objektive) in mehreren Bänden gleichzeitig behandelt wird, ist eher als Vorteil anzusehen; denn die Darstellung wird schon durch die Themen der Bände verschiedenartig sein.

Bis jetzt lagen von der geplanten Buchreihe fünf Bände vor, zu denen nun der vorliegende über die Farbphotographie aus der Feder von E. MUTTER kommt. Das bisherige Echo läßt die Hoffnung und Erwartung berechtigt erscheinen, daß auch das neue Werk an den Erfolg und die Anerkennung des alten Handbuches anknüpfen kann.

Stuttgart, Weihnachten 1966 Prof. Dr. JOSEF STÜPER

Vorwort des Verfassers

Die Farbphotographie hat heute einen derartigen Stand erreicht, daß sie mehr und mehr in allen Zweigen der Wirtschaft, Technik und Industrie angewandt wird. Infolge der verstärkten Aussagekraft des farbigen Lichtbildes beginnt sie auf vielen Gebieten ihre Schwester, die Schwarzweiß-Photographie, zu verdrängen. Diese Wertschätzung wird ihr besonders dadurch erleichtert, daß die farbphotographische Technik nicht mehr nur das Privileg von besonders befähigten und erfahrenen Fachleuten ist; die von der Industrie ausgearbeiteten Farbprozesse sind heute in ihrer Arbeitsweise so zwangsläufig, daß sie auch von Amateuren ausgeführt werden können.

Das vorliegende Buch ist für alle diejenigen bestimmt, die sich beruflich und auch aus Liebhaberei mit der Farbphotographie befassen. Als Handbuch gibt es auf alle Fragen der Farbphotographie Antwort. Dem Praktiker soll es eine wertvolle Hilfe bei der Ausübung der farbphotographischen Technik sein; dem Wissenschaftler mögen die zahlreichen Literaturhinweise ein tieferes Eindringen in die einzelnen Probleme ermöglichen.

Der Weg der Farbphotographie zu der heutigen Vervollkommnung war lang und nicht einfach. Das vorliegende Buch schildert diesen Weg. Der Verfasser hat sich bemüht, *alle* farbphotographischen Verfahren, die jemals versuchsweise angewandt wurden und vorübergehend praktische Bedeutung erlangt haben, in ihren Grundzügen darzustellen. Nach Ansicht des Verfassers müssen in einem Handbuch alle diese Verfahren aufgeführt sein, weil sie einerseits die Voraussetzungen zur Erreichung des heutigen Standes schufen und weil sie andererseits einmal das Bedürfnis nach farbigen Lichtbildern befriedigten.

Ausführlich werden die Theorie und Praxis der heutigen farbphotographischen Verfahren mit Mehrschichtenfilmen und chromogener Entwicklung gemäß ihrer Bedeutung behandelt. Die vielfach detaillierte Darstellung der Grundlagen soll zugleich dem heutigen Praktiker eine Vorstellung von den Schwierigkeiten übermitteln, die Forschung und Industrie zur Vervollkommnung des Verfahrens überwinden mußten. Die Farbenlehre, die Farbmeßtechnik und die Theorie der Farbwiedergabe sind im vorliegenden Buch nur gestreift und nur so weit ausgeführt, als ihre Kenntnis zum Verständnis der Farbphotographie erforderlich ist.

Der Verfasser hofft, daß das vorliegende Buch einen wichtigen Beitrag zur Verbreitung der Farbphotographie und zur fachlichen Vertiefung in die farbphotographischen Prozesse leistet. Der Verfasser dankt der photographischen Industrie für ihre Unterstützung durch bildliche Darstellungen und verfahrenstechnische Hinweise. Besonderen Dank verdient der Verlag, der die Ausstattung des Buches in vorbildlicher Weise besorgte und alle Wünsche des Autors weitgehend erfüllte.

Hamburg, im Herbst 1966 Dr. EDWIN MUTTER

Inhaltsverzeichnis

Tabellenverzeichnis

I. Geschichte der Farbphotographie

Literatur: [1 bis 5][1]

1666 ISAAC NEWTON (1642–1727) zerlegt das Sonnenlicht in die Spektralfarben, erkennt ihre unterschiedliche Empfindlichkeit für das Auge und ihre verschiedenen physikalischen Eigenschaften und stellt fest, daß keine weitere Zerlegung der Spektralreize möglich ist und das Unbunt durch additive Mischung aufgebaut werden kann.

1802 THOMAS YOUNG (1773–1829), englischer Arzt, Physiologe, Physiker, Sprachforscher, Entdecker der Interferenz des Lichtes und Mitarbeiter bei der Entzifferung der ägyptischen Hieroglyphen, stellt Hypothese des Farbensehens auf: Die Wahrnehmung der Farben wird auf drei lichtempfindliche verschiedene Organe zurückgeführt.

1810 J. T. SEEBECK, Jena, berichtet an J. W. v. GOETHE über die Wirkung des Sonnenspektrums auf Silberchlorid (Farbanpassung).

1810 JOHANN WOLFGANG VON GOETHE (1749–1832): Aufstellung der „Farbenlehre" mit der Aufgabe, die Unrichtigkeit der Auffassungen NEWTONS zu beweisen.

1840 J. F. W. HERSCHEL, Sohn des berühmten englischen Astronomen F. W. HERSCHEL, bestätigt die Versuche von J. T. SEEBECK.

1848 A. E. BECQUEREL (1820–1891), Vater des Entdeckers der Radioaktivität und Nobelpreisträgers H. A. BECQUEREL, berichtet über Einfluß des Sonnenspektrums auf Silberchlorid und zahlreiche andere Stoffe und über Versuche, farbige Aufnahmen in der Kamera herzustellen.

1851 NIEPCE DE ST.VICTOR veröffentlicht ersten Bericht über seine Versuche zur Herstellung von „Heliochromien". Er erzielt lebhaftere und glänzendere Farben als seine Vorgänger. Die Farbbilder auf chlorierten Silberplatten versucht er durch Überzüge von Chlorblei und Dextrin zu schützen.

1853 H. GRASSMANN (1809–1877) stellt drei wichtige Grundgesetze der Farbenlehre auf.

1855 TESTUD DE BEAUREGARD stellt Möglichkeit des Beizfarben-Prozesses dar.

1855 J. C. MAXWELL (1831–1879), Begründer der elektromagnetischen Lichttheorie, fand die Prinzipien der additiven Dreifarben-Photographie.

1859 Erste praktische Ausführung der additiven Dreifarben-Photographie von J. C. MAXWELL mit Unterstützung des Photographen THOS. SUTTON. Sie machen von einem Gegenstand mehrere Aufnahmen durch verschiedene Filter. Von den verschiedenen Negativen werden Diapositive angefertigt und diese unter Zwischenschaltung gleichartiger Filter wie bei der Aufnahme mit Projektoren übereinander projiziert und zur Deckung gebracht. Das erhaltene Bild zeigt annähernd die natürlichen Farben.

---

[1] Die Ziffern in eckigen Klammern weisen auf das Literaturverzeichnis am Ende des Buches hin.

1861 Vortrag von J. C. Maxwell in der Royal Institution in London „Über die Theorie der drei Grundfarben".

1866 Hermann Ludwig von Helmholtz (1821–1894): Quantitative Formulierung der Dreifarbentheorie für das Sehen; Erklärung der Anpassung des Sehorgans an farbiges Licht, der Ermüdungserscheinungen, der Nachbilder. Ausarbeitung der Hypothesen von Th. Young: Young-Helmholtzsche Farbentheorie (Gesetze der Farbmischung).

1866 A. L. Poitevin befaßt sich mit dem Problem, naturfarbene Bilder auf Papier herzustellen. Er stellt Chlorsilber-Salzpapiere her. Nach dem Auswaschen des freien Silbernitrates wurde das Papier in einer Zinn(II)-chlorid-Lösung einige Minuten dem zerstreuten Tageslicht ausgesetzt und anschließend gewässert. Es folgte dann eine Nachbehandlung mit einer Lösung von Kaliumdichromat und Kupfersulfat zur Erhöhung der Lichtempfindlichkeit. Die im Dunkeln getrockneten Papiere ergaben unter farbigen Glasgemälden oder im Vergrößerungsapparat farbige Bilder. Durch Nachbehandlung mit Schwefelsäure konnten sie behelfsmäßig fixiert werden.

1868 Louis Ducos du Hauron stellt die ersten farbigen Pigmentbilder her durch Übereinanderlegen von einfarbigen komplementären roten, gelben und blauen Kopien von Negativen, die mit blauen, grünen und orangen Lichtfiltern gemacht waren. Französisches Patent: Les couleurs en Photographie. Solution du problème.

1868 Charles Cros: „Solution du problème de la photographie des couleurs". Er schlägt ein ähnliches Verfahren wie Ducos du Hauron vor.

1868 W. Zenker, Berlin, faßt in seinem „Lehrbuch der Photochromie" alles bis dahin bekannt gewordene Material über Photochromie zusammen und stellt zuerst die Theorie der durch stehende Lichtwellen erzeugten Farben dünner Blättchen auf.

1869 Louis Ducos du Hauron entwickelt die Idee der Herstellung von farbigen Lichtbildern mittels des sogenannten Ausbleichverfahrens. Als erster beschreibt er auch den Farbrasterprozeß.

Er gibt die Konstruktion eines Photochromoskops für Dreifarbendiapositive an, das die Bilder mittels Linsen und Spiegel in das Auge des Beschauers wirft und additive Farbbilder zustande kommen läßt.

Ducos du Hauron erkennt bereits die Möglichkeit, mit Hilfe der abgeänderten Farbsynthese plastisch zu sehen. Er schlägt vor, das rote und gelbe Teilbild additiv in Stereoskopapparat mit dem einen Auge und das dritte blaue Teilbild mit dem anderen Auge zu betrachten. Die Physiologie des menschlichen Auges ermögliche dann die Zusammenfassung aller drei Farben zu einem plastischen polychromen Bild.

1870 L. Vidal benutzt als erster das Pigmentverfahren zur Herstellung von farbigen Projektionsbildern (Diapositiven).

1873 H. W. Vogel (1834–1898) entdeckt die Farbensensibilisierung. Diese Entdeckung ist von fundamentaler Bedeutung für die Farbphotographie.

1875 E. Edwards gibt in einer englischen Patentschrift die Grundzüge des „Imbibitionsverfahrens" an.

1879 Relief-Prozeß durch gerbende Entwicklung entsprechend der Lichteinwirkung durch J. W. Swan.

1879 „Chronometer" von Ch. Cros zum Betrachten von Diapositiven nach dem additiven Dreifarbenprinzip.

1881 Charles Cros stellt als erster farbige Diapositive mit Hilfe des Imbibitionsverfahrens oder Absaugeverfahrens her. Er nennt das Verfahren *Hydrotypie*.

1881 C. R. WOODS empfiehlt Tonungsprozeß zur Herstellung von Bildern in natürlichen Farben.

1888 F. E. IVES (1856–1937) stellt subtraktive Farbbilder her. Er macht drei Farbauszugsnegative mit rotem, gelbem und violettem Farbfilter. Es werden davon drei Positive auf Chromatgelatine ohne Pigmentzusatz angefertigt, diese komplementär angefärbt und übereinandergelegt.

1889 E. HOWARD FARMER gibt einen Reliefprozeß zur Herstellung von Farbbildern an, der später als Carbrodruck bekannt geworden ist. Wird ein normales Silberbild angefeuchtet und mit einem Pigmentgelatinepapier zusammengepreßt, das in eine Lösung von Kaliumferrizyanid und Kaliumdichromat getaucht wird, so wird das Dichromat an den Bildstellen entsprechend dem vorhandenen Silber zu Chromoxyd reduziert. Dieses wirkt gerbend auf die Pigmentschicht, das in warmem Wasser zu einem Reliefbild entwickelt werden kann.

1891 G. LIPPMANN berichtet vor der französischen Akademie über seine Interferenzmethode zur Herstellung von Farbphotographien.

1891 F. E. IVES erhält amerikanisches Patent auf Dreifarben-Aufnahmekamera „Chromoskop-Kamera“ und Projektor „Heliochromoskop“.

1892 J. W. MCDONOUGH: Erfindung und Patentierung der Farbrasterplatte mit staubartigen Körnern in den drei Grundfarben.

1892 R. NEUHAUSS, Berlin, und E. VALENTA, Wien, stellen unabhängig voneinander Farbphotographien nach dem LIPPMANN-Verfahren her.

1892 A. und L. LUMIÈRE fertigen Photochromien an.

1893 J. JOLY erhält englisches Patent auf Herstellung von Farbrasterplatten (Linienraster auf Glas).

1893 „Photopolychromoskop“ von O. ZINCKE in Gotha zum Betrachten von Dreifarbenbildern.

1893 A. und L. LUMIÈRE stellen erste Porträtaufnahme in natürlichen Farben her.

1894 L. DUCOS DU HAURON bringt die sogenannten „Anaglyphen“ in den Handel. Das Prinzip der Anaglyphen zur Verwirklichung des plastischen Sehens geht zurück auf J. C. D'ALMEIDA (1858).

1894 Gründung der „NEUEN PHOTOGRAPHISCHEN GESELLSCHAFT“ (NPG) in Berlin.

1895 O. WIENER: Studie über „Farbenphotographie durch Körperfarben und mechanische Farbanpassung in der Natur“. Er zeigt, daß ZENKERS Theorie stehender Lichtwellen nicht für alle Verfahren der Photochromie Geltung hat. SEEBECKS und POITEVINS Papierbilder sind Körperfarben; beim Verfahren von A. E. BECQUEREL wirken dagegen stehende Wellen in Verbindung mit Körperfarben mit.

1895 E. VALLOT gelingt es, erstmalig Photochromien nach dem Ausbleichverfahren herzustellen. Verwendung von Teerfarbstoffen (Anilinpurpur, Curcuma und Victoriablau). Lichtempfindlichkeit dieser Ausbleichschichten ist sehr gering. Es war eine Belichtung im Sonnenlicht von 3 bis 4 Tagen erforderlich.

1895 G. SELLE gründet in Berlin eine „Graphische Kunstanstalt“ für Mehrfarbenphotographie zur Verwertung seines Verfahrens, der „Sellechromie“. Er stellt farbige Projektionsbilder mittels Chromleimverfahren her, die übereinandergelegt projiziert werden.

1895 A. und L. LUMIÈRE veröffentlichen Verfahren der Photographie in natürlichen Farben. Sie arbeiten in ähnlicher Weise wie G. SELLE.

1896 G. RICHARD stellt mittels Beizverfahren von Silberbildern bunte Farbstoffbilder her.

1896 RAPHAEL ED. JUL. LIESEGANG, Elberfeld; Grundlagen des additiven Linsenrasterverfahrens für indirekte Farbphotographie.

1896 A. BRASSEUR und S. P. SAMPOLO erhalten englische und deutsche Patente auf die Herstellung von Farbrasterplatten mit gefärbten Zelluloidkörnchen und anderen transparenten Körpern.

1896 JAN SZEPANIK verwendet die JOLYsche Farbphotographie mit Dreifarbenlinienraster zum automatischen Weben von Bildern in natürlichen Farben. Mit einer Anamorphot-Einrichtung können die Muster beliebig verzerrt werden. Diese Webtechnik ist jedoch nur bis zum Jahre 1903 in Gebrauch.

1896 J. W. McDONOUGH gibt sein Staubverfahren auf und verwendet ein Linienrasterverfahren wie J. JOLY, jedoch mit viel feineren Linien.

1896 J. M. EDER stellt das Prinzip der Tetrachromie zur Herstellung von Farbphotographien auf. Das Spektrum wird in vier aneinander grenzende Farbzonen, Rot, Gelb, Grün und Blau, zerlegt.

1897 L. DUCOS DU HAURON schlägt zur Herstellung von Dreifarben-Negativaufnahmen einen „Tripack" vor: oberste Schicht ist eine blauempfindliche LIPPMANN-Emulsion; es folgt darunter ein grünempfindlicher Film; als unterste Schicht wird eine rotempfindliche Emulsion verwendet und zwischen der zweiten und dritten Schicht ist ein Rotfilter eingebaut.
DUCOS DU HAURON macht Konstruktionsangaben über Dreifarben-Amateuraufnahmekammern mit Parallaxenausgleich.

1897 K. G. GIBSON, Montclair, USA, macht Vorschläge zur Verbesserung der Rasterplatte von J. JOLY.

1897 F. E. IVES macht Vorschläge zur Dreifarben-Projektion von Kinofilmen.

1899 A. W. TURNER, Kalkutta; Vorschlag zur Dreifarben-Projektion von Kinofilmen.

1901 H. LÜPPO-CRAMER gibt Vorschrift bekannt zur Herstellung von LIPPMANN-Platten.

1901 K. WOREL verbessert das Ausbleichverfahren durch Zusätze von ätherischen Ölen (Anethol) zu Teerfarbstoffen.

1901 O. GROS erfindet Kopierverfahren mit Leukobasen zur Herstellung von Farbbildern.

1902 J. SZEPANIK erfindet Kamera zur Herstellung von drei Teilnegativen der Farbphotographie mit einer einzigen Belichtung.

1902 J. SZEPANIK verbessert das Ausbleichverfahren von K. WOREL durch Verwendung von drei Schichten übereinander.

1902 A. GÜRTNER: Herstellung von Farbbildern mit Zweifarbenverfahren (Orange und Blau); er verwendet ein ungetontes orangefarbiges Zelloidinbild und legt darauf ein abgezogenes eisenblau getontes Kollodiumbild.

1902 A. MIETHE (1862—1927), Berlin, verbessert additives Dreifarben-Projektionsverfahren.

1902 E. SANGER-SHEPHERD und O. M. BARTLETT geben ein Absaugeverfahren mit Chromatgelatine zur Herstellung von Dreifarbenbildern an.

1903 A. MIETHE und E. LEHMANN arbeiten Technik der Farbphotographie mit Hilfe des Einstaubverfahrens aus.

1903 A. MIETHE baut zusammen mit BERMPOHL Dreifarben-Aufnahmekamera.

1903 G. SELLE erhält DRP auf Chromoskop.

1903 W. W. L. DAVIDSON und B. JUMEAUX melden englisches Patent auf Zweifarben-Kinefilmprojektion mit blaugrünem und orangegelbem Lichtfilter an.

1903 L. DIDIER erfindet das Absaugeverfahren „Pinatypie".

1903 A. und L. LUMIÈRE erfinden den Autochrome-Prozeß. Als Rasterelemente werden blau, grün und rot gefärbte Stärkekörner verwendet. Darüber befindet sich eine panchromatische Emulsion. Es wird bei der Aufnahme durch die Glasplatte hindurch belichtet. Die Aufnahme wird zu einem Umkehrpositiv entwickelt. Die fabrikationsmäßige Herstellung der Platte erfolgt erst 1907.

1903 R. NEUHAUSS verbessert das Farbausbleichverfahren; Steigerung der Lichtempfindlichkeit durch Zusatz von Wasserstoffsuperoxyd.

1904 E. KÖNIG und B. HOMOLKA geben die Arbeitstechnik der Pinachromie, das die Lichtreaktion der Leukobasen ausnutzt, zur Herstellung von Dreifarbenbildern bekannt. Das Verfahren wird durch die Pinatypie (1905) abgelöst.

1904 I. Internationale Ausstellung für Farbphotographie in Paris.

1905 E. KÖNIG verbessert das von L. DIDIER erfundene Pinatypie-Verfahren. Die Firma MEISTER LUCIUS UND BRÜNING, Hoechst, bringt die Materialien in den Handel.

1905 Diachromie-Prozeß von A. TRAUBE. Basiert auf Beizwirkung von Jodiden für Teerfarbstoffe.

1905 J. H. SMITH, Zürich, bringt das *Uto*-Papier zur Herstellung von Farbbildern nach dem Ausbleichverfahren in den Handel. Spätere verbesserte Farbpapiere: *Anetho-Uto-* und *Uto-Color*-Papier.

1906 KRANSEDER, München, bringt Spezialplatte für das LIPPMANN-Verfahren in den Handel.

1906 THAMES-Farbrasterplatte von C. L. FINLAY.

1906 G. A. SMITH und C. URBAN erfinden das *Kinemacolor*-Farbfilmverfahren. Bei diesem Verfahren handelt es sich um ein additives Zweifarbenfilmverfahren. Die Teilbilder (Rot und Grün) werden nacheinander aufgenommen und auch nacheinander projiziert.

1907 B. HOMOLKA entdeckt die chromogene Entwicklung. Indoxyl und Thioindoxyl entwickeln ein schwarzes Silberbild und gleichzeitig entsteht durch Oxydation ein blaues und rotes Farbstoffbild (Indigo und Thioindigo).

1907 Firma LUMIÈRE, Lyon, bringt *Autochrome*-Rasterplatte in den Handel.

1907 *Omnicolor*-Rasterplatte der Firma DUFAY, London. Erfinder: L. DUCOS DU HAURON und R. DE BERCEGOL.

1908 G. LIPPMANN schlägt Herstellung einer photographischen Aufnahmeschicht vor, die oberflächlich dem Facettenauge der Insekten nachgebildet ist (Idee des Linsenrasterfilmes).

1908 *Diopticolor*-, später *Dioptichrome*-Vierfarbenrasterplatte von DUFAY, London.

1908 G. LIPPMANN erhält den Physik-Nobelpreis für seine Arbeiten auf dem Gebiet der Farbphotographie.

1909 R. BERTHON meldet Grundpatente für Linsenrasterverfahren an.

1909 R. NAMIAS gibt als Beizen für basische Farbstoffe Ferrozyanblei und Ferrozyansilber an.

1910 NPG bringt Farbrasterfilme nach R. KRAYN in den Handel.

1911 R. NAMIAS erfindet das Farbbeizverfahren mit Kupfertonung.

1911 R. FISCHER (1881–1957): Verfahren zur Herstellung von Farbphotographien durch chromogene Entwicklung.

1911 C. BENNETT erhält englisches Patent auf das *Raycol*-Verfahren, ein additives Zweifarben-Kinefilmverfahren.

1912 AGFA-Farbrasterplatte erscheint im Handel. Als Rasterelemente werden angefärbte Körner von Gummiarabicum und anderen Kolloiden verwendet.

1913 R. FISCHER erhält DRP auf Dreischichten-Farbfilm.

1913 *Paget*-Rasterplatte von C. L. FINLAY, London. Es werden rechteckige Rasterelemente verwendet.

1914 *Raydex*-Prozeß: Anwendung der Ozotypie von TH. MANLY (1898) zur Herstellung von Farbbildern. Fabrikationsmäßig unter dem Namen *Carbro*-Prozeß von AUTOTYPE LTD., London, ausgenutzt.

1914 NPG bringt Chromalpapiere in den Handel. Es gibt fünf verschiedene Typen, die durch Entwicklung mit Diäthyl-p-phenylendiamin verschiedene Farbtöne ergeben.

1914 J. SCHWEITZER gibt die Grundzüge des Silberfarbbleichverfahrens an.

1914 A. KELLER-DORIAN stellt Linsenrasterfilme durch Prägen der Linsen in die Filmunterlage her.

1915 W. B. WESTCOTT, D. F. COMSTOCK und H. KALMUS schaffen die Grundlagen des Technicolor-Farbfilmverfahrens.

1915 KODAK erscheint mit dem *Kodachrome*-Farbfilmverfahren auf dem Markt. Dieses Zweifarbenverfahren wird von J. G. CAPSTAFF ausgearbeitet und hat den Beizfarbenprozeß zur Grundlage.

1916 A. TRAUBE erkennt die Vorteile der Kupfertonung als Farbbeize. Er arbeitet das Uvachromie-Verfahren zur Herstellung von farbigen Diapositiven und die Uvatypie zur Anfertigung von Papierfarbbildern aus. Gründung der UVACHROMGESELLSCHAFT, München.

1916 G. KOPPMANN entdeckt die Herstellung von Reliefbildern durch gerbende Entwicklung mit Brenzkatechin ohne Sulfit.

1918 J. H. CHRISTENSEN macht erste Vorschläge zur Verwirklichung des Silberfarbbleichverfahrens. Die Farbstoffausbleichung erfolgt nicht durch die Lichteinwirkung. Es werden lichtechte Farbstoffe, vorzugsweise saure Azofarbstoffe, Silberbromid-Gelatine-Emulsionen zugesetzt. Nach der normalen Negativentwicklung wird die Zerstörung des Farbstoffes durch besondere Bleichbäder entsprechend der vorhandenen Silbermenge durchgeführt.

1920 T. A. MILLS erfindet das *Zoechrome*-Verfahren, ein subtraktives Dreifarben-Kinefilmverfahren.

1922 A. HAMBURGER erfindet das *Polychromide*-Verfahren, ein Zweifarbenfilm-Farbstoffbeiz-Prozeß. Der Kopierfilm ist beidseitig emulsioniert. Die eine Seite wird mit Auramin purpur, die andere Seite mit Malachitgrün blaugrün eingefärbt. Als Beize dient Chromsäure.

1923 AGFA-Farbrasterfilm.

1923 Die Firma SPICER, England, erwirbt die Patente von LOUIS DUFAY, die dem *Diopticolor*-Verfahren (1908) zugrunde liegen. Hieraus wird das *Dufaycolor*, ein additives Farbrasterverfahren, entwickelt.

1923 G. KOPPMANN gründet die JOS-PE-GESELLSCHAFT, Hamburg, zur Auswertung seiner Patente zur Herstellung von Dreifarbenkopien nach dem Reliefverfahren.

1925 KODAK bringt den *Kodacolor*-Film nach dem Linsenrasterverfahren von KELLER-DORIAN-BERTHON in den Handel.

1926 *Lignose-Naturfarbfilm* der Firma LIGNOSE GMBH, Berlin. Dieser Film ist ein Kornrasterfilm für Amateure.

1929 *Coloprint*, Herstellungsverfahren für Papier-Farbbilder. Durch gerbende Entwicklung wird ein Auswaschrelief erzeugt. Dieses wird eingefärbt und das Farbbild auf Gelatineschicht, die eine Beize enthält, abgesaugt. Erfinder: LIERG und M. VON ZIFFER-TESCHENBRUCK.

1929 *Duxochrome*-Verfahren der Firma HERZOG & CO., Hemelingen. Nach Farbauszügen werden unter Verwendung von eingefärbten, lichtempfindlichen Folien Transparent- und Aufsichtsbilder hergestellt.
Späteres *Duxocolor*-Verfahren dient zur Anfertigung von Farbbildern nach Farbnegativen.

1930 *Amatcolor*-Prozeß von G. KOPPMANN. Zur Aufnahme wird ein Tripack verwendet. Die drei Farbauszüge werden auf ein Spezialpapier kopiert. Dieses wird nach der Entwicklung auf eine Spiegelglasscheibe übertragen, dort ein

Quellrelief entwickelt, eingefärbt und das Farbbild auf ein Gelatinepapier abgesaugt.

1931 AGFA-Linsenraster-Bipackfilm.

1931 *Chimicolor* von R. VALETTE. Dreifarbenauszüge in Strahlenteilungskammer werden auf doppelseitig beschichteten Positivfilm kopiert, beidseitig mit Beizfarbentonung magenta und zyan getont. Auf einer Seite erfolgt dann Dichromat-Gelatine-Beschichtung, auf die das dritte Bild als Positiv kopiert und gelb eingefärbt wird.

1934 Die Firma SIEMENS löst das Problem des Kopierens von Linsenrasterfilmen. Es erscheint in Zusammenarbeit mit der Firma PERUTZ der Linsenraster-Kinofarbfilm.

1934 BELA GASPAR schafft die Grundlagen des Silberfarbbleichverfahrens. Dieses *Gasparcolor*-Filmverfahren wird besonders für Werbezwecke eingesetzt.

1935 AGFA-*Pantachrom*-Verfahren. Kopie von Linsenrasterpositiv mit Blaufilter- und Grünfilterauszug auf *Tripofilm* für das Silberfarbbleichverfahren.

1935 KODAK-*Kodachrome*-Umkehrfarbfilm. Es wird ein Mehrschichtenmaterial mit chromogener Entwicklung nach der Idee von R. FISCHER verwendet. Die Diffusion der Farbstoffe wird durch Entwicklung mit kontrollierter Diffusion umgangen. Erfinder des Verfahrens sind LEOPOLD MANNES und LEO GODOWSKY (USP 1930).

1936 *Dufaycolor*-Negativ-Positiv-Verfahren.

1937 *Agfacolor*-Umkehrfilm-Mehrschichtenverfahren mit chromogener Entwicklung.

1937 M. MARTINEZ, JELLEY und VITTUM entdecken chromogene Entwicklung mit geschützten Farbkupplern.

1938 ANSCO USA. *Anscocolor*-Farbfilm.

1939 AGFA-Negativ-Positiv-Farbfilmverfahren und Negativ-Positiv-Papierverfahren.

1942 KODAK-*Kodacolor*-Farbfilm mit geschützten Farbkupplern.

1943 ANSCO-Farbprinton-Verfahren. Durch Umkehrentwicklung werden auf diesem Material Farbaufsichtsbilder nach Umkehrdias hergestellt.

1945 KODAK-*Ektachrome*-Farbfilm. Umkehrfilm für Diapositive und Vorlagen für Dye Transfer.

1947 *Ferraniacolor*-Umkehrfarbfilm.

1948 *Trucolor*-Prozeß. Aufnahme auf Negativ-Bipack; Kopierfilm mit doppelschichtiger Emulsion, die diffusionsechte Farbstoffkuppler enthalten. Der Positivfilm wird chromogen entwickelt.

1948 *Fullcolor*, ein Zweifarben-Kopierfilm. Aufnahmefilm: *Kodachrome*. Der Kopierfilm enthält auf beiden Seiten eine Emulsionsschicht. Eine Seite wird preußischblau, die andere im Beizverfahren gelborange getont.

1948 *Dufaychrome* der DUFAY-CHROMEX, London. Kopierfilm nach dem subtraktiven Farbprinzip für Dreifarbenauszüge.

1948 *Thomsencolor*-Prozeß. Aufnahme erfolgt mit Linsenrasterfilm. Der Kopierfilm enthält auf der Vorder- und Rückseite eine Emulsion. Die eine Seite wird mittels Beizverfahren gelb, die andere blaugrün getont. Eine Seite wird dann neu emulsioniert und mittels Nickelsalzen purpur getont.

1949 KODAK-*Ektacolor*, Negativfarbfilm für positive Aufsichtsbilder, und *Eastman-Color*-Farbfilm für Kinefilmverfahren.

1949 DU PONT *Color Release Positive Film*, ein Dreischichten-Positivfarbfilm mit chromogener Entwicklung. Es wird keine übliche Gelatineemulsion, sondern ein Kunststoff verwendet. Die Farbkuppler sind mit dem Schutzkolloid chemisch fest verbunden.

1949 GEVAERT *Gevacolor*, Umkehrfilm und Negativ-Farbfilm.
1949 TELLKO *Telcolor*.
1949 *Ilford Colour*.
1949 ANSCO *Plenacolorfilm*, Negativ-Farbfilm für Positiv-Aufsichtsbilder.
1949 *Roux-Colorverfahren*. Additives Vierfarbenverfahren.
1950 *Ferraniacolor*-Negativ-Positiv-Prozeß.
1951 ANSCO Color-Negativ-Positiv-Prozeß für Kinefilm.
1958 AGFA Farbpapier-Umkehrprozeß.
1959 E. H. LAND, neues additives Zweifarbenverfahren. Roter Farbauszug wird mit rotem Licht, grüner Farbauszug mit weißem Licht projiziert. Aufstellung einer neuen Farbentheorie.
1960 *Polacolor*-Verfahren von E. H. LAND. Ein-Minuten-Prozeß mit Diffusionsentwicklung und Übertragung in der Kamera.
1960 ILFORD *Ilfachrome*-Umkehrfilm und *Ilfacolor*-Negativfilm. Der *Ilfacolorfilm* enthält eine Gelbmaske im Purpurbild.
1964 CIBA *Cilchrome-Print*-Prozeß. Herstellungsverfahren für positive Farbbilder nach Umkehrdiapositiven nach dem Silberfarbbleich-Prozeß.

II. Farbenlehre

Literatur: [6 bis 36]

A. Licht und Farbe

1. Licht und Lichtempfindung

Das Auge ist der Vermittler für eine Empfindung, die wir als Licht bezeichnen. Die Ursache des Lichtes ist immer eine Lichtquelle, von der es ausgesandt wird. Die größte Lichtspenderin ist die Sonne. Das Licht der Sonne erhellt unsere Tage. Wir nennen es deswegen auch Tageslicht und sehen es als natürliches Licht an. Künstliches Licht wird von künstlichen Lichtquellen, wie Glühlampen, Kohlenbogenlampen, Kerzen, Petroleumlampen und anderen mehr, ausgestrahlt.

Wenn wir Gegenstände im Licht verschiedener Lichtquellen betrachten, so können wir ganz unterschiedliche Wahrnehmungen machen. Bei Sonnenlicht oder Tageslicht können wir Farbunterschiede der Gegenstände sehr leicht erkennen, und die Gegenstände haben ein natürliches Aussehen. Man beurteilt deswegen Stoffe bevorzugt bei Tageslicht oder wenigstens bei Tageslicht ähnlicher Beleuchtung. Betrachtet man dagegen beispielsweise Personen im Licht der Höhensonne (Quecksilberlicht), so bemerkt man eine eigenartige Farbverzerrung. Die Gesichtsfarbe erscheint totenblaß und geschminkte rote Lippen wirken schwarz. Das Licht spielt demnach beim Zustandekommen der Farbe eine große Rolle.

Die Vorstellungen über die Natur des Lichtes, seine Entstehung und Ausbreitung haben sich im Laufe der Zeit stark gewandelt. Heute weiß man, daß das Licht eine elektromagnetische Strahlung ist, die von den Atomen der Lichtquellen ausgeht. Diese Strahlen sind Schwingungen, die aus einem mehr oder weniger schnellen Wechsel von elektrischen und magnetischen Feldern bestehen. Der unserem Auge als Licht sichtbare Strahlungsbereich stellt nur einen ganz kleinen Ausschnitt aus dem gesamten Gebiet der elektromagnetischen Schwingungen dar (Abb. 1). Dieser sichtbare Bereich umfaßt die Wellenlängen von etwa 400 nm bis

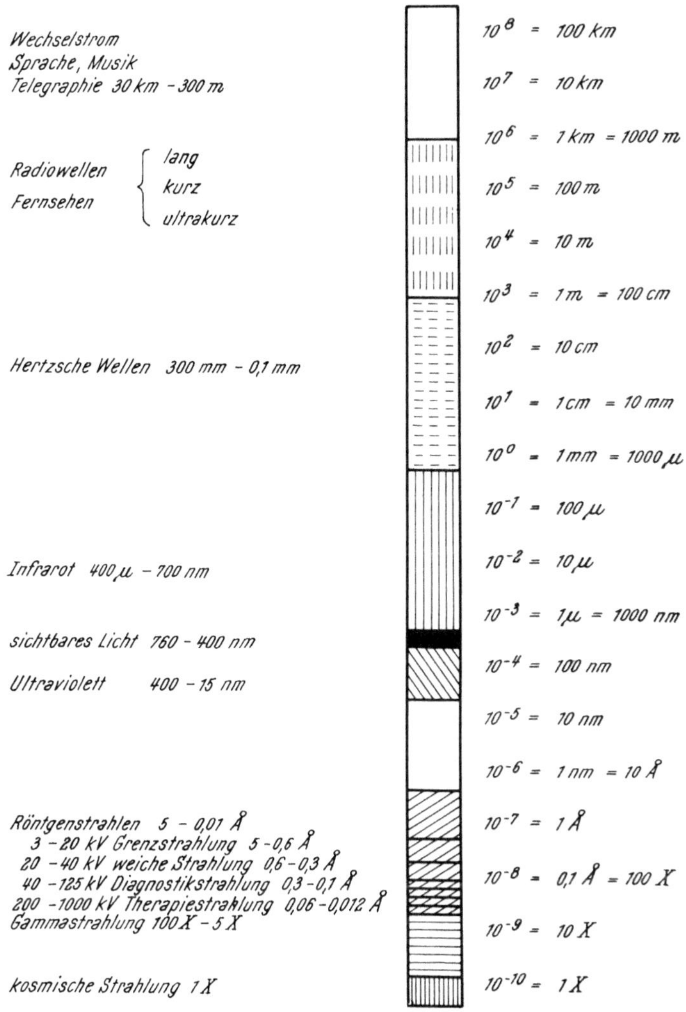

Abb. 1. Gesamtbereich der elektromagnetischen Strahlung

750 nm. Die Wellenlänge wird allgemein mit dem kleinen griechischen Buchstaben λ (lambda) bezeichnet. Als Größeneinheit der Wellenlänge dient heute international das Nanometer = 1 nm = 10^{-9} m = $^1/_{1\,000\,000\,000}$ m (ältere Bezeichnung $^1/_{1\,000\,000}$ mm = 1 mµ). Die Fortpflanzungsgeschwindigkeit des Lichtes ist sehr groß und beträgt etwa 300000 km/s. Sie ist unabhängig von der Intensität; das Licht einer starken und einer schwachen Lichtquelle pflanzt sich gleich schnell fort. Die Ausbreitung des Lichtes erfolgt nur geradlinig; man kann nicht „um die Ecke“ sehen.

Zur Charakterisierung von Schwingungen dient vielfach anstelle der Wellenlänge die Frequenz, das heißt die Anzahl der Schwingungen in der Sekunde.

$$c = \nu \cdot \lambda$$

$$\nu = \frac{c}{\lambda}$$

$c = 300\,000\,000$ m/s (Lichtgeschwindigkeit)

ν = Frequenz (Hz)

λ = m (Wellenlänge)

Auf der kurzwelligen Seite des sichtbaren Lichtes schließt das Ultraviolett und dann weiter das Gebiet der Röntgenstrahlen an. Jenseits des sichtbaren langwelligen Lichtes liegt das der Photographie bis zur Wellenlänge von etwa 2500 nm noch zugängliche Gebiet Infrarot.

2. Die spektrale Zusammensetzung des Lichtes

Bereits I. Newton hat festgestellt, daß das scheinbar so homogene Tageslicht, das wir als „weiß" bezeichnen, aus einer Reihe verschiedener Lichtarten zusammengesetzt ist [6]. Diese Lichtarten unterscheiden sich sowohl für das Auge wie auch hinsichtlich verschiedener physikalischer Eigenschaften voneinander.

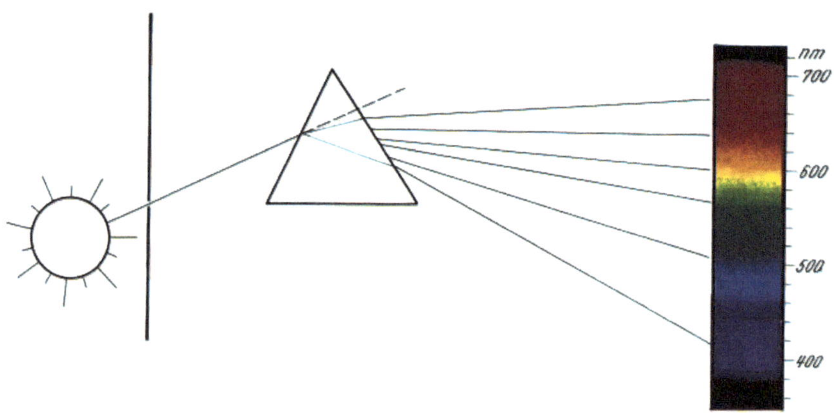

Abb. 2. Spektrale Zerlegung des Lichtes durch ein Prisma

Wenn ein schmales Bündel Sonnenschein auf ein Glasprisma fällt, so wird es in ein Band leuchtend reiner Farben zerlegt (Abb. 2). Die Farben dieses sogenannten Spektrums sind immer in der vom Regenbogen her bekannten Reihenfolge geordnet. Die Entstehung des Spektrums beruht auf der Abhängigkeit der Lichtbrechung von der Wellenlänge; je kürzer die Wellenlänge des Lichtes ist, um so stärker werden sie gebrochen. Die kurzwelligen Strahlen des Lichtes werden am stärksten gebrochen; diese bewirken im Auge des Menschen die Empfindung, die wir als blaues Licht bezeichnen. Das langwellige Ende des Spektrums begrenzt die Farbe Rot. Unter günstigen Bedingungen kann man bis zu 160 verschiedene Farbtöne unterscheiden, doch begnügt man sich meistens mit der Einteilung in

7 oder 5 Farbbereiche. Zwischen der Wellenlänge einer spektralen Lichtart und dem dazugehörigen Farbgebiet besteht ein bestimmter Zusammenhang (Tabelle 1). Man muß jedoch hierbei bedenken, daß die Wellenlänge eine sehr genau meßbare, physikalische Größe darstellt, während die Beurteilung der Farbempfindung ein physiologisch-optisches und psychologisches Problem ist.

Tabelle 1. *Wellenlänge des Lichtes und Farbempfindung (nach P. J. Bouma [13])*

Wellenlänge λ [nm]	Farbempfindung
436 bis 495	blau
495 bis 566	grün
566 bis 589	gelb
589 bis 627	orange
627 bis 780	rot

Jede Lichtquelle hat ein eigenes, nur ihr zuortbares Spektrum. Das Spektrum des Nitralichtes hat sehr viele gelbe, orange und rote Strahlen, während die kurzwellige Strahlung stark vermindert ist. Bei manchen Lichtquellen gehen die Spektralfarben nicht kontinuierlich ineinander über, sondern sie treten nur in schmalen, zum Teil weit voneinander entfernten Linien auf. Lichtquellen, wie zum Beispiel Quecksilberdampflampen und Gasentladungslampen, die ein derartiges, sogenanntes Linienspektrum aufweisen, sind für Farbaufnahmen nur bedingt geeignet.

3. Die spektrale Energieverteilung des Lichtes und die Farbtemperatur

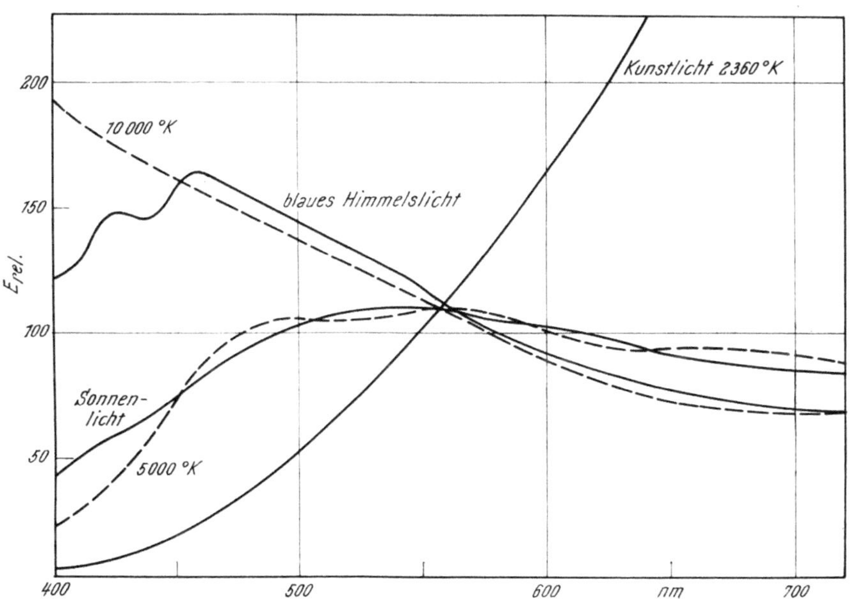

Abb. 3. Spektrale Energieverteilung verschiedener Lichtquellen

Das Spektrum einer Lichtquelle gibt nicht nur über die qualitative Zusammensetzung des Lichtes Auskunft, sondern auch über die quantitativen Verhältnisse. Diese quantitative Intensitätsverteilung einer Lichtquelle mißt man mit dem sogenannten Spektralphotometer. Wenn man das Ergebnis einer derartigen

Messung in einem Koordinatennetz in Abhängigkeit von der Wellenlänge aufzeichnet, so erhält man die Energieverteilungskurve.

Alle Lichtquellen, die ein kontinuierliches Spektrum aussenden, sind Temperaturstrahler, das heißt, die spektrale Energieverteilung ihrer Strahlung hängt vorwiegend von der Temperatur des leuchtenden Körpers ab (Abb. 3). Man kann nunmehr für die meisten Temperaturstrahler einen bestimmten Temperaturwert, die Farbtemperatur, angeben, der die Eigenschaft hat, daß die relative Spektralverteilung des strahlenden Körpers im sichtbaren Gebiet der des schwarzen Körpers bei der angegebenen Farbtemperatur annähernd gleich ist. Diese Farbtemperatur ist nicht gleich der wahren Temperatur des Körpers. Bei den Glühlampen zum Beispiel ist die Farbtemperatur um etwa 80° K höher als die wahre Temperatur.

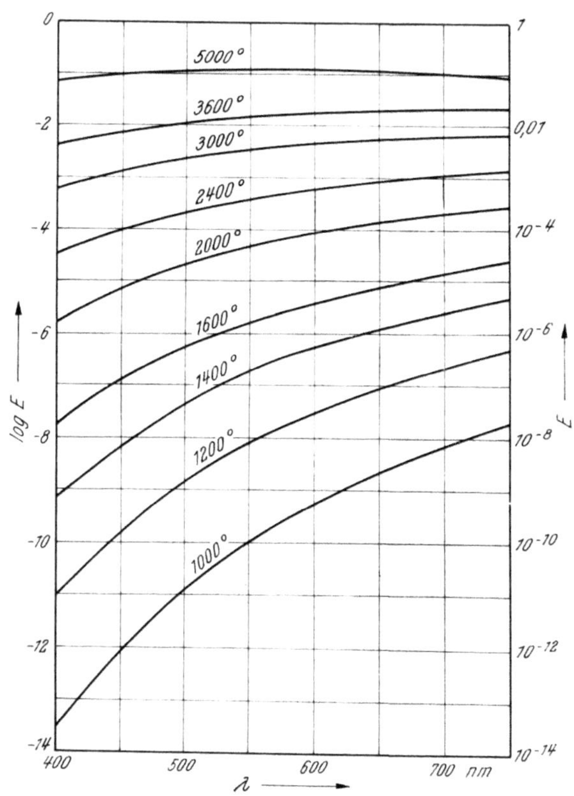

Abb. 4. Spektrale Energieverteilung eines Temperaturstrahlers im sichtbaren Gebiet bei Farbtemperaturen von 1000 °K bis 5000 °K

Der schwarze Körper ist ein Sonderfall der Temperaturstrahlung. Dieser wird verwirklicht durch einen undurchsichtigen, innen schwarzen Hohlkörper mit sehr kleiner Öffnung, in die ein Lichtstrahl eindringt. Dieser Körper absorbiert alle Strahlung unabhängig von der Wellenlänge und gibt diese Strahlung beim Erhitzen wieder vollständig ab. Der schwarze Körper verwirklicht die Maximalstrahlungsgesetze der Körperwelt. „Mit keiner, auf reiner Temperaturstrahlung beruhenden Lichtquelle kann man eine größere Helligkeit erzielen als mit dem schwarzen Körper“ (Lummer). Aus dem Strahlungsvermögen des schwarzen Körpers ist das Strahlungsvermögen jeder undurchsichtigen Lichtquelle berechenbar, wenn ihr Reflexionsvermögen bekannt ist. Man charakterisiert die spektrale Energieverteilung jedes Temperaturstrahlers durch Angabe der Farbtemperatur, bei der der schwarze Körper die gleiche spektrale Verteilung aufweist, das heißt die gleiche Farbempfindung und dieselbe Farbwiedergabe auslöst. Die Temperatur der Strahlung und auch die Farbtemperatur werden in absolutem Maß in Kelvingraden (°K) angegeben. Die absolute Temperaturskala rechnet vom absoluten Nullpunkt der Temperatur (−273,15° C) an. Man erhält Kelvingrade, indem man zu der Temperatur in Grad Celsius 273 hinzuzählt.

Das konventionelle, künstliche Sonnenlicht hat eine Farbtemperatur von 5000° K, das heißt, der Farbeindruck dieses künstlichen Sonnenlichtes auf Grund der spektralen Energieverteilung ist der gleiche wie der eines schwarzen Körpers bei 5000° K und entspricht weitgehend der Strahlung der natürlichen Sonne. In den Abb. 4 und 5 ist die spektrale Energieverteilung von Temperaturstrahlern bei verschiedenen Farbtemperaturen dargestellt. Aus Abb. 4 ist zu ersehen, daß die Strahlung bei niedrigen Temperaturen beim Anstieg der Temperatur sehr schnell zunimmt; bei der Wellenlänge 500 nm nimmt die Strahlung bei Erhöhung der Farbtemperatur von 1000° K auf 2000° K um den Faktor 100 zu. Bei höheren Farbtemperaturbereichen steigt bei weiterer Erhöhung der Temperatur die Energie weniger schnell an. Abb. 5 zeigt, daß mit steigender Farbtemperatur das

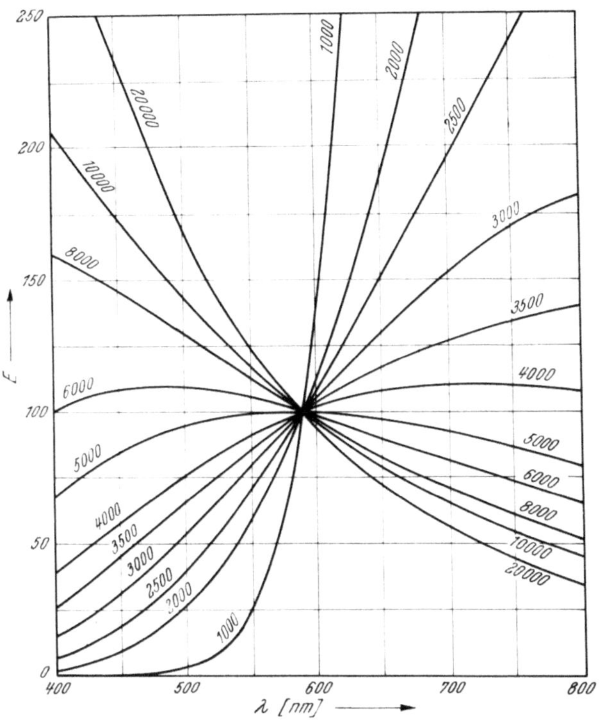

Abb. 5. Relative spektrale Energieverteilung von Temperaturstrahlern bei Farbtemperaturen von 1000 °K bis 20 000 °K

Maximum der spektralen Energie nach kürzeren Wellenlängen verschoben wird. Bei 3000° K liegt das Strahlenmaximum jenseits des sichtbaren Gebietes im Infrarot, bei T = 4000° K etwa im Wellenlängenbereich von 700 nm, bei T = 5000° K im mittleren sichtbaren Spektralgebiet, etwa bei 550 nm, und bei T = 8000° K im ultravioletten, unsichtbaren Teil des Spektrums.

Die Farbtemperatur des Lichtes ist für die Farbphotographie von sehr großer Bedeutung, da die spektrale Energieverteilung, die durch die Farbtemperatur charakterisiert ist, die Farbempfindung und die Farbwiedergabe ganz erheblich beeinflußt. Unterschiede in der Farbtemperatur von etwa 100° K können bereits mit dem Auge wahrgenommen werden, Abweichungen von 200° K wirken sich bei Farbaufnahmen als Farbstich aus. Welche Maßnahmen man zur Berücksichtigung der Farbtemperatur verschiedener Beleuchtung bei Farbaufnahmen treffen muß, wird später gezeigt werden (IV. C.).

Eine Übersicht über die Farbtemperaturen der gebräuchlichsten Lichtquellen und Beleuchtungen gibt Tabelle 2.

Tabelle 2. *Farbtemperaturen verschiedener Lichtquellen und Beleuchtungen*

Lichtquelle und Beleuchtungsart	Farbtemperatur °K
Gewöhnliche Kerze	1900 bis 1950
Hefnerkerze (altes Lichtnormal)	1880
Neue Kerze (Candela)	2046,6
Elektrische Glühlampen:	
Kohlenfadenlampe	2080
Nitralampe 220 V, 150 W	2770
Nitralampe 220 V, 500 W	2850
Projektionslampe 1000 W	3200
Nitraphot B 500 W	3220
Nitraphot S 250 W	3550
Kohlenbogenlampe	3700 bis 3800
Standards für spektrale Messungen:	
Mittagssonnenlicht	5040
Visuelles Kunstlicht; Beleuchtung A	2848
Visuelles Sonnenlicht; Beleuchtung B	4800
Visuelles Tageslicht; Beleuchtung C	6500
Mondlicht	4100
Tageslicht:	
Direktes Sonnenlicht vor 9 und nach 15 Uhr	4900 bis 5600
Direktes Sonnenlicht zwischen 9 und 15 Uhr	5400 bis 5800
Sonnenlicht bei wolkenlosem Himmel	5700 bis 6500
Tageslicht bei bedecktem Himmel	6700 bis 7000
Tageslicht bei nebligem und dunstigem Wetter	7500 bis 8400
Tageslicht bei klarblauem Himmel	12000 bis 27000

4. Die additive Mischung farbiger Lichter

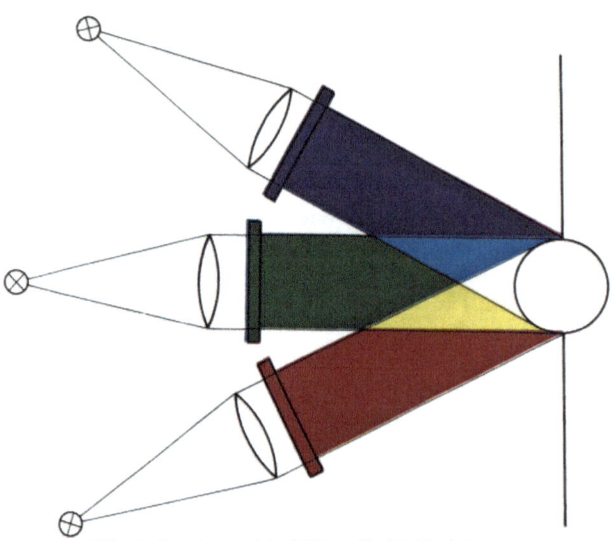

Abb. 6. Anordnung bei additiver Farblichtmischung

Das „weiße“ Licht stellt ein Gemisch verschiedener Spektrallichter dar. Das menschliche Auge ist nicht in der Lage, die einzelnen Farbbereiche, aus denen das Licht zusammengesetzt ist, gesondert zu erkennen. Welche Farbempfindung wird nunmehr im menschlichen Auge hervorgerufen, wenn Spektrallichter bekannter Wellenlängen gemischt werden? Man kann derartige sogenannte additive Farblichtmischungen in der Weise ausführen, daß man aus einem Spektrum bestimmte Spektralfarben ausblendet und diese mit optischen Einrichtungen zur Deckung bringt (Abb. 6).

Eine additive Farblichtmischung kann man auch erzielen, wenn man das Licht von zwei oder drei Projektoren auf einem Schirm zur Deckung bringt und dann in die Strahlengänge verschiedene Farbfilter einschaltet. Das Ergebnis derartiger additiver Farblichtmischungen ist in Tabelle 3 zusammengestellt.

Tabelle 3. *Additive Farblichtmischung*

1. Farblicht	+ 2. Farblicht	+ 3. Farblicht	= Ergebnis der Farbmischung
blau	0	0	blau
0	grün	0	grün
0	0	rot	rot
blau	grün	0	blaugrün
blau	0	rot	purpur
0	grün	rot	gelb
blau	grün	rot	weiß
blau	gelb	0	weiß
blaugrün	0	rot	weiß
purpur	grün	0	weiß
0	0	0	schwarz

Aus Tabelle 3 und Abb. 7 ist ersichtlich, daß bei der additiven Mischung der Farben Blau, Grün und Rot unbuntes, weißes Licht entsteht. Schon I. Newton hat diese Tatsache erkannt [6]. Man nennt diese Farben die additiven Grundfarben. Weiß erhält man auch, wenn die Farben Blau und Gelb, Rot und Blaugrün oder Grün und Purpur gemischt werden. Farben, die sich additiv zu Weiß ergänzen, nennt man Komplementärfarben oder auch Gegenfarben: Gelb ist die Komplementärfarbe zu Blau, komplementär zu Rot ist Blaugrün und komplementär zu Purpur ist Grün. Die aus zwei Grundfarben zusammengesetzten Mischfarben Gelb (aus Grün + Rot), Blaugrün (aus Blau + Grün) und Purpur (aus Blau + Rot) werden vielfach auch als Minusfarbe der jeweiligen Komplementärfarbe bezeichnet. Man nennt nach dieser Methodik Gelb gleich Minusblau, Blaugrün gleich Minusrot und Purpur gleich Minusgrün.

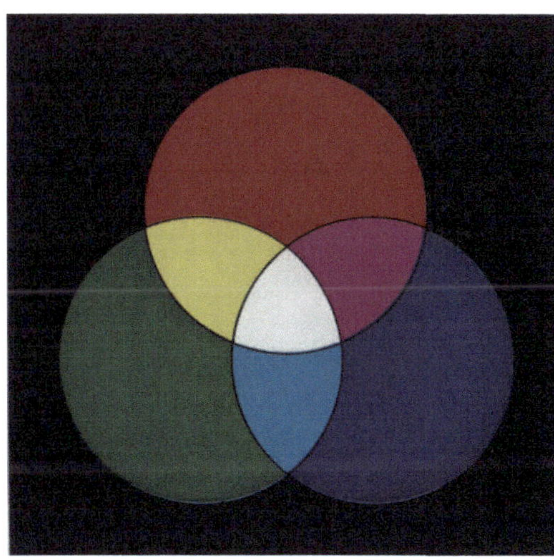

Abb. 7. Additive Farblichtmischung

5. Die subtraktive Farblichtmischung

Bei der additiven Farblichtmischung werden verschiedene Farblichter übereinander projiziert, und das menschliche Auge addiert die einzelnen Farbeindrücke zu einer einheitlichen Farbempfindung.

Bei der subtraktiven Farbmischung geht man von dem weißen Licht einer einzigen Lichtquelle aus und nimmt durch Einschalten von einem oder mehreren Farbfiltern Teile der Spektralgebiete weg, so daß ein Rest des Spektrallichtes bestehen bleibt, der eine neue Farbempfindung hervorruft (Abb. 8). Für die subtraktive Technik benötigt man die Farbfilter in den Grundfarben Gelb, Purpur und Blaugrün, wie die folgenden Mischungsergebnisse zeigen. Alle drei Filter gleichzeitig in den Strahlengang geschaltet, lassen kein Licht durch; man erhält Schwarz. Gelb und Purpur ergeben Rot; das blaugrüne und gelbe Filter lassen beide das grüne Licht durch, so daß beim Hintereinanderschalten dieser Filter Grün entsteht. In Tabelle 4 ist eine Reihe von Beispielen subtraktiver Farblichtmischung zusammengestellt, und Abb. 9 veranschaulicht das Ergebnis bildlich.

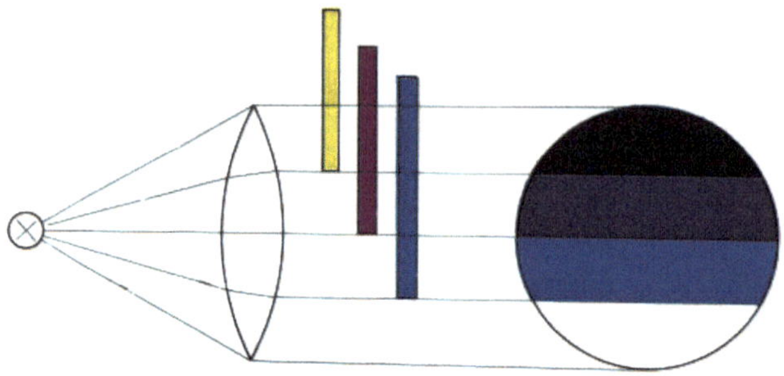

Abb. 8. Anordnung bei subtraktiver Farblichtmischung

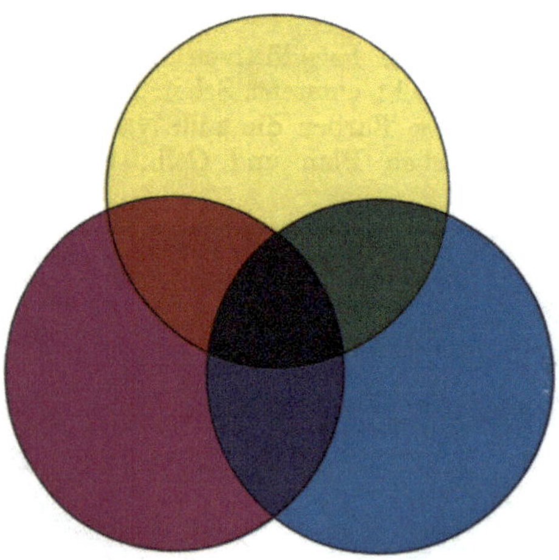

Abb. 9. Subtraktive Farblichtmischung

Man beachte hierbei, daß jedes Farbfilter grundsätzlich den Spektralbereich seiner eigenen Farbe durchläßt und daß hintereinandergeschaltete Filter durchlässig für die gemeinsame Lichtfarbe sind.

Die additiven Farbfilter Blau, Grün und Rot sind für die subtraktive Mischungstechnik nicht brauchbar; Blau und Grün in den Strahlengang geschaltet, ergeben Schwarz, und gleichfalls Schwarz erhält man mit den Filterkombinationen Blau und Rot wie auch Grün und Rot.

Tabelle 4. *Subtraktive Farblichtmischung*

1. Farbfilter	+ 2. Farbfilter	+ 3. Farbfilter	= Ergebnis der Mischung
Gelb	0	0	Gelb
0	Purpur	0	Purpur
0	0	Blaugrün	Blaugrün
Gelb	Purpur	0	Rot
Gelb	0	Blaugrün	Grün
Gelb	Purpur	Blaugrün	Schwarz
helles Gelb	helles Purpur	helles Blaugrün	Grau
0	0	0	Weiß

6. Farbfilter

Zur Erzeugung von farbigem Licht verwendet man in der Praxis bevorzugt Farbfilter [37, 38], die in den Strahlengang von weißem Licht geschaltet werden. Farbfilter sind in der Masse gefärbte Gläser oder Azetylzellulosefolien mit einer gefärbten Gelatineschicht. Die Bezeichnung der Filter erfolgt nach der Farbe des durchgelassenen Lichtes. Zur Herstellung der Filter werden besondere Farbstoffe verwendet, die vor allem lichtecht sein müssen. Infolge ihrer chemischen Struktur vermögen diese Farbstoffe bestimmte Anteile des sichtbaren und auch unsichtbaren Lichtes zu absorbieren und andere Teile des Spektrums mehr oder weniger geschwächt hindurchzulassen. Die absorbierten Teile werden hierbei wie in den Maschen eines Netzes festgehalten und in Wärme umgesetzt. Gelbfilter lassen das grüne und rote Spektralgebiet durch und absorbieren den blauen Anteil (Gelb = Grün + Rot). Die spektrale Durchlässigkeit eines Lichtfilters kann quantitativ in Kurven dargestellt werden. Das Maß für die Durchlässigkeit (Transparenz) ist das Verhältnis der Intensität des durchgelassenen Lichtes zu der Intensität des auf das Lichtfilter auffallenden Lichtes. Dieser Transparenzwert (T) wird in Prozent oder als Bruchzahl angegeben. Die spektrale Transparenz oder die spektrale Transmissionskurve erhält man, wenn die Transparenz in Abhängigkeit von der Wellenlänge angegeben wird. Die unterschiedliche spektrale Transparenz der additiven und subtraktiven Farbfilter zeigen die Abb. 10 und 11.

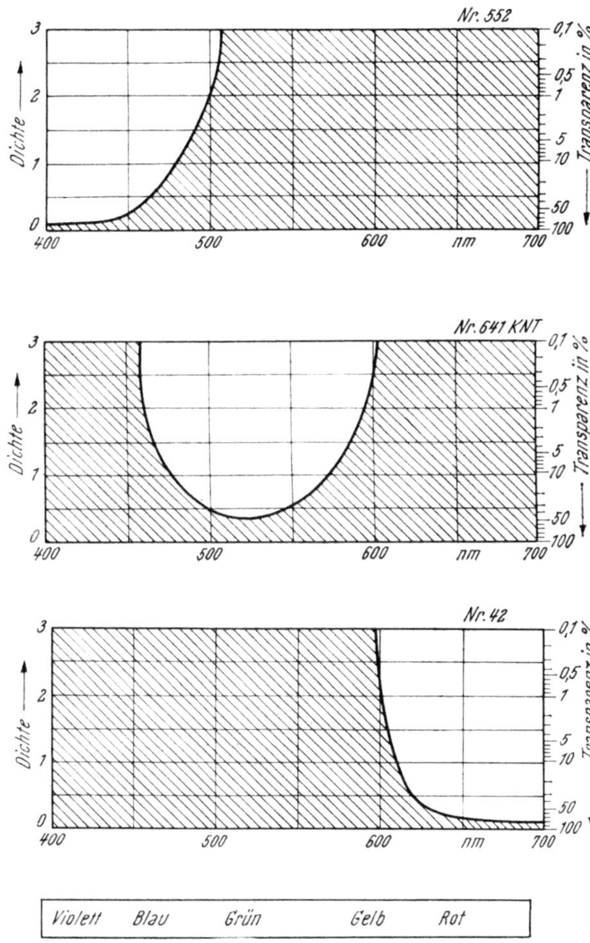

Abb. 10. Additive Farbfilter. Blau: *Agfa* Nr. 552; Grün: *Agfa* Nr. 641 KNT; Rot: *Agfa* Nr. 42

Die Wirkung eines Lichtfilters ist außer von den spezifischen Eigenschaften des Filters selbst auch von der spektralen Energieverteilung des Lichtes, mit dem es zusammen verwendet wird, abhängig. Besonders deutlich wird diese Tatsache bei Verwendung der Filter in Verbindung mit Lichtquellen, die ein Linienspektrum aussenden. Die Hauptspektrallinien der Quecksilberdampflampe sind beispielsweise: 405, 407 (violett), 436 (blau), 546 (grün), 577, 579 (gelb) nm. Das Rotfilter der Abb. 10 hat die Absorptionskante bei 600 nm; es wird demnach von diesem Filter die gesamte sichtbare Strahlung der Quecksilberdampflampe verschluckt. Dieses Filter wirkt für die sichtbare Strahlung der Quecksilberlampe als Schwarzfilter.

Lichtfilter sind in der Farbphotographie ein sehr wichtiges Hilfsmittel. Sie werden verwendet: als Ultraviolett-Sperrfilter für Farbaufnahmen im Hochgebirge, als Dreifarbenauszugsfilter in der Drucktechnik, als Konversionsfilter zur Anpassung der Farbtemperatur der Beleuchtung an das Farbaufnahmematerial, als Kopierfilter zur Farbsteuerung beim Colorpositivprozeß. Für jeden Zweck müssen die verwendeten Filter besonders abgestimmt sein.

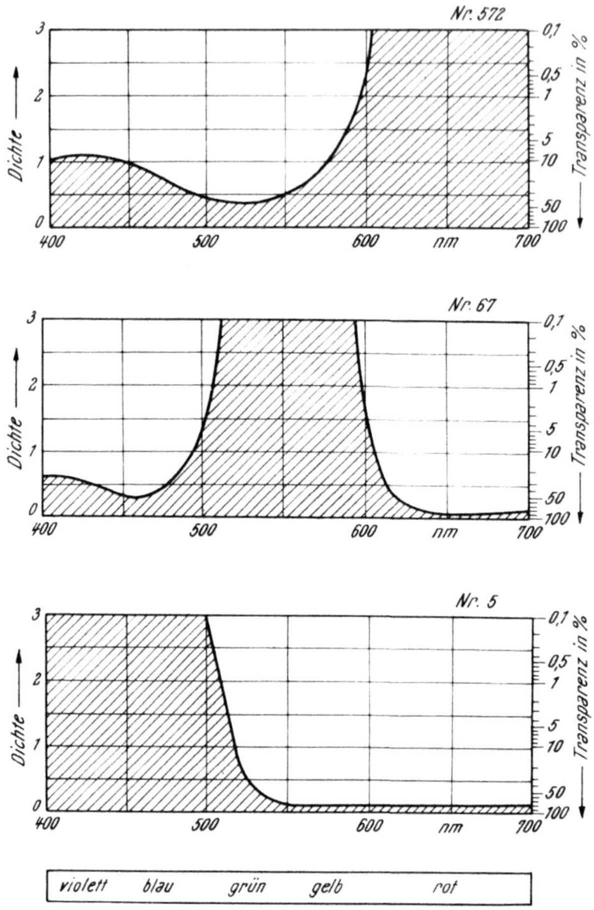

Abb. 11. Subtraktive Farbfilter. Blaugrün: *Agfa* Nr. 572; Purpur: *Agfa* Nr. 67; Gelb: *Agfa* Nr. 5

7. Die farbigen Gegenstände

Der Unterschied der Farbe des Lichtes von zwei verschiedenen Lichtquellen beruht, wie wir gesehen haben, auf dem Unterschied in der spektralen Verteilung des Lichtes. Betrachtet man nunmehr zwei verschiedene Gegenstände bei Beleuchtung mit der gleichen Lichtart, zum Beispiel Tageslicht, und man nimmt hierbei einen Unterschied in der Farbe wahr, so kann man mit voller Berechtigung behaupten, daß auch dieser Unterschied in der spektralen Zusammensetzung des Lichtes begründet ist, das unser Auge auf dem Wege über die beiden Gegenstände erreicht. Jede von einer Lichtquelle ausgesandte Lichtart wird von der Oberfläche eines Gegenstandes teilweise reflektiert (zurückgeworfen) und der restliche Teil absorbiert (verschluckt). Bei der Reflexion des Lichtes wird die Wellenlänge des eingestrahlten Lichtes nicht verändert, aber die Reflexion ist für die einzelnen Wellenlängen verschieden. Infolgedessen kann bei verschiedenen Gegenständen das reflektierte Licht in seiner spektralen Zusammensetzung sehr unterschiedlich sein, und als weitere Folge erscheinen uns die Gegenstände verschiedenfarbig. Alles Licht, das auf einen Gegenstand fällt und nicht reflektiert wird, wird absorbiert und in Wärme umgesetzt. Einen Körper, der alle Lichtstrahlen verschluckt, bezeichnen wir als schwarz. Ein besonderer Fall bildet die weiße Farbe der Gegenstände. Gegenstände, die unseren Augen weiß erscheinen, reflektieren alles Licht des gesamten Spektrums in nahezu gleicher Stärke. Das von einem weißen Gegenstand reflektierte Licht hat etwa die gleiche spektrale Zusammensetzung wie das von der Lichtquelle direkt ausgesandte Licht. Bei der Entstehung der Farben von Gegenständen müssen stets zwei Faktoren zusammenwirken: die spektrale Energieverteilung der Lichtquelle und die reflektierenden Eigenschaften des Gegenstandes. Bei Berücksichtigung dieser Tatsache versteht man die Farbunterschiede von Gegenständen bei Betrachtung im Tageslicht und im Glühlampenlicht. Glühlampenlicht ist reich an langwelliger, gelbroter Strahlung und arm an blauen Strahlen; Tageslicht dagegen mit einer Farbtemperatur von etwa 5000^0K hat ein Strahlungsmaximum bei etwa 600 nm, und die roten und blauen Strahlen sind etwa gleich stark gedrückt (s. Abb. 5). Gelbe Farben auf weißem Papier, die blaue und blaugrüne Strahlen weniger stark reflektieren als das Weiß, kann man deswegen bei Glühlampenlicht sehr schlecht erkennen, weil das Glühlampenlicht wenig Blau enthält, das von der gelben Farbe stärker absorbiert werden kann als von dem Weiß des Papieres; im Tageslicht dagegen hebt sich das Gelb sehr gut von dem Weiß ab.

8. Systematik der Körperfarben

Die Farbphotographie hat die Aufgabe, die Farbeindrücke eines Gegenstandes auf unser Auge möglichst naturgetreu festzuhalten. Um feststellen zu können, wieweit diese Aufgabe erfüllt wird, müssen objektive Meß- und Bewertungsmethoden festgelegt sein. Seit Jahrhunderten haben Forscher und Künstler sich immer wieder bemüht, die Farben systematisch zu ordnen, sie sinnvoll zueinander in Beziehung zu setzen und alle Farben in geometrischen Körpern darzustellen. Der erste Versuch einer Farbenordnung geht wohl auf Athanasius Kircher im Jahre 1671 zurück. Ph. Otto Runge versuchte alle möglichen Farben in einer Kugel darzustellen (1810). Am oberen Pol befindet sich Weiß, am unteren Schwarz. Auf der Außenhaut der oberen Halbkugel liegen die aufgehellten (verweißlichten), auf der unteren Halbkugel die getrübten (verschwärzlichten) Farben. Am Äquator sind die reinen Farben enthalten. Im Kugelinnern sind die Farben in gleicher Anordnung untergebracht. Die Farbenkugel hat auch in neuester Zeit Johannes Itten als Ordnungs- und Anschauungsmittel wieder aufleben lassen (1961).

Zur Farbmessung, der sogenannten Farbmetrik, hat im Jahre 1931 die internationale Beleuchtungskommission ein einheitliches System empfohlen, das jede Farbe zahlenmäßig erfaßt und ihre Lage in einem sogenannten Farbendreieck festlegt (DIN 5033, DIN 6164) [6 bis 36]. Da dieses System sehr unanschaulich ist und zu seinem Verständnis ein eingehendes Studium erforderlich ist, soll an dieser Stelle nicht näher darauf eingegangen werden.

Ein einfaches und anschauliches System der Farben, das vor allem die praktischen Bedürfnisse der Industrie berücksichtigt und eine Übersicht über alle möglichen Farben vermittelt, schuf im Jahre 1915 Wilhelm Ostwald [27 bis 29]. W. Ostwald nimmt mit seiner Farbenlehre eine ähnliche Außenseiterstellung in der Wissenschaft ein wie ehemals Johann Wolfgang von Goethe. Goethe hatte sich heftig gegen Newton gewandt und dessen Anschauungen als gänzlich verfehlt und wertlos angesehen. In ähnlicher Weise wandte sich W. Ostwald gegen die HELMHOLTZsche Schule, verwarf deren gesamtes Werk und leugnete unwiderlegliche experimentelle Ergebnisse. Nach der Farbenlehre von W. OSTWALD werden 24 verschiedene Farbtöne als sogenannte Vollfarben unterschieden und in einem Farbkreis angeordnet. Die Vollfarben dieses Kreises sind Farben höchster Sättigung. Die Reihenfolge ist mit der im Spektrum übereinstimmend. Jeder Farbton kann durch additive Mischung der beiden benachbarten Farbtöne er-

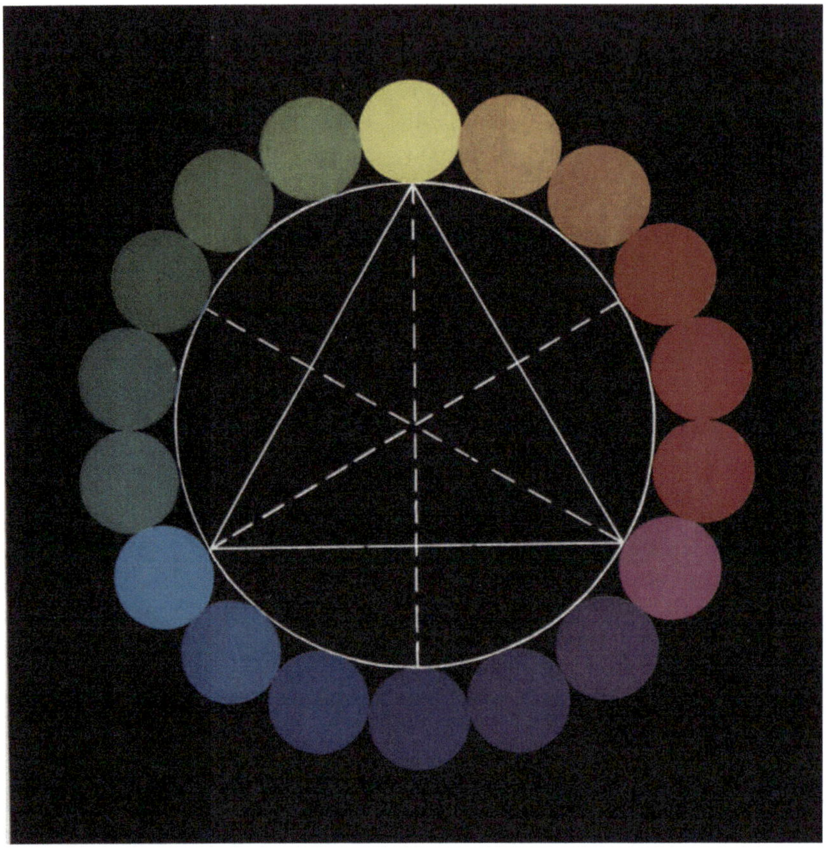

Abb. 12. Farbkreis, 18stufig, nach A. HICKETHIER. Kennzahlen: 900 — 930 — 960 — 990 — 690 — 390 — 090 — 093 — 096 — 099 — 069 — 039 — 009 — 309 — 609 — 909 — 906 — 903

halten werden. Neben den Vollfarben unterscheidet W. OSTWALD verweißlichte und verschwärzlichte Farben. Mischt man einer Vollfarbe stufenweise Weiß zu, so erhält man die „verweißlichte“ oder „hellklare“ Reihe; an einem Ende steht Weiß, am anderen Ende die Vollfarbe. Man kann auch der Vollfarbe stufenweise Schwarz zumischen und erhält auf diese Weise die „verschwärzlichte“ oder „dunkelklare“ Reihe. „Trübe“ Farben erhält man, indem man den Vollfarben gleichzeitig Schwarz und Weiß zumischt. W. OSTWALD hat alle von ihm geschilderten Farben in einem fächerartig angeordneten Doppelkegel untergebracht, der „die Welt aller möglichen Farben enthält“. In der obersten Spitze des Kegels befindet sich Weiß, die untere Kegelspitze wird von Schwarz eingenommen. Der Äquator zeigt die reinen Vollfarben. Jede Farbe kann durch Ziffern und Buchstaben nach Farbton, Weißgehalt und Schwarzgehalt charakterisiert werden.

Ein ähnliches Farbenordnungssystem wie W. OSTWALD hat in Amerika A. H. MUNSELL ausgearbeitet [24 bis 26]. Dieses System hat dort weite Verbreitung und praktische Anwendung gefunden.

Die Farbenordnung von W. OSTWALD hat trotz ihrer Anschaulichkeit keine praktische Bedeutung erlangen können. Die Grundgedanken der Farbenordnung von W. OSTWALD haben jedoch ihren Niederschlag in der Farbenordnung von A. HICKETHIER gefunden, die heute in der graphischen Farbdrucktechnik von großer praktischer Bedeutung ist und nach der die Farbmeßtafel DIN 16509 aufgebaut ist. A. HICKETHIER schuf die nach ihm benannte Farbordnung im Jahre 1940 [30].

Abb. 13. Verweißlichte und verschwärzlichte Reihen der Grundfarben
A Verweißlichte Reihen (Sättigungsreihen)
Gelb: 000 — 300 — 600 — 900; Purpur: 000 — 030 — 060 — 090; Blaugrün: 000 — 003 — 006 — 009
B Verdunkelte (verschwärzlichte) Reihen
Gelb: 900 — 933 — 966 — 999; Purpur: 090 — 393 — 696 — 999; Blaugrün: 009 — 339 — 669 — 999
C Unbunte Reihe (Grau- oder Schwärzungsreihe)
Kennzahlen: 000 — 333 — 666 — 999

In einem auf der Spitze stehenden Würfel sind die drei Grundfarben Gelb, Rot (Purpur) und Blau (Blaugrün) derart untergebracht, daß jede dieser drei Farben in zehn Intensitätsstufen, beginnend mit der Stufe 0 (farblos) und endend mit der Stufe 9 (Vollfarbe), je eine Dimension einnimmt. Durch das gegenseitige Ineinandergreifen ergeben sich tausend verschiedene Farben, die mit den Zahlen von 000 an der Würfelspitze bis 999 am Würfelfuß gekennzeichnet sind. Bei der dreistelligen Bezifferung ist bindend festgelegt, daß sich die erste Ziffer immer auf das Gelb, die zweite Ziffer immer auf das Rot, bzw. in der Photographie als Purpur bezeichnet, und die dritte Stelle immer auf Blau (bzw. farbphotographisch Blaugrün) bezieht. Die Ziffernzahl bezeichnet demnach immer den Grad der Sättigung. In der Farbendruckpraxis kann die Stufenzahl gleich Farbstoffmenge gesetzt werden. Die erste

Ziffer der dreistelligen Kennzahl gibt demnach den Gelbanteil, die zweite Ziffer den Purpur-(Rot-)Anteil und die dritte Ziffer den Blaugrün-(Blau-)Anteil an. Alle drei Zahlen müssen bei Angaben mitgeteilt werden. Die Grundvollfarben Gelb (900), Purpur (nach HICKETHIER Rot) (090) und Blaugrün (nach HICKETHIER Blau genannt) (009) und in Mischung mit einer zweiten Farbe in den Sättigungsstufen 0—3—6—9 können in einem 18teiligen Farbkreis zusammengestellt werden (Abb. 12). Das in der Mitte eingezeichnete Dreieck zeigt auf

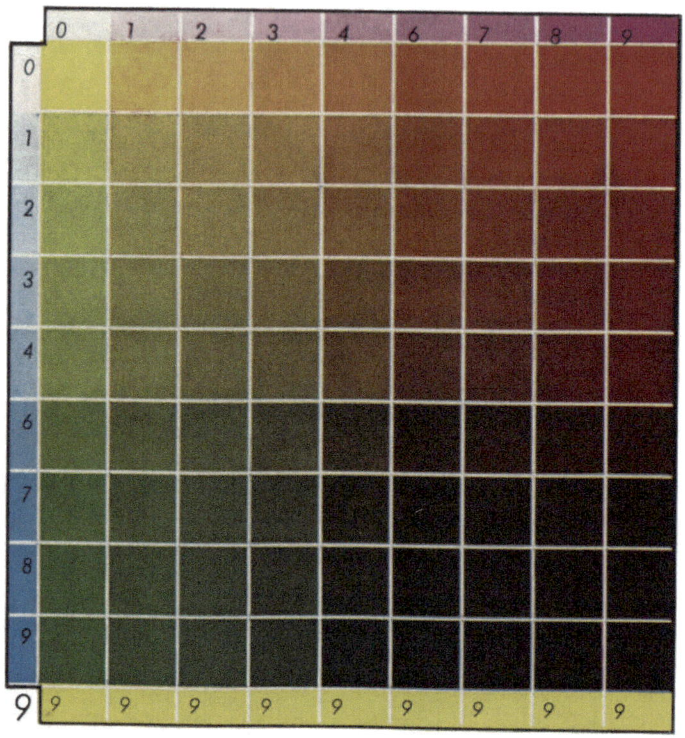

Abb. 14. Farbenordnung nach A. HICKETHIER. Jede Farbe ist mit einer dreistelligen Zahl gekennzeichnet: erste Ziffer bezieht sich auf Gelb, zweite auf Purpur (Rot), dritte auf Blaugrün (Blau). Jede Ziffer bezeichnet die Sättigungsstufe (Farbmenge). Vorliegende Abb. enthält alle Farben mit den Kennzahlen 900 (obere linke Ecke neben und unter 0) bis 999 (rechte untere Ecke). Oben rechte Ecke liegt die Farbe mit der Kennzahl 990. Unten links hat die Farbe die Kennzahl 909

die drei Grundfarben. Von jeder Grundfarbe führt eine punktierte Linie zu ihrer Gegenfarbe (Komplementärfarbe). Dazwischen liegen jeweils zwei Mischungen aus zwei Grundfarben ungleicher Sättigung (zum Beispiel 930—960 oder 903—906). Alle 18 Farben des Kreises sind Vollfarben, da in jeder von ihnen mindestens eine Farbe voll gesättigt ist.

HICKETHIER unterscheidet wie W. OSTWALD die Unbuntreihe (Grauleiter), verweißlichte bzw. Farben verschiedener Sättigungsstufen und verdunkelte oder getrübte Farben. Werden die drei Grundfarben stufenweise gleichanteilig gemischt, so erhält man die Unbuntreihe (Abb. 13). Eine zehnstufige Grauleiter erhält man demnach durch folgende Mischungen: 000—111—222—333—...999. Nach dem WEBER-FECHNERschen Gesetz empfindet das menschliche Auge Abstufungen von Grauwerten als gleichabständig, wenn die Helligkeiten eine geometrische Reihe bilden. Hat man beispielsweise auf einem Stufenkeil folgende

Schwärzungsabstufungen: 0,0—0,3—0,6—0,9—1,2—1,5— und so weiter, so verhalten sich ihre Helligkeiten wie 1—2—4—8—16—32—64—... oder als Potenzen geschrieben: 2^0—2^1—2^2—2^3—2^4—2^5—2^6—...

Eine Sättigungsreihe stellt eine Skala eines bestimmten Farbtones von der Vollfarbe bis zum Weiß dar (Abb. 13). Die stetige Reihe entsteht durch entsprechend anteilige Mischung der Farben dieser beiden Endpunkte. Das Weiß ist ein Teil der Farbe. Je nach der Technik der Farbaufbringung muß das Weiß der Farbe zugesetzt werden. In der Drucktechnik kann die verschiedene Sättigung dadurch erzielt werden, daß die Farbe dünner, das heißt durchsichtiger, auf das Papier gebracht wird. Die Unterlage muß das notwendige Weiß enthalten. Wird schwarzes Papier bemalt, dann muß das Weiß den Farben beigemischt werden (deckende Farben).

Verdunkelte (verschwärzlichte) Farben entstehen durch Mischung aller drei Grundfarben in verschiedenen Sättigungsstufen. Farben, deren Kennzahlen keine Null aufweisen, sind verdunkelt (Abb. 13).

Für Vergleiche und Messungen ist es zweckmäßig, den Farbwürfel von HICKETHIER in einer Richtung in zehn gleiche Scheiben oder Tafeln zu zerschneiden. Jede diese Tafeln enthält dann ein Zehntel des Würfels übersichtlich geordnet (Abb. 14). Die erste Tafel enthält alle Farben 000 bis 099, die zweite alle Farben 100 bis 199, die dritte die Farben 200 bis 299, die vierte die Farben 300 bis 399 und so weiter bis zur letzten zehnten mit den Farben 900 bis 999. In diesen zehn Farbentafeln kann man alle Tonwerte ablesen, die zur Erzielung einer ganz bestimmten Farbe erforderlich sind (Farbmeßtafel DIN 16509). Voraussetzung ist hierbei, daß man mit der gleichen Skala druckt, mit der die Farbenordnung gedruckt wurde.

B. Physiologie der Lichtempfindung und des Farbensehens

1. Das menschliche Auge und seine Arbeitsweise

Literatur: [13, 31, 33, 39 bis 44]

Der Physiker und Physiologe H. VON HELMHOLTZ [10] erfand im Jahre 1851 den Augenspiegel, und mit Hilfe dieses Instrumentes konnte er als erster Mensch den Augenhintergrund betrachten. Er gewann als erster im wörtlichen und im übertragenen Sinn einen tiefen Einblick in die Funktion des Sehvorganges.

Das Auge hat in physiologischer und technischer Hinsicht Funktionen, die in vielen Punkten der Arbeitsweise einer Aufnahmekamera gleichen. Als optisches Instrument hat das Auge einen Dreilinser (Abb. 15). Die hellklare Hornhaut kann als schwacher positiver Meniskus angesehen werden, und sie bildet mit der physiologischen Flüssigkeit der vorderen Augenkammer die Vorderlinse. Die vordere Augenkammer ist nach dem Augeninnern durch die bikonvexe Kristallinse abgeschlossen,

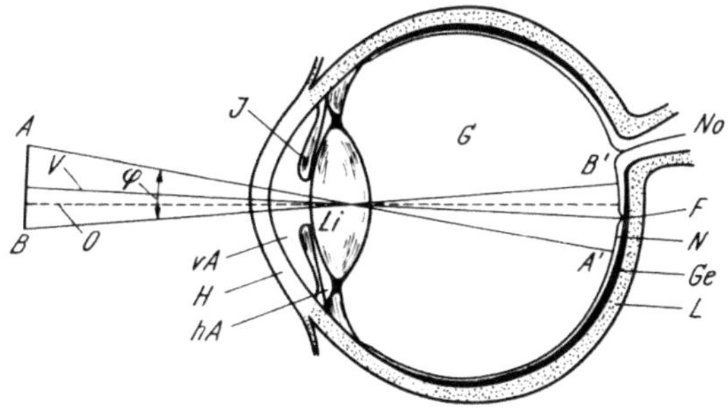

Abb. 15. Horizontalschnitt durch das Auge (schematisch); *H* Hornhaut, *vA* vordere Augenkammer, *hA* hintere Augenkammer, *G* Glaskörper, *L* Lederhaut, *Ge* Gefäßhaut, *Li* Linse, *F* Fovea centralis, *No* Sehnerv, *I* Iris, *AB* Sehobjekt, *A'B'* Bild des Objektes, *O* optische Achse, *V* Visierlinie, φ Gesichtswinkel

die zur Akkommodation dehnbar ist. Die Kristallinse steht im Kontakt mit dem Glaskörper, der aus einer Substanz von hohem Brechvermögen besteht und der als Hilfslinse angesehen werden kann. Zwischen der vorderen Augenkammer und der Kristallinse befindet sich die Iris (Regenbogenhaut). Diese fungiert als verstellbare Blende zur Abdeckung der Randstrahlen und als wichtiges Organ bei der Hell-Dunkel-Adaptation.

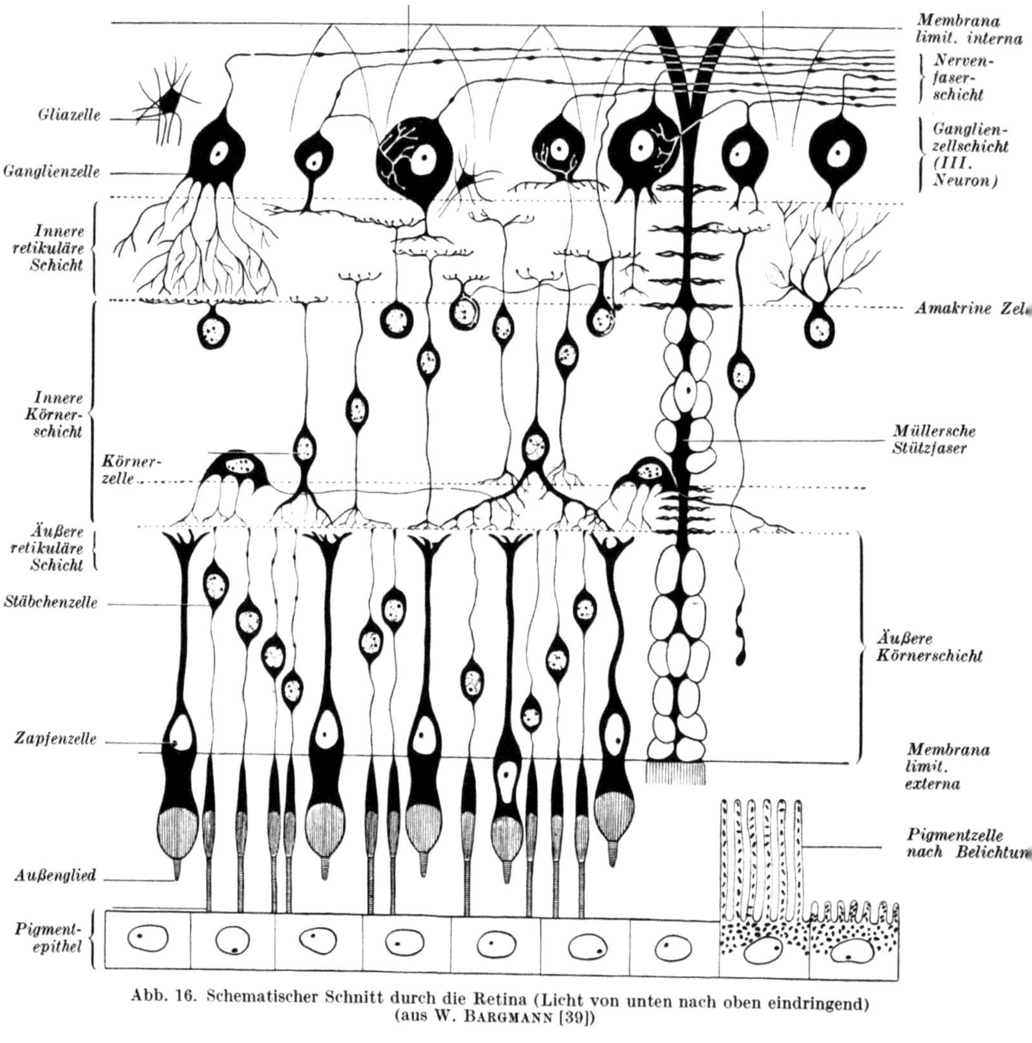

Abb. 16. Schematischer Schnitt durch die Retina (Licht von unten nach oben eindringend) (aus W. BARGMANN [39])

Das optische System des Auges entwirft von den Gegenständen der Außenwelt auf der Netzhautgrube, der Fovea centralis, ein scharfes Bild, das den winzigen Durchmesser von nur 0,44 mm hat. Der Bildwinkel des Auges beträgt nur 1,7°. Der scheinbare Bildwinkel bis etwa 90° beschränkt sich nur auf die Wahrnehmung von Helligkeitsunterschieden. Das gemeinsame Sehfeld beider Augen von 90° beim plastischen Sehen wird durch die sehr hohe Beweglichkeit des Auges ermöglicht.

Die Netzhaut (Retina), die sich auf der inneren Wand des Augapfels befindet, ist die Registrierschicht für die optische Abbildung. Abb. 16 zeigt schematisch den Bau der menschlichen Retina. Anatomisch können in der Retina zehn Schichten unterschieden werden. Die innere Grenzschicht ist eine glasklare und strukturlose Haut, die dem Glaskörper unmittelbar anliegt. Es folgt die Nervenfaserschicht, die mit den verästelten Ganglienzellen der dritten Schicht direkt verbunden ist. Die feinen Fasern der Ganglienzellen bilden die vierte, die innere retikuläre Schicht. Als fünfte Schicht folgt die innere Körnerschicht mit körnerartigen Zellen. Diese Zellen gehen in der folgenden äußeren retikulären Schicht in feine Fasern über. In der siebenten Schicht, der äußeren Körnerschicht, liegen die für den Sehvorgang äußerst wichtigen Stäbchen und Zapfen. Diese Schicht wird abgeschlossen durch die äußere Grenzhaut, durch deren siebartige Löcher die Stäbchen und Zapfen in die neunte Schicht hineinragen. Die zehnte Schicht ist das Pigmentepithel.

Die Stäbchen und Zapfen in Verbindung mit dem Pigmentepithel sind die lichtempfindlichen Elemente der Netzhaut, die den physikalischen Reiz in physiologische Empfindung umsetzen. Beim Sehvorgang spielen sich eine Reihe von Prozessen ab: 1. Der lichtempfindliche Farbstoff in den Zapfen, der Sehpurpur, bleicht aus; 2. Zapfen und Stäbchen ziehen sich zusammen; 3. durch einen chemischen Vorgang tritt in der Netzhaut alkalische Reaktion ein, während sie im Dunkeln sauer ist; 4. zwischen der Vorderwand und Hinterwand des Augapfels tritt eine elektrische Spannungsdifferenz von einigen Millivolt auf. Diese in der Netzhaut erzeugten Stromstöße sind in ihren Frequenzen und Amplituden von der Wellenlänge des erregenden Lichtes abhängig [34, 40].

2. Das Tages- und Dämmerungssehen

Literatur: [13, 31, 33]

Die Zapfen und Stäbchen haben beim Sehvorgang ganz verschiedene Aufgaben. Beim Tagessehen (Helladaptation) vermitteln den Sehvorgang die Zapfen. Diese allein sind auch nur in der Lage, Farben zu unterscheiden und zu erkennen. Die Stäbchen sind dagegen farbunempfindlich und treten in Funktion beim Dämmersehen, das heißt bei dunkel adaptiertem Auge. Die Funktionsteilung zwischen Zapfen und Stäbchen bezeichnet man als „Duplizitätstheorie“ (J. VON KRIES 1894). Im Tages- und Dämmersehen ist auch die spektrale Empfindlichkeit des Auges verschieden (Abb. 17). Die spektralen Empfindlichkeitskurven für Tagessehen und Dämmersehen (Abb. 17) geben an, welche Helligkeitswirkungen im Auge durch gleiche Strahlungsleistungen ausgelöst werden; über das ganze Spektrum ist die Energie der Strahlung gleich, nur ruft diese Strahlung von der Wellenlänge abhängige Wirkungen im

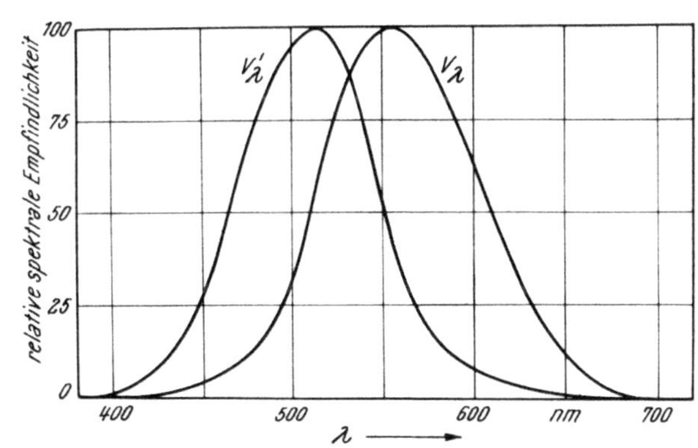

Abb. 17. Relative spektrale Empfindlichkeitskurven für Tagessehen (V_λ) und Dämmersehen (V'_λ)

Auge hervor. Bei helladaptiertem Auge wird Gelbgrün am hellsten empfunden; das Maximum der Empfindlichkeit liegt bei 550 nm. Der Helligkeitseindruck nimmt nach beiden Seiten des Spektrums ab. Bei Dunkeladaption ist das Maximum der Empfindlichkeit nach kürzeren Wellen verschoben; es liegt bei 510 nm, und Grün wird am hellsten empfunden. Hierbei nimmt man jedoch keine Farbe wahr, man sieht nur unbunt. Daher das Sprichwort: Bei Nacht sind alle Katzen grau.

Die verschiedene spektrale Hellempfindlichkeit des Auges verursacht eine Umkehrung der Helligkeitswerte von Blau und Rot und auch von Rot und Grün, wenn derart verschieden gefärbte Gegenstände zunächst bei starker und dann bei sehr schwacher Beleuchtung miteinander verglichen werden. Bei Tagessehen (Helladaptation) erscheint Rot am hellsten und Grün oder Blau wesentlich dunkler (rote Tulpe im grünen Gras). Sinkt die Allgemeinhelligkeit sehr stark ab, zum Beispiel auf Mondscheinbeleuchtung, so wirkt die blaue oder grüne Farbe am hellsten, und Rot erscheint beinahe als tiefschwarz. Diesen Effekt bezeichnet man nach seinem Entdecker als PURKINJE-Effekt (J. E. PURKINJE 1819). Der PURKINJE-Effekt spielt eine wichtige Rolle bei der Dunkelkammerbeleuchtung und bei der Farbfilmprojektion. Die Bildwandhelligkeit im Filmtheater soll 100 asb betragen, gemessen bei laufender Maschine ohne Film. Das PURKINJE-Phänomen kann im Leuchtdichtebereich von etwa 50 bis 0,01 asb auftreten. Beim Absinken der Bildhelligkeit kann daher sehr leicht eine Umkehrung der Farbhelligkeitswerte eintreten, insbesondere erscheint Rot verschwärzlicht.

3. Das Farbensehen

Literatur: [31, 33]

Beim Farbensehen treten einige Erscheinungen auf, die für die Empfindungswelt des Menschen lebenswichtig sind. Bei der Farbphotographie, die doch objektiv nach physikalischen und chemischen Gesetzen registriert, müssen diese Erscheinungen berücksichtigt werden, wenn man keine Enttäuschungen erleben will. Diese physiologisch bedingten Effekte sind: die farbige Umstimmung, der Farbkontrast und die Verschmelzung von verschiedenen Farbbildern.

Abb. 18. Simultankontrast bei unbunter Farbe

Das normale menschliche Auge nimmt beispielsweise die Farbänderungen in der Natur während eines Tagesablaufes kaum wahr. Das menschliche Sehorgan benötigt zur Erkennung von Farben immer einen Vergleich, oder das Erinnerungsvermögen muß in Tätigkeit treten. Die Farbänderungen der Natur vom Sonnenaufgang bis zum Sonnenuntergang, die wir aus Farbaufnahmen und aus der unterschiedlichen spektralen Lichtverteilung bzw. der Farbtemperaturen der Beleuchtung (s. Tabelle 2) kennen, sind sehr beträchtlich. Das Auge kann diese nur bei plötzlichem Wechsel, zum Beispiel bei Gewitterstimmung, Sonnenfinsternis, wahrnehmen. Ebenso erscheint uns ein weißes Blatt Papier im Tageslicht und ebenfalls abends im Kunstlicht als gleich weiß. Wird jedoch ein gleiches

Abb. 19. Simultankontrast bei bunter Farbe. Durch das Umfeld wird die Gegenfarbe induziert. Rot im weißen Umfeld getrübt, im schwarzen Umfeld leuchtender durch Aufhellung. Gelb in rotem Umfeld grünstichig, Gelb in grünem Umfeld rotstichig. Blau in hellblauem Umfeld purpurstichig, in Purpurumfeld blaustichig

weißes Papier gleichzeitig mit Tageslicht und daneben mit Kunstlicht beleuchtet, so nehmen wir verschiedene Farbtöne wahr; das mit Kunstlicht beleuchtete Papier erscheint uns gelbrot.

Ein Farbton allein kann vom menschlichen Auge mit Sicherheit nicht beurteilt werden. Nur wenn das Auge einen Bezugspunkt hat, das heißt, wenn mehrere Farben vorliegen, kann es die Farbwerte ordnen und beurteilen. Diese Erkenntnis ist für die künstlerische Gestaltung bei Farbaufnahmen von großer Bedeutung.

Die Beurteilung von mehreren Farben nebeneinander kann jedoch auch sehr leicht zu Täuschungen führen, die allgemein unter dem Begriff Farbkontrast zusammengefaßt werden. Kontrasterscheinungen können sowohl bei bunten wie unbunten Farben auftreten. Eine sehr häufige Erscheinung ist der Simultan-Kontrast (simultan = gleichzeitig).

Betrachtet man ein graues Feld, das in einem Umfeld verschiedener Helligkeit liegt, so erscheint das graue Innenfeld, obwohl es meßtechnisch den gleichen Grauwert hat, um so heller, je dunkler das Umfeld ist (Abb. 18). Dieser Effekt beruht auf der Kontrastwirkung. Bei bunten Farben verursacht der Simultankontrast eine Verschwärzlichung der Farben. Diese Erscheinung kann man beobachten, wenn eine bunte Farbe vergleichsweise in einem schwarzen, einem grauen und einem weißen Umfeld betrachtet wird (Abb. 19). Farben in einem schwarzen Umfeld vermitteln den Farbeindruck höchster Sättigung und Reinheit. Je weißer das Umfeld ist, um so stärker ist die Verschwärzlichung der Farben. Durch den Farbkontrast kann sogar die Gegenfarbe erregt werden. Betrachtet man ein kleines weißes Feld in der Umgebung eines genügend gesättigten Farbfeldes, so wird in dem weißen Innenfeld die stark verweißlichte Komplementärfarbe induziert. Dichterisch wird viel von der blauen Dämmerstunde gesprochen. Die blaue Dämmerstunde ist eine tatsächliche physiologische Erscheinung und beruht auf der Farbkontrastwirkung. In der Dämmerstunde erscheint die Welt vor dem Fenster tiefblau, wenn im Zimmer die gelbliche Kunstlichtbeleuchtung eingeschaltet wird. Die sogenannten farbigen Schatten beruhen ebenfalls, wie schon Goethe erkannt hat, auf Simultankontrast. Goethe hat die Kontrastfarben als „physiologische Farben" bezeichnet [8].

Eine Erscheinungsform des Farbkontrastes sind auch die sogenannten Nachbilder. Diese beruhen auf dem Kontrast der Farben, die zeitlich nacheinander dem Auge dargeboten werden. Man bezeichnet deswegen die Nachbilder auch als Sukzessivkontrast (sukzessiv = nachfolgend). Man erhält das Nachbild, wenn man zunächst ein buntes Feld eine Zeitlang fixiert und dann das Feld plötzlich durch ein neutralgraues ersetzt. Das Nachbild kann in verschiedenen Phasen auftreten und gleichzeitig gegenfarbig und auch unbunt sein.

Auf dem Simultan- und Sukzessivkontrast beruht ein von E. H. Land vorgeschlagenes und durch eine neue Farbentheorie gestütztes Zweifarbenverfahren [45 bis 49]. Nach dem additiven Zweifarbenverfahren von E. H. Land werden zunächst zwei Farbauszüge, ein roter und ein grüner, hergestellt. Der rote Farbauszug wird dann mit rotem Licht und der grüne Farbauszug mit weißem Licht additiv projiziert. Nach dem Erfinder erhält man eine naturgetreue Wiedergabe aller Farben. Rein farbmetrisch dürften nur Farben von Weiß bis Rot verschiedener Helligkeit und Sättigung zu sehen sein. Infolge Umstimmung des Auges und durch Simultan- und Sukzessivkontrast wird jedoch eine Farbskala mit verhältnismäßig großem Umfang erzielt. Die Farbbilder überraschen tatsächlich durch ihre vielseitige Buntheit; man erhält jedoch keine farbgetreue Wiedergabe der Natur.

Werden dem Auge kurzzeitig nacheinander verschiedenartige Farbreize dargeboten, so verschmelzen diese im Auge additiv zu einem einheitlichen Lichteindruck. Eine Summierung von Farbeindrücken bei mehrfacher Unterbrechung unterschwelliger Reize liegt bei der Farbmischung mittels Farbenkreisels vor. Wird ein Kreisel abwechselnd mit sieben Farbtönen entsprechend den Spektralfarben bemalt und dann in drehende Bewegung versetzt, so erhält man den Eindruck eines schmutzigen Weiß (Newtonscher Farbenkreisel).

Die additive Farbenverschmelzung ist verschiedentlich bei Farbfilmverfahren verwandt worden, indem nacheinander rote, grüne und blaue Farbbilder additiv gemischt werden. Bei genügender Geschwindigkeit der Vorführung, der Verschmelzungsfrequenz, wird ein einheitlicher Eindruck der Mischung wahrgenommen, doch treten Farbsäume auf.

4. Die Farbenfehlsichtigkeit

Literatur: [31, 33]

Man unterscheidet drei Arten von angeborener Farbenfehlsichtigkeit: die anomale Trichromasie, die partielle Farbenblindheit oder Dichromasie und die totale Farbenblindheit (Achromasie).

a) Die anomale Trichromasie

Das farbtüchtige Auge nimmt drei Bereiche der Farben, Blau, Grün und Rot, wahr. Diese Reizbereiche können gemessen und in Eichreizkurven festgelegt werden. Diese Eichreizkurven zeigen bei allen farbtüchtigen Augen in ihrem Verlauf weitgehende Übereinstimmung. Bei schwacher Störung des Farbensinnes sind zwar alle drei Grundreize vorhanden, sie sind jedoch für ein Farbengebiet unterempfindlich. Diese Schwächung kann sich auf Rot oder Grün und in einigen Fällen auch auf Blau beziehen. Die Farbschwachen im Grün, sogenannte Deuteranomale, empfinden Grün wie Gelb oder Gelbgrün und verwechseln Grün mit Gelb, Braun und Grau. Die Farbschwachen im Rot bezeichnet man als Protanomale. Diesen erscheint Grün und Blau heller als den Normalfarbentüchtigen und Rot ist verschwärzlicht. Die Grünfarbschwachheit tritt verhältnismäßig häufig auf; von 1000 Männern sind etwa 40 damit behaftet, während unter 1000 Frauen nur 3 farbschwach im Grün sind.

b) Partielle Farbenblindheit oder Dichromasie

Bei der partiellen Farbenblindheit wird jeweils ein Farbenpaar als unbunt empfunden. Die partiellen Farbenblinden sind Zweifarbenseher; man nennt sie deswegen Dichromaten. Man unterscheidet drei Arten von Dichromasie: Rotblindheit (Protanopie), Deuteranopie oder Grünblindheit und Tritanopie oder Blau-Gelb-Blindheit. Die letztere ist sehr selten und nahezu bedeutungslos. Die beiden ersteren treten dagegen sehr häufig auf, stehen einander nahe und werden unter dem Sammelnamen Rot-Grün-Blindheit zusammengefaßt. Der Rot-Grün-Blinde sieht die Farben von Rot bis Grün nur als ein in verschiedener Helligkeit abgestuftes Gelb. Die Rot-Grün-Blindheit ist erblich und wird über die farbentüchtige Tochter auf die männlichen Nachkommen übertragen.

c) Totale Farbenblindheit

Bei totaler Farbenblindheit oder Achromasie erkennt das Auge überhaupt keine Farben, es sieht die Welt unbunt. Die Ursache der totalen Farbenblindheit ist auf die Funktionsunfähigkeit der Zapfen zurückzuführen. Es findet reines Dämmersehen statt, und nur die Stäbchen können Lichteindrücke vermitteln.

Das Gegenstück zur totalen Farbenblindheit, dem Stäbchensehen, ist die Nachtblindheit. Bei nachtblinden Menschen arbeiten nur einwandfrei die Zapfen, die das Tagessehen vermitteln, während die für das Dämmersehen erforderlichen Stäbchen aktionsunfähig sind.

III. Die farbphotographischen Verfahren

Literatur: [3, 4, 18, 33, 35, 50 bis 59]

A. Systematik der Verfahren

Farblichtmischungen können entweder nach dem additiven oder nach dem subtraktiven Prinzip ausgeführt werden (II. A. 4., 5.). Bei der additiven Farbmischung werden die drei Grundfarben Blau, Grün und Rot übereinander projiziert, und durch Regelung der Intensität jedes Farblichtes kann jeder beliebige Farbton erzielt werden. Wenn diese Regelung der einzelnen Grundfarben nunmehr durch ein Silberbild ausgeführt wird, so erhält man auf diese Weise naturfarbene Bilder in der Projektion (Abb. 20). Die Erzeugung von Farbbildern mit Hilfe der additiven Farbmischung bezeichnet man als additive Farbverfahren.

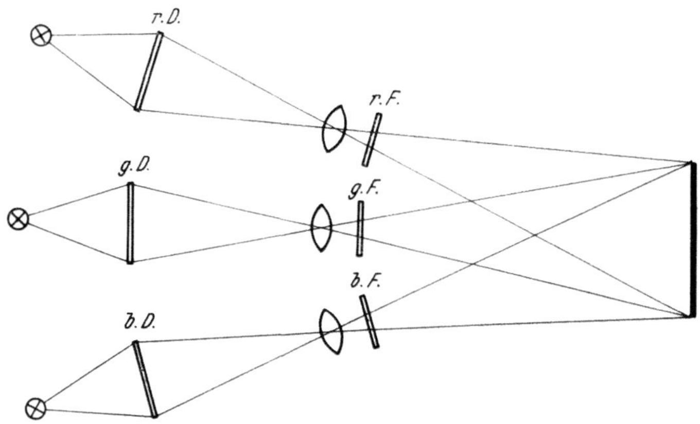

Abb. 20. Additives Farbverfahren (schematisch). Drei Schwarzweiß-Diapositive, die aus dem Rot-, Grün- und Blauauszug gewonnen sind, werden mit rotem, grünem und blauem Licht übereinander projiziert, *r.D.* Diapositiv vom Rotfilterauszug, *g.D.* Diapositiv vom Grünfilterauszug, *b.D.* Diapositiv vom Blaufilterauszug, *r.F.* Rotfilter, *g.F.* Grünfilter, *b.F.* Blaufilter

Die subtraktiven Farbverfahren nutzen die subtraktive Farbmischung zur Herstellung von Farbaufnahmen aus. Das farbige Bild entsteht hierbei durch Hintereinanderschalten von Silberbildern, die entsprechend in den subtraktiven Grundfarben Gelb, Purpur und Blaugrün eingefärbt sind (Abb. 21).

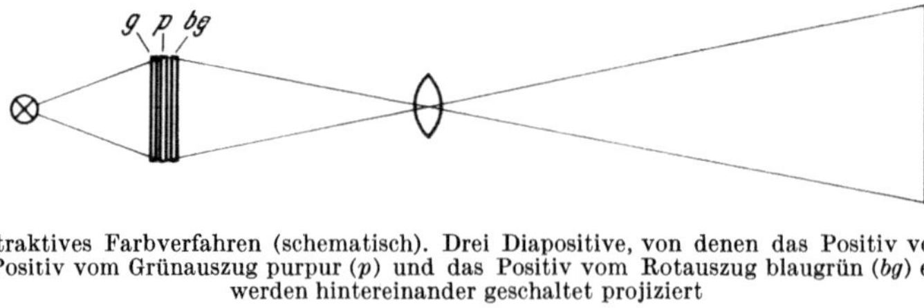

Abb. 21. Subtraktives Farbverfahren (schematisch). Drei Diapositive, von denen das Positiv vom Blauauszug gelb (*g*), das Positiv vom Grünauszug purpur (*p*) und das Positiv vom Rotauszug blaugrün (*bg*) eingefärbt sind, werden hintereinander geschaltet projiziert

Bei der additiven Wiedergabe von Farbbildern liegen Schwarzweiß-Silberbilder vor, und es werden zur Projektion gefärbte Lichter (Blau, Grün, Rot) verwendet.

Bei der subtraktiven Wiedergabe von Farbbildern sind tatsächlich farbige Bilder vorhanden, das Projektionslicht ist jedoch weiß.

Wir haben bisher von additiven und subtraktiven Farbwiedergabeverfahren gesprochen. Die Farbphotographie besteht jedoch nicht nur aus der Wiedergabetechnik. Gerade am Anfang jedes photographischen Farbverfahrens ist als erster Arbeitsgang die Aufnahmetechnik und die Negativbearbeitung auszuführen. Die gleiche Einteilung in additive und subtraktive Technik läßt sich auch für die verschiedenen Arten von Aufnahmeverfahren anwenden. Dem additiven Wiedergabeverfahren entspricht ein Aufnahmeverfahren, bei dem von dem Gegenstand drei Aufnahmen unter Zwischenschaltung der Filter in den Grundfarben Blau, Grün und Rot gemacht werden. Man nennt diese Teilaufnahmen Farbauszüge und spricht von Blaufilter-, Grünfilter- und Rotfilterauszügen. Für diese Aufnahmetechnik ist die Bezeichnung „additiv“ an und für sich durchaus nicht sinnentsprechend. Man hat deswegen für diese Verfahren nach einer anderen sinnentsprechenderen Benennung gesucht und die Bezeichnungen „Spreizverfahren“ oder „Farbspaltverfahren“ geprägt [3].

Bei der subtraktiven Aufnahmetechnik wird in der Kamera nur ein einziges Bild entworfen. Um verschiedene Teilbilder als Farbauszüge zu erhalten, muß man daher drei oder auch nur zwei Schichten hintereinander anordnen. Die Bildstrahlen durchsetzen nacheinander diese Schichten, wobei in jeder Schicht ein Farbauszug in einer der Grundfarben Blau, Grün und Rot gebildet wird. Es findet demnach in jeder Schicht eine Aussiebung der spektralen Anteile statt. Man bezeichnet deswegen die subtraktiven Farbverfahren auch als „Siebverfahren“ [3].

Die Entstehungsart des Weiß unterscheidet das additive und subtraktive Farbverfahren grundsätzlich und hat zugleich eine sehr wichtige Folge für die Helligkeit der Farbbilder. Bei der additiven Farbaufnahme wird das zur Verfügung stehende Licht in drei Teile gespalten, wobei jeder Teil durch das dazwischengeschaltete Filter auf ein Drittel der ursprünglichen Energie geschwächt wird. Es wird daher bei additiven Farbverfahren mindestens dreimal so viel Licht benötigt wie bei subtraktiven. Diese Tatsache hat bisher eine Verwendung des additiven Farbmischprinzipes für Aufsichtsbilder unmöglich gemacht. Das additiv zusammengesetzte Weiß würde im Vergleich zu einem normalen weißen Papier stets als zu dunkel erkannt werden. Aufsichtsbilder auf Papier werden stets nur nach subtraktiven Verfahren hergestellt, wobei das Papierweiß erhalten bleibt.

1. Die additiven Farbverfahren (Farbspreizverfahren)

a) Aufnahmetechnik

Die Aufgabe, von einem farbigen Gegenstand Farbauszüge in den Grundfarben Blau, Grün und Rot herzustellen, kann auf verschiedene Weise gelöst werden.

α) Verfahren mit Filterwechsel (zeitliche Parallaxe)

Die Aufnahmen erfolgen nacheinander nach Wechsel des Filters und der Aufnahmeschicht. Es kann jede Kamera verwendet werden. Dieses Verfahren kann bei ruhigen Gegenständen angewandt werden und ist heute in der Reproduktionstechnik noch allgemein üblich. Bei bewegten Objekten treten selbst bei schnellem Filter- und Schichtwechsel Unschärfen auf, die als zeitliche Parallaxe bezeichnet werden.

β) *Dreifachkammer-Verfahren (räumliche Parallaxe)*

Es wird zur Aufnahme eine Kamera mit drei Objektiven verwendet, von denen jedes mit einem Farbfilter versehen ist. Die Belichtung erfolgt durch einen gemeinsamen Verschluß. Bei dieser Technik tritt zwar keine Bewegungsunschärfe auf, aber jedes Bild zeigt den Gegenstand von einem etwas anderen Standpunkt (räumliche Parallaxe), wodurch Unschärfe verursacht wird.

γ) *Verfahren mit optischer Strahlenteilung (Abb. 22)*

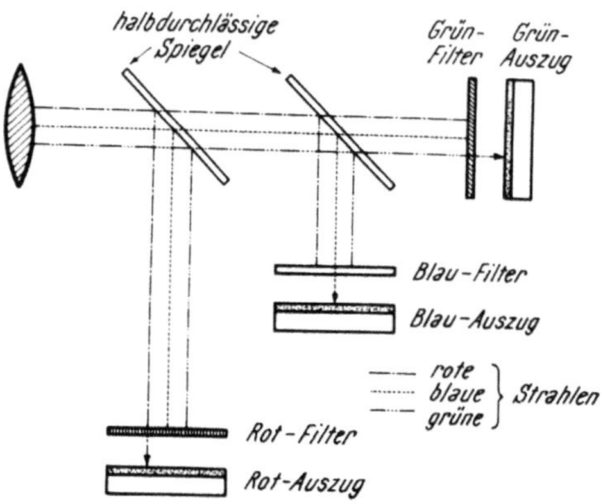

Abb. 22. Prinzip der Strahlenteilung (nach J. Eggert und G. Heymer [54])

In die vom Objektiv entworfenen Bildstrahlen sind teildurchlässige Spiegel eingebaut, so daß auf drei getrennt angebrachten Aufnahmeschichten nach Vorschaltung eines Farbfilters die Farbauszüge entstehen. Bei diesem Verfahren sind zeitliche und räumliche Parallaxe vermieden, man erhält einwandfreie, scharfe Bilder. Der Nachteil des Verfahrens besteht darin, daß die Intensität des Aufnahmelichtes noch vor der Ausfilterung auf ein Drittel vermindert wird.

δ) *Rasterverfahren*

Bei diesem Verfahren wird eine besondere Aufnahmeschicht verwendet. Die Aufnahmeschicht enthält Filterelemente in Form von mikroskopisch kleinen, unregelmäßig geformten und verteilten Körnern oder in regelmäßigen Streifen oder Rechtecken, die auf dem Schichtträger (Film oder Glas) auf der Gegenseite der Emulsion angebracht sind. Bei der Aufnahme ist das Raster dem Objektiv zugekehrt, so daß die Belichtung durch das Raster und den Schichtträger hindurch erfolgt. Es sind verschiedene Arten von Raster für die Farbphotographie vorgeschlagen worden: Kornraster, Linienraster, Streifenraster, Linsenraster (optische Raster). Bei den Rasteraufnahmen sind die Farbauszüge räumlich ineinander geschachtelt. Da die Rasterelemente nebeneinander angeordnet sind, treten geringe Unschärfen und Farbsäume auf, die jedoch meistens nicht störend sind. Die Rasterverfahren benötigen die dreifache Lichtmenge, da die einfallende Lichtintensität durch die Filter in die drei spektralen Anteile zerlegt wird.

b) Wiedergabetechnik

Die Wiedergabe bei den additiven Farbverfahren stellt praktisch die Umkehrung des Strahlenganges bei der Aufnahme dar.

α) *Farbaufnahmen mit zeitlicher Parallaxe*

Werden die Farbfilterauszüge mit zeitlicher Parallaxe auf einem Filmstreifen nacheinander als Diapositive angeordnet und wird dieser Streifen dann auf einen Schirm projiziert, wobei vor jedes Bild in schnellem Wechsel das entsprechende Farbfilter geschaltet wird, so verschmelzen die nacheinander erhaltenen Farbeindrücke zu einem gemeinsamen Farbbild (II. B. 3.).

β) *Farbaufnahmen mit räumlicher Parallaxe*

Diapositive von Farbauszügen, die mit drei Objektiven getrennt aufgenommen wurden, können mit einem Dreifachprojektor additiv zu einem einwandfreien Farbbild zusammengefügt werden. Die räumliche Parallaxe tritt bei den üblichen Projektionsabständen nicht störend in Erscheinung.

γ) *Aufnahmen mit optischer Strahlenteilung*

Die Vereinigung der Diapositive von Farbauszügen nach dem optischen Strahlenteilungsverfahren kann durch Umkehrung des Aufnahmestrahlenganges zu einem einheitlichen Farbbild erfolgen. Zur subjektiven Betrachtung sind entsprechend ähnlich aufgebaute Geräte vielfach verwendet worden (Chromoskope, Abb. 23).

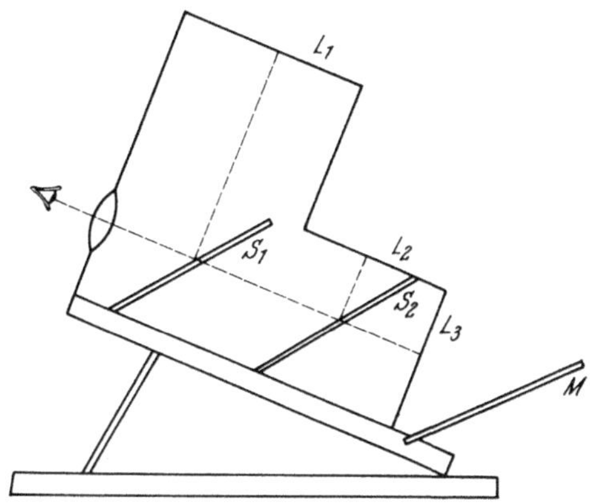

Abb. 23. Aufbau eines Chromoskopes zur Betrachtung von additiven Farbbildern; S_1, S_2 halbdurchlässige Spiegel, L_1, L_2, L_3 Lichtfilter (blau, grün, rot) mit den Diapositiven der Farbauszüge, *M* Mattscheibe. Die drei Diapositive können gemeinsam durch das Objektiv betrachtet werden, wobei additive Farbsynthese eintritt

δ) *Rasterverfahren*

Rasteraufnahmen, die durch Umkehrentwicklung zum Positiv entwickelt wurden, können als Durchsichtsbilder direkt betrachtet oder in jedem beliebigen Projektionsapparat projiziert werden. Die Helligkeit des betrachteten oder projizierten Bildes beträgt hierbei nur ein Drittel eines normalen Bildes.

2. Die subtraktiven Farbverfahren (Farbsiebverfahren)

a) Aufnahmetechnik

Bei den subtraktiven Aufnahmeverfahren findet in hintereinander angeordneten Schichten eine Siebung der Farbauszüge statt (Abb. 24). Bei dieser Art der Aufzeichnung auf beispielsweise drei Schichten können keine Filter in den Grundfarben Blau, Grün und Rot dazwischen geschaltet werden, da jedes Filter nur eine Grundfarbe durchläßt und die anderen verschluckt. Man geht deswegen einen anderen Weg, indem man die Farbenempfindlichkeit der drei hintereinander angeordneten Schichten durch die besondere Sensibilisierung auf ihre Grundfarbe abstimmt.

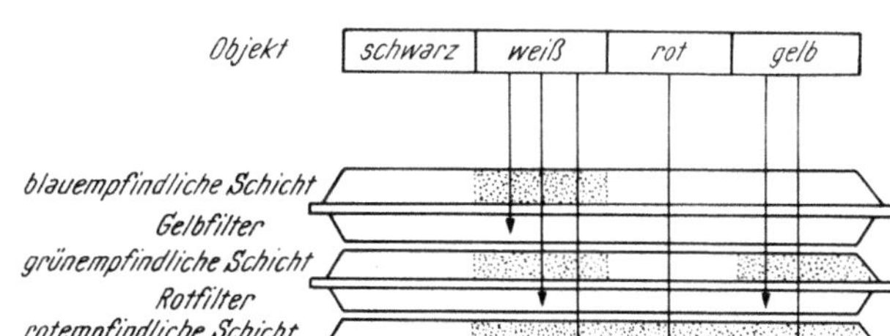

Abb. 24. Subtraktives Aufnahmeverfahren (Dreipack)

Als oberste, dem Licht zugekehrte Emulsion wird eine unsensibilisierte, nur blauempfindliche Schicht verwendet. Es folgt darunter eine Gelbfilterschicht, die die Aufgabe hat, die blauen Lichtstrahlen vom Eindringen in die unteren

Schichten abzuhalten. Die nächste Schicht ist blau- und grünempfindlich, das heißt, sie ist orthochromatisch sensibilisiert. Bei der Aufnahme sprechen in dieser Schicht nur die grünen Bildstrahlen an, da die blauen von der Gelbfilterschicht absorbiert werden. Als unterste Schicht wird eine panchromatisch sensibilisierte Emulsion verwendet. Durch das Anbringen einer Rotfilterschicht zwischen der zweiten und dritten Emulsionsschicht werden nur die roten Bildstrahlen zur Wirkung in der untersten Schicht zugelassen. Auf die rote Filterschicht kann verzichtet werden, wenn die unterste Emulsion im grünen Spektralgebiet eine genügend große Lücke aufweist.

Photographische Aufnahmematerialien mit mehreren Schichten können in verschiedener Weise aufgebaut sein. Sind drei Schichten auf einzelnen Trägern übereinander angeordnet, so spricht man vom „Dreipack". Werden bei der Aufnahme zwei Filme mit ihren Emulsionsschichten gegeneinander gedrückt, so bezeichnet man dieses Aufnahmematerial als „Zweipack" oder „Bipack". Ein Mehrschichten-Bipack entsteht durch Kombination eines Einschichtenfilmes mit einem Filmmaterial, das auf beiden Seiten eine Emulsionsschicht trägt. Es können auch drei Emulsionsschichten auf einem Träger übereinander gegossen sein. Ein derartiges Material nennt man Mehrschichtenfilm. Die heute gebräuchlichen Filme mit farbbildender Entwicklung sind Mehrschichtenfilme bzw. Dreischichtenfilme. Im Gegensatz dazu steht der Mehrschichten-Dreipack; bei diesem sind die Emulsionen auf getrennten Unterlagen.

Bei Mehrschichtenfilmen muß gewährleistet sein, daß die einzelnen Farbauszüge getrennt bearbeitet und ausgewertet werden können. Bei den Bipack- und Dreipackfilmen wird durch die Zwischenlagen der Schichtträger die Bildschärfe stark herabgesetzt, so daß vielfach nur größere Formate ausreichende Schärfe gewährleisten. Für die hohen Anforderungen an Bildschärfe beim Kinefilm ist der Bipackfilm für Zweifarbenverfahren gerade noch ausreichend.

b) Wiedergabetechnik

Bei der subtraktiven Wiedergabe werden die drei Positive hintereinander in einem Strahlengang angeordnet. Auch hierbei dürfen nicht wie beim subtraktiven Aufnahmeverfahren die Grundfarbenfilter Blau, Grün und Rot verwendet werden, da jedes einzelne Filter die von den beiden anderen Filtern durchgelassenen Strahlen absorbiert. Man muß vielmehr die Bildsubstanzen der einzelnen Schichten in Farbstoffbilder überführen, deren Absorptionsgebiete in gesetzmäßiger Weise mit denen der Schichten bei der Aufnahme gekoppelt sind. Die erste Schicht für das Siebverfahren absorbiert Blau und läßt die grünen und roten Strahlen unbeeinflußt durch. Man muß dementsprechend das Positiv nach dem Blaufilterauszug in ein gelbes Farbstoffbild umwandeln, das die grünen und roten Strahlen unbeeinflußt hindurchläßt wie bei der Aufnahme. Ebenso muß das Positiv des Grünfilterauszuges purpur und das des Rotfilterauszuges blaugrün eingefärbt werden. Je nach der Art der Einfärbetechnik kann man eine Reihe verschiedener Verfahren unterscheiden, die im einzelnen an späterer Stelle eingehend behandelt werden (III. B. 3.).

3. Kombinierte Verfahren

Bei den Farbverfahren ist man durchaus nicht daran gebunden, daß bei einem additiven Aufnahmeverfahren auch die Wiedergabe nach dem additiven Prinzip erfolgen muß. Ebenso ist es auch bei den subtraktiven Aufnahme- und Wiedergabeverfahren. Es findet sich sehr häufig der Fall, daß für die Aufnahme das additive Verfahren ausgeübt wird und die Wiedergabe nach dem subtraktiven Prinzip erfolgt. Derartige Kombinationen haben den Zweck, die besonderen Vorteile eines Verfahrens auszunutzen und durch geeignete Zusammenstellungen Nachteile zu vermeiden.

B. Die verschiedenen farbphotographischen Verfahren, ihre Grundlagen und Technik

1. Die additiven Verfahren

Die additiven Verfahren haben heute an Bedeutung stark verloren, da der Schwerpunkt der Farbphotographie durch die Fortschritte in den letzten Jahrzehnten fast ausschließlich auf die subtraktive Technik verlagert worden ist. Nur in der Reproduktionstechnik spielt das additive Aufnahmeverfahren nach wie vor eine ausschlaggebende Rolle. Auf diesem Anwendungsgebiet zählen Lichtverluste und Unhandlichkeit der Geräte überhaupt nicht, während bedeutende Vorteile, wie einwandfreie und leicht zu bearbeitende Teilauszüge, sehr ins Gewicht fallen. Die Qualität der additiven Aufnahmetechnik ist bisher von der subtraktiven noch nicht erreicht worden.

a) Einzelaufnahmen mit Strahlenteilungskameras

Durch das heute weitverbreitete Mehrschichten-Farbfilmverfahren ist das Interesse für Farbaufnahmekameras mit optischer Strahlenteilung heute sehr gering. Für einen größeren Verbraucherkreis kommen derartige Geräte schon deshalb nicht in Betracht, weil sie sehr teuer sind. Für Spezialzwecke, vor allem für Reproduktionsanstalten, besitzen solche Geräte jedoch auch heute noch Interesse.

Es gab und gibt zum Teil auch heute noch eine Reihe verschiedener Typen. In Deutschland haben die BERMPOHL- und die RECKMEIER-Kamera weite Verbreitung gefunden [60, 61] (Abb. 25). In den USA hat die NETRIC-Kamera und in England die KLEIN-Kamera einen Namen [62, 63]. Bei der BERMPOHL- und der NETRIC-Kamera bestehen die teildurchlässigen Spiegel aus Glas; bei der RECKMEIER-Kamera ist der erste Spiegel aus einem über einen Metallrahmen gespannten Kollodiumhäutchen; bei der KLEIN-Kamera sind sogar beide Spiegel aus einer Kollodiumhaut hergestellt. Derartige Spiegel haben sehr wenig Reflexionsverlust und ermöglichen verhältnismäßig kurze Belichtungszeiten. Eine handliche Strahlenteilungskamera für Momentaufnahmen war in den dreißiger Jahren die MIKUT-Kamera [64]. Diese arbeitete mit dem Bildformat 4,5 × 4,5 cm auf einer einzigen Platte von der Größe 5 × 15 cm. Die Strahlenteilung erfolgte über einen Prismenkörper.

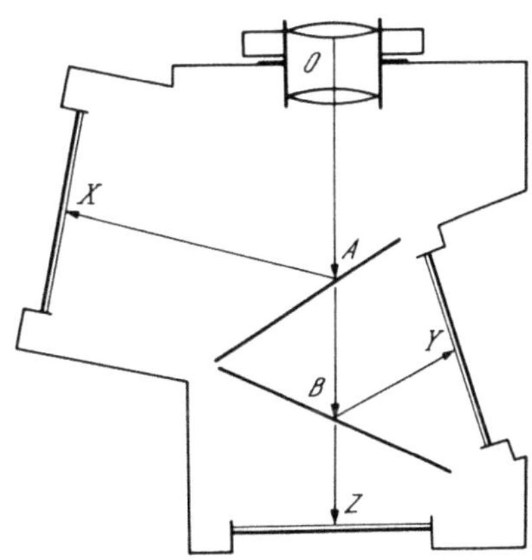

Abb. 25. BERMPOHL-Naturfarbenkamera (schematisch); O Objektiv, A 1. Spiegel, B 2. Spiegel, X Blaufilter für Blauauszug, Y Rotfilter für Rotauszug, Z Grünfilter für Grünauszug

b) Zweifarbenfilmverfahren mit Filterwechsel (zeitliche Parallaxe)

Bei derartigen Verfahren werden die Teilbilder nacheinander abwechselnd hinter verschiedenen Filtern aufgenommen. Wegen der meistens auftretenden

Farbsäume und des großen mechanischen Aufwandes sind Farbverfahren mit Filterwechsel weniger oft ausgeführt worden.

Kinemacolor [4, 65]

Kinemacolor ist eines der ältesten kommerziell ausgenutzten Farbverfahren. Seine Erfinder waren G. A. Smith und C. Urban von der Natural Colour Kinematograph Co. Ltd., London (1906). Es war ein Zweifarbenverfahren. Die beiden Teilbilder (Rot und Grün) wurden nacheinander bei gleichzeitigem Filterwechsel aufgenommen.

Herault-Trichrome-Prozeß [4]

Dieses Verfahren war ein additives Dreifarbenverfahren (1929). Die Teilbilder wurden nacheinander in Normalgröße aufgenommen. Die Vorführung erfolgte in einem mit 24 Bilder/s laufenden Projektor.

Morgana-Zweifarbenfilmverfahren [3, 4, 66]

Die Firma Bell & Howell Co., Chicago, USA, hat dieses Verfahren im Jahre 1930 für ihre Schmalfilmkamera in den Handel gebracht. Bei der Aufnahme wurden ein Orange- und Blaugrünfilter zwischen Objektiv und Bildbühne hin- und hergeschoben und abwechselnd die beiden Teilfarbenbilder erzeugt. Die Aufnahme-Laufgeschwindigkeit betrug 24 Bilder in der Sekunde, die Belichtung bei Tageslicht war auf den vierfachen Betrag erhöht. Bei der Vorführung betrug die Geschwindigkeit 72 Bilder in der Sekunde, wobei nach Ablauf von zwei Bildern um ein Bild zurückgeschaltet wurde (Pilgerschritt) zur Vermeidung des Flimmerns.

c) Farbfilmverfahren mit optischer Strahlenteilung

Busch-Zweifarbenfilmverfahren [4, 18, 67 bis 70]

Bei diesem Verfahren erfolgte die Strahlenteilung durch ein Prisma vor zwei Objektiven (Abb. 26). Die beiden Teilbilder wurden anschließend durch zwei Umkehrprismen umgekehrt und nach dem Durchgang durch ein Orange- und ein Blaugrünfilter auf dem horizontal laufenden Film übereinander

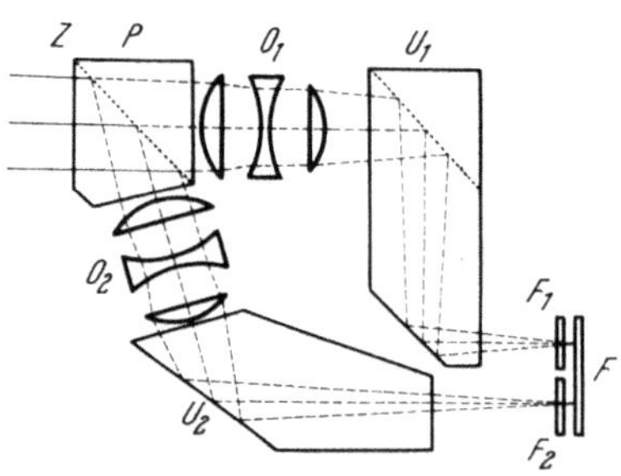

Abb. 26. Strahlenteilung beim Busch-Zweifarbenverfahren

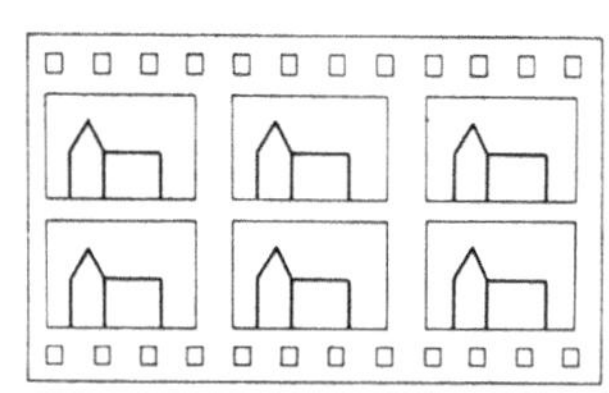

Abb. 27. Anordnung der Teilbilder beim Busch-Zweifarbenverfahren

angeordnet (Abb. 27). Die Projektion erfolgte mit einem normalen Projektor mit einem Prismenvorsatz. Das *Busch*-Verfahren wurde besonders auf medizinischem Gebiet sehr viel eingesetzt.

Raycol-Verfahren [3, 4, 68, 71]

Beim Raycol-Verfahren wurden durch ein Strahlenteilungssystem zwei Bilder von einem Viertel der Größe eines normalen Bildes entworfen, und zwar in der ersten Zeit in diagonaler Anordnung, später in der Mitte des Filmstreifens untereinander. Für die Projektion wurde eine Zwillingslinse verwendet. Das Orangeteilbild wurde mit einem Orangefarbfilter projiziert, während das Blaugrünpositiv ohne Filter verwendet wurde. Die Farbsynthese entstand durch Farbkontrast (III. B. 3.). Die Farbwiedergabe dieses Verfahrens wird als ausreichend bezeichnet. Das Verfahren wurde von der RAYCOL BRITISH CORP., LTD., London, in den Jahren 1928 bis 1933 ausgearbeitet und ausgewertet.

Cinecolor-Verfahren der DUFAY-CHROMEX LTD., London [4, 72]

Dieses Verfahren war ebenfalls ein Zweifarbenverfahren. Die Strahlenteilung erfolgte wie beim BUSCH-Verfahren mittels eines Prisma vor zwei Objektiven. In der ersten Zeit wurden die Bilder gedreht und nebeneinander angeordnet; später fiel die Drehung weg, und die Bilder wurden untereinander in der Mitte des Streifens angebracht. Zur Projektion wurde ein Prismenvorsatz verwendet. Das Verfahren war in den Jahren 1930 bis etwa 1935 im Gebrauch.

Rouxcolor [4]

L. H. ROUX ist der Erfinder der optischen Einrichtung dieses additiven Vierfarbenverfahrens (1932). Die vier Teilbilder waren neben- und übereinander auf dem Platz eines normalen Kinebildes untergebracht. Bei der Projektion wurden die Kopien der Farbauszüge nach entsprechender Filterung auf dem Bildschirm zu einem gemeinsamen Farbbild vereinigt.

Francita-Realità-Verfahren [4, 18, 73]

Dieses Verfahren wurde zuerst in England von der BRITISH REALITA SYNDICATE LTD. angewandt und ging später in den Besitz der SOCIÉTÉ DE FILMS EN COULEURS NATURELLES FRANCITA, Paris, über. Die erste Filmvorführung nach dem *Francita*-Verfahren fand im Jahre 1935 in Paris statt. Das Verfahren war ein Dreifarbenverfahren. Durch ein optisches System wurden die drei Teilbilder in den Größen 8×12 mm auf einem normalen Kinebildfeld untergebracht. Es wurden zunächst zwei Bilder in der Diagonale des normalen Bildfeldes hinter dem roten und grünen Farbfilter belichtet. Der Film wurde dann eine halbe Bildhöhe weitergeschaltet, und es folgte dann die Blaubelichtung des dritten Bildes, das neben dem einen Teilbild seinen Platz hatte. Die Schaltgeschwindigkeit betrug 48 Bilder in der Sekunde. Der Negativ-Farbauszugsfilm wurde im Kontakt auf Schwarzweiß-Positivfilm kopiert und dieser mit einem ähnlich eingerichteten Projektor wie die Aufnahmekamera unter Zwischenschaltung von Farbfiltern projiziert.

Thomascolor-Prozeß [4]

Eines der am meisten und verhältnismäßig lange in den USA angewandten Vierfarbenverfahren war das *Thomascolor*-Verfahren. Sein Erfinder war R. THOMAS (1944). Es wurden vier Teilbilder aufgenommen, die auf dem normalen Kinebildformat untergebracht waren. Zur Strahlenteilung diente ein vierteiliges Spezialobjektiv. Die additive Farbsynthese erfolgte durch Umkehrung des Strahlenganges bei der Aufnahme. Über die optische Einrichtung sind nie genaue Angaben bekannt geworden, anscheinend wegen vieler Ähnlichkeiten mit dem *Rouxcolor*- und *Francita*-Verfahren.

BREWSTER-Dreifarbenfilmverfahren [3, 4, 74]

In der Aufnahmetechnik arbeitete dieses Verfahren nach dem additiven Prinzip, wobei die zeitliche Parallaxe und die optische Strahlenteilung ausgenutzt wurden. Bei Kinoaufnahmekameras geht bekanntlich durch die Abdeckung des Bildes mittels der Umlaufblende ein Teil des Lichtes verloren. Bei der Brewster-Kamera war die Umlaufblende als Spiegel ausgebildet. Während das Bildfenster in der optischen Achse abgedeckt wurde, erfolgte durch Reflexion die Belichtung eines zweiten Bildfensters, das unter einem Winkel von 90° seitlich davon angeordnet war. Eine zweite, mit ihren Flügeln in die Lücken der ersten Blende eingreifend, beleuchtete das dritte, dem zweiten gegenüberstehende Bildfenster. Durch mehrfache Unterteilung der Umlaufblendenspiegel wurde jedes Teilbild mindestens zweimal belichtet, um Farbsäume durch die zeitliche Parallaxe zu verhindern.

Technicolor-Farbfilmverfahren

Das Aufnahmesystem des *Technicolor*-Verfahrens gehört zu den Strahlenteilungsverfahren. Dieses Verfahren wird eingehend an späterer Stelle geschildert (III. B. 2. c) α); 3. k)).

d) Die Rasterverfahren [1, 3, 4, 52, 75 bis 80]

α) *Farbstoffraster-Verfahren*

Die Idee, farbphotographische Bilder mit Hilfe von Rastern herzustellen, stammt von L. A. Ducos du Hauron (1837–1920). Ducos du Hauron hat in seiner Patentschrift vom Jahre 1868 nahezu alle Methoden und Verfahren

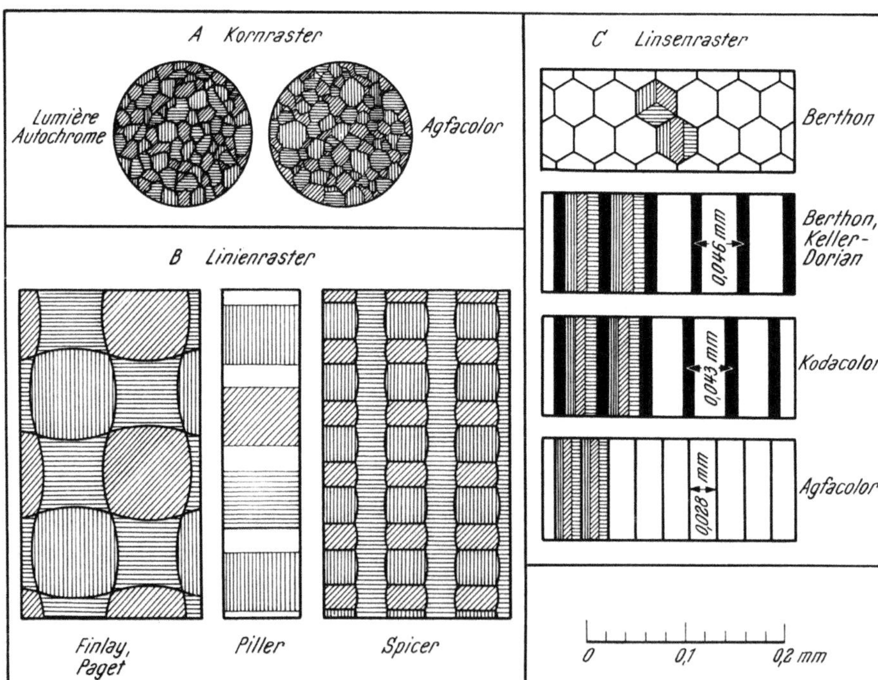

Abb. 28. Rasterverfahren

geschildert, mittels derer man die farbige Welt im Bilde farbig festhalten könnte (Fr. P. 83061/1868). In dieser Patentschrift ist besonders auf die Technik mit Kornraster hingewiesen. Ducos du Haurons Idee war zu seiner Zeit nicht ausführbar, da die damals bekannten photographischen Schichten farbenblind waren. Es bedurfte erst der Erfindung der Farbensensibilisierung durch H. W. VOGEL (1873), um zu ermöglichen, wirkliche Farbbilder auf photographischem Wege herzustellen.

Die praktische Verwirklichung der Idee von DUCOS DU HAURON gelang J. W. McDONOUGH, der im Jahre 1892 das erste englische Patent auf eine Farbrasterplatte erhielt (E. P. 5597/1892). Auf der Erfindung von McDONOUGH schufen die GEBRÜDER LUMIÈRE in Lyon die Autochrome-Farbrasterplatte [81], die bis in die dreißiger Jahre vielseitige Verwendung gefunden hat und erst durch den Mehrschichtenfarbfilm verdrängt wurde.

Es gab etwa 300 verschiedene Arten von Farbrasterplatten, die erfunden und teilweise auch kurzzeitig im Handel waren. Von praktischer Bedeutung waren jedoch nur etwa vier verschiedene Arten.

Die LUMIÈRE *Autochrome*-Platte und der Kornrasterfilm *Filmcolor*

Die LUMIÈRE *Autochrome*-Platte geht auf Patente vom Jahre 1904 zurück [81], kam jedoch nach anfänglichen fabrikatorischen Schwierigkeiten erst im Jahre 1907 in den Handel. Das Raster bei der Platte und dem Film waren identisch und bestanden aus Stärkekörnchen, die in den Grundfarben Blau, Grün und Rot angefärbt waren, während die Zwischenräume mit Ruß ausgefüllt waren. Diese Rasterelemente waren auf einer Glasplatte unter Verwendung eines klebrigen Haftmittels aufgebracht und ganz ungleichmäßig verteilt (Abb. 28). Auf der Rasterschicht befand sich eine panchromatische Bromsilber-Gelatineemulsionsschicht. Die Belichtung der Platte in der Kamera erfolgte durch die Glasplatte hindurch. Bis vor einigen Jahren hat die Firma LUMIÈRE einen Blattfilm *Filmcolor Ultra-Rapide* und einen Rollfilm *Lumicolor Ultra-Rapide* auf den Markt gebracht.

AGFA Kornrastermaterial *Agfacolor* und *Agfacolor-Ultrafilm* und LIGNOSE *Farbfilm* [82 bis 84]

Die AGFA-Farbrasterplatte *Agfacolor* kam 1912 in den Handel und wurde nach Patenten von J. H. CHRISTENSEN hergestellt [83]. Im Jahre 1923 erschien der Kornrasterfilm *Agfacolor-Ultra* [84], und im Jahre 1926 brachte die LIGNOSE ihren Farbrasterfilm auf den Markt. Die Firma LIGNOSE wurde später von der AGFA übernommen.

Die Raster der *Agfacolor*-Platte und des *Agfacolor-Ultrafilmes* wurden nach verschiedenen Verfahren hergestellt (Abb. 28). Bei der *Agfacolor*-Platte bestanden die in den Grundfarben eingefärbten Körner aus Farblacken, aus Gerbsäure und basischen Farbstoffen. Auf Grund der Herstellungsart war eine Ausfüllung der Zwischenräume des Farbrasters nicht erforderlich. Beim *Agfacolor-Ultrafilm* bestanden die Rasterkörner aus Harzen, die nach Anfärbung auf die Platten gespritzt wurden. Das Raster wurde bei allen Verfahren mit einer Schutzschicht bedeckt, damit die Behandlungsbäder keinen Zutritt zu den Farbschichten hatten. Die *Agfacolor*-Platte wurde besonders für Reproduktionen von Gemälden, Aufnahmen von Kunstgegenständen und für wissenschaftliche Zwecke eingesetzt. Sie war speziell für Aufnahmen mit Nitralicht bestimmt. Der *Agfacolor*-Ultrafilm diente dagegen bevorzugt für Tageslichtaufnahmen. Er hatte eine Empfindlichkeit von etwa 6^0 DIN. Zur Anpassung der Farbenempfindlichkeit der beiden Kornrasterschichten an die jeweilige Beleuchtung diente eine Anzahl verschiedener Farbfilter.

Die Verarbeitung der Kornraster-Farbschichten

Die Farbbilder mittels Farbrasterschichten sind immer zum Betrachten in der Durchsicht oder zur Projektion bestimmt. Dementsprechend wurden die Aufnahmen fast immer durch direkte Umkehrentwicklung zum Positiv entwickelt.

Die Umkehrentwicklung, wie sie auch heute noch für Schmalfilme üblich ist, bestand aus folgenden Arbeitsgängen:

1. Erstentwicklung; es entsteht ein negatives Silberbild,
2. Bleichbad; durch ein Kaliumdichromat-Schwefelsäure-Bad wird das negative Silberbild herausgelöst und es bleibt unverändertes Silberbromid übrig,
3. Klärbad; die Anfärbung der Gelatine durch das Bleichbad wird durch Reduktion in einem Sulfitbad beseitigt,
4. Diffuse Belichtung des Restbromsilbers, um es entwicklungsfähig zu machen,
5. Zweitentwicklung; das diffusbelichtete Bromsilber wird durch Entwicklung durchgeschwärzt,
6. Fixage; Herauslösen des nicht entwickelten Bromsilbers,
7. Schlußwässerung.

Zur Entwicklung ist jeder Umkehr-Erstentwickler geeignet. Heute enthalten die Erstentwickler immer als Bromsilberlösungs- und Schleiermittel Kaliumrhodanid, früher hat man einen Zusatz von Ammoniak für den gleichen Zweck wohl empfohlen. Von den GEBR. LUMIÈRE wurde folgende Entwicklervorschrift angegeben [52]:

Erstentwickler
für Kornrasterschichten

Wasser (von 30 bis 40°C) ...	750,0 ml
Metol	11,4 g
Hydrochinon	3,6 g
Natriumsulfit sicc.	100,0 g
Kaliumbromid	16,0 g
Ammoniak (spez. Gew. 0,923)	32,0 ml
Wasser bis auf	1000,0 ml

Zum Gebrauch wird der Entwickler mit 4 Teilen Wasser verdünnt. Bei richtiger Belichtung betrug die Entwicklungszeit bei 15°C 2,5 min. Nach beendeter Entwicklung erschien das Bild in den komplementären Farben.

Als Bleichbad wurde ursprünglich von den GEBR. LUMIÈRE ein Permanganatbad empfohlen. Nach E. J. WALL ist jedoch ein Kaliumdichromatbad vorzuziehen [52].

Bleichbad
für Kornrasterschichten

Kaliumdichromat	5 g
Schwefelsäure, konz.	10 ml
Wasser bis auf	1 l

Beim Ansatz muß die Schwefelsäure in das Wasser gegossen werden; niemals darf man umgekehrt verfahren!

Die Platte wird so lange gebleicht, bis sie beginnt trübe zu werden. Die Bleichzeit dauert etwa 2 min. Nach dem Bleichen wird in fließendem Wasser mindestens 2 min gewässert. Die weiteren Prozesse können bei Tageslicht erfolgen. Es wird zunächst mit künstlichem Licht kräftig etwa 2 min im Abstand von 1 m belichtet und dann in jedem beliebigen Positiventwickler etwa 4 min entwickelt. Zum Schluß folgt eine Behandlung in Härtefixierbad und dann die normale Schlußwässerung. Nach dem Trocknen der Platte ist es empfehlenswert, die Schichtoberfläche mit einer Schutzlackschicht zu versehen. Es dürfen hierzu keine alkoholhaltigen Lacke verwendet werden. LUMIÈRE empfiehlt eine 20%ige Dammarharz-Benzollösung. Nach E. VALENTA ist der folgende Schutzlack jedoch vorzuziehen, da er nicht feuergefährlich ist [52].

Schutzlack für Rasterdiapositive

Dammarharz	20 g
Manila-Kopal	50 g
Tetrachlorkohlenstoff	1000 ml

Die Harze werden zunächst kalt gelöst und dann die Lösung zum Sieden erhitzt und anschließend filtriert.

Zum Lackieren muß das Dia leicht erwärmt werden.

Sind die Rasterumkehrbilder schwach und dünn und zeigen zuwenig Brillanz, dann kann man sie vor der Lackierung mit einem physikalischen Entwickler verstärken (s. Band V dieser Sammlung, XIV. F.).

Bei den Farbrasteraufnahmen hängt die Farbabstimmung sehr weitgehend von der Belichtung bei der Aufnahme und der Entwicklung ab. Mit zunehmender Belichtung wird die Farbwiedergabe stärker verweißlicht. Diese Fehlererscheinung bei allen Farbrastern kommt daher, daß durch die Filterelemente in den Grundfarben die darunter befindliche Emulsion nicht nur auf das jeweils durchgelassene Licht anspricht, es findet zugleich eine Diffusion des Lichtes statt, so daß auch unter den anderen Filtern ein Lichteindruck bewirkt wird. Dieser sehr störende Einfluß des Streulichtes tritt bei der Umkehrentwicklung weniger stark hervor als bei der Negativentwicklung. Die Ursache dieser Erscheinung ist auf die Wirkung des Ammoniakzusatzes im Erstentwickler zurückzuführen. Kaliumrhodanidzusatz wirkt in ähnlicher Weise jedoch etwas geringer. Beim Negativ-Positiv-Verfahren kann dem Entwickler kein Ammoniak zugesetzt werden, da hierdurch ein sehr starker Schleier entsteht. Es wird in diesem Fall als Zusatz Natriumthiosulfat empfohlen [91].

Das Kopieren von Farbrasterphotographien ist nicht sehr einfach, da die Rasterelemente auf der Kopie genau an den gleichen Bildstellen liegen müssen wie im Original. Nach A. VON HÜBL erhält man nur einigermaßen befriedigende Ergebnisse, wenn man eine scharfe Abbildung der Rasterelemente vermeidet [85]. Man darf keinesfalls die zu kopierende Rasteraufnahme in Kontakt mit der Kopierplatte bringen. Nach A. VON HÜBL ist es am zweckmäßigsten, zum Kopieren von Farbrasterplatten eine auf Unendlich eingestellte, auf den Himmel bzw. weiße Wolken gerichtete Kamera zu verwenden.

Von Farbrasteraufnahmen können auch subtraktive Farbbilder hergestellt werden. Zu diesem Zwecke macht man von der Rasteraufnahme drei Farbauszüge, in denen die Struktur des Rasters möglichst wenig zur Geltung kommt. Für diese Farbauszüge verwendet man nicht die üblichen Farbfilter, weil sich die spektralen Durchlässigkeitsbereiche bei diesen Filtern überlappen; man benutzt vielmehr sehr strenge Farbfilter, sogenannte Analysen- oder Mikrofilter. Für den Blaufilterauszug gebraucht man am besten eine unsensibilisierte, für den Grünfilterauszug eine orthochromatische und für den Rotfilterauszug eine panchromatische Schicht. Die Struktur des Originals kommt am wenigsten zum Ausdruck, wenn die Empfindlichkeit der Schichten möglichst hoch ist. Zur Weiterverarbeitung und zur Herstellung der Dreifarbenreproduktion kann jedes beliebige subtraktive Verfahren angewandt werden.

Das Kornrasterverfahren mit unregelmäßigen Rasterelementen ist zur Herstellung von Kinofilmen nicht geeignet. Selbst bei sehr feinen Rasterelementen tritt beim Lauffilm eine als „Ameisenlaufen“ oder „Kribbeln“ bezeichnete Bildunruhe auf. Diese Erscheinung tritt bei regelmäßigen Rasterelementen, wie zum Beispiel beim *Dufaycolor*-Verfahren, nicht auf. Daher sind derartige Verfahren auch zur Herstellung von Kinofarbfilmen geeignet.

Das Duplex-Farbrasterverfahren

Beim Duplex-Farbrasterverfahren war das Farbraster nicht mit der Emulsionsschicht verbunden; die Rasterplatte war eine gesonderte, mit einem farbigen Raster versehene Platte, die bei der Aufnahme in der Kamera mit einer beliebigen panchromatischen Emulsion in Kontakt gebracht war und durch die Schicht belichtet wurde. Nach der Aufnahme wurde die Schicht in der üblichen Weise zum Negativ entwickelt. Von dem Negativ konnten beliebig viele Diapositive angefertigt werden, die in Kontakt mit einer besonderen Betrachtungsrasterplatte als Farbbilder betrachtet oder projiziert werden konnten. Bezüglich der Farbwiedergabe bietet das Duplexverfahren gegenüber dem System mit fixierten Rastern keine Vorteile.

Es waren zeitweise verschiedene Farbrasterplatten nach dem Duplexprinzip im Handel. Eine der ersten Duplexplatten war die *Thames-Platte* von C. L. Finlay (1906). Die Rasterplatte hatte ein Punktraster, und zwar waren die Punkte rot und grün gefärbt, während die Zwischenräume blau angefärbt waren. Vom Jahre 1910 an wurde die *Thames-Platte* auch mit Farbraster und aufgegossener Emulsionsschicht geliefert. Das Farbrasterverfahren mit getrenntem Farbraster und Aufnahmeschicht nannte man auch „Separate-Method“, während das Verfahren mit fixiertem Raster „Combined-Method“ genannt wurde.

Eine andere Rasterplatte nach dem Duplexprinzip war die *Aurora-Platte* von E. Fenske (1909). Die Rasterelemente waren von verschiedener Größe und die Zwischenräume waren schwarz gefärbt.

Das Finlay-Rasterverfahren [86 bis 88]

Das in England vielfach angewandte Finlay-Rasterverfahren geht auf das von C. L. Finlay erfundene *Paget-Verfahren* zurück, das ursprünglich nach dem Duplexprinzip arbeitete. Das Paget-Finlay-Raster bestand aus viereckigen Rasterelementen, die eine 16mal größere Fläche bedeckten als die der Kornraster [52]. Auf diese Weise war es möglich, mit der Finlay-Rasterplatte Aufnahmen von $^1/_{100}$ s bei Blende f/4,5 zu machen. Die panchromatische Schicht, die im Kontakt mit dem Raster in der Kamera belichtet wurde, wurde anschließend zum Negativ entwickelt. Von dem Negativ wurde ein Diapositiv hergestellt und dieses mit einem besonderen Betrachtungsraster in Kontakt gebracht. Diese letztere Arbeit war sehr mühselig, außerdem traten infolge des nicht einwandfreien Kontaktes immer Unschärfen bzw. Farbsäume auf. Diese Nachteile führten im Jahre 1931 zu einer Umstellung des Verfahrens in zwei Richtungen [87, 88]. Es entstand zunächst die *Finlaychrome*-Platte. Bei dieser Platte waren Raster und Emulsionsschicht übereinandergegossen, und die Entwicklung erfolgte genau wie bei den Kornrasteraufnahmen. Bei einer weiteren fortschrittlichen Fabrikation wurde das alte System des Negativ-Positiv-Prozesses wie bei der ursprünglichen Paget-Platte wieder aufgenommen. Als Positivemulsion wurde jedoch eine besondere unempfindliche Chlorsilberemulsion in Verbindung mit einem Raster verwendet. Beim Positivkopierprozeß waren Negativschicht und Schicht der Positivrasterplatte im Kontakt und die Belichtung erfolgte durch die Negativschicht hindurch auf die Kopierschicht, also nicht durch das Raster. Um die Farbwiedergabe hierbei zu gewährleisten, wurden bestimmte Marken des Negativs und Positivs zur Deckung gebracht. Für verschiedene Beleuchtungsarten bei der Aufnahme wurden besondere Ausgleichsfilter verwendet.

Das *Dufaycolor*-Verfahren [1, 3, 4, 89 bis 92]

Das *Dufaycolor*-Verfahren geht auf die Farbrasterplatte *Dioptichrom* von L. DUFAY zurück (1907). Diese Platte war in den Jahren 1910 bis 1917 im Handel. Im Jahre 1925 wurde das Verfahren von der Papierfabrik SPICER LTD., London, wieder aufgegriffen und brauchbar besonders auch für Kinefilmzwecke gemacht. Seit dem Jahre 1934 arbeitet die SPICER-DUFAY LTD. mit der ILFORD LTD. zusammen und erzielte mit dem Verfahren ganz beachtliche Erfolge.

Das Farbraster des *Dufaycolorfilmes* ist ein Linienraster (Abb. 28). Es sind etwa 20 rote, grüne und blaue Rasterelemente auf einen Millimeter Länge untergebracht. Der Film entspricht damit den Anforderungen an das Auflösungsvermögen eines normalen Kinefilmes. Für die Verwendung des *Dufaycolorfilmes* als Kineaufnahme- und Wiedergabefilm wird der Negativ-Positiv-Prozeß angewandt. Der Aufnahmefilm wird zum Negativ entwickelt. Um die Farbsättigung bei dieser Negativentwicklung zu erhöhen, wird dem Entwickler Natriumthiosulfat zugesetzt [91]. Die größte Schwierigkeit bereitet der Kopierprozeß. Es wird optisch kopiert mit möglichst offener Blende, um Moiré-Bildung (Überschneidung der Rasterabbildung) zu verhüten. Als Kopierlampe wird eine Quecksilberlampe verwendet, aus der ganz enge Spektralgebiete in den Grundfarben herausgefiltert werden. Das *Dufaycolor*-Filmmaterial wird heute von der DUFAY-CHROMEX LTD., London, England, hergestellt und in den Handel gebracht. Für Kinefilmzwecke werden zwei Aufnahmefilme hergestellt, eine Type I. N. für Tageslichtaufnahmen mit einer Einstellung auf die Farbtemperatur von 6000° K, und eine Type I. G. für Aufnahmen bei Kunstlichtbeleuchtung mit einer Farbtemperatur von 3000° K. Außer diesen Normalfilmen liefert die DUFAY-CHROMEX LTD. einen 16-mm-Umkehrfilm, dessen Empfindlichkeit etwa 8 ASA entspricht. Den größten Erfolg erzielte das *Dufaycolor*-Verfahren mit dem Krönungsfilm im Jahre 1954.

In neuester Zeit ist der Erfinder KARL WAHL (EMIMETA AG., Schaan, Liechtenstein) bemüht, ein den Ansprüchen der heutigen Farbphotographie entsprechendes Kornrasterverfahren auszuarbeiten und als billiges Verfahren auf den Markt zu bringen. Auf Grund der bisherigen Erfahrungen und der prinzipiellen Bedenken mit Rasterverfahren bestehen berechtigte Zweifel, daß dieses Farbverfahren, das *Amacolor* genannt wird, jemals zur Einführung gelangen wird.

β) *Linsenraster-Verfahren* [3, 4, 33, 35, 93 bis 113]

Bei den vorstehend geschilderten Farbraster-Verfahren befindet sich ein Farbraster, bestehend aus kleinen Elementen regelmäßiger oder unregelmäßiger Art in den Grundfarben, vor der Aufnahmeschicht. Beim Linsenraster-Verfahren sind mikroskopisch kleine Linsen vor der Aufnahmeschicht angebracht, durch die ein im Objektiv befindliches Farbfilter optisch auf der Schicht abgebildet wird.

Das beim Linsenraster-Verfahren zugrunde liegende Prinzip stammt aus der Autotypie-Drucktechnik, die im Jahre 1881 von dem Graphiker G. MEISENBACH erfunden wurde und die heute noch in Gebrauch ist. Bei der Autotypie ist vor der Aufnahmeschicht in einem bestimmten Abstand ein Lochraster angebracht und durch die Löcher dieses Rasters hindurch wird die Blende des Aufnahmeobjektives abgebildet. Es entstehen dadurch auf der Negativschicht Elementarpunkte, deren Größe von der erfolgten Lichtwirkung abhängig ist. Als erster hat R. E. LIESEGANG versucht, dieses Prinzip für die Farbphotographie auszunutzen [93]. Er schlug vor, an Stelle der normalen Objektivblende, der üblichen Steckblende, eine Blende aus drei Löchern einzusetzen, die mit Filtern in den Grundfarben Blau, Grün und Rot versehen sind (Abb. 29). Die einzelnen Löcher des Lochrasters vor der Schicht wirken wie Lochkameras und bilden die Filter vor dem Aufnahmeobjektiv nebeneinander in der Aufnahmeschicht ab. Hierbei entsteht in der Schicht ein Farbraster, das aus drei einzelnen Farbpunkten zusammengesetzt ist. Die Schwärzung der Schicht an den drei Farbpunkten erfolgt entsprechend der herrschenden Farbe an der betreffenden Bildstelle. Wird von einer solchen Aufnahme ein Positiv hergestellt und dieses mit einem Raster in die gleiche Lage wie bei der Aufnahme gebracht und dann von der Rückseite projiziert, so erhält man auf dem Schirm ein Farbbild.

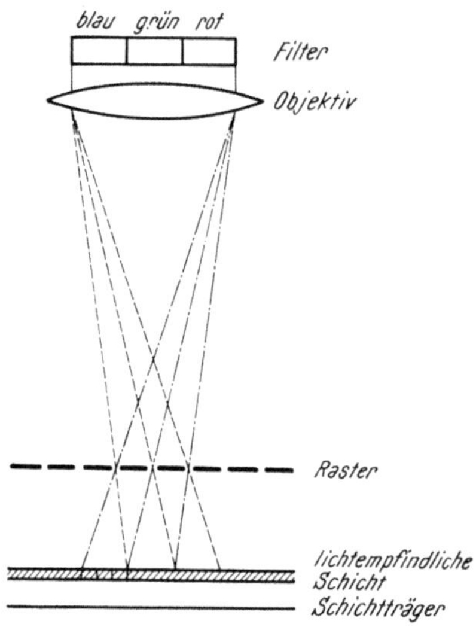

Abb. 29. Prinzip der Verwendung des Loch- und Strichrasters in der Farbphotographie nach R. E. Liesegang

J. Szczepanik verbesserte das Verfahren von Liesegang sehr wesentlich [94]. Er schlug vor, anstelle des Lochrasters ein Strichraster zu verwenden und die Filter im Objektiv als parallel zum Raster verlaufendes Streifenfilter auszubilden. Dieses Verfahren arbeitete jedoch mit sehr großem Lichtverlust, da die durchsichtigen Rasterstriche wegen der erforderlichen scharfen Abbildung der Streifenfilterblende sehr schmal sein mußten.

Die Voraussetzungen für die praktische Verwendungsmöglichkeit des Richtrasterprinzips schuf R. Berthon im Jahre 1908, indem er an die Stelle der licht-

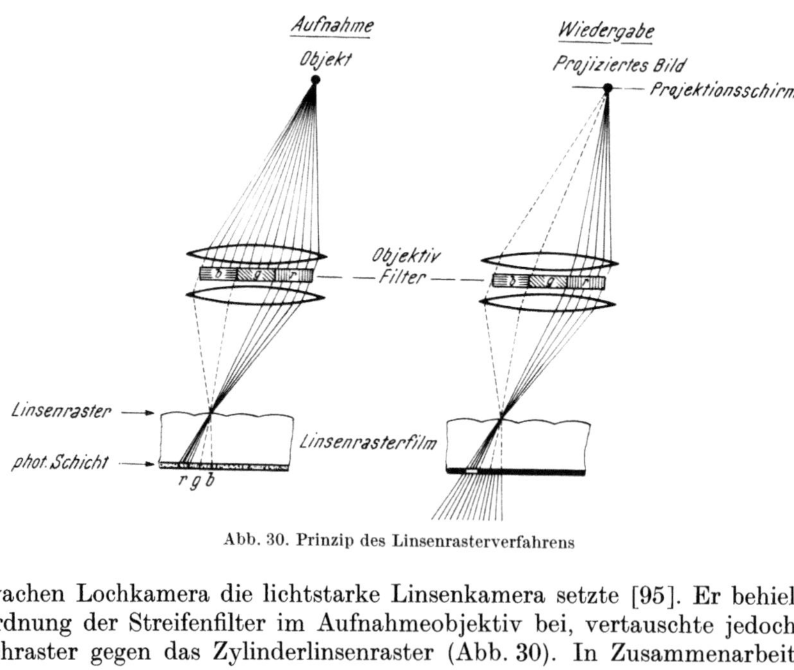

Abb. 30. Prinzip des Linsenrasterverfahrens

schwachen Lochkamera die lichtstarke Linsenkamera setzte [95]. Er behielt die Anordnung der Streifenfilter im Aufnahmeobjektiv bei, vertauschte jedoch das Strichraster gegen das Zylinderlinsenraster (Abb. 30). In Zusammenarbeit mit

A. KELLER-DORIAN gelang es ihm, den Linsenraster unmittelbar in den Schichtträger einzuprägen und dabei nach Überwindung vieler Schwierigkeiten eine fehlerlose Verformung und erforderliche Feinheit des Rasters zu erzielen. Im Jahre 1928 brachte KODAK, nachdem sie die Rechte der KELLER-DORIAN-GESELLSCHAFT erworben hatte, ihren *Kodacolor-Film* als ersten Farbenschmalfilm nach dem Linsenrasterverfahren auf den Markt [97 bis 99].

Unabhängig von dem *Keller-Dorian*-Verfahren hatte die AGFA, Wolfen, ein Linsenraster-Verfahren, *Agfacolor,* ausgearbeitet und die ersten *Schmalfilme* im Jahre 1931 vorgeführt [70, 100 bis 107]. Im Jahre 1933 erweiterte die AGFA ihr Linsenrasterprogramm, indem sie einen *Agfacolor-Film für das Kleinbild* auf den Markt brachte.

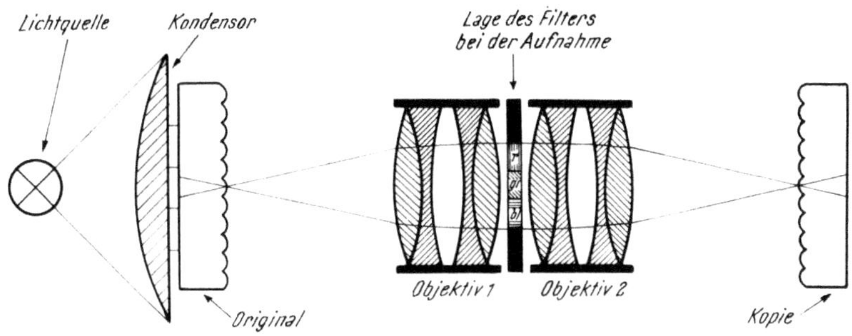

Abb. 31. Optischer Kopierprozeß für Linsenrasterfilme

In Zusammenarbeit der Firmen PERUTZ, München, und SIEMENS & HALSKE, Berlin, entstand im Jahre 1936 das *Berthon-Siemens-Linsenrasterverfahren* [107 bis 109]. Bei diesem Verfahren war das Ziel, einen kopierfähigen Kinespielfilm zu schaffen, der farblich und vor allem in seiner Projektionshelligkeit allen Erfordernissen entsprach. Das *Berthon-Siemens*-Verfahren benutzte einen völlig anders aufgebauten Linsenrasterfilm als die *Agfacolor-* und *Kodacolor*-Filme. Für die Aufnahme wurde ein Normalfilm mit Querraster verwendet, der etwa 24 Linsen auf einem Millimeter aufwies und in einer leicht gekrümmten Filmbahn lief. Der Film wurde umkehrentwickelt. Das Kopierproblem war einwandfrei gelöst. Die Projektionshelligkeit konnte jedoch nur mit verhältnismäßig großem Aufwand erzielt werden, wodurch seine Einführung sehr stark behindert wurde. Das Verfahren wurde kurz nach seiner Einführung zu Gunsten des Mehrschichtenfarbfilmes mit chromogener Entwicklung aufgegeben.

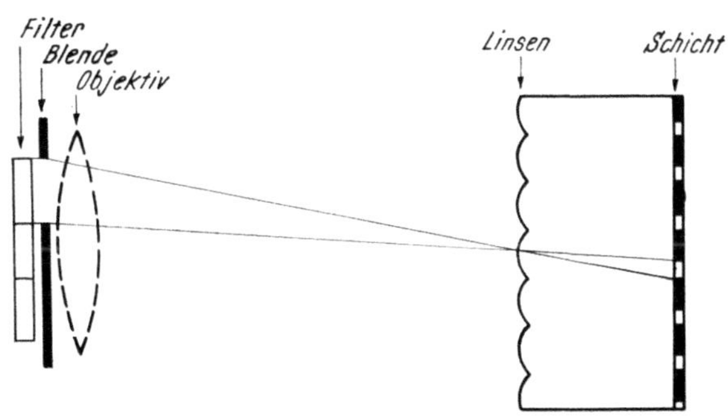

Abb. 32. Kopieren von Farbauszügen aus Linsenrasterfilmen

Linsenrasterfilme wurden immer durch Umkehrentwicklung in der üblichen Weise zu direkten Positiven entwickelt (s. Band V; XIV. I.). Das Kopieren und die Herstellung von Duplikaten von Linsenrasterfilmen war nach verschiedenen Methoden möglich [105]. Der optische Kopierprozeß entspricht im Prinzip der

Projektion bzw. der Umkehrung des Strahlenganges bei der Aufnahme (Abb. 31). Auf die gleiche Weise können Farbfilterauszüge hergestellt werden, die dann nach einem subtraktiven Verfahren zu farbigen Papierbildern verarbeitet werden können. Deckt man bei der Projektion eines Linsenrasterbildes das Grün- und Blaufilter ab (Abb. 32), so wird durch das Rotfilter nur der Rotauszug auf den Kopierlinsenrasterfilm projiziert; man kann auch das Rotfilter entfernen und erhält auch damit nur die Schwärzungsverteilung des Rotfilterauszuges. Auf die gleiche Weise deckt man die Rot- und Blaufilter und darnach die Rot- und Grünfilter ab und erhält dann den Grün- und Blaufilterfarbauszug.

Besondere Anwendungen des Linsenrasterfilmes

Das Linsenrasterverfahren kann zur Herstellung von Stereobildern und von Umspringbildern verwendet werden [105].

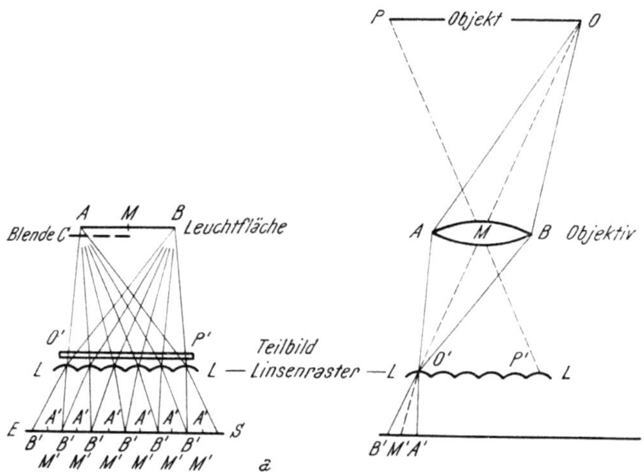

Abb. 33. Linsenraster-Stereoverfahren (nach G. HEYMER)

Im Jahre 1911 hat HESS folgendes Verfahren zur Herstellung von Stereobildern patentieren lassen [114]: In Abb. 33a wird die leuchtende Fläche *AB*, zum Beispiel eine von der Rückseite beleuchtete Mattscheibe, durch die Zylinderlinsen *LL* des Filmes in der Schicht *S* abgebildet. Die einzelnen Abbildungen sind *A'B'*. Vor der leuchtenden Fläche *AB* wird eine verschiebbare Blende *C* angebracht. Wird mit dieser Blende die eine Hälfte der leuchtenden Fläche abgedeckt, so wird nur die Hälfte *M'B'* unter jeder Linse belichtet. Bringt man zu dieser Belichtung in *O'P'* das eine Stereoteilbild, so erhält man unter dem Streifen *M'B'* die in Streifen aufgelöste Kopie dieses Bildes. Man deckt mit der Blende nunmehr die andere Hälfte der leuchtenden Fläche ab und bringt in die Stellung *O'P'* das andere Stereoteilbild. Nach der Belichtung und Entwicklung liegt neben dem ersten Bild das zweite Bild in der Schicht vor. Die Sichtbarmachung des Stereobildes ist durch Umkehrung des Strahlenganges in einfacher Weise möglich. Beim Betrachten muß man nur darauf achten, daß jedem Auge nur ein Bildbereich dargeboten wird.

Ein anderes Verfahren der Stereobild-Herstellung ist in Abb. 33b skizziert [105]. Wird ein Gegenstand mit einem Objektiv von so großem Durchmesser aufgenommen, daß dieser den Augenabstand überschreitet, so stellen die Bildstrahlen, die von verschiedenen Seiten des Aufnahmeobjektives kommen, eine

Folge von verschiedenen Ansichten des Objektes dar. Diese Bildstrahlen fallen unter ganz verschiedenen Winkeln auf die Rasterlinsen und werden auf der photographischen Schicht getrennt registriert. Betrachtet man das fertige Bild von der Stelle des Aufnahmeobjektives aus, so erhält man, wenn man mit beiden Augen sieht, für jedes Auge ein abweichendes Bild. Der erzielte Effekt ist jedoch pseudoskopisch, da das rechte Auge ein Linksbild und das linke Auge ein Rechtsbild erhält. Dieser Fehler kann dadurch korrigiert werden, daß man derartige Bilder nicht genau von vorn, sondern etwas von der Seite aus betrachtet.

Ein besonders einfaches Verfahren der Herstellung von Stereobildern hat G. Heymer angegeben [105]. Stereobildpaare als Diapositive werden zunächst in der üblichen Weise hergestellt. Man legt diese Bildpaare in einen gewöhnlichen Vergrößerungsapparat, jedoch nicht zentrisch, sondern so nach der Seite verschoben, daß der Strahl von der Mitte des Objektives aus die Mitte des vergrößerten Bildes in einem Abstand von der Hauptachse trifft, der gleich dem halben Augenabstand ist. Unter dieser Neigung der Strahlen wird zunächst das Linksbild auf einen Linsenrasterfilm kopiert, der nach rechts gegen die Hauptachse verschoben ist. Darnach verschiebt man den Linsenrasterfilm um den gleichen Betrag von der Hauptachse nach links und kopiert das rechte Teilbild. Nach der Umkehrentwicklung betrachtet man den Linsenrasterfilm aus dem gleichen Abstand, den das Vergrößerungsobjektiv vorher besaß. Hierbei erhält jedes Auge das ihm zugehörige Bild, so daß das Bild stereoskopisch erscheint. Die Linsenraster-Stereobilder lassen sich auch stereoskopisch projizieren, indem man die beiden Hälften des Projektionsobjektives mit den Anaglyphenfilter abdeckt und der Beschauer zur Betrachtung eine Anaglyphenbrille trägt.

Umspringbilder werden nach Patenten von A. de Sauve (1908) [115] und A. Keller-Dorian (1920) [116] auf folgende Weise erhalten: Wenn man entsprechend der Abb. 33b bei der Aufnahme des Objektes *OP*, während sich dieses bewegt, eine schmale Blende über das Objektiv *AMB* hinbewegt, so erhält man anstelle der Bilder mit räumlicher Verschiedenheit solche mit zeitlicher Verschiedenheit im Linsenrasterfilm eingeschachtelt. Wird das Linsenrasterbild nach der Umkehrentwicklung projiziert und hierbei eine Blende vorbeigezogen, so erscheinen auf dem Projektionsschirm die verschiedenen Stadien der Bewegung. Den Bewegungseindruck erhält man auch beim einfachen Betrachten, wobei das Auge von *A* nach *B* wandert, was zum Beispiel durch Kippen des Filmes erreicht werden kann. Umspringbilder nach dieser Technik können leicht mit Hilfe der Kleinbildkameras hergestellt werden. Die Bewegungen dürfen nicht zu heftig sein, und die Kontraste zwischen bewegten und ruhenden Teilen sollen möglichst gering sein.

γ) *Aufsichtsbilder mit Farbrastern*

Als erster hat wohl E. Piller im Jahre 1928 versucht, Farbaufsichtsbilder mit Hilfe von Farbrastern herzustellen [117]. E. Piller verwandte für die Aufnahme ein regelmäßiges Strichraster, das lose mit der Aufnahmeschicht kombiniert war. Als Kopierschicht diente eine stark reflektierende, matte Metallschicht aus Aluminium, auf der drucktechnisch das gleiche Raster wie bei der Aufnahme, jedoch mit geringerer Farbdichte aufgebracht war. Über der Rasterschicht auf der Positivplatte befand sich die nichtsensibilisierte Kopierschicht. Das bei der Aufnahme gewonnene Negativ wird zum Kopieren mit dem Betrachtungsraster durch besondere Paßvorrichtungen zur Deckung gebracht, dann kopiert und zum Positiv entwickelt. Das Verfahren von E. Piller war verhältnismäßig einfach, die Farbbilder konnten jedoch infolge der grundsätzlichen Fehler nicht befriedigen. Da das Weiß wie bei allen additiven Verfahren durch additive

Mischung der Grundfarben zustande kommt und nicht durch das ungeschwächte Reflexionsvermögen der Unterlage, sind die Farben verschwärzlicht, es fehlt ihnen die Leuchtkraft und das Weiß erscheint grau.

2. Die subtraktiven Aufnahmeverfahren

a) Aufnahmeverfahren mit Dreipackfilmen

Bereits DUCOS DU HAURON hat im Jahre 1897 den Dreipack als Aufnahmematerial vorgeschlagen. Da damals der Film als Schichtträger noch nicht verbreitet war, benutzte er bei seinem Vorschlag drei Platten, von denen die erste blauempfindlich, die darunter liegende grün- und die unterste rotempfindlich sein sollten. Nach der Aufnahme lagen dann die drei Farbauszüge vor, die nach einem subtraktiven Wiedergabeverfahren weiter verarbeitet werden konnten. Nach diesem Vorschlag konnten jedoch keine befriedigenden Ergebnisse erzielt werden, da der Abstand der einzelnen Schichten zu groß war und dadurch Unschärfen hervorgerufen wurden. Erst mit dem Erscheinen des Filmes als Schichtträger wurden die Abstände der einzelnen Emulsionen so weit verringert, daß die Schärfe der drei Teilaufnahmen für größere Formate wenigstens ausreichte.

Ein Dreipack als Farbaufnahmematerial war in Deutschland in den Jahren nach 1930 als „*Amatcolorfilm*" im Handel [118]. Der Amateur hatte dieses Aufnahmematerial als Rollfilm und Planfilm zur Verfügung; die Anfertigung von Farbbildern auf Papier führte der Hersteller aus.

In England brachten die Firmen COLOUR PHOTOGRAPHS LTD., London, [118, 119] und COLOUR SNAPSHOTS LTD. [120, 121] Dreipack als Farbaufnahmeschichten in den Handel. Der Dreipack des letzten Herstellers hatte gegenüber der normalen eine gänzlich abweichende Schichtfolge. Die oberste Schicht war rotempfindlich, die zweite Schicht grün- und die unterste blauempfindlich. Um die fabrikatorische Blauempfindlichkeit der obersten Schicht wirkungslos zu machen, war die Schicht gelb angefärbt, außerdem hatte man bei der Aufnahme ein Gelbfilter zu benutzen. Infolge dieser Maßnahmen mußte die Empfindlichkeit in der untersten Schicht sehr hoch getrieben werden, damit die blauen Strahlen durch die Gelbfilterschichten hindurch zur Wirkung kommen konnten. Die in den Handel gebrachten Dreipack-Rollfilme hatten eine Empfindlichkeit von etwa 14° Scheiner (etwa 4 DIN), war demnach verhältnismäßig groß und auch die Schärfe war gut. Die Filme mußten zur Entwicklung und zur Anfertigung von Farbkopien an den Hersteller eingesandt werden.

b) Aufnahmeverfahren mit Bipackfilmen [122 bis 125]

Während die Dreipackfilme bezüglich der Bildschärfe nur für größere Aufnahmeformate verwendet werden konnten, ließ sich mit Bipackfilmen eine vollbefriedigende Bildschärfe erzielen, so daß derartige Filme sogar in der Kinematographie Anwendung fanden. In farblicher Hinsicht waren die Aufnahmen erstaunlich gut, obwohl die Farbwiedergabe auf zwei Farben beschränkt war.

Der Bipackfilm besteht aus einem orthochromatisch sensibilisierten Frontfilm und einem panchromatischen Rückfilm. Der Frontfilm ist mit einer Orangefilterschicht überzogen, damit der mit dieser Schicht in Kontakt liegende Rückfilm nur das für ihn bestimmte Rotorange-Farbgebiet aufzeichnet. Der Frontfilm hat die Aufgabe, das blaugrüne Farbgebiet zu registrieren. Beide Filme liegen bei der Aufnahme Schicht an Schicht, und die Aufnahme erfolgt beim Frontfilm durch den Schichtträger hindurch.

Bipackfilme wurden von der I. G. FARBENINDUSTRIE A. G., AGFA, Wolfen, der EASTMAN KODAK COMP., Rochester, USA, und DU PONT DE NEMOURS hergestellt. Für Aufnahmen mit Bipackfilmen hatten nahezu alle Hersteller von Kinefilm-Aufnahmekameras (ASKANIA, SCHLECHTA [Deutschland], DEBRIE [Frankreich], VINTEN [England], MITCHELL, BELL & HOWELL, AKELEY [USA]) geeignete Geräte in den Handel gebracht. Es hatte sich als zweckmäßig erwiesen, die Vorratsrollen und die Aufwickelrollen getrennt anzuordnen, so daß die beiden Filme einzeln abgerollt und wieder einzeln aufgewickelt wurden.

Die Farbauszugsnegative der beiden Filme wurden meistens auf einen doppelseitig beschichteten Positivfilm getrennt kopiert und dann jede Seite durch entsprechende Tonung in ein vollständiges Farbbild übergeführt (III. B. 3. b)).

c) Kombination von Bipack mit anderen Farbtrennungsverfahren bei der Aufnahme

Zur Herstellung von Dreifarbauszügen nach der subtraktiven Technik kann der Bipack mit einem anderen Farbtrennungsverfahren kombiniert werden. Derartige Kombinationsaufnahmeverfahren sind das *Technicolor*-Verfahren und das Linsenraster-Zweipack-Verfahren.

α) *Technicolor-Aufnahmeverfahren* [126]

Für das *Technicolor*-Verfahren wird eine besondere Aufnahmekamera verwendet, in der durch Strahlenteilung das rote und blaue Teilbild vom Grünbild getrennt wird (Abb. 34). Die Strahlenteilung erfolgt an der durchlässigen Kittfläche von zwei Dreikantprismen. Die direkt durchgehenden Strahlen treffen zunächst auf ein Grünfilter und erzeugen in der dahinter angeordneten orthochromatischen Schicht den negativen Grünfilterauszug. Die an der Kittfläche in einem Winkel von 90° reflektierten Bildstrahlen werden durch ein Purpurfilter (Blau + Rot) gefiltert und treffen auf den Bipack. Der Frontfilm ist blauempfindlich, und in ihm wird das Negativ des Blaufilterfarbauszuges gebildet. Der Rückfilm ist panchromatisch sensibilisiert, trägt jedoch eine Rotfilterschicht, so daß in ihm der Rotfilterfarbauszug entsteht. Die weitere Verarbeitung der Aufnahmen in der *Technicolor*-Kamera werden bei den Wiedergabe-Verfahren geschildert.

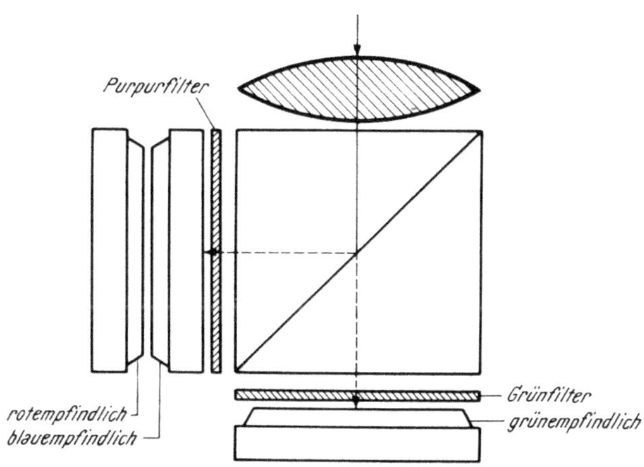

Abb. 34. *Technicolor*-Aufnahmeverfahren (schematisch)

β) *Linsenraster-Zweipackverfahren der Agfa* [127, 128]

Der Linsenraster-Zweipack wurde als Aufnahme-Kombinationsverfahren zur Erzielung dreifarbiger Wiedergabe nach dem AGFA-*Pantachrom*-Verfahren verwendet (III. B. 3. a)).

Der Linsenraster-Zweipack besteht aus einem Linsenrasterfilm als Frontfilm, der orthochromatisch sensibilisiert ist, und einem einschichtigen rotempfindlichen Rückfilm (Abb. 35). Der Linsenrasterfilm dient zur Trennung der Teilfarben Blau und Grün. Die Aufnahmefilter vor dem Objektiv müßten daher eigentlich aus blauen und grünen Streifen bestehen. Da jedoch der Rückfilm den Rotfilterfarbauszug ergeben muß, müssen die Aufnahmefilter unbedingt auch Rot hindurchlassen. Es wird daher ein Streifenfilter aus Gelb-Purpur-Gelb verwendet (Gelb = Grün + Rot; Purpur = Blau + Rot). Da der Linsenrasterfilm nicht rotempfindlich ist, sind auf ihm nur die blauen und grünen Farbgebiete wirksam, deren Abbildungen ineinander geschachtelt werden. Die Anbringung eines besonderen Rotfilters vor dem Rückfilm zur Absorption der Blaustrahlen erübrigt sich, da nahezu alles Blau vom Frontfilm absorbiert wird und auf dem Rückfilm keine schädliche Wirkung mehr auslöst. Der Linsenraster-Bipackfilm konnte in jeder für Bipack eingerichteten Kamera verwendet werden. Wie bereits früher gezeigt (III. B. 1. d), β)), können auf einfache Weise von Linsenrasteraufnahmen Farbauszüge hergestellt werden (Abb. 32). Die Farbauszüge von Linsenraster-Bipackfilmen wurden nach dem Agfa-*Pantachrom*-Kopierverfahren weiter verarbeitet (III. B. 3. a)).

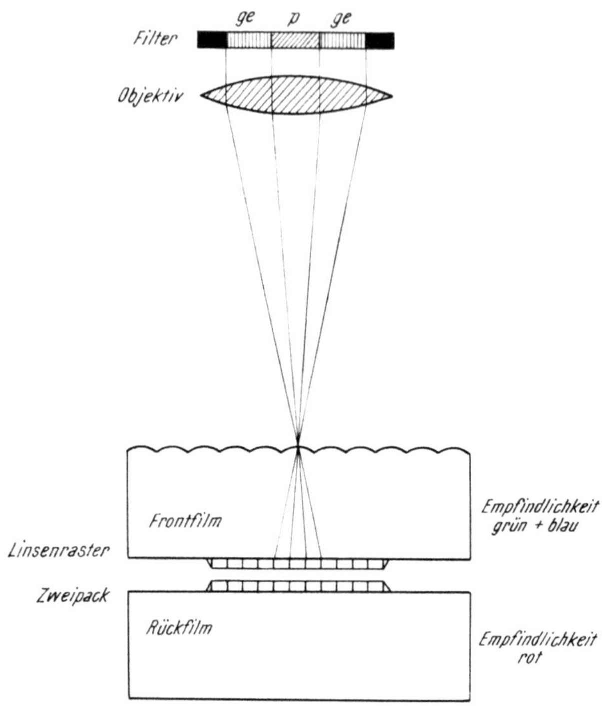

Abb. 35. Linsenraster-Zweipack (schematisch)

3. Die subtraktiven Wiedergabeverfahren

Die subtraktive farbige Wiedergabe besteht darin, nach den drei bzw. zwei Farbauszugsnegativen der Aufnahme Positive herzustellen. Hierbei werden die Silberniederschläge, die den Aufbau des positiven Bildes ausmachen, durch Farbstoffe ersetzt. Das Positiv des Blaufilterfarbauszuges wird entsprechend dem Bildaufbau gelb eingefärbt, das Positiv des Grünfilterfarbauszuges purpur und das Positiv des Rotbildes blaugrün. Die drei Farbbilder, übereinander angeordnet und in der Durchsicht betrachtet oder projiziert oder auf einer weißen Unterlage in der Aufsicht betrachtet, ergeben subtraktiv ein naturfarbiges Bild. Die einzelnen Verfahren, die für diesen Prozeß angewandt werden, können entsprechend der Technik in folgende Hauptgruppen eingeteilt werden:

a) Verfahren mit Farbstoffabbau,
b) Tonungs- und Beizfarbenverfahren,
c) Pigmentverfahren,
d) Imbibitions- (Einsaug-) Verfahren,
e) Koppmanns Relieffarbverfahren,
f) Kodachrome-Verfahren,
g) Kodak-Auswaschreliefverfahren,
h) Kodak-Dye-Transfer-Verfahren,
i) Coloprint-Verfahren,
k) Technicolor-Verfahren,
l) Fettfarbendruck,
m) Kolorierverfahren,
n) Farbentwicklungsverfahren mit Mehrschichtenfilmen

a) Verfahren mit Farbstoffabbau [3, 35, 52, 54, 113, 129 bis 131]

α) Farbstoff-Ausbleichverfahren

Die subtraktiven Farben bei der Dreifarbenphotographie sind Gelb, Purpur und Blaugrün. Liegen alle drei Farbstoffe in einer Mischung vor und ist ihre spektrale Absorption ideal, so daß jeder Farbstoff nur in seinem engbegrenzten Spektralgebiet absorbiert, so ergeben sie zusammen Schwarz. Bei Einwirkung von blauem Licht auf eine derartig eingefärbte Schicht muß der gelbe Farbstoff ausbleichen, vom Purpurfarbstoff muß Rot und vom Blaugrünfarbstoff muß Grün ausbleichen, so daß Blau entsteht. Nach dem photochemischen Grundgesetz von GROTTHUS-DRAPER kann nur solches Licht photochemisch wirksam sein, das absorbiert wird. Gelb absorbiert Blau vollständig (Gelb = Grün + Rot = Komplementärfarbe zu Blau); Purpur ist zusammengesetzt aus Blau und Rot, der rote Anteil absorbiert die blauen Strahlen; beim blaugrünen Farbstoff absorbiert der grüne Anteil die blauen Strahlen, und dieser Teil wird deswegen ausgebleicht. Unter der Einwirkung des Lichtes werden die absorbierenden Anteile von Farbstoffmischungen ausgebleicht, und es entsteht die Farbe des eingestrahlten Lichtes (Abb. 36). Es ist hierbei nicht erforderlich, daß die Farbstoffe in getrennten Schichten untergebracht sind. Bei den Farbstoff-

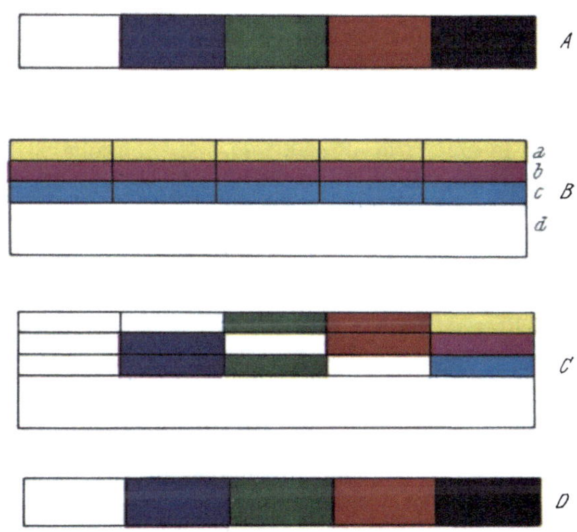

Abb. 36. Farbstoff-Ausbleichprozeß (schematisch); *A* Vorlage, *B* Aufbau der Schicht: *a* gelb eingefärbt, *b* purpur eingefärbt, *c* blaugrün eingefärbt (alle drei Farbstoffe können in einer Schicht untergebracht sein), *d* Schichtunterlage; *C* Schicht nach der Belichtung und Stabilisierung (Farbstoffe entsprechend der Lichtwirkung ausgebleicht, Ausbleichung erfolgt entsprechend der Absorption), *D* positives naturfarbiges Bild

Ausbleichverfahren besteht eine doppelte Schwierigkeit. Zur Erzielung einer hohen Empfindlichkeit muß man möglichst lichtunechte Farbstoffe verwenden. Nach der Lichteinwirkung muß man die Farbstoffe dagegen in eine lichtunempfindliche Form überführen, um das Bild zu fixieren.

L. Ducos du Hauron hat wohl als erster an die Möglichkeit eines direkten farbphotographischen Verfahrens gedacht, das als Ausbleichverfahren anzusehen ist (1869) [2]. R. E. Liesegang griff diese Idee im Jahre 1889 auf und schlug die Verwendung von Anilinfarben für ein Farbstoff-Ausbleichverfahren vor [132]. Trotz vielseitiger und intensiver Bemühungen im Anfang des Jahrhunderts haben nur zwei Farbstoff-Ausbleichverfahren kurze Zeit praktische Bedeutung erlangt: das *Uto*- bzw. *Aneto-Uto*-Farbpapier und das *Pinachromie*-Verfahren.

Das *Uto*-Papier wurde im Jahre 1905 von J. H. Smith nach Patenten von J. Sczcepanik in den Handel gebracht [133]. Es wurde später durch das *Anetho-Uto*-Farbpapier abgelöst. Das *Anetho-Uto*-Papier enthielt zur Sensibilisierung Anethol. Die Fixierung nach der Belichtung erfolgte durch Behandlung mit Benzol, bis der Geruch von Anethol verschwunden war.

Das *Pinachromie*-Verfahren wurde nach einer Entdeckung von O. Gros von den Farbwerken Hoechst vormals Meister Lucius und Brüning im Jahre 1904 in die Praxis eingeführt und zur Herstellung von Farbbildern nach Dreifarbauszügen empfohlen [53, 134]. Gewisse Farbstoffe gehen bei der Reduktion in farblose Körper, sogenannte Leukobasen, über. Diese Leukobasen sind lichtempfindlich. Hierbei werden sie oxydiert und bilden den ursprünglichen Farbstoff wieder zurück. Man kann die Lichtempfindlichkeit durch Zusätze von Salpetersäureestern mehrwertiger Alkohole, zum Beispiel Nitroglyzerin, Nitromannit, erheblich steigern.

Zur Herstellung von Farbbildern werden die Leukobasen in glyzerinhaltigem Kollodium gelöst und etwas Nitromannit zugefügt. Geeignete Leukobasen sind: für das Blaubild (Rotfilterauszug) o-Amidotetraäthyldiamidotriphenylmethan, für das Purpurbild (Grünfilterauszug) Leukotetramethylrhodaminester und für das Gelbbild (Blaufilterfarbauszug) Leukoflavanilin.

Man macht zuerst den Blaudruck. Zu diesem Zwecke beschichtet man mit der Kollodiumlösung, die die Leukobase für das Blaubild enthält, ein barytiertes Papier und belichtet unter dem Rotfilternegativ. Nachdem das gebildete blaue Farbstoffbild genügend Kraft hat, wird mit einer 10%igen Chloressigsäurelösung fixiert, gewässert und getrocknet. Man bringt nunmehr zunächst eine Isolierschicht aus dünner Chromgelatine darauf und beschichtet nach dem Trocknen dieser Schicht mit Leukorot-Kollodium. Auf diese Schicht wird das Grünfilternegativ kopiert. Nachdem das entstandene Rotbild genügend gekräftigt ist, wird wieder fixiert, gewaschen und getrocknet. Nach dem Aufbringen einer Trennschicht wird das Gelbbild auf den beiden anderen Bildern durch Kopieren des Blaufilternegatives auf die Leukoflavin-Kollodiumschicht erzeugt. Leider waren die mit dem *Pinachromie*-Verfahren hergestellten Farbbilder wenig lichtecht. Das Verfahren wurde daher bereits im Jahre 1905 durch das wesentlich vollkommenere *Pinatypie*-Verfahren abgelöst.

Farbstoff-Ausbleichverfahren bestechen durch ihre Einfachheit. Gerade deswegen sind derartige Verfahren nie ganz in Vergessenheit geraten und reizen Forscher und Firmen immer wieder zu neuen Versuchen. So hat im Jahre 1961 die Firma Horizone Incorp. USA ein Kopierverfahren auf der Basis des Farbstoff-Ausbleichprozesses zum Patent angemeldet [135]. Es wird vorgeschlagen, auf einem Schichtträger aus Cellit oder Papier drei Schichten aufzutragen, die einen gelben, purpurnen und blauen Cyaninfarbstoff in einem Bindemittel (veresterte Zellulose, Hochpolymere) enthalten. Als Sensibilisatoren werden Polyhalogenkohlenwasserstoffe (CBr_4, C_2Cl_6) verwendet. Durch Belichtung unter einer farbigen Vorlage wird ein Direktpositiv mit befriedigender Farbwiedergabe erhalten.

Abschließend soll noch bemerkt werden, daß im strengen Sinne auch die Diazotypieverfahren zu den Farbstoff-Ausbleichverfahren zu rechnen sind; bei diesen wird durch die Lichteinwirkung eine Farbstoffkomponente zerstört.

β) *Silberfarbbleichverfahren* [3, 35, 54, 130, 136]

Man hat frühzeitig erkannt, daß der direkte Farbstoffabbau durch Lichteinwirkung zu unbefriedigenden Ergebnissen führt, und daher versucht, auf indirektem Wege einen bildmäßigen Abbau der Farbstoffe zu erzielen. Als lichtempfindliche Schicht benutzt man hierbei die altbewährte Bromsilbergelatine-

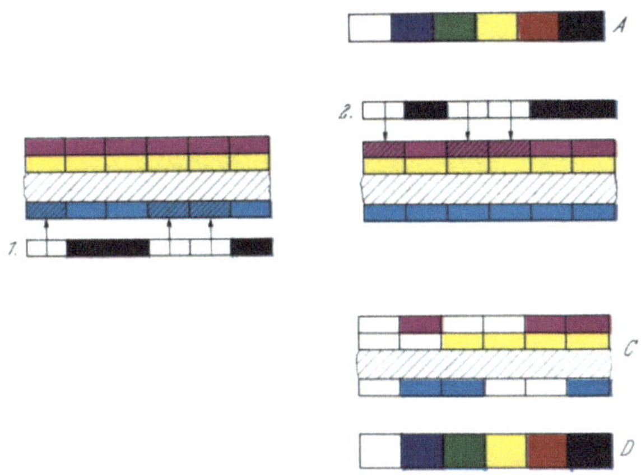

Abb. 37. Silberfarbbleichverfahren (schematisch); *A* Vorlage, *B* Kopierprozeß: *1.* Positiv vom Rotfilterauszug; Kopie mit blauem Licht, *2.* Positiv vom Grünfilterauszug, Kopie mit blauem Licht, *3.* Positiv vom Blaufilterauszug, Kopie mit rotem Licht, *C* nach dem Bleichprozeß des entwickelten Silbers sind zugleich die Farbstoffe ausgebleicht, *D* farbige Wiedergabe der Vorlage

schicht. Der Emulsion werden lichtechte Farbstoffe, und zwar bevorzugt Azofarbstoffe, zugefügt. Nach der Belichtung wird das Bild in normaler Weise entwickelt und anschließend durch Behandlung in geeigneten Bleichlösungen überall dort, wo sich entwickeltes Silber befindet, zugleich mit Bleichen des Bildsilbers der Farbstoff zerstört. Da für dieses Verfahren keine lichtempfindlichen Farbstoffe erforderlich sind, kann man Farbstoffe hoher Leuchtkraft und Lichtechtheit auswählen. Da die Farbstoffzerstörung entsprechend der Menge des vorhandenen Silbers erfolgt, erhält man bei dieser Technik beim Kopieren von einer positiven Vorlage wieder ein Positiv (Abb. 37).

Die Grundlagen des Silberfarbbleichverfahrens gehen auf Arbeiten von K. Schinzel im Jahre 1905 und G. P. J. Schweitzer im Jahre 1914 zurück. K. Schinzel ließ sich ein derartiges Verfahren schützen, das er „*Katachromie*" nannte [137]. Bei diesem Verfahren diente als Aufnahmeschicht eine Platte mit drei verschieden sensibilisierten Schichten übereinander. Die oberste Schicht war blauempfindlich und enthielt einen Orange-Farbstoff; die zweite Schicht war orangerotempfindlich und blaugrün eingefärbt; die unterste Schicht war gelbgrünempfindlich und mit einem roten Farbstoff versehen. Nach der Entwicklung zum Schwarzweißbild wurde in einer Wasserstoffsuperoxyd-Lösung ausgebleicht. Hierbei wurde Sauerstoff frei, der den Farbstoff bildmäßig in eine farblose Verbindung überführte. Als Endprodukt erhielt man ein positives Farbbild. Die Ergebnisse waren anscheinend wenig befriedigend, da das Verfahren keine praktische Bedeutung erlangte.

SCHWEITZER schlug vor [138], das Silberbild in ein Chromat umzuwandeln, so daß bei anschließender Behandlung in saurer Lösung die freiwerdende Chromsäure den Farbstoff bildmäßig ausbleichte. Er erkannte auch die später vielfach angewandte Ausbleichung durch Thioharnstoff in saurer Lösung [139]. J. H. CHRISTENSEN empfahl, anstelle der Zerstörung der Farbstoffe eine Reduktion durch Behandlung mit Hydrosulfit durchzuführen, wobei durch katalytische Wirkung des Silbers ein Ausbleichen der Farbstoffe eintrat [140]. LUTHER und HOLLEBEN verwandten Bromsäure und Chromsäure in Gegenwart von Vanadiumsalzen zur Ausbleichung [141]. J. I. CRABTREE [142] und H. LÜPPO-CRAMER [143] stellten fest, daß die bildmäßige Ausbleichung der Farbstoffe durch jedes Silberlösungsmittel bei saurer Reaktion möglich ist.

Mit dem Silberfarbbleichverfahren ist es erstmalig gelungen, praktisch wirklich brauchbare Mehrschichtenfilme zu schaffen. Bis kurz vor dem zweiten Weltkrieg stellten die Firmen I. G. FARBENINDUSTRIE, AGFA, Wolfen, GEVAERT, Antwerpen, und KODAK, Rochester (USA), Mehrschichtenfarbfilme nach dem Silberfarbbleichverfahren her. Diese Filme wurden als Kopiermaterial beim *Gasparcolor*-Verfahren und beim AGFA-*Pantachrom*-Verfahren verwendet.

Das *Gasparcolor*-Verfahren [144]

Das *Gasparcolor*-Verfahren ist bis zum zweiten Weltkrieg vorwiegend zur Herstellung von Kinofilmen für Werbezwecke verwendet worden. Die Filme zeigten gemäß ihrer Verwendung sehr leuchtende Farben. Die Tonspur bestand aus Silber, da die Farbstoffe infolge ihrer Infrarotdurchlässigkeit für die damals verwendeten infrarotempfindlichen Photozellen zum Aufbau einer Tonspur nicht geeignet waren.

Bei der Herstellung von Werbefilmen, bei denen es sich meistens um Trickaufnahmen handelt, werden die Farbfilterauszugsfilme in den Grundfarben getrennt nacheinander hergestellt. Bewegte Szenen können mit dreifach schnellem Kameralauf und Wechselfilter und mit einer Strahlenteilungskamera aufgenommen werden.

Von den Farbauszugnegativen werden zunächst Zwischendiapositive angefertigt und diese dann nacheinander in einer gewöhnlichen Kopiermaschine auf den Spezialfilm für das *Gasparcolor*-Verfahren kopiert. Dieser Spezialfilm wurde bei der AGFA *Tripofilm* genannt (Abb. 38), hatte eine blauempfindliche und darunter eine rotempfindliche Schicht auf der einen Seite und auf der Rückseite ebenfalls eine blauempfindliche Schicht. Die beiden Schichten auf der Vorderseite waren purpur und gelb eingefärbt, die Rückschicht hatte einen blaugrünen Farbstoff einverleibt. Beim Kopiervorgang wird das Rotfilterpositiv mit ungefiltertem oder blauem Licht auf die einzelne Blaugrünschicht kopiert, das Grünfilterpositiv mit blauem Licht auf die blauempfindliche Purpurschicht, das Blaufilterpositiv mit rotem Licht auf die rotempfindliche Gelbschicht. Die Kopie wird entwickelt, fixiert,

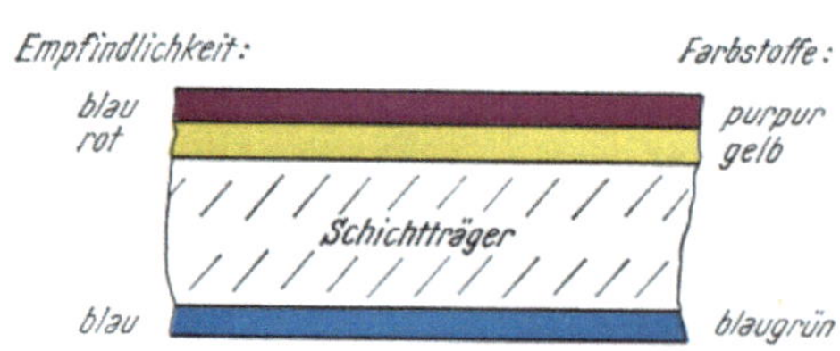

Abb. 38. Aufbau des Tripofilmes für Silberbleichverfahren

mit Thioharnstoff-Schwefelsäure ausgebleicht, das Silber in Halogensilber zurückverwandelt, die Tonspur gesondert weiterentwickelt und das Halogensilber ausfixiert.

B. GASPAR, nach dem das Verfahren benannt ist, hat sich um seine Einführung besonders verdient gemacht. Er ging 1940 nach Amerika. Nach dem Krieg stellte er zunächst Schmalfilme von *Kodachrome*-Aufnahmen auf ein Material von DU PONT her, in neuerer Zeit hat er seine Forschungen, wie neuere Patente zeigen, bei der MINNESOTA MINING AND MANUFACTURING anscheinend fortgesetzt [145].

Das AGFA-*Pantachrom*-Verfahren [3, 35, 70, 128, 130]

Das AGFA *Pantachrom*-Verfahren wurde im Jahre 1938 öffentlich vorgeführt [70]. Zur Vermeidung der schwierig zu steuernden Strahlenteilungskamera schuf die AGFA den Linsenraster-Zweipack als Aufnahmefilm (III. B. 2. c. β)) (Abb. 35). Der *Pantachrom*-Kopierfilm, genannt *Tripo III*, war mit Rücksicht auf den Aufnahmefilm etwas anders aufgebaut als der *Tripo*-Film für das *Gasparcolor*-Verfahren. Während die Gelb-Purpur-Seite unverändert beibehalten wurde, war die Blaugrün-Emulsion auf der Rückseite zur Eisenblautonung bestimmt.

Der Linsenraster-Frontfilm der Aufnahme wurde zu einem Gamma von 0,9 in der üblichen Weise umkehrentwickelt. Der Rückfilm, der den Rotfilterauszug trug, wurde zu einem Negativ mit dem Gamma von 1,4 entwickelt.

Beim Kopierprozeß (Abb. 39) mußte der für die rotempfindliche Gelbschicht bestimmte, im Linsenraster-Frontfilm enthaltene Blauauszug mit rotem, der für die blauempfindliche Purpurschicht bestimmte, im Linsenrasterfilm enthaltene Grünauszug mit blauem Licht kopiert werden. Der negative Rotfilterauszug wurde mit Blaulicht auf den Rückfilm kopiert, wobei durch eine gelbe Anfärbung der Emulsionsschicht ein Durchdringen des Kopierlichtes auf die Frontfilme verhindert wurde.

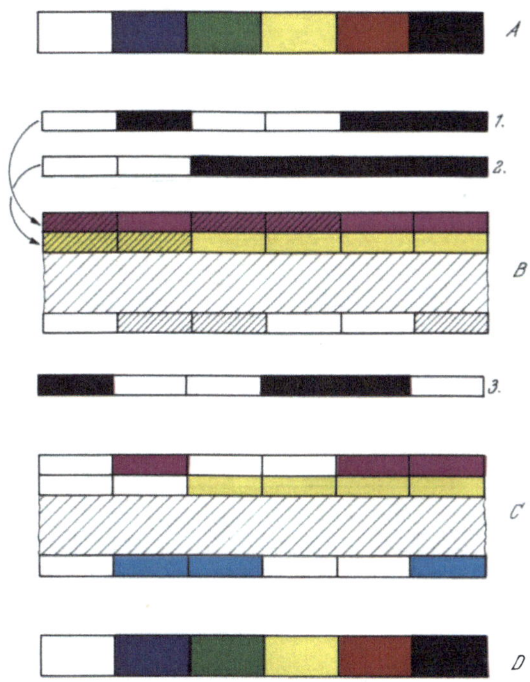

Abb. 39. AGFA-*Pantachrom*-Verfahren (schematisch); *A* Vorlage, *B* Kopierprozeß auf Tripofilm für Silberbleichverfahren: *1.* Grünfilterfarbauszug (Positiv) von Linsenraster-Zweipack, *2.* Blaufilterfarbauszug (Positiv) von Linsenraster-Zweipack, *3.* Rotfilterfarbauszug (Negativ); *C* fertiggestellter Pantachromfilm, Arbeitsprozesse: Schwarzweißentwicklung, Ausbleichen der Farbstoffe zusammen mit der Entfernung des Silberbildes auf den beiden Frontfilmen; Rückschicht wird blaugrün getont, *D* positives Bild nach negativer Farbvorlage

Mit Hilfe des *Pantachrom*-Verfahrens wurde eine Reihe von Kulturfilmen fertiggestellt. Die Ergebnisse waren sehr befriedigend, doch wurde das Verfahren schließlich zugunsten des *Agfacolor*-Mehrschichtenfarbverfahrens mit chromogener Entwicklung, das wesentlich einfacher arbeitete, aufgegeben.

Der CIBA-*Cilchrome-Print*-Prozeß [130, 146 bis 148]

Das CIBA-*Cilchrome-Print*-Verfahren ist eine Gemeinschaftsarbeit der beiden Firmen CIBA, Fribourg, Schweiz, und ILFORD LTD., London, England. Es ist ein Kopierverfahren nach dem Silberfarbbleichprinzip und dient zur Herstellung von Farbkopien von Farbdiapositiven. Das *Cilchrome-Print*-Material besteht aus einer Unterlage von opakem, weißem, plastischem Kunststoff hohen Reflexionsvermögens, auf der drei lichtempfindliche Bromsilberschichten gegossen sind (Abb. 40). Die unterste Schicht ist für Rot sensibilisiert, es folgt darüber die grünempfindliche Schicht und zu oberst befindet sich die nur blauempfindliche Schicht. Zwischen der grün- und blauempfindlichen Schicht ist eine Gelbfilterschicht eingebaut, damit auf den beiden untersten Schichten keine Einwirkung von blauen Strahlen erfolgen kann. Jede Emulsionsschicht ist mit einem Azofarbstoff komplementär zur Empfindlichkeit eingefärbt.

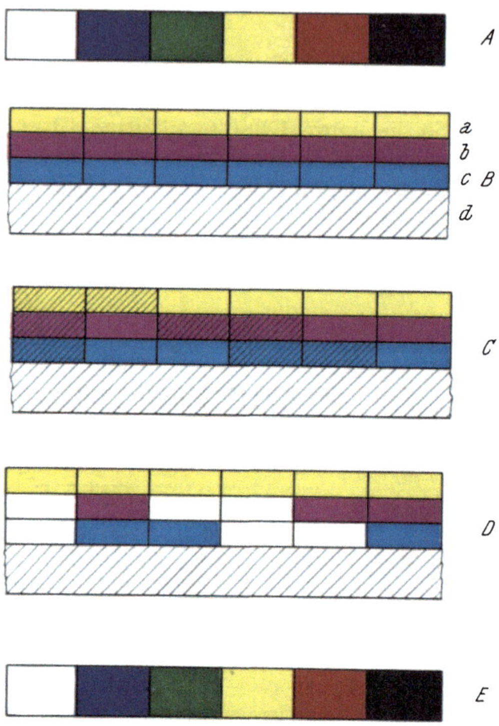

Abb. 40. CIBA-*Cilchrome-Print*-Prozeß (schematisch); *A* Vorlage (Farbdiapositiv), *B* Schichtaufbau: *a* blauempfindliche, gelb eingefärbte AgBr-Schicht, *b* grünempfindliche, purpur eingefärbte AgBr-Schicht, *c* rotempfindliche, blaugrün eingefärbte AgBr-Schicht, *d* Unterlage; *C* schwarzweißentwickelte Schicht nach der Belichtung, *D* Schicht nach der Farbstoffbleichung und Entfernung des Silberbildes, *E* positives Bild in natürlichen Farben

Nach der Kopierbelichtung unter einem Farbdiapositiv wird das *Cilchrome-Print*-Material in normaler Weise schwarzweiß entwickelt. Man erhält hierbei ein negatives Silberbild. Durch Behandlung in einer besonderen Bleichlösung erfolgt nunmehr die Zerstörung der Farbstoffe, und zwar in dem Maße, wie Bildsilber vorhanden ist. Zum Schluß wird das Bildsilber in Halogensilber zurückverwandelt, das ganze Halogensilber ausfixiert, gewässert und getrocknet. Man erhält auf diese Weise ein positives Farbstoffbild.

Die nach dem *Cilchrome-Print*-Verfahren hergestellten Farbbilder zeichnen sich durch hohe Leuchtkraft, Reinheit der Farben und insbesondere durch vollkommene Lichtechtheit aus. Die CIBA hat sich die Verwendung von verschiedenen Farbstoffen in zahlreichen Patenten schützen lassen (Azofarbstoffe, Phthalozyanine, Farbstoff-Schwermetallkomplexe u. a.). Diese Patente gehen bis auf das Jahr 1958 zurück. Zur bildmäßigen Farbstoffzerstörung entsprechend dem vorhandenen Silber haben sich zwei kombinierte Bäder bewährt.

Das *Cilchrome-Print*-Material hat eine Empfindlichkeit wie normale Vergrößerungspapiere. Die Farbsteuerung kann subtraktiv oder additiv mit den heute üblichen Farbkopiergeräten ausgeführt werden.

Die *Cilchrome*-Farbprints werden vorerst nur von der Erfinderfirma CIBA PHOTOCHEMIE, Fribourg, Schweiz, hergestellt. Es ist von der CIBA beabsichtigt, in nächster Zukunft ein weiteres Farbmaterial, das nach dem gleichen Prinzip arbeitet, in den Handel zu bringen. Dieses Farbmaterial, das *Cibacolor-Print* genannt werden soll, ist bestimmt zur Herstellung von Farbbildern nach Farbnegativen.

Offizielle Vorschriften zur Bearbeitung der *Cilchrome*-Prints sind bisher nicht bekanntgegeben worden. Auf Grund von Patentschriften hat jedoch E. CH. GEHRET eine Arbeitsvorschrift veröffentlicht [149].

1. *Schwarzweiß-Entwickler*

Metol	3,0 g
Natriumsulfit sicc.	64,0 g
Hydrochinon	12,0 g
Soda sicc.	60,0 g
Kaliumbromid	2,0 g
Wasser bis auf	1000,0 ml

Entwicklungszeit: 6 min bei 20 °C

2. *Stoppbad*

3%ige Essigsäure

3. *Fixierbad*

normales saures Fixierbad

4. *Farbbleichbad* (in zwei Arbeitsgängen)

a)

2-Amino-3-oxyphenazinhydrochlorid	0,003 g
anionaktives Netzmittel 1,25%ig	4,0 ml
Wasser bis auf	1000,0 ml

Behandlungsdauer: 10 min
anschließend 5 min Wässerung

b)

Kaliumbromid	100,0 g
Thioharnstoff	10,0 g
Salzsäure konz.	70,0 ml
anionaktives Netzmittel, 1,25%ig	10,0 ml
Wasser bis auf	1000,0 ml

Behandlungsdauer: $3^3/_4$ min
anschließend reichliche Wässerung

5. *Silberbleichbad*

Salzsäure konz.	90,0 ml
Kupfer(II)-nitrat	135,0 g
Zitronensäure	35,0 g
Wasser bis auf	1000,0 ml

Behandlungsdauer: 10 min bei 24 °C

6. *Fixage*

normales saures Fixierbad

7. *Schlußwässerung und Trocknung*

Der CIBA-*Cibacolor-Print*-Prozeß

Der *Cibacolor*-Prozeß ist ein Umkehrverfahren und ist dafür bestimmt, um von Farbnegativen positive Aufsichtsfarbbilder herzustellen (Abb. 41). Die Schicht ist in gleicher Weise aufgebaut wie das *Cilchrome-Print*-Material. Nach der Kopierbelichtung wird zunächst ein schwarzweißes Silberbild entwickelt. Dieses positive Silberbild wird durch Ausbleichen aus der Schicht entfernt. Es folgt dann eine diffuse Zweitbelichtung mit anschließender zweiter Schwarzweiß-Entwicklung. Hierbei entsteht ein negatives Silberbild. Mit Hilfe eines besonderen Bleichbades werden nunmehr die Farbstoffe entsprechend dem anwesenden Silberbild und zusammen mit dem Silberbild ausgebleicht. Nach dem Bleichprozeß folgt Rehalogenierung des Silbers mit anschließender Fixage. Nach diesem Arbeitsgang

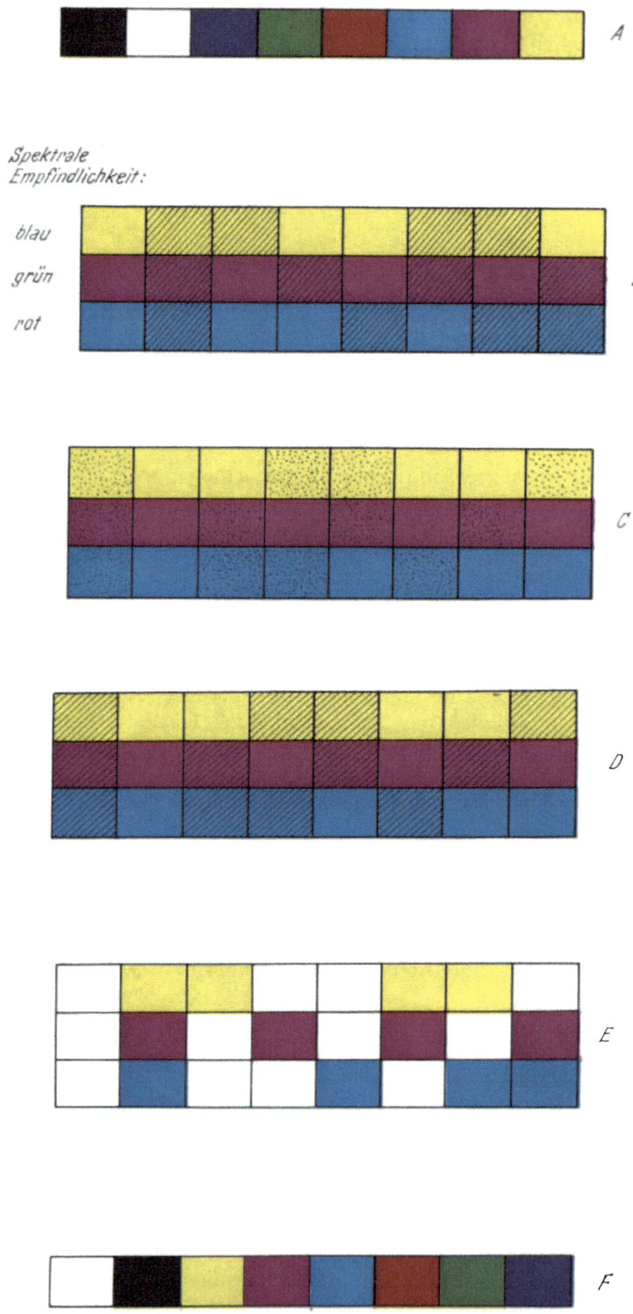

Abb. 41. *Cibacolor-Print*-Prozeß; *A* Farbnegativ, *B* Belichtung und 1. Schwarzweiß-Entwicklung, *C* Schicht nach der Bleichung des Silberbildes mit unentwickeltem Restbromsilber, *D* diffuse Belichtung und 2. Schwarzweiß-Entwicklung, *E* Silberfarbbleichprozeß und Fixierung, *F* positive Farbkopie

verbleibt in den Schichten ein positives Farbstoffbild zurück, da mit dem Negativsilber das negative, komplementärfarbige Bild zugleich zerstört wurde.

b) Tonungs- und Beizfarbenverfahren [3, 4, 35, 54, 55, 59]

Die Tonungs- und Beizfarbenverfahren gehen von Schwarzweiß-Silberbildern aus, die als Negative oder Positive von den Farbauszügen in den Grundfarben Blau, Grün und Rot bzw. bei Zweifarbenverfahren in den Grundfarben Grün und Rot vorliegen müssen. Es ist auch nicht möglich, mehrere übereinanderliegende Schichten mit den erforderlichen verschiedenartigen Tonungen zu versehen; es bleiben nur zwei Auswege: einmal können bei Zweifarbenverfahren die beiden Schichten eines zweiseitig begossenen Filmes (*Dipofilm*) durch einseitige Behandlung nacheinander verschiedenfarbig gestaltet werden oder es können mehrere verschiedenartige Behandlungen auf einer Seite ausgeführt werden, wobei Grundvoraussetzung ist, daß diese Behandlungen sich nicht gegenseitig stören.

Die modernen Mehrschichtenverfahren arbeiten mehr oder weniger automatisch und lassen nur in beschränktem Umfang eine Farbbeeinflussung und Farbabstimmung zu, vor allem ist die Bearbeitung einzelner Bildteile nahezu ausgeschlossen. Die Tonungs- und Beizfarbverfahren und vor allem die im Anschluß daran geschilderten älteren Verfahren, wie Pigmentverfahren und Absaugeverfahren, sind im Gegensatz dazu weitgehend wandlungs- und gestaltungsfähig. Diese Verfahren können auch in Verbindung mit den heutigen Mehrschichtenfarbfilmen verwendet werden, wenn man von diesen erst die erforderlichen und entsprechenden Farbauszüge herstellt.

α) *Technik der Tonung* [4, 150 bis 152]

Bei der Tonung wird das Silberbild ausgebleicht und in ein Metallsalzbild übergeführt, das je nach dem verwendeten Metall verschiedenfarbig ist. Derartige Tonungsprozesse sind bereits früher beschrieben worden zur Herstellung von ein- und auch mehrfarbigen Diapositiven (Band V, XIV. H.) und auch zur Tonung von schwarzweißentwickelten Papierbildern (Band V, XIV. G.).

Für die Farbphotographie wurden am häufigsten die Eisenblautonung, die Urantonung und gelegentlich auch die Kupfertonung verwendet.

Eisenblautonung

Die Eisenblautonung ergibt blaue bis blaugrüne Farbtöne. Durch Veränderung der Zusammensetzung der Bäder kann in beschränktem Maße der Farbton beeinflußt werden.

Vorschrift für die Eisenblautonung nach Agfa [151]:

Lösung A		*Lösung B*	
Kaliumferrizyanid	9,4 g	Eisenammoniakalaun	10,6 g
Kaliumdichromat-Lösung (1%)	12,5 ml	Oxalsäure	12,5 g
Wasser bis auf	1,0 l	Wasser bis auf	1,0 l

Beide Lösungen werden zum Gebrauch gleichanteilig gemischt. Es ist zweckmäßig, nur so viel Gebrauchslösung zu mischen, wie für den bestimmten Zweck erforderlich ist.

Behandlungsdauer: 8 bis 10 min. Anschließend wird kurz gewässert, dann in einem neutralen Fixierbad behandelt und zum Schluß etwa 30 min gewässert.

Bei der Eisenblautonung wird das Silberbild in Berliner Blau (Ferriferrozyanid) übergeführt. Das zugleich gebildete Silberferrozyanid wird durch den Fixierprozeß entfernt. Der Zusatz von Oxalsäure ist für die Komplexbildung erforderlich. Die geringe Menge Kaliumdichromat verhindert die vorzeitige Reduktion des Kaliumferrizyanid zu Ferrozyanid.

Vorschrift nach DUFAY-CHROMEX LTD., London [4]:

Lösung A		*Lösung B*	
Ammoniumpersulfat	25,0 g	Oxalsäure	75,0 g
Eisenalaun	75,0 g	Wasser bis auf	1,0 l
Wasser bis auf	1,0 l		

Lösung C		*Lösung D*	
Kaliumferrizyanid	50,0 g	Ammoniakalaun	100,0 g
Wasser bis auf	1,0 l	Wasser bis auf	1,0 l

Zum Gebrauch werden gemischt:

1 Teil A + 2 Teile B + 1 Teil C + 2,5 Teile D + 6,5 Teile Wasser + 10 ml Salzsäure konz. auf 500 ml gemischte Tonerlösung.

Urantonung

Die Urantonung führt zu rotbraunen Farbtönen. Anstelle des Silberbildes entsteht Uranylferrozyanid.

Vorschrift nach AGFA [151]:

Lösung A		*Lösung B*	
Kaliumferrizyanid	12,5 g	Urannitrat	13,75 g
Kaliumdichromat-Lösung (1%)	12,5 ml	Oxalsäure	12,5 g
Wasser bis auf	1,0 l	Wasser bis auf	1,0 l

Zum Gebrauch werden gleiche Teile der Lösungen A und B gemischt. Die Gebrauchslösung ist gelblich gefärbt und darf keinen Niederschlag enthalten. Bei starker Inanspruchnahme wird von Zeit zu Zeit 12,5 g Oxalsäure zur Auffrischung zugesetzt.

Vorschrift nach DUFAY-CHROMEX LTD., *London* [4]:

Kaliumoxalat	12,0 g
Urannitrat	10,5 g
Salzsäure konz.	32,0 ml
Kaliumferrizyanid	9,0 g
Wasser bis auf	1,0 l

Tonungsdauer: etwa 5 min.

Kupfertonung

Die Kupfertonung ergibt ähnliche Farbtöne wie die Urantonung. Bei dieser Tonung entsteht das schwerlösliche Kupfer(II)-ferrozyanid.

Vorschrift nach AGFA [151]:

Lösung A		*Lösung B*	
Kaliumferrizyanid	4,0 g	Kupfersulfat	5,0 g
Kaliumdichromat-Lösung (1%)	5,0 ml	Natriumzitrat	25,0 g
Wasser bis auf	1,0 l	Wasser bis auf	1,0 l

Nickeltonung für Purpur-Färbungen [4]

Vorschrift I:

Bleichbad

Lösung A

Nickelnitrat	50 g
Kaliumzitrat	150 g
Salpetersäure zum Ansäuern	
Wasser bis auf	1 l

Lösung B

Kaliumferrizyanid	20 g
Wasser	200 ml

Zum Gebrauch werden 5 Teile Lösung A + 5 Teile Wasser + 1 Teil Lösung B gemischt.

Tonbad

Dimethylglyoxim (gesättigte Methanollösung)	100 ml
Natriumhydroxyd	4 g
Wasser bis auf	1 l

Die zu tonenden Positivfilme werden im Bleichbad gebleicht. Anschließend folgt eine Wässerung von etwa 10 min. Dann werden die Filme im Tonbad getont, bis der gewünschte purpurne Farbton erreicht ist, werden dann in saurem Fixierbad fixiert, reichlich gewässert und schließlich in normaler Weise getrocknet.

Vorschrift II:

Bleichbad

Kaliumferrizyanid	30 g
Soda sicc.	30 g
Ammoniumnitrat	10 g
Natriumchlorid	10 g
Wasser bis auf	1 l

Tonbad

Natriumdimethylglyoxim	10 g
Nickelkaliumzyanid	10 g
Wasser bis auf	1 l

Die positiven Bilder werden zunächst im Bleichbad gebleicht. Es wird anschließend 10 min gewässert und dann im Tonbad getont. Es folgt dann eine kurze Behandlung in einem sauren Fixierbad, anschließend gute Auswässerung und zum Schluß Trocknung.

Vanadium-Gelbtonung [4]

Einbadtoner

Vanadiumoxalat-Lösung[1]	50 ml
Oxalsäure, gesättigte Lösung	50 ml
Glyzerin	50 ml
Wasser bis auf	1 l

[1] *Vanadium-Lösung*

Ammoniummetavanadat oder Vanadiumpentoxyd	1,5 g
Oxalsäure	5,0 g
Wasser bis auf	50,0 ml

Es wird unter Rühren erwärmt, bis eine klare blaue Lösung entstanden ist. Vanadiumsalze sind giftig!

Zum Gebrauch setzt man auf 1 l des Toners 10 ml einer 5%igen Kaliumferrizyanidlösung zu. In dieser Lösung wird der Positivfilm behandelt, bis eine genügende Gelbfärbung angenommen hat. Anschließend wird kurz gewässert, fixiert, schlußgewässert und getrocknet.

Zweifarben-Tonungsprozeß von DUFAY-CHROMEX LTD., London

Arbeitsgang:

1. Wässern und Oberfläche abwischen 4 min
2. Blautonung (eine Seite) .... 2,5 min
3. Wässern .... 8 min
4. Klären[1] .... 1 min
5. Urantonung (andere Seite)........ 5 min
6. Wässern .... 5 min
7. Fixieren[2] .... 1 min
8. Wässern .... 8 min
9. Ammoniak-Behandlung[3] .... 1 min
10. Wässern .... 1 min

[1]*Klärbad*

Salzsäure konz.	33 ml
Kaliumoxalat	12 g
Wasser	1 l

[2]*Fixierbad*

Natriumthiosulfat krist.	200 g
Wasser	1 l

[3]*Ammoniakbad*

Ammoniak (0,880)	1 ml
Wasser	1 l

Das Ammoniakbad modifiziert die Eisenblautonung, damit es komplementärer zu dem Rot-Orange der Urantonung wird und eine bessere Grauwiedergabe eintritt.

β) *Technik der Beizfärbung* [1, 4, 54, 55, 153]

Basische Farbstoffe färben die Gelatine nicht wasserfest an, sie bluten aus und können allmählich gänzlich aus der Schicht herausgewaschen werden. Durch besondere chemische Behandlung kann man jedoch das Silberbild in Verbindungen überführen, die die Eigenschaft haben, die Farbstoffe zu adsorbieren und festzuhalten. Verbindungen, die diese Eigenschaft haben, nennt man „Beizen" für die Farbstoffe („Mordants"). Diese chemische Färbung des Silberbildes mit Farbstoff-Lösungen werden auch Beizviragen genannt (Band V, XIV. H. 2.). Die erste Anwendung der Beizfarbentechnik machte CAREY LEA im Jahre 1868. Nachdem im Jahre 1896 G. RICHARD wiederum auf dieses Verfahren zur Herstellung von Farbbildern aufmerksam gemacht hatte, beschäftigte man sich an verschiedenen Stellen damit, und es entstanden im Laufe der Jahre eine Reihe von brauchbaren Verfahren.

Diachromie-Verfahren von A. TRAUBE [1, 151, 154]

Als Beize dient Silberjodid, in das das Silberbild durch Behandlung mit Jod-Jodkalium-Lösung übergeführt wird.

Es werden folgende Bäder benötigt:

Bleichbad, das für alle Beizfarbenbehandlungen verwendet werden kann; verschiedene Farbstoffbäder und ein Säurebad.

Die Farbstoffe werden in heißem Wasser unter Zusatz der Säure gelöst und anschließend durch ein Baumwollfilter filtriert.

Die zu tonenden Filme werden ganz trocken oder einige Minuten gewässert zunächst im Bleichbad vollständig gebleicht. Es folgt dann kurzes Abspülen und Einfärben. Die Einfärbung dauert etwa 2 bis 6 min. Es wird anschließend wiederum kurz gewässert und dann im Säurebad zur Klärung der Lichter behandelt. Nach kurzer Schlußwässerung wird in normaler Weise getrocknet.

(Vorschriften s. Band V, XIV. H. 2. a)).

Uvachromie von A. Traube [1, 153]

Als besonders gute Beize für basische Farbstoffe erkannte A. Traube im Jahre 1916 Kupferferrozyanid [155].

Die zur Beizfarbentonung bestimmten Diapositive müssen zart und dünn gehalten sein. Sie werden zunächst in einem Kupfersulfat-Kaliumferrizyanidbad gebleicht. Dieser Prozeß dauert etwa 10 min. Anschließend wird 15 min gewässert. Es folgt dann die Behandlung in essigsauren Farbstoffbädern. Diese Bäder dürfen nicht zu konzentriert sein (0,1%), da sonst Anfärbung der Lichter erfolgt. Die Anfärbung dauert 15 bis 30 min. Es wird dann kurz gespült und in einem neutralen Fixierbad mit Ammoniumchloridzusatz fixiert. Es wird zum Schluß gut gewässert und in üblicher Weise getrocknet.

(Vorschriften s. Band V, XIV. H. 2. b)).

Beizfarbenverfahren nach J. H. Christensen [1, 153, 156]

Für den Beizfarbenprozeß wird als Beize Kupferrhodanid für geeignet gefunden. Silberbilder werden durch Behandlung mit Kupfersulfat und Kaliumrhodanid in Kupferrhodanid übergeführt. Zur Anfärbung sind Fuchsin, Acridinrot und Rhodamin für rote Tonung, Auramin, Acridingelb, Thioflavin für gelbe Tonung und Methylenblau, Capriblau, Nilblau für blaugrüne Tonung geeignet.

(Vorschriften s. Band V, XIV. H. 2. c)).

Beizfarbenbilder mit Chromverbindungen nach F. E. Ives [153]

Bereits im Jahre 1865 hatte E. Kopp festgestellt, daß das braune Chrombild wie eine Beize für Pflanzenfarbstoffe wirkt. F. E. Ives benutzte als erster Chrombeizen bei Silbergelatinebildern zur Herstellung von gefärbten Bildern. Das Silberbild wird zunächst mit einer Lösung von Chromsäure und Kaliumferrizyanid ausgebleicht. Es entsteht hierbei an den Bildstellen braunes Chromoxyd, weißes Ferrozyansilber und nebenbei rötliches Ferrizyansilber. Diese Verbindungen wirken als gute Beizen für eine Reihe von Farbstoffen.

Eine Chrombeize verwendet auch Cornwell-Clyne [4] zur Erzeugung von gelben Farbstofftonungen.

Beizfarbenprozeß nach Cornwell-Clyne [4]

Arbeitsgang:

1.	Entwicklung	6 min
2.	Fixierung	5 min
3.	Wässern	15 min
4.	Härtung	5 min
5.	Wässern	1 min
6.	Bleichen	5 min
7.	Einfärbung	1 bis 2 min
8.	Beizen	5 bis 8 min
9.	Wässern	10 min
10.	Klären	1 min
11.	Wässern	60 min
12.	Schlußklärung	2 min
13.	Wässern	
14.	Trocknen	

Vorschriften:

Entwicklung:	Kodak D-76 oder ähnlich arbeitender Entwickler	
Fixierbad:	20% Natriumthiosulfat krist.	
Härtebad:	5% Chromalaun	
Bleichbad:	Kaliumferrizyanid	10 g
	Kaliumjodid	10 g
	Kaliumrhodanid	20 g
	Wasser bis auf	1 l
Farbstoffbad:	Auramin O	20 g
	Alkohol, techn.	1 l
	Wasser	1 l
Beizbad:	Kaliumjodid	70 g
	Kaliumferrizyanid	10 g
	Chromsäure	2 g
	Kaliumdichromat	5 g
	Wasser	1 l

Die Beizbehandlung muß so lange dauern, bis ein schwarzes *negatives* Bild sichtbar ist.

Klärbad: Kaliummetabisulfit, 5%ige Lösung

Das Farbstoffbild erscheint in seiner endgültigen Form, aber die Weißen sind noch gefärbt.

Schlußklärbad:	Salzsäure konz.	50 ml
	Wasser	1 l

Eine erhöhte Transparenz kann erzielt werden, wenn die erste Bleichbehandlung wiederholt wird.

γ) *Anwendungen der Tonungs- und Beizfärbungsverfahren*

Chromatone (Defender-Chromatone Comp., USA) [157, 158]

Das Verfahren dient zur Herstellung von Farbaufsichtsbildern und wurde im Jahre 1936 von C. Butement erfunden. Es wird ein Spezialbromsilberpapier verwendet, dessen Gelatineschicht nach der Behandlung infolge einer Kollodiumzwischenschicht abziehbar ist. Die drei Farbauszüge werden getrennt kopiert, entwickelt, fixiert und gewässert. Es werden dann die Silberbilder in Ferrozyansilber umgewandelt und jede Farbauszugskopie entsprechend getont. Die Schichten werden dann abgezogen, auf einen neuen Schichtträger übertragen und übereinander geklebt.

Farbfilmverfahren [3, 159, 160]

Die Tonungsverfahren hatten eine sehr große Bedeutung für den Zweifarbenfilm. Bei diesen Verfahren wird bevorzugt die Aufnahme auf Bipackfilm gemacht zur Herstellung der beiden Farbauszugsnegative. Als Positivfilm dient ein doppelseitig begossener Kopierfilm. Der Kopiervorgang erfolgt meistens gleichzeitig auf beiden Seiten. Damit das Kopierlicht nicht auf die gegenüberliegende Schicht durchdringt, sind die Emulsionsschichten mit einem auswaschbaren gelben Farbstoff angefärbt, oder die eine Schicht ist blauempfindlich, die andere Schicht rotempfindlich, und es wird mit blauem und rotem Licht kopiert. Nach der Schwarzweißentwicklung erfolgt in normaler Weise die Tonung. Die Kopie vom Rotfilterauszug wird meistens der Eisenblautonung unterworfen. Diese muß meistens für sich allein durchgeführt werden. Hierzu kann die Tonungslösung mit Rollen auf die Schicht aufgetragen werden, oder man läßt in einfacher Weise den Film mit der zu tonenden Seite auf der Lösung schwimmen. Zur Tonung der zweiten Seite kann das gleiche Verfahren angewendet werden, oder der Film kann auch im ganzen eintauchen. Nach der Tonung beider Seiten wird vielfach der Film mit einem gelben Farbstoff überfärbt, um das fehlende Gelb zu verdecken. Im folgenden sind die wichtigsten Zweifarbenfilmverfahren kurz skizziert.

Brewster-Farbfilmverfahren [161]

Das Verfahren ähnelt in seinen Grundzügen der *Diachromie* von A. TRAUBE. Der beidseitige Kopierfilm wird in einem Jod-Jodkalium-Kaliumdichromatbad gebleicht. Anschließend wird das freie Jod durch Behandlung in einer Natriummetabisulfitlösung beseitigt. Die eine Seite wird mit Malachitgrün, die andere mit Xylenrot in essigsauren Lösungen eingefärbt.

Cinecolor [3, 4, 18, 35, 162 bis 164]

Das Verfahren wird von der CINECOLOR CORP., Burbank, California, USA, ausgeübt. Als Aufnahmefilm wird ein KODAK-Bipack verwendet. Der Kopierfilm ist doppelseitig beschichtet. Die eine Seite wird Eisenblau getont, die andere Seite wird nach dem Prinzip von TRAUBE in eine Jodbeize übergeführt und eingefärbt. *Cinecolor* ist verwandt mit W. VAN D. KELLEY ,,*Prizma*", mit ,,*Kesdacolor*", ,,*Kelleycolor*", ,,*Magnacolor*" und ,,*Multicolor*". Der Erfinder des *Cinecolor* ist W. T. CRESPINEL (1928). Im Jahre 1939 erfolgte die Produktions-Umstellung auf ,,Doppel-Sechzehn" nach den Vorschlägen von A. M. GUNDELFINGER und J. SMITH. Bei dieser Technik werden auf jedem Aufnahmefilm von 35 mm Breite zwei Filmstreifen von 16 mm Breite erzeugt.

Colorcraft [4, 18, 165]

Ein amerikanisches subtraktives Zweifarbenverfahren, das im Jahre 1929 arbeitet. Das Verfahren hatte die Beizfarbentonung nach A. TRAUBE zur Grundlage.

Coloratura [3, 4, 18]

Das Verfahren wurde von der PATHÉ EXCHANGE, Bound Brook, New Jersey, USA, ausgeübt. Die Negativaufnahmen erfolgten auf Bipack oder mit der Strahlenteilungskamera von MITCHELL. Als Kopierfilm wurde ein doppelseitig beschichteter Positivfilm verwendet. Das rote Farbauszugspositiv wurde mit Eisensalz Blaugrün getont, das blaue Farbauszugspositiv wurde durch Beizfärbung Rot-Orange eingefärbt.

Kurz nach dem zweiten Weltkrieg stellte *Cinecolor* unter der Leitung von A. M. GUNDELFINGER die *Cinecolor*-Technik auf ein Dreifarbenverfahren um. Als Kopierfilm wird wieder der doppelseitig beschichtete Positivfilm (*Dipofilm*) benutzt. Auf die Frontseite (1. Seite) wird der Grünfilterauszug, auf die Rückseite (2. Seite) der Rotauszug in einem Arbeitsgang kopiert. Die beiden Emulsionen werden in normaler Weise entwickelt, jedoch nicht fixiert. Auf der Rückseite (2. Seite) wird durch Schwimmenlassen in einer Kufe eine Eisenblautonung vorgenommen, wobei gleichzeitig das Silber in Silberferrozyanid übergeführt wird. In der nachfolgenden Behandlung des ganzen Filmes in einer Kaliumbromidlösung wird aus dem Silberferrozyanid das Silberbromid zurückgebildet. Der Film wird dann getrocknet. Er enthält nunmehr auf der einen Seite das Silberpositiv des Grünfilterauszuges und daneben unverändertes Silberbromid, auf der Rückseite das fertige Eisenblaubild vom Rotfilterauszug zusammen mit ursprünglichem und zurückhalogeniertem Silberbromid. Jetzt wird auf die Rückseite das Kopieren des Blaufilternegatives vorgenommen und diese Seite für sich entwickelt. Die einseitige Entwicklung ist erforderlich, damit nicht auch das auf die Frontseite durchkopierte Blaufilternegativ mitentwickelt wird. Der ganze Film wird dann fixiert, gewässert und einer Jodbeizbehandlung unterworfen, die die entwickelten Silberbilder in Jodsilber als Beize für die Farbstoffe überführt. Die Frontseite wird durch ein Purpurfarbstoffbad in ein Purpurbild, die Rückseite durch ein Gelbfarbstoffbad in ein Gelbbild verwandelt. Diese beiden Farbstoffbehandlungen müssen getrennt erfolgen. Der fertige Film enthält auf der Frontseite das Purpurbild, auf der Rückseite übereinander das Eisenblaubild und Gelbbild.

Danlos-Farbfilmverfahren

Dieses Verfahren wurde im Jahre 1951 von P. Danlos veröffentlicht. Es liegen drei Farbauszugsnegative in den Grundfarben Blau, Grün und Rot vor. Es werden davon drei Positivkopien angefertigt: Nr. 1 Positiv vom Rotfilternegativ, Nr. 2 Positiv des Grün- und Blaufilternegatives, Nr. 3 Kompensativ, hergestellt durch Kopieren des Grünfilternegatives und des Blaufilterpositives. Diese Positive werden weiter auf einen doppelseitig beschichteten Positivfilm kopiert, und zwar Nr. 1 und Nr. 2 auf beide Seiten. Der so belichtete Film wird umkehrentwickelt und anschließend das Silberbild gebleicht, das heißt in Bromsilber zurückverwandelt.

Es folgt dann Trocknung des behandelten Filmes. Das Kompensativ Nr. 3 wird nunmehr zusätzlich auf die Kopie von Nr. 2 kopiert und dann negativ entwickelt. Das noch vorhandene Silberbromid wird nunmehr in Jodsilber übergeführt und dieses als Beize für entsprechende Farbstoffe benutzt, so daß die Kopie vom Rotfilterpositiv, die positiv entwickelt wurde, blaugrün, und die Kopie vom Positiv Nr. 2 rotorange eingefärbt wird. Diese beiden Farbbilder sind mit einem schwachen Silberbild vom Kompensativ durchsetzt. Dieses Silberbild wird jetzt ebenfalls in eine Farbbeize verwandelt und gelb eingefärbt. Das Danlos-Verfahren ist ein Dreifarbenverfahren.

Dascolour [4, 18, 166]

Das Verfahren arbeitet nach den Patenten von M. L. J. Dassonville, Brüssel. Die Technik der Entwicklung wurde von M. A. Debrie, Paris, ausgearbeitet. Die Zweifarbenpositivbilder werden auf der gleichen Seite des Films übereinander erzeugt. Es wird zunächst der Blaufilterauszug zur Bildung des Rotorangebildes auf die Positivschicht kopiert, normal entwickelt, fixiert und gewässert. Das Silberbild wird dann mit Eisen(III)-chlorid und Oxalsäure ausgebleicht und getrocknet. Unter dem Rotfilternegativ erfolgt nunmehr die zweite Belichtung. Hierbei wird das Eisen(III)-salz durch die Lichteinwirkung in Eisen(II)-salz übergeführt [176]. Durch Behandlung mit einer Kaliumferrizyanidlösung entsteht ein blaues Bild aus Eisenferrizyanid. Man kann auch den zweiten Kopiervorgang mit dem Positiv des Rotfilternegatives ausführen und kann dann ein blaues positives Farbbild durch Tonen mit Kaliumferrozyanid erhalten. Nach dieser Blautonung wird der Film gewässert und mit einer Jodbeize entsprechend wie bei der Diachromie behandelt. Der Film wird dann in ein Farbstoffbad getaucht, wodurch das rotorange Farbbild auf der Beize erzeugt wird.

Dunningcolor [18, 167]

Ein amerikanisches Dreifarbenverfahren.

Fullcolor [4]

Hersteller: TRIMBLE LABORATORIES, Inc., Hollywood, California, USA. Die Negativaufnahme erfolgt mit KODAK-Bipack, oder es werden Zwei- und Dreifarbenauszüge mit der *Technicolor*-Kamera hergestellt. Als Kopierfilm wird ein doppelseitig beschichteter Positivfilm verwendet; die eine Seite wird eisenblau getont, die andere rotorange mittels Beizfarben eingefärbt.

Harmonicolor [4]

Das Verfahren wurde von dem französischen Chemiker M. MAURICE, Combes, ausgearbeitet und der erste Film in London 1936 gezeigt. Für die Aufnahme wird ein AGFA-Bipack verwendet. Die Negative werden auf doppelseitig beschichteten Positivfilm kopiert im Kontakt auf einer DEBRIE-Maschine, normal schwarzweiß entwickelt, fixiert und gewässert. Es folgt dann die Einfärbung in Lösungen von basischen Farbstoffen. Eine Farbstoffmischung von Rhodamin und Auramin dient zur Rotorange-Anfärbung der Kopie des Blaufilterauszugsnegatives und eine Mischung von Malachitgrün und einem blauen, geeigneten Farbstoff zur Blaugrün-Anfärbung der anderen Positivseite, der Kopie des Rotfilterauszugsnegatives. Der Film wird dann in einem Beizbad von Chromsäure, Kaliumferrozyanid und Schwefelsäure behandelt und dann in einem Kaliummetabisulfitbad geklärt. Das Verfahren hat viel Ähnlichkeit mit dem Patent von A. HAMBURGER [168].

Harriscolor [4, 169]

Dieses subtraktive Zweifarbenfilmverfahren wurde von der KELLEY COLOR Co., USA, im Jahre 1928 ausgearbeitet. Als Kopierfilm wird ein einschichtiger Positivfilm verwendet. Das Rotauszugsnegativ wird durch die Filmunterlage kopiert, entwickelt, gewässert und im Dunkeln mit einer Eisensalzlösung blaugrün getont, wiederum gewässert und getrocknet. Es wird dann das Blauauszugsnegativ auf die Restbromsilberschicht belichtet und so entwickelt, daß das blaugrüne Eisensalzbild nicht zerstört wird. Es folgen dann die Fixierung und Wässerung, und schließlich wird dieses zweite Bild rotorange, meistens mit Uransalz, getont. Bei der Entwicklung des zweiten Bildes wird durch das Entwickleralkali das Eisensalzbild entfärbt. Das zweite Bild kann dann mit einem Vanadium-Beizbad gebleicht und mit einem rotorange Farbstoff angefärbt werden. Beim Einbringen des Filmes in ein saures Bad erscheint das blaugrüne Bild wieder.

Kelleycolor-Prozeß [4, 170]

Erfinder des Prozesses ist W. VAN DOREN KELLEY (1923). Das Verfahren ist identisch mit dem *Prizma*-Prozeß. Die *Prizma*-Patente wurden von der CONSOLIDATED FILM INDUSTRIES, USA, übernommen und das Verfahren unter dem Namen *Magnacolor* auf den Markt gebracht.

Ursprünglich wurden die beiden Farbauszugsnegative auf die beiden Seiten eines doppelbeschichteten Positivfilmes kopiert; die Rotauszugskopie mit Eisensalz blaugrün getont und die Rückseite mit Uransalz rotorange getont. Später wurden die beiden Teilbilder in einer Schicht erzeugt. Zunächst wird durch die Unterlage hindurch das Rotfilternegativ kopiert, 3 min in Amidol entwickelt und ohne Fixierung in einer Lösung von Vanadiumoxalat, Eisenammoniumoxalat, Oxalsäure und Kaliumferrizyanid blaugrün getont. Das Silberbild wird dann in Ammoniumdichromat und Kaliumbromid gebleicht. Nach der Wässerung und Trocknung im Dunkeln erfolgt die Kopierung des zweiten Negatives, des Blaufilterauszuges. Es wird in Amidol wiederum 3 min entwickelt, fixiert und in einer Lösung von Urannitrat, Kaliumoxalat, Salzsäure und Kaliumferrizyanid rotorange getont, nochmals fixiert, gewässert und dann getrocknet.

Magnacolor [4, 18]

Hersteller: CONSOLIDATED FILM INDUSTRIES, USA.

Das Verfahren ist identisch mit dem *Prizma*-Prozeß, der im Jahre 1929 von W. VAN DOREN KELLEY erworben wurde.

Als Aufnahmefilm dient ein Bipack. Zur Herstellung des Positivfilmes wird ein doppelbeschichteter Film verwendet. Die eine Seite wird nach dem Aufkopieren des Rotfilternegatives mit Eisen blaugrün getont; auf die andere Seite wird das Grünfilternegativ kopiert und das Bild rotorange eingefärbt, nachdem eine Jodbeize entsprechend dem TRAUBEschen *Diachromie*-Verfahren erfolgte.

Multicolor [4, 18, 171, 172]

Das Verfahren wurde vom Jahre 1929 an angewandt. Zur Aufnahme diente ein Bipack der Firma DU PONT („*Dupack*"). Die beiden Farbauszugsnegative wurden gleichzeitig auf einen doppelseitig beschichteten Positivfilm kopiert. Das Bild vom Rotfilternegativ wird mit Eisensalz blaugrün getont. Ohne zu wässern folgt eine Behandlung in einer Uranbeize mit anschließender Farbstoffbehandlung. Diese Bäder lassen das Eisenbild unbeeinflußt. Zum Schluß wird fixiert, gewässert, getrocknet und lackiert.

Photocolor [4, 18]

Dieses subtraktive Zweifarbenverfahren wurde im Jahre 1930 von der PHOTOCOLOR CORPORATION, USA, angewandt. Die beiden Farbauszugsnegative wurden auf einen doppelseitig beschichteten Positivfilm kopiert, die eine Seite blaugrün getont, die andere mit Uran-Toner rotorange.

Polychromide-Prozeß [4, 18, 173]

Dieses Zweifarbenfilmverfahren wurde in England von dem Amerikaner A. HAMBURGER ausgearbeitet. Die Grundpatente gehen bis auf das Jahr 1911 zurück. Nach diesem Verfahren wurde noch im Jahre 1931 gearbeitet. Als Aufnahmematerial dienten AGFA- und DU PONT-Bipack. Die beiden Farbauszugsnegative wurde auf einen doppelseitig beschichteten Positivfilm kopiert. Die Entwicklung erfolgte in einem Metol-Entwickler. Die Positive sollten zart und dünn sein. Die Kopie vom Grünfilterauszugsnegativ wird dann in einem Farbstoffbad, bestehend aus Fuchsin und Auramin O, rotorange eingefärbt. Die Kopie vom Rotauszugsnegativ wird in einem Farbbad von Malachitgrün und Heliosafranin blaugrün eingefärbt. Es folgt dann der Bleich- und Beizvorgang in einem Bad, das aus Kaliumjodid, Kaliumferrizyanid, Chromsäure und Kaliumdichromat bestand. Anschließend wird geklärt mit einer Kaliummetabisulfitlösung, gewässert und getrocknet. A. HAMBURGER war bei dieser Art des Prozesses vermutlich der erste, der die Anfärbung zuerst und das Bleichen und Beizen zum Schluß vornahm.

Prizmacolor

Dieses Verfahren ist identisch mit *Magnacolor* und *Kelleycolor*.

Sennettcolor [4, 18, 169]

Hersteller: SENNETT LABORATORIES, USA.

Die beiden Kopien von den Farbauszugsnegativen werden auf doppelseitig beschichteten Positivfilm kopiert, die eine Seite blaugrün, die andere mit Uransalz rotorange getont.

Sirius-Verfahren [4, 18, 174, 175]

Hersteller: Sirius Kleuren Film Maatschappij, Utrecht, Holland.

Das Verfahren beruht größtenteils auf Erfindungen von L. Horst (1927). Als Kopierfilm wird ein doppelseitig beschichteter Positivfilm verwendet, der auf der einen Seite zwischen Emulsion und Unterlage eine opake Zwischenschicht, angefärbt mit Braunstein oder Farbstoffen, enthält. Es werden auf beiden Emulsionen Beizfarben erzeugt. Zur Behandlung wird eine ähnliche Maschine wie beim Polychromide-Prozeß von Hamburger verwendet.

Spectracolor [4, 18]

Dieses Verfahren ist identisch mit dem in Deutschland angewandten *Ufacolor*-Verfahren. In England wurde dieser Prozeß *Spectracolor* genannt.

Ufacolor [3, 4, 122, 125]

Das *Ufacolor*-Verfahren wurde vor dem zweiten Weltkrieg sehr viel angewandt. Als Aufnahmefilm diente der Agfa-Bipack. Die Negative wurden zu einem Gamma von 0,8 bis 0,9 entwickelt. In einer Spezialkopiermaschine von Debrie wurden die beiden Auszugsnegative gleichzeitig auf einen doppelseitig beschichteten Positivfilm (Agfa-*Dipo-Film*) kopiert und dann entwickelt. Die Rückschicht des Filmes, Kopie des Rotauszugsnegatives, wird durch Schwimmenlassen in langen Kufen eisenblau getont. Anschließend wird fixiert und kräftig gewässert. Es folgt nunmehr die Beizbehandlung der Frontfilmkopie in einem Kupferrhodanid-Bleichbad. Zum Schluß wird das Frontbild in einem Farbstoffbad, bestehend aus Gelb für Virage (Agfa) und Rot für Virage (Agfa), rotorange angefärbt. Zur Überdeckung des fehlenden Gelb wird die ganze Schicht mit einem gelben Farbstoff überfärbt.

c) Pigmentverfahren [153, 176]

Unter Pigmentverfahren versteht man allgemein alle Prozesse, die zur Herstellung eines Bildes Kolloidpigmente in Gegenwart von Chromsalzen verwenden, wobei erstere direkt zum Bildaufbau dienen. Pigmente sind wasserunlösliche Farbstoffe, als Kolloide können Gummiarabikum, Leim oder bevorzugt Gelatine verwendet werden. Die Pigmentverfahren sind je nach der angewandten Technik sehr vielseitig [153, 157]. Eine Reihe dieser Verfahren ist zur Herstellung von Mehrfarbendrucken sehr gut geeignet, und verschiedene Verfahrenstechniken sind praktisch ausgeführt worden.

α) Mehrfarbenpigmentdruck [1, 3, 35, 52, 55]

Der Pigmentdruck ist ein Kopierverfahren und beruht auf der Lichtempfindlichkeit von Dichromatgelatineschichten. Durch Lichteinwirkung findet eine Zersetzung der Chromverbindung statt, und diese Zersetzungsprodukte bewirken eine Härtung der Gelatineschicht proportional der Lichteinwirkung. Wird eine derartige Schicht nach der Belichtung mit Warmwasser behandelt („entwickelt"), so wird an den unbelichteten Stellen die ungehärtete Gelatine mit dem Pigment weggewaschen, und es bleibt ein Reliefbild zurück. Geht der Kopierprozeß von einem Negativ aus, so erhält man ein positives seitenverkehrtes Bild. Durch eine besondere Technik der Übertragung kann das Bild seitenrichtig gestaltet werden. In der ersten Zeit des Pigmentdruckes wurde als Farbstoff bevorzugt Kohle verwendet, deswegen war für den Pigmentdruck der Name „Kohledruck" vielfach gebräuchlich.

Die Härtung einer Dichromatgelatineschicht durch Lichteinwirkung erkannte als erster im Jahre 1852 Fox Talbot [177]. Er wandte diese Erkenntnis zur Ätzung von Stahlplatten an. Die Lichtempfindlichkeit der Chromsalze in Gegenwart von organischen Substanzen war schon viel früher bekannt [178, 179]. Die Technik des Pigmentdruckes und seine Eignung für photographische Zwecke erfand im Jahre 1855 A. L. Poitevin [180]. J. W. Swan gab im Jahre 1864 die Übertragung des Pigmentdruckes auf eine neue Unterlage an [181], und J. R. Johnson führte diese Technik im Jahre 1869 als einfache und doppelte Übertragung durch [182]. Den Mehrfarbenpigmentdruck führte als erster L. Ducos du Hauron durch [183]. A. und L. Lumière ließen sich im Jahre 1895 ein Verfahren zur Herstellung von Mehrfarbenpigmentdrucken patentieren [184] und stellten auf der Pariser Weltausstellung im Jahre 1900 eine Anzahl derartiger Drucke aus [185].

Bis zum Jahre 1940 waren Pigmentpapiere im Handel; heute muß man sie selbst herstellen.

Zur Herstellung von Mehrfarbenpigmentdrucken sind drei Farbauszugsnegative in den Grundfarben Blau, Grün und Rot erforderlich. Jedes Auszugsnegativ wird auf ein besonderes Pigmentpapier kopiert, das Blaufilternegativ auf die Pigmentschicht mit gelbem Pigmentfarbstoff, das Grünfilternegativ auf die Schicht mit purpurnem Pigment und das Rotauszugsnegativ auf die Pigmentschicht mit blaugrünem Farbstoff. Als Pigmentfarben sind besonders Chromgelb, Alizarinrot, Preußischblau und Ultramarinblau geeignet, wie sie in der Aquarellmalerei als Anreibfarben Verwendung finden.

Herstellung der Pigmentpapiere

Pigmentierungslösungen:

Lösung A (gelb)		*Lösung A* (purpur)		*Lösung A* (blaugrün)	
Wasser dest. ...	175 ml	Wasser dest.	175 ml	Wasser dest. ...	175 ml
Glyzerin	25 ml	Glyzerin	25 ml	Glyzerin	25 ml
Chromgelb	17,5 g	Alizarinrot......	7,5 g	Preußischblau ..	1,75 g
				Ultramarin	2,5 g

Lösung B

weiche Gelatine	546 g
Wasser dest. ...	2400 ml

Die Gelatine läßt man zunächst etwa 30 min in kaltem Wasser aufweichen und erwärmt dann auf dem Wasserbad bis 50°C, bis sie vollständig gelöst ist. Man filtriert die Lösung dann durch zwei Lagen feines Leinen. Zur Pigmentierung des Papieres werden gemischt:

je 800 ml Lösung B + je Lösung A.

Zur Pigmentierung benutzt man bevorzugt glatte Barytpapiere. Man verwendet die Papiere für alle drei Teilbilder in gleicher Gießrichtung. Die Papiere werden zunächst mindestens 30 min in kaltem Wasser eingeweicht und dann auf einer waagrechten, gut nivellierten Glasplatte abgequetscht. Die Pigmentierungslösung von 45 bis 50°C wird dann in der jeweils erforderlichen Menge auf die Mitte des Papieres gegossen und dann sorgfältig mit einem Glasstab gleichmäßig bis an den Rand des Papieres verteilt. Für 100 cm² Papier sind etwa 15 ml Lösung erforderlich. Man läßt dann die Gelatinefarbstofflösung erstarren und nimmt dann das Papier von der Glasplatte ab und legt es zum Trocknen aus.

Nach der Trocknung können die Papiere in einem der folgenden Sensibilisierungsbäder lichtempfindlich gemacht werden. Diese Arbeit muß bei gelbem Dunkelkammerlicht vorgenommen werden.

Sensibilisierungsbad I
langsam trocknend

Kaliumdichromat	30 g
Zitronensäure	7 g
Ammoniak	30 ml
Wasser bis auf	1000 ml

Sensibilisierungsbad II
schnelltrocknend

Ammoniumdichromat	30 g
Zitronensäure	7 g
Ammoniak	30 ml
Wasser	500 ml
Alkohol oder Azeton	500 ml

Die Badedauer zur Sensibilisierung soll etwa 5 min betragen.

Kopieren und Entwickeln

Das Kopieren unter den Auszugsnegativen muß im Sonnenlicht oder Kohlenbogenlicht vorgenommen werden. Es sollen alle drei Kopien möglichst gleichzeitig kopiert werden. Das Kopieren erscheint beendet, wenn das Gelbbild in allen Einzelheiten sichtbar ist. Die weitere Verarbeitung erfolgt in der für das Pigmentverfahren üblichen Technik [153, 176, 186, 187].

Man wässert die Pigmentkopie zunächst etwa 10 min in Wasser, legt sie dann mit der Schicht auf ein vorpräpariertes, ebenfalls eingeweichtes Gelatinepapier (Papier bestrichen mit einer 4%igen Gelatine- und 0,5%igen Chromalaunlösung und getrocknet), beseitigt durch Bestreichen alle Luftblasen und quetscht beide Schichten innig zusammen. Nachdem sie etwa 15 min unter Druck gelegen haben, beginnt die Entwicklung in Wasser. Zunächst bringt man sie in Wasser von etwa 30°C, erhöht dann die Wassertemperatur allmählich auf 35 bis 40°C und setzt die Behandlung so lange fort, bis sich die Seiten zu lösen beginnen. Man zieht dann die Kopierschicht ab und behandelt dann die Übertragsschicht in warmem Wasser weiter, bis das Bild klar erscheint. Das Bild wird dann getrocknet. Die nächste Kopie nach der Belichtung wird dann unter Wasser auf das erste Bild in Kontakt mit genauer Passung gebracht, entwickelt, abgezogen und getrocknet. Die größten Schwierigkeiten machte die Passung der Teilbilder. Das Aufeinanderpassen wird am zweckmäßigsten durch sogenanntes „Nadeln" vorgenommen. Hierzu werden die Originale vor der Aufnahme am Rande oder in den Ecken mit Paßkreuzen versehen, diese dann auf der Kopie mit Nadeln durchstochen und beim Übertragen auf die entsprechenden Stellen der vorhergegangenen Übertragung festgestochen. Vorteilhaft war zur Überwindung von Passungsschwierigkeiten anstelle von Pigmentpapieren Pigmentzelluloidfolien zu verwenden, da hierbei durch Übereinanderlegen die Konturen nachgeprüft werden konnten. Zelluloidfolien müssen zur Verwendung als Übertragsfolie vor der Pigmentierung mit einer Wachsschicht überzogen werden.

β) *Ozobromdruck* [1, 153, 176]

Beim Ozobromdruck wird ein Bromsilberbild mit einer Dichromatpigmentschicht in Kontakt gebracht. Hierbei wird die Pigmentschicht bildmäßig gegerbt. Als Reaktionsmittel wird Kaliumferrizyanid verwendet. Das Verfahren geht auf die einfache Ozotypie zurück, die A. Marion im Jahre 1873 entdeckte [188]. Dieses Verfahren, das er *Mariotypie* nannte, war sehr unvollkommen und praktisch nicht brauchbar. Th. Manly verbesserte es sehr wesentlich und ließ sich das Verfahren unter dem Namen *Ozotypie* im Jahre 1898 patentieren [189]. Bei der

Ozotypie wird zunächst eine Chromatkopie von einem Negativ hergestellt. Die Chromatkopierschicht besteht aus Kaliumdichromat und Mangansulfat in Gegenwart von Gummilösung. Bei der Belichtung entsteht Sauerstoff, Chromoxyd und Manganchromat. Wird diese Chromatkopie mit einer Pigmentschicht in Kontakt gebracht, so wird diese Pigmentschicht durch das gebildete Chromoxyd bildmäßig gegerbt, und man erhält ohne Übertragung eine seitenrichtige Kopie. In den Jahren 1903 und 1905 wurde dieses Verfahren durch E. STRASSER und TH. MANLY weiter entwickelt zum *Ozobrom*-Verfahren [190 bis 192]. In Deutschland brachte im Jahre 1909 die NEUE DEUTSCHE PHOTOGRAPHISCHE GESELLSCHAFT, Berlin, nach eigenen Patenten Materialien für dieses Verfahren in den Handel [193, 194].

Der besondere Vorteil des Prozesses liegt darin, daß normale Silberbilder verarbeitet werden können. Es kann daher auch von Amateuren ohne besonderen Aufwand ausgeführt werden.

Es wird zunächst eine normale Bromsilbervergrößerung hergestellt, normal entwickelt, fixiert, gewässert und getrocknet. Das verwendete Bromsilberpapier darf allerdings keine Oberflächenschutzschicht tragen. Das Bild wird in Wasser eingeweicht und mit einem besonderen Pigmentpapier, das in einer Pigmentierungslösung aus Kaliumferrizyanid, Kaliumdichromat und Kaliumbromid gebadet wurde, in Kontakt gebracht. Nach etwa 15 min werden die beiden zusammengepreßten Papiere in warmes Wasser gebracht und entwickelt. Hierbei entsteht auf dem Silberbild ein Pigmentpositiv. Läßt man die Entwicklung in kaltem Wasser etwa 15 min lang dauern, so kann das Pigmentpapier mit dem Pigmentbild abgezogen und auf eine neue Unterlage übertragen werden. Nach dem Trocknen kann auf dieses erste Übertragsbild ein zweites und schließlich ein drittes gebracht werden. Auf diese Weise kann man mit Hilfe des Ozobromprozesses Mehrfarbenbilder herstellen.

Nach dem Ozobromprozeß stellte C. F. STUART Mehrfarbendrucke her und nannte das Verfahren *Multicolor Bromoil Transfer* [195].

Ein anderes Dreifarbenverfahren nach dem Prinzip des Ozobromprozesses war der *Raydex-Prozeß* [196]. Es wurden bei diesem Prozeß in den drei Grundfarben Ozobrompigmentbilder auf Zelluloidfilme, die mit Wachsterpentinöl abgerieben waren, übertragen und entwickelt und dann von der Behelfsunterlage auf Papier übereinander übertragen.

γ) *Carbrodruck* [35, 52, 53, 153, 176]

Der *Carbrodruck* ist eng verwandt mit dem Ozobromprozeß. H. F. FARMER hatte im Jahre 1919 erkannt, daß ein Gemisch von Kaliumdichromat, Kaliumferrizyanid, Kaliumbromid in Gegenwart von Chromsäure ein besonderes wirksames Mittel zur Kontakthärtung darstellt [197]. Der Name entstand aus den Anfangsbuchstaben von Carbon (Kohle) und Bromsilber.

Wird eine normale Bromsilbervergrößerung in Kontakt mit einer Pigmentgelatineschicht gebracht, die in einer Bleichlösung getränkt wurde, so erhält man in der Pigmentschicht eine bildmäßige Gerbung. Das entstandene Bild ist positiv und seitenverkehrt und kann durch Übertragung in ein seitenrichtiges Bild übergeführt werden.

Zur Herstellung von Mehrfarbenbildern werden die drei Teilnegative auf normal- oder hartarbeitendes Bromsilberpapier, das keine Schutzschicht hat, kopiert oder vergrößert (Abb. 42). Diese drei Teilbilder müssen in ihrer Dichte und Brillanz auf Gleichheit abgestimmt sein. Nach der normalen Verarbeitung wird gründlich gewässert, damit alle Spuren von Fixiernatron beseitigt sind. Die Bromsilberbilder werden nun in Kontakt mit den Pigmentschichten zur Kontakthärtung gebracht, und zwar in der komplementären Zuordnung, indem die Kopie

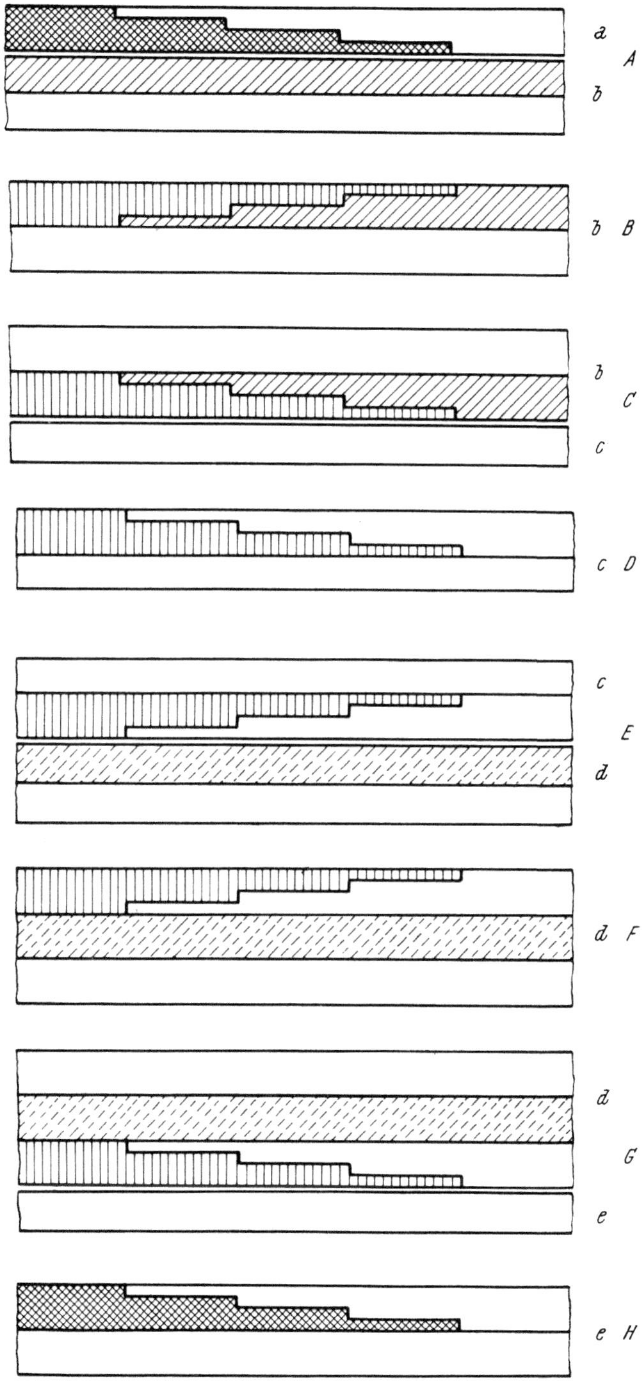

Abb. 42. Carbroprozeß (schematisch); *A* Bromsilberbild (*a*) im Kontakt mit Pigment-Oxydationsschicht (*b*), *B* Pigmentschicht (*b*), gehärtet entsprechend der Kontaktwirkung mit Silberschicht, *C* Übertrag auf Zelluloidschicht (*c*), *D* Pigmentbild auf Zelluloid (*c*), *E* Übertrag auf Hilfsunterlage (*d*) mit weicher Gelatineschicht, *F* Pigmentbild auf Hilfsunterlage (bei Farbbildern werden alle drei Teilbilder auf die Hilfsunterlage übereinander übertragen), *G* Übertrag des Bildes beziehungsweise der drei Farbpigmentbilder auf die endgültige Unterlage (*e*), *H* farbiger Carbrodruck

von dem Blaufarbauszugsnegativ für das gelbe, die Kopie von dem Grünfarbauszug für das purpurne und die Kopie vom Rotfarbauszug für das blaugrüne Pigmentpapier verwendet wird. D. A. SPENCER empfiehlt folgende Sensibilisierungsbehandlung der Pigmentpapiere [198]:

Sensibilisierungslösung 1

Kaliumferrizyanid	50 g
Kaliumbromid	50 g
Wasser bis auf	500 ml

Zum Gebrauch verdünnen 1:4

Sensibilisierungslösung 2

Kaliumdichromat	18 g
Chromsäure	4 g
Chromalaun	10 g
Wasser bis auf	450 ml

Zum Gebrauch zu verdünnen 1:4

Zunächst wird das Pigmentpapier 2 min in Lösung 1 bei 18° C behandelt. Die überschüssige Lösung wird dann abgequetscht, und es folgt eine Behandlung von 25 s in Lösung 2. Darauf werden beide Papiere zusammengequetscht. Nach 10 bis 15 min Einwirkungsdauer werden die beiden Papiere getrennt. Das Bromsilberpapier kann zur Schwärzung wieder entwickelt und dann von neuem verwendet werden. Das Pigmentpapier kommt zu einer kurzen Behandlung in ein wässeriges Methanolbad, wird dann mit der Schichtseite auf Folien von gewachstem Zelluloid oder aus Kunststoff gebracht und das Pigmentbild zunächst auf diese Zwischenunterlage übertragen. Es wird in Wasser von 40° C mit etwas Chromalaunzusatz entwickelt, wobei die nicht gehärtete Gelatine weggelöst wird, und die Papierunterlage abgezogen. Von den Zelluloidfolien werden die einzelnen Pigmentbilder auf eine Hilfsunterlage von Papier gebracht, die eine Schicht von ungehärteter Gelatine enthält, und dann schließlich gemeinsam auf eine endgültige Unterlage eines Papieres mit gehärteter Gelatine übertragen. Diese Übertragung ermöglicht eine erneute Behandlung in warmem Wasser.

δ) *Mehrfarbengummidruck* [153, 176, 199 bis 204]

Der Gummidruck ist ein Pigmentverfahren ohne Übertragung, bei dem als Kolloid Gummiarabikum verwendet wird. Ein Gemisch aus Gummiarabikum, Dichromat, Pigment und Wasser wird in dünner Schicht auf das Papier aufgetragen und nach dem Trocknen unter einem Negativ belichtet. Die nicht durch die Lichteinwirkung gegerbten Teile können durch Behandlung in warmem Wasser weggelöst werden, und man erhält eine seitenrichtige Kopie. Der Gummidruck wurde zuerst von A. L. POITEVIN im Jahre 1855 angegeben und wurde von dem Engländer J. POUNCY zu einem brauchbaren „Gummikopierverfahren" ausgearbeitet (1858). Als künstlerisches Kopierverfahren wurde der Gummidruck durch die Arbeiten von TH. O. HOFMEISTER, Hamburg, HEINRICH KÜHN, Innsbruck, und H. WATZEK, Wien, in den ersten Jahrzehnten dieses Jahrhunderts besonders bekannt.

Eine besondere Technik des Mehrfarbengummidruckes arbeitete F. LEIBER aus [205]. Dieses Verfahren ist ein kombiniertes Tonungsgummidruckverfahren.

ε) *Mehrfarbenpigmentverfahren der Praxis*

Duxochrom-, *Duxocolor*-Verfahren [206 bis 210]

Das *Duxochrom*-Verfahren der Firma DR. J. HERZOG, Hemelingen bei Bremen, ist seit dem Jahre 1929 auch heute noch im Handel. Das *Duxochrom*-Verfahren geht von Farbdiapositiven (Farbauszugsdiapositiven wie auch Mehrschichtenfarbdiapositiven) aus, während das *Duxocolor*-Verfahren zur Herstellung von Farbbildern auf Papier von Farbauszugsnegativen bzw. Mehrschichtenfarbnegativen dient. Beide Verfahren arbeiten im Prinzip gleich. Sie verwenden Halogensilberschichten auf Zelluloidfolien, die den fertigen Bildfarbstoff (substantive Azofarbstoffe) bereits enthalten. Die drei in den Grundfarben Gelb, Purpur und Blaugrün angefärbten Halogensilberfilme werden unter den Teilnegativen durch den Schichtträger hindurch im Kontakt oder vergrößert belichtet. Es folgen härtende Entwicklung mit einem sulfitfreien oder sulfitarmen gerbenden Entwickler, Fixage, Entsilbern und Auswaschen in warmem Wasser. Zur Entsilberung wird ein Kupfersulfat-Natriumchloridbad verwendet, das das Silberbild in Chlorsilber zurückverwandelt und ausfixiert werden kann. Die drei transparenten Teilbilder können zum Durchsichtbild direkt zusammengelegt und ihre Abstimmung und die Gesamtfarbwiedergabe überprüft werden. Durch Nachbehandlung in Wasser bis zu 100°C kann jedes Teilbild gesondert abgestimmt werden. Zur Übertragung der Einzelbilder übereinander auf Papier wird jedes Einzelbild nacheinander auf das feuchte Papier gequetscht, längere Zeit angepreßt und getrocknet, wobei die Filmunterlage abspringt. Es findet hierbei keine Absaugung des Farbstoffes statt, sondern das ganze Gelatinereliefpigmentbild wird wie bei den Pigmentverfahren übertragen. Wenn der Bildcharakter nicht befriedigt, so kann noch ein Schwarzdruck ausgeführt werden. Wenn die Farben richtig sind, jedoch die Schatten zu wenig gedeckt, so wird der Schwarzdruck vom Rotfilternegativ gemacht. Sind die Farben zu kräftig, so wird für den Schwarzdruck das Blaufilternegativ verwendet.

Ein dem *Duxochrom* sehr ähnlicher Prozeß war das *Belcolor*-Verfahren von G. Blecher [211]. Dieses Verfahren erlangte jedoch keine praktische Bedeutung.

Das *Vivex*-Verfahren [3, 35, 212, 213]

Das *Vivex*-Verfahren ist ein Carbrodruckverfahren. Es wurde von Spencer und Murray ausgearbeitet [198] und von der Colour Photographs, London, zur Herstellung von mehrfarbigen Aufsichtsbildern ausgeübt. Das Verfahren unterscheidet sich von dem normalen Mehrfarbencarbrodruck einmal durch Verwendung eines billigen und dünnen Zellophanfilmes als Zwischenunterlage, und zweitens wird die Sensibilisierung der Pigmentpapiere nur in einem Bad vorgenommen [213]. Der Ablauf des gesamten Herstellungsprozesses ist rationalisiert und weitgehend automatisiert. Die Farbauszugsnegative werden mit Photozellen ausgemessen und darnach die Belichtungen der Bromsilberkopien gesteuert. Diese werden maschinell entwickelt, mit den in der Bleichlösung gequollenen Farbfolien zusammengebracht und nach dem Bleichen des Silberbildes entfernt. Die gegerbten Farbfolien werden ebenfalls maschinell mit der Übertragszellophanfolie zusammengepreßt, auf einer rotierenden Trommel entwickelt und die Teilbilder zusammengeklebt. Durch diese Technik wurde eine vorzügliche gleichmäßige Farbwiedergabe erzielt.

d) Imbibitions- (Einsaug-) Verfahren [3, 4, 35, 55, 153, 176]

Dichromatgelatineschichten, die unter einem Positiv belichtet wurden, sind an den belichteten Stellen gegerbt und an den unbelichteten ungegerbt. Werden derartige Schichten in Farbstofflösungen gebadet, so haben die ungegerbten Stellen die Eigenschaft, Farbstoffe aufzusaugen, festzuhalten und sich mehr oder weniger stark anzufärben, während die gegerbten Stellen ungefärbt bleiben. Diesen Einsauge- oder Imbibitionsprozeß kann man zur Herstellung von einfarbigen und insbesondere auch zu mehrfarbigen Bildern benutzen. Diese Erscheinung erkannte als erster im Jahre 1874 E. Edwards und nutzte sie praktisch aus. Unabhängig von ihm erfand Ch. Cros im Jahre 1881 ein solches Verfahren und nannte es *Hydrotypie* [216].

Auf dem Einsaugeprinzip wurden verschiedene Verfahren zur Herstellung von Mehrfarbenkopien ausgearbeitet, von denen die praktisch erfolgreichsten im folgenden näher geschildert werden.

α) *Pinatypie* [53, 153, 176, 217]

Das *Pinatypie*-Verfahren, das auf dem gleichen Prinzip wie die *Hydrotypie* beruht, wurde im Jahre 1903 von L. Didier erfunden [218] und von den Farbwerken Hoechst A.G. ausgearbeitet [219]. Das Verfahren ist heute noch im Gebrauch, und die Materialien sind im Handel erhältlich.

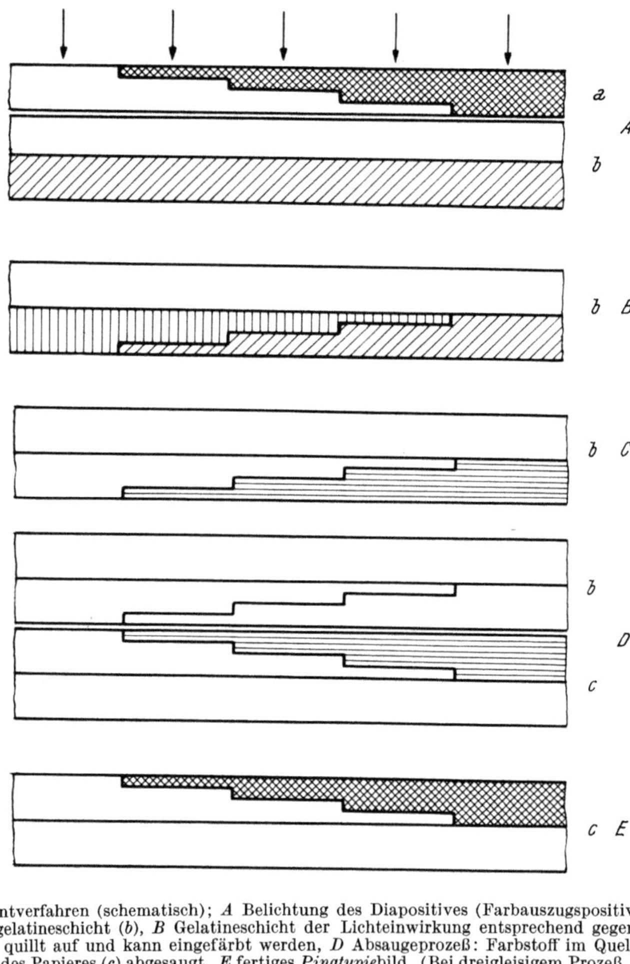

Abb. 43. Pigmentverfahren (schematisch); *A* Belichtung des Diapositives (Farbauszugspositiv) (*a*) im Kontakt mit Dichromatgelatineschicht (*b*), *B* Gelatineschicht der Lichteinwirkung entsprechend gegerbt, *C* ungegerbte Gelatineschicht quillt auf und kann eingefärbt werden, *D* Absaugeprozeß: Farbstoff im Quellrelief wird in die Gelatineschicht des Papieres (*c*) abgesaugt, *E* fertiges *Pinatypie*bild. (Bei dreigleisigem Prozeß, von Farbauszugsdiapositiven ausgehend, können die Farbbilder auf dasselbe Gelatinepapier abgesaugt werden, und man erhält ein Farbbild)

Eine mit einer Dichromatgelatineschicht versehene Platte wird unter einem Positiv belichtet. Die Schicht wird hierbei entsprechend der erfolgten Lichteinwirkung gegerbt. Wird anschließend die Platte mit geeigneten wässerigen Farbstofflösungen behandelt, so wird an den ungehärteten Teilen der Schicht der Farbstoff festgehalten. Bringt man dann ein gelatiniertes feuchtes Papier in Kontakt mit der Schicht, so wird der Farbstoff von den ungehärteten Stellen abgesaugt und wandert in die Gelatineschicht des Papieres hinüber (Abb. 43). Das *Pinatypie*-Verfahren ist deswegen zugleich auch ein Absaugeverfahren. Auf diese Weise erhält man beim *Pinatypie*-Verfahren als Kopie von einem Positiv wieder ein Positiv. Werden von drei Farbauszugsnegativen Diapositive hergestellt, von diesen nach dem *Pinatypie*-Verfahren Quellreliefbilder und diese jeweils in den komplementären Farben mit entsprechenden Farbstofflösungen eingefärbt, und dann die einzelnen Druckbilder auf eine gelatinierte Papierschicht abgezogen, so erhält man Dreifarbenbilder.

(Ausführliche Technik des Verfahrens s. Band V, XIV. H. 6.)

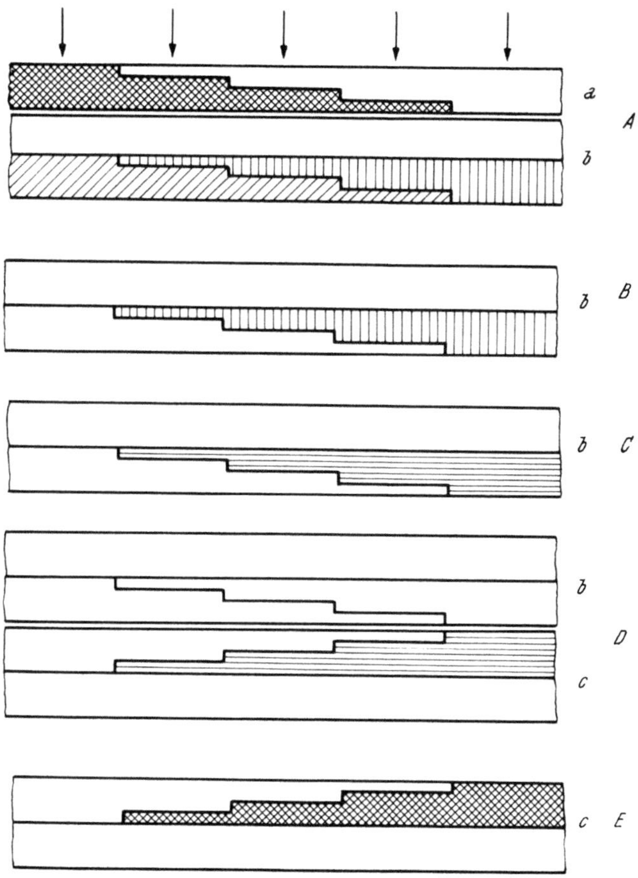

Abb. 44. *Uvatypie* (schematisch); *A* Belichtung der Dichromatgelatineschicht (*b*) im Kontakt mit dem Farbauszugsnegativ (*a*), *B* Gelatineschicht entsprechend der Lichteinwirkung gegerbt. Nach dem Auswaschen liegt positives Härtungsbild vor, *C* Einfärbung des Härtungsbildes, *D* Farbstoffbild wird auf Gelatineschicht des Papieres übertragen (Absaugen vom Auswaschrelief), *E* fertiges positives Farbbild. (Nach dreigleisigem Prozeß ausgehend von drei Farbauszugsnegativen mit Übertragung der drei Teilbilder auf den gleichen Schichtträger erhält man positives Aufsichtsbild in natürlichen Farben)

β) *Uvatypie* [220 bis 223]

Die *Uvatypie* arbeitet wie die *Pinatypie* mit lichtempfindlichen Dichromatgelatineschichten. Sie benutzt jedoch zur Anfärbung das Auswaschrelief der gehärteten Gelatineschicht (Abb. 44), die Bilder werden ebenfalls durch Absaugen übereinander gedruckt. Das Verfahren geht auf Arbeiten von A. Traube zurück, und die Materialien wurden von der Uvachrom A.G., München, in den Handel gebracht [220 bis 223]. Es werden zur Herstellung der Druckreliefs mit einer Gelatineschicht überzogene Filme verwendet, die mit Dichromat sensibilisiert und durch den Schichtträger hindurch unter den drei Farbauszugsnegativen belichtet werden. Die nicht durch die Lichteinwirkung gehärtete Gelatine wird anschließend mit warmem Wasser weggewaschen, und man erhält ein positives Auswaschrelief des Bildes. Dieses wird mit substantiven Farbstoffen eingefärbt, die auf eine in Kontakt gebrachte Gelatineschicht auf Papier restlos hinüberwandern bzw. abgesaugt werden. Die Gelatineschicht des Papiers enthält zugleich etwas Kasein, wodurch die Farbstoffe niedergeschlagen werden. Werden die Farbstoffe von drei Druckmatrizen entsprechend den Farbauszügen auf *ein* Papier übertragen, so erhält man Dreifarbenbilder. Die Druckmatrizen können wiederholt verwendet werden.

e) Koppmanns Relieffarbverfahren [1, 153, 176]

L. Warnerke machte im Jahre 1881 die Beobachtung, daß Pyrogallol-Ammoniak-Entwickler an den entwickelten Stellen die Gelatine gleichzeitig bildmäßig gerbt [224] und stellte auf diese Weise Pigmentbilder her. Gustav Koppmann nahm die Versuche von Warnerke wieder auf und fand, daß zur bildmäßigen Gerbung von Bromsilberschichten vor allem sulfitfreie Brenzkatechinentwickler geeignet sind [225] und daß bevorzugt dünne silberarme Schichten verwendet werden müssen [226]. Auf Grund der Patente von G. Koppmann brachte kurze Zeit die Firma Jos-Pe Farbenphoto G.m.b.H., Hamburg, die Materialien zur Herstellung von Farbbildern in den Handel.

Beim *Koppmann*-Verfahren, auch *Jos-Pe*-Verfahren genannt, werden die drei Farbauszugsnegative durch den Schichtträger hindurch auf Bromsilberemulsionen mit wenig Silbergehalt belichtet. Nach der Entwicklung in gerbenden Entwicklern werden die Druckplatten in warmem Wasser ausgewaschen, und man erhält positive Auswaschreliefs. Die Auswaschreliefs werden mit komplementären Farbstoffen eingefärbt und diese dann nacheinander auf Gelatineschichten abgesaugt wie beim *Pinatypie*- bzw. *Uvatypie*-Verfahren. Das *Koppmann*-Verfahren ist ein Imbibitions- und Absaugeverfahren; es verwendet jedoch keine Dichromatgelatineschichten. Die Technik des Verfahrens ist in ausführlicher Weise nicht beschrieben worden.

f) *Kodachrome*-Verfahren [153]

Das *Kodachrome*-Verfahren ist ein Farbstoff-Imbibitionsverfahren. Das Verfahren geht von Bromsilbergelatineschichten aus, das Gerbungsrelief wird jedoch durch chemische Härtung erhalten.

E. H. Farmer hatte bereits im Jahre 1893 festgestellt, daß ein fertig entwickeltes und ausfixiertes Bild durch Bleichung mit Dichromat an den Bildstellen gehärtet wird [228]. G. E. H. Rawlins benutzte diese Technik zur Herstellung von Quellreliefs und zur Anfertigung von Absaugebildern entsprechend dem *Pinatypie*-Verfahren [229]. Rawlins nannte dieses Verfahren ebenfalls „*Hydrotypie*".

Die chemische Gerbung von Silberbildern durch Behandlung in Dichromat-Kaliumferrizyanid-Lösung und die Einfärbung der positiven Auswaschreliefs zur Herstellung von Farbbildern und zur Umwandlung eines Kinenegativfilmes in einen Positivfilm ist am vorzüglichsten gelöst worden in dem von I. G. Capstaff erfundenen *Kodachrome*-Prozeß [230].

Normal entwickelte, fixierte und gut gewässerte Filmnegative werden in folgendem Bleichbad bildmäßig gegerbt:

Lösung A

Kaliumferrizyanid	38 g
Kaliumbromid	57 g
Kaliumdichromat	36 g
Essigsäure	10 ml
Wasser	1 l

Lösung B

Kalialaun	50 g
Wasser	1 l

Zum Gebrauch werden beide Lösungen A und B gemischt.

Nach der Bleichung wird kurz gewässert und getrocknet. Zur Einfärbung werden saure Farbstoffe in möglichst hoher Konzentration verwendet. Anschließend wird zur Beseitigung der überschüssigen Farbe gewässert. Durch Behandlung mit verdünnter Säure oder besser mit etwa 1%iger Kupfersulfatlösung wird die Farbe fixiert. Zum Schluß wird getrocknet. Nach dieser Verfahrenstechnik erhält man von Negativen Positive. Zur Herstellung von Zweifarbenfilmen, das dem Verfahren den Namen gab, werden Filmauszugsnegative hinter Rot- und Blaugrünfiltern verwendet, die synchron aufgenommen sind und wovon das eine seitenverkehrt ist. Das Rotfilternegativ wird nach der Bleichung grün und die Blaugrünfilteraufnahme rotorange eingefärbt. Werden die beiden getrockneten Filme schichtseitig aufeinandergelegt, so erhält man eine farbige Wiedergabe des Originals. Zur Einfärbung nach dem *Kodachrome*-Verfahren sind die *Pinatypie*-Farbstoffe von HOECHST geeignet.

g) KODAK-Auswaschreliefverfahren [231, 232]

Das KODAK-Auswaschreliefverfahren ist mit dem *Kodachrome*-Verfahren sehr nahe verwandt. Es wird bei diesem Verfahren ebenfalls eine Schichthärtung von Bromsilberbildern durch chemische Behandlung vorgenommen. Das Verfahren wurde im Jahre 1926 als für den Gebrauch des Amateurs bestimmt in den Handel gebracht. Für die Druckmatrizen werden gelbgefärbte Bromsilberfilme benötigt (*Eastman-Wash-Off-Relieffilm*), die unter den entsprechenden Farbauszugsnegativen durch die Schichtträger hindurch mit violettem Filter (WRATTEN Nr. 35) belichtet werden. Die belichteten Matrizenfilme werden in einem nicht gerbenden Entwickler, Kodak D-11, 5 min bei 18°C entwickelt. Anschließend wird 10 min gewässert und dann ohne zu fixieren im Bleichbad gehärtet. Als Bleichbad dient eine Lösung von 2,5 g Ammoniumdichromat, 1,75 g Schwefelsäure konz. und 5,6 g Natriumchlorid in 1 l Wasser. Nach der vollständigen Ausbleichung des Silberbildes wird die ungehärtete Gelatineschicht ohne Zwischenwässerung in Wasser von 43°C bei einer Dauer von 4 min ausgewaschen. Es wird dann in einem nicht härtenden Fixierbad 1 min fixiert und 5 min gewässert. Ist ein braunes Restbild vorhanden, so folgt eine Nachbehandlung in einem sauren Kaliumpermanganatbad. Zum Schluß werden die Matrizen getrocknet. Die Behandlung muß bei zusammengehörigen Matrizen vollkommen gleich ausgeführt werden. Die Reliefs werden dann in den Farblösungen A (blaugrün), B (purpur) und C (gelb) etwa 30 min lang bei 20 bis 27°C angefärbt. Nach vollständiger Anfärbung können die drei Teilreliefs übereinandergelegt und in der Farbenwiedergabe beurteilt werden. Fehlerhafter Kontrast kann durch Nachbehandlung der einen oder anderen Matrize in Essigsäure (härter) oder Ammoniak (weicher) und Nachfärbung korrigiert werden. Zu hohe Dichte wird durch Nachwässerung abgeschwächt. Durch Behandlung in Essigsäure kann die Anfärbung sofort gestoppt werden. Zur Herstellung von Papierbildern werden die Farbstoffbilder von den Matrizen auf Papier übertragen. Es kann jedes ausfixierte Photopapier verwendet werden, es muß jedoch mit einer besonderen Beize behandelt werden. Hierzu wird das Papier in einer Lösung von 133 g Aluminiumsulfat und 27 g Soda in 1 l Wasser 5 min gebadet, 5 min zwischengewässert und dann nochmals in einer 5%igen Natriumazetatlösung behandelt und dann 5 min nachgewässert. Auf die so vorbehandelte Gelatineschicht des Papieres wird zunächst das Purpurbild, anschließend das Blaugrünbild und zum Schluß das Gelbbild aufgequetscht und durch den Kontakt die Farbbilder abgesaugt. Der Absaugeprozeß dauert jeweils etwa 20 bis 30 min.

Das KODAK-Auswaschreliefverfahren ergab ausgezeichnete Farbbilder, und bei genauer Einhaltung der Arbeitsbedingungen traten keine Mißerfolge auf. Das Verfahren wurde schließlich zugunsten des wesentlich einfacheren *Dye-Transfer*-Verfahrens aufgegeben.

h) KODAK-*Dye-Transfer*-Verfahren [35, 233, 234]

Das KODAK-*Dye-Transfer*-Verfahren ist ein Auswaschreliefverfahren zur Herstellung von Farbbildern. Zur Ausübung des Verfahrens müssen KODAK-*Ektacolor*-Negative oder Farbauszugsnegative vorliegen. Sollen Farbbilder mittels dieses

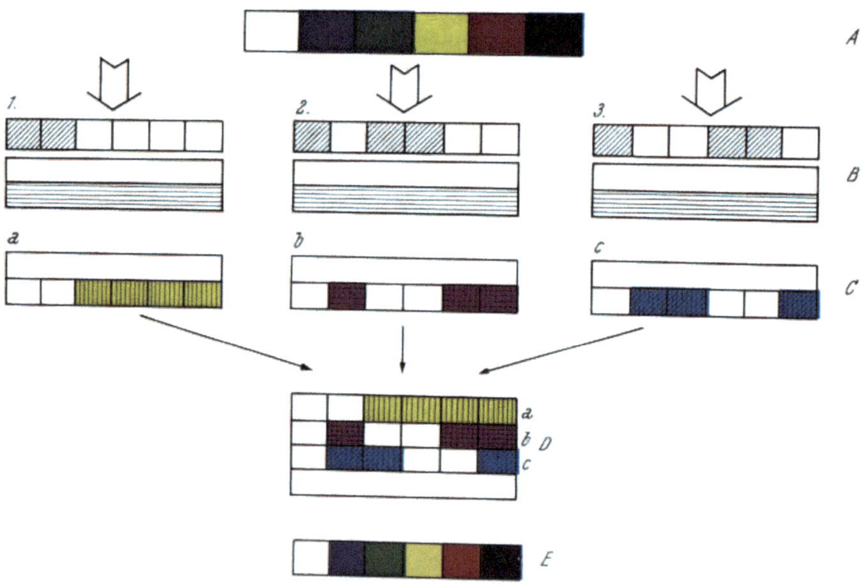

Abb. 45. KODAK-*Dye-Transfer*-Verfahren (schematisch); *A* Original, *B* Farbauszugsnegative werden auf Matrizenfilm kopiert: *1.* Blaufilternegativ, *2.* Grünfilternegativ, *3.* Rotfilternegativ; *C* Matrizenfilm nach härtender Entwicklung und Einfärbung; *a)* gelb eingefärbt, *b)* purpur eingefärbt, *c)* blaugrün eingefärbt; *D* Absaugeverfahren auf gemeinsamen Schichtträger, *E* Farbkopie

Verfahrens von Farbdiapositiven hergestellt werden, so müssen zuerst von diesen Farbauszugsnegative mit blauen, grünen und roten Farbfiltern angefertigt werden. Von diesen Auszugsnegativen werden dann die drei Farbdruckmatrizen auf KODAK-*Matrix*-Film durch Belichtung mit weißem Licht erhalten.

Farbauszugsnegative können auch direkt bei der Aufnahme mit Hilfe einer Strahlenteilungskamera erhalten werden. Diese Farbauszugsnegative werden ebenfalls auf KODAK-*Matrix*-Film kopiert, die dann bei der weiteren Behandlung die drei Druckmatrizen ergeben.

Von Original-Farbnegativen, wie KODAK-*Ektacolor*-Negativen, brauchen keine Farbauszugsnegative gesondert angefertigt zu werden. Diese werden unter Zwischenschaltung der Dreifarbengrundfilter Blau, Grün und Rot direkt auf KODAK-*Pan-Matrix*-Film belichtet.

Der Farbübertragungsprozeß verläuft unabhängig von der Art der verwendeten Vorlagen. Die photographische Schicht des *Matrix*-Filmes besteht aus einer wenig gehärteten Bromsilberemulsion, die die Empfindlichkeit von Vergrößerungspapieren besitzt. Die Emulsion ist gelb angefärbt, damit ein zu tiefes Eindringen des blauen Kopierlichtes vermieden wird. Die *Matrix*-Filme werden durch den Schichtträger hindurch belichtet (Abb. 45). Es wird in einem gerbenden Entwickler entwickelt. Dieser härtet die Gelatine entsprechend der Lichtwirkung. Anschließend werden die Matrizen in heißem Wasser behandelt, wodurch die ungehärteten Gelatineteile entfernt werden. Es verbleibt auf dem Schichtträger ein positives Gelatinerelief, bei welchem die Dicke der Schicht mit der photographischen Dichte variiert.

Es folgt nunmehr das Einfärben der Matrizen. Die vom Blaufilterauszugsnegativ kopierte Matrize wird gelb, die vom Grünfilterauszugsnegativ kopierte purpur und die vom Rotfilterauszugsnegativ kopierte blaugrün eingefärbt. Der überschüssige Farbstoff wird abgespült, außerdem kann der Kontrast jeder Matrize durch Behandlung in besonderen Bädern reguliert werden. Die drei Teilbilder werden dann durch Anpressen auf ein besonderes Papier übertragen, das eine Beize enthält, um die Farbstoffe möglichst vollständig und ohne auszubluten abzusaugen. Die Passung der Drucke wird automatisch gewährleistet, einmal sind die Matrix-Filme mit Perforationslöchern versehen, und außerdem erfolgt die Bearbeitung auf einem Vakuum-Registrierbrett.

Das KODAK-*Dye-Transfer*-Verfahren zeichnet sich durch die kurze und einfache Verarbeitung, die Sicherheit der Konturenpassung und die gute Farbwiedergabe aus. Das Verfahren ist verhältnismäßig billig. Besonders lohnend ist die Anwendung des Verfahrens, wenn eine größere Zahl Farbdrucke von demselben Objekt angefertigt werden sollen.

i) *Coloprint*-Verfahren [235]

Das *Coloprint*-Verfahren geht auf Patente von F. LIERG [236] und A. JASMATZI zurück [237, 238]. Das Verfahren wurde etwa im Jahre 1935 von der FARBENPHOTO COLOPRINT, Wien, in die Praxis eingeführt, und auf Grund von Lizenzverträgen wurden die Materialien geliefert.

Coloprint ist nach der Angabe der Erfinder ein chemisches Verfahren mit den besonderen Kennzeichen: Binden, Entbinden und Fällen. Zur Ausübung des *Coloprint*-Prozesses müssen Farbauszugsnegative vorliegen, die entweder mit einer Strahlenteilungskamera oder Mehrfachkamera hergestellt sind oder von Mehrschichtenfarbdiapositiven angefertigt wurden. Besondere Kopierfilme, sogenannte *Coloprint*-Matrizen, werden im Kontakt oder im Vergrößerungsgerät durch die Unterlage hindurch belichtet. Die belichteten Kopien werden dann in einem härtenden Entwickler (Brenzkatechin ohne Natriumsulfit) genau 3 min entwickelt. Es folgt Unterbrechung in 5%iger Essigsäure und anschließend Behandlung in Wasser von 40° C. Hierbei lösen sich die ungegerbten Gelatineteile, und es entsteht ein Auswaschrelief. Die entwickelten und getrockneten *Coloprint*-Matrizen zeigen graue positive Bilder der negativen Farbauszüge. In FARMERschem Abschwächer werden die Silberbilder ausgebleicht, so daß sie nahezu glasklar sind, und dann in den drei Grundfarben Gelb, Purpur und Blaugrün eingefärbt. Als Grundfarben werden basische Farbstoffe verwendet, die den Vorteil besitzen, daß sie sehr leicht in andere Schichten abgesaugt werden können. Das Einfärben der Reliefbilder dauert etwa 15 min. Die eingefärbten Matrizen werden nach kurzem Abspülen in Leitungswasser getrocknet. Es folgt dann das Abstimmen der drei Teilbilder. Zur Überprüfung werden die Matrizen übereinandergelegt. Zu dünn eingefärbte Matrizen können im Farbstoffbad nachgefärbt werden, bei zu dichten Matrizen wird durch Behandlung in Wasser eine Abschwächung erzielt. Ist die Farbwiedergabe einwandfrei, dann werden die Matrizen in der Durchsicht konturengetreu zur Deckung gebracht und dann durch Lochung auf die richtige Lage gekennzeichnet. Es folgt nunmehr die Übertragung der einzelnen Teilbilder auf Papier. Es wird hierzu ein spezielles Gelatinepapier verwendet, das Substanzen wie Phosphor- oder Silico-Wolframsäure enthält, die die Farbstoffe im Auswaschrelief entbinden und die nach dem Absaugen mit den Farbstoffen wasserunlösliche Farblacke bilden. Es wird zuerst das Gelbbild übertragen. Das Absaugen dieses Bildes dauert etwa 7 min. Es folgt dann die Übertragung des Purpurbildes und zum Schluß die des Blaugrünbildes. Diese beiden Prozesse dauern je etwa 15 min.

Das *Coloprint*-Verfahren lieferte ausgezeichnete Farbbilder. Das Verfahren arbeitete wirtschaftlich, wenn eine größere Anzahl gleicher Farbdrucke herzustellen war.

k) *Technicolor*-Verfahren [3, 4, 18, 35, 239 bis 253]

Das *Technicolor*-Verfahren wird heute zur Herstellung von mehrfarbigen Spielfilmen von der Technicolor Motion Picture Corporation, Boston/Mass., USA, und der Technicolor Limited, London, England, ausgeübt. Das erste Laboratorium der Gesellschaft wurde in den Jahren 1916–1917 von H. Kalmus, D. F. Comstock und W. B. Estcott gegründet. Die ersten Versuche wurden mit einem additiven Zweifarbenfilmverfahren gemacht. Im Jahre 1920 wurde dieses Prinzip verlassen, und man wandte weiterhin ein subtraktives Zweifarbenfilmverfahren an. Im Jahre 1932 erfolgte die Umstellung auf das Dreifarbenverfahren, das bis heute beibehalten ist.

Der Erfolg des *Technicolor*-Dreifarbenverfahren ist auf drei Grundprinzipien zurückzuführen: 1. die Strahlenteilungsaufnahmekamera, die von J. W. Bennetto im Jahre 1897 erfunden wurde [254]; 2. die gerbende Entwicklung mit sulfitfreien Entwicklern, eine Entdeckung von L. Warnerke im Jahre 1881 [224], die die Grundlage für Auswaschreliefbilder darstellt; 3. die *Hydrotypie*, von E. Edwards im Jahre 1875 entdeckt [214], die das Einfärben und Absaugen von Gelatineschichten ermöglicht. In der Strahlenteilungskamera (Abb. 34) werden mit Hilfe eines Bipack und eines Einzelfilmes drei Farbauszugsnegative hergestellt. Der Bipack für den Blau- und Rotfilterauszug wird von Eastman Kodak hergestellt.

Er hat ein besonders geringes Schrumpfungsvermögen (nur $^1/_3$% in der Diagonale), damit Deckungsfehler vermieden werden. Der Einzelfilm dient zur Herstellung des Grünfilterauszuges. Aus den drei negativen Farbauszügen, werden die drei Druckmatrizen über das Auswaschreliefverfahren hergestellt (Abb. 46). Die drei Auszugsnegative werden zunächst durch die Schichtträger hindurch auf besondere Matrizenfilme kopiert. Diese Matrizenfilme enthalten Tartrazin- und Rose-Bengale-Einfärbung, um eine zu starke Tiefenwirkung des Kopierlichtes zu vermeiden. Der Schichtträger der Matrizenfilme ist verhältnismäßig stark, damit die Schrumpfung des Materials in den Behandlungsbädern möglichst gering ist. Die Filme werden in einem gerbenden Entwickler entwickelt und dann in warmem Wasser behandelt. Hierbei wird die ungegerbte Gelatine weggelöst, und man erhält jedes Teilbild als Auswaschrelief. Die Matrizen werden dann komplementär zum Aufnahmefilter eingefärbt. Es folgt nunmehr die Übertragung der Farbstoffbilder übereinander auf einen Positivfilm. Wird eine Druckmatrize in Kontakt mit dem Positivfilm gebracht, so saugt der Positivfilm die Farbe von der Matrize ab, und je höher das Relief der Matrize ist, um so mehr Farbstoff kann von dieser Stelle abgesaugt werden. Als Positivfilm wird kein Gelatineblankfilm verwendet, sondern ein normaler Bromsilber-Kopierfilm. In diesem Film wird zuerst der Tonstreifen kopiert und dann ein zusätzliches schwarzweißes Silberbild als Kopie vom Grünfilternegativ erzeugt. Zum Absaugen der Farbe von der Matrize benötigt der Kopierfilm verhältnismäßig viel Zeit. Dieser Vorgang wird in einem langen Wassertank ausgeführt. Um innigen Kontakt zu bewirken, wird die Matrize mit den Perforationslöchern in kleine Zäpfchen auf einem langen endlosen Band eingeknöpft und in der gleichen Weise erfolgt die Einfädelung des Positivfilmes. Bei diesem Vorgang spritzt Wasser in einem feinen Strahl dazwischen, damit Luftblasen beseitigt werden. Diese Art des Druckprozesses wird bei allen drei Matrizen wiederholt.

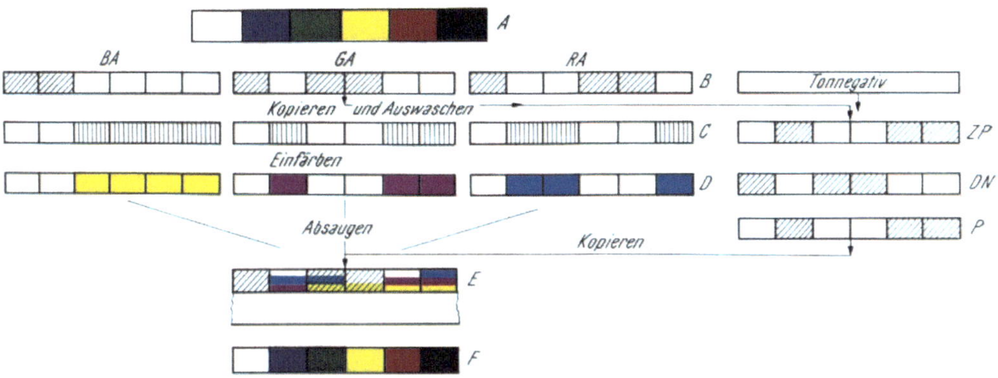

Abb. 46. *Technicolor*-Verfahren (schematisch); *A* Farbvorlage, *B* Farbauszugsfilme (Negative): *BA* Blaufilterauszug, *GA* Grünfilterauszug, *RA* Rotfilterauszug; *C* Kopieren auf Matrizenfilme; nach härtender Entwicklung und Auswaschen liegen Auswaschreliefs vor; *D* Einfärben, *E* Absaugen auf Gelatineschicht und Kopie vom Zwischenpositiv (*ZP*) über Duplikatnegativ (*DN*) zum Positiv (*P*) auf Keyfilm, *F* positive Farbkopie vom Original

In neuerer Zeit werden *Technicolor*-Farbkopien auch von Farbpositivaufnahmen, bevorzugt *Kodachrome*-Film, hergestellt. Von derartigen Aufnahmen werden zunächst drei Auszugsnegative durch Kopie mit den Farbfiltern Blau, Grün und Rot gewonnen. Bei dieser Technik sind die Konturenpassungsschwierigkeiten wesentlich geringer. Der langwierige und zum Teil sehr schwierige *Technicolor*-Prozeß soll gegenüber der normalen Farbkopie auf Mehrschichtenmaterial mit chromogener Entwicklung wirtschaftlich wettbewerbsfähig sein, wenn etwa 20 Kopien angefertigt werden müssen.

l) Fettfarbendruck [2, 153, 255 bis 260]

α) *Mehrfarbenlichtdruck*

Die Grundlage des Lichtdruckes ist der Öldruck. Wird eine Chromatgelatineschicht unter einem Negativ belichtet, anschließend in kaltes Wasser getaucht, so nehmen die belichteten Stellen fette Farbe (Druckfarben, Ölfarben) an, während die nicht belichteten, in Wasser gequollenen Teile sie abstoßen. Diese Vorgänge hat als erster im Jahre 1855 A. L. Poitevin erkannt [180], und E. Mariot begründete darauf im Jahre 1866 ein Kopierverfahren, das er „*Oleographie*“ nannte [261]. Lichtdrucke bzw. Öldrucke mit mehreren Farben stellte als erster E. Edwards im Jahre 1869 her [262]. Der größte Förderer des Lichtdruckes war J. Albert, München, der sehr wichtige Verbesserungen erfand und der eigentliche Schöpfer des Lichtdruckes ist [263]. Er verwandte als erster Spiegelglasplatten als Träger der Chromatgelatine. Seine Lichtdrucke wurden damals allgemein als „Albertotypien“ bezeichnet.

Beim Lichtdruck wird eine Spiegelglasplatte mit einer Gelatineschicht überzogen und anschließend mit einer alkoholischen Ammoniumdichromatlösung sensibilisiert. Nach dem Trocknen bei erhöhter Temperatur, wobei die Gelatineschicht etwas runzelig wird, erfolgt die Belichtung der Teilnegative. Jedes Teilnegativ wird auf eine Lichtdruckschicht belichtet. Für die Belichtung ist Kohlebogen- oder Quecksilberlicht erforderlich. Anschließend werden die Platten gewässert und getrocknet. Vor dem Druck werden die Platten zunächst in einer Glyzerin-Wasser-Lösung behandelt, das heißt „gefeuchtet". Hierbei quillen die Gelatineteile im umgekehrten Verhältnis der vorangegangenen Lichtgerbung auf. Wenn man anschließend die Schicht mit einer Farbwalze überstreicht, so wird die fette Farbe entsprechend ihrem Quellungszustand abgestoßen und umgekehrt nimmt die Gelatine entsprechend der Härtung fette Farbe an. Der noch feuchte Fettfarbendruck kann auf eine neue Unterlage übertragen werden. Hierzu wird auf die Lichtdruckplatte ein gelatiniertes Papier gelegt und ein starker gleichmäßiger Druck ausgeübt. Das Farbstoffbild geht hierbei von der Matrize auf die Gelatineschicht des Papieres über. Wird der Druck mit drei Matrizen von drei Farbauszugsnegativen ausgeführt, so erhält man einen Dreifarbendruck.

β) *Bromöldruckverfahren* [153]

Beim Öldruck bzw. Lichtdruck besteht der große Nachteil, daß die Dichromatgelatineschichten sehr unempfindlich sind und man zur Ausübung des Verfahrens sehr hochaktinische Lichtquellen anwenden muß. Diesen Nachteil vermeidet das Bromöldruckverfahren. Der Bromöldruck geht von einem normalen Silberbild aus und wandelt es durch chemische Behandlung in ein Gerbungsbild um. Das chemisch erzeugte Gerbungsbild kann dann genau so behandelt werden wie beim Öldruck oder Lichtdruck.

Der Bromöldruck wurde von E. J. Wall im Jahre 1907 erfunden [264]. C. Welborne Piper prägte den Namen „*Bromöldruck*" [265].

m) Kolorierverfahren

Kodak *Flexichrome* [266]

Mit Hilfe des *Flexichrome*-Verfahrens können farbige Papierbilder oder Diapositive nach Schwarzweiß- oder Farboriginalen hergestellt werden, wobei Spezialfarben auf ein Gelatinereliefbild manuell aufgetragen werden. Zur Herstellung des Gelatinereliefbildes dient der von Kodak in den Handel gebrachte *Flexichrome*-Film. Ein Schwarzweiß-Negativ wird im Kontakt oder vergrößert durch den Schichtträger hindurch auf die *Flexichrome*-Schicht belichtet. Der belichtete *Flexichrome*-Film wird in dem Kodak-Matrix-Entwickler entwickelt. Hierbei tritt eine Gerbung der Gelatineschicht entsprechend dem entwickelten Silber ein. Es folgt nach dem Abspülen und Unterbrechen in einem Essigsäurebad die Behandlung in warmem Wasser (43°C), wobei die ungehärteten Gelatineteile weggewaschen werden, und man erhält ein positives Gelatinereliefbild. Es wird nunmehr das Silberbild ausgebleicht, und dafür wird das Relief mit einer schwarzen Farbe, der sogenannten Grundfarbe, eingefärbt. Das schwarz gefärbte Gelatinereliefbild sitzt auf einer dünnen Schicht, die nach dieser Bearbeitung vom Schichtträger abgelöst und mit der Reliefseite nach oben auf eine endgültige Unterlage gebracht wird. Als Unterlage kann jedes ausfixierte und gut gewässerte Photopapier verwendet werden. Das fertige Reliefbild ist im Aussehen von einem Silberbild kaum zu unterscheiden, sein besonderer Zustand macht es jedoch besonders reaktionsfähig auf die Einfärbung mit *Flexichrome*-Farben. Dieses Kolorieren erfolgt von Hand und besteht aus vier Grundvorgängen, die sich immer wiederholen: 1. Auftragen der Farbe, 2. Überschüssige Farbe mit einem Blatt Fließpapier abtupfen, 3. Rückstände mit Essigsäurelösung unter Benutzung eines Pinsels abwaschen, 4. Abtupfen wiederum mit Fließpapier. Das Bild reagiert halbautomatisch auf die Behandlung, die Schicht nimmt nur eine bestimmte

Menge Farbe auf und mischt sie mit Schwarz. Höchste Spitzlichter und weiße Stellen nehmen gar keine Farbe an und bleiben weiß. Die aufgetragene Farbe ersetzt allmählich die Grundfarbe. Das fertige farbige Bild weist in allen Farben Abstufungen von den hellsten zu den dunkelsten Tönen auf. Beim *Flexichrome*-Verfahren spielt das manuelle Geschick und der persönliche Geschmack eine ganz ausschlaggebende Rolle. Es wird andererseits überall da von besonderem Wert sein, wo ein größerer Spielraum bei der Behandlung und ein schöpferisches Gestaltungsvermögen erforderlich sind.

n) Farbentwicklungsverfahren mit Mehrschichtenfilmen [3, 5, 16, 33, 35, 50, 54, 56 bis 59, 76, 267 bis 276]

α) *Geschichtlicher Rückblick* [277 bis 283]

Den Mehrschichten-Farbentwicklungsverfahren, auch Mehrschichtenverfahren mit chromogener Entwicklung genannt (griechisch chroma = Farbe, gennaein = erzeugen), kommt heute die größte praktische Bedeutung sowohl für die Fach- wie auch Amateurphotographie zu. Diese Verfahren gehen in ihrem Prinzip auf Beobachtungen und Vorschläge von B. Homolka (1907) und ganz besonders von R. Fischer (1912) zurück.

B. Homolka stellte fest, daß bei der Entwicklung mit Oxythionaphthen neben dem Silberbild ein Farbstoffbild aus Thioindigo entsteht [284]. Ebenso bildet sich bei der Entwicklung mit Dimethoxy-α-Naphthol ein blaues Farbstoffbild. Diese Beobachtungen der farbbildenden (chromogenen) Entwicklung baute R. Fischer in den Jahren 1911/12 weiter aus und schuf die Grundlagen für die heutige Farbentwicklungstechnik [285, 286]. R. Fischer entdeckte nicht nur Farbentwicklersubstanzen, die bei der Oxydation Farbstoffe bilden, sondern er empfahl die gleichzeitige Verwendung von besonderen Farbbildnern oder sogenannten Farbkupplern, die mit den Oxydationsprodukten der Entwicklersubstanzen Farbstoffe zu liefern in der Lage sind.

Die Bildung eines blauen Farbstoffes verläuft beispielsweise nach folgendem Reaktionsschema:

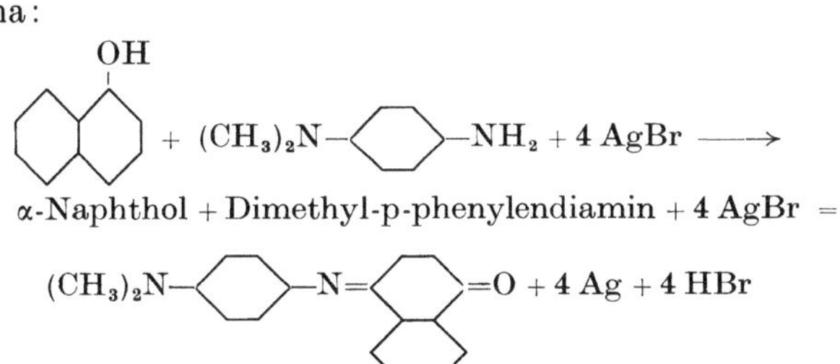

α-Naphtholblau

Ein gelber Farbstoff entsteht aus dem Oxydationsprodukt von Dimethyl-p-phenylendiamin und Azetessigsäureanilid.

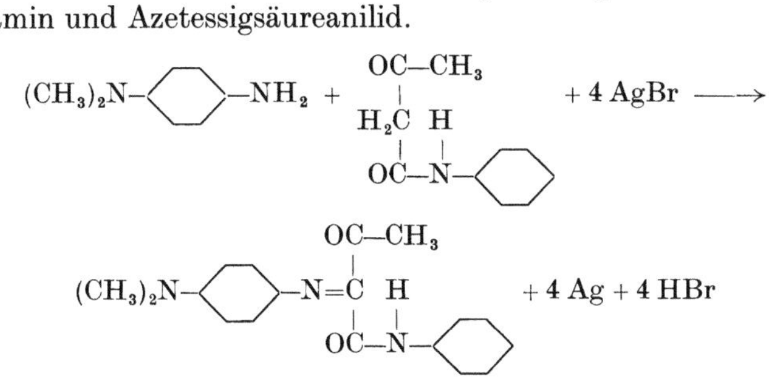

R. Fischer hat diese Technik benutzt, um einfarbige Papiere herzustellen. Der Emulsionsschicht von photographischen Papieren wurden je nach der gewünschten Farbe geeignete Farbkupplersubstanzen beigemischt, die bei der Entwicklung mit p-Phenylendiaminen farbige Bilder ergaben. Derartige Papiere wurden von der Neuen Photographischen Gesellschaft, Berlin, (NPG) unter dem Namen *Chromalpapiere* einige Jahre vor dem ersten Weltkrieg in den Handel gebracht.

R. Fischer machte auch den Vorschlag, den einzelnen Schichten eines Mehrschichtenfarbfilmes geeignete Farbkuppler einzuverleiben, so daß bei der Entwicklung in allen drei Schichten Farbbilder erzeugt und dadurch Naturfarbenbilder erlangt werden. Diesen Vorschlag konnte er bei dem damaligen Stand der Forschung nicht verwirklichen, da die damaligen Farbstoffe ausbluteten und keine Trennung der Teilbilder möglich war. Man konnte damals nach der Idee von R. Fischer auch kein Zweifarbenverfahren ausführen, bei dem die beiden Schichten auf der Vorder- und Rückseite der Unterlage angebracht sind. Entwickelt man einen doppelseitig beschichteten Film, der in nur *einer* Emulsionsschicht einen Farbkuppler, wie zum Beispiel α-Naphthol, enthält, in einem Farbentwickler, so bilden sich in beiden Emulsionsschichten neben den Silberbildern zugleich blaue Farbstoffbilder, obwohl der Farbstoffkuppler nur in einer Schicht enthalten war. Dieser Versuch zeigt die überaus starke Diffusion der damals bekannten Farbstoffkuppler. Erst im Jahre 1935 gelang es der Firma Kodak nach einem Verfahren von L. Mannes und L. Godowski, die Schwierigkeiten der Diffusion der Farbbildner zu überwinden [277, 278, 287]. Kodak brachte zunächst einen *Kodachrome*-Film auf den Markt, bei dem die Farbentwicklung mit kontrollierter Diffusion ausgeführt wurde. Die Farbbildner befanden sich nicht in den Emulsionsschichten, sondern wurden dem Entwickler zugesetzt. Einige Jahre später wurde das Prinzip des *Kodachrome I* aufgegeben und durch das Verfahren *Kodachrome II* ersetzt [288, 289]. Auch bei diesem Verfahren werden die Farbkuppler dem Entwickler zugesetzt, die drei Farbschichten werden nacheinander nach erfolgter selektiver Nachbelichtung chromogen entwickelt. *Kodachrome* ist ein Umkehrfilm. Die Bearbeitung dieses Materials kann nur in firmeneigenen bzw. lizenzierten Betrieben ausgeführt werden.

Im Jahre 1941 brachte Kodak einen Farbnegativfilm, *Kodacolor*, heraus. Dieser Film erhielt zur besseren Farbwiedergabe im Jahre 1944 eine Silbermaske. *Kodacolor* ist ebenfalls nicht zur Verarbeitung beim Verbraucher bestimmt. Im Jahre 1949 schuf Kodak die Farbfilme *Ektachrome* und *Ektacolor*. *Ektachrome* löste den *Kodachrome* zum Teil ab, der nur noch für 8-, 9,5-, 16- und 35-mm-Filme hergestellt wird. Alle diese Kodak-Farbfilme arbeiten nach einem ganz neuen Prinzip. Die Farbkuppler sind nunmehr in die Emulsionsschichten eingebaut, so daß die Verarbeitung wesentlich einfacher ist. Damit die Farbkuppler nicht aus den Schichten herausdiffundieren können, sind sie an wasserunlösliche organische Substanzen gebunden, die als sehr kleine Tröpfchen feinstverteilt in der Emulsion suspendiert sind. Die Verwendung derartiger sogenannter geschützter Farbbildner geht auf Patente von Martinez zurück [290]. Heute werden als Träger der geschützten Farbbildner Triarylester der Phosphorsäure, Methylphthalat und Dibutylphthalat verwendet [291]. Die Bezeichnung der Farbfilme der Firma Kodak hat einen besonderen Sinn und gibt Aufschluß über das Verarbeitungsprinzip. Alle Filme, deren Namen mit „*Koda*" gebildet ist, sind nicht zur Selbstverarbeitung des Verbrauchers bestimmt. Beginnt die Bezeichnung des Farbmaterials mit „*Ekta*", so bedeutet das, daß dieses Material vom Verbraucher selbst entwickelt werden kann und Kodak dafür die genauen Vorschriften bekannt gibt und die Chemikalien hierfür liefert. Bei Wortverbindungen mit den Endsilben

-chrome, handelt es sich um einen Umkehrfilm. Wortverbindungen mit *-color* weisen auf einen Negativfarbfilm hin.

Die AGFA FILMFABRIK ging einen anderen Weg als die Firma KODAK. Sie verfolgte den schon von R. FISCHER aufgezeigten Vorschlag [285, 286], Farbbildner herzustellen und zu verwenden, die der zugehörigen Schicht einverleibt in der Schicht verbleiben und dort das erforderliche Farbstoffbild erzeugen. Die erforderlichen Farbkuppler müssen demnach genügend wasserlöslich sein, damit sie beim Fabrikationsprozeß der Emulsion einverleibt werden können, sie dürfen jedoch einmal in der Emulsion nicht herausdiffundieren können. Diese Forderungen wurden in jahrelanger Forschungsarbeit durch die Schaffung von diffusionsechten Farbstoffkomponenten erfüllt [292 bis 294]. Nachdem diese Voraussetzung für ein Mehrschichtenverfahren mit chromogener Entwicklung geschaffen war, arbeitete ein Arbeitsteam von zahlreichen Wissenschaftlern und Technikern unter Leitung von G. WILMANNS und W. SCHNEIDER das Verfahren aus, das im Jahre 1936 als *Agfacolor-Neu* bekanntgegeben wurde [295 bis 301]. Das zunächst in den Handel gebrachte *Agfacolor*-Material war ein Umkehrfarbfilm, der zur Bearbeitung an den Hersteller eingesandt werden mußte. Im Jahre 1939 brachte die AGFA das *Agfacolor*-Negativ-Positiv-Verfahren auf den Markt, das zunächst ausschließlich zur Herstellung von Farbspielfilmen verwendet wurde. Der erste nach diesem Verfahren im Jahre 1941 uraufgeführte Spielfilm war „Frauen sind doch bessere Diplomaten". Nach dem zweiten Weltkrieg wurde das Negativ-Positiv-Verfahren zur Herstellung von Papierbildern ausgearbeitet und die Materialien hierfür in den Handel gebracht.

Nach dem Freiwerden der Auslandspatente deutscher Firmen und Erfinder im Jahre 1945 begannen verschiedene ausländische Firmen mit der Ausarbeitung dem *Agfacolor*-Prinzip entsprechenden Farbverfahren, wie *Ansco Color*, *Ferraniacolor*, *Gevacolor*, *Telcolor*, *Pakolor*.

β) *Farbentwicklungsverfahren mit Farbbildnern im Entwickler*

Dreischichtenfarbfilme mit Farbkupplungskomponenten im Entwickler farbrichtig zu verarbeiten, so daß in jeder Schicht nur die jeweils erforderlichen Farbstoffe gebildet werden, machen besondere Schwierigkeiten, und es können hierbei nur ganz bestimmte Wege eingeschlagen werden.

1. Der Entwickler dringt in alle drei Schichten ein und wirkt zugleich auch in allen Schichten. Hierbei entsteht in allen Schichten das gleiche Farbstoffbild neben dem jeweiligen Silberbild. Bei der Weiterverarbeitung muß der Prozeß so gesteuert werden, daß das Farbstoffbild nur in der Schicht verbleibt, für die es bestimmt ist, während die Farbstoffbilder in den anderen Schichten ausgebleicht werden. Nach diesem Prinzip arbeitete das erste *Kodachrome*-Verfahren. Dieses Verfahren ist heute nicht mehr in Gebrauch und wurde durch das zweite *Kodachrome*-Verfahren abgelöst.

2. Der Entwickler dringt in alle Schichten ein. Er arbeitet jedoch nur in einer Schicht, und es wird nur in einer Schicht jeweils neben dem Silberbild ein Farbstoffbild erzeugt. Nach dieser Technik arbeitet das zweite *Kodachrome*-Verfahren, das auch heute noch angewandt wird.

3. Eine dritte Möglichkeit besteht darin, daß Maßnahmen getroffen werden, damit der Entwickler jeweils nur in eine Schicht eindringt und nur dort das erforderliche Farbbild erzeugt wird. Diese Art der Farbentwicklung ist bisher noch nicht praktisch versucht worden.

Erstes *Kodachrome*-Verfahren [277, 278, 287]

Die Arbeitsweise dieses Verfahrens erläutert die Abb. 47.

Die drei Schichten des *Kodachrome*-Filmes sind durch Gelatinezwischenschichten voneinander getrennt. Die Gelatineschicht zwischen der ersten und zweiten Emulsionsschicht enthält außerdem aus Sensibilisierungsgründen einen

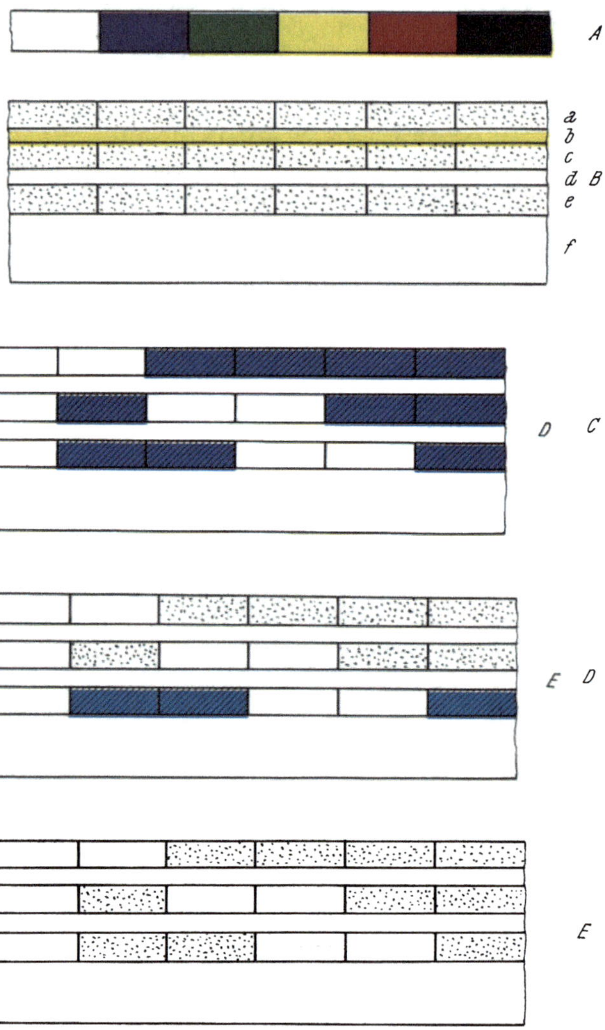

Abb. 47 A – E. Erstes *Kodachrome*-Verfahren mit kontrollierter Diffusionsentwicklung; *A* Original, *B* Aufbau des *Kodachrome*-Filmes: *a* unsensibilisierte Emulsion (blauempfindlich), *b* Gelbfilterschicht, *c* grünempfindliche Schicht, *d* rotempfindliche Schicht, *f* Unterlage, ·.·.·.·.·.·.· Ag Br; *C* Schicht nach der Schwarzweiß-Entwicklung und dem Ausbleichen des Silberbildes, *D* nach diffuser Zweitbelichtung und Farbentwicklung mit Blaugrünkuppler im Entwickler, blau ///////// Silber + Blaugrünfarbstoffbild, *E* Rehalogenierung des Silbers und Ausbleichen des Blaugrünbildes in der 1. und 2. Schicht (*a*) und (*c*)

gelben Filterfarbstoff. Die oberste Schicht ist unsensibilisiert, das heißt nur blauempfindlich. Die zweite Schicht ist orthochromatisch sensibilisiert, infolge der Gelbfilterschicht reagiert diese Emulsion jedoch nur auf die grünen Bildstrahlen. Die unterste Schicht ist für das rote Farbgebiet sensibilisiert.

Nach der Aufnahmebelichtung erfolgt zunächst eine Schwarzweißentwicklung. Hierbei entsteht ein negatives Silberbild. Dieses Silberbild wird durch Behandlung in Kaliumpermanganat-Schwefelsäure ausgebleicht und aus der Schicht entfernt, so daß in jeder Schicht die Menge des nicht entwickelten Silberbromids ent-

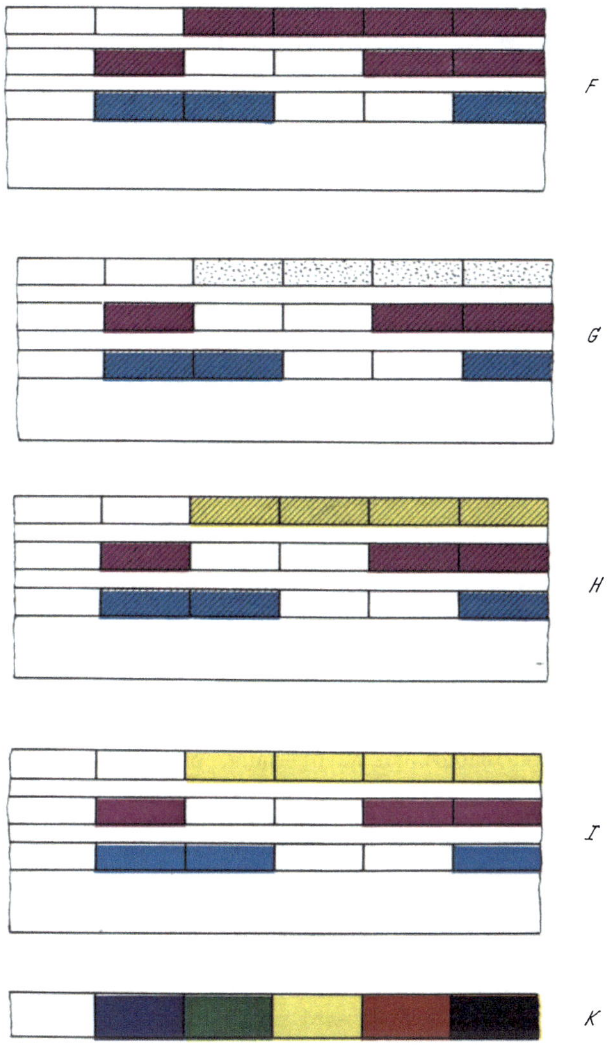

Abb. 47 F–K. *F* nach diffuser Belichtung und Farbentwicklung mit Purpurkuppler im Entwickler; Entwicklung wird mit kontrollierter Diffusion durchgeführt, so daß nur in der 1. und 2. Emulsionsschicht ein Purpurbild neben dem Silberbild entsteht, rot ///////// Silber + Purpurfarbstoffbild, *G* Ausbleichen des Purpurbildes und Rehalogenierung des Silbers in der obersten Schicht, *H* nach diffuser Zweitbelichtung und Farbentwicklung mit Gelbkuppler im Entwickler und Durchführung der Entwicklung mit kontrollierter Diffusion. Es entsteht in der obersten Schicht zugleich mit dem Silberbild ein Gelbbild, gelb ///////// Silber + Gelbfarbstoffbild, *I* Ausbleichen des Silbers und Fixierung in allen Schichten. Es bleiben in allen Schichten nur die Farbstoffbilder zurück, *K* positives Farbbild = Kopie vom Original

sprechend dem positiven Teilfarbauszug abgestuft ist. Es wird nunmehr in allen Schichten mit einem Farbentwickler unter Zusatz eines blaugrünen Farbkupplers das Silberbild hervorgerufen und dabei gleichzeitig ein blaugrünes Farbstoffbild erzeugt. Anschließend wird gewässert und getrocknet. Es folgt nunmehr eine differenzierte Bleichung der blaugrünen Farbstoffbilder in den beiden obersten Schichten, wobei gleichzeitig die Silberbilder in Halogensilber zurückverwandelt werden. Nach diffuser Belichtung wird der Film einer Farbentwicklung mit kontrollierter Diffusion unterworfen, wobei dem Entwickler gleichzeitig ein Purpurfarbkuppler zugesetzt ist. Hierbei entstehen in den beiden oberen Schichten positive Silberbilder und gleichzeitig purpurne Farbstoffbilder. Nach Wässerung und Zwischentrocknung wird der Film wiederum gebleicht, und zwar so, daß nur das Farbstoffbild in der obersten Schicht ausbleicht und dabei gleichzeitig das Silber in Halogensilber zurückverwandelt wird. Nach diffuser Belichtung wird jetzt mit einem Farbentwickler, der zugleich einen gelben Farbkuppler enthält, die oberste Schicht entwickelt. In der obersten Schicht entsteht neben dem positiven Silberbild das gelbe Farbstoffbild. Zum Schluß wird in allen drei Schichten das Silberbild ausgebleicht, so daß nur die reinen Farbstoffbilder zurückbleiben. Die Schwierigkeit bei diesem Verfahren ist die dreimalige Entwicklung mit kontrollierter Diffusion, bei der die Bleichung und die Entwicklung jeweils nur bis zu einer ganz bestimmten Tiefe eindringen und wirksam sein dürfen. Das *Kodachrome-II*-Verfahren arbeitet wesentlich einfacher und ist in seinem Arbeitsablauf zwangsläufiger.

Zweites *Kodachrome*-Verfahren [288, 289, 302]

Der Aufbau der Schicht des *Kodachrome II* ist weitgehend identisch mit dem ersten *Kodachrome*-Film. Es fehlt jedoch die zweite Gelatinezwischenschicht zwischen der zweiten und dritten Emulsion. Das zweite *Kodachrome*-Verfahren arbeitet nicht mehr mit chromogener Entwicklung mit kontrollierter Diffusion, sondern mit differenzierter diffuser Belichtung (Abb. 48).

Nach der Aufnahme wird zunächst ein negatives Silberbild in allen drei Schichten erzeugt. Jedes Silberbild in einer Schicht stellt einen negativen Farbenauszug dar. Es wird nunmehr als erstes eine diffuse Zweitbelichtung mit rotem Licht ausgeführt. Hierbei wird das Silberhalogenid in der untersten Schicht entwicklungsfähig. Es folgt die chromogene Entwicklung mit einem Farbentwickler, der einen blaugrünen Farbkuppler enthält. Bei dieser Entwicklung wird das Halogensilber in der untersten Schicht zu Silber reduziert und gleichzeitig entsteht hierbei ein blaugrünes positives Farbstoffbild. Es muß hierbei darauf geachtet werden, daß in der untersten Schicht alles Silber restlos entwickelt vorliegt. Der Film wird dann diffus mit blauem Licht belichtet, wobei das Halogensilber in der obersten Schicht entwicklungsfähig wird. Die Entwicklung wird mit einem Farbentwickler, der einen Gelbkuppler enthält, durchgeführt. In der obersten Schicht entsteht hierbei neben dem Silber ein positives gelbes Farbstoffbild. Es muß auch hierbei wieder darauf geachtet werden, daß alles Silber entwickelt wird. Schließlich wird mit weißem Licht diffus belichtet und dann mit einem Farbentwickler mit Zusatz eines Purpurkupplers entwickelt, wobei in der mittleren Schicht das Bromsilber zu Silber reduziert wird und

---

Abb. 48. Zweites *Kodachrome*-Verfahren. Chromogene Entwicklung mit differenzierter Zweitbelichtung; *A* Original, *B* Schichtenaufbau: *a* blauempfindlich, *b* Gelbfilterschicht, *c* grünempfindliche Schicht, *d* rotempfindliche Schicht; *C* Schwarzweiß-Negativentwicklung, *D* diffuse Rotbelichtung durch Schichtträger und Farbentwicklung mit Blaugrünkuppler im Entwickler. Es entsteht nur in der untersten Schicht ein positives Silber- und Blaugrünbild, *E* diffuse Blaubelichtung von vorn und anschließend Farbentwicklung mit Gelbkuppler im Entwickler. In der obersten Schicht entsteht neben dem Silberbild ein Gelbbild, *F* ganze Schicht wird diffus durchbelichtet und anschließend farbentwickelt mit Purpurkuppler im Entwickler. Es entsteht in der Mittelschicht neben dem Silberbild ein Purpurfarbstoffbild. In den anderen Schichten kann kein zusätzliches Bild entstehen, weil kein Silbersalz zur Entwicklung vorhanden ist, *G* Bleichen des Silbers in allen Schichten und Fixieren, *H* positives Farbbild = Kopie vom Original

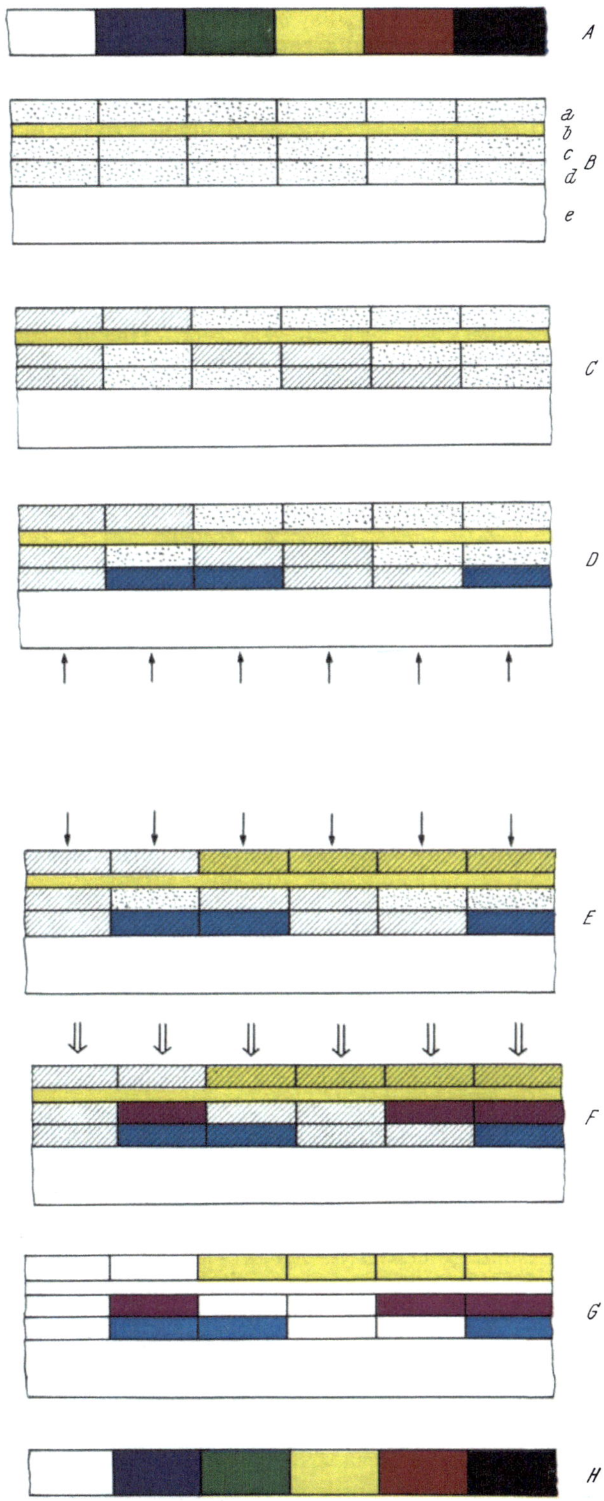
A
a
b
c
d
e
B
C
D
E
F
G
H

zugleich ein Purpurbild entsteht. Es folgt zum Abschluß das Bleichen des Silbers in allen drei Schichten, so daß reine Farbstoffbilder in allen drei Schichten übrig bleiben. Als besondere Schwierigkeit mußte bei diesem Verfahren gemeistert werden, daß die Farbensensibilisierungen der Schichten nach der Naßbehandlung intakt bleiben, damit eine differenzierte Belichtung der Teilschichten möglich ist.

Kodachrome-Farbfilme nach dem vereinfachten Verarbeitungsprinzip sind bevorzugt für die Schmalfilmtechnik bestimmt. Es werden mit diesem Material nicht nur Unikate, sondern auch Duplikate hergestellt. Für die Duplikatherstellung wird außerdem ein besonderes Material, *Kodachrome-Commercial*, in den Handel gebracht. Dieser Emulsionstyp arbeitet etwas weicher als der normale *Kodachrome*-Film und ist daher für die Duplikatherstellung besser geeignet. Für Spielfilme ist *Kodachrome* nie verwendet worden. Hierzu dienten zunächst *Kodacolor*- und später sowie auch heute *Eastmancolor*-Negativ- und Positiv-Farbfilme.

Zur Herstellung von Aufsichtsbildern von *Kodachrome* 35 mm lieferte KODAK, solange das Colornegativ-Positivmaterial noch nicht zur Verfügung stand, *Kodachrome-Print*. Ursprünglich hieß dieses Material *Minicolor*. Zur Herstellung von Aufsichtsbildern von *Kodachrome*-Planfilmen diente *Kodachrome Professional Print*, das zuerst als *Kodavachrome* bezeichnet worden war.

Andere Farbumkehrfilme des Handels, die nach dem Prinzip von *Kodachrome II* arbeiten, waren: *Ilfordcolor* von der Firma ILFORD, London, und *Fujicolor* der Firma FUJI PHOTO & FILM COMP., Japan. *Fujicolor* war als Kleinbildfilm und Rollfilm für Aufnahmen bei Tageslicht im Handel. Ein Planfilm war für Kunstlichtaufnahmen bestimmt. In Japan wurden mit *Fujicolor*-Farbmaterial auch Spielfilme hergestellt. Als Kopiermaterial diente ein Duplikat-Umkehrfilm.

γ) *Mehrschichtenfarbverfahren mit geschützten Farbbildnern in den einzelnen Emulsionsschichten*

Kodachrome-Farbumkehrfilme können wegen der umständlichen und schwierigen Bearbeitung nur in firmeneigenen Anstalten entwickelt werden. Für alle anderen Mehrschichtenfarbverfahren, die wesentlich einfacher in ihrer Verarbeitungstechnik sind, verwendet KODAK zur Farbbildung ein anderes Prinzip, das Verfahren der geschützten Farbkuppler. Bei diesen Verfahren befinden sich die farbbildenden Komponenten in den Emulsionsschichten. Um zu verhindern, daß diese Farbbildner bei der Verarbeitung in benachbarte Schichten herausdiffundieren, sind sie an wasserunlösliche Substanzen gebunden, die in den Emulsionen als feine Tröpfchen verteilt sind. Die Tröpfchen müssen möglichst klein sein, damit sie die Qualität der photographischen Abbildung nicht beeinflussen können, und außerdem müssen sie in ausreichender Zahl vorhanden sein, damit die Farbstoffe in genügender Menge gebildet werden. Es sind verschiedene organische Verbindungen als Verteilungsmittel und Träger der Farbkuppler vorgeschlagen worden [290, 291].

Die Farbverfahren mit geschützten Farbkupplern in den Emulsionsschichten haben gegenüber den mit diffusionsechten Farbkupplern (*Agfacolor*-Prinzip) manche Vorteile. Die Eigenschaften der Emulsion werden durch die Farbkuppler nicht beeinflußt, da sie vollkommen abgekapselt gegen die Umwelt in der Gelatine eingebettet sind. Farbschichten mit geschützten Farbkupplern sind daher vor allem lagerungsbeständig und weniger beeinflußbar durch Temperaturschwankungen. Bei der Verarbeitung können Filme mit geschützten Farbkupplern wesentlich aggressiver behandelt werden, ohne daß eine Zersetzung der Farbe zu befürchten ist.

Der Aufbau der Schichten ist bei Farbfilmen mit geschützten Farbbildnern weitgehend übereinstimmend wie bei Farbfilmen mit diffusionsfesten Farbkupplern. Die Verarbeitungstechnik ist bei beiden Prozessen ebenfalls gleich, wobei jedoch zu beachten ist, daß für jedes Verfahren besondere Verarbeitungsbäder erforderlich sind. Das Prinzip der Verarbeitung und die dabei ablaufenden Prozesse erläutern die Abb. 49 und 50.

Von europäischen Firmen bringt die Firma PERUTZ GMBH., München, einen Farbumkehrfilm für Tageslicht in den Handel, der ebenfalls geschützte Farbkuppler enthält. Dieser Film, PERUTZ *Color CT 18*, hat eine Empfindlichkeit, die 18 DIN entspricht.

δ) *Farbentwicklungsverfahren mit diffusionsechten Farbbildnern in den einzelnen Schichten* [274, 276, 295 bis 301]

Ein Farbentwicklungsverfahren kann in seiner Arbeitsweise nur einfach gestaltet werden, wenn in allen drei Emulsionsschichten die Farbstoffbildner enthalten sind und bei einer einzigen Entwicklung die erforderlichen Farbstoffbilder in den Schichten erzeugt werden. Die Firmen KODAK und PERUTZ legen die Farbkuppler in den einzelnen Emulsionsschichten durch Schutzsubstanzen fest. Die AGFA FILMFABRIK, damals in Wolfen, ging einen anderen Weg. Sie suchte und fand Farbkuppler, die in ihrem strukturellen Aufbau so groß und vor allem langgestreckt sind, daß sie nicht mehr durch die Mizellen der Gelatine hindurchwandern können. Es hat sich im Laufe der Jahre eine besondere Chemie entwickelt, die sich ausschließlich mit der Synthese und der Erforschung von geeigneten Farbkupplern befaßt [303].

Die meisten der geeigneten, diffusionsechten Farbstoffkuppler sind langgestreckte Kettenmoleküle, zum Beispiel

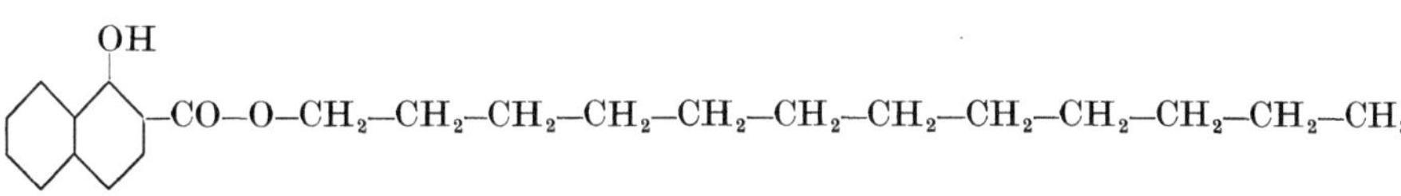

Nicht die Größe des Moleküls an und für sich ist maßgebend für die Diffusionsfestigkeit, sondern die Länge der Kette. Mit Hilfe der diffusionsechten Farbkuppler in den Emulsionsschichten ist im *Agfacolor*-Verfahren das Problem der Farbphotographie in sehr einfacher Weise gelöst worden. Das Verfahren, das im Jahre 1936 bekanntgegeben wurde, hieß zunächst zur Unterscheidung vom *Agfacolor*-Linsenrasterverfahren *Agfacolor-Neu*. Der Verarbeitungsgang beim *Agfacolor*- und ähnlichen Verfahren verläuft verschieden, je nachdem es sich um einen Umkehr- oder um den Farbnegativ-Positivprozeß handelt.

In der Abb. 49 ist der *Agfacolor*-Umkehrprozeß dargestellt. Dieses Arbeitsschema gilt im Prinzip auch für den KODAK-Umkehrfilm mit geschützten Farbkupplern, den *Ektachrome*-Farbfilm.

Der *Agfacolor*-Farbumkehrfilm besteht aus drei Emulsionsschichten, die von oben gesehen nacheinander für blaues, grünes und rotes Licht sensibilisiert sind. Zwischen der ersten und zweiten Emulsionsschicht ist eine Gelbfilterschicht eingebaut, um die blauen Lichtstrahlen vom Eindringen in die unteren Schichten abzuhalten. Zwischen der untersten Emulsionsschicht und dem Schichtträger befindet sich eine blaugrün gefärbte Lichthofschutzschicht. Die oberste, blauempfindliche Schicht enthält den gelben Farbstoffkuppler; die mittlere, grünempfindliche Schicht ist mit dem Purpurkuppler versehen, und in der untersten, rotempfindlichen Schicht ist der Rotkuppler zugesetzt.

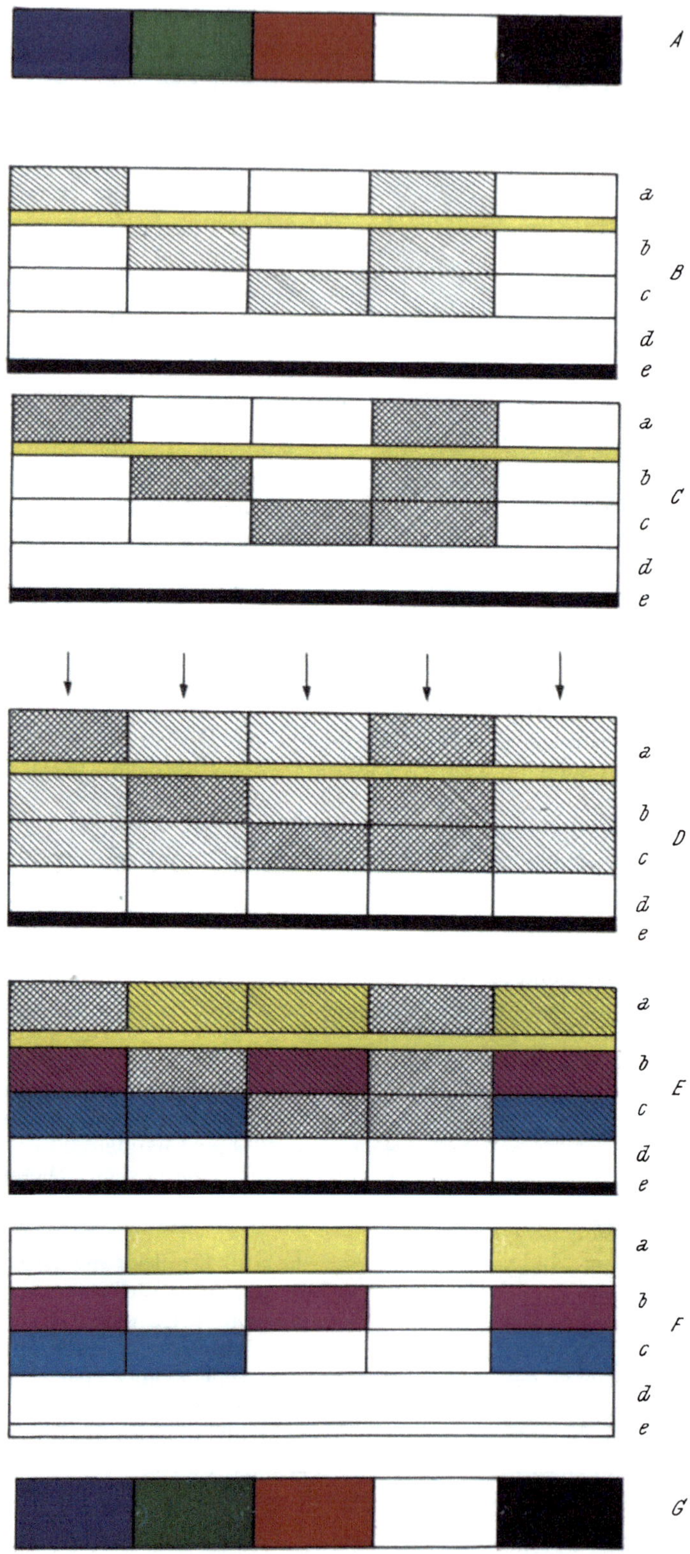
A
a
b
B
c
d
e
a
b
C
c
d
e
a
b
D
c
d
e
a
b
E
c
d
e
a
b
F
c
d
e
G

Nach der Aufnahmebelichtung findet zunächst eine Schwarzweiß-Entwicklung statt, die in allen drei Schichten negative Silberbilder als Farbauszüge aufbaut. Die Entwicklung und der Schichtaufbau müssen so aufeinander abgestimmt sein, daß praktisch in allen drei Schichten ein gleich dichtes und gleichgraduiertes Silberbild entsteht. Bis vor kurzem verwendete man bevorzugt Amidol-Entwickler, die für ihre Schichttiefenwirkung bekannt sind. Leider haben Amidol-Entwickler nur eine geringe Haltbarkeit. Die Verwendung von Metol-Hydrochinon- und Phenidon-Hydrochinon-Entwicklern war erst möglich, nachdem es möglich war, die drei Schichten den Eigenschaften dieser Entwickler anzupassen.

Nach der Erstentwicklung ist das Restbromsilber in den Schichten bildmäßig positiv abgestuft. Man macht dieses Restbromsilber durch diffuse Durchbelichtung entwicklungsfähig und führt danach die Farbentwicklung durch. Durch die Farbentwicklung wird das Bromsilber zu Silber reduziert, die Entwicklersubstanzen selbst werden dabei oxydiert, und diese Oxydationsprodukte verbinden sich mit den in den Schichten befindlichen Farbkupplern zu Farbstoffen. Es entstehen demnach in jeder Schicht neben den positiven Silberbildern zugleich positive Farbstoffbilder. In der obersten Schicht bildet sich ein gelbes, in der mittleren Schicht ein purpurnes und in der untersten ein blaugrünes Farbstoffbild. Durch Behandlung mit einem Bleichbad, bestehend aus Kaliumferrizyanid und Kaliumbromid, wird das Silber in allen drei Schichten in Silberbromid zurückverwandelt und kann in einem anschließenden Fixierbad herausgelöst werden. In den einzelnen Emulsionsschichten bleiben die reinen Farbstoffbilder zurück, die in ihrer subtraktiven Zusammenwirkung eine positive Wiedergabe des Objektes in natürlichen Farben bewirken.

Der Farbnegativ-Positivprozeß läuft wie in der Schwarzweiß-Technik in zwei getrennten Operationen ab (Abb. 50). Der *Agfacolor*-Negativfilm ist ähnlich aufgebaut wie der Farbumkehrfilm. Die oberste Schicht ist blauempfindlich und enthält den Gelbkuppler, darunter befindet sich wieder eine Gelbfilterschicht. In der neuesten Zeit entfällt diese Filterschicht vielfach, dafür ist die oberste Schicht zugleich gelb angefärbt. Die zweite Emulsionsschicht ist grünempfindlich und enthält den Purpurkuppler. Zuunterst befindet sich die rotempfindliche Schicht mit dem Blaugrünfarbstoffbildner. Die Lichthofschutzschicht ist auf der Rückseite der Unterlage angebracht. Sie ist wasserlöslich und entfärbt sich im Entwickler.

Nach der Aufnahme wird der Film farbentwickelt. Es entstehen hierbei in den Schichten negative Silberbilder, die die Farbauszüge darstellen. Bei dieser Farbentwicklung haben sich die Entwickleroxydationsprodukte mit den Farbkupplern verbunden, so daß neben den Silberbildern auch Farbstoffbilder entstanden sind. In einem Bleichbad werden die Silberbilder gebleicht und durch das anschließende Fixierbad aus der Schicht herausgelöst. Im Endzustand liegt ein komplementärfarbiges Negativbild vor. Das Farbnegativ kann auf Positivfilm oder Positivpapier kopiert werden. Der Entwicklungsprozeß dieser Farbschichten erfolgt weitgehend dem Negativprozeß entsprechend. Am Schluß liegt ein farbenrichtiges positives Bild vor.

Abb. 49. Farbumkehrentwicklung nach dem *Agfacolor*-Prinzip; *A* Original, *B* Farbfilm nach der Belichtung: *a* blauempfindliche Emulsion mit Gelbkuppler, *b* grünempfindliche Schicht mit Purpurkuppler, *c* rotempfindliche Schicht mit Blaugrünkuppler, *d* Unterlage, *e* Lichthofschutz, zwischen *a* und *b* Gelbfilterschicht; *C* Schwarzweiß-Erstentwicklung, *D* diffuse Belichtung; unentwickeltes Silberbromid wird entwicklungsfähig gemacht, *E* Farbentwicklung: In der Schicht *a* entsteht neben dem Silberbild ein Gelbbild; in der Schicht *b* wird neben dem Silberbild ein Purpurbild erzeugt; in der Schicht *c* bildet sich neben dem Silberbild ein Blaugrünbild; *F* nach dem Bleichen und Fixieren des Silbers bleiben in den Schichten die reinen Farbstoffbilder zurück, *G* Umkehrfarbdiapositiv

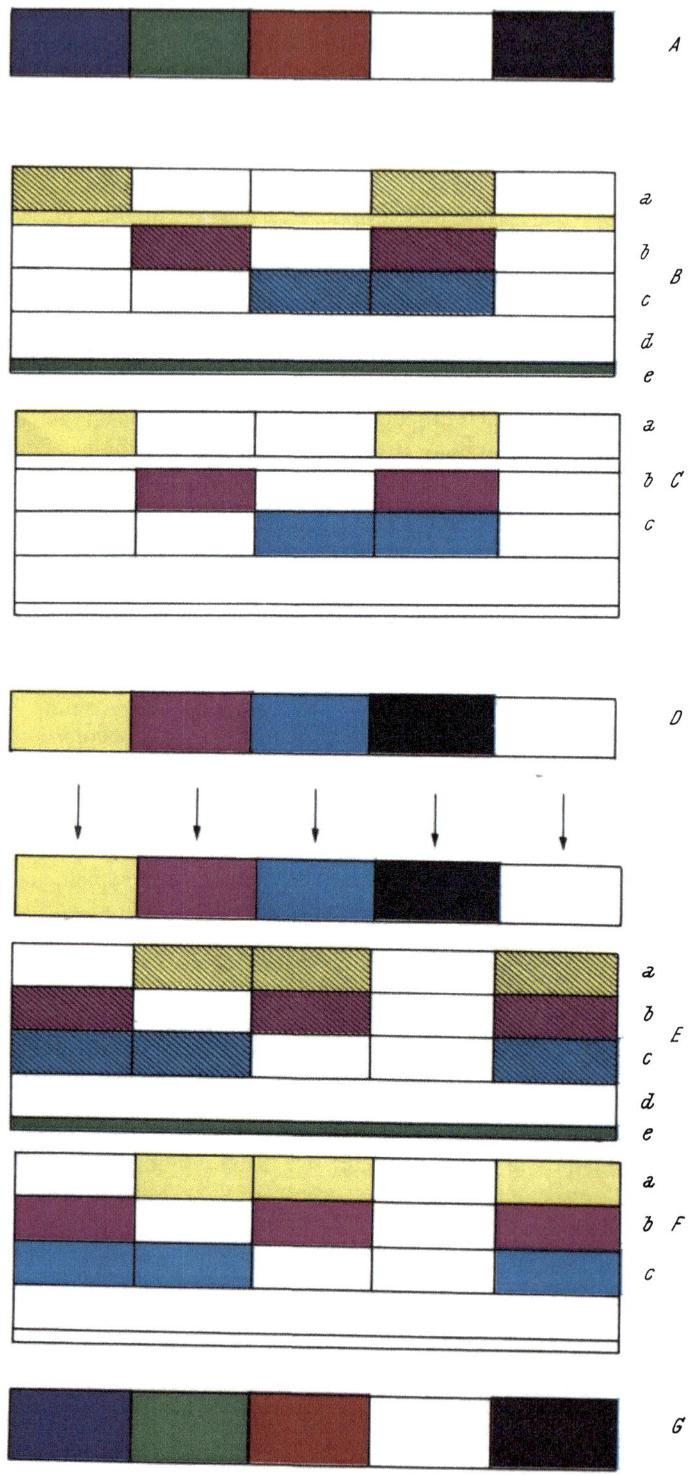
A
a
b
c
d
e
B
a
b
c
C
D
a
b
c
d
e
E
a
b
c
F
G

Nach dem *Agfacolor*-Prinzip arbeiten heute die meisten Mehrschichtenfarbverfahren mit chromogener Entwicklung in der ganzen Welt, wie *Anscochrome, Ferraniacolor, Gevacolor, Telcolor, Pakolor.*

Die Firma ANSCO arbeitet ausschließlich nach dem Umkehrentwicklungsverfahren. Seit dem Jahre 1943 bringt sie zur Herstellung von Aufsichtsbildern das sogenannte *Printon*-Material in den Handel. Das *Printon*-Material enthält eine Mehrschichtenumkehremulsion auf opakem Zelluloid. Die Verarbeitung erfolgt durch Umkehr-Farbentwicklung. Im Jahre 1952 hatte ANSCO auch einen Farbnegativfilm unter dem Namen *Plenacolor* auf den Markt gebracht. Dieser Film wurde nur in firmeneigenen Betrieben entwickelt und davon Positivfarbkopien auf Papier hergestellt. Der *Plenacolor*-Film arbeitete mit Farbkorrekturmasken in der mittleren und untersten Schicht.

FERRANIA S. P. A., Mailand, Italien, fertigt seit dem Jahre 1947 Farbumkehrfilme und seit 1950 Farbnegativ- und Farbpositivfilme nach dem *Agfacolor*-Prinzip an.

TELLKO, Fribourg, Schweiz, stellte bis vor kurzem Farbnegativ- und Farbpositiv-Materialien her, die ebenfalls nach dem *Agfacolor*-Prinzip arbeiteten. Für den Negativfilm wurden zwei Entwickler geliefert, ein gewöhnlicher Farbentwickler und ein Maskenentwickler, mit dem im Farbnegativfilm eine Silbermaske erzeugt werden konnte. Das *Telcolor*-Papier enthielt im Gegensatz zum *Agfacolor*-Papier keine Gelbfilterschicht. Die Firma TELLKO gehört heute zur CIBA. Im Jahre 1964 erschien sie mit dem *Cilchrome-Print*-Prozeß (III. B. 3. a) β).

PHOTO CHEMICAL COMP., Epsom, England, schuf nach dem zweiten Weltkrieg den *Pakolor*-Film, ein Farbnegativmaterial, das bis etwa zum Jahre 1960 im Handel war. Das Positivpapier wies eine vom *Agfacolor*-Papier abweichende Reihenfolge auf: zuoberst befand sich die blauempfindliche Gelbschicht; die mittlere Schicht war rotempfindlich und enthielt den Blaugrünkuppler; die unterste Schicht war grünsensibilisiert und mit dem Purpurfarbbildner versehen. Ursprünglich war anstelle von *Pakolor* der Name *Alfacolor* vorgesehen.

ε) DU PONT *Color Release Positive Film*

Ein vollkommen neuer Typ eines Mehrschichtenfarbfilmes für chromogene Entwicklung stellt ein Positivfilm der Firma DU PONT dar. Der DU PONT *Color Release Positive Film* ist ein Kopierfilm für einfache Farbentwicklung. Die drei Emulsionsschichten dieses Filmes bestehen nicht aus Gelatine-Bromsilberschichten, sondern aus Kunststoff. Es handelt sich hierbei um Azetate des Polyvinylalkohols [304, 305]. Als weitere Besonderheit kommt noch hinzu, daß die Farbkuppler nicht den Kunststoffschichten zugesetzt werden, sie sind vielmehr chemisch mit dem Kunststoff verbunden. Diese „Kunststoffemulsionen" erfordern bei der Herstellung ganz neue Maßnahmen. Die Fällung der „Emulsion" beim Beguß erfolgt chemisch. Die Farbstoffe sind vollkommen unlöslich, und die Verarbeitung kann auch bei hohen Temperaturen ohne besondere Schwierigkeiten stattfinden [306, 307]. Der Aufbau der Schicht weicht von den üblichen Farbschichten stark ab. Die unterste Schicht ist grünempfindlich und enthält den

---

Abb. 50. Farbnegativ-Positivprozeß nach dem *Agfacolor*-Prinzip; *A* Original, *B* Negativfarbfilm nach der Aufnahme und Farbentwicklung: *a* blauempfindliche Schicht mit gelbem Farbstoffbild neben dem Silberbild, *b* grünempfindliche Schicht mit Silberbild und Purpurfarbstoffbild, *c* rotempfindliche Schicht mit Silberbild und Blaugrünfarbstoffbild, *d* Unterlage, *e* Lichthofschutz; *C* Negativfilm nach dem Bleichen und Fixieren des Silbers; in den Schichten bleiben die reinen Farbstoffbilder zurück, *D* komplementärfarbig Negativbild, *E* Kopierbelichtung durch Farbnegativ auf Positivfilm oder Colorpapier; nach der Farbentwicklung sind in den Schichten vorhanden: *a* Silberbild + Gelbbild, *b* Silberbild + Purpurbild, *c* Silberbild + Blaugrünbild, *d* Unterlage, *e* Lichthofschutz; *F* Positiv nach dem Bleichen und Fixieren der Silberbilder, *G* positives Farbbild = Kopie vom Original

Farbkuppler für Gelb, die mittlere Schicht ist rotempfindlich und zur Bildung des Blaugrün-Bildes bestimmt, die oberste Schicht ist unsensibilisiert und enthält den Purpurfarbbildner. Alle drei Schichten sind zugleich mit einem gelben Schirmfarbstoff angefärbt, damit die mittlere und unterste Schicht vor blauen Strahlen geschützt sind. Der Lichthofschutz ist auf der Rückseite der Unterlage angebracht. Das Gelbbild wird in die unterste Schicht gelegt, weil diese Schicht besonders für die Streuung des Lichtes und die dadurch verursachte Unschärfe verantwortlich ist und das Gelbbild für die Bildschärfe am wenigsten wichtig ist. Die Verarbeitung dieses Colorfilmes erfolgt in ähnlicher Weise wie beim *Agfacolor*-Negativfilm.

o) Farbphotographische Diffusionsübertragsverfahren

α) *Polacolor-Umkehrfarbverfahren*

Als eine der größten Erfindungen des letzten Jahrzehnts ist unzweifelhaft das Ein-Minuten-Colorverfahren der International Polaroid Corp., Cambridge, Mass., USA, das erstmalig in Deutschland auf der *Photokina* im Jahre 1963 vorgeführt wurde und einige Zeit später unter dem Namen *Polacolor* im Handel erschien, anzusehen [308 bis 384].

Das Ein-Minuten-Verfahren der Polaroid für Schwarzweißaufnahmen liefert in 10 bis 20 s nach der Aufnahme ein fertiges Papierbild. Dieses Verfahren beruht auf dem Prinzip der Entwicklung mit kontrollierter Diffusion und ist in seinen Grundlagen weitgehend identisch mit den Dokumentations-Kopierverfahren Agfa *Copyrapid* und Gevaert *Gevacopy* (Band V, V. D. h)).

Die klassischen Colorverfahren erfordern bis zum fertigen Bild, sei es über die direkte Umkehrentwicklung oder über den Negativ-Positivprozeß, eine Vielzahl von Arbeitsgängen, außerdem müssen die Arbeitsbedingungen sehr genau eingehalten werden, wenn einwandfreie Ergebnisse erzielt werden sollen. Das *Polacolor*-Verfahren hat demgegenüber folgende Forderungen zu erfüllen:

1. Der Verarbeitungsprozeß muß innerhalb der Kamera von der Aufnahme bis zum fertigen Bild ohne Hilfe einer Dunkelkammer vollkommen automatisch erfolgen. Es müssen etwa 20 Einzelprozesse der normalen Farbenverfahren durch einen Arbeitsgang ersetzt werden.
2. Die Verarbeitungsdauer bei den Mehrschichten-Farbenverfahren mit chromogener Entwicklung dauern etwa 1,5 bis 2 Stunden. Beim *Polacolor*-Verfahren soll das fertige Bild in ebensoviel Minuten vorliegen.
3. Das *Polacolor*-Verfahren muß mit den bisherigen Ein-Minuten-Kameras ausgeführt werden können.
4. Die fertigen Farbbilder müssen klare Weißen und satte, leuchtende Farben aufweisen.
5. Die fertigen Farbbilder dürfen nach dem Verlassen der Kamera keine Nachbehandlung, wie Wässerung oder Trocknung, erfordern.
6. Die Farben müssen lichtecht und widerstandsfähig gegen Luftfeuchtigkeit sein.
7. Der Farbprozeß darf von den klimatischen Bedingungen, wie Temperatur und Luftfeuchtigkeit, nur sehr wenig beeinflußt werden.

Abb. 51. *Polacolor*-Verfahren (schematisch); *A* Original, *B* Schichtaufbau des Polacolorfilmes: *a* blauempfindliche Emulsion, *b* gelbe Farbstoffentwicklerschicht, *c* Trennschicht, *d* grünempfindliche Emulsion, *e* Purpurfarbstoff-Entwicklerschicht, *f* Trennschicht, *g* rotempfindliche Emulsion, *h* Entwicklerschicht mit Blaugrünfarbstoff, *i* Unterlage; *C* durch Belichtung gebildete latente Bilder, *DEF* Diffusionsentwicklung, *D* Positivpapier: *a* Farbstoffempfangsschicht, *b* Zwischenschicht, *c* Alkaliempfangsschicht, *d* Unterlage; *E* Entwicklerpaste, *F* Diffusionsvorgänge in der Negativschicht; es diffundieren alle Entwickler-Farbstoffmoleküle in die Papierschicht hinüber, die an keiner Entwicklungsreaktion teilgenommen haben, *G* positive, naturfarbige Aufnahme

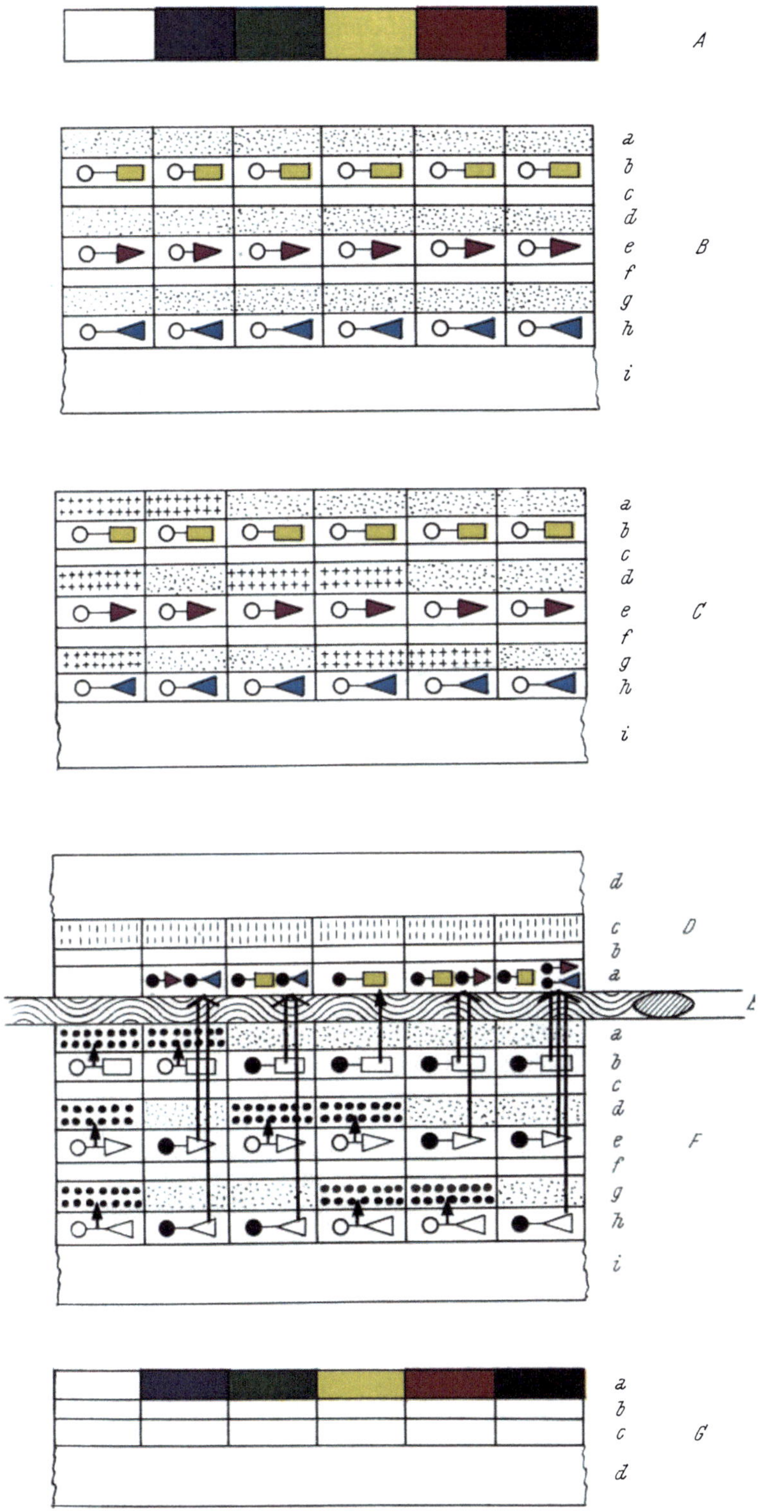
A
a
b
c
d
e
f
g
h
i
B
a
b
c
d
e
f
g
h
i
C
d
c
b
a
D
a
b
c
d
e
f
g
h
i
F
a
b
c
d
G

Bei den Mehrschichten-Farbverfahren mit chromogener Entwicklung sind in den drei Schichten besondere Farbkuppler enthalten, die mit den Oxydationsprodukten der Entwicklersubstanzen bei der Entwicklung neben den Silberbildern Farbstoffbilder erzeugen. Das Silberbild muß anschließend immer ausgebleicht werden, um die reinen Farbstoffbilder zu erhalten. Dieser Weg konnte bei dem vorliegenden Farbdiffusionsverfahren nicht beschritten werden, da eine Diffusion des Silberbildes und des Farbstoffbildes in die Übertragsschicht (Empfangsschicht) eine nachträgliche Bleichung erfordert hätte. Der *Polacolor*-Prozeß beruht auf drei grundlegenden Erfindungen [383, 384]:

1. Die Farbstoffe sind in der Negativ-Aufnahmeschicht bereits vorhanden, und jedes Farbstoffmolekül ist durch eine atomare Bindung mit dem Entwicklermolekül verkettet;

2. Durch eine besondere Reaktionslösung werden die Farbstoff-Entwicklermoleküle zur Diffusion gebracht, um auf die Empfangsschicht hinüberzuwandern (zu diffundieren);

3. Die Farbstoffe werden in der Empfangsschicht stabilisiert.

Die Vorgänge und den Arbeitsablauf beim *Polacolor*-Prozeß erklärt die Abb. 51.

Der *Polacolor*-Film hat drei lichtempfindliche Bromsilbergelatineschichten und dicht daneben jeweils eine Schicht mit den dazugehörigen Farbstoff-Entwicklermolekülen. Die drei Doppelschichten sind durch Zwischenschichten voneinander getrennt. Die oberste Schicht ist blauempfindlich, und die darunter befindliche Farbstoff-Entwicklerschicht enthält den gelben Farbstoff. Die Mittelschicht ist grünempfindlich, und die dazugehörige Unterschicht enthält die Entwicklersubstanz mit einem Purpurfarbstoff verbunden. Die unterste Schicht ist rot sensibilisiert; hierzu gehört in der Nachbarschicht eine Verbindung der Entwicklersubstanz mit einem Blaugrün-Farbstoff. In allen Farbstoff-Entwicklerschichten sind Farbstoff und Entwickler chemisch fest miteinander verbunden, so daß die Farbstoffbewegung durch den Entwickler gesteuert wird.

Findet in der Schicht eine Belichtung statt, so entsteht an der betreffenden Stelle ein latentes Bild, und das Bromsilber wird entsprechend der erfolgten Lichteinwirkung entwickelbar.

Der belichtete Film wird nunmehr mit dem Positivpapier zusammengepreßt, wobei gleichzeitig eine Reaktionslösung in Form einer hochviskosen Paste dazwischen gleichmäßig verteilt wird. Die Reaktionslösung dringt schnell in alle Schichten des Negativfilmes ein. Wenn diese Lösung ein Entwickler-Farbstoffmolekül erreicht, so wird dieses in Bewegung gesetzt, und es diffundiert in die benachbarte Bromsilberschicht ein. Trifft das Entwickler-Farbstoffmolekül dort auf entwickelbares Bromsilber, so wird dieses entwickelt, und gleichzeitig wird dadurch das Farbstoffmolekül unbeweglich und in der Schicht festgehalten. Jedes Entwickler-Farbstoffmolekül kann nur durch belichtetes und entwicklungsfähiges Bromsilber seiner nächsten Nachbarschaft festgehalten werden; bis es auf eine entferntere Bromsilberschicht trifft, die ebenfalls entwicklungsfähig ist, so ist diese bereits entwickelt, und das entwickelte Silber ist ohne Einfluß auf das Entwickler-Farbstoffmolekül. Alle Entwickler-Farbstoffmoleküle, die nicht zur Entwicklung verwendet werden, diffundieren durch die Schichten ungehindert hindurch und gelangen auf die Empfangsschicht des Positivpapieres.

Das Positivpapier besteht aus drei Schichten. Auf der Papierunterlage befindet sich die sogenannte Alkaliempfangsschicht. Diese Schicht enthält saure Verbindungen, bestehend aus langen Kettenmolekülen, die zunächst unbeweglich sind und auch bleiben, wenn sie neutralisiert sind. Es folgt auf die Alkaliempfangsschicht eine Zwischenschicht, die verhindert, daß die sauren Moleküle bereits bei Beginn des Prozesses in die Farbstoff-Empfangsschicht eindringen. Die oberste Schicht des Positivpapieres ist die Farbstoff-Empfangsschicht, die die Farbstoffe aufnimmt, die die Negativschichten verlassen. Diese Schicht wirkt ähnlich wie eine Beize, die die Farbstoffe adsorbiert und festhält. Der Aufbau des Positivpapieres gewährleistet, daß die Reaktionslösung so lange alkalisch bleibt, bis das Negativ entwickelt ist und das positive Farbstoffbild in die Empfangsschicht des Positivpapieres diffundiert ist. Dieser Prozeß dauert etwa 50 s. Während dieser Zeit wandert etwas Alkali der Reaktionslösung durch die Zwischenschicht des Positivpapieres. Dieses Alkali tritt in Reaktion mit den sauren Verbindungen in der Alkaliempfangsschicht, und es entsteht durch die Neutralisation etwas Wasser, das die Zwischenschicht durchlässig macht. Nunmehr wandern die sauren Verbindungen durch die Zwischenschicht, neutralisieren die Reaktionslösung, umschließen die Farbstoffmoleküle, bilden eine feste, widerstandsfähige Oberflächenschicht und machen die Oberfläche zugleich halbglänzend. Damit ist das Farbbild fertiggestellt. Das Positivpapier kann von der Negativaufnahmeschicht abgezogen werden.

Die Internationale Polaroid Corp. hat bis zur Vollendung des *Polacolor*-Verfahrens eine etwa zehnjährige Forschungsarbeit mit einem großen Stab von Wissenschaftlern und Technikern leisten müssen. Die grundlegenden Patente gehen teilweise bis zum Jahr 1954 zurück [309, 310, 327, 340, 341, 363, 364]. Aus der zahlreichen Patentliteratur sind bemerkenswerte Einzelheiten über die Verfahrenstechnik bekanntgeworden.

Die lichtempfindlichen Halogensilberschichten des *Polacolor*-Filmes bestehen teilweise oder ganz aus Zellulosederivaten als Emulgiermittel [329, 378]. Die Entwickler-Farbstoffmoleküle sind in Schichten von Karboxymethylzellulose [367] oder auch in Polymeren aus ungesättigten Karbonsäuren und Vinylphthalimid eingebettet [373, 374, 375]. Für diese Schichten scheint überhaupt keine Gelatine mehr verwendet zu werden. Die Schichten sind meistens durch die Farbstoff-Entwicklerverbindungen angefärbt, wodurch ein Empfindlichkeitsverlust verursacht wird. Dieser Nachteil kann durch polarisierende Kristalle oder durch molekulare Dispergierung der Farbstoff-Entwicklersubstanzen im molekular orientierten Trägermedium behoben werden [342, 363]. Die Zwischenschichten im Negativfilm haben die Aufgabe diffusionshemmend zu wirken. Für diese Schichten wird langsam hydrolysierbares Material zur Verwendung vorgeschlagen, oder die Farbstoff-Entwicklersubstanzen sind in Wasser nicht mischbarem Material eingebettet [339].

Um ein schwaches Gelbfilter bei der Aufnahme zu sparen und die Aufnahmetechnik zu vereinfachen, wurde vorgeschlagen, die oberste Schicht mit einer Gelbfilterschicht aus Benzidingelb fabrikatorisch zu versehen [336].

Besonders zahlreich sind die Patente über die Farbstoff-Entwicklersubstanzen. Es werden vorgeschlagen: Leukoverbindungen eines Farbstoffes mit oxydativer Kupplung eines p-Phenylendiamins [361]; Antrachinon- und Azofarbstoffe gebunden durch Amino-, Karboxyl- oder Sulfonylgruppen an Hydrochinon [364]; Farblose Leukoverbindungen mit Hydrochinonderivaten, zum Beispiel 2-Methyl-5-N-methylanilinohydrochinon, 2,5-Dichlor-3,6-dianilinhydrochinon, 2-(β-Naphthylamin)-5-Methylhydrochinon [367]; Aryldiazonaphthalin mit einer Aminogruppe [368]; Diazotierte Aminoaraldehyddihydroxybenzole verbunden mit Phenol, β-Naphthol [343 bis 346]; Azofarbstoffe und Antrachinone, die Metallchelate bilden und deswegen als Bildsubstanzen sehr beständig sind [312, 317, 319, 328, 333]; Tolylhydrochinon, Thiohydrochinon, Diazetylhydrochinon verbunden über Schwefelatomen mit Farbstoffen [310, 311, 313]; Azofarbstoffe oder

Antrachinone substituiert mit Hydrochinongruppen, die zugleich Farbstoffe und Entwickler sind und die veresterte Hydroxylgruppen enthalten [308, 349, 354, 355]; Hydrochinon oder Brenzkatechin und eine aromatische Azogruppe verbunden durch ein 1-aryl-5-pyrazolon, zum Beispiel 1-(4''-hydrochinonyläthylphenyl)-3-carbäthoxy-4-(2',6'-dimethylphenylazo)-5-pyrazolon [382].

Als Reaktionslösung werden Phenidon, Aminoaniline, Aminophenole und Hydrochinon verwendet [315].

Die Empfangsschicht für die Farbstoffe auf dem Positivpapier besteht aus Karboxyzellulose [321]; Kopolymeres von Polyvinylalkohol und N-Vinylpyrazolidon [314, 356]; Polyvinylalkohol verbunden mit Dimethylharnstoff, Glyoxal oder anderen Härtungsmitteln [335, 369]; Poly-4-vinyl-pyrimidin, Polyvinylalkohol und Gelatine [322, 336]. Die Empfangsschicht erhält unter anderem auch Zusätze an Oxydationsmitteln. Als solche werden empfohlen: 1,4-Benzochinon und Derivate [375]. Als Komplexbildner dienen verschiedene Metallsalze [317]. Derartige Verbindungen haben die Aufgabe, die Farbstoffe zu stabilisieren.

Die Zwischenschicht zwischen Farbstoffempfangsschicht und Alkaliempfangsschicht ist wasserundurchlässig, dagegen alkalidurchlässig. Die Schicht kann aus reduzierten Polymeren bestehen, die unter den Arbeitsbedingungen durchlässig werden [347, 365, 370].

Zur Erhöhung der Haltbarkeit und als Schutz gegen die Ausbleichwirkung des Lichtes kann die Positivempfangsschicht Ultraviolett absorbierende Substanzen enthalten [320]. Zusätze von Borsalzen oder Schlußbehandlung mit borhaltigen Lösungen erhöhen die Haltbarkeit der Farbstoffbilder [323].

Nach einem Patent kann neben dem positiven Farbbild auch ein brauchbares Negativ erhalten werden, wenn in der Reaktionslösung der Gehalt an Silberlösungsmittel gegenüber dem Alkali stark erhöht wird [323].

β) *Farbübertragsverfahren der Firma Kodak*

K. E. Whitemore und P. M. Mader von der Kodak Soc. Anonyme geben in einer Reihe von Patenten ein Farbübertragsverfahren an, das sich anscheinend nur für Kopierzwecke wegen seiner geringen Empfindlichkeit eignet [385 bis 390]. Als lichtempfindliche Schichten werden Direktpositiv-Emulsionen, entstanden durch Solarisation, verwendet, die Innenkeime enthalten. Neben den lichtempfindlichen Silberhalogeniden sind in den Schichten zugleich diffusionsechte Farbkuppler. Werden diese Schichten nach der Belichtung mit Farbentwicklern entwickelt, so reagieren die Farbkuppler mit den Oxydationsprodukten der Entwicklersubstanzen, und es entstehen hierbei diffusionsfähige Farbstoffe. Die gebildeten diffusionsfähigen Farbstoffe wandern in eine Übertragsschicht und bilden dort ein positives Farbbild. Dieses Verfahren hat bisher keine praktische Bedeutung erlangt.

Nach anderen Patenten von Kodak wird zur Erzeugung von farbigen Übertragsbildern folgende Verfahrenstechnik vorgeschlagen: In Halogensilberemulsionen mit einem nicht diffundierbaren Farbkuppler A wird bei Belichtung ein Stoff abgespalten oder gebildet, der an anliegenden vorbelichteten Stellen die Entwicklung verhindert. Durch die weitere Entwicklung wird an den nicht betroffenen Stellen ein zweiter Kuppler B diffundierbar gemacht. Dieser wandert in eine Übertragsschicht und bildet dort ein positives Farbbild [391 bis 399].

γ) *Farbübertragsverfahren der Firma General Anilin & Film Corp.*

Bei dem von der General Anilin & Film Corp., USA, vorgeschlagenen Verfahren werden geschützte Farbkuppler verwendet. Sie haben die zusätzliche

Eigenschaft, in stark alkalischen Lösungen Salze zu bilden und dadurch diffusionsfähig zu werden. Wird eine Mehrfarbenschicht mit derartigen Kupplern in den Schichten normal entwickelt, so entsteht zunächst ein negatives Silberbild und daneben ein Farbstoffbild. In der Schicht verbleiben unentwickeltes Silberhalogenid und Farbkupplersubstanzen, die nicht reagiert haben. Behandelt man eine derartige Schicht mit Alkalien, so wandern die nicht in Reaktion getretenen Farbkuppler in eine angepreßte Übertragsschicht. Hier können sie mit Entwickleroxydationsprodukten reagieren, so daß ein positives Farbbild aufgebaut wird [400].

4. Physikalisch-optische farbphotographische Verfahren

Die folgenden Verfahren zur Erzeugung von Farbbildern sind weder zu den additiven noch zu den subtraktiven Farbprozessen zuzuordnen, sie nehmen vielmehr eine Sonderstellung ein. Einigen wurde bei ihrer Entdeckung große Beachtung und Bedeutung zugemessen. Obwohl jedoch keines praktische Anwendung gefunden hat, haben verschiedene die Farbphotographie sehr maßgeblich beeinflußt und waren der Ausgangspunkt für andere erfolgreiche Verfahren.

a) Verfahren mit prismatischer Dispersion [1, 50, 52]

Charles Cros machte im Jahre 1869 den Vorschlag, anstelle von Lichtfiltern zur Zerlegung des Lichtes in verschiedene Farbbereiche ein Prisma zu benutzen [401]. Das Prisma wird so in Stellung gebracht, daß die drei Spektralgebiete Blau, Grün und Rot auf drei Platten fallen. Von den Negativen dieser Aufnahmen werden Diapositive hergestellt und diese wieder in dieselben Stellungen wie bei der Aufnahme gebracht. Werden diese Diapositive durch das Prisma betrachtet, so wird eine naturfarbige Abbildung des Objektes wahrgenommen.

Wordsworth Donisthorpe schlug einige Jahre später ein ähnliches Verfahren vor und empfahl in Ergänzung dazu, von den Negativen nach dem Pigmentverfahren Kopien herzustellen, diese in den Farben Gelb, Purpur und Blaugrün einzufärben und übereinander zu legen [402]. Auf diese Weise erhielt man Aufsichtsfarbbilder.

Der Vorschlag von Ch. Cros war Vorbild bei den Patentanmeldungen von M. J. Drac [403], L. Moelants [404] und D. de Bruignac [405].

F. M. Lanchester schlug eine Mikrospektralmethode der Dispersion zur Erzeugung von Farbbildern vor [406] (Abb. 52). Ein photographisches Objektiv entwirft ein Bild von dem Gegenstand auf einer Rasterplatte. Die Rasterplatte besteht aus doppelt so breiten undurchsichtigen Streifen wie durchsichtigen Zwischenräumen. Die Rasterplatte und zugleich das optische Bild auf der Platte werden durch ein weiteres Objektiv auf der Schicht abgebildet, wobei sich zwischen dem zweiten Objektiv und der Aufnahmeschicht ein Prisma befindet. Durch diese Anordnung wird das Bild in eine Vielzahl von schmalen Spektren zerlegt. Von der Negativauf-

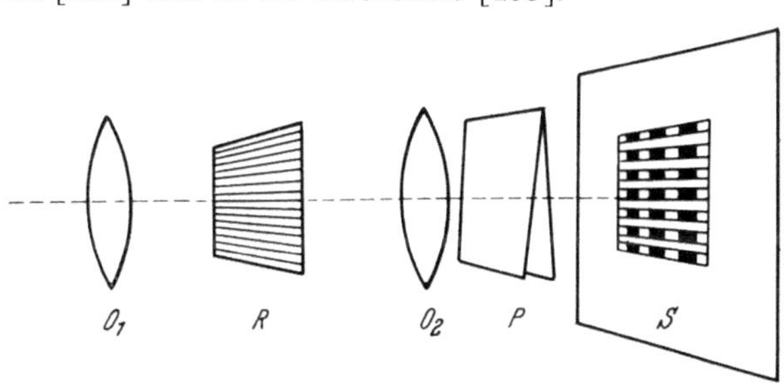

Abb. 52. Mikrospektralmethode der Dispersion zur Erzeugung von Farbbildern nach F. M. Lanchester; O_1 Objektiv, R Raster, O_2 Objektiv, P Prisma, verbunden mit Objektiv O_2, S Schirm

nahme wird ein Diapositiv angefertigt und dieses in dieselbe Stellung gebracht wie das Negativ bei der Aufnahme. Bei Betrachtung des Diapositives durch das gleiche System wird man ein positives Farbbild wahrnehmen.

Mit der Methode der Mikrospektraldispersion hat sich besonders J. Rheinberg befaßt und hat ihr auch den Namen gegeben [407 bis 409]. Er verwendete ein gradsichtiges Prisma, das aus Flint- und Kronglas bestand und eine Dispersion von 3 Grad hatte. Auf 2,5 cm der Aufnahmeschicht erhielt er damit etwa 100 schmale Spektren, welche durch die Gitterspalten gebildet wurden. Vom Negativ wurde ein Diapositiv hergestellt und dieses mit der gleichen Einrichtung wie bei der Aufnahme oder durch ein besonders konstruiertes optisches System als Farbbild betrachtet.

Die Farbphotographie mittels prismatischer Dispersion beschäftigte in der damaligen Zeit zahlreiche Wissenschaftler und Techniker: P. E. B. Jourdain [410], A. F. Cheron [411 bis 414], M. Raymond [415], F. Urban [416]. P. G. und L. R. Frauenfelder [417] und F. Dogilbert [418] empfahlen die Verwendung von Filmaufnahmematerial mit eingepreßten Prismen. Die Belichtung sollte durch die Prismen hindurch auf eine panchromatische Schicht erfolgen und die Aufnahmen direkt zum Positiv entwickelt werden.

b) Verfahren mittels Beugungsspektren [1, 50, 52]

Die Idee, anstelle von prismatischer Dispersion Beugungsspektren zur Erzeugung von Farbbildern zu verwenden, faßte als erster R. W. Wood im

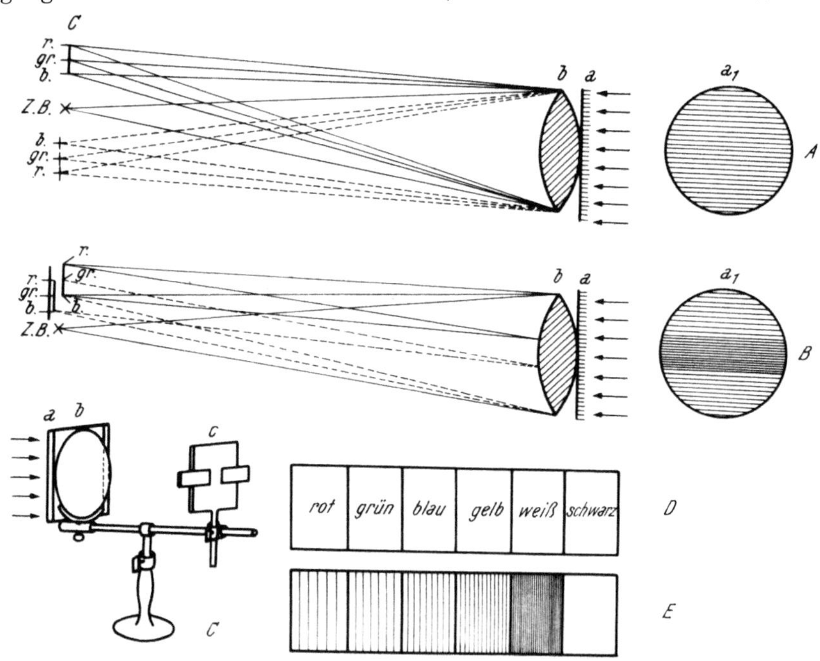

Abb. 53. Farbverfahren mittels Beugungsgitter nach R. W. Wood; *A* Lichtbeugung mit gleichabständigem Gitter. Es entstehen neben dem weißen Zentralbild links und rechts Spektren, *B* Lichtbeugung mit verschiedenen überlappenden Gittern: *a* Gitter (im Schnitt), *b* Gitter (Aufsicht), *c* Abbildung (Spektren). Zentralbild (*Z. B.*) liegt außerhalb; die beiden Spektren 1. Ordnung fallen nahezu aufeinander, *C* Betrachtungsapparat, *D* Farbobjekt, *E* Farbwiedergabe (Verteilung der Gitterlinien im sichtbaren Bild)

Jahre 1899 [419, 420]. Die theoretische Grundlage dieses Verfahrens ist sehr einfach. Je mehr Linien ein Beugungsgitter je Längeneinheit hat, um so größer ist der Abstand der Spektren erster Ordnung, welche beiderseits vom weißen durch das Gitter entworfenen Zentralbild erzeugt werden (Abb. 53). Wood benutzte drei Beugungsgitter: eines mit 80, eines mit 90 und eines mit 110 Linien pro Millimeter. Das 80-Linien-Gitter diente für die Erzeugung des roten Spektralbereiches, das 90-Linien-Gitter für den grünen und das 110-Linien-Gitter für den blauen. Die verwendeten Gitter waren keine Originalgitter, sondern von Originalgittern hergestellte Kopien auf Dichromatgelatineschichten. Zur Herstellung der Dichromatgelatineplatten diente eine Lösung von 40 g Gelatine in 1000 ml Wasser mit einem Zusatz von 2 g Kaliumdichromat. Diese Lösung wurde auf Glasplatten gegossen. Die Originalgitter wurden mit der Dichromatschicht in Kontakt gebracht und im Sonnenlicht 10 bis 15 s belichtet. Das Licht muß parallel gerichtet sein. Anschließend wurden die Platten so lange in warmes Wasser von 35°C gelegt, bis sie vollkommen farblos waren. Nach dem Trocknen konnten derartige Gitter zur Herstellung von Farbenbeugungsbildern verwendet werden. Außer derartigen Beugungsgittern benötigt man für das Verfahren drei Diapositive von Dreifarbenauszugsnegativen und eine lichtempfindliche Dichromatschicht der gleichen Art, wie sie zur Herstellung der Beugungsgitter verwendet wurde.

Die Dichromatgelatineschicht wird zunächst mit dem 80er-Liniengitter in Kontakt gebracht. Darauf legt man das Diapositiv vom Rotfilterauszug. Es folgt nun die Belichtung in parallel gerichtetem Licht, am besten im Sonnenlicht. Das 80er-Gitter und das Rotfilterdiapositiv werden dann entfernt und durch das 90er-Gitter und das Grünfilterdiapositiv ersetzt. Hierbei muß man sehr sorgfältig auf bestimmte Passermarken achten. Es wird dann wieder belichtet. Nach Entfernung des 90er-Gitters und des Grünfilterdiapositives erfolgt die Kopierbelichtung in gleicher Weise mit dem 110er-Gitter und dem Blaufilterdiapositiv. Die Entwicklung wird anschließend in warmem Wasser von 35°C durchgeführt und ist beendet, wenn die Schicht ungefärbt erscheint. Zum Schluß wird die Kopie getrocknet. Auf Grund von Erfahrungen hat Wood im Laufe der Zeit sein Verfahren etwas abgeändert. Nur die Rot- und Grünfilterdiapositive mit den entsprechenden Gittern werden auf eine Platte übereinander kopiert. Das Blaufilterdiapositiv mit dem 110er-Gitter wird auf eine zweite Platte seitenverkehrt kopiert. Beide Platten werden zum Betrachten mit den Glasseiten in Kontakt gebracht.

Der Betrachtungsapparat bei Wood bestand aus einer großen Leselupe mit einem engen Schlitz oder kleinen Augenloch (Abb. 53). Bei Verwendung von einem Gitter mit gleichmäßigen Abständen entstehen zwei farbige Bilder links und rechts vom weißen Zentralbild. Wenn der Abstand der beiden Farbbilder übereinstimmend mit dem Augenabstand gemacht wird, dann kann man auf diese Weise ein Stereobild wahrnehmen. Sind drei Gitter mit den drei Diapositivfarbauszügen übereinander kopiert und überlappen sich die Gitter entsprechend, so kann man ein Bild in den natürlichen Farben feststellen.

R. W. Wood hat auch angegeben, wie es möglich ist, Beugungsfarbbilder in der Kamera auf eine einzige Schicht herzustellen. Man muß hierzu eine sehr feinkörnige Emulsion verwenden. Am besten geeignet erscheinen sogenannte Lippmann-Platten. Man macht auf eine derartige Schicht nacheinander mit Rot-, Grün- und Blaufilter Aufnahmen, wobei man jeweils gleichzeitig das erforderliche Gitter dazwischenschaltet. Von dem erhaltenen Negativ wird ein Diapositiv angefertigt, und dieses kann als Farbbild im Betrachtungsapparat betrachtet werden.

T. Torpe baute das Verfahren von Wood weiter aus [421, 422]. Er preßte die Gitterlinien direkt in die Dichromatgelatineschicht ein oder stellte eine starre und feste Verbindung zwischen Gitter und Schicht her. Auf drei einzelne derartige Platten kopierte er die drei Farbauszugsnegative, wobei bei den Platten die Gitterlinien um 10 Grad gegeneinander verdreht waren. Durch Übereinanderlegen der drei Platten konnte er in einem besonderen Betrachtungsgerät ein positives Farbbild wahrnehmen.

F. E. Ives und H. E. Ives empfahlen zusätzlich zu den Beugungsgittern Raster zwischen den Gittern und der Dichromatschicht einzuschalten, um die Beugungsbildchen zu zerreißen [423. 424].

R. S. Clay verwendete zur Ausübung des Woodschen Farbenverfahrens ein besonderes Gitter aus Zelluloid [425]. Dieses Gitter bestand aus Vertiefungen und halbversilberten Oberflächen. Bei der Aufnahmebelichtung war dieses Gitter mit der Schicht in Kontakt. Von dem Negativ wurde ein Diapositiv angefertigt. Wenn dieses unter einem bestimmten Winkel betrachtet wurde, konnte man ein Farbenbild wahrnehmen.

c) Verfahren mittels Lichtbrechung [1, 50, 52]

Die Technik dieses Verfahrens geht auf R. E. Liesegang zurück [93] (Abb. 29) (III. B. 1. d) β)). R. E. Liesegang schlägt vor, vor die lichtempfindliche Schicht bei der Aufnahme ein Kreuzraster in einem bestimmten Abstand anzubringen und im Aufnahmeobjektiv eine Steckblende mit gelben, blauen und roten Farbfiltern in einer Reihe zu verwenden. Ein Diapositiv von einem derartigen Negativ, bei umgekehrtem Strahlengang betrachtet, muß nach seinen Überlegungen als Farbbild erscheinen.

Bei diesem Verfahren wirken die Löcher des Kreuzrasters als Lochkameraöffnungen und entwerfen Bilder von den verschiedenfarbigen Filtern der Steckblende.

J. A. C. Branfill benutzte das gleiche Prinzip zur Herstellung von Autotypie-Dreifarbendrucken [426].

Eine ganze Reihe von Forschern hat das Prinzip von R. E. Liesegang aufgegriffen und vielseitige Vorschläge gemacht. Es sind hier zu nennen: W. Giesecke [427], J. Szczepanik [428], F. E. Ives [429], J. de Lassus Saint-Génies [430], E. R. Clarke [431] und M. Raymond [415].

Das Rasterverfahren von R. E. Liesegang war der Ausgangspunkt für das später von Berthon und Keller-Dorian ausgearbeitete Linsenrasterverfahren, das in der Praxis der Farbphotographie mit großem Erfolg angewandt wurde und auch heute noch gelegentlich verwendet wird [95, 96] (III. B. d) β)).

d) Seebecksches Verfahren der Photochromie [52]

Vor der Entdeckung der Photographie durch Daguerre hat J. T. Seebeck, Professor in Jena, an J. W. Goethe in einem Brief im Jahre 1810 über eigenartige Farbveränderungen von Silbersalzen unter dem Einfluß des Lichtes berichtet [8, 432]. Seebeck stellte fest, daß Silberchlorid, auf ein Papier aufgestrichen, unter der Wirkung eines Spektrums die Farben des Spektrums weitgehend annimmt und daß auch bei Verwendung von verschiedenen Farbgläsern Mischfarben erzeugt werden können.

Seebecks Beobachtungen wurden zunächst nicht weiter beachtet. Erst im Jahre 1840 bestätigte sie J. Herschel, der Sohn des bekannten Astronomen und Physikers [433]. Seebeck und Herschel konnten die Farben nicht fixieren. Behandlung mit Wasser bewirkte eine teilweise Fixierung, so daß sie bei mäßigem Tages- oder Lampenlicht betrachtet werden konnten.

Auch R. Hunt berichtete über Farbveränderungen bei Silbersalzen unter Einwirkung des Lichtes (1844) [434].

Die Erscheinungen der Photochromie oder auch der Heliochromie, wie man sie damals bereits bezeichnete, wurden von Alexandre Edmond Becquerel sehr eingehend untersucht [435, 436]. Er verwendete ausgewaschenes Silberchlorid und breitete dieses auf Papier mit Hilfe einer Gummilösung aus. Später benutzte er Silberplatten und versilberte Kupferplatten und chlorierte diese elektrolytisch durch Zersetzung von Salzsäure mit elektrischem Strom. Die Dicke der homogenen Silberchloridschicht betrug etwa $^{1}/_{1000}$ mm. A. E. BECQUEREL erzeugte farbige Bilder von Sonnenspektren, auf denen sogar die FRAUNHOFERschen Linien zu erkennen waren. Er machte mit den gleichen Platten auch Farbaufnahmen in der Kamera von Kupferstichen bei Sonnenlicht. Hierzu benötigte er Belichtungen von 10 bis 12 Stunden Dauer. Farbbilder von Landschaften herzustellen, mißlang ihm, da nach seiner Ansicht die Intensität der grünen Farbe zu gering war. Zur Fixierung der Farbbilder überzog er sie mit einem Lack. Dieser Überzug schützte die Bilder wenigstens gegen atmosphärische Einflüsse. Werden die Bilder mit Ammoniak, Natriumthiosulfat, Natriumchlorid oder anderen Fixiermitteln behandelt, so verschwindet die Farbe. A. E. BECQUEREL konnte für die festgestellten Erscheinungen keine Erklärung geben.

Mit der Untersuchung der Photochromie hat sich auch sehr eingehend NIEPCE DE SAINT-VICTOR befaßt [437, 438], berichtete hierüber in mehreren Abhandlungen der Pariser Akademie der Wissenschaften [438] und stellte Farbbilder nach diesem Verfahren auf den Pariser Weltausstellungen in den Jahren 1862 und 1867 aus. Er verwendete Silberplatten und behandelte diese in verschiedenen Lösungen von Metallchloriden. Als besonders geeignet erwiesen sich Platten, die mit Kupferchloridlösung behandelt, anschließend erwärmt und mit einem Firnis von Bleichlorid und Dextrin überzogen wurden. Die Behandlung mit Firnis wirkte zugleich als Fixierung [446].

Versuche zur Herstellung von Farbbildern nach der Natur führte auch der Amerikaner L. L. HILL durch [439]. Nach seinen eigenen Berichten verwendete er Silberplatten, und er konnte auf diesen Platten latente Bilder erzeugen. Die Entwicklung bestand in einer Dampfbehandlung von verschiedenen Metallen, zum Beispiel Selen, Zink, Kadmium, oder durch Behandlung in Gasen. Er benötigte angeblich kürzere Belichtungszeiten als beim *Daguerreotypie*-Verfahren. Genaue Einzelheiten über die Technik des Verfahrens von L. L. HILL sind nicht bekanntgeworden.

Als im Jahre 1851 durch die Einführung des Kollodiumverfahrens in die Photographie die *Daguerreotypie* allmählich an Bedeutung verlor und die Herstellung von Papierbildern immer mehr in Anwendung kam, versuchten verschiedene Forscher ebenfalls die Herstellung von Farbbildern auf Papier. Mit derartigen Forschungsarbeiten befaßte sich vom Jahre 1850 an ganz besonders A. L. POITEVIN. Im Jahre 1865 legte er der Pariser Akademie in einem Bericht die Ergebnisse seiner Arbeiten vor [440, 441]. POITEVIN gibt folgende Vorschrift zur Herstellung von Photochromie-Papieren: Photographisches Papier wird zuerst mit einer Schicht von violettem Silberchlorid überzogen, das durch Reduktion des weißen Silberchlorids mit einem reduzierenden Salz erhalten wurde. Auf diese Schicht wird ein Gemisch von einem Volumen einer gesättigten Kaliumdichromatlösung, einem Volumen Kupfersulfatlösung und von einem Volumen einer Kaliumchloridlösung gebracht. Ein derartig präpariertes Papier wird getrocknet und kann dann bis zur Verwendung mehrere Tage im Dunkeln aufbewahrt werden. Für Kopier- und auch für Vergrößerungszwecke ist ein solches Papier ausreichend empfindlich. Unter einem Glasgemälde dauert die erforderliche Belichtung etwa 5 bis 10 min. Zur Fixierung werden die Bilder mit Wasser, dem etwas Chromsäure zugesetzt ist, gewaschen, darauf mit Sublimatlösung behandelt und dann mit Wasser gewaschen, das einen Zusatz von Bleioxyd enthält. Zum Schluß erfolgt Wässerung mit reinem Wasser. Die Ergebnisse von POITEVIN scheinen recht befriedigend gewesen zu sein. Seine Bilder waren, im Dunkeln aufbewahrt, etwa ein Jahr haltbar.

Durch die Ergebnisse von POITEVIN angeregt, stellte auch der Engländer G. W. SIMPSON Versuche zur Herstellung von farbigen Papierbildern an [442]. Er verwendete Chlorsilberkollodium. Nach W. ZENKER [433], der die Versuche von POITEVIN und SIMPSON nacharbeitete, stellt man geeignete Silberchlorid-Kollodiumpapiere folgendermaßen her: In dem Chlorsilberkollodium muß doppelt soviel Silbernitrat enthalten sein, wie zur Fällung des Chlors in den angewandten Chlorsalzen erforderlich ist. Silbernitrat wird etwas warm in Alkohol oder Alkoholäthergemisch gelöst. Die Chlorsalze löst man in Wasseralkoholgemisch. Es wird dann zuerst die Silbernitratlösung mit dem Kollodium gemischt und dann in kleinen Portionen die Chlorsalzlösung zugefügt. Es entsteht hierbei eine Suspension von Silberchlorid in Kollodium mit einem Überschuß an Silbernitrat. Die Suspension ist im Dunkeln monatelang haltbar. Die Versuche von SIMPSON stimmen mit den Ergebnissen von SEEBECK und HERSCHEL auf Papier sehr gut überein. Die Farben waren verhältnismäßig dunkel, und die photochromatische Empfindlichkeit war nicht sehr groß.

Mit Kollodiumpapierschichten arbeitete auch E. DE SAINT-FLORENT [443]. Er tauchte Kollodiumpapier in eine Silbernitratlösung und trocknete anschließend das Papier. Es folgte dann eine Behandlung in einer Lösung von Zinkchlorid und Urannitrat und wurde dann diffus belichtet. Diese Behandlungsweise wurde abwechselnd solange fortgesetzt, bis es eine intensive blauviolette Farbe angenommen hat. Zum Schluß kam das Papier in eine Lösung von Quecksilbernitrat mit einem Zusatz von Dichromat und Schwefelsäure. Nach der Trocknung kann dann die Belichtung zur Erzeugung des photochromen Bildes erfolgen. Die Fixage wurde in einer Eisenchlorid-Ammoniumrhodanid-Lösung durchgeführt.

E. VALLOT verwendete ähnlich wie POITEVIN mit Chlorsilber präparierte Papiere und behandelte diese mit Zinnchlorid, Dichromat und Kupfersulfat [444]. Eingehende Versuche zur Herstellung von Photochromien führten auch R. E. LIESEGANG [445, 446], F. VERESS [447], E. VON GOTHARD [448]. A. MIETHE und J. GAEDICKE empfahlen zur Absorption des Ultraviolett Fluoreszein- und Äskulinfilter und gaben zu ihrer Herstellung Vorschriften an [449].

R. KOPP wiederholte die Technik von POITEVIN und SAINT-FLORENT und erzielte nach Berichten von E. VALENTA gute Ergebnisse [450 bis 452]. Ein Blatt Papier ohne jede Beschichtung wird zunächst in eine 10%ige Natriumchloridlösung getaucht und dann getrocknet. Man läßt dann das gesalzene Papier auf einer Silbernitratlösung schwimmen, trocknet es oberflächlich ab und taucht es wiederum in eine Salzlösung, in der es 12 Stunden verbleibt. Das Papier wird dann gut gewässert, anschließend in eine 0,1%ige Zinkchloridlösung, die mit Schwefelsäure ganz schwach angesäuert ist, gelegt und zugleich mit diffusem Tageslicht so lange belichtet, bis das Papier einen grünblauen Farbton angenommen hat. Es wird dann zwischen Fließpapier getrocknet und kann in diesem Zustand bis zur Belichtung sehr lange Zeit aufbewahrt werden. Vor der beabsichtigten Belichtung wird das Papier in einer besonderen Lösung von Dichromat, Kupfersulfat und Quecksilbernitrat behandelt. Diese Lösung wird auf folgende Weise hergestellt: Man stellt zunächst die beiden Teillösungen A und B her.

Sensibilisierungslösung für Photochromien nach R. KOPP *und* E. VALENTA

Teillösung A		*Teillösung B*	
Kaliumdichromat	15 g	Quecksilbernitrat	15 g
Kupfersulfat	15 g	Salpetersäure konz.	1 Tropfen
Wasser	100 ml	Wasser zur Auflösung nach Bedarf	

Die Teillösung A wird zum Sieden erhitzt, und in diesem Zustand setzt man die Teillösung B unter ständigem Umrühren zu. Man läßt die Lösung dann abkühlen und filtriert sie. In dieser Lösung wird das grünblaue Papier 30 s gebadet, oberflächlich abgetrocknet und dann in eine 3%ige Zinkchloridlösung gelegt, bis es blau ist. Das Papier wird dann in fließendem Wasser gewässert, zwischen Fließpapier abgetrocknet und nochmals in der Sensibilisierungslösung, und zwar jetzt 6 min, gebadet, wieder abgetrocknet und zur Erzeugung des Farbbildes belichtet. Die gelben und grünen Farben erscheinen sehr rasch. Wenn diese ausreichend kräftig sind, werden sie mit Lackfirnis bestrichen und anschließend das Papier in eine 2%ige Schwefelsäurelösung gelegt, bis auch die anderen Farben erschienen sind. Zur Fixierung wird das Papier gewässert und zum Schluß getrocknet. R. Kopp behandelte das Papier zur Fixierung mit einer Quecksilbernitratlösung und legte es nochmals in eine Schwefelsäurelösung, bis die Farben sich wieder gekräftigt hatten. Zum Schluß wird das ganze Bild mit einer mit Schwefelsäure angesäuerten Gummilösung überzogen, getrocknet und gefirnist.

E. Valenta stellte weiter fest, daß zur Erzeugung von Photochromien die handelsüblichen Chlorsilberkollodium- und Chlorsilbergelatinepapiere verwendet werden können [453, 454]. Es ist nur erforderlich, diese Papiere vor der Belichtung in einer Zinkchloridlösung zu baden, damit das freie Silbernitrat in Silberchlorid übergeführt wird. Anstelle der Zinkchloridlösung ist auch eine Natriumnitritlösung zu verwenden. Bei dieser Behandlung werden die Papiere schwarz. Nach E. Valenta werden bei seiner Technik sehr gute Bilder von Spektralfarben erzielt, schlecht werden dagegen die Bilder beim Kopieren unter farbigen Gläsern. Bei derartigen Aufnahmen werden grüne und gelbe Farben immer blaustichig. Dieser Nachteil kann vermieden werden, wenn bei der Belichtung die Ultraviolettstrahlung weggefiltert wird.

W. Zenker hat in seinem Lehrbuch die damals bekannten Ergebnisse über die Photochromien zusammengestellt [433]:

„1. Das Chlorsilber, besonders das violette „Silberchlorür", nimmt die identischen Farben der darauf wirkenden Lichtstrahlen an, und dieselben zeigen sich sowohl im auffallenden wie im durchfallenden Licht.

2. Auch Bromsilber und chloriertes Guajaharz nehmen die identischen Farben an, Jodsilber die komplementären.

3. Die verschiedenen Farben werden nicht durchweg mit gleicher Kraft wiedergegeben.

4. Die unsichtbaren Strahlen müssen bei der Anfertigung von Bildern, um störende Wirkungen zu vermeiden, durch Absorption ferngehalten werden.

5. Dem Silberchlorür können durch Erhitzen, Bestrahlung oder chemische Sensibilisierung besonders günstige Eigenschaften mitgeteilt werden.

6. Die Bilder können bisher nicht fixiert werden.

7. Der Vorgang erklärt sich physikalisch durch die Bildung stehender Wellen des Lichtes, chemisch durch die Ausscheidung metallischer Silberteilchen aus dem Chlorsilber."

Mit der Entstehung der Photochromien und ihrer Natur haben sich in der damaligen Zeit neben W. Zenker [433, 455] Carey Lea [456, 457], O. Wiener [458, 459], H. Krone [460], F. Heyer [461] und in neuerer Zeit vor allem H. Lüppo-Cramer [462, 463] und Fr. Weigert [464, 465, 466] befaßt.

O. Wiener gelang es im Jahre 1889, stehende Lichtwellen nachzuweisen, und auf Grund seiner vielseitigen Versuche konnte er die Entstehung der Farben bei den verschiedenen Verfahren erklären [458, 459). Er zeigte, daß die Photochromien von Seebeck und Poitevin und bei ähnlichen Verfahren nicht durch stehende Wellen entstanden sind. Bei derartigen Prozessen handelt es sich um Körperfarben. Bei der Methode von Becquerel dagegen, bei dem Silberplatten mit einer homogenen Schicht verwendet werden, und bei ähnlichen Verfahren entstehen die Farben durch stehende Lichtwellen (Interferenz). Nach Ausführungen von LÜPPO-CRAMER ist die Farbanpassung bei den Photochromien in Chlorsilberauskopierschichten eine Funktion der entstandenen Silberteilchen [463]. Bei der Belichtung mit verschiedenfarbigem Licht treten progressive und regressive Reaktionen auf, das heißt, Halogenabspaltungen und Rehalogenierung, die in einen Gleichgewichtszustand gelangen, der in hohem Maße von der Wellenlänge des Lichtes abhängig ist. Sowohl im blauen wie im roten Licht finden die beiden Vorgänge, Reduktion und Rehalogenierung, statt, und in beiden Fällen tritt als Folge der Umkehrung des Reduktionsprozesses Solarisation ein. Während aber im blauen Licht die reduzierende Wirkung bei weitem die Tendenz zur Umkehrung überwiegt, wird unter dem Einfluß der weniger brechbaren Strahlen schon bei relativ geringer Halogenabspaltung die als Solarisation gekennzeichnete Umkehrung auftreten. Bei der Belichtung im Blau geht die progressive Reaktion weiter als im Rot. Es können sich dabei größere blaue Silberteilchen bilden. Im Rot kommt der Prozeß bereits zum Stillstand, wenn die Silbersubmikronen erst bis zur Größe der roten Teilchen angewachsen sind. Wird das Silberchlorid bis zu einer starken Verdunklung vorbelichtet, so vermag auch die rückbildende Reaktion in den weniger brechbaren Strahlen die blauen Teilchen an ihrer Oberfläche wieder zu halogenisieren, wodurch eine Verkleinerung der Silberteilchen und dadurch eine rote Farbe bewirkt wird. Bei Auskopierschichten kann die Verkleinerung der Teilchen dadurch zustande kommen, daß die organischen Säuren unter dem Einfluß des Lichtes die Oxydation des kolloidalen Silbers bewirken. H. SIEDENTOPF konnte im Ultramikroskop feststellen, daß polychrome Silberteilchen, die zunächst photolytisch entstehen, durch längere Belichtung wieder ausbleichen [467].

FR. WEIGERT stellte fest, daß bestimmte kolloide Systeme nach Belichtung ganz spezifische, von der Farbe des Lichtes und des Polarisationszustandes des erregenden Lichtes abhängige, dauernde Zustandsänderungen zeigen und dadurch sozusagen die erregende Strahlung festhalten [464 bis 466, 468]. Bei den Photochloriden treten derartige Anpassungszustände ganz besonders sichtbar auf. Es handelt sich bei diesen um eigenartige Wirkungen zwischen benachbarten, verschiedenartigen Molekülaggregaten ($Ag + AgCl$), die zu Mizellen vereinigt sind, wobei die Menge des färbenden Bestandteiles (kolloidales Silber) immer gleich bleibt. Ist eine Molekülart ein Elektronengeber, eine andere ein Elektronenempfänger, so können bei Bestrahlung innere lichtelektrische Effekte auftreten, deren Verlauf von den Mengenverhältnissen der Molekülarten und von dem relativen Abstand zwischen Geber und Empfänger abhängt.

Bei Bestrahlung wird vom Elektronengeber ein Elektron ausgesandt, und zwar wird seine Richtung durch den elektrischen Vektor der Strahlung und seine Momentanbewegung bestimmt. Dieses Elektron kann vom Empfänger nur dann aufgenommen werden, wenn er sich in einer ganz bestimmten Entfernung vom Geber befindet, anderenfalls kehrt das Elektron zum Sender zurück. Infolge der Ladungsverschiebung tritt auch elektrostatische Massenverschiebung auf, das heißt, die Entfernung zwischen Geber und Empfänger wird verändert. Diese Vorgänge sind verbunden mit Aufhellung der Erregerfarbe und Anisotropie des ganzen Systemes. FR. WEIGERT hat später diese Vorgänge bei der Photochromie zur Mizellartheorie des latenten Bildes ausgearbeitet [469].

Die Verfahren der Photochromie haben keine praktische Bedeutung erlangt. Trotzdem waren sie nicht nutzlos; aus den Versuchen von SEEBECK und POITEVIN entwickelten sich die Farbausbleichverfahren (III. B. 3. a)). Die Versuche von BECQUEREL wurden von G. LIPPMANN weitergeführt und mit dem nach ihm benannten LIPPMANN-Verfahren abgeschlossen.

e) Das Interferenzfarbverfahren von G. Lippmann [2, 52]

α) *Allgemeines*

Die Versuche von A. E. Becquerel [435, 436] führten G. Lippmann zu der Entdeckung des Interferenzverfahrens zur Herstellung von farbigen Lichtbildern nach der Natur. G. Lippmann legte den Bericht über sein Verfahren der Pariser Akademie der Wissenschaften im Jahre 1891 vor [470, 471]. Auf der Pariser Weltausstellung 1900 wurden Farbaufnahmen nach dem Lippmannschen Verfahren gezeigt und G. Lippmann erhielt im Jahre 1908 für das nach ihm benannte Verfahren den Nobelpreis.

Zur Herstellung der Interferenzbilder benutzte G. Lippmann das Albuminverfahren [176, 473, 474], wobei jedoch anstelle von Jodsilber Bromsilber und zur Sensibilisierung Zyanin verwendet wurden.

Das Lippmann-Verfahren beruht auf folgender Grundlage: Die lichtempfindliche Schicht, die sich auf einer Glasplatte als Unterlage befindet, wird mit einer spiegelnden Oberfläche, hauptsächlich einer Quecksilberschicht, in Kontakt gebracht. Die Lichtstrahlen der optischen Abbildung in der Kamera durchdringen das Glas und die lichtempfindliche Schicht und treffen dann auf die spiegelnde Fläche des Quecksilbers. An dieser Fläche werden sie reflektiert und treffen auf dem Rückweg mit den einfallenden Strahlen zusammen. Die beiden Lichtwellenzüge, der einfallende und der reflektierte, bilden in der Schicht stehende Wellen mit Knotenpunkten und Bäuchen aus, und es entsteht Interferenz. An den Knotenpunkten, in denen sich die beiden gegenläufigen Strahlen treffen, findet erhöhte chemische Silberabscheidung statt. An den Orten der Wellenbäuche ist jede chemische Wirkung aufgehoben, da einem Wellenberg des einfallenden Strahles ein Wellental des reflektierten Strahles entspricht und umgekehrt. Die Knotenpunkte entstehen in Abständen, welche der Hälfte der Wellenlänge des einfallenden Strahles gleich sind. Nach der Entwicklung einer derartig belichteten Schicht besteht das Bild aus Lamellen von

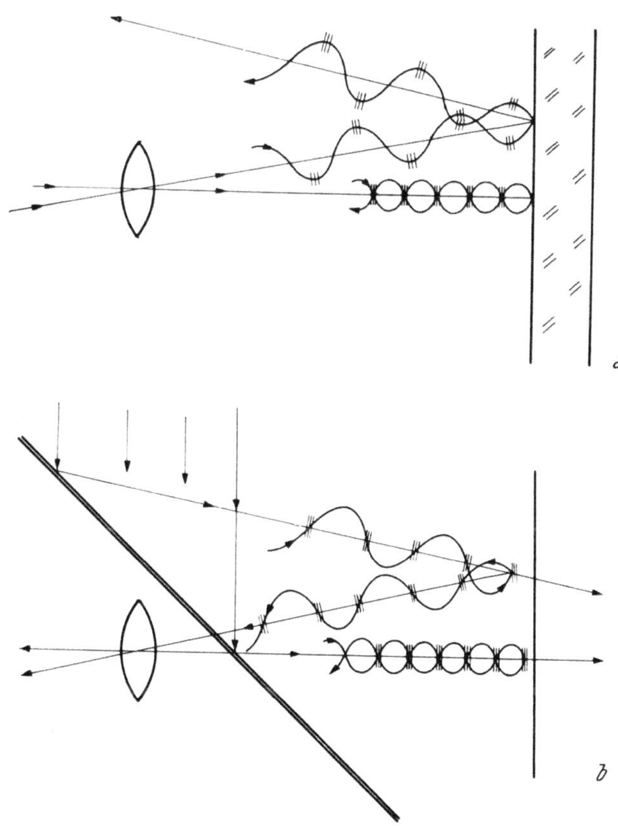

Abb. 54. Interferenzfarbverfahren von G. Lippmann; *a* Aufnahme (Entstehung der Lamellen), *b* Wiedergabe. Abstand der Lamellen im gelben bis roten Spektralgebiet 0,00033 . . . 0,00038 mm = halbe Wellenlänge

metallischem Silber, und der Abstand der Lamellen ist halb so groß, wie die Wellenlänge des dort wirksamen Lichtes war (Abb. 54).

Um Farbaufnahmen nach LIPPMANN als Farbbilder sehen zu können, muß man beim Betrachten dafür sorgen, daß durch Spiegelung wiederum Interferenz auftritt. Hierbei wird anstelle von Quecksilber als spiegelnde Fläche hinter die Platte ein totalreflektierendes Prisma gekittet. Bei dieser Betrachtungsweise kann sich von dem einfallenden weißen Licht nur der Anteil durch die Lamellengitter hindurchzwängen, dessen Wellenlänge doppelt so groß ist wie der Lamellenabstand.

Mit dem Interferenz-Farbverfahren von LIPPMANN haben sich zur Verbesserung der Technik und zur Klärung der Vorgänge sehr viele Forscher mit zahlreichen Arbeiten beschäftigt [451, 452, 454, 472, 475 bis 502]. Von großer praktischer Bedeutung waren vor allen die Arbeiten von A. und L. LUMIÈRE, E. VALENTA, R. NEUHAUSS und H. LEHMANN.

β) *Die Technik der Herstellung von* LIPPMANN-*Platten*

Besonders geeignet für die Interferenz-Farbphotographie waren nach G. LIPPMANN die Eiweißemulsionen nach TAUPENOT [473, 474]. A. und L. LUMIÈRE [472] und E. VALENTA [451, 452, 454] stellten fest, daß für das LIPPMANN-Verfahren anstelle der Eiweißemulsionen Gelatineemulsionen besser geeignet sind, da sie wesentlich empfindlicher sind und eine bessere Farbwiedergabe ermöglichen. Am besten sind für das LIPPMANN-Verfahren Emulsionen geeignet, die nahezu kornlos sind, vor allem dürfen sie nicht gereift sein.

Vorschrift zur Herstellung von LIPPMANN-Emulsionen
nach A. und L. LUMIÈRE [473]

Lösung A		*Lösung B*		*Lösung C*	
Gelatine	45 g	Kaliumbromid	5 g	Silbernitrat	6,5 g
Wasser dest.	888 ml	Wasser dest.	56 ml	Wasser dest.	56 ml

Man mischt die Hälfte der Lösung A mit der Lösung B und die zweite Hälfte mit der Lösung C und gießt dann die beiden Teillösungen zusammen. Man fügt dann die Sensibilisierungsfarbstoffe hinzu und filtriert die Emulsion. Nach dem Gießen der Emulsion auf Glasplatten bringt man diese in einen Schleuderapparat, in dem keine Temperatur über 40°C herrschen darf. Sobald die Schicht sich „gesetzt" hat, werden die Platten kurz in Alkohol getaucht, dann in destilliertem Wasser gewaschen und getrocknet.

Vor der Belichtung werden die Platten 2 min in einer essigsauren Silbernitratlösung gebadet und kurz getrocknet.

Sensibilisierungslösung vor der Belichtung

Silbernitrat	5 g
Essigsäure 98/100%	5 ml
Wasser dest.	1000 ml

Vorschrift zur Herstellung von Bromsilberemulsion nach E. VALENTA [452, 454]

Lösung A		*Lösung B*	
Gelatine	10 g	Gelatine	20 g
Wasser dest.	300 ml	Wasser dest.	300 ml
Silbernitrat	6 g	Kaliumbromid	5 g

Die Gelatine wird vor der Verwendung mehrmals in destilliertem Wasser gewaschen. Man beachtet hierbei, wieviel Wasser die Gelatine zur Aufquillung benötigt und fügt dann zum Ansatz der Lösungen A und B den Rest der erforderlichen Wassermenge hinzu. Man bringt dann die Gelatine bei einer Temperatur von 40 bis 45°C zum Schmelzen, möglichst auf dem Wasserbad, und fügt nach dem Temperieren auf 35°C das Silbernitrat bzw. Kaliumbromid hinzu. Die Gelatinelösung A wird dann der Lösung B unter ständigem Umrühren zugesetzt, wobei eine opaleszierende Suspension entsteht. Die Emulsion ist damit gebrauchsfertig und muß sofort vergossen werden, damit keine Reifung und damit verbundene Kornvergrößerung eintritt.

Beim Gießen der Emulsion auf gut gereinigte Glasplatten beachte man folgendes: Man hält die Platte geneigt und gießt soviel Emulsion darauf, bis die Platte ganz bedeckt ist. Man bringt die Platte dann sofort in lotrechte Stellung und hält sie so 30 s. Sie wird dann auf eine kalte waagrechte Unterlage gebracht, läßt sie dort erstarren und trocknen. Die Verwendung eines Schleuderapparates zur Herstellung der Platten ist unbedingt vorzuziehen. Hierbei begießt man die Platte nur bis zur halben Bedeckung mit Emulsion und bringt sie dann in den Schleuderapparat. Nach dem Trocknen der Emulsion wird die Platte in eine Lösung von 1 Teil Alkohol und 5 Teilen destilliertes Wasser gebracht, in der sich keine Luftblasen befinden dürfen, dann 15 min unter einer zarten Brause gespült und zum Schluß möglichst rasch getrocknet.

Vorschrift zur Herstellung einer Chlorbromsilberemulsion nach E. Valenta [452, 454]

Emulsion I:

Lösung A		*Lösung B*		*Lösung C*	
Wasser dest.	200 ml	Wasser dest.	15 ml	Wasser dest.	15 ml
Gelatine	10 g	Silbernitrat	1,5 g	Kaliumbromid	0,35 g
				Natriumchlorid	0,35 g

Die Lösung A wird in zwei Teile geteilt; ein Teil wird unter Umrühren der Lösung B, der andere der Lösung C hinzugefügt. Die Temperatur der Lösungen soll 35°C betragen. Man mischt dann langsam die Lösung A + B mit der Lösung A + C, filtriert die opaleszierende Emulsion und verwendet sie dann sofort zum Gießen der Platten in der gleichen Weise wie bei der Bromsilberemulsion.

Emulsion II:

Lösung A		*Lösung B*	
Wasser dest.	300 ml	Wasser dest.	300 ml
Gelatine	10 g	Gelatine	20 g
Silbernitrat	6 g	Kaliumbromid	2,4 g
		Natriumchlorid	1,5 g

Die Lösung A wird langsam unter Umrühren bei 35°C der Lösung B zugesetzt. Nach dem Filtrieren ist die Emulsion gebrauchsfertig und muß sofort in ähnlicher Weise wie die Bromsilberemulsion zum Gießen der Platten verwendet werden.

Die Vorschrift für die Emulsion II gibt empfindlichere Platten und erzeugt brillantere Farben als die Emulsion I.

H. E. Ives stellte fest, daß bei Spektralaufnahmen nach dem Lippmann-Verfahren reinere Farben erhalten werden, wenn die Emulsionen möglichst wenig Silber enthalten, und gibt eine entsprechende Vorschrift an [498]:

Vorschrift für Bromsilberemulsion nach H. E. IVES [498]

Lösung A		*Lösung B*		*Lösung C*	
Wasser dest.	25 ml	Wasser dest.	50 ml	Wasser dest.	5 ml
Gelatine	1 g	Gelatine	2 g	Silbernitrat	0,3 g
		Kaliumbromid	0,25 g		

Die Lösungen A und B werden erwärmt, bis die Gelatine aufgelöst ist. Man kühlt sie dann auf 40°C ab und gießt zunächst unter ständigem Umrühren die Lösung C zur Lösung A. Die Mischlösung A + C wird nunmehr langsam unter Umrühren der Lösung B zugesetzt. Nach Zufügen der Sensibilisierungsfarbstoffe wird die Emulsion filtriert, auf Glasplatten gegossen und diese zum Setzen abgestellt. Anschließend werden die Platten in destilliertem Wasser unter mehrmaligem Wasserwechsel gewaschen und dann getrocknet. Für Mischfarben-Aufnahmen empfiehlt H. E. IVES in den Vorschriften von VALENTA die Silbernitratmenge zu verdoppeln. Nach seinen Erfahrungen ist die Art der Emulsionsherstellung für die Farbwiedergabe weniger von Bedeutung. Wichtig ist dagegen, daß die Emulsionsschicht sehr dünn, möglichst weniger als 0,10 mm, und gleichmäßig ist. Um dieses Ziel zu erreichen, muß man die Platte beim Gießen schief halten und die Emulsion gut ablaufen lassen.

Eine sehr einfache Methode zur Herstellung von LIPPMANN-Platten gab R. E. LIESEGANG an [499]. Glasplatten werden mit einer Lösung, die 6% Gelatine und 3% Kaliumbromid enthält, überzogen. Nachdem die Gelatineschicht sich gesetzt hat, wird die Platte 5 min in eine 5%ige Silbernitratlösung gelegt, anschließend in destilliertem Wasser gewaschen und dann getrocknet. Zur Behandlung mit Silbernitrat muß die Platte noch feucht sein. Bei dieser Technik ist eine Farbensensibilisierung nur mit Erythrosin und Zyanin möglich.

Vorschrift zur Herstellung von Bromsilberemulsionen nach H. LEHMANN [500]

Lösung A		*Lösung B*	
Wasser dest.	975 ml	Wasser dest.	25 ml
Gelatine	50 g	Silbernitrat	10 g

Nach der Auflösung der Substanzen werden beide Lösungen auf 35°C temperiert. Man gießt dann 200 ml von der Lösung A in die Lösung B und mischt gut durch. Der restlichen Gelatinelösung A von 775 ml fügt man 8 g Kaliumbromid zu und gießt dann nach vollständiger Auflösung die Bromkaliumgelatinelösung in dünnem Strahl und unter Umrühren in die Silbernitratlösung. Die fertige Emulsion gießt man sofort auf Glasplatten, legt diese nach dem Abtropfen horizontal auf eine kalte Unterlage, bis sich die Emulsion gesetzt hat. Die Platten werden dann 10 Minuten in fließendem Wasser gewaschen und zum Schluß getrocknet.

γ) *Die Sensibilisierung der* LIPPMANN-*Platten*

Die LIPPMANN-Emulsionen sind ohne besondere Sensibilisierung nur blauempfindlich, sie müssen daher für die anderen Farben des Spektrums erst empfindlich gemacht werden. Diese Sensibilisierung kann entweder vor dem Guß der Emulsion durch Hinzufügen der erforderlichen Farbstoffe oder nach dem Guß und Trocknen durch Baden der Platten in den Farbstofflösungen erfolgen. Die letztere Art ist besonders zu empfehlen, da hierbei Platten auf Vorrat angefertigt werden können, ohne daß die Gefahr des Verderbens besteht. Bei dem Badesensibilisierungsverfahren sollten die Platten nach dem Bade möglichst zwei Tage vor der Benutzung liegenbleiben, da hierbei bessere Ergebnisse als bei sofortiger Benutzung zu erzielen sind.

G. LIPPMANN benutzte zur Sensibilisierung von 1 l Emulsion 60 ml einer Lösung von 0,2% Zyanin und 30 ml von 0,2% Chinolinrot. R. RAMON Y CAJAL sensibilisierte mit Zyanin, Erythrosin und Glyzerinrot [501]. Nach Ansicht von E. J. WALL können heute sicherlich moderne Sensibilisatoren mit Vorteil verwendet werden [52]. Geeignet sind vor allem Orthochrom T und Pinachromviolett in alkoholischen Lösungen 1:500. Zur Badesensibilisierung ist folgende Lösung geeignet:

Orthochrom T, 1:500	50 ml
Pinachromviolett, 1:500	25 ml
Anilin	5 ml
Wasser dest.	1000 ml

Badetemperatur: 18°C; Badedauer: 2 min

Die Platten werden nach dem Baden kurz gespült und dann getrocknet. Zur Sensibilisierung sind auch Pinaverdol und Pinazyanol geeignet. H. E. IVES benutzte als Sensibilisator Isocol.

δ) *Die Belichtung bei* LIPPMANN-*Aufnahmen*

Bei der Belichtung bei LIPPMANN-Aufnahmen muß die lichtempfindliche Schicht mit der Oberfläche von Quecksilbermetall in Berührung sein. Es sind hierzu besondere Kassetten erforderlich. Eine für das LIPPMANN-Verfahren von der Firma C. ZEISS, Jena, konstruierte Kassette zeigt die Abb. 55. Von der Industrie wurden auch besondere Behälter für das Quecksilber zum Füllen der Kassette geliefert.

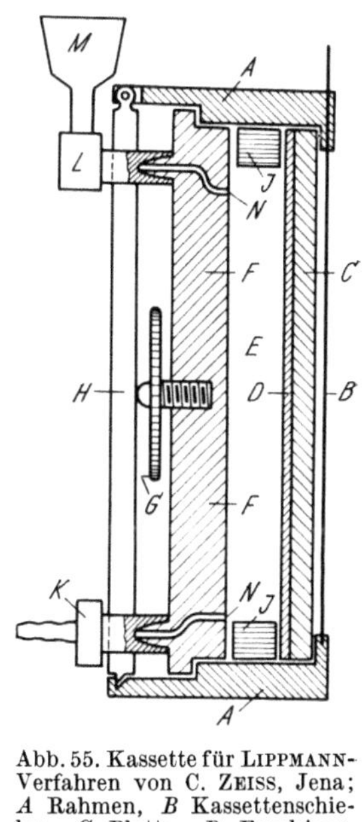

Abb. 55. Kassette für LIPPMANN-Verfahren von C. ZEISS, Jena; *A* Rahmen, *B* Kassettenschieber, *C* Platte, *D* Emulsionsschicht, *E* Raum für Quecksilber, *F* Deckel, *G* Einstellschraube, *H* Riegel, *I* Gummirahmen, *K* Einflußrohr für Quecksilber, *L* Überlaufrohr, *M* Auffangschale, *N* Zufluß- und Abflußkanal

Das verwendete Quecksilber muß rein sein. Wenn es öfters benutzt wird, so oxydiert es oberflächlich. Diese Oxydationsreste können beseitigt werden, indem man das Quecksilber auf einem Stück Chamoisleder hin- und herrollen läßt und es dann mit dem Leder in ein Gefäß abpreßt. Die Platte darf mit dem Quecksilber nur während der Belichtung in Berührung sein. Zu lange Einwirkung des Quecksilbers auf die lichtempfindliche Schicht vor der Belichtung wirkt desensibilisierend; durch Einwirkung nach der Belichtung wird das latente Bild zerstört. Häufig bleiben an der Oberfläche der Schicht kleine Quecksilberkügelchen haften, und es tritt mitunter ein sogenannter „Quecksilberschleier" beim Entwickeln auf. Diese Fehlererscheinungen werden zum Teil verursacht, wenn die Gelatineschicht etwas feucht ist und wenn das Quecksilber oberflächlich oxydiert ist. Vielfach wird deswegen empfohlen, die Platte vor dem Einlegen in die Kassette etwa 5 min lang einer Temperatur von 35°C auszusetzen und dann noch warm in die Kassette einzulegen. Nach der Belichtung ist die Platte möglichst mit einem mit absolutem Alkohol befeuchteten Pinsel zu überwischen.

Zur Erzielung von guter Farbwiedergabe bei LIPPMANN-Aufnahmen muß immer ein Filter verwendet werden. Sind die Platten mit Orthochrom und Pinachromviolett sensibilisiert und werden Körperfarben aufgenommen, so ist ein schwaches Gelbfilter zur Dämpfung des Blau und Violett ausreichend. Bei Spektralaufnahmen belichtet man zunächst unter Zwischenschaltung eines Orangefilters. Hierbei wird bevorzugt das rote Spektralgebiet abgebildet. Man belichtet dann weiter unter Verwendung eines Gelbfilters. Dieses dämpft das Blau und Violett und bringt bevorzugt das gelbgrüne Spektralgebiet zur Abbildung. Zum Schluß wird ohne Zwischenschaltung eines Filters belichtet. Hierbei bildet sich das blaue Ende des Spektrums ab. Die größte Schwierigkeit hierbei ist die Abstimmung der richtigen Belichtungszeiten aufeinander [502].

ε) *Die Entwicklung von* LIPPMANN-*Platten*

Zur Entwicklung von Aufnahmen von Körperfarben eignet sich nach E. VALENTA bevorzugt ein Pyrogallolentwickler [454].

Pyrogallolentwickler für LIPPMANN-*Platten nach* E. VALENTA [454]:

Lösung A

Wasser dest.	100 ml
Pyrogallol	1 g

Lösung B

Wasser dest.	200 ml
Kaliumbromid	20 g
Ammoniak (spez. Gew. 0,96)	67 ml

Zum Gebrauch werden 10 Teile A + 20 Teile B + 70 Teile Wasser gemischt.

Entwicklertemperatur: 21°C.

Für Chlorbromsilberemulsionen ist die Gebrauchslösung nochmals mit der gleichen Menge Wasser zu verdünnen.

Hydrochinonentwickler für LIPPMANN-*Spektralaufnahmen nach* E. VALENTA [454]:

Wasser	750 ml
Natriumsulfit sicc.	75 g
Hydrochinon	30 g
Kaliumbromid	10 g
Pottasche	20 g
Wasser bis auf	1000 ml

Entwicklertemperatur: 21°C

Aufnahmen von Stilleben müssen fixiert werden. Hierzu ist folgendes Fixierbad geeignet:

Fixierbad für LIPPMANN-*Aufnahmen von Stilleben:*

Kaliumzyanid	30 g
Natriumsulfit sicc.	30 g
Wasser	1000 ml

Die Fixierdauer beträgt nur etwa 15 s. Die Platte muß anschließend sofort unter der Brause abgespült werden.

Spektralaufnahmen dürfen nicht fixiert werden, da sich hierbei die Farbwiedergabe durch Veränderung der Lamellenabstände stark verändern kann. Wird das Bild nicht fixiert, so wässert man die Platte gut aus und legt sie dann in eine 1%ige Quecksilberchloridlösung, bis sie ausgebleicht ist. Anschließend wird die Platte gut gewässert und dann getrocknet. Diese Behandlungsweise erzeugt brillante Bilder. Natriumthiosulfat ist zur Fixierung von LIPPMANN-Platten nicht gut geeignet.

Matte Bilder können etwas verstärkt werden. Die Aufnahmen werden mit Quecksilberchlorid ausgebleicht und anschließend mit Amidol-Sulfit geschwärzt. Die Farbe wird bei diesem Verfahren häufig beeinträchtigt. Manchmal erzielt man bessere Ergebnisse, wenn die Verstärkung mit einem Metol-Verstärker durchgeführt wird (Band V, XIV. F.).

ζ) Das Betrachten der LIPPMANN-*Farbbilder*

Wird eine Farbaufnahme nach LIPPMANN in reflektiertem Licht unter einem bestimmten Winkel betrachtet, so nimmt man keine reinen Farben wahr, da das an der Oberfläche reflektierte Licht störend mitwirkt. Wenn man LIPPMANN-Farbbilder in reinen Farben sehen will, so muß das Oberflächenlicht unwirksam gemacht werden. Man kann dies auf eine einfache Weise erreichen. Man legt die LIPPMANN-Aufnahme in eine niedrige Schale mit Benzol oder Xylol oder mit einer anderen Flüssigkeit, deren Brechungsindex gleich dem der Gelatine (n = 1,5) ist und die von der Gelatine nicht absorbiert wird. Wenn man die Schale dann flach neigt, so bildet die Flüssigkeit über der Platte einen kleinen Brechungswinkel, der die Reflexion des Lichtes an der Oberfläche verhindert, so daß man die Farben in größter Reinheit und Brillanz wahrnehmen kann. Diese sogenannte WIENERsche Benzolküvette ist zur Prüfung der Farbwiedergabe bei Aufnahmen im Laboratorium sehr gut geeignet. Man kann die Oberflächenreflexion des Lichtes dadurch auch verhindern, daß man auf die Gelatineschicht ein Glasprisma mit einem Brechungswinkel von 5 bis 10^0 ankittet. Zum Ankitten verwendet man Kanadabalsam, der mit Xylol als Lösungsmittel angesetzt ist.

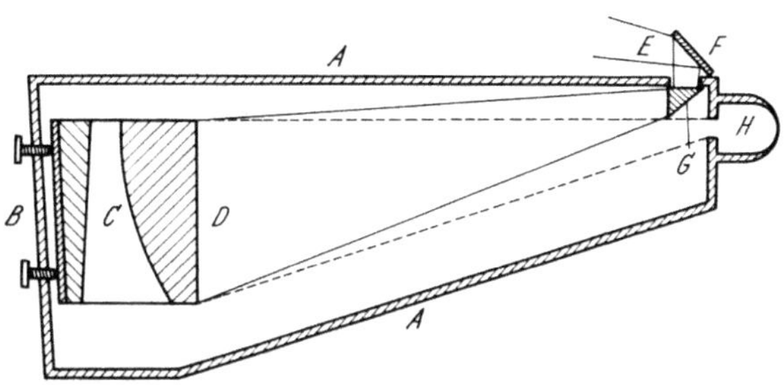

Abb. 56. Dioptisches Betrachtungsgerät von C. ZEISS, Jena, für LIPPMANN-Farbaufnahmen

Für die Farbwiedergabe eines LIPPMANN-Bildes ist der Feuchtigkeitszustand der Gelatineschicht ausschlaggebend. Bei einer feucht gewordenen Schicht ist der Lamellenabstand vergrößert, alle Farben erscheinen daher etwas rötlich. In einer ausgetrockneten Schicht ist der Lamellenabstand verkleinert, die Farben sind daher blaustichig. Diese Tatsache muß beim Betrachten berücksichtigt werden. Wurde die Platte vor der Aufnahme erwärmt, so muß sie auch wieder vor dem Ankitten des Prismas zur Betrachtung erwärmt werden.

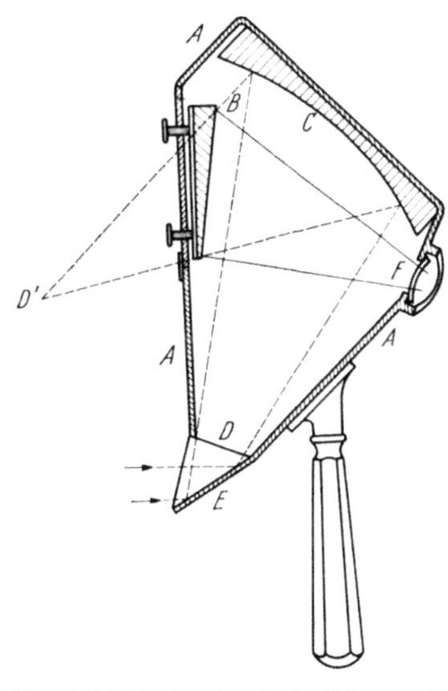

Abb. 57. Katoptrisches Betrachtungsgerät von C. ZEISS, Jena, für LIPPMANN-Farbaufnahmen

Wird ein LIPPMANN-Farbbild im durchfallenden Licht betrachtet, so kann man unter Umständen komplementäre Farben wahrnehmen; meistens sieht man jedoch ein bräunliches Negativ. Um diese Erscheinung grundsätzlich auszuschließen, wird die Platte auf der Glasrückseite mit einem lichtundurchlässigen Lack überzogen. Jeder schwarze Lack mit einem geringen Ölzusatz ist hierzu geeignet.

Zum Betrachten von Farbaufnahmen nach LIPPMANN hatte die Firma C. ZEISS, Jena, ein dioptisches und ein katoptrisches Gerät konstruiert und in den Handel gebracht (Abb. 56, 57). Mit Hilfe dieser Geräte sieht man die Farbbilder besonders brillant, da jedes störende Licht, auch Seitenlicht, vermieden wird.

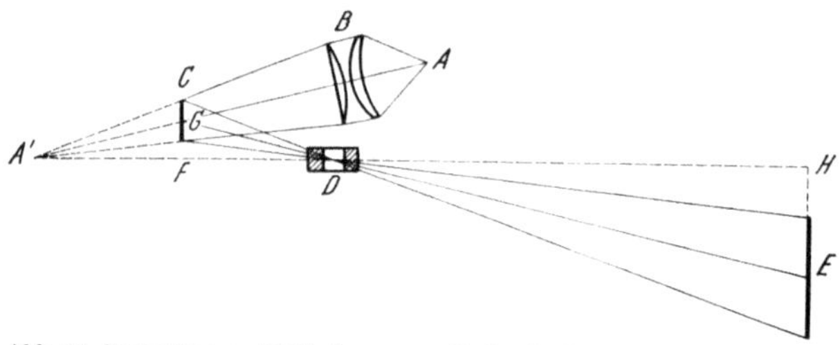

Abb. 58. Projektionsgerät für LIPPMANN-Farbaufnahmen von C. ZEISS, Jena

Man kann LIPPMANN-Bilder auch projizieren und sie so einem größeren Publikum sichtbar machen (Abb. 58). Das projizierte Bild soll möglichst nicht größer als 1 m gemacht werden, da bei stärkerer Vergrößerung die Helligkeit des Bildes stark abnimmt und dadurch die Farbwiedergabe unbefriedigend ist. Schirme mit hohem Reflexionsvermögen begünstigen die Farbwiedergabe des projizierten Bildes.

f) Modernes thermoplastisches Farbbildaufzeichnungsverfahren

Die GENERAL ELECTRIC COMP., USA, schuf zur Aufzeichnung von Fernsehbildern ein sogenanntes thermoplastisches Bildverfahren (1958). Der Erfinder ist W. E. GLENN [503 bis 505].

Als Aufzeichnungsmaterial wird eine durch Wärme verformbare Kunststoff- oder auch Gelatineschicht verwendet, die sich auf einer transparenten, elektrisch leitenden Unterlage befindet (Abb. 59). Das Bild wird mit einem Elektronenstrahl abgetastet und dieser erzeugt entsprechend seiner Modulation auf der thermoplastischen Schicht ein Ladungsbild. Bei der nachfolgenden Erwärmung, am besten durch Induktionsheizung von 0,01 s Dauer, bis zum Schmelzpunkt wird dieses Ladungsbild in ein Runzelkorn ähnliches Strukturbild übergeführt und durch Abkühlung fixiert. Dieses thermoplastische Bild ist kein Schwärzungsbild und bei normalem Betrachten in der Durchsicht oder in der Projektion unsichtbar. Es kann jedoch mit Hilfe eines besonderen Projektionssystemes, dem sogenannten Barrensystem, sichtbar gemacht werden (Abb. 60). Das wesentliche an diesem optischen System sind die Streifenlichtquelle vor dem Kondensor und das Barrengitter hinter dem Kondensor. Die von der Streifenlichtquelle ausgehenden Strahlen werden vom Barrengitter zurückgehalten, und es fällt ohne streuendes Bild kein Licht auf

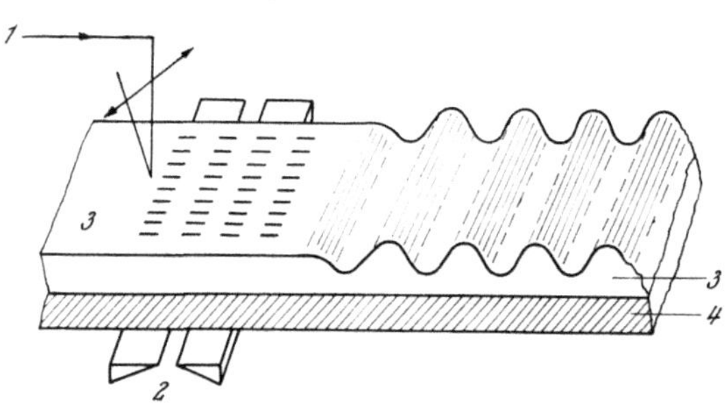

Abb. 59. Thermoplastisches Bildaufzeichnungsverfahren der GENERAL ELECTRIC COMP., USA; *1* Elektronenstrahl, *2* Induktionsheizung zur Entwicklung der Aufzeichnung, *3* thermoplastische Schicht: Runzelkorn- und Riffelbild nach Aufladung, Erwärmung und Abkühlung, *4* Filmunterlage

die Leinwand. Befindet sich jedoch zwischen dem Kondensor und dem Barrensystem ein thermoplastisches Bild, so wird das Licht am Runzelkornbild gestreut, so daß dem Bild entsprechend Lichtstrahlen durch das Barrengitter hindurchkommen und auf der Bildwand ein Abbild des thermoplastischen Bildes zu sehen ist.

Bei der thermoplastischen Aufzeichnung von Farbbildern erfährt der Elektronenstrahl eine weitere Modulation durch die Farbwerte des Originals. Diese Modulation wirkt sich nach der Entwicklung als Riffelung der Schicht aus,

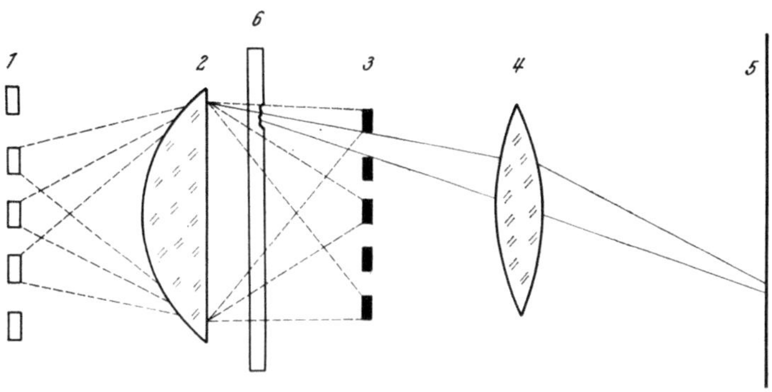

Abb. 60. Projektion eines thermoplastischen Bildes; *1* Lichtquelle in Schlitzreihe, *2* Kondensor, *3* Barrensystem, *4* Projektionsobjektiv, *5* Bildschirm, *6* thermoplastischer Film mit Runzelkorn- und Riffelbild

deren Abstände den einzelnen Grundfarben entsprechen. Die einzelnen geriffelten Farbträger sind nur jeweils etwa $^1/_{2500}$ mm voneinander entfernt. Man erhält demnach neben dem Runzelkornbild ein zusätzliches Beugungsgitter. Ein solches Beugungsgitter spaltet das Licht bei der Projektion in ein Spektrum auf. Durch das Barrengitter kann aber jeweils nur eine Farbe des Spektrums hindurch. Es wird demnach von jedem thermoplastischen Bildpunkt zugleich ein Farbpunkt auf dem Schirm abgebildet. Die Farbe dieses Punktes hängt von der Art und Weise der Riffelung des Runzelkornes ab und kann in weiten Grenzen durch Aussteuerung des Elektronenstrahles geregelt werden.

Das projizierte thermoplastische Farbbild setzt sich aus reinen Spektralfarben zusammen. Da die Farbmischungen durch Überlagerungen mehrerer Spektralfarben in verschiedenen Intensitäten erzeugt werden, liegt bei diesem Verfahren das additive Farbmischungsprinzip vor.

5. Elektrophotographische Farbverfahren

In der neuesten Zeit ist eine Reihe von Verfahren der Bildaufzeichnung in die Praxis eingeführt worden, die physikalische, photoelektrische Erscheinungen ausnutzen. Diese Verfahren werden unter dem Begriff „Elektrophotographie" zusammengefaßt. Spezielle elektrophotographische Verfahren sind die Xerographie und das Electrofax-Verfahren. Der Erfinder der Xerographie ist C. F. Carlson (The Haloid Co., USA) (1939) [506 bis 508]. Eine schematische Darstellung des xerographischen Prozesses gibt Abb. 61.

Die Elektrophotographie hat inzwischen eine vielseitige Anwendung, unter anderem in der Dokumentation, Reprographie, Radioxerographie, gefunden und scheint allmählich auch für die bildmäßige Photographie an Bedeutung zu gewinnen.

Seit Jahren haben verschiedene Firmen versucht, die Xerographie auch in den Dienst der Farbphotographie zu stellen [509, 510]. Der einfachste Verfahrensschritt beim Übergang vom einfarbigen zum mehrfarbigen Bild besteht darin, daß die normale xerographische Schicht beibehalten und die Entwicklung der drei Teilbilder nacheinander farbig vorgenommen wird. Es sind bisher drei grundsätzlich verschiedene Entwicklungsverfahren bekanntgeworden: Das Farbstoffnebel-Verfahren, Entwicklung mit trockenen Farbstoffpulvern und die flüssige Farbbildentwicklung.

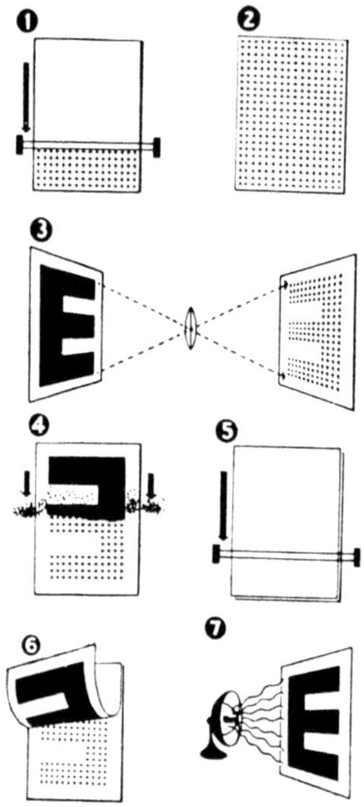

Abb. 61. Prinzip der Xerographie; *1* Halbleiterschicht wird unter einem Ladegitter elektrisch aufgeladen, *2* die positive Ladung erstreckt sich über die ganze Schicht, die damit praktisch lichtempfindlich ist, *3* durch die lichtoptische Abbildung wird die Aufladung der lichtelektrischen Schicht abgebaut; es entsteht ein Ladungsbild, *4* ein Haftpulver mit negativer Ladung wird über die Schicht gestreut und bleibt an den positiven Ladungsstellen haften (Entwicklung), *5* es wird eine Übertragsschicht auf das Haftbild gelegt und positiv elektrisch aufgeladen, *6* die positiv aufgeladene Übertragsschicht zieht das Farbpulver an, *7* die Schicht wird erhitzt; sie schmilzt und verbindet sich fest und dauerhaft mit der Unterlage

Die frühesten Patente verwenden zur Entwicklung Farbstoffnebel [511 bis 513]. Die Herstellung farbiger Bilder vollzieht sich durch die Entwicklung nacheinander. Die zunächst hinter dem Blaufilter belichtete Schicht wird gelb eingefärbt, nach der Belichtung unter dem Grünfilter erfolgt die Purpureinfärbung, und nach der Rotbelichtung wird eine Blaugrüntonung vorgenommen. Durch Ladungssteuerung können auch Farbmasken in das Bild eingebaut werden. Die Verwendung von Farbnebeln hat entgegen der sonst in der Xerographie verwendeten Tonerpuder einen besonderen Grund. Trockene Harzpartikeln und Nebeltröpfchen lassen sich zwar gleich gut elektrostatisch steuern, doch bleibt bei Farbnebeln bedeutend weniger Substanz zurück, wenn das Lösungsmittel verdampft ist, so daß sich keine oder nur eine schwache Isolierschicht wie bei den Harztröpfchen bildet, die die xerographischen Eigenschaften ungünstig beeinflußt und zu einer Benachteiligung der zweiten und dritten Farbschicht führt.

Das Trockenentwicklungsverfahren verwendet die Radio Corporation of America (RCA) in Verbindung mit den elektrophotographischen Zinkoxydschichten, dem sogenannten *Elektrofax*-Verfahren [514, 515]. Als Entwicklerpulver werden hierbei Zinkoxyd-Partikelchen verwendet, die mit einer dünnen Wachs- oder Harzschicht umhüllt sind. Wenn nach der ersten Farbentwicklung fixiert wird, verschmilzt das Bild mit der ursprünglichen Zinkoxydschicht und bildet wiederum eine Schicht, die aufgeladen und von neuem entwickelt werden kann (Übereinanderdruck).

Besonders günstig haben sich flüssige Entwickler für elektrophotographische Farbverfahren erwiesen [514, 516]. Hierbei sind die Tonerpulver in einer isolierenden Trägerflüssigkeit aufgelöst. Flüssige Entwickler bieten den Vorteil, daß man nach der Entwicklung des ersten Teilfarbbildes umgehend weiterarbeiten kann. Unter Verwendung von flüssigen Farbentwicklern arbeitet ein Gerät für den Fünffarbendruck von Landkarten, das von der RCA in Zusammenarbeit mit einer Heeresstelle der USA entwickelt wurde [517].

Es gibt heute auch schon elektrophotographische Verfahren, die mit einer einzigen Belichtung Farbbilder erzeugen können. Nach dem Verfahren von E. K. KAPRELIAN [518] dient der Photoleiter nicht als Bestandteil der Empfangsschicht, sondern nur als Kern der Entwicklungspartikel, die mit einer gefärbten Gelatine-, Harz- oder Wachsschicht eingehüllt sind. Die Partikel liegen in den Grundfarben Blau, Grün und Rot vor und werden auf der durchsichtigen leitfähigen Beschichtung einer Glasplatte in einer dünnen Schicht gleichmäßig verteilt. Dicht über der Glasplatte befindet sich eine flächenhafte Elektrode, die eine Empfangsschicht für die Partikel trägt. Zwischen der Glasplatte und der Flächenelektrode wird eine Spannung von einigen tausend Volt angelegt und von unten die Glasplatte mit dem zu übertragenden Farbbild belichtet. An den Stellen, wo Belichtung stattfindet, werden die Partikel leitfähig, laden sich auf und wandern infolge elektrischer Anziehung zur Elektrode; wo blaues Licht wirksam ist, wandern die blauen Partikel und wo weißes Licht eingestrahlt wird, wandern alle drei verschieden farbigen Teilchen. Die an der oberen Elektrode haftenden Teilchen werden auf eine schwarze Fläche übertragen und fixiert. Es entsteht hierbei ein positives, farbrichtiges Bild in additiver Mischung. Zugleich erhält man bei der Übertragung der Partikel von der Glasplatte ein komplementäres, negatives Bild. Nach einer ähnlichen Technik kann man auch Farbbilder nach der subtraktiven Farbmischung ausführen [519]. Ein einfacheres subtraktives Verfahren hat die MINNESOTA MINING MANUFACTURING COMP., USA (3 M), sich patentieren lassen [520]. Eine farbempfindliche photoleitfähige Zinkoxydschicht besteht aus einem Raster nebeneinanderliegender Bildempfangselemente, die in den drei Grundfarben lichtempfindlich und zugleich komplementär eingefärbt sind. Nach der Belichtung wird elektrolytisch entwickelt; hierbei werden die durch die Belichtung besser leitfähig gewordenen Elemente durch einen Niederschlag undurchsichtig gemacht oder ausgebleicht, so daß sie vom Aufbau des fertigen Bildes ausgeschlossen bleiben. Wo, zum Beispiel, rotes Licht einwirkte, wird die blaugrüne Farbe verdeckt oder ausgebleicht, an dieser Stelle bleiben nur Gelb und Purpur bestehen. Anschließend wird durch Erwärmen oder Einwirken eines Lösungsmittels erreicht, daß die verbliebenen Farbelemente zusammenfließen oder zusammenschmelzen. Auf diese Weise entsteht ein subtraktives Farbbild.

In einer Reihe von Patenten wird versucht, die Farbsteuerung durch besonders gestaltete Registrierschichten vorzunehmen [521]. Beispielsweise wird vorgeschlagen, drei spektral verschieden empfindliche Schichten übereinander in enger Nachbarschaft anzubringen, wobei sich zwei auf der Vorder- und Rückseite einer transparenten, leitenden Platte befinden können. An die Schichten werden Spannungen gelegt, dann belichtet und anschließend mit Farbpulvern komplementär zu den Empfindlichkeiten der Schichten entwickelt. Zum Schluß werden die drei Teilfarbbilder auf eine gemeinsame Unterlage übertragen und dann fixiert.

Obwohl in den letzten Jahren bisher nur ganz wenige Patente und Fortschrittsberichte über die Erzeugung des elektrophotographischen Farbbildes bekanntgeworden sind, hat das Verfahren Ende des Jahres 1965 in den USA zu praktischen Erfolgen geführt. Die MINNESOTA MINING MANUFACTURING COMP. hat einen Prozeß ausgearbeitet, der auf trockenem Wege in 5 min ein fertiges Farbbild von einem Farbnegativ erzeugt. Dieser *Electrocolor*-Prozeß, wie er genannt wird, verläuft nach den Berichten vollständig zwangsläufig, die Farbsteuerung erfolgt automatisch, und die Bildqualität soll nur von der Vorlage bestimmt werden. Die Bilder sind vollkommen lichtecht und unbegrenzt haltbar. Die Geräte sollen zunächst nicht käuflich erworben werden können, sondern gegen Lizenzgebühren verliehen werden [522, 522a].

IV. Die Praxis der Farbphotographie mit Mehrschichtenfilmen und chromogener Entwicklung

A. Die Farbschichten des Handels, ihre Eigenschaften und Verwendung

1. Negativ-Aufnahmefarbfilme

Negativ-Aufnahmefarbfilme sind für das Negativ-Positivverfahren bestimmt. Nach der Belichtung in der Kamera werden durch einen einfachen Entwicklungsprozeß komplementärfarbige Negative erzeugt. Diese Negative können im Kontakt oder auf optischem Wege kopiert bzw. vergrößert werden, wobei eine Korrektur der Farbwiedergabe durch Zwischenschaltung von Farbfiltern in additiver oder subtraktiver Weise erfolgen muß. Bei Verwendung von Farbpapieren als Kopiermaterial führt ein besonderer Verarbeitungsprozeß zu farbigen Aufsichtsbildern. Man kann jedoch von Farbnegativen nach den üblichen Schwarzweiß-Negativ-Positivverfahren auch Schwarzweißbilder herstellen. Bei Verwendung von Positiv-Farbfilmen als Kopiermaterial erhält man farbige Durchsichtsbilder, sogenannte Diapositive, die unmittelbar betrachtet oder als Projektionsbilder dienen können. Dieses Verfahren wird heute in großem Maßstab zur Herstellung von farbigen Spielfilmen (Kinefarbfilmen) verwendet.

In der Tabelle von Seite 123 bis Seite 129 sind alle Negativ-Aufnahmefarbfilme, sowohl die früheren als auch die heutigen auf dem Weltmarkt, mit ihren wesentlichen Kennzeichen und Eigenschaften, nach Vertriebs- bzw. Herstellerfirmen geordnet, zusammengestellt [501, 523 bis 532]. Diese Aufstellung gibt zugleich Aufschluß über die laufenden Verbesserungen bis zum heutigen Qualitätsstand.

2. Umkehr-Aufnahmefarbfilme

Umkehr-Aufnahmefarbfilme werden durch ein besonderes Umkehrentwicklungsverfahren immer in transparente, positive Bilder umgewandelt. Diese sogenannten Diapositive können direkt betrachtet werden; sie dienen jedoch bevorzugt zur Projektion [533]. Farbdiapositive, auf Umkehr-Aufnahmefarbfilmen hergestellt, sind an und für sich Unikate. Sie können jedoch unter Verwendung von Dup-Umkehrfilmen vervielfältigt (Abb. 63), und auf besonderen Umkehr-Farbpapieren können auch Aufsichtsbilder hergestellt werden. Ein anderer Weg der Vervielfältigung von Projektionsdiapositiven wie auch der Herstellung von Papierbildern geht über das Zwischennegativ-Positivverfahren (Abb. 62).

Die Tabelle von Seite 130 bis Seite 144 gibt einen Überblick über alle Umkehr-Farbfilme des Weltmarktes mit ihren wichtigsten unterschiedlichen Eigenschaften [301, 523, 524, 527, 528, 534—544].

Negativ-Aufnahmefarbfilme des Weltmarktes von ehedem und heute

A = AGFA-Typ (diffusionsechte Farbkuppler), EK = EASTMAN KODAK-Prinzip (geschützte Farbkuppler), FM = Farbmaske, GM = Graumaske, o = ohne Maske, K = Kunstlicht, T = Tageslicht, U = Universal, KB = Kleinbild, RF = Rollfilm, PF = Planfilm, SF = Schmalfilm, KF = Kinefilm, U-KZ = Universalfilm für Kurzzeit-Belichtung, U-LZ = Universalfilm für Langzeitbelichtung

Vertriebsfirma und Hersteller	Filmbezeichnung	Typ	Masken	Verwendung, Farbtemperatur	Empfindlichkeit DIN	Konfektionierung	hergestellt von – bis
ADOX FOTOWERKE	*Adox Color CNT*	A	o	T	16	KB, RF	1955 – 1958
DR. C. SCHLEUSSNER,	*Adox Color NC 16*	A	o	U	16	KB, RF	1958
Frankfurt/M.	*Adox Color NC 17*	A	o	U	17	KB, RF	1958 – 1964
AGFA FILMFABRIK, Wolfen	*Agfacolor*	A	o	T, K		KF	1939 – 1945
VEB FILMFABRIK AGFA, Wolfen	*Agfacolor*	A	o	T, K	17	KF	1945 – 1963
	Agfacolor	A	1 FM	T, K	17	KF	1953
	Agfacolor-Ultra	A	o	T, K	17	KB, RF, PF	1954 – 1963
Umbenennung:							
ORWO VEB FILMFABRIK, Wolfen (s. ORWO)							1964
AGFA AG, Leverkusen	*Agfacolor CNT*	A	o	T	17	KB, RF, PF	1949 – 1957
	Agfacolor CNK			K			
	Agfacolor	A	o	T, K, U	17	KF	seit 1951
	Agfacolor CN 17	A	o	U	17	KB, RF, PF	seit 1956
	Agfacolor CN 14	A	o	U	14	KB, RF, PF	1959 – 1963
	Agfacolor CN 17 M	A	1 FM	U	17	KB, RF, PF	1963 – 1964
AGNEKO INC., Maywood, N.Y., USA	*Professional CN 14* (identisch mit *Agfacolor CN 14*)	A	o	U	14	RF, PF	1964
Hersteller: AGFA AG, Leverkusen							

Tabelle (Fortsetzung)

Vertriebsfirma und Hersteller	Filmbezeichnung	Typ	Masken	Verwendung, Farbtemperatur	Empfindlichkeit DIN	Konfektionierung	hergestellt von – bis
Anglo-American Colour Photogr. Industr. Ltd., London, England							
Hersteller:	*Chromart-Tricolor*	A	o	T	—	KF	1952
Gevaert Prod., NV, Antwerpen, Belgien	*Chromart-Tricolor*	A	o	K	—	RF, PF	1953
Ansco Inc.	*Plenacolor*	A	o	T		RF, PF	1948 – 1954
später: General Anilin & Film	*Plenacolor*	A	1 GM	T	—	RF, PF	1949
Corp., Binghamton, N. Y., USA	*Plenacolor*	A	2 FM	T	—	RF, PF	1950
	Anscocolor	A	o	T, K	—	KF	1950 – 1956
	Anscocolor	EK	1 FM	T	—	KB, RF, PF, KF	seit 1962
Chemische Werke Schostka und Kujbischew, UdSSR	*DS-1* Negativ Color	A	o	T	—	RF, PF, KF	1946 – 1956
	DS-2 Negativ Color	A	o	T		RF, PF, KF	1956 – 1963
	LN-1/LN-2 Negativ Color	A	o	K		RF, PF, KF	1946 – 1956
	LN-3 Negativ Color	A	o	K	—	RF, PF, KF	seit 1956
	DS-5/LN-5 Negativ Color	A	2 FM	T, K	—	KF	seit 1963
Ferrania S. p. A., Mailand, Italien	*Ferraniacolor*	A	o	T, K	17	KB, RF, PF, KF	1949 – 1962
	Ferraniacolor Cine Universal	A	o	U	17	KF, SF	seit 1962
	Ferraniacolor N 27	A	o	U	17	KB, RF, PF	seit 1962

Tabelle (Fortsetzung)

Vertriebsfirma und Hersteller	Filmbezeichnung	Typ	Masken	Verwendung, Farbtemperatur	Empfindlichkeit DIN	Konfektionierung	hergestellt von – bis
FERRANIA S. P. A., Mailand, Italien	*Ferraniacolor*	A	1 GM	T, K	—	KB, RF, PF	1953
	Ferraniacolor-Mask	A	2 FM	U	17	KB, RF, PF	seit 1965
FOTOCHEMA Hradec Kralovič, CSSR	*Fomacolor 17*	A	o	T	—	KB, RF, PF	seit 1962
FOTO-QUELLE VERSANDHAUS, Nürnberg *Hersteller:* GEVAERT PROD. NV, Antwerpen, Belgien	*Revue Color Mask* (identisch mit GEVAERT *Gevacolor N 5*)	A	1 FM	U	17	KB, RF	seit 1964
FOTOCOLOR LTD., Redhill/Surrey, England *Hersteller:* PAKOLOR UND PAVELLE LTD., Epsom/Surrey, England	*Fotocolor* (identisch mit *Pakolor*)	A	o	T	—	RF, PF	1951 – 1953
FOTOCHROME INC., Long Island City, USA *Hersteller:* GENERAL ANILIN & FILM CORP., Binghamton, USA	*Fotocolor* (identisch mit *Anscocolor* [KODAK-Typ])	EK	1 FM	T	—	RF, PF	1963 – 1964
THE FR CORP., New York, USA	*FR Negative Color* (identisch mit *Adox Color NC 17*)	A	o	U	17	KB, RF, PF	1962 – 1964

Tabelle (Fortsetzung)

Vertriebsfirma und Hersteller	Filmbezeichnung	Typ	Masken	Verwendung, Farbtemperatur	Empfindlichkeit DIN	Konfektionierung	hergestellt von – bis
Hersteller: ADOX FOTOWERKE, Frankfurt/M.							
FUJI FOTO FILM CO. LTD., Tokio, Japan	*Fujicolor*	A	o	U	—	KB, RF, PF	1958 – 1963
	Fujicolor Movie	A	o	U	—	KF, SF	seit 1958
	Fujicolor N 64	EK	o	T	—	KB, RF, PF	seit 1963
	Fujicolor N 100	EK	2 FM	U	—	KB, RF, PF	seit 1965
GENERAL ANILIN & FILM CORP., Binghamton, USA *siehe* ANSCO INC.							
GEVAERT PHOTOPROD. NV, Antwerpen, Belgien *später:* GEVAERT-AGFA AG	*Gevacolor*	A	o	T, K	—	KF, SF	seit 1948
	Gevacolor N 3/N 5	A	o	T, K	—	KB, RF, PF	1951 – 1953
	Gevacolor Type 54	A	o	U	—	KB, RF, PF	1954
	Scientia Color	A	o	K	—	RF, PF, KF	seit 1962
	Gevacolor N 5	A	1 FM	U (5000° K)	17	KB, RF	seit 1963
	Gevacolor Studioplanfilm N 5	A	1 FM	U (4000 bis 8000° K)	17	PF	seit 1963
	Gevacolor Studioplanfilm N 3	A	1 FM	K (3200° K)	14	PF	seit 1963
ILFORD LTD., Ilford/Essex, England	*Ilfacolor*	A	1 FM	T	—	RF, PF	1960 – 1962
	Ilfocolor	A	1 FM	T	16	KB, RF, PF	1962 – 1965
	Ilfocolor	A	1 FM	K	14	KB, RF, PF	1962 – 1965
	Ilford Colorprint	A	1 FM	U	—	KB, RF, PF	seit 1965
IMPERIAL CHEMICAL IND., England	*Icicolor*	A	2 FM	T	—	KB, RF, PF	1957 – 1960

Tabelle (Fortsetzung)

Vertriebsfirma und Hersteller	Filmbezeichnung	Typ	Masken	Verwendung, Farbtemperatur	Empfindlichkeit DIN	Konfektionierung	hergestellt von – bis
Eastman Kodak Co., Rochester, N.Y., USA	*Kodacolor*	EK	o	T, K	—	KB, RF, PF	1941 – 1943
	Kodacolor	EK	1 GM	T, K	—	KB, RF, PF	1943 – 1949
	Kodacolor	EK	2 FM	T, K	—	KB, RF, PF	1949 – 1956
	Kodacolor-Universal	EK	2 FM	U		KB, RF, PF	1956 – 1963
	Kodacolor-X	EK	2 FM	U (5500° K)	T = 19, K = 16	KB, RF	seit 1963
	Ektacolor	EK	2 FM	K		KB, RF	1948 – 1964
	Eastman Color Negativ-Film	EK	2 FM	U (3200° K)	18	KF	seit 1950
	Ektacolor Professional Type S	EK	2 FM	U-KZ (5500° K)	T = 20, K = 16	PF	seit 1963
	Ektacolor Professional Type L	EK	2 FM	U-LZ (3200° K)	18	PF	seit 1963
Konishiroku Photo Ind. Co. Ltd., Tokio, Japan	*Konicolor*	A	o	T, K		KB, RF, PF	1957 – 1959
	Sakuracolor	A	o	U		KB, RF, PF	seit 1959
Kranseder & Co., München	*Kranzcolor N 17*	A	o	U	17	KB, RF, PF	seit 1964
Neckermann Versandhaus, Frankfurt/M. *Hersteller:* Ferrania S. p. A., Mailand, Italien	*Brillant N* (identisch mit *Ferraniacolor N 27*)	A	o	U	17	KB, RF	seit 1964

Tabelle (Fortsetzung)

Vertriebsfirma und Hersteller	Filmbezeichnung	Typ	Masken	Verwendung, Farbtemperatur	Empfindlichkeit DIN	Konfektionierung	hergestellt von – bis
ORIENTAL PHOTO IND. CO., Tokio, Japan	*Oriental Color*	A	o	T, K	—	KB, RF	1953 – 1959
	Oricolor	A	o	U	—	KB, RF	seit 1959
ORWO, VEB FILMFABRIK WOLFEN, Wolfen	*Orwocolor NC 1*	A	o	K	—	KF, KB	seit 1959
	Orwocolor NT 18	A	o	T (5500° K)	18	KB, RF, SF 16	seit 1964
	Orwocolor NK 18	A	o	K (3400° K)	18	KB, RF, SF 16	seit 1964
	Orwocolor NC 16	A	o	U (4200° K)	16	KB, RF, KF	seit 1965
	Orwocolor NC 17 Mask	A	2 FM	U	—	KB, RF, PF	seit 1965
PAKOLOR LTD. & PAVELLE LTD., Epsom/Surrey, England (früher: PHOTO CHEMICAL IND.)	*Pakolor*	A	o	T, U	—	KB, RF, PF	1952 – 1963
PERFECT PHOTO INC., Philadelphia, USA *Hersteller:* GEVAERT PHOTO PROD. NV, Antwerpen, Belgien	*Perfect 2/1*	A	o	T	—	RF, PF	um 1962
RAYCOLOR LTD., Farnham/Surrey, England *Hersteller:* PAKOLOR LTD. & PAVELLE LTD., Epsom/Surrey, England	*Raycolor* (identisch mit *Pakolor*)	A	o	T	—	RF, PF	1951 – 1956

Tabelle (Fortsetzung)

Vertriebsfirma und Hersteller	Filmbezeichnung	Typ	Masken	Verwendung, Farbtemperatur	Empfindlichkeit DIN	Konfektionierung	hergestellt von – bis
SIRIUS FILMTECHNIK KARL DRASER, Berlin-West	*Siricolor*	A	o	T	—	RF, PF	seit 1964
Hersteller: unbekannt							
SOCIEDAD ESPAÑOLA DE PRODUCTOS FOTOGRAFICOS VALCA S.A., Bilbao, Spanien	*Valcolor*	A	o	T, U	—	RF, PF	seit 1956
TELLKO AG, Freiburg, Schweiz	*Telcolor*	A	o	U	—	KB, RF, PF	1951 – 1964
später: CIBA PHOTOCHEMIE AG	*Telcolor*	A	1 GM	U	—	KB, RF, PF	1953
TECHNICOLOR CORP., Burbank, Calif., USA	*Technicolor* (identisch mit *Anscocolor*)	EK	1 FM	T	—	KB, RF	seit 1962
Hersteller: GENERAL ANILIN & FILM CORP., Binghamton, USA							
ZEISS IKON AG, Stuttgart	*Ikolor NT* (identisch mit *Gevacolor*)	A	o	T	—	KB, RF	1957 – 1960
Hersteller: GEVAERT PHOTOPROD. NV, Antwerpen, Belgien							
Vertrieb und Hersteller unbekannt	*Hobbycolor*	A	o	T	—	KB, RF	1964
Vertrieb und Hersteller unbekannt	*Supracolor*	A	o	U	—	KB, RF	seit 1964

Umkehr-Farbfilme des Weltmarktes in früheren Zeiten bis heute

Erklärung der Abkürzungen: Typen: KD = Farbkuppler im Entwickler, kontrollierte Diffusion; DB = Farbkuppler im Entwickler, differenzierte Belichtung beim Umkehrprozeß; A = Agfa-Prinzip, diffusionsechte Farbkuppler in den Schichten; EK = Eastman Kodak-Prinzip, geschützte und wasserunlösliche Farbkuppler in den Schichten; EKA = Kombiniertes Kodak-Agfa-Prinzip; blaugrüne Farbschicht enthält geschützten, wasserunlöslichen Farbkuppler, die beiden anderen Schichten diffusionsechte Farbkuppler; Verwendung: T = Tageslichtfilm, K = Kunstlichtfilm, B = Spezialfilm für Blitzaufnahmen; Konfektionierung: KB = Kleinbildfilm, RF = Rollfilm, PF = Planfilm, SF = Schmalfilm, UKB = Kleinstbildfilm; Verarbeitung: H = Hersteller des Filmes, V = Verbraucher

Vertriebsfirma und Hersteller	Filmbezeichnung	Typ	Verwendung, Farbtemperatur	Empfindlichkeit entsprechend DIN	Konfektionierung	hergestellt von – bis	Verarbeitung (Verbraucher, Hersteller, Prozeß)
Adox Fotowerke Dr. C. Schleussner, Frankfurt/M.	*Adox Color C 15*	A	T (5000° K)	15	KB, RF	1959 – 1960	H
	Adox Color C 18	A	T (5000° K)	18	KB, RF	1960	H
	Adox Color C 18	EKA	T (5000° K)	18	KB, RF	1960 – 1964	H
Agfa Filmfabrik, Wolfen	*Agfacolor Neu*	A	T, K	—	KB, RF	1936 – 1938	H
	Agfacolor	A	T, K	—	KB, RF	1938 – 1945	H
VEB Filmfabrik Agfa, Wolfen	*Agfacolor*	A	T	—	KB, RF	1946 – 1954	H
	Agfacolor	A	K	—	KB, RF	1946 – 1963	H
	Agfacolor-Ultra	A	T	—	KB, RF	1954 – 1963	H
Agfa AG, Leverkusen	*Agfacolor CUT/CUK*	A	T, K	—	KB, RF	1952 – 1957	H
Agfa AG, jetzt: Agfa-Gevaert AG, Leverkusen	*Agfacolor CT 18*	A	T (5500° K)	18	KB, RF	seit 1957	H
	Agfacolor CK 17	A	K (3100° K)	17	KB, RF, PF	1957 – 1960	H
	Agfacolor CK 17 Super 8	A	K, T	17	SF	seit 1965	H

Tabelle (Fortsetzung)

Vertriebsfirma und Hersteller	Filmbezeichnung	Typ	Verwendung, Farbtemperatur	Empfindlichkeit entsprechend DIN	Konfektionierung	hergestellt von – bis	Verarbeitung (Verbraucher, Hersteller, Prozeß)
AGFA AG, jetzt: AGFA-GEVAERT AG, Leverkusen	*Agfacolor CT 13*	A	T (5500° K)	13	SF 2 × 8, SF 16	1958 – 1963	H
	Agfacolor CT 13 Type S	A	T	13	SF 2 × 8, SF 16	seit 1963	H
	Agfacolor CK	A	K (3200° K)	13	SF 2 × 8, SF 16	seit 1963	H
	Agfacolor CK 16	A	K	16	KF	seit 1960	V
	Agfacolor Professional	A	T, K	18	RF, PF	seit 1965	V
	Agfachrome (Bezeichnung für *Agfacolor* in USA)	A	T, K	18	RF, PF, SF	seit 1962	V
ANSCO INC., Binghamton, N. Y., USA	*Ansco Color* (identisch mit *Agfacolor* der damaligen Zeit)	A	T	—	KB, RF, KF	1938 – 1941	V
	Ansco Color	A	T	—	KB, RF, KF	1942 – 1955	V
	Ansco Color Type 735	A	T, K	—	KF	1946 – 1950	V
ANSCO INC., später: GENERAL ANILIN & FILM CORP., Binghamton, N. Y., USA	*Anscochrome*	A	T, K	15	RF, PF, KF, SF	1955 – 1963	V
	Super Anscochrome	A	T, K	21	RF, PF, KF, SF	1957 – 1963	V
	Super Anscochrome Type 6500	A	B (6500° K)	—	PF	seit 1960	V

Tabelle (Fortsetzung)

Vertriebsfirma und Hersteller	Filmbezeichnung	Typ	Verwendung, Farbtemperatur	Empfindlichkeit entsprechend DIN	Konfektionierung	hergestellt von – bis	Verarbeitung (Verbraucher, Hersteller, Prozeß)
ANSCO INC., später: GENERAL ANILIN & FILM CORP., Binghamton, N. Y., USA	*Anscochrome-Professional*	A	T, K	—	SF, KF	seit 1956	V
	Anscochrome 50	A	T (5500° K)	18	KB, RF, PF	seit 1963	V
	Anscochrome 100	A	T (5500° K)	21	KB, RF, PF	seit 1963	V
	Anscochrome 200	A	T (5500° K)	24	KB, RF	seit 1963	V
	Anscochrome T-100 Kunstlicht-Type	A	K (3200° K)	15	KB, RF, PF	seit 1963	V
	Ultra Speed Anscochrome	A	T (5500° K)	—	RF, PF, SF	seit 1961	V
	Colorchrome (identisch mit *Anscochrome 50* für Miniatur-Kameras „*Mamiya*“)	A	T	18	UKB	seit 1965	V
CHEMISCHE WERKE Schostka und Kujbishew, UdSSR	*ZO-1 Reversal Color*	A	T	—	RF, PF, SF	1949 – 1963	—
	ZO-2 Reversal Color	A	T	—	RF, PF, SF	seit 1964	—
CIBA PHOTOCHEMIE AG, Fribourg, Suisse	s. TELLKO AG						
DYNACOLOR CORP., Rochester, N. Y., USA	*Dynacolor*	DB	T	—	KB, RF	1949 – 1955	—
	Natural Color	DB	T, K	—	KB	1957 – 1963	—
	Dynachrome	DB	T, K, B	—	KB, RF, PF	1959 – 1964	—
	Dynachrome 25/40	DB	T, K	11	KB, RF, SF	seit 1964	—
	Mirachrome	A	T, K	11	SF	seit 1965	—

Tabelle (Fortsetzung)

Vertriebsfirma und Hersteller	Filmbezeichnung	Typ	Verwendung, Farbtemperatur	Empfindlichkeit entsprechend DIN	Konfektionierung	hergestellt von – bis	Verarbeitung (Verbraucher, Hersteller, Prozeß)
ESO-S INC., Kansas City, USA	*Durachrome*	DB	T	—	KB, SF	seit 1962	—
	Miracle Color	A	T	—	KB, SF	seit 1962	—
	Hi-Speed Color	EK	T	—	KB, SF	seit 1963	—
FAIRCHILD CAMERA AND INSTR. CO., USA *Hersteller:* GENERAL ANILIN & FILM CORP., Binghamton, N. Y., USA	*Fairchild Cinephonic Color*	A	K	—	SF	seit 1960	—
FERRANIA S.P.A., Mailand, Italien	*Ferraniacolor*	A	T	—	KB, RF	1942—1943 1947—1948	—
	Ferraniacolor	A	T	15	KB, RF, SF 2 × 8	seit 1951	V, H
	Ferraniacolor	A	K	17	KB, RF, SF 2 × 8	seit 1951	V, H
	Ferraniacolor DIA 28	A	T	18	KB, RF, PF	seit 1963	H
	Ferraniacolor DIA 28	A	K	17	KB, RF, PF	seit 1963	H
FOTOCHROME INC., Long Island City, USA *Hersteller:* GENERAL ANILIN & FILM CORP., Binghamton, N. Y., USA	*Fotochrome* (identisch mit *Moviechrome*)	DB	T, K	—	KB, RF, SF	1962—1965	—
FOTOKEMIKA, Zagreb, Jugoslawien	*FK Color RD 15*	A	T	15	KB, RF	seit 1964	—

Tabelle (Fortsetzung)

Vertriebsfirma und Hersteller	Filmbezeichnung	Typ	Verwendung, Farbtemperatur	Empfindlichkeit entsprechend DIN	Konfektionierung	hergestellt von – bis	Verarbeitung (Verbraucher, Hersteller, Prozeß)
FOTO-QUELLE VERSANDHAUS, Nürnberg *Hersteller:* GEVAERT-AGFA AG, Antwerpen, Belgien	*Revue Color* (identisch mit *Gevacolor*)	A	T	18	KB	seit 1962	H
	Revue Color, Umkehr-Schmalfilm (identisch mit *Gevacolor*)	A	T	11	SF 2 × 8	seit 1962	
FUJI PHOTO FILM CO., Tokio, Japan	*Fujicolor*	DB	T, K	—	KB, RF, SF	1948—1963	—
	Fujicolor-Cine	DB	T	—	SF	seit 1963	—
	Fujicolor R 100	A	T	—	KB, RF	seit 1961	—
	Fujicolor R 25	DB	T	—	SF	seit 1965	—
GENERAL ANILIN & FILM CORP., Binghamton, N.Y., USA *früher:* ANSCO INC. (s. auch dort)	*Moviechrome*	DB	K, T	—	SF	seit 1959	—
GEVAERT PHOTOPROD. NV, Antwerpen, Belgien jetzt: GEVAERT-AGFA AG, Antwerpen, Belgien	*Gevacolor R 5*	A	T (5900° K)	18	KB, RF	seit 1947	H
	Gevacolor, Umkehrschmalfilm R 5	A	T (5900° K)	11	SF 2 × 8, SF 16	seit 1947	
	Gevacolor R 3	A	K (3400° K)	15	KB, RF, SF	seit 1947	
	Gevacolor S (Fabrikation für amerikanische Verkaufsgesellschaften)	DB	T, K	—	KB, RF, SF	seit 1962	

Tabelle (Fortsetzung)

Vertriebsfirma und Hersteller	Filmbezeichnung	Typ	Verwendung, Farbtemperatur	Empfindlichkeit entsprechend DIN	Konfektionierung	hergestellt von – bis	Verarbeitung (Verbraucher, Hersteller, Prozeß)
HAUFF GMBH, Vaihingen *Hersteller:* PERUTZ PHOTOWERKE GMBH, München	*Hauff-Color* (identisch mit *Perutz Color C 18*)	EK	T	—	KB, RF	1961	H
HANSARD PHOTOGRAPHIC LABORATORIES, Westfield, Tiverton/Devon, England *Hersteller:* EASTMAN KODAK CO., Rochester, N. Y., USA	*Multichrome* (identisch mit *Ektachrome Aero*)	EK	T	—	KB, RF	um 1952	V
ILFORD LTD., Ilford/Essex, England	*Ilford Colour*	DB	T, B	—	RF	1948–1960	H
	Ilfachrome	DB	T	—	RF, PF	1960–1962	H
	Ilfochrome 25	DB	T	15	SF	seit 1962	H
	Ilfochrome 32	DB	T	22	RF	1962–1965	H
	Ilford Colorslide	DB	T	—	RF	seit 1965	H
	Ilford Super Colorslide	A	T	—	RF	seit 1965	H
KARAT FILMS INC., Hoboken, N.J., USA *Hersteller:* ANSCO INC., Binghamton, N. Y., USA	*Karat-Color* (identisch mit *Ansco Color*)	A	T, K	—	KB, RF	um 1952	—

Tabelle (Fortsetzung)

Vertriebsfirma und Hersteller	Filmbezeichnung	Typ	Verwendung, Farbtemperatur	Empfindlichkeit entsprechend DIN	Konfektionierung	hergestellt von – bis	Verarbeitung (Verbraucher, Hersteller, Prozeß)
EASTMAN KODAK Co., Rochester, N.Y., USA	*Kodachrome*	KD	T, K	—	KB, RF, PF	1935 – 1938	H
	Kodachrome	DB	T, K, B	—	KB, RF, PF, SF	1938 – 1962	H
	Kodachrome-Commercial	DB	T, K	—	KB, SF	1946 – 1958	H
	Kodachrome-Professional	DB	T, K	—	RF, PF	1938 – 1951	H
	Kodachrome II	DB	T (5500° K)	15	KB, SF 2 × 8, SF 16	seit 1960	H
	Kodachrome II Type A	DB	K (3200° K)	17	KB, SF 2 × 8, SF 16	seit 1960	H
	Kodachrome-X	DB	T (5500° K)	19	KB	seit 1963	H
	Ektachrome E-1	EK	T, K	—	RF, PF	1946 – 1959	E-1
	Ektachrome E-2	EK	T, K, B	—	RF, PF	1951 – 1963	E-2
	Ektachrome E-2 Improved	EK	T	19	RF, PF	1961 – 1963	E-2
	Ektachrome E-3 (Professional)	EK	T (5500° K)	18	RF, PF	seit 1959	E-3
	Ektachrome E-3 (Professional) Type B	EK	K (3200° K)	16	PF	seit 1959	E-3
	Ektachrome-X (Nachfolger von *Ektachrome E-2 Improved*)	EK	T (5500° K)	19	KB, RF	seit 1963	E-2

Tabelle (Fortsetzung)

Vertriebsfirma und Hersteller	Filmbezeichnung	Typ	Verwendung, Farbtemperatur	Empfindlichkeit entsprechend DIN	Konfektionierung	hergestellt von – bis	Verarbeitung (Verbraucher, Hersteller, Prozeß)
Eastman Kodak Co., Rochester, N. Y., USA	*Ektachrome Aero*	EK	T	—	RF	seit 1946	E-2
	Ektachrome Aero High Contrast	EK	T	—	RF	seit 1950	
	Ektachrome Aero Infrared	EK	T	—	RF	seit 1965	
	Keencolor (identisch mit *Ektachrome Aero;* für Luftbildaufnahmen; Vertrieb in Frankreich und Schweden)	EK	T	—	RF	1950–1952	
	Ektachrome-Commercial	EK	T, K	15/13	SF 16	seit 1958	E-3
	High Speed Ektachrome	EK	T, K	23/22	KB, RF	seit 1959	E-2
	Eastman Ektachrome MS Type 7256	EK	T	19	SF 16	seit 1964	E-3
	Eastman Ektachrome ER Type 7257	EK	T (5500° K)	23	SF 16	seit 1963	E-3
	Eastman Ektachrome ER Type 7258	EK	K (3200° K)	22	SF 16	seit 1963	E-3

Tabelle (Fortsetzung)

Vertriebsfirma und Hersteller	Filmbezeichnung	Typ	Verwendung, Farbtemperatur	Empfindlichkeit entsprechend DIN	Konfektionierung	hergestellt von – bis	Verarbeitung (Verbraucher, Hersteller, Prozeß)
EASTMAN KODAK CO., Rochester, N. Y., USA	*Kodacolor Aero Reversal* (Vorläufer von *Ektachrome E-1*)	EK	T	—	RF	1943–1946	—
	Kodak Color Reversal (Vorläufer von *High Speed Ektachrome*)	EK	T, K	—	RF	1961–1962	
KONISHIROKU PHOTO IND. CO. LTD., Tokio, Japan	*Sakura Color*	DB	T, K	—	KB, RF, SF	1940–1941 1947–1961	—
	Sakura Color Movie	DB	T, K	—	KF	1946–1955	—
	Sakuracolor	A	T	—	KB, RF, PF	seit 1961	—
KRANSEDER & CO. GMBH, München	*Kranscolor C 16*	DB	T	16	RF	seit 1964	H
Hersteller: DYNACOLOR CORP., Rochester, N.Y., USA	*Kranscolor-S*	DB	T, K	18	KB	seit 1963	H
Hersteller: ADOX FOTOWERKE	*Kranz Color C 18*	A	T	18	RF	1960–1961	H
DR. C. SCHLEUSSNER,	*Kranzcolor*	EKA	T	18	RF	1961–1963	H
Frankfurt/M.	*Kranzcolor-S*	EKA	T	18	RF, KB	1963–1964	H
MC. GREGOR PROD. CO., Rochester, N.Y., USA *Hersteller:* DYNACOLOR CORP., Rochester	*Mc. Gregor Color*	DB	T	—	RF, KB	1949–1955	—

Tabelle (Fortsetzung)

Vertriebsfirma und Hersteller	Filmbezeichnung	Typ	Verwendung, Farbtemperatur	Empfindlichkeit entsprechend DIN	Konfektionierung	hergestellt von – bis	Verarbeitung (Verbraucher, Hersteller, Prozeß)
MERKUR FOTO A/S, Kopenhagen, Dänemark	*Merchrome*	A	T	—	RF, KB	1962—1964	—
MINOX GMBH, Gießen *Hersteller:* AGFA-GEVAERT AG, Leverkusen	*Minochrome* (identisch mit *Agfacolor CT 13*)	A	T	13	UKB	seit 1964	H
NECKERMANN VERSANDHAUS, Frankfurt/M. *Hersteller:* FERRANIA S. P. A., Mailand, Italien	*Brillant D*	A	T	15	KB, SF 2 × 8	seit 1964	H
	Brillant D (identisch mit *Ferraniacolor*)	A	K	17	SF 2 × 8	seit 1964	H
OBERGASSNER KG., München *Hersteller:* FERRANIA S. P. A., Mailand, Italien	*Ogachrome* (identisch mit *Ferraniacolor* 15 DIN)	A	T	15	KB, RF	seit 1965	H
ORIENTAL PHOTO IND. CO., Tokio, Japan	*Oriental Color*	A	T, K	—	KB, RF	1953—1959	
ORWO VEB FILMFABRIK, Wolfen	*Orwocolor UT 13*	A	T	13	KB	seit 1964	H
	Orwocolor UK 14	A	K	14	KB, RF, PF, SF 2 × 8, SF 16	seit 1964	H

Tabelle (Fortsetzung)

Vertriebsfirma und Hersteller	Filmbezeichnung	Typ	Verwendung, Farbtemperatur	Empfindlichkeit entsprechend DIN	Konfektionierung	hergestellt von – bis	Verarbeitung (Verbraucher, Hersteller, Prozeß)
ORWO VEB FILMFABRIK, Wolfen	*Orwocolor UT 16*	A	T	16	KB, RF, PF, SF 2 × 8, SF 16	seit 1964	H
	Orwocolor UK 18	A	K	18	KB	seit 1965	H
	Orwochrome UT 21	A	T	21	KB, RF, PF	seit 1965	H
	Continental CF 16 (identisch mit *Orwocolor UT 16*, ist als Warenhausfilm im Handel)	A	T	16	RF	seit 1964	H
PERFECT PHOTO INC., Philadelphia, USA							
Hersteller: GENERAL ANILIN & FILM CORP., Binghamton, N. Y., USA	*Colorchrome*	DB	T	—	KB	seit 1962	—
Hersteller: GEVAERT PHOTOPROD. NV, Antwerpen, Belgien	*Perfect Color* (identisch mit *Gevacolor S*	DB	T, K	—	KB, RF	um 1963	
PHOTO CHEMICAL CO., Epsom/Surrey, England	*Fotocolor*	A	T	—	RF	um 1952	
später: PAKOLOR LTD. & PAVELLE LTD.							
PERUTZ FOTOWERKE GMBH, München	*Perucolor*	A	T	—	KB, RF	1956	H
	Perutz Color C 18	EK	T	18	KB, RF	1958–1963	H
	Perutz Color C 14	DB	T	14	KB	1960–1962	H

Tabelle (Fortsetzung)

Vertriebsfirma und Hersteller	Filmbezeichnung	Typ	Verwendung, Farb-temperatur	Empfind-lichkeit ent-sprechend DIN	Konfektionierung	hergestellt von – bis	Verarbei-tung (Ver-braucher, Hersteller, Prozeß)
PERUTZ FOTOWERKE, GMBH, München	*Peruchrome*	EK	T	18	KB	1963 – 1965	H
	Perutz Color CUS	A	T	18	KB	seit 1965	H
	Perutzcolor	A	T	11	SF 2 × 8	seit 1965	H
RAYCOLOR LTD., Farnham/Surrey, England *Hersteller:* PHOTO CHEMICAL CO., Epsom/Surrey, England	*Raycolor*	A	T	—	KB, RF	1951 – 1956	—
SEARS, ROEBUCK & CO., Chicago, USA	*Tower Color*	DB	T, K	—	KB, RF	1957 – 1962	
Hersteller: DYNACOLOR CORP., Rochester, N. Y., USA	*Sears Color* (identisch mit *Dynacolor*)	DB	T, K	—	KB, RF	seit 1962	
SIRIUS FILMTECHNIK KARL DRASER, Berlin	*Adina Farbfilm* (identisch mit *Agfacolor Ultra-bzw. Orwocolor*)	A	T	—	KB, RF	1962 – 1963	—
Hersteller: ORWO VEB FILMFABRIK, Wolfen	*Siricolor* (identisch mit *Adina Farbfilm*)	A	T	—	KB, RF	seit 1963	—
SUPERIOR BULK FILM CO., Chicago, USA	*Superior Color* (identisch mit *Gevacolor S*)	DB	T, K	—	KB, RF	seit 1962	—

Tabelle (Fortsetzung)

Vertriebsfirma und Hersteller	Filmbezeichnung	Typ	Verwendung, Farbtemperatur	Empfindlichkeit entsprechend DIN	Konfektionierung	hergestellt von – bis	Verarbeitung (Verbraucher, Hersteller, Prozeß)
SUPER-TOMIC PRODUCTS CO., Hollywood, Calif., USA *Hersteller:* GEVAERT PHOTOPROD. NV, Antwerpen, Belgien	*Super-Tomic-Color* (identisch mit *Ektachrome Aero*)	EK	T	—	RF	um 1952	
TECHNICAL AND OPTICAL EQUIPMENT LTD., London, England *Hersteller:* EASTMAN KODAK CO., Rochester, N.Y., USA	*Technopan Color*	A	T	—	SF	seit 1965	
TECHNICOLOR CORP., Burbank, Calif., USA *Hersteller:* CHEMISCHE FABRIK Schostka, UdSSR	*Technicolor* 8 mm	DB	T, K	—	SF, KB	seit 1962	—
Hersteller: GENERAL ANILIN & FILM CORP., Binghamton, N.Y., USA	*Technichrome*	DB	T, K	—	SF, KB	seit 1963	—
Hersteller: EASTMAN KODAK CO., Rochester, N. Y., USA	*Monopack*	DB	K, T	—	KF, SF	1942—1950	

Tabelle (Fortsetzung)

Vertriebsfirma und Hersteller	Filmbezeichnung	Typ	Verwendung, Farbtemperatur	Empfindlichkeit entsprechend DIN	Konfektionierung	hergestellt von – bis	Verarbeitung (Verbraucher, Hersteller, Prozeß)
TELEFOT-VERTRIEB Hamburg *Hersteller:* FERRANIA S. p. A. Mailand, Italien *oder* DYNACOLOR Ltd., Rochester, USA	*Telecolor* C 15	A	T	—	SF	seit 1965	
TELLKO AG., Freiburg, Schweiz	*Telcolor*	A	T	—	KB, RF	1958 – 1963	—
später: CIBA PHOTOCHEMIE AG., Freiburg, Schweiz	*Telchrome*	A	T	—	KB, RF	seit 1964	
TETENAL PHOTOWERK GmbH Hamburg-Berlin *Hersteller:* FERRANIA S. p. A. Mailand, Italien	*Tetenal Color*	A	T	11	SF	1965	
TURAPHOT GMBH., Düren	*Turachrome*	DB	T, K	15/17	KB, RF	1963	H
Hersteller: DYNACOLOR CORP., Rochester, N. Y., USA	*Turachrome, Umkehrschmalfilm*	DB	T (5500° K)	15	SF 2 × 8	seit 1963	H
	Turachrome, Umkehrschmalfilm	DB	K (3200° K)	17	SF 2 × 8	seit 1963	H
	Turachrome II	DB	T (5500° K)	15	KB, RF	seit 1964	H

Tabelle (Fortsetzung)

Vertriebsfirma und Hersteller	Filmbezeichnung	Typ	Verwendung, Farbtemperatur	Empfindlichkeit entsprechend DIN	Konfektionierung	hergestellt von – bis	Verarbeitung (Verbraucher, Hersteller, Prozeß)
WESTERN CINE SERVICE, USA *Hersteller:* ANSCO INC., *später:* GENERAL ANILIN & FILM CORP., Binghamton, N. Y., USA	*Speedchrome* (identisch mit *Super Anscochrome*)	A	T	—	SF	1963	
YASHICA KAMERA-WERKE, Tokio, Japan *Hersteller:* EASTMAN KODAK CO., Rochester, N. Y., USA	*Yashica Daylight* (identisch mit *Kodachrome* 16 mm)	DB	T	—	UKB	um 1963	—
ZEISS IKON AG, Stuttgart *Hersteller:* GEVAERT PHOTOPROD. NV, Antwerpen, Belgien	*Ikolor U 12*	A	T	12	SF	1959–1960	—
	Ikolor U 18 (identisch mit *Gevacolor*)	A	T	18	KB, RF	1959–1960	—
Vertriebsfirma: unbekannt	*Real Color*	A	T	15	SF	seit 1962	—
Hersteller: FERRANIA S. P. A., Mailand, Italien	*Suprachrome* (identisch mit *Ferraniacolor* 15 DIN)	A	T	15	SF, KB	seit 1964	—

3. Wiedergabefarbfilme

Zu den Wiedergabefarbfilmen sind zu rechnen:

Positiv-Farbfilme zur Herstellung von Farbdiapositiven nach Negativ-Farbaufnahmen;

Zwischennegativ-Farbfilme zur Herstellung von Papierfarbbildern nach Umkehrfarbdiapositiven im Zwischennegativ-Verfahren. Von den Original-Farbdiapositiven wird auf dem Zwischennegativ-Farbfilm ein komplementärfarbiges Negativ angefertigt, das dann als Vorlage für die Herstellung der Farbbilder dient (Abb. 62);

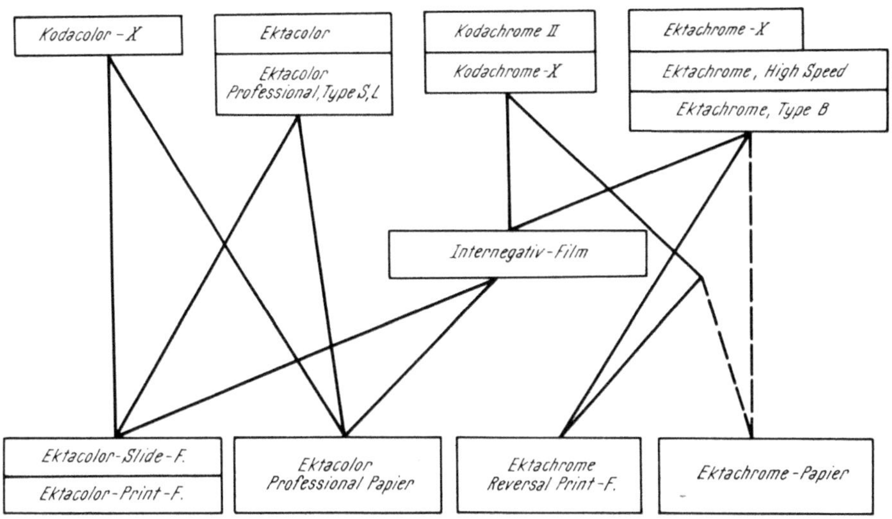

Abb. 62. Wiedergabeverfahren mit KODAK-Farbmaterial für Fachphotographen und Amateure

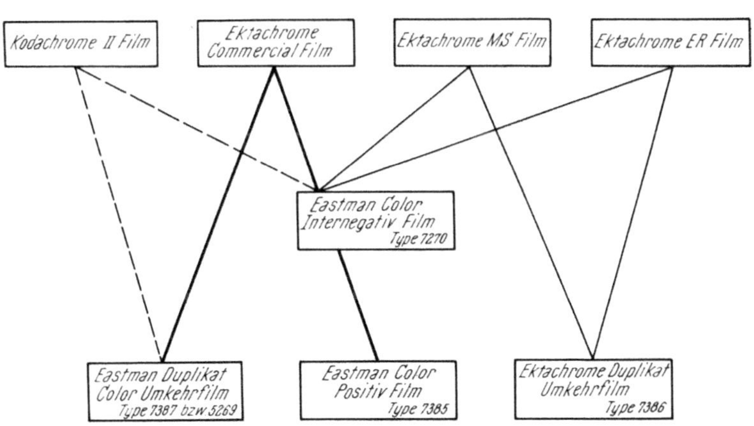

Abb. 63. Duplikatverfahren mit KODAK-16 mm-Farbfilmen

Duplikat-Umkehrfarbfilme oder *Umkehrkopierfilme*. Diese dienen zur Herstellung von Duplikaten von Umkehrfarbdiapositiven (Abb. 63).

Die auf dem europäischen Markt im Handel befindlichen Wiedergabefarbfilme sind in der folgenden Tabelle zusammengestellt:

Wiedergabefarbfilme des europäischen Handels

Abkürzungen: d = diffusionsechte Kuppler in der Schicht, g = geschützte Farbkuppler in der Schicht, e = besondere Entwicklung mit Farbkupplern, NF 35 = Normalfilm 35 mm, RF = Rollfilm mit Breitenangabe in mm; R = Rolle mit Breite in mm; SF = Schmalfilm 16 mm

Hersteller	Filmbezeichnung	Type	Verwendung zur Herstellung	Konfektionierung	Besondere Verarbeitungshinweise
AGFA-GEVAERT AG, Leverkusen	*Agfacolor-Positivfilm S*	d	Kopien, Vergrößerungen nach unmaskierten Farbnegativen	PF, NF 35	
	Agfacolor-Positivfilm M	d	Kopien, Vergrößerungen nach maskierten Farbnegativen	PF, NF 35	
	Agfacolor-ZN	d	Zwischennegative von Umkehrfarbdias	NF 35, RF 61,5	
ANSCO EXPORT DEPT., New York, USA	*Anscochrome Duplicating Film, Type 647*	d	Farbdiapositive von Umkehrdias	PF, NF 35	
FERRANIA S. P. A., Mailand, Italien	*Ferraniacolor-Positivfilm*	d	Kopien, Vergrößerungen nach Farbnegativen	PF, NF 35, R 1000	
	Ferraniacolor-Duplikat-Umkehrfarbfilm	d	Farbdiapositive nach Umkehrfarbdias	NF 35	
GEVAERT-AGFA AG, Antwerpen-Morstel, Belgien	*Gevacolor Copyfilm*	d	Diapositive nach Farbnegativen	PF, NF 35, RF 61,5, R 1070	
	Gevacolor Internegative Film	d	Zwischennegative nach Farbdias	NF 35, PF	
EASTMAN KODAK CO., Rochester, N.Y., USA	*Kodak Ektacolor Slide Film*	g	Farbkopien nach Farbnegativen	NF 35	Prozeß C-22
	Kodak Ektacolor Print Film	g	Farbvergrößerungen nach Farbnegativen	PF, R 1000	Prozeß C-22

Tabelle (Fortsetzung)

Hersteller	Filmbezeichnung	Type	Verwendung zur Herstellung	Konfektionierung	Besondere Verarbeitungshinweise
EASTMAN KODAK CO., Rochester, N.Y., USA	*Eastman Color Positiv Film, Type 7385*	g	Farbkopien über Zwischennegative nach *Kodachrome-*, *Ektachrome-*Aufnahmen	SF 16	
	Kodak Internegative Film	g	Farbzwischennegative nach *Kodachrome-* und *Ektachrome*-Aufnahmen	PF, RF 61,5	
	Eastman Color Internegativ Film, Type 7270	g	Farbzwischennegative nach *Kodachrome II-* und *Ektachrome*-Aufnahmen	SF 16	
	Kodak Ektachrome Reversal Print Film, 35 mm	g	Farbduplikate nach Umkehrdias	NF 35	Prozeß E-2
	Eastman Duplikat Color Umkehrfilm, Type 7387 u. 5269	e	Umkehrduplikate speziell nach *Ektachrome Commercial*-Originalen	SF 16	bei KODAK
	Kodak Ektachrome Duplikat Umkehrfilm, Type 7386 (Überblick über Einsatz der KODAK Wiedergabefarbfilme s. Abb. 62 und 63)	g	Duplikate nach *Ektachrome MS-* und *Ektachrome ER*-Aufnahmen	SF 16	
ORWO VEB FILMFABRIK, Wolfen	*Orwocolor Positivfilm PC 7*	d	Farbdiapositive nach Farbnegativen	PF, NF 35, RF 61,5	
	Orwocolor Umkehr-Kopier-Film UD 1	d	Duplikate nach Farbdiapositiven	NF 35, PF, RF 61,5	

4. Farbpapiere für das Negativ-Positivverfahren

Zur Herstellung von farbigen Papierbildern nach dem Negativ-Positivverfahren müssen komplementärfarbige Negative vorliegen. Zur farbrichtigen Wiedergabe muß das Kopierlicht farblich gesteuert werden. Diese Steuerung kann sowohl nach dem additiven wie auch nach dem subtraktiven Prinzip erfolgen. Die folgende Tabelle enthält eine Übersicht über die heutigen Farbpapiere auf dem europäischen Markt.

Colorpapiere des europäischen Handels zur Herstellung von Farbbildern nach Farbnegativen

Abkürzungen: d = diffusionsechte Farbkuppler in der Schicht, g = geschützte Farbkuppler in der Schicht

Hersteller	Bezeichnung	Type	Gradationen, Papierstärke, Oberfläche	Konfektionierung, besondere Hinweise
AGFA-GEVAERT AG, Leverkusen	*Agfacolor-Papier CN 111 u. CH 111*	d	CN = Normal, CH = Hart, 111 = kartonstark, weiß glänzend	Formate, Rollen
	Agfacolor-Papier MCN	d	MCN = Normal, kartonstark, weiß glänzend	Formate, Rolle, Verwendung besonders für maskierte Negative
FERRANIA S. P. A., Mailand, Italien	*Ferraniacolor-Positivpapier 208-2 u. 208-3*	d	208-2 = Normal, 208-3 = Hart, Halbkarton, weiß glänzend	Formate, Rollen
GEVAERT-AGFA AG, Antwerpen-Morstel, Belgien	*Gevacolor-Papier M 8/2*	d	Normal, Halbkarton, weiß glänzend	Formate, Rollen
EASTMAN KODAK CO., Rochester, N.Y., USA	*Kodak Ektacolor Professional Papier*	g	Normal, kartonstark, weiß glänzend	Formate, Rollen, Prozeß P-122
ORWO VEB FILMFABRIK, Wolfen	*Orwocolor-Papier Spezial CP 3*	d	Normal, kartonstark, weiß glänzend	Formate, Rollen

5. Farbpapiere und Farbfilme für Aufsichtsbilder nach Farbdiapositiven

Um positive Farbbilder nach Farbdiapositiven herzustellen, müssen Umkehrfarbpapiere oder Umkehremulsionen auf opaker Filmunterlage verwendet werden. Derartige Umkehrkopien auf Papierschichten sind qualitativ meistens als nicht so gut anzusprechen wie Farbkopien über ein Zwischennegativ. Die heute gebräuchlichen Umkehrschichten des Handels für Aufsichtsbilder enthält die folgende Tabelle:

Umkehrfarbschichten des europäischen Marktes zur Herstellung von Aufsichtsfarbbildern nach Farbdiapositiven

Abkürzungen: d = diffusionsechte Farbkuppler in der Schicht, g = geschützte Farbkuppler in der Schicht

Hersteller	Bezeichnung	Type	Gradation, Stärke, Oberfläche	Konfektionierung
AGFA-GEVAERT AG, Leverkusen	*Agfacolor-Umkehrpapier CU 111*	d	Normal, kartonstark, weiß glänzend	Formate, Rollen
ANSCO EXPORT DEPT., New York, USA	*Ansco Printon (Anscochrome Type)*	d	Normal, glänzend, auf Opakfilm	Formate
EASTMAN KODAK CO., Rochester, N.Y., USA	*Kodak Ektachrome Papier*	g	Normal, kartonstark, weiß glänzend	Formate, Rollen, Verarbeitungsprozeß P-111
ORWO VEB FILMFABRIK, Wolfen	*Orwocolor Umkehr-Papier CPU*	d	Normal, kartonstark, weiß glänzend	Formate

6. Farbmaterialien für besondere Verwendungen

a) Kinefarbfilme

Kinefilme haben eine sehr vielseitige Verwendung. Sie dienen zu einem großen Teil der Unterhaltung in Lichtspieltheatern oder im Fernsehen als sogenannte Spielfilme, zu einem noch größeren Teil finden sie jedoch zur Werbung, zur Demonstration, zur Ausbildung und für den Unterricht als Lehrfilme, für die Forschung und für viele andere wirtschaftliche, industrielle und kommerzielle Zwecke Anwendung. Derartige vorführungsfertige Filme werden in der Hauptsache von besonderen Produktionsfirmen hergestellt, die vielseitige Erfahrungen in der wirkungsvollen und filmgerechten Ausführung haben.

Ein besonderes Element bei der Vorführung von Filmen ist die Farbe. Zur Darstellung von vielen Objekten und Vorgängen ist die Farbe überhaupt nicht entbehrlich, wie zum Beispiel bei medizinischen, biologischen, geologischen und landwirtschaftlichen Themen. Die Farbe hat außerdem eine belebende Wirkung.

Kinefarbfilme werden als 16 mm Schmalfilme, einseitig und doppelseitig perforiert, und in 35 mm Breite, perforiert, als sogenannte Normalfilme verwendet [540 bis 551]. Alle Kinefilmtypen für die verschiedensten Zwecke faßt man auch unter der Bezeichnung Kine-Rohfilme zusammen.

Von den verschiedenen Typen kann man generell unterscheiden: *Aufnahmefilme*, auch *Kamerafilme* genannt, sind in 35 mm Breite als *Normalfilme* und in 16 mm Breite als Schmalfilme sowohl als Negativmaterial wie auch als Umkehrmaterial gebräuchlich. Das Umkehrfarbfilmmaterial in 16 mm Breite wird zugleich von Amateuren als Doppel-8-Schmalfilme verwendet. Weitere Typen von *Kine-Rohfilmen* sind *Duplikat-Filme*. Hierzu zählen: *Farbzwischennegativfilme* in 35 mm und 16 mm Breite, *Farbpositivfilme* in 35 mm und 16 mm und *Duplikat-Umkehrfilme* in 16 mm Breite. Einen Überblick über die Wiedergabemöglichkeiten der 16 mm Negativ- und Umkehraufnahme-Farbfilme der Firma KODAK zeigen die Abb. 62 und 63.

Die Kinefarbfilmtechnik hat eine sehr schnelle Entwicklung durchgemacht [543 bis 553]. Im Jahre 1950 wurde der *Eastmancolor*-Negativfilm für Tageslicht mit einer Empfindlichkeit von 13 DIN eingeführt; 1953 folgte auf dem Markt ein Kunstlichtfilm von 15 DIN und von 13 DIN in Verbindung mit dem KODAK-Konversionsfilter *Wratten* Nr. 85 für Tageslicht. Im Jahre 1959 konnte die Filmempfindlichkeit auf 18 DIN = 50 ASA angehoben werden bei verbesserter Farbwiedergabe und wesentlich erhöhter Schärfe. Die Empfindlichkeit des höchstempfindlichen Umkehrfarbfilmes *Ektachrome ER* in 35 mm und 16 mm Breite beträgt 23 DIN = 160 ASA.

Auch die UdSSR hat das Kinefarbfilmmaterial entsprechend der Bedeutung, das der Kinefilm als Spiel- und Lehrfilm besitzt, sehr wesentlich in den letzten Jahren verbessert [551, 552]. Negativaufnahme- und Zwischennegativ-Farbfilme erhielten eingebaute Farbmasken. Durch Erhöhung der Halogensilberkonzentration konnte die Schichtdicke der Emulsionen von 0,027 mm beim bisherigen DS-2 auf 0,019 mm beim neuen *DS-5*-Film erniedrigt werden, wodurch die Schärfenwiedergabe erheblich verbessert wurde. Die UdSSR hat auch einen neuen Positivfilm geschaffen. Der neue *TsP-7* hat als oberste Emulsionsschicht eine grünsensibilisierte Purpurschicht; es folgt die rotempfindliche Blaugrünschicht, und zuunterst befindet sich die blauempfindliche Gelbschicht. Durch diese Umstellung der Schichtfolge konnte das Auflösungsvermögen auf 200 bis 250 Linien/mm gesteigert werden. Das Kinefilmmaterial der UdSSR wird in der FILMFABRIK SCHOSTKA, Ukraine, hergestellt.

Seit kurzer Zeit wird auch in der westlichen Filmindustrie der Positiv-Kinefarbfilm mit veränderter Schichtfolge hergestellt [552].

b) Aufsichtsfarbbildmaterial für Direktaufnahmen

ANSCO *Printon, Type Anscochrome T 640* ist ein Spezialmaterial, das zur Herstellung von farbigen Aufsichtsbildern durch Direktaufnahme bestimmt ist. Das Material besteht aus einer Mehrschichtenemulsion auf opaker Unterlage. Seine Empfindlichkeit entspricht etwa 6 DIN/3 ASA/0°. Für die Aufnahme werden Spezialkameras verwendet (UKAPHOT, Lindau/Bodensee). Das Verfahren hat Bedeutung für industrielle, gewerbliche und wissenschaftliche Zwecke (Paßaufnahmen, Dokumentation, Farbreproduktionen von Gemälden, Photoautomaten u. ä. mehr).

Ein neues Farbverfahren, das für Direktaufnahmen von Aufsichtsbildern für den Amateur bestimmt ist, ist in Amerika unter dem Namen „*Fotochrome-System*" auf den Markt gekommen. Das Verfahren arbeitet sehr einfach: Es wird ein auf einer opaken Filmunterlage beschichteter Umkehrfarbfilm verwendet. Nach der Belichtung wird der Film in einem billigen Chemikaliensatz verarbeitet. Der Umkehrprozeß kann von jedem Amateur ausgeführt werden. Die *Fotochrome*-Kamera, welche zu diesem System gehört, besteht aus einem Preßstoffgehäuse mit einem Objektiv von der Lichtstärke 1:4,5 und einer Belichtungszeit von $^1/_{25}$ s. Zwischen Objektiv und Film ist ein Umkehrspiegel eingebaut, damit seitenrichtige Unikate erhalten werden.

c) Spektrozonal-Photographie und Spektrozonalfilme

Farbaufnahmen aus der Luft für photogrammetrische, geologische, biologische, forestrische und auch militärische Zwecke haben bei dem normalen Mehrschichtenaufbau und Farbwiedergabevermögen wegen des Einflusses von Dunst und der

Lichtstreuung bei Aufnahmen aus großen Höhen geringe Erfolgsaussichten und sind praktisch ungeeignet. Von der UdSSR [554, 555] wie auch von den USA [556] wurden deswegen besondere Luftaufnahme-Farbfilme mit verschobener spektraler Empfindlichkeit nach dem Infrarot geschaffen. Von der UdSSR werden derartige Aufnahmematerialien Spektrozonalfilme genannt. Es gibt drei verschiedene Typen: *SN-2*-Negativfarbfilm, *SP-2*-Positivfarbfilm und *SP-2*-Farbpapier. KODAK stellt einen *Ektachrome Infrared Aero Film*, *false-color type*, her, der nach dem Prozeß E-3 verarbeitet wird [556].

d) Röntgenfarbfilme

Bereits im Jahre 1926 wurde von L. DANIN in einer deutschen Patentschrift vorgeschlagen, die Detailerkennbarkeit im Röntgenbild durch Herstellung von farbigen Bildern zu verbessern [557].

Auf Anregung von W. BERGERHOFF [558] schuf die AGFA AG, FILMFABRIK LEVERKUSEN, einen Röntgenfilm, dessen beide Emulsionen auf der Vorder- und Rückseite durch chromogene Entwicklung verschiedene Farbbilder, ein blaugrünes und ein rotes, ergeben [559, 560]. Beide Schichten müssen verschiedene Gradationen aufweisen, damit ein von der Belichtung abhängiger Farbgang eintritt. Die Farbentwicklung dauert 5 min. Zur Auswertung der Aufnahmen sind in ihrer Beleuchtungsstärke stufenlos regulierbare Betrachtungskästen erforderlich.

e) Registrierfarbpapiere

Von EASTMAN KODAK CO., Rochester, wurde ein Zweifarbenpapier auf dünner Unterlage unter der Bezeichnung „*Kind 1613*“ auf den Markt gebracht [561]. Die blauempfindliche Schicht enthält einen Rotkuppler und die grünempfindliche Schicht einen Blaugrünkuppler. Diese Anordnung gewährleistet eine sehr hohe Empfindlichkeit und gute Farbentrennung. Das Papier kann in einem Schnellverarbeitungsprozeß von $8^1/_2$ min Dauer in handelsüblichen Bädern verarbeitet werden. Das Registrierfarbpapier findet besonders für seismographische Messungen, für Oszillogramme und für Kathodenstrahlaufzeichnungen Verwendung.

7. Der Aufbau der farbphotographischen Schichten

Literatur: [59, 301, 528]

Die Entstehung des farbigen Bildes erfolgt immer mit Hilfe von drei Teilbildern, den Blau-, Grün- und Rot-Filterauszügen. Bei Mehrschichtenmaterialien sind diese für die drei Teilbilder erforderlichen Schichten übereinander angeordnet, außerdem treten noch verschiedene Hilfsschichten hinzu. Diese Anordnung liegt grundsätzlich bei jedem Mehrschichtenfarbmaterial vor, ob es sich um Aufnahmefilme, wie Negativ- oder Umkehr-Farbfilme, oder um Wiedergabematerial, wie Positivfilme, Duplikatumkehrfilme, und auch Farbpapiere handelt. Die einzelnen Materialien zeigen jedoch den besonderen Erfordernissen entsprechende Unterschiede.

Die Abb. 64 bis 67 zeigen den Schichtaufbau von verschiedenen Mehrschichtenfarbfilmen vom Typ *Agfacolor*. Die Filmunterlage bei allen Farbfilmen besteht aus Sicherheitsfilm (Azetylzellulose); ihre Stärke beträgt bei Kleinbildfilmen etwa 0,013 mm, bei Rollfilmen etwa 0,010 mm und bei Planfilmen etwa 0,020 mm. Der Colornegativfilm und der Colorpositivfilm haben auf der Rückseite der Unterlage eine blaugrün gefärbte Gelatineschicht als Lichthofschutz, die sich im Entwickler entfärbt. Beim Umkehr-Farbfilm befindet sich der Lichthofschutz in der Zwischenschicht zwischen der Unterlage und der untersten Emulsionsschicht. Diese Lichthofschutzschicht besteht aus einer schwarzen Silbergelatineemulsion. Diese Silberschicht wird bei der Verarbeitung im Bleichbad entfernt.

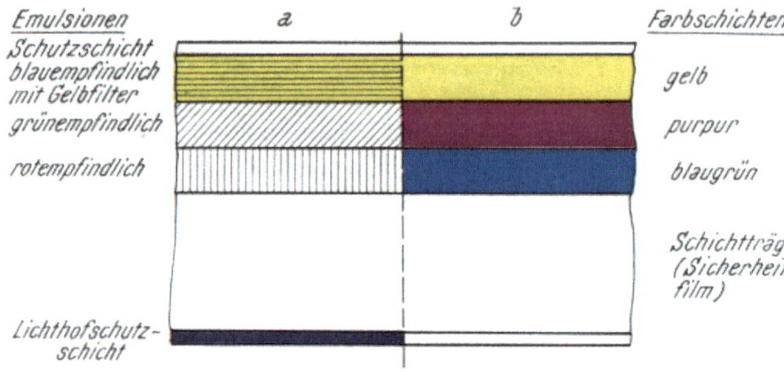

Abb. 64. Schichtaufbau des Negativfarbfilmes nach dem *Agfacolor*-Prinzip; *a* vor der Entwicklung, *b* nach der Entwicklung

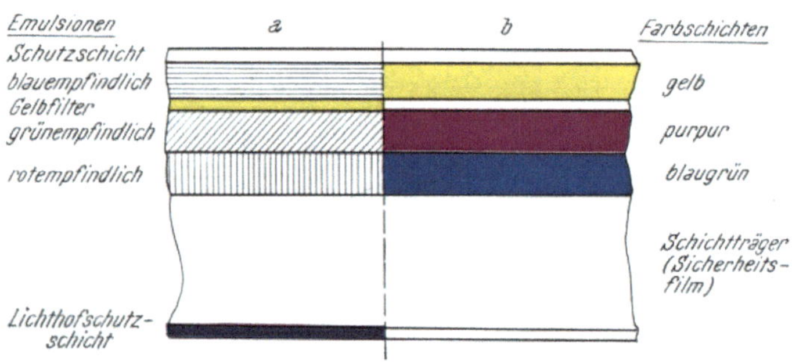

Abb. 65. Schichtaufbau des Positivfarbfilmes nach dem *Agfacolor*-Prinzip (normaler Typ); *a* vor der Entwicklung, *b* nach der Entwicklung

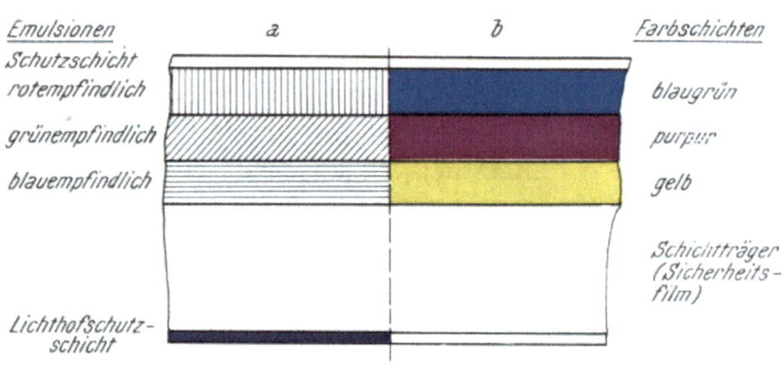

Abb. 66. Positivfarbfilm (neuer Typ); *a* vor der Entwicklung, *b* nach der Entwicklung

Der Colornegativfilm hat folgende Anordnung der Emulsionen (Abb. 64): Zuunterst auf der Unterlage befindet sich die rotempfindliche Emulsion. In dieser Schicht ist zugleich der farblose Blaugrünkuppler untergebracht. Die Mittelschicht ist grünempfindlich und enthält zugleich den Purpurfarbstoffkuppler. Die oberste Emulsionsschicht ist nur blauempfindlich und enthält den Gelbfarbstoffkuppler. Diese Emulsionsschicht ist mit einem Farbstoff gelb angefärbt, so daß diese Schicht zugleich als Gelbfilter wirkt und dadurch die blauen Strahlen vom Eindringen in die unteren Schichten abhält. Bei verschiedenen Negativfilmfabrikaten ist die Gelbfilterschicht als eine besondere Zwischenschicht zwischen der obersten und der mittleren Emulsion angeordnet. Auf den drei Emulsionsschichten befindet sich eine antistatisch wirkende Schutzschicht, die auch Schutz gegen mechanische Verletzungen bietet.

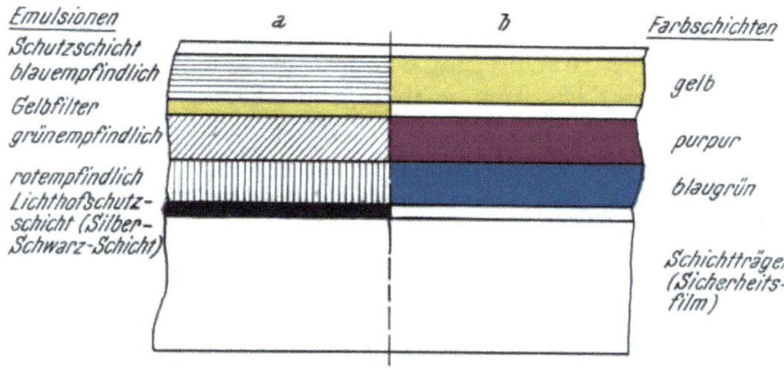

Abb. 67. Umkehrfarbfilm nach dem *Agfacolor*-Prinzip; *a* vor der Entwicklung, *b* nach der Entwicklung

Der Positivfarbfilm ist im Prinzip in der gleichen Weise aufgebaut wie der Negativfarbfilm (Abb. 65). Dieser Film enthält jedoch immer eine besondere Gelbfilterschicht zwischen der Mittelschicht und der Oberschicht. Neben diesem normalen Typ des Positivfarbfilmes gibt es in neuerer Zeit besonders für Kinefilmzwecke einen Positivfilm mit abweichender Schichtfolge [552, 553]. Bei diesem Film ist die blauempfindliche Gelbschicht zuunterst angeordnet, und die rotempfindliche Blaugrünschicht befindet sich zuoberst (Abb. 66). Eine Gelbfilterschicht ist hierbei nicht erforderlich. Die erforderliche Sensibilisierung bei dieser Schichtanordnung erreicht man dadurch, daß die unterste, nur blauempfindliche Schicht eine unsensibilisierte Bromsilberemulsion ist, während die beiden oberen Emulsionsschichten Chlorsilberemulsionen sind, von denen die eine für das grüne Spektralgebiet und die andere für das rote Spektralgebiet sensibilisiert ist. Bei diesen Chlorsilberemulsionen kann zugleich die Blauempfindlichkeit sehr niedrig gehalten werden, so daß diese Schichten auf blaue Strahlen nicht ansprechen. Die Anordnung der blauempfindlichen Gelbschicht als unterste Emulsionsschicht hat den Vorteil, daß derartige Mehrschichtenfilme eine wesentlich bessere Schärfezeichnung aufweisen. Für die Schärfe einer Farbaufnahme sind die blaugrüne und die purpurne Farbstoffschicht und die beiden obersten Schichten verantwortlich, während die Gelbschicht für die Schärfe nahezu bedeutungslos ist. In der untersten Emulsionsschicht ist außerdem die Abbildung infolge der Diffusion des Lichtes durch die oberen Schichten am unschärfsten.

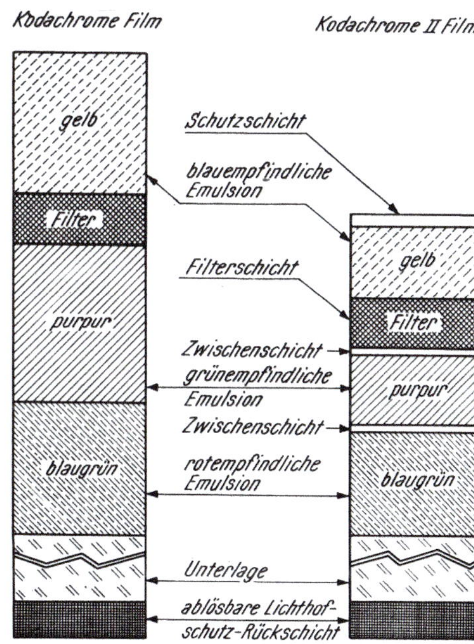

Abb. 68. Schichtanordnung beim *Kodachrome*-Film und Dickenverhältnisse beim älteren und neueren Typ

Beim Umkehr-Farbfilm befindet sich auf der Unterlage zunächst eine Gelatineemulsion aus schwarzem kolloidalen metallischen Silber als Lichthofschutzschicht (Abb. 67). Darüber ist die rotempfindliche Bromsilberemulsion mit dem blaugrünen Farbkuppler aufgebracht. Als Mittelschicht folgt die grünempfindliche Emulsion mit dem Purpurkuppler. Auf diese Emulsionsschicht ist eine Gelbfiltergelatineschicht gegossen, die die Aufgabe hat, die blauen Strahlen vom Eindringen auf die beiden unteren Emulsionsschichten abzuhalten. Die oberste Emulsions-

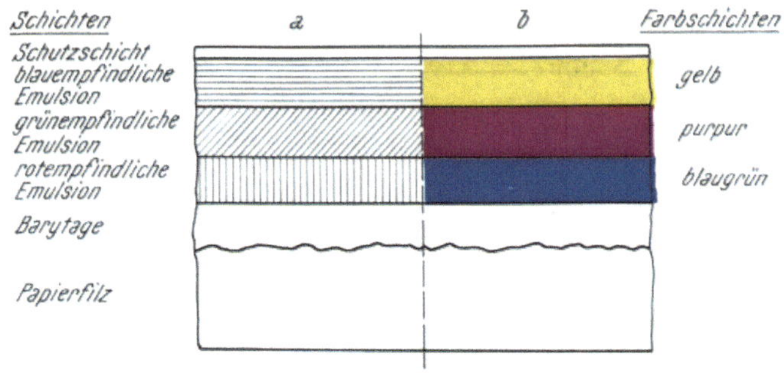

Abb. 69. Schichtaufbau beim Colorpapier (schematisch); *a* vor der Entwicklung, *b* nach der Entwicklung. (Bei einigen Fabrikaten sind die rotempfindliche Blaugrünschicht und die blauempfindliche Gelbschicht vertauscht)

schicht ist nur blauempfindlich und enthält den Gelbfarbstoffkuppler. Die Emulsionsschichten sind zum Abschluß mit einer Gelatineschicht überzogen, die Schutz gegen mechanische Verletzungen und gegen Verblitzungen bietet.

Abb. 68 zeigt in einer Schnittzeichnung den prinzipiellen Schichtaufbau des *Kodachrome*-Filmes älteren und neueren Typs. Die Schichtanordnung des *Kodachrome*-Filmes entspricht weitgehend den Farbschichten, die nach dem *Agfacolor*-Prinzip arbeiten.

Colorpapiere haben im Prinzip den gleichen Aufbau wie Farbfilme (Abb. 69).

Die Gesamtstärke der Emulsionsschichten eines Farbfilmes beträgt etwa 0,015 bis 0,020 mm. Jede einzelne Emulsionsschicht muß mit höchster Präzision gegossen sein, und ihre Stärke darf höchstens $^1/_{1000}$ mm abweichen.

8. Die Sensibilisierung und die spektrale Absorption der Farbschichten

Die drei übereinanderliegenden Emulsionsschichten haben, um als Farbauszugsschichten wirksam sein zu können, drei verschiedene spektrale Sensibilisierungsgebiete (Abb. 70, 71). Die Reihenfolge der Anordnung ist durch die natürliche Empfindlichkeit der Silberhalogenide und durch die Möglichkeit der spektralen Empfindlichkeitsbegrenzung bedingt. Bromsilbergelatineemulsionen sind in unsensibilisiertem Zustand nur blauempfindlich. Eine derartige unsensibilisierte Emulsion eignet sich deswegen bevorzugt als Oberschicht. Als Mittelschicht wird eine orthochromatisch sensibilisierte Emulsion verwendet. Ihre spektrale Empfindlichkeit reicht vom kurzwelligen Blau bis einschließlich Grün. Durch Vorschaltung einer Gelbfilterschicht als besondere Zwischenschicht oder durch Anfärbung der obersten Schicht können die blauen Lichtstrahlen vom Eindringen auf die Mittel- und Unterschicht abgehalten werden. Als unterste Emulsionsschicht wird eine rotsensibilisierte Emulsion verwendet. Von einer panchromatischen Emulsion unterscheidet sie sich dadurch, daß sie für Grün überhaupt nicht sensibilisiert ist. Infolge der vorgeschalteten Gelbfilterschicht ist im Untergrund nur die rote Strahlung wirksam.

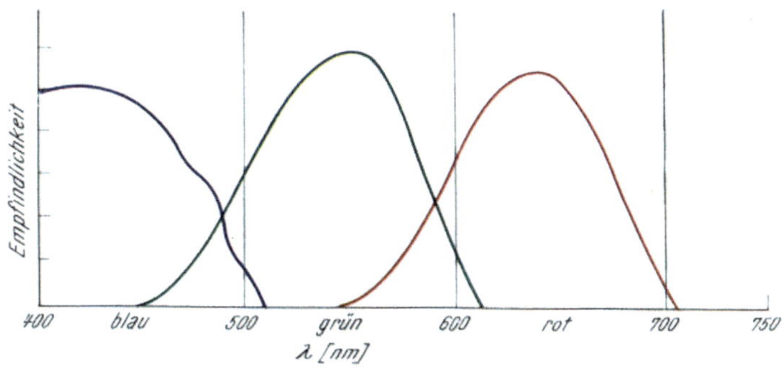
Empfindlichkeit
400
blau
500
grün
600
rot
700
750
λ [nm]

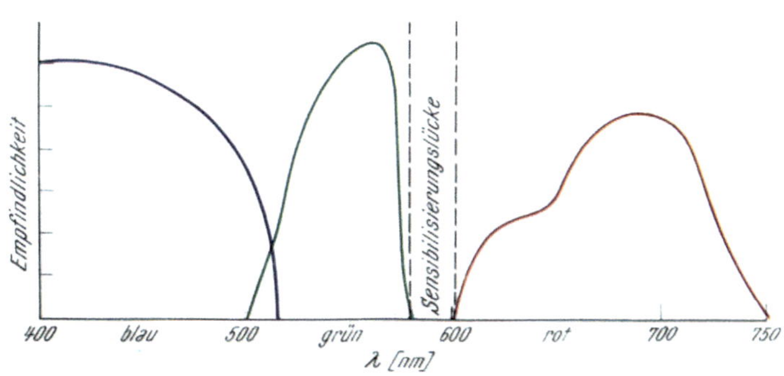
Empfindlichkeit
Sensibilisierungslücke
400
blau
500
grün
600
rot
700
750
λ [nm]

Den spektralen Empfindlichkeiten der einzelnen Schichten sind die Farbstoffbilder, die bei der Entwicklung entstehen, komplementär zugeordnet. In der blauempfindlichen, obersten Schicht wird das gelbe Farbstoffbild erzeugt; in der grünempfindlichen Mittelschicht entsteht das Purpurbild, und in der untersten, rotempfindlichen Schicht wird das blaugrüne Farbbild hervorgerufen. Diese Anordnung ist unbedingt beim Umkehrcolorverfahren zwingend; sie braucht

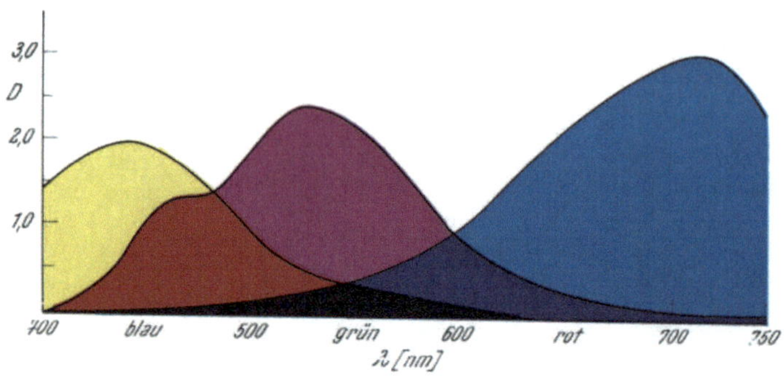

Abb. 72. Spektrale Absorptionskurven der Negativfarbstoffe

jedoch beim Negativ-Positivverfahren nicht unbedingt eingehalten zu werden. Geänderte Schichtfolge werden in neuerer Zeit beim Kinepositivfilm und auch verschiedentlich bei Colorpapieren angewandt [552, 553]. Für die Bildschärfe ist besonders das Purpurbild sehr ausschlaggebend, während das Gelbbild infolge seines hellen Farbtones am unwichtigsten ist. Außerdem ist die Bildschärfe von der Tiefenlage bedingt. Man ist deswegen bemüht, das Purpurbild in die oberste

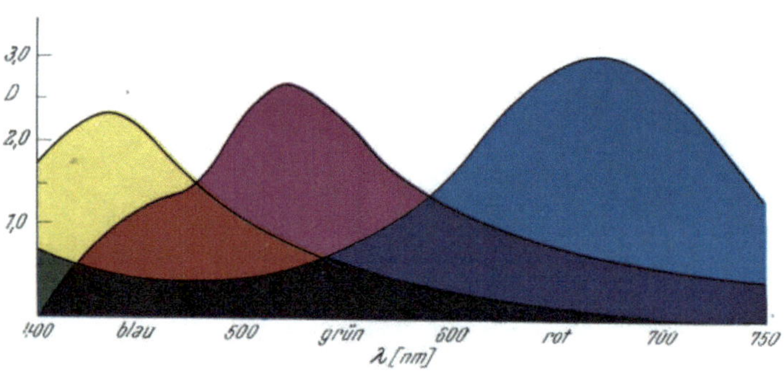

Abb. 73. Spektrale Absorptionskurven der Positivfarbstoffe

Schicht und das Gelbbild in die unterste Schicht zu verlegen. Verschiedentlich findet man auch Colorpapiere, bei denen das Blaugrünbild oben und das Gelbbild zuunterst angeordnet ist (Agfa-Gevaert, Leverkusen).

Die spektralen Absorptionskurven der Bildfarbstoffe bei Negativ- und Positivschichten zeigen die Abb. 72, 73. Die Absorption der blaugrünen Farbstoffe reicht in das infrarote Spektralgebiet hinein. Dementsprechend liegt auch das Sensibilisierungsmaximum der rotempfindlichen Positivschicht im langwelligen Rot, und es entsteht dadurch beim Positivmaterial eine sehr merkbare Grünlücke, die eine Verarbeitung bei verhältnismäßig hellem grünem Dunkelkammerlicht ermöglicht.

9. Aufbewahrung und Lagerung von Farbmaterial

Literatur: [59, 523, 538, 542]

a) Haltbarkeit von unbelichteten Farbfilmen in Originalverpackung

Filmmaterialien in Originalverpackung tragen auf ihrer äußeren Verpackung eine Angabe über ihre Verfallzeiten. Innerhalb dieser Verfallzeit übernimmt der Hersteller bei sachgemäßer Lagerung die Gewähr für unveränderte photographische Eigenschaften. Bei Schwarzweißfilmen beträgt die Laufzeit meistens mehrere Jahre, bei Farbfilmen dagegen nur etwa ein Jahr.

Das lichtempfindliche Material ist einer Alterung unterworfen, die sich darin äußert, daß sich seine photographischen Eigenschaften im Laufe der Zeit ändern. Bei Schwarzweiß-Materialien treten erhöhter Schleier, Gradationsverflachung und Absinken der Empfindlichkeit ein. Bei Farbfilmen kommt eine weitere sehr schwerwiegende Fehlererscheinung hinzu, die Verschiebung des Farbgleichgewichtes. Dieser Fehler tritt schon nach verhältnismäßig kurzer Lagerung auf, und ungünstige Lagerungsbedingungen wirken sich schon sehr frühzeitig aus. Die Verfallzeiten bei Farbfilmen sind aus diesen Gründen sehr kurz bemessen. Die Alterung des photographischen Materials kann durch keine Maßnahmen aufgehalten werden; sachgemäße Lagerung kann jedoch den Alterungsprozeß sehr stark verlangsamen.

Es sind vor allem zwei Einflüsse, die schädigend auf die Haltbarkeit von Farbfilmen einwirken, die relative Luftfeuchtigkeit und hohe Temperatur. Dabei ist Luftfeuchtigkeit bedeutend schädlicher als hohe Temperatur. Wirken beide gleichzeitig auf Filme ein, dann können sie schon nach ganz kurzer Zeit vollständig unbrauchbar werden. Die Originalverpackung schützt meistens gegen die Luftfeuchtigkeit, jedoch nicht gegen zu hohe Temperaturen. Je tiefer die Temperatur ist, bei der Farbfilme aufbewahrt werden, um so größer ist ihre Haltbarkeit. KODAK gibt für *Ektachrome*-Filme folgende Beziehungen zwischen Lagerungstemperaturen und Haltbarkeit in Originalverpackung an [538]:

Tabelle 5. *Lagerungstemperatur und Haltbarkeit für Farbfilme*

Lagerungstemperatur	Haltbarkeit
−10°C bis −18°C (Tiefkühlung)	mehrere Jahre
+ 7°C bis +12°C (klimatisierter Kühlraum)	etwa 1 Jahr
+18°C bis +21°C (Zimmertemperatur)	etwa 10 Monate
über 21°C	etwa 4 Wochen

Diese Angaben kann man ohne weiteres auf andere Farbmaterialien übertragen. Farbfilme sind demnach bei Lagerung an einem kühlen Ort in Originalverpackung unbedenklich bis zum Verfalldatum haltbar.

Ebenso gefährlich wie Luftfeuchtigkeit sind für die Haltbarkeit von photographischen Schichten Gase und Dämpfe. Besonders in Industriegebieten ist deswegen darauf zu achten, daß Farbmaterialien nur in der Originalverpackung aufbewahrt werden. Man sollte auch niemals Farbfilme in neuen Schränken unverpackt aufbewahren. Es hat sich gezeigt, daß die Lösungsmittel und Imprägnierungsmittel häufig einen starken Gelbschleier verursachen können.

Für die Aufbewahrung von Farbmaterialien in unserer gemäßigten Zone ergeben sich folgende grundsätzliche Regeln:

Farbmaterialien stets in den Originalverpackungen belassen, bis sie gebraucht werden.

Farbschichten an einem möglichst kühlen Orte lagern. Je kühler die Lagerung erfolgt, um so länger sind Farbschichten haltbar.

Farbmaterialien dürfen niemals in einem feuchten Keller oder auch in der Küche aufbewahrt werden.

Wenn Farbfilme einige Zeit kühl gelagert wurden, so müssen sie vor der Benutzung mindestens 1 bis 2 Stunden bei normaler Raumtemperatur liegenbleiben, damit sich auf dem kalten Film keine Feuchtigkeit kondensiert.

b) Farbfilme in der Kamera

Längere Aufbewahrung von unbelichteten Filmen in der Kamera wirkt sich geradeso aus wie Lagerung ohne Originalverpackung. Auch hier gilt grundsätzlich die Forderung der Aufbewahrung in trockener Luft und keinesfalls in der Wärme. Bleibt der Film während einer längeren Regenperiode in der Kamera, so kann die Feuchtigkeit infolge seines ungeschützten Zustandes schwere Schädigungen verursachen. Man sollte deswegen in diesem Fall den Film möglichst bald zu Ende belichten und ihn zur Entwicklung weitergeben.

Bei Rollfilmkameras ist auf die Vermeidung von Lichtschleier zu achten. Bei derartigen Kameras wird der Filmtransport meistens durch Beobachtung der Bildnumerierung in einem roten Fenster in der Rückwand kontrolliert. Durch dieses Fenster kann bei unsachgemäßer Handhabung rotes Licht auf den Film hindurchdringen und dort bei Farbfilmen hellrote Flecken verursachen. Man achte deswegen bei Rollfilmkameras darauf, daß das Nummernfenster stets vollständig lichtdicht verschlossen ist und nur kurze Zeit beim Weitertransport des Filmes geöffnet wird.

c) Lagerung belichteter Farbfilme

Die belichteten Farbfilme sollen so bald wie möglich zur Entwicklung gegeben werden. Das aufgenommene latente Bild kann bei Farbfilmen wesentlich schneller und unangenehmer abklingen als bei Schwarzweißfilmen. Es spielen hierbei die Temperatur und die Feuchtigkeit eine sehr ausschlaggebende Rolle, um so mehr, da die Filme nahezu ungeschützt sind. Für längere Zeit kann das latente Bild nur durch Lagerung bei Temperaturen unter dem Gefrierpunkt geschützt werden. Bevor man jedoch die Filme zu diesem Zwecke in einen Kühlschrank bringt, müssen sie in trockener Atmosphäre luftdicht verpackt werden. Das erreicht man dadurch, daß man die Filme in eine Filmbüchse legt und diese mit einem Klebeband fest verschließt.

d) Verwendung von Filmen in den Tropen und in der Arktis [563, 564]

Für Farbaufnahmen in den Tropen sind unbedingt Tropenpackungen zu verwenden. Derartige Packungen stellt jede Firma her, sie müssen jedoch besonders angefordert werden, da sie im Handel nicht vorrätig sind.

Auch für die Haltbarkeit der Filme in den Tropen ist die Feuchtigkeit der gefährlichste Feind. Bei Tropenpackungen, die aus verlöteten Metallhülsen bestehen, ist jede Feuchtigkeitseinwirkung ausgeschlossen. Derartige Packungen brauchen nur vor der Einwirkung von zu hoher Temperatur geschützt zu werden. In den Tropen lagert man deswegen die Filme möglichst in Kühlschränken, die in jedem Hotel vorhanden sein dürften. Man kann eventuell auch Trockeneis beschaffen, damit einige leere Blechdosen füllen und diese zwischen die Filmdosen packen. Man entnimmt stets nur den täglichen Bedarf. Kühl gelagerte Filme dürfen keinesfalls sofort in die Kamera eingelegt werden, da sich dann auf dem unterkühlten Film Kondenswasser niederschlägt, so daß die Filmbahnen zusammenkleben und sonstige Fehler eintreten. Bei Außenaufnahmen trage man dafür Sorge, daß die Filme vor Hitze und Sonne geschützt werden, indem man sie nach Möglichkeit im Schatten und im offenen Zelt in der Zugluft hält, die Kassetten und die Kamera vor der heißen Sonne mit einem weißen Tuch verhängt und die nächtliche Abkühlung zur Kühlhaltung der Filme ausnutzt.

Belichtete Filme bringe man unbedingt wieder in der Originalverpackung unter und verschließe die Dosen durch Umwickeln mit Lassoband. Eine größere Anzahl verpacke man in einem Behälter (Filmbüchse, verschließbare Blechdose, Konservenglas) und lege dazu einen Beutel mit einem Trockenmittel. Am besten eignet sich dazu Silicagel (Blaugel), das beträchtliche Mengen Feuchtigkeit absorbieren kann. Wenn es mit Feuchtigkeit gesättigt ist, so verfärbt es sich von Blau nach Rot. Durch Erhitzen auf etwa 120°C auf einem Blech oder ähnlichem kann die Feuchtigkeit vertrieben werden, und es wird dadurch wieder verwendungsfähig. Denselben Zweck wie Silicagel erfüllen auch Teeblätter und Reiskörner. Farbfilme sollen grundsätzlich sobald als möglich zur Entwicklung weggeschickt werden.

Im Gegensatz zur Hitze haben tiefe Temperaturen, wie sie in der Arktis auftreten, keinen schädlichen Einfluß auf die photographischen Eigenschaften von Farbfilmen. Durch zu große Kälte können jedoch zwei physikalische Fehlererscheinungen verursacht werden: Einmal können die Filme sehr brüchig werden, und zum zweiten können bei schnellem Umspulen Verblitzungen auftreten. Auch zu große Feuchtigkeit kann den letzteren Fehler begünstigen. Es ist deswegen dringend anzuraten, das Filmmaterial nicht unnötig früh aus den Filmdosen auszupacken und die geladenen Kassetten nicht zu sehr den strengen klimatischen Bedingungen auszusetzen.

B. Die Farbfilmsensitometrie

Literatur: [35, 59, 301, 565 bis 569]

In der Schwarzweiß-Photographie ist die Sensitometrie ein unerläßliches Hilfsmittel, um die Umsetzung von Helligkeitswerten in der Natur in Schwärzungswerte in der photographischen Schicht zahlenmäßig festzulegen, um daraus die wichtigsten photographischen Eigenschaften der lichtempfindlichen Emulsionen abzuleiten und um die Beeinflussung durch die Verarbeitungsprozesse zu verfolgen (Band V, D.).

In der Farbphotographie nimmt die Sensitometrie noch eine viel wichtigere Stelle ein, weil sie nicht nur Helligkeitswerte reproduziert, sondern auch bemüht ist, die Farben möglichst natürlich wiederzugeben. Die Fehlermöglichkeiten sind dadurch wesentlich vielseitiger, und diese können durch eine sinnvoll angewandte Sensitometrie weitgehend vermieden werden.

1. Die Schwärzungskurve und die Farbdichtekurven

In der Schwarzweiß-Photographie wird in der photographischen Schicht durch die Entwicklung das bei der Aufnahme belichtete Bromsilber zu metallischem Silber reduziert. Diese Reduktion erfolgt nach Maßgabe der vorher auf die Schicht wirksamen Lichtintensität, das heißt, die Schicht wird entsprechend der wirksamen Lichtintensität geschwärzt. Die Beziehung zwischen Lichtintensität und Schwärzung kann durch die sogenannte Schwärzungskurve graphisch dargestellt werden (Abb. 74). Auf der waagrechten Koordinate (Abszisse) ist die Lichtmenge in logarithmischem Maßstab aufgetragen (lg I · t). Diese Skala hat den Vorteil, daß sie in engem Zusammenhang mit der Blendenreihe an der Kamera steht, und außerdem ermöglicht sie, große Belichtungsunterschiede auf einer kurzen Strecke unterzubringen. Die Schwärzung ist auf der senkrechten Koordinate, der Ordinate, aufgetragen. Die Schwärzung S ist definiert als S = lg 1/T, wobei T die Transparenz (Durchlässigkeitsgrad) bedeutet (Band V, D.).

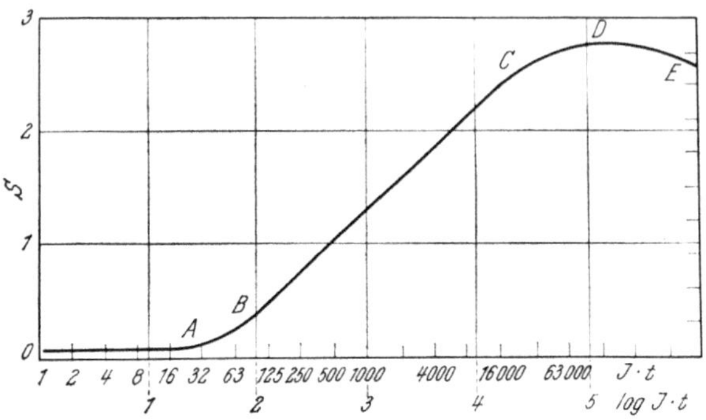

Abb. 74. Schwärzungskurve; *A* Schwelle, vor *A* Schleier, *A – B* Durchhang, *B – C* gerader Teil (Mitteltöne und Lichter), *C – D* Schulter (Überbelichtung), *D – E* Solarisation

Die Schwärzungskurven aller photographischen Schichten haben einen weitgehend ähnlichen Verlauf. Der untere und mittlere Teil der Kurve sind für die Helligkeitswiedergabe von entscheidender Bedeutung. Die Steigung der Schwärzungskurve ist bestimmend für den Umsatz eines Helligkeitskontrastes im Objekt (Objektkontrast) in einen Schwärzungssprung im Negativ (Negativkontrast), wobei die fabrikatorisch bedingten Eigenschaften und die Verarbeitung einen sehr wesentlichen Einfluß ausüben. Je flacher die Gradationskurve verläuft, um so geringer ist die Kontrastwiedergabe. Materialien, die eine steilere Schwärzungskurve ergeben, arbeiten mit hoher Kontrastwiedergabe. Als Maßzahl

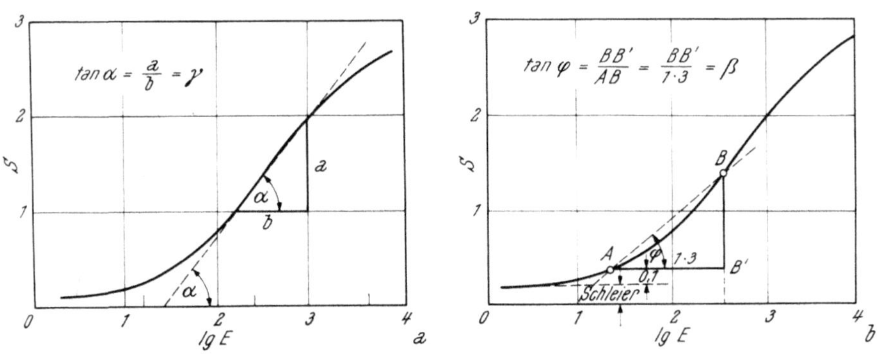

Abb. 75. Charakterisierung der Gradation von photographischen Schichten; *a* Gammawert (γ = Steigung des geraden Teiles der S-Kurve), *b* mittlere Gradation (Betawert) (β = Steigung der S-Kurve über dem Belichtungsabschnitt 1,3, beginnend vom Empfindlichkeitspunkt 0,1 über dem Schleier)

für die Kontrastwiedergabe eines photographischen Materials dient allgemein der Gammawert, auch einfach Gamma, Kontrastfaktor, Entwicklungsfaktor genannt. Unter Gamma (γ = griechischer Buchstabe) versteht man die Steigung des geraden Teiles der Schwärzungskurve, mathematisch ausgedrückt $\gamma = \tan\alpha$ (Abb. 75). Häufig wird anstelle der Steigung des geraden Teiles auch ein mittleres Gamma, der sogenannte Betawert, verwendet. Unter dem Betawert versteht man die Steigung der Schwärzungskurve über dem Objektumfang (Belichtungsumfang) 1:20 (lg 20 = 1,3), gerechnet vom Empfindlichkeitspunkt S = 0,1 über dem Schleier

(Abb. 74). Aus der Schwärzungskurve kann auch die Empfindlichkeit abgelesen werden. Als Empfindlichkeitspunkt dient für die bildmäßige Photographie die Schwärzung S = 0,1 über dem Schleier. Wenn dieser Punkt auf der Abszisse nach kleineren Belichtungswerten verschoben ist, dann liegt höhere Empfindlichkeit vor. Eine Verschiebung um 0,3 logarithmische Einheiten bedeutet eine Empfindlichkeitserhöhung um das Doppelte (Numerus 0,3 = 2,0). Die Empfindlichkeitsangaben in der Schwarzweiß-Photographie sind für bildmäßiges Aufnahmematerial auf nationaler Basis genormt. Die nationalen Normen werden allmählich durch eine internationale Norm abgelöst. Zur Zeit werden noch drei Zahlen für die Empfindlichkeitsangabe verwendet (DIN — ASA — ISO) [570].

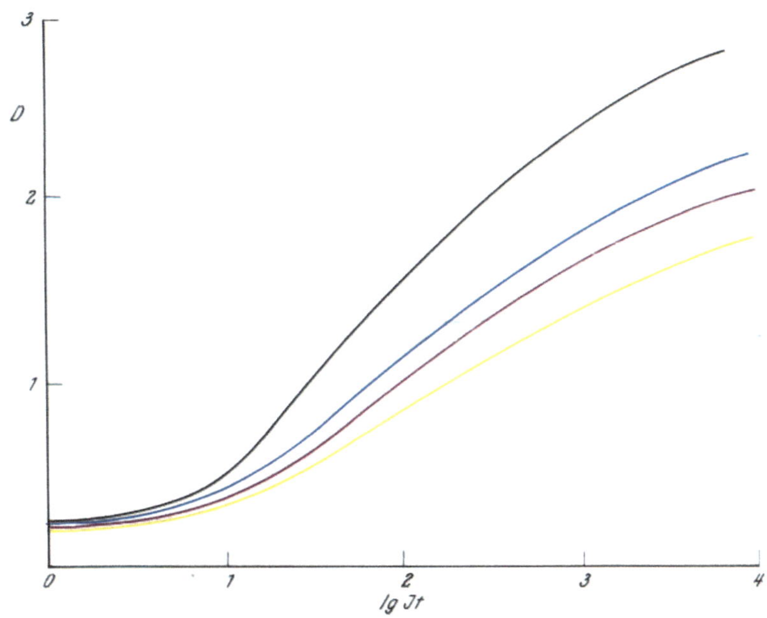

Abb. 76. Farbdichtekurven eines Negativfarbfilmes im Vergleich zur Schwärzungskurve eines Negativ-Schwarzweißfilmes

Bei Mehrschichten-Farbfilmen stellt jede der drei Schichten ein photographisches Material für sich dar. In jeder der drei Schichten wird neben dem Silberbild ein anderes Farbstoffbild entwickelt, und nach dem Ausbleichen der Silberbilder bleiben die reinen Farbstoffbilder zurück und bauen das Gesamtbild in natürlichen Farben auf. Ein neutraler Farbton (weiß, grau oder schwarz) entsteht in einer Colorschicht, wenn in allen drei Schichten gleiche Dichten der Farbstoffe entwickelt werden. Um dies zu erreichen, müssen alle drei Schichten in völlig gleicher Weise auf die auffallenden Lichtintensitäten reagieren. Die Wirkungen der drei einzelnen Schichten lassen sich dadurch einzeln bestimmen, indem man mit strengen Blau-, Grün- und Rotfiltern die entstandenen Farbdichten ausmißt. Die Farbdichten im Colormaterial entsprechen den Schwärzungen im Schwarzweißmaterial. Setzt man die entwickelten und ausgemessenen Farbdichten in Beziehung zu der jeweils erfolgten Belichtung, so erhält man drei Farbdichtekurven: eine für die Gelbschicht, gemessen mit Blaufilter; eine für die Purpurschicht, gemessen mit Grünfilter, und eine für die Blaugrünschicht, gemessen mit Rotfilter.

Die Abb. 76 zeigt die Farbdichtekurven eines Negativfarbfilmes im Vergleich zu einem üblichen Schwarzweißfilm.

2. Die Meßtechnik in der Farbfilmsensitometrie

Die Meßtechnik in der Farbfilmsensitometrie ist weitgehend übereinstimmend mit der in der Schwarzweißsensitometrie. Die Prüfstreifen werden in einem Kurzzeitsensitometer unter einem Graukeil belichtet, wobei die Belichtungszeit der Praxis entsprechend $^1/_{10}$ bis $^1/_{50}$ s gewählt wird. Die Farbtemperatur der Lichtquelle muß ebenfalls jeweils dem Farbmaterial zweckentsprechend angepaßt sein. Bei Negativ-Farbfilmen und Umkehr-Farbfilmen für Tageslicht kann die Beleuchtung nach DIN 4512/61 verwendet werden, die der Farbtemperatur des mittleren Tageslichtes von 5000° K entspricht. Die Beleuchtungsstärke nach DIN 4512 ist jedoch bei einer Belichtungszeit von $^1/_{50}$ s zur Erzielung einer ausreichenden Deckung auf dem Prüfstreifen nicht ausreichend; es wäre etwa eine 20malige intermittierende Belichtung erforderlich. Für die Sensitometrie von Tageslicht-Colorfilmen wird daher als Lichtquelle vielfach eine 1000-Watt-Kineprojektionslampe in Verbindung mit einem Davis-Gibson-Filter (Lampe mit Farbtemperatur 2850° K = Normalbeleuchtung D) empfohlen. Bei Farbfilmen, die für Kunstlichtaufnahmen bestimmt sind, kann Nitralicht von der Farbtemperatur 3200° K verwendet werden. Normvorschriften für die Farbfilmsensitometrie, in denen die Bedingungen für die verschiedenen Materialien festgelegt sind, wurden von der American Standards Association Inc., New York, USA, herausgegeben [571, 572]. Bei der Sensitometrie des Positivfilmes soll die Farbe der Lampe der Lichtfarbe in der Kopiermaschine (Glühlampe von etwa 2900° K) angepaßt sein.

Die Sensitometerstreifen erhält man durch Belichtung unter einem Stufenkeil aus einer Silbergelatineemulsion. Als besonders geeignet haben sich Silberkeile von 9,5 mm Stufenhöhe (halbes Kinebild) und einem Stufenanstieg um 0,3 bei insgesamt 20 Stufen erwiesen. Die Silberkeile müssen auf Azetatunterlage hergestellt sein, da Nitrofilm allmählich vergilbt. Graphitkeile sind für die Farbfilmsensitometrie nicht geeignet, da sie Durchlässigkeit im Infrarot besitzen. Die Entwicklung der belichteten Sensitometerstreifen erfolgt zweckmäßig jeweils nach der Methodik der Praxis für das betreffende Material.

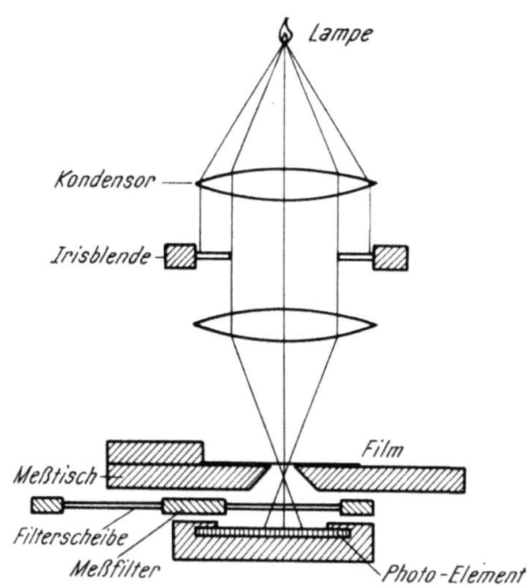

Abb. 77. Farbdichtemesser (schematischer Aufbau)

Zur Ausmessung der Sensitometerstreifen werden objektive Farbdichtemesser verwendet, wie sie von einer Reihe von Firmen hergestellt werden (van Briesen, München, Macbeth *TD 102*, USA, J. A. Sinclair & Co., Ltd., London, VEB Gerätewerk, Berlin-Köpenick). Den schematischen Aufbau und die Arbeitsweise eines derartigen Farbdichtemessers zeigt Abb. 77.

Die Auswertung der Farbdichtekurven erfolgt am zweckmäßigsten mit Hilfe eines Nomogrammes, das in den verschiedensten Formen ausgeführt sein kann (Abb. 78).

Bei Negativ-Farbfilmen wird als Kriterium für die Empfindlichkeit die Farbdichte S = 0,10 über dem Schleier angenommen. Zur Charakterisierung des Negativkontrastes (NK, Abb. 78) dient die mittlere Gradation über dem Belichtungsumfang log E = 1,50, beginnend beim Empfindlichkeitspunkt. Die mittlere Gradation der drei Farbdichtekurven soll etwa 0,65 bis 0,75 betragen.

Bei Positiv-Farbfilmen werden die Farbdichten = 1,0 als Empfindlichkeitspunkte verwendet. Die Festlegung der Gradationen der Farbdichtekurven erfolgt mit Hilfe des oberen Kopierumfangs (P. oK, Abb. 78) und des unteren Kopierumfanges (P. uK, Abb. 78), wobei der Teilbelichtungsumfang jeweils log E = 0,50

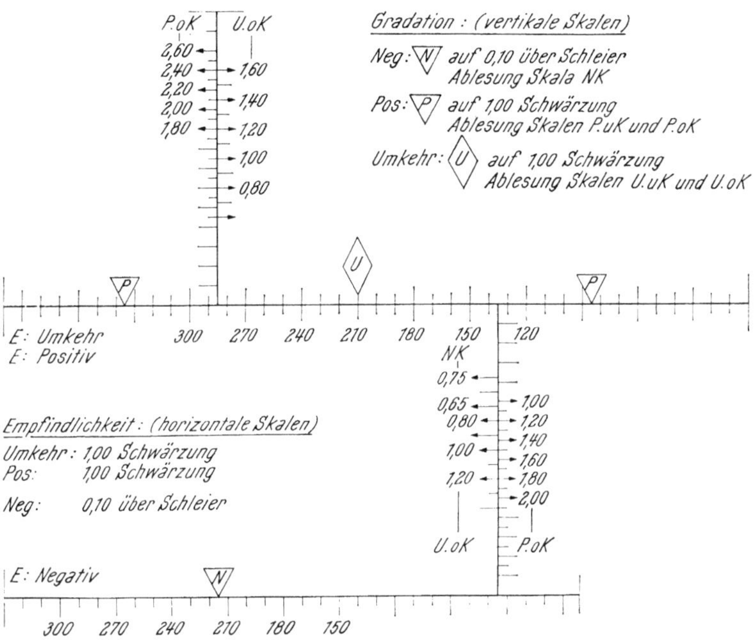

Abb. 78. Nomogramm zur Ermittlung der sensitometrischen Daten bei Farbfilmen (NWDR, Fernsehen)

beträgt. Zur Bestimmung des oberen Positiv-Kopierumfanges wird bei jeder Farbdichtekurve die Dichte = 1,0 auf das linke P der horizontalen Skala gelegt und der jeweilige obere Kopierumfang an der vertikalen Skala (P. oK) abgelesen. Bei der Messung des unteren Positiv-Kopierumfanges wird die Farbdichte = 1,0 jeder Farbdichtekurve auf das P an der rechten Seite der horizontalen Skala gelegt und der Kopierumfang (P. uK) an der vertikalen Skala nach unten abgelesen.

Bei Umkehr-Farbfilmen dient ebenfalls die Farbdichte = 1,0 für jede Kurve als Empfindlichkeitspunkt. Die Gradation wird charakterisiert und gemessen als zwei Teilwerte, und zwar als unterer Kontrast (U. uK) über dem Belichtungsumfang log E = 0,75 und als oberer Kontrast (U. oK) ebenfalls über dem Belichtungsumfang log E = 0,75. Zur Ermittlung dieser Werte wird jeweils die Farbdichte = 1,0 auf den Punkt U der horizontalen Skala gelegt und der untere Kontrast an der vertikalen Skala nach unten (U. uK) und der obere Kontrast an der vertikalen Skala nach oben (U. oK) abgelesen. Die Abb. 79 zeigt die Messung der Gradation der blaugrünen Farbschicht eines Umkehr-Farbfilmes.

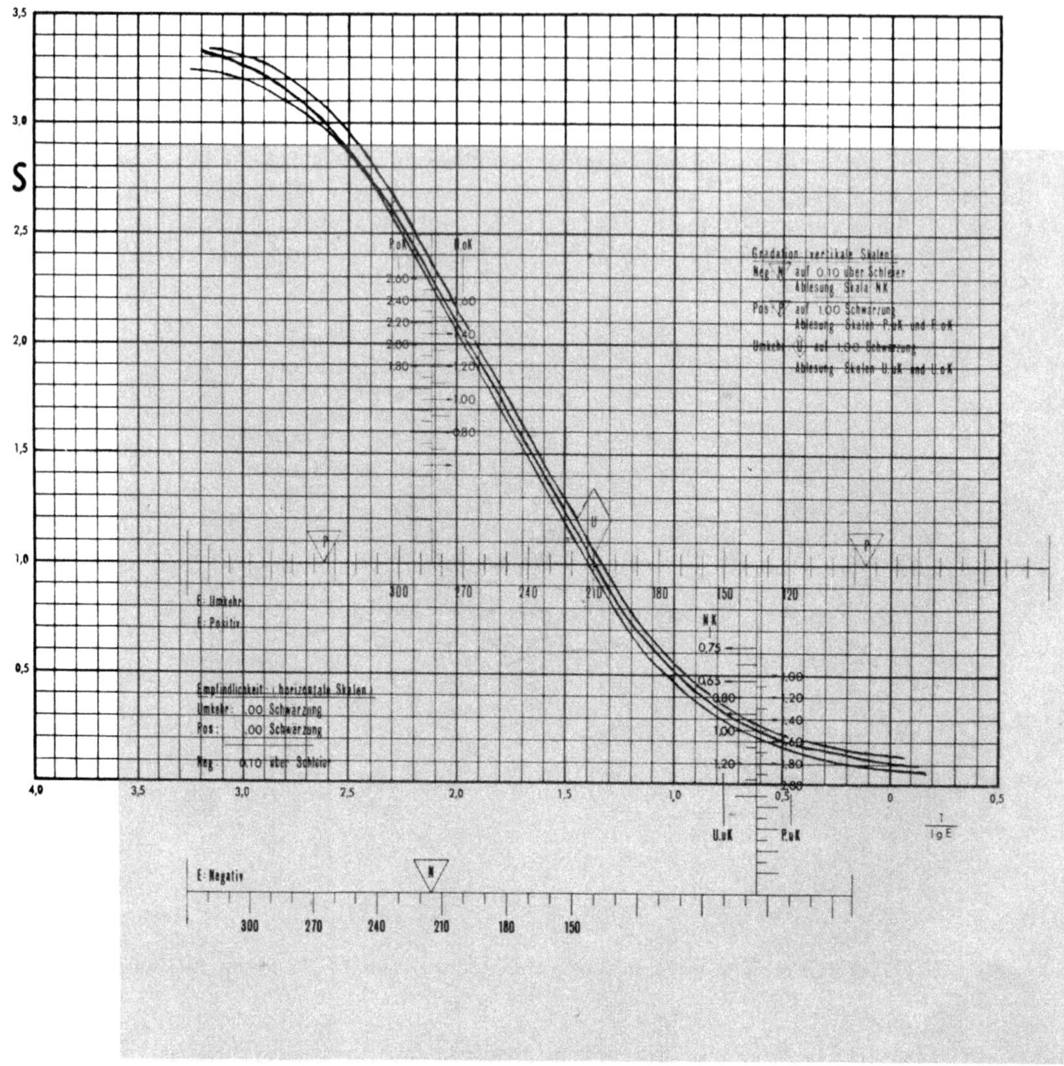

Abb. 79. Bestimmung der Gradation eines Umkehrfarbfilmes mit Hilfe eines Nomogrammes.
U.uK = 1,00; U.oK = 1,70; Empf. $= \frac{1}{\lg E} = 1{,}48 \sim 14{,}8$ DIN

3. Die Sensitometrie des Negativfarbfilmes

Literatur: [35, 59, 301, 565 bis 569, 579 bis 591]

a) Empfindlichkeit, Gradation, Schleier

Die Farbdichtekurven eines Negativfarbfilmes weichen in ihren Formen von der Schwärzungskurve eines Schwarzweißfilmes nicht allzu stark ab (Abb. 80). Die Empfindlichkeit eines Colorfilmes ist jedoch meistens übereinstimmend mit der eines niedrig- oder mittelempfindlichen Schwarzweißfilmes. Eine Empfindlichkeitsangabe bei Colorfilmen in einem bestimmten Empfindlichkeitssystem wie DIN oder ASA ist zur Zeit noch nicht möglich, da bisher keine entsprechende

Norm wie für bildmäßiges Schwarzweißmaterial geschaffen wurde. Man sagt deswegen grundsätzlich bei Colorfilmen „zu belichten wie x DIN — y ASA — z⁰ ISO".

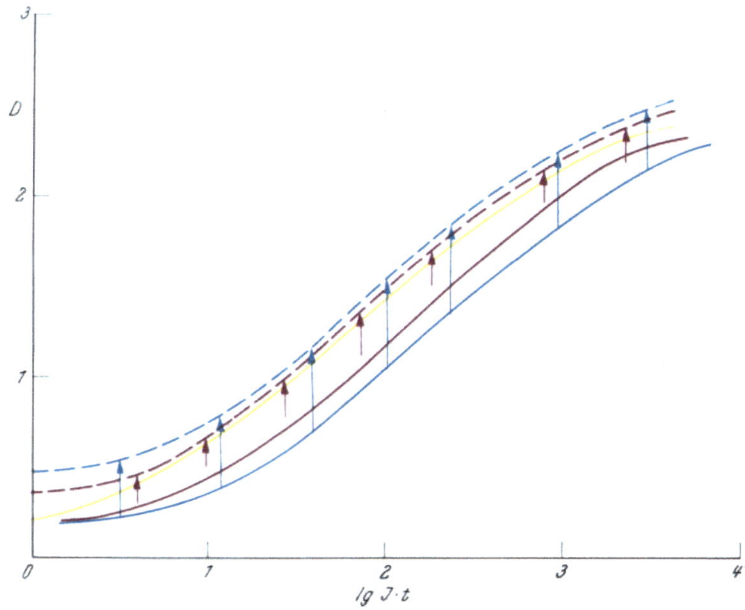

Abb. 80. Farbdichtekurven eines Negativfarbfilmes mit verschiedener Empfindlichkeit der Einzelschichten; Korrektur der Blaugründichtekurve durch Blaugrünkopierfilter; Korrektur der Purpurdichtekurve durch Purpurkopierfilter; Länge der Pfeile entsprechen den Dichten der Kopierfilter

Die Gradation aller drei Farbdichtekurven muß bei einwandfreier Verarbeitung gleich sein, dann ist auch die Wiedergabe der Grauwerte vollkommen neutralgrau. Im allgemeinen ist der Gammawert der Farbdichtekurven etwas höher als bei Schwarzweiß-Negativfilmen, etwa 0,70 gegenüber 0,60.

Der Schleier bei Negativfarbfilmen liegt immer höher als bei Schwarzweißfilmen. Die Ursache ist in der Vielzahl der Schichten übereinander begründet.

b) Verschiedene Empfindlichkeit der einzelnen Schichten

Der Idealfall des Verlaufes der Farbdichtekurven entsprechend der Abb. 72 wird in der Praxis in den wenigsten Fällen erreicht. Es können in verschiedener Hinsicht Abweichungen und damit verschiedene Schwierigkeiten auftreten. In Abb. 80 ist der Fall dargestellt, daß die einzelnen Farbdichtekurven wohl gleiche Gradation, jedoch verschiedene Empfindlichkeit aufweisen. Verläuft die Blaugrünfarbdichtekurve bei geringeren Empfindlichkeitswerten, so erscheinen die Grauwerte mit einem Rotstich behaftet. Dieser Fehler kann seine Ursache in fabrikationsbedingten Schwankungen bzw. in der Verwendung eines weniger geeigneten Aufnahmelichtes haben. Entspricht die Beleuchtung der Sensitometerstreifen der Farbtemperatur, auf die das Farbgleichgewicht des Materials eingestellt ist, so liegen die Farbdichtekurven eng beieinander. Ebenso ist es selbstverständlich in der Praxis. Wird bei einer Aufnahme eine Beleuchtung verwendet, auf die das Farbmaterial nicht abgestimmt ist, so werden Grauwerte des Originals im Bild nicht neutralgrau abgebildet, sondern sind mit einem Farbstich behaftet. Abweichende Empfindlichkeiten der Farbdichtekurven können beim Positivprozeß durch Vorschaltung eines Kopierfilters ausgeglichen werden (Abb. 81). Ist die Blaugrünschicht unempfindlicher, so kann durch Einschaltung eines Blaugrünfilters ein bestimmter Betrag zur Blaugründichte addiert werden. Dadurch wird die Blaugrünfarbdichtekurve parallel nach oben verschoben. Die Stärke des Blaugrünfilters hängt vom Dichtebereich des Negativs ab. Bei Überbelichtung muß die Blaugrünkurve stärker angehoben werden als bei Unterbelichtung. Bei

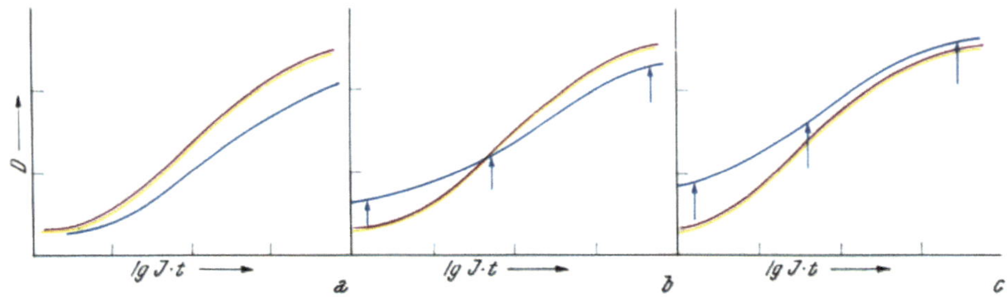

Abb. 81. Farbdichtekurven eines Negativfarbfilmes mit verschiedener Gradation der Einzelschichten und ihre Korrektur; *a* abweichende, flache Gradation der Blaugrünschicht, *b* neutrale Wiedergabe im Schnittpunkt der Farbdichtekurven; Lichter und Schatten haben verschiedene Farbstiche; Farbton „kippt", *c* wird die neutrale Farbwiedergabe durch dichteres Kopierfilter in die hohen Farbdichten verlegt, erhält man in den Lichtern farbtonrichtige Wiedergabe, die Schatten sind dagegen zunehmend rotstichig

Unterbelichtung des Negativs werden durch das Kopierfilter zur Farbkorrektur die Schatten mit einem Blaugrünstich verfälscht. Im Positiv entstehen durch diese Erscheinung rote Schatten und blaugrüne Lichter.

Bei richtig belichteten und überbelichteten Negativen machen sich Empfindlichkeitsabweichungen der einzelnen Farbschichten bis zu einer Blende nicht störend bemerkbar. Aus diesen Überlegungen muß geschlossen werden, daß, streng genommen, Negativmaterial für Aufnahmen nur für eine Farbe des Aufnahmelichtes benutzt werden darf. Wird Negativfarbmaterial für ein Aufnahmelicht verwendet, das in seiner Farbtemperatur sehr stark von dem fabrikatorisch eingestellten Farbgleichgewicht abweicht, so soll man entsprechende Korrekturfilter bei der Aufnahme verwenden. Unterbelichtungen sind bei Negativfarbaufnahmen grundsätzlich zu vermeiden. Bei richtig und überbelichteten Negativen können Farbstiche beim Kopierprozeß besser korrigiert werden, während dies bei unterbelichteten Negativen nicht in befriedigender Weise möglich ist.

c) Verschiedene Gradationen der Einzelschichten

Ein weitaus störenderer Fehler in der Farbfilmtechnik als abweichende Empfindlichkeiten der Einzelschichten ist eine Verschiedenheit der Gradationen (Abb. 81). Nehmen wir beispielsweise an, die Blaugrünfarbdichtekurve eines Negativs verlaufe flacher als die beiden anderen Kurven der Farbdichten. Legt man die Blaugründichtekurve durch Verwendung eines blaugrünen Kopierfilters in die Mitte des Negativschwärzungsumfanges, dann bleiben die dunklen Teile des Negativs, die Lichter, zu rot durch zu geringe Blaugründichte, und die hellen Schattenschwärzungen erscheinen blaugrün. Im positiven Bild erhalten die Lichter einen Blaugrünstich und die Schatten einen Rotstich. Es tritt ein Farbumschlag ein, oder, wie man sagt, es „kippt" die Farbe. Diese Erscheinung ähnelt der Wirkung einer geringeren Empfindlichkeit der Blaugrünschicht nach der entsprechenden Korrektur. Bei reichlicher Belichtung des Negativs wird der Fehler nicht geringer. Man kann bei einer Kopie nicht feststellen, ob ein vorhandener Farbumschlag von ungleichem Gamma im Negativ, ungleichem Gamma im

Positiv oder ungleicher Empfindlichkeit im Negativ herrührt. Eine Entscheidung ist nur möglich, wenn eine Belichtungsreihe des Negativs und eine Belichtungsreihe des Positivs hergestellt wird. Eine Farbverschiebung bei einer Kopie in einer Richtung, das heißt ein gleicher Farbstich im ganzen Bild, ist verursacht durch falsches Kopierlicht und kann vollständig behoben werden. Material- und Verarbeitungsfehler können am besten unterschieden und beurteilt werden, wenn man eine Grautreppe mitphotographiert. Sind die mittleren Stufen der Grautreppe einwandfrei neutralgrau in der Kopie, so ist der Positivprozeß richtig erfolgt. Weichen dazu die hellen oder dunklen Felder von Grau ab, so liegt einer der beschriebenen Fehler vor.

d) Verschiedener Schleier der Einzelschichten

Farbschleier im Negativ ist für den Ausfall der Kopie bedeutungslos. Er kann durch Kopierfilter vollständig beseitigt werden.

4. Die Sensitometrie des Positivfarbfilmes

Literatur: [35, 59, 301, 565 bis 569, 579 bis 589]

Bei Positivfarbfilmen kann man durch visuelle Prüfung eines Sensitometerstreifens bereits feststellen, ob die Farbdichten der drei Schichten auf Neutralgrau

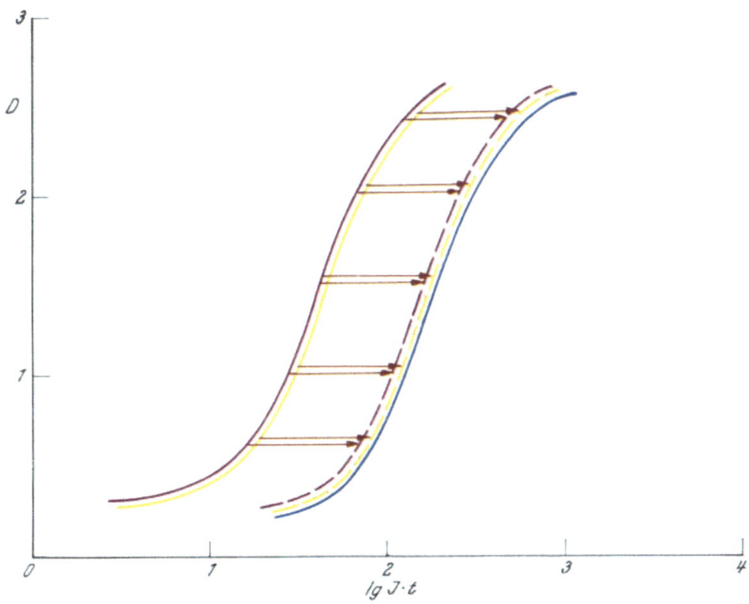

Abb. 82. Farbdichtekurven eines Positivfarbfilmes mit verschiedener Empfindlichkeit der einzelnen Schichten. Korrektur: Empfindlichkeit der Gelb- und Purpurschicht wird durch Gelb- + Purpurkopierfilter so weit gedrückt, bis alle drei Farbdichtekurven zusammenfallen

abgestimmt sind. Ideale Farbdichtekurven eines Positivfilmes zeigt Abb. 82. Das Gamma des Positivfarbfilmes beträgt etwa 1,8 gegenüber etwa 2,0 bei einem Schwarzweißpositiv.

Weichen die Empfindlichkeiten der Einzelschichten voneinander ab, so kann eine Korrektur durch Veränderung des Kopierlichtes mittels Lichtfilter erfolgen. Die Farbsteuerung des Kopierlichtes kann additiv oder subtraktiv erfolgen. Bei der additiven Filterung werden Blau-, Grün- und Rotfilter mit engen spektralen

Durchlässigkeitsbereichen verwendet, und es wird gleichzeitig oder nacheinander mit blauem, grünem und rotem Licht verschiedener Intensität oder verschiedener Zeiten belichtet. Bei der subtraktiven Farbfilterung im Kopierprozeß werden gelbe, purpurne und blaugrüne Filter verschiedener Dichte vor die Lichtquelle geschaltet. Es gilt im Farbkopierprozeß die grundsätzliche Regel: Zur Unterdrückung eines bestimmten Farbstiches muß die Farbe des Kopierlichtes gerade in die Richtung des Farbstiches geändert werden (IV. L.).

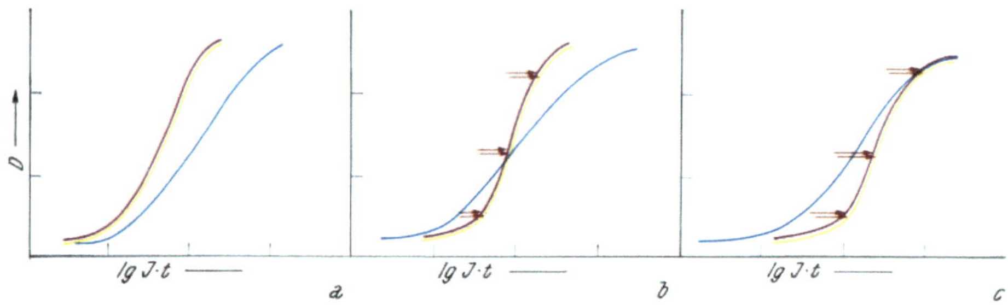

Abb. 83. Positivfarbfilm mit verschieden graduierten Farbdichtekurven der Einzelschichten und ihre Korrektur; *a* ungleiche Steilheit; Blaugrün-Farbdichtekurve verflacht, *b* Korrektur durch Verschiebung der Purpur- und Gelbdichtekurve bis zum Schnittpunkt mit der Blaugründichtekurve in den Mitteltönen; hohe Dichten erscheinen rot, niedrigere Dichten sind blaugrünstichig, *c* wird der Graupunkt nach hohen Farbdichten verlegt, so ergeben sich grauschwarze Schatten, jedoch blaugrünstichige Mitteltöne und Lichter

Beim Positivfilm besteht ebenfalls die Möglichkeit, daß die Gradationen der Einzelschichten verschieden sind (Abb. 83). Dieser Fehler kann nicht vollständig durch Veränderung der Farbe des Kopierlichtes beseitigt werden. Man kann nur versuchen, den Fehler möglichst klein zu halten, indem man den Schnittpunkt der Kurven durch Anhebung der Blaugrünkurve (im vorliegenden Beispiel) in die Mitte zu verlegen. Hierbei wird das mittlere Grau neutral wiedergegeben, während die hellen Teile, die Lichter, blaugrün und die dunklen Teile, die Schatten, rotstichig erscheinen. Bei dieser Technik treten die Farbabweichungen am wenigsten in Erscheinung.

Im Positivfilm setzt ein Grauschleier die Intensität des Projektionslichtes herab. Der Farbschleier, der durch Verschiedenheit des Schleiers in den einzelnen Schichten hervorgerufen wird, verändert die Farbe des Projektionslichtes und wirkt wie ein schwaches Farbfilter. Der Grauschleier hat keinen Einfluß auf die Farbqualität. Aus lichttechnischen Gründen ist der Grauschleier möglichst niedrig zu halten. Ein Farbschleier kann an und für sich durch ein Korrekturfilter bei der Projektion beseitigt werden. Hierbei wird jedoch die Helligkeit des Projektionsbildes wie bei einem Grauschleier geschwächt, und dies geschieht sogar noch in viel stärkerem Maße.

5. Die Sensitometrie des Umkehrfarbfilmes

Literatur: [591 bis 612]

a) Sensibilisierung und Farbgleichgewicht

Werden Sensitometerstreifen eines Umkehrfarbfilmes für Tageslicht mit genormtem Tageslicht belichtet [570 bis 572], einwandfrei entwickelt und wieder bei Tageslicht geprüft, so müssen die einzelnen Farbdichtekurven vollkommen zusammenfallen (Abb. 84). Nur bei diesem Verhalten arbeitet ein Umkehrfarbfilm einwandfrei ohne jeden Farbstich. Zeigen die Farbdichtekurven in irgendeiner

Weise eine Abweichung, so liegt ein Farbstich vor. Liegt die Gelbdichtekurve über den beiden anderen Farbdichtekurven, so zeigt der Umkehrfilm einen Gelb-

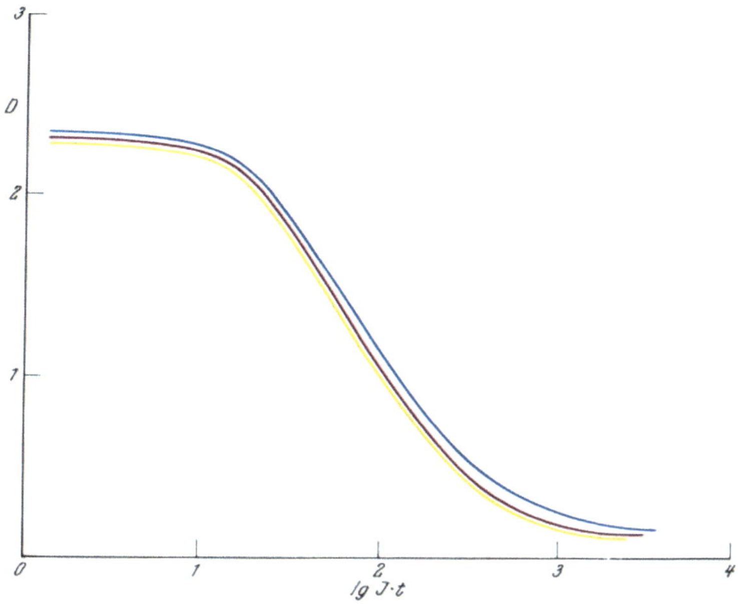

Abb. 84. Ideale Farbwiedergabe eines Umkehrfarbfilmes (schematisch) (Farbdichtekurven verlaufen eng beisammen)

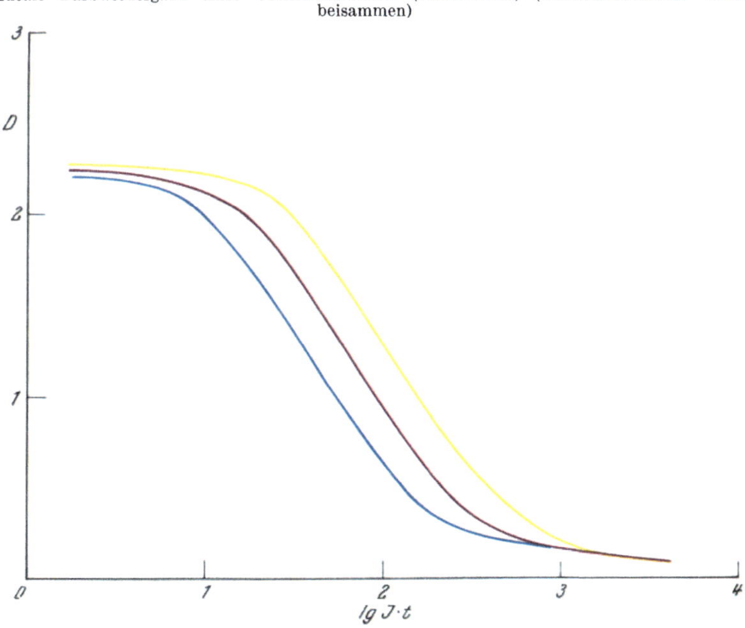

Abb. 85. Farbdichtekurven eines Umkehrfarbfilmes für Tageslicht bei Verwendung bei Glühlampenlicht. Infolge der höheren Intensität der grünen und insbesondere des roten Lichtanteiles bei Kunstlicht gegenüber Tageslicht sind die Gelb- und Purpurdichten nach höheren Empfindlichkeitswerten verschoben

stich. Sind die Gradationen der Einzelschichten nicht gleich, so ergibt sich daraus ein verschiedener Farbstich in den hellen und dunklen Stellen.

Wird zur Belichtung für Tageslicht-Umkehrfarbfilm beispielsweise abweichend von der Vorschrift Glühlampenlicht bei der Aufnahme verwendet, dann zeigen die Farbdichtekurven keine Übereinstimmung in ihrem Verlauf, sondern Verschiebungen parallel zueinander (Abb. 85). Alle Graufelder haben einen sehr starken Orangestich. Eine Vermeidung dieses Fehlers ist grundsätzlich dadurch möglich, daß man bei der Aufnahme Konversionsfilter verwendet, die das Kunstlicht praktisch in Tageslicht verwandeln. Bei Umkehrfarbfilmen, die für Kunstlichtaufnahmen bestimmt sind, wird fabrikatorisch die Empfindlichkeit der

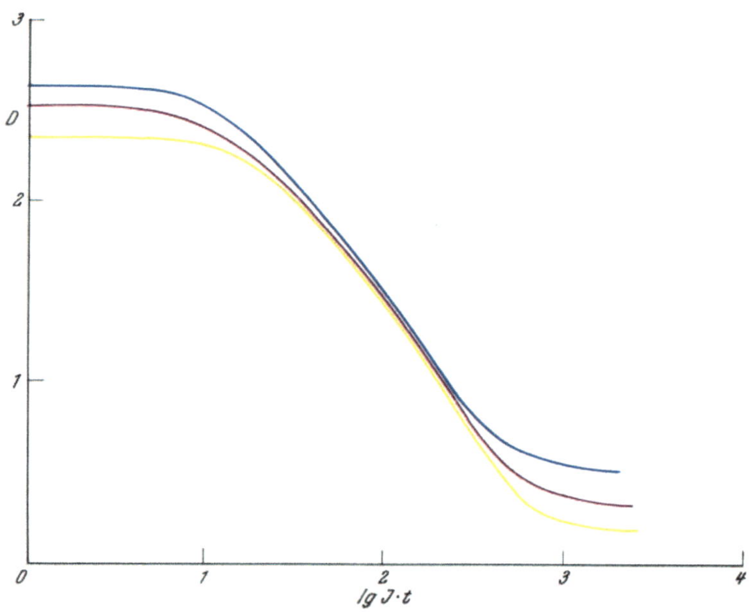

Abb. 86. Korrektur eines Umkehrfarbfilmes, der durch Verwendung von falschem Aufnahmelicht stark farbstichig ist, durch Betrachten mit einem Korrekturfilter. Wird in Abb. 80 die Farbdichte von Blaugrün sehr stark und die Farbdichte von Purpur schwächer erhöht, so erhält man in den mittleren Farbdichten einwandfreie Farbwiedergabe; in den Lichtern und Schatten wird jedoch ein starker blauer Farbstich hervorgerufen, der besonders in den Lichtern auffallen muß

einzelnen Schichten der Intensität der drei Spektralgebiete des Kunstlichtes angepaßt. Die Intensität des Rotanteiles ist bei Kunstlicht gegenüber dem Grün- und Blauanteil sehr hoch. Dementsprechend ist die Empfindlichkeit der rotempfindlichen Blaugrünschicht am niedrigsten eingestellt. Bei Tageslichtfilmen muß im Gegensatz dazu die Rotempfindlichkeit der Blaugrünschicht sehr stark angehoben werden, da beim Tageslicht die Rotstrahlung geringer ist.

Wird ein farbstichiger Umkehrfarbfilm, entstanden durch falsches Aufnahmelicht, durch Betrachtung mittels eines vorgeschalteten Farbfilters korrigiert (Abb. 86), indem man die Farbdichten von zwei Farben anhebt, so erscheinen die mittleren Grauwerte neutral und ohne Farbstich, es treten jedoch in den Lichtern und Schatten sehr deutlich bemerkbare Farbstiche auf.

Bei unsachgemäßer Lagerung bzw. bei Überalterung kann die Purpurschicht gegenüber den beiden anderen Schichten eine zu hohe Empfindlichkeit aufweisen. Bei einem derartigen Fehler zeigt das Positivbild einen allgemeinen starken Grünstich. Dieser Fehler kann durch Vorschaltung eines Purpurfilters beim Betrachten oder Projizieren behoben werden.

Sehr störend sind die Fehler, wenn bei Umkehrfarbfilmen die eine oder andere Farbschicht eine abweichende Gradation aufweist (Abb. 87). Ist die blaugrüne Farbdichtekurve zu flach, so zeigen alle Graufelder eines Sensitometerstreifens einen zunehmenden Rotstich nach den Schattenschwärzungen, und nur die Lichter sind grauweiß ohne Farbstich. Vollständige Beseitigung dieses Fehlers ist nicht möglich, man kann ihn nur mildern, indem man durch Vorschalten eines Blau-

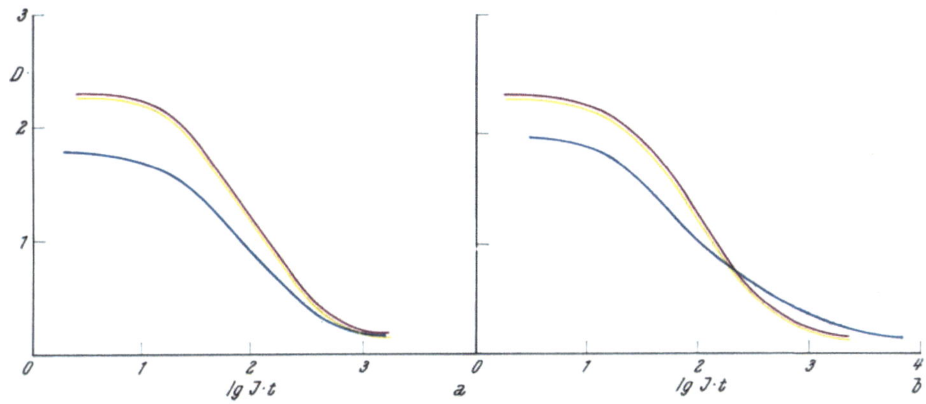

Abb. 87. Umkehrfarbfilm mit Farbstich infolge verschiedener Gradation der Einzelschichten; *a* Ursache des Farbstiches: Verflachung der Blaugrün-Farbdichtekurve; Art des Farbstiches: Lichter ohne Farbstich; nach größeren Farbdichten zunehmender Rotstich, *b* Korrektur: durch blaugrünes Aufnahmefilter wird Neutralpunkt in die Mitteltöne verlegt; Lichter werden jetzt blaugrün; Schatten zunehmend rotstichig; Farbton „kippt“

grünfilters geeigneter Dichte, den Neutralpunkt der Farbwiedergabe auf ein mittleres Grau verlegt. Die helleren Grauwerte erscheinen dann mit blaugrünem Farbstich und die dunkleren mit einem Rotstich behaftet. Die Farbwiedergabe „kippt“.

b) Empfindlichkeit und Belichtungsspielraum [581, 602 bis 604]

Empfindlichkeitsangaben bei Farbfilmen sind zur Zeit noch nicht genormt, und die vorhandenen Empfindlichkeitsnormungen für Schwarzweißfilme [570] sind nicht auf Farbfilme und ganz besonders nicht auf Umkehrfarbfilme übertragbar. Bei Umkehrfarbfilmen verfährt man zur Bestimmung der Empfindlichkeit in der Praxis und auch in der Fabrikation so, daß man aus einer Bildreihe von Aufnahmen des gleichen Motivs mit verschiedenen Belichtungsdaten die bestbelichtete Aufnahme heraussucht und zugleich einen Vergleich anstellt mit Schwarzweißfilmen, deren Empfindlichkeit zahlenmäßig festgelegt werden kann. Auf Grund dieser Auswertung wird dann die Empfindlichkeit von Farbmaterial mit dem Hinweis gekennzeichnet „zu belichten wie x DIN / y ASA / z° ISO“. Nach verschiedenen Autoren sind diese Firmenangaben sehr zuverlässig, und die angegebenen praktischen Empfindlichkeitshinweise entsprechen den tatsächlichen Verhältnissen.

Neben dieser Empfindlichkeitsangabe ist für den Amateur ein Hinweis über die Gradation von Nutzen. Der Gradationswert ist mitentscheidend für die Wiedergabe des Helligkeitsumfanges des Motivs, bzw. kann durch die Steuerung der Gradation der Negativkontrast dem Objektkontrast angepaßt werden. Die Filmhersteller machen zwar keine Angaben über die Gradation ihrer photographischen Schichten; die Entwicklungstabellen der Chemikalienhersteller enthalten jedoch derartige Hinweise. Bei Umkehrfilmen findet eine Kontrastbeeinflussung durch die Verarbeitung meistens nicht statt, da diese Technik nicht gerade sehr einfach durchzuführen ist und man außerdem für die Projektion ein möglichst feststehendes Gamma von 1,8 bis 2,2 benötigt. Mit dem Bildkontrast hängt eng zusammen der Belichtungsspielraum, und da der Bildkontrast im Umkehrpositiv festliegt, ist der Belichtungsspielraum in der Umkehrtechnik für die Praxis von sehr großer Bedeutung. Verläuft die Schwärzungskurve des Umkehrfilmes weitgehend geradlinig, so bewirkt eine reichliche oder kurze Belichtung nur eine Änderung der allgemeinen Dichte. Beim Farbfilm liegen jedoch wesentlich andere Verhältnisse vor. Durch die Lage des Bildes, verursacht durch knappe oder reichliche Belichtung, auf den oberen oder unteren Teilen der Farbdichtekurven werden für die Farbwiedergabe nicht nur die Helligkeitsverhältnisse, sondern auch die Farbsättigungen mitbeeinflußt. Der Belichtungsspielraum ist aus diesem Grunde beim Farbfilm und ganz besonders beim Umkehrfarbfilm sehr stark reduziert. Der Belichtungsspielraum bezeichnet den Helligkeitsumfang eines Objektes in logarithmischen Zahlenwerten, bei dem bei richtiger Belichtung sowohl in den hellen wie auch in den dunklen Stellen farbgetreue Bilder entstehen. S. Rösch bestimmte den Belichtungsspielraum durch Reihenaufnahmen von einer Farbtafel [602]. Von elf Mittelspersonen wurden dann die jeweils knappste, noch ausreichende Belichtung, die optimale Belichtung und die reichlichste, gerade noch geeignete Belichtung ermittelt. Es ergaben sich hierbei die in Tabelle 6 zusammengefaßten Werte für verschiedene Filmtypen:

Tabelle 6. *Belichtungsspielraum verschiedener Farbfilme (nach S. Rösch)*

Filmtypen	Belichtungsspielraum
Tageslicht-Umkehrfarbfilme	2,46 bis 4,64
Kunstlicht-Umkehrfarbfilme	3,10 bis 4,00
Negativfarbfilme	4,04 bis 5,04
Positivfarbfilme nach Farbnegativen...	2,60 bis 4,53
Positivpapiere nach Farbnegativen	2,91 bis 3,72

Obwohl diese Zahlen heute keine absolute Gültigkeit mehr haben, zeigen sie doch, daß der Belichtungsspielraum beim Umkehrfarbfilm im Vergleich zum Negativfarbfilm bedeutend geringer ist. Umkehrfarbfilme müssen zur Erzielung einer guten Farbwiedergabe möglichst genau belichtet werden.

6. Die Bildschärfe bei Farbfilmen

Literatur: [568, 605 bis 622]

a) Die Bildschärfe und ihre Beeinflussung

Bei Mehrschichtenmaterial wird die Bildschärfe sehr wesentlich durch die Dicke der drei Farbschichten übereinander bestimmt. Man ist deswegen bemüht, bei der Fabrikation jede einzelne Schicht möglichst dünn zu gießen (etwa 0,005 mm), so daß alle Farbschichten zusammen etwa die Stärke einer Schwarzweißemulsion aufweisen.

Ungünstig auf die Schärfe bei Coloraufnahmefilmen wirkt sich die Tatsache aus, daß das Gelbbild, das in der blauempfindlichen Schicht gebildet wird, wegen der hohen Eigenempfindlichkeit des Bromsilbers für das blaue Spektralgebiet in die oberste Schicht gelegt wird, die besonders scharf zeichnet (Abb. 88). Die Gelbschicht ist jedoch für die Bildschärfe wegen ihres hellen Farbtones am wenigsten entscheidend. Die anderen Farbschichten, die für die Schärfe sehr ausschlaggebend sind, liegen an ungünstigen Stellen. Bei Negativfarbschichten für Aufnahmezwecke kann man die Schichtfolge gelb-purpur-blaugrün komplementär zu den Empfindlichkeiten blau-grün-rot wegen der erforderlichen hohen Gesamtempfindlichkeit nicht ändern. Bei Positivfarbfilmen wird in neuerer Zeit zur Erzielung größerer Schärfe vielfach die blauempfindliche Gelbschicht zuunterst gelegt [551 bis 553, 616]. In diesem Falle sind die beiden oberen, grün- und rotempfindlichen Schichten sensibilisierte Chlorsilberemulsionen, und die unterste blauempfindliche Gelbschicht ist eine unsensibilisierte Bromsilberemulsion.

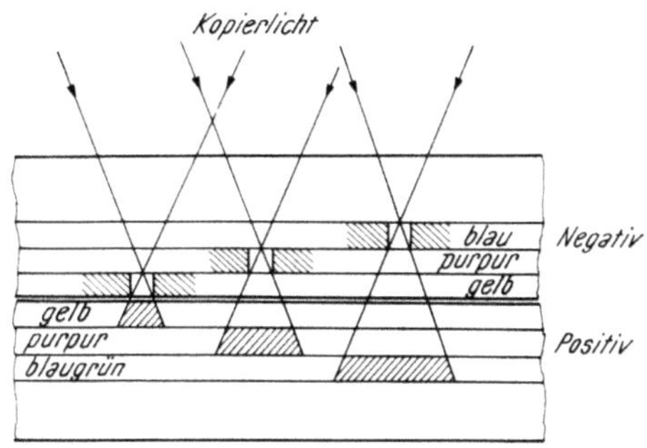

Abb. 88. Schichtlage und Abbildungsschärfe beim Negativ-Positiv-Farbkopierprozeß

Unschärfe kann auch durch die Farbentwicklung hervorgerufen werden [35, 617]. Die Oxydationsprodukte der Farbentwicklersubstanzen sind mehr oder weniger entsprechend ihrem strukturellen Aufbau beweglich. Es können dadurch Farbreaktionen auch in einiger Entfernung vom entwickelten Silberkorn stattfinden, wodurch eine sogenannte „Verschmierung" des Kornes bewirkt wird. Diese Fehlererscheinung wird besonders bei starker Verdünnung des Farbentwicklers begünstigt.

b) Das Auflösungsvermögen

Als Auflösungsvermögen wird in der Farbphotographie übereinstimmend wie in der Schwarzweiß-Photographie die Eigenschaft eines Farbmaterials bezeichnet, Linienraster hohen Kontrastes getrennt abzubilden, und als Maßzahl wird die Anzahl der Linien pro Millimeter angegeben, die noch getrennt wahrgenommen werden können; Auflösungsvermögen = Anzahl Linien/mm. Beim verwendeten Strichraster sind die Linien und Zwischenräume gleichabständig, und als Linien werden die Striche mit den Zwischenräumen gerechnet.

In der Farbsensitometrie wird das Auflösungsvermögen in der üblichen Weise wie in der Schwarzweiß-Sensitometrie bestimmt (Band V, D. h)).

Nach W. Behrendt [568] hat der *Agfacolor*-Negativfilm ein Auflösungsvermögen von etwa 55 Linien/mm. Im Vergleich dazu beträgt das Auflösungsvermögen des Schwarzweißfilmes Superpan 65 Linien/mm. Der Positivfarbfilm löst etwa 77 Linien/mm gegenüber 90 Linien/mm eines Schwarzweiß-Positivfilmes auf. Durch den Kopiervorgang wird das Auflösungsvermögen auf etwa 35 Linien/mm herabgesetzt.

Sehr eingehend wurde das Auflösungsvermögen von J. Eggert und W. Grossmann untersucht [569, 605]. Diese Forscher kommen zu folgendem kurz zusammengefaßten Ergebnis (Abb. 89):

1. Das Auflösungsvermögen ist im wesentlichen unabhängig von der Art der Farbentwicklung. Die Bildschärfe wird nicht durch die Art der verwendeten Farbkuppler (diffusionsechte oder geschützte) beeinflußt.

2. Die oberste Schicht ist entscheidend für das Auflösungsvermögen und hat immer das höchste Auflösungsvermögen von allen drei Schichten.

3. Das Auflösungsvermögen des *Agfacolor*-Umkehrfarbfilmes ist wesentlich höher als das des Negativfarbfilmes. Das Colorpositiv, durch Kopie vom Negativ auf Positivfilm erhalten, hat eine etwas geringere Bildschärfe als das Umkehrfarbbild (Tabelle 7, aus den Werten von EGGERT und GROSSMANN zusammengestellt).

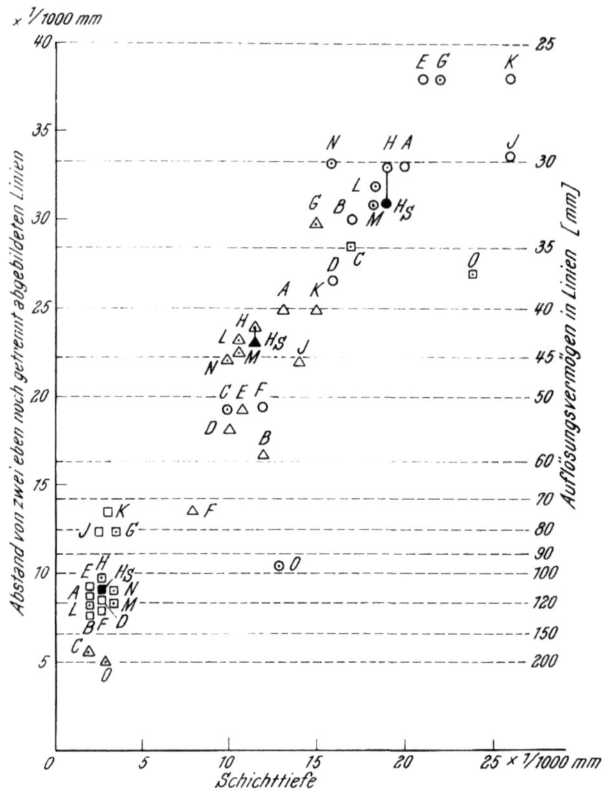

Abb. 89. Das Auflösungsvermögen der Einzelschichten von Farbfilmen (nach J. EGGERT und W. GROSSMANN). Das Auflösungsvermögen der Einzelschichten (nach zwei Maßstäben) als Funktion der „Schichttiefe" (= Abstand *e* von der Oberfläche der ersten Silberhalogenidschicht bis zu 1/3 Tiefe der untersuchten Schicht). □ Gelbschicht, △ Purpurschicht, ○ Blaugrünschicht. Die einen Punkt enthaltenden Zeichen weisen auf direkte, diejenigen ohne Punkt auf Umkehr-Farbentwicklung hin. *A* Gevacolor Umkehr, *B* Ansco-Color Umkehr, *C* Du Pont-Color-Positive, *D* Agfacolor Umkehr, *E* Ilford-Color Film, *F* Kodachrome, *G* Agfacolor Negative, *H* Agfacolor Positive, H_S Agfacolor Positive Schwarzweiß, *J* Ektachrome B, *K* Ektachrom T, *L* Telcolor Negative, *M* Ferraniacolor Negative, *N* Eastmancolor Negative, *O* Eastmancolor Positive

Tabelle 7. *Auflösungsvermögen verschiedener Farbbilder (nach J. Eggert und W. Grossmann)*

Farbschichten	Farbnegativ	Farbpositiv über Farbnegativ	Umkehrfarbdia
gelb	80	100	120
purpur	35	40	52
blaugrün	25	30	38

G. ASHTON und C. L. TOMSON [608] untersuchten das Auflösungsvermögen vergleichsweise von *Kodachrome*, *Gevacolor* und *Ferraniacolor*. In der Gelbschicht betrug das Auflösungsvermögen bei allen drei Filmen etwa 80 Linien/mm, in der Purpurschicht war es verschieden: 45, 36, 27 Linien/mm und in der Blaugrünschicht: 32, 20, 20 Linien/mm. Für die Schärfe des Bildes ist das Auflösungsvermögen im Farbbild nicht entscheidend. W. GROSSMANN stellte fest [569, 606], daß die Schärfe von Farbbildern von der Struktur des Objektes sehr wesentlich abhängt. Farbbilder erscheinen prinzipiell schärfer als Schwarzweißbilder vom gleichen Auflösungsvermögen.

Die verwendete Entwicklersubstanz und die Zusammensetzung des Entwicklers soll einen merkbaren Einfluß auf die Bildschärfe ausüben [617]. Die

Entwicklersubstanz N-Aethyl-oxyaethyl-p-phenylendiaminsulfat soll wesentlich unschärfere Bilder ergeben. Als Ursache wird die mögliche seitliche Diffusion der Entwickleroxydationsprodukte angesehen.

c) Die Körnigkeit

Die Körnigkeit von Farbaufnahmen wurde von verschiedenen Forschern untersucht [611, 614, 618, 619]. In der Praxis zeigt das Farbnegativ etwa die gleiche Körnigkeit wie ein Schwarzweiß-Negativfilm der gleichen Empfindlichkeit, vorausgesetzt, daß in beiden Fällen optimale Belichtungs- und Verarbeitungsbedingungen vorliegen. Die körnige Struktur beim negativen Farbbild ist wesentlich komplizierter als beim Schwarzweiß-Negativ. Während das Silberkorn undurchlässig ist, sind die „Farbkörner" teilweise durchlässig [611]. Das farbige Aussehen der Körner schwächt den visuellen Eindruck der Körnigkeit nicht ab. Der Körnigkeitseindruck ist sehr stark von der Leuchtdichte abhängig, und das Purpurbild verursacht den Eindruck der Körnigkeit bedeutend stärker als das gelbe Farbstoffbild.

d) Bildschärfe und Kopiertechnik

Beim Negativ-Positivprozeß kann die Herstellung der Kopie auf optischem und auf dem Kontaktwege erfolgen. Bei der Herstellung von Kontaktkopien ist die Lage der Farbschichten von großem Einfluß auf die Bildschärfe (Abb. 88). Haben Negativ- und Positivmaterial den gleichen Schichtaufbau, so können nur die beiden gelben Oberschichten in Kontakt gebracht werden, während die Blaugrünfarbschichten voneinander einen Abstand von etwa 0,03 mm haben. Ist das Kopierlicht nicht vollständig parallel gerichtet, so tritt neben der Streuung des Lichtes in der Schicht, die immer vorhanden ist und als Diffusionslichthof bezeichnet wird, eine weitere Unschärfe auf. Das über ein Negativ gewonnene Diapositiv wird daher nie ganz die gleiche Schärfe aufweisen wie ein direktes Umkehrdiapositiv. Beim Umkehrkopierfilm, auf dem Duplikate von Umkehrdiapositiven hergestellt werden, liegen die gleichen Verhältnisse vor wie beim Negativ-Positivprozeß. Duplikatdiapositive haben demnach ebenfalls eine etwas geringere Schärfe als Original-Umkehrdiapositive.

7. Die Farbwiedergabe und ihre Prüfung

Die Feststellung der erzielbaren Farbwiedergabe wird von Wissenschaftlern nach der Methode der Farbmessung und Bestimmung nach DIN 5033 ausgeführt. Diese Methode geht nicht von vergleichbaren Farbmustern aus, sondern stellt meßtechnisch die Anteile der drei Farbreize für jede Farbe fest. Als Normreize sind von der Internationalen Beleuchtungskommission die Wellenlängen 700 nm, 546 nm (grüne Hg-Linie) und 436 nm (blaue Hg-Linie) gewählt worden, deren Intensitäten sich wie 70,21:1,35:1,0 verhalten. Bei einer Farbmessung erhält man für jeden Farbton drei Maßzahlen, die man in einem Farbdreieck anordnet. Es kommen dann noch Korrekturen für die jeweilige Helligkeit der Farben hinzu. Derartige Untersuchungen sind von verschiedenen Forschern wiederholt ausgeführt worden [569, 592, 593, 620 bis 623].

Für den Praktiker ist eine derartige Meßtechnik undurchführbar, für ihn sind anschauliche Farbvergleiche wesentlich zweckentsprechender [59, 624]. Zur Durchführung der Prüfung der Farbwiedergabe sind besonders Farbtafeln geeignet, wie sie von verschiedenen Firmen in den Handel gebracht werden (Abb. 90). Die Beleuchtung der Tafel muß mit einwandfreiem, für das betreffende Filmmaterial vorgeschriebenem Licht erfolgen. Man stellt am besten eine

Belichtungsreihe her, bei der die richtige Belichtung entsprechend der Belichtungsmessung in der Mitte der Reihe liegen muß. Man hat weiter darauf zu achten, daß die Belichtungszeit infolge des Schwarzschildeffektes nicht sehr wesentlich von der Normbelichtungszeit abweicht.

Der Vergleich der Farbtafelaufnahmen mit dem Original muß bei Papierkopien bei Tageslicht, bei Umkehrdias und Filmpositiven im Projektionslicht vorgenommen werden.

Abb. 90. Farbtafel zur Prüfung der Farbwiedergabe. Farbmuster Kennzahlen: Gel b 900, Purpur 090, Blaugrün 009 Blau 099, Grün 909, Rot 990

Zur Frage der Farbwiedergabe von Farbfilmen ist generell zu sagen, daß gebrochene Farben, das heißt verschwärzlichte und verweißlichte Farben, im allgemeinen gut wiedergegeben werden. Leuchtende, gesättigte Farben werden dagegen meist trübe reproduziert. In der Natur kommen derartige Farben nur bei Blumen und Stoffen vor.

Gelb ist in Positivkopien immer stärker verweißlicht als im Umkehrdia. Grün wird vielfach blaustichig und Rot und Purpur werden gelber und bräunlicher abgebildet. Wenn ein Farbfilm das Rot besonders leuchtend abbildet, dann besteht vielfach der Nachteil, daß verschiedene Rotfarbabstufungen ungenügend differenziert sind.

Von dem menschlichen Auge können verschiedene Farben als identisch empfunden werden. Man kann zum Beispiel gleiche Farbtöne durch Mischen von verschiedenen Anteilen von Spektralfarben erhalten. Derartige Farben nennt man „metamer“. In der Farbphotographie können jedoch solche dem Auge als gleichfarbig erscheinende Gegenstände in verschiedenen Farbtönen wiedergegeben werden. Verschiedene blaue Farbtöne der Natur können einen beträchtlichen Anteil im langwelligen Rot reflektieren, der vom Auge normalerweise nicht wahrgenommen wird. Farbaufnahmen von derartigen Gegenständen verzeichnen das Blau sehr rotstichig. Diese Erscheinung tritt vor allem bei bestimmten blauen Blumen, wie zum Beispiel Astern, Clematis auf [625].

8. Die Maskentechnik

Literatur: [35, 59, 301, 625a bis 646]

a) Masken und ihre Bedeutung

Die Farbverfahren weisen hauptsächlich zwei grundlegende Fehler auf:

1. Mangel an Farbsättigung,
2. fehlerhafte Farbwiedergabe.

Unter Verschwärzlichung, die einen Mangel in der Farbsättigung darstellt, versteht man die Eigenschaft aller Farbstoffe, daß sie zum Teil die Eigenfarbe absorbieren und nicht vollständig reflektieren. Eine blaue Farbe muß zum Beispiel bei höchster Farbsättigung den gesamten Anteil der blauen Strahlung reflektieren, in Wirklichkeit werden jedoch nur etwa 60% reflektiert und der Rest absorbiert. Das Gegenteil ist die Verweißlichung. Eine reine Farbe müßte nur ihre Eigenfarbe reflektieren und die anderen Farbbereiche absorbieren. Wird zum Beispiel eine gelbe Oberfläche mit weißem Licht bestrahlt, so muß im Idealfall die gelbe Oberfläche die grünen und roten Anteile (gelb = grün + rot) reflektieren und Blau hundertprozentig absorbieren. In der Praxis reflektieren die gelben Farben jedoch auch einen Teil der blauen Strahlung. Hierdurch werden sie verweißlicht. Die Verschwärzlichung und die Verweißlichung beeinflussen in nachteiliger Weise die Farbsättigung.

Der Mangel an Farbtonrichtigkeit ist hauptsächlich auf einen anderen prinzipiellen Fehler der Farbstoffe, auf die sogenannte Nebendichte, zurückzuführen. Die Schichtfarbstoffe im Negativfarbfilm haben keine idealen Absorptionseigenschaften (Abb. 72). Der Purpurfarbstoff absorbiert sehr stark im blauen Spektralgebiet. Diese Absorption beträgt etwa 40% der Absorption im grünen Spektralgebiet. Ebenso ist eine etwas geringere Absorption des Purpurfarbstoffes im roten Spektralgebiet vorhanden. Die Nebenabsorption des Purpurfarbstoffes im blauen Spektralgebiet wirkt sich so aus, als ob in der Mittelschicht neben dem Purpurbild ein schwaches Gelbbild vorhanden wäre. In der Positivkopie von einem derartigen Negativ ist daher das gelbe Farbstoffbild in der Oberschicht verfälscht; gelbe Farben sind zu hell, Blau erscheint zu dunkel und Grün ist blaustichig.

Die Beseitigung dieser Fehler ermöglicht die Verwendung sogenannter photographischer Masken. Eine Maske dient normalerweise in der Kopiertechnik zum Abdecken bestimmter Teile. In der Farbphotographie werden sie in gleicher Weise verwendet. Sie decken Teile des Originalnegatives ab. Eine photographische Maske hat immer eine zum Original entgegengesetzte Helligkeitsverteilung. Eine Maske zu einem Negativ ist immer ein Positiv, eine Maske zu einem Diapositiv dagegen ein Negativ.

Man unterscheidet zwei Arten von photographischen Masken:

neutrale oder Graumasken (Silbermasken) und
Farbmasken.

Durch Verwendung von Silbermasken kann die Farbbrillanz (Farbsättigung) erhöht werden. Die Farbmasken beseitigen beide Fehlererscheinungen, den Mangel an Farbsättigung und den Mangel an Farbtonrichtigkeit.

b) Die Graumaske (Silbermaske) zur Erhöhung der Farbsättigung

Erhöhte Farbsättigung kann in der Praxis dadurch erzielt werden, daß man das Farbnegativ grundsätzlich steiler entwickelt und dieses Negativ auf normalgraduiertes Positivmaterial kopiert. Man kann auch den anderen Weg gehen, indem man ein normales Farbnegativ auf ein härteres Positivmaterial kopiert. In beiden Fällen zeigt das Positiv erhöhte Farbsättigung. Dieser Technik ist jedoch eine Grenze gesetzt dadurch, daß das Bild selbst zu hart werden kann und dadurch die Lichter ausgefressen oder die Schatten zu dunkel und rußig erscheinen.

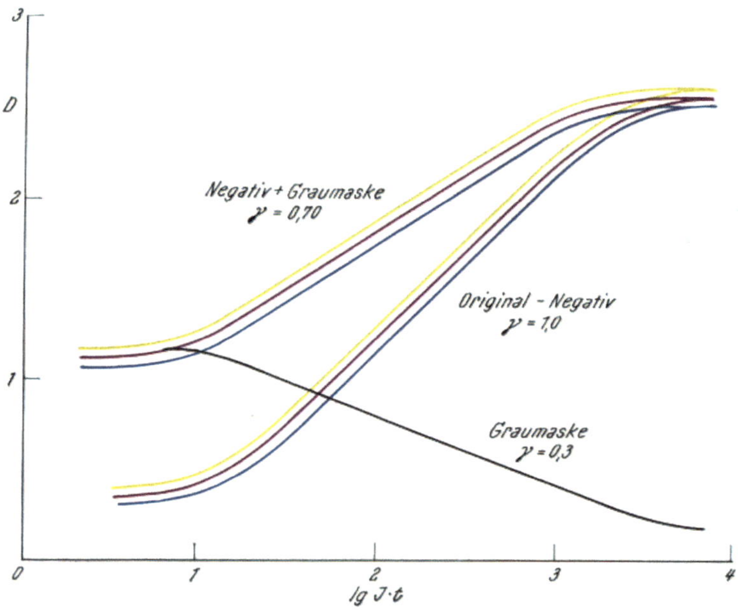

Abb. 91. Graumaske und ihre Wirkung. Die hohe Farbsättigung des steilen Farbnegatives bleibt erhalten, wenn die Gradation durch eine Graumaske auf den niedrigeren Normalwert (Gamma = 0,7) herabgesetzt wird

Bei der Verwendung von Silbermasken wird die Farbbrillanz ohne Erhöhung der Steilheit des positiven Bildes und der damit verbundenen Fehler erzielt. Es wird zunächst das Farbnegativ wesentlich steiler entwickelt, zu einem Gammawert von etwa 1,0 bis 1,2 gegenüber 0,7 bis 0,8. Von diesem Negativ stellt man auf panchromatischem Schwarzweißmaterial mittlerer Empfindlichkeit eine Kopie her, die sehr flach, zu einem Gamma von etwa 0,3 bis 0,4, entwickelt wird. Dieses Diapositiv stellt die Graumaske dar. Sie dient zusammen mit dem Originalnegativ bei konturengetreuer Montage als Kopiervorlage. Hierbei wird durch die flache, positive Gradation der Maske die etwas zu steil entwickelte Gradation des Negativs wieder normalisiert. Die Brillanz und Farbsättigung, die durch das harte Negativ bedingt ist, bleibt dagegen erhalten (Abb. 91).

Der erste Film auf dem Weltmarkt mit eingebauter Silbermaske war der Negativfarbfilm *Kodacolor* in den Jahren 1944 bis 1949. Zur Erzeugung der Silbermaske wurde das Zwischenschichtverfahren angewandt. Der Film besaß zwischen der Gelbfilterschicht und der grünempfindlichen Emulsionsschicht eine zusätzliche, niedrigempfindliche Emulsionsschicht ohne Farbkuppler. Nach der Farbentwicklung wurde der Film von der Rückseite mit weißem Licht angestrahlt, so daß die Teilbilder der Blaugrün- und Purpurschichten auf der Zwischenschicht innerhalb des Filmes kopiert wurden (Bildung der sogenannten „inneren Kopie“). Durch eine Spezialentwicklung entstand dort ein dünnes graues Silberpositiv, das beim Kopieren auf Farbpapier als Korrekturmaske wirkte.

Das gleiche Prinzip der Erzeugung einer Silbermaske wurde von der Firma Kodak vom Jahre 1946 an auch bei dem Umkehr-Farbfilm *Kodachrome Commercial* angewandt. Hierbei entstand in der Zwischenschicht ein schwaches Gegenpositiv. Dieser Film war nicht für die Positiv-Projektion bestimmt, sondern diente als Kopiervorlage.

Eine andere Methode der Erzeugung einer Silbermaske ist das sogenannte Einentwicklungsverfahren. Bei diesem Verfahren ist keine besondere Emulsionsschicht erforderlich; die Silbermaske wird in einer der Schichten, die Farbkuppler enthalten, hervorgerufen. Das Einentwicklungsverfahren fand vorübergehend Anwendung von 1949 bis 1952 beim Ansco-Negativfarbfilm *Plenacolor* und etwa um die gleiche Zeit bei *Telcolor* und *Ferraniacolor*. Beim Farbfilm *Telcolor* konnte die Entwicklung wahlweise mit und ohne Silbermaske durchgeführt werden.

Eine besondere Technik zur Ausführung des Einentwicklungsverfahrens gaben W. Zeh, A. Clever und O. Watter von der VEB Filmfabrik, Wolfen, an [59, 628]. Die Farbnegativentwicklung wird zur Erzielung eines härteren negativen Bildes zunächst um etwa 30% verlängert. Anschließend wird das Silberbild ausgebleicht. Daran schließt sich eine Behandlung in einer 10%igen Natriumsulfitlösung, um die durch die Bleichung bewirkte Desensibilisierung wieder rückgängig zu machen. Das Restbromsilber wird dann mit orangerotem Licht belichtet und in den untersten Schichten mit einem zartarbeitenden Glyzinentwickler ein schwaches positives Silberbild erzeugt.

Der Silbermaskentechnik ist von der Industrie längere Zeit viel Beachtung geschenkt worden, das zeigen zahlreiche patentrechtlich geschützte Vorschläge [636a]. Heute sind alle diese Verfahren zur Erzeugung der Silbermaske im Film selbst praktisch bedeutungslos. Einerseits sind sie sehr umständlich und schwer zu steuern, andererseits führen die inzwischen sehr vervollkommneten integralen Farbmaskierungsverfahren zu wesentlich besseren Ergebnissen. Von großer praktischer Bedeutung bleibt die Verwendung einer Silbermaske, wenn sie als Korrekturmittel zur Erhöhung der Brillanz und Farbsättigung zusätzlich hergestellt wird.

c) Farbmasken zur Verbesserung der Farbwiedergabe

Die farbverfälschende Wirkung des Purpurfarbstoffes infolge der Nebendichten kann durch Verwendung einer gelbfarbigen Maske aufgehoben werden. Durch eine flache, positive Gelbmaske wird das unechte Gelb der Purpurschicht zu einer einheitlichen Gelbdichte zusammengesetzt, die dann nur als gelber Farbschleier wirkt und keine Farbverfälschungen mehr verursacht (Abb. 92).

Zur Erzeugung der Gelbmaske müßte man so vorgehen: Man belichtet unter dem Farbnegativ mit Grünlicht einen panchromatischen Schwarzweißfilm und entwickelt diesen in einem Farbentwickler unter Zusatz von einer Gelbkupplersubstanz (Band V, H. 5.). Hierbei erhält man nach dem Ausbleichen des Silberbildes eine gelbe positive Kopie vom negativen Purpurbild. Diese Gelbmaske, die etwa 40% der Steilheit der Originalnegativschicht haben sollte, wird dann konturengetreu auf das Negativ montiert und diese Montage als Kopiervorlage benutzt. Bei dieser Technik wird das unechte Gelb beseitigt, es tritt zugleich jedoch eine Gradationsverflachung der Gelbschicht ein, da ja das unechte Gelb von ihr abgezogen wurde. Die Gradationsverflachung der Gelbschicht würde jetzt eine Farbumstimmung der Kopie von gelben Lichtern nach blauen Schatten bewirken. Um diesen Fehler durch die Gelbmaske zu vermeiden, muß man bei ihrer Herstellung gleichzeitig dafür sorgen, daß die Gradation des echten Gelb den gleichen Wert behält wie die beiden anderen Farbdichtekurven. Um dies zu erreichen, muß man von der Kombination des Farbnegativs mit der Gelbmaske eine Kopie mit einem Blaufilter auf Schwarzweißfilm, zum Beispiel technischen Film B oder C unsensibilisiert, herstellen und dieses Diapositiv zu einem Gamma von 0,3 bis 0,4 entwickeln. Von diesem Diapositiv wird nochmals eine Kopie auf technischem Film hergestellt, die wiederum durch Zusatz von einem Gelbkuppler zum Farbentwickler zu einem gelben Negativ entwickelt wird. Die

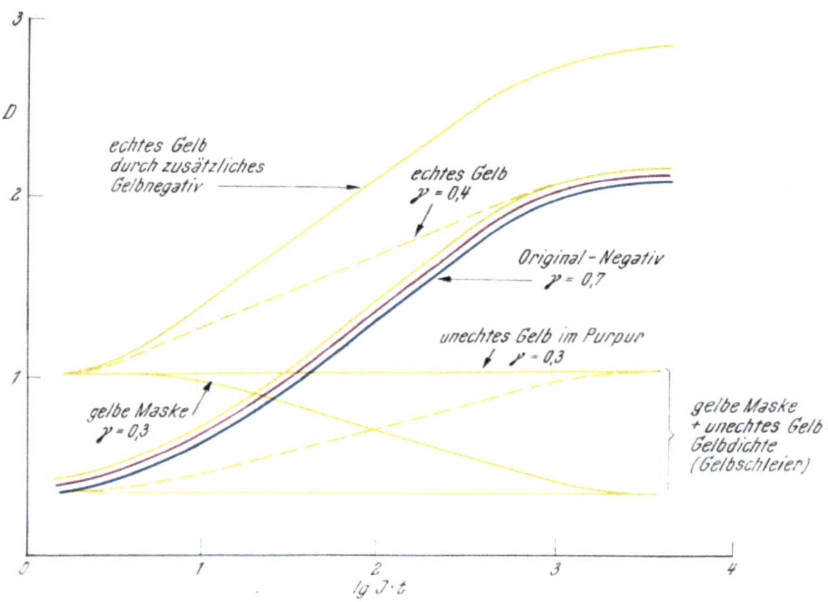

Abb. 92. Wirkungsweise einer gelben Farbmaske in einem Farbnegativ. Durch die flache Gelbmaske (Gamma = 0,3) wird die Nebenfarbdichte des Purpur beseitigt. Die Zusammenwirkung der Gelbnebendichte des Purpurfarbstoffes und der Gelbmaske ergibt einen Gelbschleier. Die damit verbundene Gradationsverflachung des Gelbbildes (Gamma = 0,4) wird durch zusätzliches Farbnegativ auf den normalen Wert von Gamma = 0,7 aufgesteilt

Gradation dieses Gelbnegativs soll mit der Gradation der Gelbmaske, die vorher durch Belichten mit Grünlicht erhalten wurde, übereinstimmen. Das so hergestellte Gelbnegativ enthält nur echtes Gelb, da es durch Kopieren mit Blaulicht von dem Farbnegativ hergestellt wurde. Man montiert nunmehr das Originalnegativ, die Gelbmaske und das Gelbnegativ zusammen und verwendet diese Kombination als Kopiervorlage für das positive Bild. Die Wirkung der Gelbmaske in Verbindung mit dem Gelbnegativ und dem Originalnegativ zeigt sensitometrisch die Abb. 92.

d) Gradationsloses gelbes Kompensativ

Die Gelbmaske und das Gelbnegativ können in einfacher Weise kombiniert werden. Eine derartige Kombination bezeichnet man als „gradationsloses gelbes Kompensativ“. Statt Kompensativ wird vielfach auch der Ausdruck Korrektiv gebraucht.

Von dem Originalnegativ wird unter Zwischenschaltung eines Blaufilters auf unsensibilisiertem Positivfilm oder technischem Film ein Diapositiv hergestellt. Die Gradation dieses Diapositivs soll etwa 1,0 betragen. Dieses Diapositiv enthält dann das gesamte Gelb, das echte und unechte, und ist von der gleichen Gradation wie das Farbnegativ. Man montiert dieses Diapositiv konturengetreu mit dem Originalnegativ zusammen und kopiert auf orthochromatisches oder panchromatisches technisches Filmmaterial unter Zwischenschaltung eines Grünfilters. Hierbei erhält man einen Grünfilterauszug, in dem einmal durch die vorgesetzte Graumaske die Gradationen aufgehoben sind und dann weiterhin die im Original enthaltenen gelben Farben subtrahiert werden. Der Grünfilterauszug wird in einem Farbentwickler mit Zusatz eines Gelbkupplers entwickelt. Nach der Entwicklung wird in normaler Weise fixiert, und das Silberbild wird nicht ausgebleicht. Dieses Gelbkompensativ soll keinen Dichteunterschied zwischen weißen und grauen Feldern zeigen, sondern Grauwerte ohne Abstufung wiedergeben. Die gelben Teile des Originals sind im Kompensativ klar und haben höchstens einen leichten Gelbschleier. Blaue Bildteile sind dagegen sehr stark gedeckt. Das Gelbkompensativ wird mit dem Originalnegativ konturengerecht zusammenmontiert und kann dann als Kopiervorlage verwendet werden. Das Gelbkompensativ beseitigt aus den Nebendichten der Purpurschicht das unechte Gelb, wobei die Gesamtgradation des endgültigen Bildes nicht beeinflußt wird. Im positiven Bild, das unter Verwendung eines Gelbkompensativs hergestellt wurde, erscheinen die gelben Farben gesättigter und damit dunkler; die blauen Farben sind heller und die grünen Farben sind weniger blaustichig, also gelber.

e) Gradationsloses Purpurkompensativ

Eine Purpurmaske dient zur Verbesserung der Rot-Grün-Trennung. Eine derartige Maske kann auf folgende Weise hergestellt werden: Es wird zunächst mittels eines Grünfilters auf orthochromatischen oder panchromatischen technischen Film von dem Farbnegativ ein Grünfilterauszug hergestellt. Dieser positive Grünfilterauszug soll zu einem Gamma von 1,0 entwickelt werden. Das Grünfilterdiapositiv wird dann mit dem Farbnegativ zusammenmontiert und von dieser Kombination eine Kopie mit Rotlicht auf panchromatischem Material hergestellt. Die Kopie wird mit einem Farbentwickler unter Zusatz eines Purpurfarbkupplers entwickelt (Band V, H, 5.). Man erhält hierbei ein gradationsloses purpurfarbiges Kompensativ (Korrektiv). Es werden dann das Purpurkompensativ, das Gelbkompensativ und das Originalnegativ zusammenmontiert, und diese Kombination wird als Kopiervorlage verwendet.

f) Die in Mehrfarbenschichten eingebauten Farbmasken

Viele heutige Negativfarbfilme arbeiten mit eingebauten Farbmasken. Die farbkorrigierende Maske wird hierbei in der gleichen Schicht erzeugt wie der Farbauszug. Diese Methode der Farbmaskenbildung wird häufig auch als „automatische Maskierung“ bezeichnet.

Die eleganteste Methode der automatischen, integralen Farbmaskierung erfolgt in der Weise, in dem gleichzeitig die bildmäßige Zerstörung eines Farbstoffes mit der Bildung eines anders gefärbten Farbstoffbildes bewirkt wird [636a]. Die Farbtöne der beiden Farbstoffe müssen, um optimale Farbkorrektur zu bewirken, in einem bestimmten Verhältnis stehen. Die theoretischen Bedingungen zur Erreichung dieses Zieles sind von zahlreichen Forschern präzisiert worden [35, 57, 58, 113, 272, 273, 619a, 620, 621, 622, 635, 636].

Prinzipiell kann man zwei Wege unterscheiden, bei denen gleichzeitig ein Farbstoff bildmäßig zerstört und gleichzeitig ein anderer Farbstoff gebildet wird: Entweder kann der subtraktive Hauptfarbstoff zerstört und in die Maskenfarbe geändert werden, oder die Maskierungsfarbe wird bildmäßig zerstört und zum subtraktiven Hauptfarbstoff umgewandelt.

Die Methode der bildmäßigen Zerstörung des Hauptfarbstoffes und die Umwandlung in die Maskenfarbe wurde zuerst von B. GASPAR im Jahre 1938 angegeben; er schlug die Anwendung des Silberfarbbleichverfahrens vor [625c]. Verfahren nach einem ähnlichen Prinzip sind in den Patenten der GENERAL ANILIN & FILM CORP. (ANSCO) aufgeführt [639]. Nach den Grundpatenten (Erfinder: H. H. DÜRR, H. W. MORREAL JR. und H. C. HARSCH) wird ein normaler Negativfarbfilm verwendet, der in der Purpurschicht einen gelben und in der Blaugrünschicht einen roten bis orangen substantiven Azofarbstoff enthält. Der Film wird nach der Farbentwicklung, Fixierung und Wässerung in einem Silberfarbstoffbleichbad behandelt, wodurch die Azofarbstoffe proportional der Silbermenge ausgebleicht und so Maskenbilder erhalten werden. Zum Schluß wird das Silber entfernt.

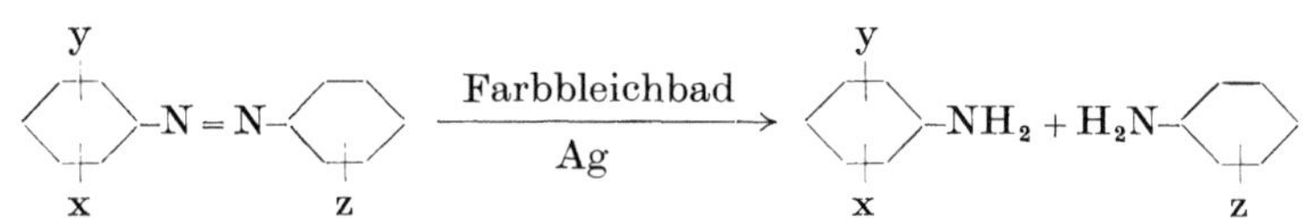

Substraktiver Azofarbstoff (gelb) — Reaktionsprodukte (farblos)

Diese Methode wurde vorübergehend 1949/50 bei *Plenacolor* angewandt.

KODAK hat den zweiten Weg der integralen Maskierung verfolgt, bei dem eine im Farbfilm vorhandene Korrekturfarbe bildmäßig in den Farbton des subtraktiven Hauptfarbstoffes umgewandelt wird. W. T. HANSON JR. und P. W. VITTUM gebührt das Verdienst, durch Verwendung von gefärbten Azofarbstoffkupplern das Verfahren zur Vollkommenheit entwickelt zu haben [625b, 642]. Das Prinzip des Verfahrens sei am *Ektacolor*-Film dargestellt.

Der *Ektacolor*-Farbfilm enthält zwei Farbmasken, in der Mittelschicht eine Gelbmaske und in der untersten Farbschicht eine Purpurmaske. Die Mittelschicht enthält nur zum Teil eine farblose Purpurkupplersubstanz, der andere Teil besteht aus demselben Farbbildner, der jedoch mit einer Azoverbindung gekoppelt ist und einen gelben Farbstoff bildet. Bei der Farbentwicklung verbindet sich der normale Purpurfarbkuppler mit dem Oxydationsprodukt der Entwicklersubstanz zu dem Purpurfarbstoff. Ist der Kuppler verbraucht, so tritt die Kuppler-Azoverbindung in Tätigkeit. In dem Maße, wie aus der Verbindung durch Kupplung mit der Entwicklersubstanz Purpurfarbstoff gebildet wird, verschwindet die Gelbfärbung infolge der Aufspaltung. Die in der Mittelschicht zurückbleibende Gelbfärbung bildet das Kompensativ zum entwickelten Purpurfarbstoffnegativ. Auf die gleiche Weise entsteht in der untersten blaugrünen Farbschicht das Purpurkompensativ.

Im Jahre 1948 erschien nach diesem Verfahren der erste *Ektacolor*-Film, 1949/50 folgten der verbesserte *Kodacolor*- und der *Eastman-Color*-Negativfilm.

Ein neues Verfahren der automatischen Maskierung ist von ILFORD LTD. im Jahre 1964 zum Patent angemeldet worden [640a]. Nach diesem Verfahren werden in die grün- wie in die rotempfindliche Schicht oder auch nur in eine von beiden gelb- beziehungsweise rotgefärbte Verbindungen eingelagert, die aus unsubstituierten und substituierten Aryl- und Alkylgruppen, Aralkylgruppen, Hydroxy-, Carboxy- und Cyangruppen bestehen. An den belichteten Stellen werden diese Verbindungen entfärbt, an den übrigen dienen sie als Farbmasken.

Bei einer Reihe von neueren Farbfilmen mit automatischer Maskierung, insbesondere bei Filmen mit diffusionsechten Farbstoffkupplern nach dem *Agfacolor*-Prinzip, wird die Maske nach der Farbentwicklung in einem besonderen Behandlungsbad erzeugt.

Der erste Film dieser Art war der englische Negativfilm *Icicolor* der Imperial Chemical Industries, der 1957 als Roll- und Planfilm auf dem Markt erschien. Dieser Film enthielt zunächst zwei Masken, je eine in der Purpur- und in der Blaugrünschicht. Die bei der Farbbilderzeugung nicht verbrauchten Farbkuppler wurden in einem besonderen Maskenbad in einen gelben beziehungsweise roten Masken-Azofarbstoff umgewandelt. Durch die Zusammenarbeit der Imperial Chemical Industries und der Ilford Ltd. wurde im Jahre 1960 der Negativfarbfilm *Ilfacolor* geschaffen, der den Film *Icicolor* ablöste. Im Jahre 1962 wurde *Ilfacolor* durch *Ilfocolor* und dieser im Jahre 1965 durch *Ilford Color Print* ersetzt. Bei allen diesen Filmen erfolgte die Maskenbildung nach dem gleichen Prinzip. Bei dem neuesten im Handel befindlichen Film wird jedoch nur noch eine Maske in der Purpurschicht erzeugt. Die Imperial Chemical Industries verwendet insbesonders Styrylfarbstoffe, die aus einem Farbkuppler mit reaktiver Methylengruppe und einem Oxim eines aromatischen Aldehyds (z. B. des p-N-substituierten Aminobenzaldehyds) hergestellt sind und die als wasserlösliche, diffusionsechte Purpurkuppler der Schicht einverleibt werden. Nach der Farbentwicklung wird der Film in einem besonderen Maskenbad behandelt. Dieses Maskenbad, das insbesondere Formaldehyd oder Kaliumnitrit enthält, ist befähigt, den substituierten Aminobenzaldehyd aus dem p-N-substituierten Aminobenzyliden-Derivat, das sich an den unbelichteten Stellen zum Teil mit dem als Farbentwickler benutzten aromatischen Amin und dem Styrylfarbstoff gebildet hat, zu befreien. Durch den hierbei gebildeten Aminobenzaldehyd wird mit der bei der Umsetzung des Styrylfarbstoffes mit dem Amin der Entwicklersubstanz entstandenen Methylenverbindung der Styrylfarbstoff in für die Farbkorrektur ausreichendem Maße zurückgebildet [636a, 641].

Im Jahre 1963 brachte die Firma Gevaert Photo-Prod., Mortsel-Antwerpen, Belgien, den neuen Negativfarbfilm *Gevacolor N 5* auf den Markt [639a]. Dieser Film wird bei der Verarbeitung in der Blaugrünschicht orange maskiert. In der Schicht befindet sich ein besonderer Maskenbildner neben dem normalen Farbstoffbildner. Als solche Substanzen sind u. a. Pyrazolonderivate geeignet [640]. Diese Maskenbildner werden durch die Farbentwicklung und das erste Fixierbad nicht beeinflußt. Im Bleichbad wird durch Oxydation des übriggebliebenen Farbstoffbildners und durch Kupplung mit dem Maskenbildner die Farbmaske hervorgerufen. Das Bleichbad muß zur Ausführung dieser Prozesse alkalisch sein. Die Firma Gevaert hat für maskierte Negativfarbfilme die Kurzbezeichnung „*Mask*“ geprägt.

Im Jahre 1963 brachte auch die Agfa A.G., Leverkusen, den Planfilm *Agfacolor CN 17 M* als farbmaskierten Negativfilm in den Handel. Dieser Film arbeitete mit einer Gelbmaskierung der Purpurschicht. In dieser Schicht war neben dem eigentlichen Purpurkuppler ein farbloser Maskenkuppler eingelagert. Dieser Maskenkuppler wurde bei der Farbentwicklung im Umfange der erfolgten Bildbelichtung zu einer farblosen Verbindung gekuppelt, und an den unbelichteten Stellen wurde er im Bleichbad zum Maskenfarbstoff oxydiert [637]. Dieser Film wurde im Jahre 1964 wieder vom Markt zurückgezogen, da Schwierigkeiten mit der Stabilität der Maske eintraten. Im Jahre 1965 erschien der Negativfarbfilm

Agfacolor CN 17 S. Bei diesem maskierten Film erfolgt die Maskenbildung prinzipiell auf die gleiche Weise wie bei dem früheren. An das verwendete Bleichbad werden besondere Anforderungen gestellt. Die Dichte der Maske wird durch die Beschaffenheit des Bleichbades und die Dauer der Behandlung sowie die Temperatur sehr stark beeinflußt.

Im Jahre 1964 startete die FERRANIA Sv.P.A., Mailand, zur Testung in einigen europäischen Ländern den *Ferraniacolor Mask-Film M 64.* Dieser Film ist in der üblichen Weise aufgebaut und enthält zwei Farbmasken. Die rotempfindliche Schicht, die der Unterlage am nächsten liegt, enthält die blaugrüne Kupplungskomponente und ist mit einem Purpurfarbstoff gleichmäßig eingefärbt. Dieser Farbstoff baut eine Purpurmaske auf, die nach dem Silberfarbstoffbleichverfahren im Bleichbad entsteht. Die grünempfindliche Mittelschicht mit dem Purpurfarbstoffkuppler ist entsprechend der erforderlichen Maskierung dieser Komponente mit einem Gelbfarbstoff versehen, der ebenfalls im Bleichbad die Maske bildet. Die Masken der beiden Schichten entstehen demnach durch Ausbleichen der in den einzelnen Schichten vorhandenen Farbstoffe entsprechend der Menge des im Farbentwickler reduzierten Silbers (Silberfarbstoffbleichverfahren nach B. GASPAR [625C]).

Zur Leipziger 800-Jahr-Jubiläumsmesse im Frühjahr 1965 stellte VEB FILMFABRIK WOLFEN den Negativfarbfilm *Orwocolor NC 17 Mask* vor. Bei diesem Film werden „farbige Kuppler“ eingesetzt, die sich von den bisher üblichen farblosen Farbkupplern dadurch unterscheiden, daß sie an der kupplungsaktiven Stelle des Moleküls einen farbgebenden Substituenten tragen, wodurch das ganze Molekül angefärbt wird. Während der Farbentwicklung kuppelt das Farbentwickleroxydationsprodukt mit der farbigen Komponente unter Abspaltung des farbgebenden Substituenten zum normalen Bildfarbstoff [645a, 645b]. In dem neuen *Orwocolor-Film NC 17 Mask* ist die Purpurkomponente gelb gefärbt. In dem Maße der Umkupplung zum Purpur-Bildfarbstoff bei der Farbentwicklung wird der ursprüngliche Gelbfarbstoff zerstört und Purpur gebildet. Stärke und Gradation dieser automatischen Gelbmaske sind so eingestellt, daß die Nebenfarbdichte ausgeglichen, das heißt eine fehlerhafte Bildinformation vom Grünauszug des Negatives zur blauempfindlichen Gelbschicht des Positivmaterials völlig unterdrückt wird. Ganz ähnlich werden auch im Unterguß in der rotempfindlichen Schicht die Nebenfarbdichten des Blaugrünfarbstoffes maskiert. Weil jedoch in dieser Schicht die Nebenfarbdichten sowohl im grünen als auch im blauen Spektralgebiet kompensiert werden müssen, ist die Färbung der Untergußkomponente rotpurpur, so daß durch diese spektrale Abstimmung die Funktionen von zwei Masken zugleich erfüllt werden. Zur Verarbeitung des *Orwocolor NC 17 Mask* ist ein besonderes Bleichbad auf Basis von Kaliumdichromat erforderlich. In normalen Bleichbädern werden die Maskenfarben zerstört, und man erhält einen unmaskierten Negativfarbfilm.

Farbmaskierte Negative erfordern wegen der sehr hohen Farbdichte der Maskeneinfärbung an den unbelichteten Stellen eine starke Purpur- und Blaugrünfilterung beim Positivprozeß sowie ein steiler graduiertes und höher blauempfindliches Positivpapier. Dieser Forderung tragen die photographischen Firmen Rechnung durch Herstellung eines besonderen Maskenpapieres.

Die Patentliteratur über die Maskentechnik ist sehr umfangreich [636a bis 645a]. Es ist als sicher anzunehmen, daß in einiger Zeit nur noch maskierte Farbfilme in den Handel kommen werden. Die Maskentechnik ist schon sehr alt. Sie geht auf eine Erfindung von E. ALBERT (1897) zurück, der sogenannte Supplementär-Positive versuchsweise verwandte, um im Vierfarbendruck die Dunkeltöne aufzuhellen [646].

C. Aufnahmetechnik

1. Die Farbtemperatur

a) Farbtemperatur und Farbfilme [647 bis 653]

Unsere künstlichen Lichtquellen, von Spektral- und Leuchtstoffröhrenlampen abgesehen, sind glühende Körper, die Wärme und Licht ausstrahlen. Bei 700°C beginnt zum Beispiel glühendes Eisen dunkelrot zu werden; bei stärkerer Erhitzung über 1000°C wird es zunächst hellrot und über 2000°C nahezu weißglühend. Die von einem glühenden Körper ausgestrahlte Energie in seiner Stärke und in seiner spektralen Verteilung steht in enger Beziehung zu seiner Temperatur, und man kann jeden Farbton eines glühenden Körpers einer entsprechenden Temperatur zuordnen. Zur Festlegung dieser Beziehung der spektralen Energieverteilung in Abhängigkeit von der Temperatur benutzt man einen ganz bestimmten Körper, den sogenannten „schwarzen Körper" (II. A. 3.). Die Temperatur wird bei diesem System nicht in Celsius- oder Fahrenheit-Graden gemessen, sondern nach der absoluten, in der Physik gebräuchlichen Temperatur-Skala, die bei -273^0C beginnt. Man bezeichnet diese Temperaturwerte mit Kelvin-Graden (^{0}K), $0^0\text{K} = -273^0\text{C}$; $n^0\text{K} = m^0\text{C} + 273$; $x^0\text{C} = y^0\text{K} - 273$. Wenn man die Strahlungsverteilung über das gesamte Spektralgebiet in Abhängigkeit von der Temperatur charakterisieren will, dann spricht man von der Farbtemperatur. In Tabelle 2 sind die Farbtemperaturen der wichtigsten photographischen Lichtquellen und Beleuchtungen zusammengestellt. Die Farbtemperaturangabe einer beliebigen Lichtquelle besagt, daß die spektrale Strahlungsverteilung dieses Lichtes identisch ist mit der spektralen Energieausstrahlung des schwarzen Körpers bei einer bestimmten absoluten Temperatur, die man mit Farbtemperatur bezeichnet. Meistens liegt die Farbtemperatur etwas niedriger als der tatsächliche Temperaturwert, wobei beide mit der gleichen Temperaturskala gemessen werden.

Die Farbtemperatur ist für die Farbphotographie von ganz ausschlaggebender Bedeutung. Von der Farbtemperatur hängen die spektralen Anteile an blauen, grünen und roten Strahlen ab, für die der Farbfilm empfindlich ist. Bei Sonnenlicht, das einer Farbtemperatur von etwa 5500°K entspricht, sind die drei Spektralanteile der Strahlung als normal anzusehen (Abb. 5). Auf diese Strahlung, die man als die natürlichste ansehen muß, sind die Umkehrfarbfilme für Tageslicht abgestimmt. Umkehrfarbfilme für Tageslicht müssen demnach Objekte, die von der Sonne beleuchtet sind, in natürlichen Farben originalgetreu abbilden. Weicht die Farbtemperatur der Beleuchtung sehr stark von dem Wert 5500°K ab, wie zum Beispiel bei Kunstlichtbeleuchtung von 3200°K, so muß der Umkehrfarbfilm für Kunstlicht verwendet werden. Diesen beiden extremen und am meisten verwendeten Beleuchtungsarten trägt die photographische Industrie beim Umkehrfarbfilm durch die beiden Typen für Tageslicht und Kunstlicht Rechnung. Für die Negativaufnahmetechnik sind für die beiden extremen Beleuchtungsarten heute keine verschiedenen Typen erforderlich (sie werden nur noch von einzelnen Firmen hergestellt), da bei Negativfilmen Farbstiche auf Grund besonderer Fabrikationsmethoden zurückgehalten und außerdem beim Positivprozeß weitgehend korrigiert werden können.

b) Das Mired-System [651, 652]

Wie wir später noch sehen werden, kann die spektrale Strahlung einer Lichtquelle in ihrer Wirkung auf den Farbfilm durch sogenannte Konversionsfilter geändert und auf das fabrikatorisch eingestellte Farbgleichgewicht des Aufnahmematerials abgestimmt werden. Bei dieser Konversion des Aufnahmelichtes in seiner Wirkung auf den Farbfilm wird die ursprüngliche Farbtemperatur durch die Einschaltung von Filtern auf die Farbtemperatur gebracht, auf die der Farbfilm eingestellt ist. In Amerika wurde ein System ausgearbeitet, mit dessen Hilfe es sehr einfach ist, das für einen bestimmten Fall erforderliche Filter auszusuchen. Bei diesem System, dem *Mired*-System, Abkürzung von *mi*cro *re*ciprocal *d*egree (Übersetzung: kleine umgekehrte Gradeinteilung), wird als Mired-Wert (M) der reziproke Wert der Farbtemperatur multipliziert mit dem Faktor 1000000 gekennzeichnet:

$$M = \frac{1\,000\,000}{T\,°K}$$

Die Multiplikation mit einer Million hat man vorgenommen, damit man handliche Zahlengrößen erhält. Es gibt noch einen zehnfach größeren Wert, das Dekamired (dm): 10 M = 1 dm.

In Tabelle 8 sind Farbtemperaturen in °K und Mired-Werte zur Veranschaulichung gegenübergestellt. Dekamired-Werte ergeben sich aus Mired-Zahlen, indem man diese durch die Zahl 10 dividiert: 333 Mired = 33,3 Dekamired.

Tabelle 8. *Mired-Werte für Farbtemperaturen von 2000° K bis 10000° K*

°K	0	100	200	300	400	500	600	700	800	900
	Mired-Werte									
2000	500	476	455	435	417	400	385	370	357	345
3000	333	323	312	303	294	286	278	270	263	256
4000	250	244	238	233	227	222	217	213	208	204
5000	200	196	192	189	185	182	179	175	172	169
6000	167	164	161	159	156	154	152	149	147	145
7000	143	141	139	137	135	133	132	130	128	127
8000	125	123	122	120	119	117	116	115	114	112
9000	111	110	109	108	106	105	104	103	102	101
10000	100									

Die Mired-Skala und die Farbtemperatur-Skala zeigen einen ganz wesentlichen Unterschied. In den hohen Farbtemperaturwerten wird durch eine Mired-Differenz ein sehr hoher Farbtemperaturbereich ausgedrückt, während bei niedrigen Farbtemperaturen der gleichen Mired-Differenz ein sehr kleiner Temperaturbereich entspricht, zum Beispiel: 50 Mired-Differenz bezeichnen einen Farbtemperaturunterschied von 2300 bis 2600° K und ebenso einen Unterschied von 5700 bis 8000° K. Diese Eigenschaft der Mired-Skala spielt eine wichtige Rolle bei der zulässigen Farbtemperaturabweichung bei Farbaufnahmen zur Verhütung von Farbstichen.

c) Die Farbtemperatur-Toleranzen bei Farbaufnahmen [652, 653]

Abweichungen der Beleuchtung von der richtigen Farbtemperatur für den betreffenden Farbfilm machen sich durch fehlerhafte Farbwiedergabe bemerkbar, die bei Umkehrfarbfilmen überhaupt nicht zu beseitigen sind. Eine Abweichung von ± 10 Mired gibt keine bemerkbare Verfälschung der Farbwiedergabe. Ein Umkehrfarbfilm Typ Tageslicht, der auf ein Farbgleichgewicht bei 5600° K

(179 Mired) eingestellt ist, kann ohne Einbuße der Farbwiedergabe im Farbtemperaturbereich von 169 bis 189 Mired (= 5900 bis 5300° K, Spielraum = ± 300° K) verwendet werden. Beim Umkehrfarbfilm für Kunstlicht beträgt bei einer zulässigen Abweichung vom eingestellten Farbtemperaturwert von ± 10 Mired der zulässige Farbtemperaturbereich 3300 bis 3100° K (= 303 bis 323 Mired; 3200° K = 312 Mired).

d) Die Messung der Farbtemperatur des Aufnahmelichtes [648, 649]

Die Farbtemperatur des Aufnahmelichtes ist sehr großen Schwankungen unterworfen. Bei künstlichen Lichtquellen wird sie vom Alter der Lampen, von der Spannung, von der Art der Reflektoren, von der Reflexion der Umgebung und anderem mehr beeinflußt. Auch die Farbtemperatur des Tageslichtes ist starken Schwankungen unterworfen und hängt insbesondere von der Jahreszeit und der Tageszeit ab [654]. Eine möglichst genaue Messung der Farbtemperatur der Beleuchtung ist deswegen in der Farbphotographie unerläßlich. Im Handel sind hierfür besondere Meßgeräte, sogenannte Farbtemperaturmesser oder Kelvinometer, erhältlich (*Sixticolor* der Firma Gossen, Erlangen; *Colorlux* von Lifa, Augsburg). Derartige Meßgeräte enthalten meist ein Milliamperemeter mit einer oder zwei Photozellen mit vorgeschalteten Blau- und Rotfiltern. Man mißt mit derartigen Geräten das Verhältnis der Blau- und Rotanteile des Lichtes und setzt dieses in Beziehung zur Farbtemperatur. Die Messung der Farbtemperatur muß genau entsprechend der Gebrauchsanweisung vorgenommen werden. Es ist dabei besonders darauf zu achten, daß das Gerät keinesfalls verkantet wird, weil sich so schmale Randschatten auf der Meßfläche bilden können. Da die Messung auf einer Verhältnismessung beruht, sollten Farbtemperaturen nur von Glühlampen und Lichtquellen mit ähnlicher Zusammensetzung des Lichtes bestimmt werden. Farbtemperaturmessungen bei Gasentladungslampen (Leuchtstoffröhren, Spektrallampen und andere) führen zu Fehlresultaten.

e) Konversionsfilter

Durch Filter kann man die Farbe des Lichtes ändern. Jedes Farbfilter läßt nur das Licht seiner Eigenfarbe durch; so absorbiert ein Gelbfilter den blauen Anteil des Spektrums und läßt nur Gelb (= Grün + Rot) durch. Es ist daher verständlich, daß man mit bestimmten Filtern auch die spektrale Zusammensetzung des Aufnahmelichtes in seiner Wirkung auf Farbfilme beeinflussen kann. Filter, die man zu diesem Zwecke verwendet, sind sogenannte Konversionsfilter (Light Balancing Filter). Konversionsfilter haben demnach die Aufgabe, die gegebene (gemessene) Farbtemperatur des Aufnahmelichtes der Farbtemperatur anzupassen, für die das gerade verwendete Farbaufnahmematerial bestimmt ist. Die Mired-Werte dienen zur exakten Kennzeichnung der Konversionsfilter und erleichtern das Errechnen des erforderlichen Filters. Jedes Filter hat einen bestimmten nach Farbe und Dichte verschiedenen Mired-Verschiebungswert (Mired-Konversionsgrad), mit dessen Hilfe man seine Wirkung auf die Farbtemperatur errechnen kann. Man kann auch andererseits den erforderlichen Mired-Verschiebungswert errechnen, wenn eine bestimmte Farbtemperaturdifferenz überbrückt werden soll. In der Auswahl der Filter ist besonders auf das Vorzeichen zu achten. Gelbliche und rötliche Konversionsfilter vermindern die Farbtemperatur, da sie die kurzwellige Strahlung absorbieren; sie haben positive Vorzeichen (R-Filter). Bläuliche Filter erhöhen die Farbtemperatur (B-Filter), da sie die langwelligere Strahlung absorbieren und die Strahlungsverteilung zugunsten von Blau verschieben; sie haben negative

Vorzeichen. Um den Mired-Verschiebungswert zu erhalten, muß der Mired-Wert der benötigten Farbtemperatur (Farbtemperatur des Farbgleichgewichtes des Aufnahmematerials) von dem Mired-Wert des vorhandenen Aufnahmelichtes abgezogen werden.

1. Beispiel: Die vorhandene Aufnahmebeleuchtung hat eine Farbtemperatur von etwa 2600° K. Der Farbfilm ist sensibilisiert für eine Farbtemperatur von 3200° K. Welchen Mired-Verschiebungswert (Konversionsgrad) muß das Konversionsfilter haben?

$$\begin{array}{ll} 2600^\circ\text{K} = 385 \text{ Mired} & \quad 385 \text{ M} \\ 3200^\circ\text{K} = 312 \text{ Mired} & \underline{-312 \text{ M}} \\ & \quad\ 73 \text{ M} \end{array}$$

Benötigter Mired-Verschiebungswert = —73 M; das Konversionsfilter muß einen negativen Wert haben (B-Filter), da die Farbtemperatur erhöht werden muß.

2. Beispiel: Aufnahme im Schatten bei blauem Himmel, Abendsonne; Beleuchtung entspricht einer Farbtemperatur von 6800° K. Welches Konversionsfilter ist bei Verwendung eines Tageslichtfarbfilmes, der auf eine Farbtemperatur von 5400° K abgestimmt ist, erforderlich?

$$\begin{array}{ll} 6800^\circ\text{K} = 147 \text{ Mired} & \quad 147 \text{ M} \\ 5400^\circ\text{K} = 185 \text{ Mired} & \quad \underline{185 \text{ M}} \\ & +\ 38 \text{ M} \end{array}$$

Es muß ein R-Filter mit positivem Vorzeichen verwendet werden, da die Farbtemperatur des Aufnahmelichtes erniedrigt werden muß.

Tabelle 9. KODAK-*Konversionsfilter*

Wratten Filter Nr.	Farbe des Filters	Mired-Verschiebungs-Wert	Verschiebung der Farbtemperatur von	auf	Verlängerungsfaktor für die Belichtung
82 C + 82 C	blau	— 90	2490° K	3200° K	2,3
82 C + 82 A		— 77	2570° K		2,3
82 C + 82 B		— 66	2650° K		1,0
82 C + 82		— 55	2720° K		1,0
82 C		— 45	2800° K		1,7
82 B		— 32	2900° K		1,7
82 A		— 21	3000° K		1,2
82		— 10	3100° K		1,2
81	gelb	+ 9	3300° K	3200° K	1,2
81 A		+ 18	3400° K		1,2
81 B		+ 27	3500° K		1,2
81 C		+ 35	3600° K		1,2
81 EF		+ 52	3850° K		1,7
80 B	blau	—110	3400° K	5400° K	1
85 C	orange	+ 86	5400° K	3800° K	1,2
85		+110	5400° K	3400° K	1,7
85 B		+127	5400° K	3200° K	1,7

Um erforderliche Mired-Verschiebungswerte zu erreichen, können mehrere Filter kombiniert werden. Bei derartigen Kombinationen muß bei der Addition der Mired-Werte auf die Vorzeichen geachtet werden. Bei der Verwendung von Konversionsfiltern, die eine sehr starke Filterwirkung haben, läßt sich ihre photographische Wirkung auf das lichtempfindliche Material nie ganz genau voraussagen. Es ist daher immer empfehlenswert, in derartigen Fällen Probeaufnahmen zu machen. Filterkombinationen von mehreren Filtern sollten stets nur in Ausnahmefällen verwendet werden, da hierbei Schätzungsfehler ganz erheblich sein können.

Bei Verwendung von Konversionsfiltern muß auch beachtet werden, daß derartige Filter immer eine Belichtungsverlängerung erfordern. In den Tabellen 9 bis 11 sind die Konversionsfilter und ihre Mired-Verschiebungswerte von verschiedenen Firmen zusammengestellt [538, 655, 657 bis 659].

Tabelle 10. LIFA- *und* ORWO-*Konversionsfilter*

LIFA Augsburg	ORWO Nr.	Konversion Bezeichnung	Farbe	Mired-Verschiebungswert	Verlängerungsfaktor für die Belichtung
CB 1,5	K 10	B 1,5	blau	− 15	1,2
CB 3	K 11	B 3	blau	− 32	1,5
CB 6	K 12	B 6	blau	− 64	2,0
CB 12	K 13	B 13	blau	−127	3,5
CB 9	—	—	blau	− 95	2,3
CR 1,5	K 15	R 1,5	bräunlich	+ 15	1,2
CR 3	K 16	R 3	rot	+ 32	1,5
CR 6	K 17	R 6	rot	+ 64	2,0
CR 9	—	—	rot	+ 95	2,3
CR 12	K 18	R 12	rot	+127	3,5

Tabelle 11. GEVAERT-*Konversionsfilter*

Filter Bezeichnung	Farbe	Verschiebung der Farbtemperatur von °K	auf °K	Mired-Verschiebungswert	Filterfaktor
CTB-16	Blau	2800	5900	−190	8
CTB-12	Blau	3200	5900	−145	5
CTB-8 + CTB-2	Blau	3400	5900	−142	4
CTB-8	Blau	3800−4000	5900	−112	3
CTB-4	Blau	—	5900	− 44	2
CTB-2	Blau	5000	5900	− 30	1,4
CTB-1	Blau	—	5900	− 10	1
CTB-4	Blau	2800	3200	− 44	2
CTO-1	Orange	—	3200	+ 10	1
CTO-2	Orange	3400	3200	+ 30	1,1
CTO-4	Orange	3800−4000	3200	+ 44	1,2
CTO-8	Orange	5000	3200	+112	1,3
CTO-12	Orange	5900	3200	+145	1,4
CTO-16	Orange	8000	3200	+190	1,6
CTO-20	Orange	10000−12000	3200	+212	1,7

f) Kompensationsfilter [534, 538, 656 bis 659]

Kompensationsfilter, auch Aufnahme-Korrekturfilter genannt (AK-Filter), haben eine vielseitige Aufgabe. Sie dienen zur Korrektur der Eigenfärbung des Objektivs, zum Ausgleich des Einflusses der Belichtungszeit auf die Farbwiedergabe (SCHWARZSCHILD-Effekt), zur Konversion der Farbtemperatur und zum Ausgleich von fabrikations- und lagerungsbedingten Farbabweichungen. Im Prinzip haben sie die gleiche Wirkung wie die Konversionsfilter; ihre Wirkung ist jedoch wesentlich geringer. Mit den Kompensationsfiltern können daher viel feinere Farbtemperaturabstimmungen ausgeführt werden. Bei KODAK heißen diese Filter Color Compensating Filters (CC-Filter), bei AGFA-GEVAERT AK-Filter (Aufnahme-Korrekturfilter). Die Kompensationsfilter werden in den subtraktiven Grundfarben Gelb, Purpur, Blaugrün und in den additiven Grundfarben Blau, Grün, Rot geliefert.

Bei KODAK wird die Dichte der Filter durch zwei Zahlen angegeben und die Farbe durch den Buchstaben nach den beiden Zahlen bezeichnet: Y = Gelb (Yellow), M = Purpur (Magenta), C = Blaugrün (Cyan); B = Blau, G = Grün, R = Rot. Die Maximaldichten der Farben sind gestaffelt in die Abstufungen: 05 – 10 – 20 – 30 – 40 – 50.

Tabelle 12. *AK-Filter* (AGFA-GEVAERT) *und CC-Filter* (KODAK) *und ihre zahlenmäßige Kennzeichnung*

	Subtraktive Grundfarben				Additive Grundfarben			
Dichte des Filters	Farbe	AGFA-AK-Filter Dichte-bezeichnung	KODAK-CC-Filter Bezeichnung	Belich-tungsfaktor	Farbe	AGFA-AK-Filter Dichte-bezeichnung	KODAK-CC-Filter Bezeichnung	Belich-tungsfaktor
0,05	Gelb	05 — —	CC-05 Y	1,0	Blau	— 05 05	CC-05 B	1,2
0,10		10 — —	CC-10 Y	1,2		— 10 10	CC-10 B	1,2
0,20		20 — —	CC-20 Y	1,2		— 20 20	CC-20 B	1,5
0,30		30 — —	CC-30 Y	1,2		— 30 30	CC-30 B	1,5
0,40		40 — —	CC-40 Y	1,2		— 40 40	CC-40 B	2,0
0,50		—	CC-50 Y	1,5		—	CC-50 B	2,3
0,05	Purpur	— 05 —	CC-05 M	1,2	Grün	05 — 05	CC-05 G	1,2
0,10		— 10 —	CC-10 M	1,2		10 — 10	CC-10 G	1,2
0,20		— 20 —	CC-20 M	1,2		20 — 20	CC-20 G	1,2
0,30		— 30 —	CC-30 M	1,5		30 — 30	CC-30 G	1,5
0,40		— 40 —	CC-40 M	1,5		40 — 40	CC-40 G	1,5
0,50		—	CC-50 M	1,5		—	CC-50 G	2,0
0,05	Blaugrün	— — 05	CC-05 C	1,2	Rot	05 05 —	CC-05 R	1,2
0,10		— — 10	CC-10 C	1,2		10 10 —	CC-10 R	1,2
0,20		— — 20	CC-20 C	1,2		20 20 —	CC-20 R	1,2
0,30		— — 30	CC-30 C	1,5		30 30 —	CC-30 R	1,5
0,40		— — 40	CC-40 C	1,5		40 40 —	CC-40 R	1,5
0,50		—	CC-50 C	2,0		—	CC-50 R	2,0

Bei den AGFA-GEVAERT-AK-Filtern erfolgt die Kennzeichnung der Dichte in einer sechsstelligen Zahl. Die beiden ersten Ziffern entsprechen der gelben Filterdichte, die beiden mittleren der purpurnen und die beiden letzten der blaugrünen Filterdichte. Jede Filterfarbe wird von der AGFA-GEVAERT A.G. in vier verschiedenen Farbdichten (05 – 10 – 20 – 40) geliefert. Ein Gelbfilter der Dichte 40 hat die Bezeichnung 40 00 00 oder 40 – –. Ein Purpurfilter der Dichte 10 wird mit den Zahlen – 10 – und ein Blaugrünfilter der Dichte 30 mit den Zahlen – – 30 bezeichnet. Ebenso wie die subtraktiven Filter werden auch die additiven charakterisiert. Ein Blaufilter enthält die subtraktiven Grundfarben Purpur (Blau + Rot) und Blaugrün (Blau + Grün) und kann daher auch subtraktiv mit Zahlen bezeichnet werden. Ein Blaufilter der Dichte 20 hat die Bezeichnung – 20 20 wie das subtraktive Gelbfilter von der Dichte 20. Für das Grünfilter von der Dichte 10 gilt analog die Schreibweise 10 – 10. Alle Filter können kombiniert werden, und man erhält dann durch einfache Addition die Dichte der Kombination.

Beispiel:		
	1 Rotfilter	10 10 –
	+ 1 Gelbfilter	10 – –
	+ 1 Purpurfilter	– 30 –
	Kombination:	20 40 –

Um Streulicht zu vermeiden, müssen Filterkombinationen mit der möglichst geringsten Anzahl von Filtern hergestellt werden. In Tabelle 12 sind die lieferbaren KODAK-CC-Filter und die AGFA-AK-Filter mit ihren zahlenmäßigen Kennzeichnungen zusammengestellt.

Zur Beseitigung eines Farbstiches muß immer ein Filter in der Gegenfarbe verwendet werden (Tabelle 13).

AK-Filter und CC-Filter eignen sich in Kombinationen vorzüglich als Konversionsfilter. In Tabelle 14 sind Kombinationen als B-Filter und R-Filter mit den dazugehörigen Mired-Verschiebungswerten zusammengestellt.

Tabelle 13. *Farbstich und Filter zur Beseitigung des Farbstiches*

Farbstich	Farbe des Filters zur Beseitigung des Farbstichs
Blau	Gelb (Y)
Blaugrün	Rot (R)
Gelb	Blau (B)
Grün	Purpur (M)
Purpur	Grün (G)
Rot	Blaugrün (C)

Tabelle 14. *AK-Filterkombinationen als Konversionsfilter*

Blaufilter-Kombinationen	Mired-Verschiebungswert	Belichtungsfaktor
– 05 10	– 10	1,2 Blaufilter
– 10 20	– 20	1,4 (B-Filter)
– 15 30	– 30	1,6 zur Erhöhung
– 20 40	– 40	1,8 einer zu
– 25 50	– 50	2,0 niedrigen
– 30 60	– 60	2,4 Farbtemperatur
– 35 70	– 70	2,8
– 40 80	– 80	3,0
10 05 –	+ 10	1,2 Orangefilter
20 10 –	+ 20	1,3 (R-Filter)
30 15 –	+ 30	1,4 zur Verringe-
40 20 –	+ 40	1,5 rung einer
50 25 –	+ 50	1,7 zu hohen
60 30 –	+ 60	2,0 Farbtemperatur
70 35 –	+ 70	2,2
80 40 –	+ 80	2,4

2. Beleuchtung bei Außenaufnahmen

a) Negativfarbaufnahmen

Negativfarbfilme sind für Aufnahmen bei Farbtemperaturen von 2800° K bis 6000° K abgestimmt und können daher universell praktisch bei jeder Aufnahmebeleuchtung verwendet werden. Man muß jedoch unbedingt darauf achten, daß in keinem Fall Mischlicht vorhanden ist. Zur Aufhellung von dunklen Schatten und zur zusätzlichen Ausleuchtung können Elektronenblitzlampen oder Blaukolbenblitze verwendet werden, deren Farbtemperatur mit der vom Tageslicht weitgehend übereinstimmt (Abb. 96).

b) Umkehrfarbaufnahmen

Außenaufnahmen auf Umkehrfarbfilmen können prinzipiell bei jedem Licht gemacht werden. Es sind hierzu grundsätzlich Tageslichtfilme zu verwenden. Die erforderlichen Belichtungswerte ergeben sich aus der Lichtintensität, die das Objekt bestrahlt, aus der Richtung des Lichtes und aus dem Verhältnis von Licht und Schatten (Kontrast). Der Belichtungsspielraum bei Umkehrfarbfilmen ist begrenzt, und ebenso vermag er nur einen geringen Beleuchtungskontrast farbenrichtig wiederzugeben. Auf Grund von Versuchen darf der Beleuchtungskontrast höchstens 1:4 betragen. Ist er wesentlich höher, so werden die im Schatten liegenden Motivteile nach Blau verschoben, da sie vom stark blaustichigen Himmelslicht beleuchtet werden. Bei einem Beleuchtungskontrast von 1:10 werden bei richtiger Belichtung auf die Lichter die Farben in den Schatten weniger gut getrennt; Gelb und Rot werden ähnlicher. Bei einem noch größeren Kontrast 1:30 werden in den Schatten nur noch die Farben Gelb und Rot als dunkles Braunrot registriert.

Hohe Kontraste sind bei Außenaufnahmen besonders bei hohem Sonnenstand in der Mittagszeit und bei Gegenlichtaufnahmen zu befürchten. In diesen Fällen ist es unbedingt empfehlenswert, die Schatten mit Blaukolbenblitzen oder Elektronenblitzlampen aufzuhellen. Eventuell können auch farblose Reflektoren und Wände zur Aufhellung verwendet werden. Die Aufhellung darf jedoch nur soweit getrieben werden, daß der Effekt als natürlich empfunden wird. Bei der Aufhellung durch Blitzlicht kann die Wirkung leider nicht beurteilt werden. Diese hängt von der Entfernung des Blitzes vom Objekt und von der Abblendung des Objektivs ab. Die Wirkung des Blitzes kann praktisch nur durch die Blende reguliert werden. Es empfiehlt sich, die Allgemeinbeleuchtung so hell wie möglich zu machen.

Die Belichtung ist entsprechend dem mit einem Belichtungsmesser ermittelten Wert durchzuführen, oder man belichtet entsprechend der jeder Filmpackung beigegebenen Tabelle.

Bei bedecktem Himmel, bei verschleierter Sonne durch eine dünne Wolkendecke oder durch Dunst sind die Kontraste zwischen Hell und Dunkel im Objekt ausgeglichener. Bei derartigen Farbaufnahmen ist die Sättigung der Farben geringer als bei strahlender Sonne. Trotzdem erhält man eine sehr angenehme Farbwiedergabe.

Tageslicht-Umkehrfarbfilme sind auf Farbtemperaturen von 5400 bis 5900° K abgestimmt. Schwankungen des Tageslichtes und besondere Aufnahmebedingungen können die Farbwiedergabe sehr stark beeinträchtigen. Bei Sonnenauf- und -untergang erscheint das Tageslicht gelblich-rötlich und die Farbtemperatur kann bis auf 2000° K absinken. Im Gegensatz dazu kann im Hochgebirge und an der See oder bei Aufnahmen im Schatten der Blauanteil des Lichtes durch die Klarheit der Luft so weit ansteigen, daß Farbtemperaturwerte von 10000 bis 15000^{0}K vorliegen.

Wie bereits geschildert, kann eine abweichende Farbtemperatur des Aufnahmelichtes durch Konversionsfilter der Filmsensibilisierung angepaßt werden. Bei Aufnahmen der Abend- oder Morgenstimmung ist die Verwendung eines derartigen Filters nicht gerade am Platze, da dadurch die Stimmung verschwindet und die Aufnahme ihren Reiz verliert. Bei sehr starkem Blaugehalt des Aufnahmelichtes sind unbedingt UV-Sperrfilter, sogenannte Skylightfilter, zu verwenden. Derartige Filter sind immer zu empfehlen bei Aufnahmen im Schatten während der Mittagszeit, um das reflektierte Blau des Himmels zu mildern. Außerdem sollen UV-Filter bei trübem Wetter oder ganz bedecktem Himmel verwendet werden, um eine wärmere Farbwiedergabe zu erzielen. Unbedingt sind UV-Filter zu empfehlen bei Fernsichten, Hochgebirgsaufnahmen über 2000 m, bei Aufnahmen an der See, bei Schneeszenen im Sonnenlicht und bei Luftaufnahmen. UV-Filter erfordern keine Verlängerung der Belichtungszeiten.

3. Beleuchtung bei Innenaufnahmen

a) Beleuchtung und Filmmaterial

Werden bei Innenaufnahmen Umkehrfarbfilme für Tageslicht verwendet, so dürfen in den Räumen keine zusätzlichen künstlichen Lichtquellen von niedrigerer Farbtemperatur, als für die die Farbfilme abgestimmt sind, vorhanden sein. Als Zusatzbeleuchtung sind für Aufnahmen mit Tageslichtfilmen Bogenlicht, Blaukolbenblitze und Elektronenblitze geeignet.

Sind die Innenräume mit künstlichem Licht beleuchtet, so sind für derartige Farbaufnahmen Umkehrfarbfilme für Kunstlicht zu verwenden. Zur Aufhellung von einzelnen Bildteilen können zusätzlich ungefärbte Blitzlampen oder die modernen Jod-Quarz-Lampen dienen [660]. Mischlicht verschiedener Farbtemperaturen ist auch bei derartigen Aufnahmen grundsätzlich zu vermeiden [661]. Lichtquellen mit unterschiedlichen Farbtemperaturen (Mischlicht) ergeben in verschiedenen Bildteilen abweichende Farbwiedergabe. In neuerer Zeit werden anstelle der reinen Temperaturstrahler immer mehr Leuchtstofflampen in der Beleuchtungstechnik verwendet, die große Variationsmöglichkeit in der Art ihres Farbtones erlauben. In vielen Fällen kann die Xenon-Hochdrucklampe XBO 501 das natürliche Tageslicht ersetzen (Abb. 96) [662].

b) Grundregeln der Beleuchtungstechnik [663, 664]

Werden Gegenstände bei künstlicher Beleuchtung photographiert, so sind einige Grundregeln zur Erzielung einwandfreier Ergebnisse zu beachten. Die Beleuchtung eines Gegenstandes setzt sich aus dem Hauptlicht, dem Sekundärlicht, dem Gegenlicht und dem Hintergrundlicht zusammen.

Das Hauptlicht: Bilder, die bei künstlichem Licht aufgenommen sind, bewertet man auf Grund der Gewohnheit wie Aufnahmen bei natürlichem Licht, das heißt, im Bild darf mehr oder weniger nur ein einziger Schatten zu sehen sein. Man muß demnach auch bei Kunstlichtaufnahmen starke Leuchten als Hauptlicht verwenden, die praktisch das Sonnenlicht vortäuschen. Als Ersatz für das Sonnenlicht ist vor allem ein Scheinwerfer sehr gut geeignet, der in möglichst großem Abstand das Objekt bestrahlt und als Oberlicht eingesetzt wird. Das Hauptlicht soll möglichst von der linken Seite her eingestrahlt werden, da unsere Augen meistens unbewußt ein Bild von links nach rechts abtasten.

Das Sekundär- oder Aufhellicht: Dieses hat die Aufgabe, die vom Hauptlicht erzeugten Schatten aufzuhellen, ohne sie gänzlich zu beseitigen. Man verwendet hierzu zweckmäßig Lichtquellen geringerer Intensität oder abgeschirmtes Licht. Das Aufhellicht ist tiefer als das Hauptlicht und an der gegenüberliegenden Seite anzuordnen. Anstelle von einzelnen Aufhellichtern kann auch eine diffuse allgemeine Gesamtaufhellung des Objektes vorgenommen werden.

Das Gegenlicht: Dieses Zusatzlicht hat den Zweck, das Objekt vom Hintergrund abzuheben und der Szene eine erhöhte Tiefenwirkung zu geben. Es soll Effekte erzeugen. Als Effektleuchten dienen meistens sogenannte Spotlights. Das Gegenlicht soll in diagonaler Richtung zum Hauptlicht und ausreichend hoch eingesetzt werden, damit eine vorteilhafte Wirkung erzielt und ein direkter Lichteinfall in das Objektiv vermieden wird.

Das Hintergrundlicht dient nur zur Ausleuchtung des Hintergrundes. Es wird zweckmäßig sehr hoch oder ganz unten angebracht und ist nur auf den Hintergrund gerichtet.

Das Hauptlicht und das Aufhellicht zusammen bestimmen die Belichtungsdaten bei der Aufnahme. Das Verhältnis der beiden Beleuchtungsstärken ergeben den Beleuchtungskontrast. Wenn man die Belichtung oder den Beleuchtungskontrast meßtechnisch feststellen will, so müssen Effekt- und Hintergrundlicht ausgeschaltet sein. In der Farbphotographie sind die Beleuchtungskontraste möglichst niedrigzuhalten, um eine gleichmäßige Farbwiedergabe zu erzielen. Der Beleuchtungskontrast darf maximal nur etwa 1:4 betragen, wenn man nicht besondere Effekte erzielen will.

4. Blitzlichttechnik

Literatur: [665 bis 672]

a) Blitzlichtarten und ihre Eigenschaften

Die neuzeitliche Blitzlichttechnik hat auch die Anwendung der Farbphotographie sehr stark erweitert. Um bei dieser Technik keine Fehlergebnisse zu erzielen, sind einige Grundkenntnisse erforderlich und aufnahmetechnische Regeln zu beachten.

Für die heutige Blitzlichttechnik kommen prinzipiell nur zwei Arten zur Anwendung: die Kolbenblitzlampen und die Elektronenblitzgeräte. Loses Blitzlichtpulver, Beutelblitze und Kapselblitze kommen heute nur noch in ganz seltenen Fällen zur Anwendung.

Die *Kolbenblitzlampen* sind Glaskolben mit einer Füllung von Aluminium-Magnesium- oder in neuester Zeit auch Zirkon-Folien oder -Fäden und Sauerstoffgas mit Überdruck, die mit Hilfe eines Batteriestromes gezündet werden. Bezüglich der Leuchtzeit unterscheidet man kurzbrennende Blitze von 4 bis 12 ms (1 ms = $^1/_{1000}$ s = Millisekunde) und lang brennende Blitze von etwa 30 bis 45 ms. Die kurzbrennenden Blitze müssen verwendet werden bei synchronisierten Zentralverschlüssen, und zwar so, daß die Leuchtzeit innerhalb der Verschlußzeit liegt. Bei Zentralverschlüssen ist das Bildfenster entsprechend der eingestellten Belichtungszeit ganz zur Belichtung freigegeben. Im Gegensatz dazu wird bei Schlitzverschlüssen die Belichtung durch die Schlitzbreite und die Schnelligkeit des Ablaufes reguliert. Würden kurzbrennende Blitze in Verbindung mit Schlitzverschlüssen bei kurzen Verschlußzeiten verwendet, so würde nur ein Teil des

Bildes belichtet. Man muß bei Schlitzverschlüssen langzeitig brennende Blitze verwenden, die während des ganzen Schlitzablaufes das Bildfenster beleuchten. Zur synchronen Zündung der Kolbenblitze besitzen die Kameras zwei Auslösekontakte, einen „X"- und einen „M"-Kontakt. Bei der Einstellung X wird der Blitz dann ausgelöst, wenn der Verschluß voll geöffnet ist (Abb. 93). Bei der

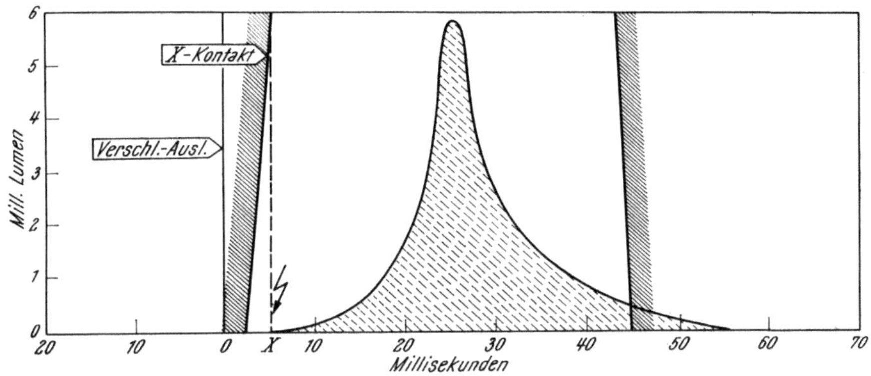

Abb. 93. Öffnungsverlauf eines Zentralverschlusses $^1/_{25}$ s und Abbrennvorgang eines Kolbenblitzes (*Osram* F 2) mit Auslösung durch X-Kontakt. Scheitelzeit 20 ms, Lichtmenge 48000 lxs, Blitzdauer $^1/_{75}$ s

Stellung M erfolgt die Zündung 16 bis 19 ms früher als die Verschlußöffnung, so daß der Verschluß einen Teil des von der Blitzlampe ausgestrahlten Lichtes herausschneidet (Abb. 94). Bei Schlitzverschlüssen muß entsprechend des Abbrennvorganges eine bestimmte Kontaktzahl und Verschlußzeit eingestellt werden, damit das ganze Bildfenster belichtet wird (Abb. 95).

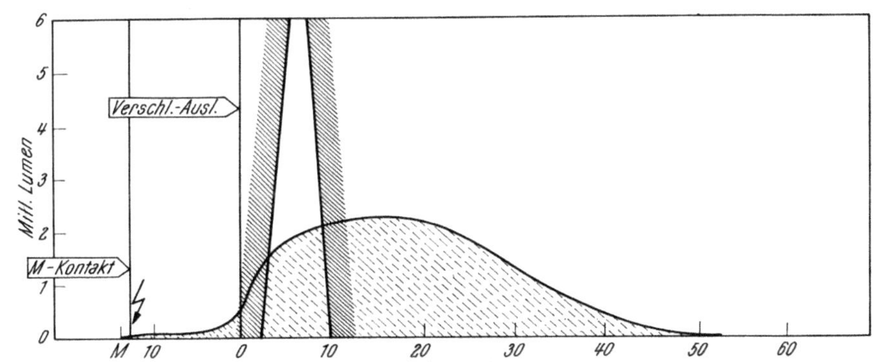

Abb. 94. Öffnungsverlauf eines Zentralverschlusses $^1/_{200}$ s und Abbrennvorgang eines Kolbenblitzes (*Osram* S 2) mit Auslösung durch M-Kontakt. Scheitelzeit 25 ms, Lichtmenge 70000 lxs, Blitzdauer $^1/_{25}$ s

Röhrenblitzlampen, auch Röhren- und Entladungsblitze genannt, bestehen aus einem Rohr mit zwei Elektroden und einer Füllung aus Krypton- oder Xenon-Edelgas, durch die ein Hochspannungsstrom geschickt wird. Die Energie für die Hochspannung liefert eine Trockenbatterie oder ein Akkumulator über einen Hochspannungskondensator von geeigneter Kapazität. Die im Edelgas erfolgte verzögerungsfreie Entladung erzeugt einen sehr kurzen und intensiven Lichtstrom von etwa $^1/_{800}$ bis $^1/_{2000}$ s (Abb. 95). Elektronenblitzgeräte liefern nach kurzer Aufladungszeit eine große Anzahl von Blitzen. Elektronenblitzgeräte haben gegenüber den Kolbenblitzen den Vorteil der sehr geringen Betriebskosten und den Nachteil der verhältnismäßig hohen Anschaffungskosten.

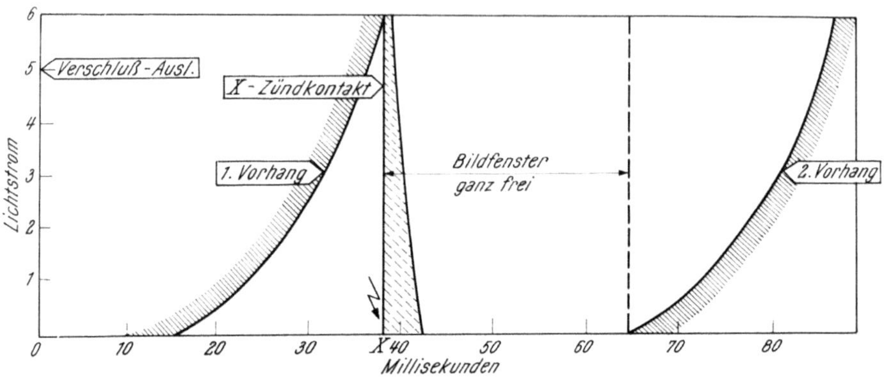

Abb. 95. Öffnungsverlauf eines Schlitzverschlusses $^1/_{20}$ s und Leuchtvorgang eines Elektronenblitzes

Die Leistung bei Kolbenblitzlampen, das heißt ihre Lichtstärke, wird in Lumen-Sekunden (lms), die der Elektronenblitzgeräte in Joules (J, Ws) gemessen.

Für die Farbwiedergabe sehr wesentlich ist, daß die spektrale Intensitätsverteilung des Blitzlichtes der jeweiligen spektralen Sensibilisierung des Farbmaterials entspricht (Abb. 96).

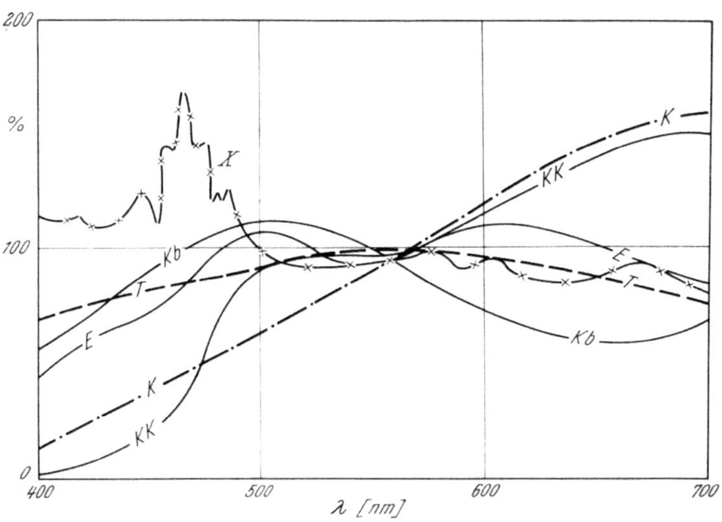

Abb. 96. Spektrale Strahlenverteilung von Blitzlampen im Vergleich zu Tageslicht und Kunstlicht; *T* Tageslicht (5400° K), *K* Kunstlicht (3200° K), *KK* Klarglas-Kolbenblitz, *Kb* Blauglas-Kolbenblitz, *E* Elektronenblitz, *X* Xenonhochdrucklampe

Gelbe Kolbenblitzlampen haben eine spektrale Strahlungsverteilung, die einer Farbtemperatur von 3400° K entspricht. Diese Lampen dürfen nur in Verbindung mit Kunstlicht-Farbfilmen verwendet werden.

Blaue Kolbenblitzlampen sind für Aufnahmen mit Tageslicht-Farbfilmen bestimmt. Ihre Farbtemperatur beträgt etwa 6000° K.

Das von *Elektronenblitzgeräten* erzeugte Licht hat eine Farbtemperatur von ebenfalls 6000° K. Diese Lampen sind für Farbaufnahmen in Verbindung mit Tageslichtfilm geeignet. Bei Umkehrfarbfilmen ist es empfehlenswert, zusätzlich ein UV-Sperrfilter zu benutzen.

b) Die Leitzahl [665, 671]

In der Blitzlichttechnik kann die Belichtungsmessung wegen der kurzen Leuchtzeiten nicht mit den üblichen Mitteln erfolgen. Die erforderliche Belichtung muß vielmehr durch eine einfache Rechnung ermittelt und am Aufnahmeobjektiv durch Regulierung der Blende ausgeführt werden.

Bei allen Blitzlichtlampen wird die erforderliche Belichtung durch die sogenannte *Leitzahl* ausgedrückt.

Leitzahl (für ein bestimmtes Material) = *Blende mal Entfernung* (des Blitzlichtes vom Gegenstand in Meter)

Beispiel: Für einen Farbfilm, der wie 17 DIN (40 ASA) zu belichten ist, beträgt die Leitzahl bei einem bestimmten Elektronenblitzgerät von 400 Joule = 22. Wie groß darf der Abstand des Blitzes vom Gegenstand sein, wenn auf Blende 8 abgeblendet werden soll?

$$22 = 8 \cdot x$$

$$x = 22 : 8 = 2{,}7 \text{ m}$$

Die elektrische Leistung eines Elektronenblitzgerätes wird in Joule ausgedrückt. Diese Leistung in Joule steht in Beziehung zu der photographischen Leistung, die in der Leitzahl als Maßzahl für die Belichtung zum Ausdruck kommt (Tabelle 15).

Bei Blitzlampen und fast allen Blitzgeräten des Handels wird die Leitzahl meistens nur für eine Empfindlichkeit eines Filmtyps angegeben. Die Leitzahlen eines Blitzgerätes für zwei verschiedene Filme verhalten sich umgekehrt wie die Quadratwurzeln der relativen Empfindlichkeiten. Man kann diese Beziehung durch folgende Formel ausdrücken:

Tabelle 15. *Leitzahlen in Abhängigkeit von der elektrischen Leistung eines Elektronenblitzgerätes*

Joule	Leitzahl bei 17 DIN Empfindlichkeit
100	12
200	16
400	22
800	30
1600	40
3200	60

$$L_x : L = \sqrt{\frac{\text{ASA-Empfindlichkeit für Film mit bekannter Leitzahl}}{\text{ASA-Empfindlichkeit für Film mit unbekannter Leitzahl}}}$$

$$L_x \quad = L \sqrt{\frac{\text{ASA-Empfindlichkeit für Film mit bekannter Leitzahl}}{\text{ASA-Empfindlichkeit für Film mit unbekannter Leitzahl}}}$$

L = bekannte Leitzahl

L_x = unbekannte Leitzahl

Anstelle der ASA-Empfindlichkeit kann auch die DIN-Empfindlichkeit eingesetzt werden. Infolge des logarithmischen Systems ist die Rechnung etwas umständlicher:

$$L_x = L \cdot \sqrt{\frac{2 \cdot \text{DIN-Differenz der beiden Filme}}{3}}$$

Beispiel: Die Leitzahl eines Blitzgerätes ist für einen 17-DIN/40-ASA-Film mit 22 angegeben. Wie groß ist die Leitzahl des Gerätes bei einem 23-DIN/160-ASA-Film?

$$L_x = 22 \cdot \sqrt{\frac{2 \cdot 6}{3}} = 22 \cdot \sqrt{4} = 44$$

oder

$$L_x = 22 \cdot \sqrt{\frac{160}{40}} = 22 \cdot \sqrt{4} = 44$$

Die neue Leitzahl ist 44.

Die Tabelle 16 enthält die Leitzahlen in Abhängigkeit von der Empfindlichkeit.

Tabelle 16. *Leitzahlen in Abhängigkeit von der Filmempfindlichkeit*

DIN-Empfindlichkeit	Leitzahlen											
14	5	7	10	12	14	20	22	24	28	36	40	56
17	7	10	14	18	20	28	32	36	40	48	56	80
20	10	14	20	24	28	40	44	48	56	72	80	112
23	14	20	28	36	40	56	64	72	80	96	112	160
26	20	28	40	48	56	80	88	96	112	144	160	224
29	28	40	56	72	80	112	128	144	160	192	224	320

In den Tabellen 17 und 18 sind die Leitzahlen für Kolbenblitzlampen und Elektronenblitzgeräte bei Verwendung einiger Farbfilme des Handels zusammengestellt. Obwohl die Filmmaterialien und auch die Geräte dem Wechsel der Zeit und einer Weiterentwicklung unterworfen sind, geben diese Tabellen Aufschluß über den gegenwärtigen Stand des Geräteangebotes.

Die Leitzahlen für Blitzaufnahmen sind immer nur Anhaltswerte. Sie sind abhängig unter anderem von der Umgebung und von der Entwicklung. Bei der Anbringung des Blitzgerätes an der Kamera kann eine sehr flache Beleuchtung resultieren und dadurch auch ein verhältnismäßig flaues Negativ oder Umkehrdia entstehen. Bei sehr kurz blitzenden Elektronenblitzgeräten mit Belichtungszeiten von weniger als $^1/_{2000}$ s tritt der sogenannte Ultrakurzzeit-Effekt in Erscheinung, der eine Gradationsverflachung bewirkt. Bei Farbaufnahmen kann man die Gradation ohne Störung der Farbwiedergabe sehr schwer durch verlängerte Entwicklungszeit steigern. Man vermeide deswegen bei Farbaufnahmen allzu flache Beleuchtung von vorn oder man drehe den Reflektor leicht nach der Seite.

Tabelle 17. *Leitzahlen für Kolbenblitze verschiedener Typen für verschiedene Farbfilme*

Kolbenblitzhersteller, Typen	Leitzahlen für Belichtungszeiten 1/25 bis 1/60 s			
	KODACHROME II 15 DIN	Umkehr-Farbfilme		Negativ-Farbfilme 17 DIN
		Tageslicht 18 DIN	Kunstlicht 20 DIN	
OSRAM-Blaukolbenblitze (6000° K)				
XM 1 B	12	16		16
XM 5 B	20	26		22
OSRAM-Gelbkolbenblitze (3400° K)				
XM 1			18	19
XM 5			32	25
PHILIPS-Blaukolbenblitze (6000° K)				
Pf 1 blau	12	16		16
Pf 5 blau	20	26		22
Pf 25 blau	22	28		14
Pf 45 blau	16	—		18
Pf 60 blau	30	56		—
Pf 100 blau	38	—		—
PHILIPS-Gelbkolbenblitze (3400° K)				
Pf 1			12	18
Pf 5			32	28
Pf 25			36	18
Pf 45			—	22
Pf 60			56	—
SILVANIA-Blaukolbenblitze (6000° K)				
2 B	21	29		36
FP 26 B	21	29		—
25 B	22	31		24
40 B	26	38		26
SILVANIA-Gelbkolbenblitze (3400° K)				
SF				21
FP 26				28
Press 25				36
2				51
G. E./WESTINGHOUSE-Blaukolbenblitze (6000° K)				
M 2 B	15	21		18
6 B	18	25		
5 B	20	28		21
11 B	26	38		28
22 B	30	42		32

Tabelle 18. *Elektronenblitzgeräte des Handels mit ihren elektrischen Daten und Leitzahlen (Stand 1965)* [672]

Blitzgeräte	Leistung (Ws)	Leuchtzeit (s)	Leitzahl für Umkehr-Farbfilme von 18 DIN
AGFA-GEVAERT AG., Leverkusen			
Agfatronic B	etwa 25	$^1/_{1000}$	16
Agfatronic	etwa 30	$^1/_{700}$	16
ARIOSA, Reutlingen			
Flash	30	$^1/_{1500}$	16
Ariotron electric	60	$^1/_{1500}$	23 bis 25
Ariotron akku	40	$^1/_{1500}$	20 bis 22
ROBERT BOSCH ELEKTRONIC GMBH., Berlin			
Cornet 100	25	$^1/_{600}$	15
Cornet 220	50	$^1/_{850}$	20
Matador 400	200	$^1/_{250}$	56
BRAUN AG., Frankfurt			
Braun Hobby F 200	etwa 20	$^1/_{750}$	14
Braun Hobby F 40	35	$^1/_{1200}$	18
Braun Hobby F 260	30	$^1/_{1500}$	18
Braun Hobby F 65/1	40 bis 45	$^1/_{1200}$	22
Braun Hobby EF 300	100	$^1/_{1100}$	34
Braun F 800 Professional	165	$^1/_{400}$	42
LOEWE-OPTA AG., Berlin			
Optatron 150	25	$^1/_{900}$	16
Optatron 250	23	$^1/_{1000}$	15
Optatron 350	23	$^1/_{900}$	16
Optatron 450	30	$^1/_{900}$	17
GESELLSCHAFT FÜR MULTIBLITZGERÄTE DR. ING. D. A. MANNESMANN, Porz-Westhoven			
Multiblitz 26	25	$^1/_{900}$	16
Multiblitz 50	50	$^1/_{800}$	30
Multiblitz 50 E	umschaltbar		
Multiblitz Press universal	160	$^1/_{700}$	45
METZ APPARATEWERKE, Fürth			
Mecablitz 111	23	$^1/_{1000}$	12
Mecablitz 116 S	25	$^1/_{1000}$	13
Mecablitz 117	25	$^1/_{1250}$	13
Mecablitz 110	42	$^1/_{1250}$	16
Mecablitz 502	120	$^1/_{825}$	32
PAFFRATH & KEMPER, Köln			
PK 55	24	$^1/_{1000}$	16 bis 18
PK 50 plus	29	$^1/_{1000}$	16 bis 18
REGULA-WERK KING KG., Bad Liebenzell			
Variant F	25	$^1/_{1000}$	14 bis 16
TRIONIC S. A., Brüssel			
Trioblitz x 15	29	$^1/_{2000}$	18
UNIVERSA (Händler-Einkaufsgemeinschaft)			
Universa 2000	26	$^1/_{600}$	14
VOIGTLÄNDER AG., Braunschweig			
Vitrona	23	$^1/_{650}$	12
ZEISS-IKON AG., Stuttgart			
Ikotron C 1		$^1/_{1000}$	13
Ikotron S 2	42	$^1/_{1000}$	16

c) Die praktische Anwendung des Blitzlichtes [666 bis 670]

Der Blitz kann als Zusatzlicht bei Tageslicht sehr wertvolle Dienste zur Aufhellung von Schattenpartien insbesondere bei Personenaufnahmen leisten. Hierbei können Blaukolbenblitze wie auch Elektronenblitzgeräte zum Einsatz kommen. Da bei Tageslichtaufnahmen Belichtungszeit und Blende auf Grund der Verhältnisse festliegen, muß bei zusätzlicher Verwendung eines Blitzes mit der Entfernung gearbeitet werden. Hierbei muß zugleich beachtet werden, daß das Zusatzlicht gegenüber dem Hauptlicht etwas zurückgehalten wird. Dies wird besonders dadurch erzielt, daß man nicht nur die aufzuhellenden Teile des Objektes mit dem Blitzlicht aufhellt, man muß vielmehr beide Teile, die hellen und die dunklen des Objektes, mit dem Blitzlicht zugleich bestrahlen. Es ergeben sich hierbei die Fragen, welche Kontrastverminderung eintritt und aus welcher Entfernung geblitzt werden muß. Es sollen folgende Aufnahmebedingungen beispielsweise gegeben sein: Farbfilmmaterial von einer Empfindlichkeit entsprechend 18 DIN, Blende 8, Belichtungszeit $^1/_{100}$ s, Beleuchtungskontrast 1:6, Leitzahl des Blitzes = 16. Würde man den Abstand Blitz—Objekt = 2 m wählen, dann wären Tageslicht-Beleuchtungsstärke und Blitz-Beleuchtungsstärke einander gleichwertig. Zugleich würden folgende neue Kontrast-Beleuchtungsverhältnisse geschaffen werden: Die dunklen Teile erhielten $1 + 6 = 7$ Beleuchtungseinheiten; die hellen Teile $6 + 6 = 12$ Beleuchtungseinheiten. Es ergeben sich die neuen Beleuchtungskontrastverhältnisse $7:12 \approx 1:2$. Um den natürlichen Eindruck nicht zu zerstören, wird man den Kontrast nicht ganz so stark erniedrigen und zur Errechnung des erforderlichen Blitzabstandes von der nächst größeren Blende ausgehen (im vorliegenden Beispiel statt Blende 8 die Blende 5,6).

Blitzlicht kann auch mit Vorteil eingesetzt werden, um Abweichungen in der Farbtemperatur, besonders um die Mittagszeit, die einen Blaustich bewirken, auszugleichen.

Unerwünschte Reflexionen von Wänden, Bäumen, Kleidungsstücken oder anderen farbigen Flächen können ebenfalls einen Farbstich insbesondere bei Hauttönen bewirken. Blitzlicht als Zusatzlicht mildert derartige Erscheinungen sehr wesentlich.

Bei allen diesen Anwendungen wird das Blitzlicht als Auflicht verwendet. Bei Auflicht sind Leuchten und Kamera fest miteinander verbunden, Aufnahmerichtung und Blitzlichtrichtung sind gleich.

Für Reportagezwecke, wo es auf die schnelle Erfassung eines Objektes ankommt, ist Blitzlicht als Auflicht ebenfalls zu empfehlen. Die Auflichtmethode ermöglicht infolge der festen Verbindung von Kamera und Leuchte ein schnelles und sicheres Arbeiten.

Für den vielseitigen und effektvollen Einsatz von Blitzlichtlampen ist jedoch unabdingbare Voraussetzung, daß die Blitzlampe beweglich gemacht wird. Man muß hierzu von der starren Befestigung der Leuchte im Sucherschuh der Kamera oder mittels einer Blitzschiene an der Kamera abgehen, indem man ein Verlängerungskabel zwischen den Leuchtenkabeln und dem Kamerakontaktnippel einschaltet. Die Leuchte wird hierbei von der Kamera entfernt aufgestellt, von einer zweiten assistierenden Person gehalten oder selbst mit einer Hand gehalten, während mit der anderen die Kamera bedient wird. Ist die Blitzleuchte in ihrer Stellung zum Objekt einmal fest montiert und steht ein längeres Kabel zur Verfügung, so ist die Kamera sehr beweglich. In diesem Fall braucht an der Kamera nur die Entfernungseinstellung, jedoch nicht die Blende verändert zu werden, da der Abstand der Lichtquelle von dem Objekt die Belichtung entsprechend der Leitzahl bestimmt.

Je nach der Stellung der Leuchten zur Kamera und zum Objekt lassen sich ganz verschiedenartige Effekte erzielen. Die Charakterisierung der verschiedenen Beleuchtungsarten veranschaulichen die Abb. 97a und b.

Seitenlicht gibt eine angenehme plastische Wirkung von beleuchteten Gegenständen. In hellen Innenräumen wird eine ausreichende Aufhellung bei nicht allzu großem Abstand des Objektes von der Wand durch Hintergrund- und Seitenwandreflexion bewirkt. Für Porträtaufnahmen eignet sich besonders ein seitliches Oberlicht.

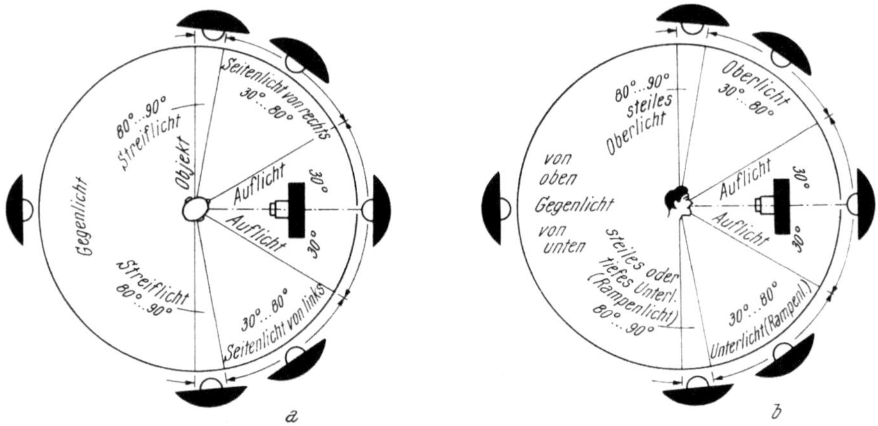

Abb. 97. Beleuchtungsarten mit Blitzleuchten bei horizontaler (*a*) und vertikaler (*b*) Stellung (nach G. SPITZING)

Streiflicht bewirkt an der der Kamera zugewandten Objektseite lange Schatten und ergibt besondere Lichteffekte. Bei Materialaufnahmen betont Streiflicht die Oberflächenstruktur.

Gegenlicht durchleuchtet durchscheinende Gegenstände und läßt sie selbstleuchtend erscheinen, wobei der Hintergrund dunkel bleibt. Undurchsichtige Gegenstände erhalten einen Lichtsaum. Personen wirken im Gegenlicht am besten in Profilstellung. Bei Gegenlicht-Aufnahmen muß unbedingt eine Gegenlichtblende vor das Objektiv gesetzt werden.

Neben der Technik der direkten Beleuchtung gibt es Methoden der indirekten Beleuchtung. Hierbei werden Flächen angestrahlt, die das Licht zurückwerfen und ihrerseits als Lichtquellen wirken. Wird zum Beispiel gegen die Zimmerdecke oder eine dem Objekt gegenüberliegende Wand oder Ecke geblitzt, so erzielt man ein besonders weiches Licht. Bei Farbaufnahmen muß man besonders darauf achten, daß die bestrahlten Reflexwände nicht getönt sind, da sonst Farbstiche auftreten. Bei der Errechnung der Belichtung muß als Weg die Entfernung Leuchte—Wand—Objekt gerechnet werden. Die Leitzahl wird durch diese Entfernung geteilt, und man erhält so die erforderliche Blendenzahl. Um die Reflexionsverluste auszugleichen, muß man dann noch um eine oder zwei Stufen weiter aufblenden.

Jede Beleuchtungsart kann durch zusätzliche Verwendung einer zweiten Lichtquelle ergänzt werden. Jedes starke Effektlicht wird dadurch in seiner Wirkung gemildert. Ein von unten beleuchtetes Gesicht kann mit einer zweiten Leuchte von oben aus größerer Entfernung zusätzlich beleuchtet werden. Hierdurch wird das ursprünglich starke Rampenlicht durch Aufhellung abgeschwächt. Vorteilhaft kann die zweite Lichtquelle starr an der Kamera befestigt sein und dient dann als zusätzlicher Aufheller.

Die Entfernung der Lichtquelle vom Objekt wirkt sich nicht nur auf die Belichtung entsprechend der Leitzahl aus, sondern auch auf die Objektbeleuchtung.

Mit dem Abstand der Lichtquelle ändert sich die Tiefenraumausleuchtung. Will man zum Beispiel ein Objekt vom dunklen Hintergrund lösen, so muß die Lichtquelle sehr nahe am Objekt aufgestellt werden; soll dagegen der Tiefenraum ausgeleuchtet werden, so muß die Lichtquelle weit entfernt vom Objekt aufgestellt werden.

Die vorstehenden Hinweise sollen Anregungen geben, um Blitzlicht zielbewußt als Beleuchtungsmittel einzusetzen. Sie sollen zu eigenen Versuchen anregen.

5. Belichtung und Belichtungsmessung

Die Ermittlung der richtigen Belichtung ist eine äußerst wichtige Aufgabe in der farbphotographischen Aufnahmetechnik. In der Schwarzweiß-Photographie besitzen die Aufnahmeschichten einen sehr großen Belichtungsspielraum; Fehlbelichtungen lassen sich bereits bei der Negativentwicklung zum Teil korrigieren, und selbst Negative mit sehr unterschiedlichem Kontrast können im Positivprozeß durch Verwendung verschiedener Gradationen von Positivpapieren zu einwandfreien positiven Bildern führen. In der Farbphotographie besteht eine derartige Beeinflussung der Prozesse nicht. Selbst beim Color-Negativ-Positivverfahren liegen die Verarbeitungsbedingungen weitgehend fest, und beim Positivprozeß steht meistens nur ein Härtegrad des Farbpapiers zur Verfügung. Beim Umkehrverfahren ist der Belichtungsspielraum des Farbfilmes sehr beschränkt, und der zu bewältigende Beleuchtungskontrast darf höchstens 1:4 betragen. In der Farbphotographie ist daher die richtige Belichtung die erste und wichtigste Voraussetzung zur Erzielung eines guten Farbbildes.

a) Methoden der Belichtungsmessung

Die Belichtungsmessung ist so alt wie die Photographie selbst. Nach E. Stenger wurde zuerst im Jahre 1844 von C. F. Albinus die Verwendung einer Belichtungstabelle vorgeschlagen [673]. Nach amerikanischen Quellen geht die Belichtungsmessung auf D. W. Seager im Jahre 1840 zurück [674]. Der photoelektrische Belichtungsmesser, der heute ausschließlich angewandt wird, kam um das Jahr 1930 auf [675 bis 680].

Die photoelektrischen Belichtungsmesser arbeiten zwar exakt und sehr zuverlässig; die Meßergebnisse gelten jedoch einerseits nur exakt für einen Helligkeitsumfang von 1:30 (Motiv-Normalkontrast), und andererseits muß die Messung unter ganz bestimmten Bedingungen ausgeführt werden.

Man kann heute drei verschiedene Arten der Belichtungsmessung unterscheiden: die Objektmessung, die Lichtmessung und die spezifische Objektmessung [526, 534, 681 bis 683].

Die Objektmessung: Man mißt die vom Objekt zurückgeworfene Lichtmenge. Das Meßinstrument befindet sich am Standort der Kamera und mißt in Richtung von der Kamera zum Objekt. Bei dieser Messung erhält man einen Mittelwert über die hellen und dunklen Objektteile, wobei die einzelnen Details in keiner Weise entsprechend ihrer Bildwichtigkeit berücksichtigt werden. Ein Motiv Dame im hellen Kleid vor einem hellen Hintergrund ergibt kürzere Belichtungswerte als das Motiv Dame im hellen Kleid vor einem dunklen Hintergrund. In Wirklichkeit müßten beide Motive gleich belichtet werden. Die unterschiedlichen Meßwerte ergeben sich infolge der Überschreitung der Grenzen des Meßverfahrens.

Die Lichtmessung: Bei dieser Methode wird die Intensität des Lichtes gemessen, die auf das Objekt fällt. Der Belichtungsmesser mit einer aufgesetzten Streuscheibe, damit alles einfallende Licht erfaßt wird, befindet sich am Ort des Objektes und mißt in Richtung zur Kamera. Bei dieser Meßtechnik erhält man bei den beiden Motiven, die gleiche Dame vor verschiedenen Hintergründen, gleiche Belichtungsmeßwerte. Die Lichtmessung berücksichtigt jedoch auch nicht die Helligkeitsverteilung im Motiv.

In den USA wird eine verfeinerte Lichtmessung empfohlen. Man führt einmal die Lichtmessung in Richtung der stärksten Lichtquelle und ein zweites Mal in Richtung der Kamera durch. Aus beiden Meßwerten bildet man den Mittelwert, mit dem man dann die Belichtung ausführt.

Die spezifische Objektmessung: Diese Art der Messung beruht auf der Messung der Beleuchtungsstärke auf einem Graukarton. Diese Technik ist identisch mit dem Vorschlag der Eastman Kodak Co. zur Messung der Belichtung.

b) Vorschlag der Firma Eastman Kodak Co. zur Belichtungsmessung [526]

Ein grauer Karton mit einem Reflexionsvermögen von 18% wird möglichst nahe vor das Objekt gehalten, und zwar so, daß die Grauseite auf die Kamera zeigt. Bei stark seitlichem Lichteinfall soll der Graukarton so gehalten werden, daß die Senkrechte auf dem Graukarton die Winkelhalbierende zwischen der Richtung des Seitenlichtes und der Kameraachse auf das Objekt bildet. Der Belichtungsmesser ohne Streuscheibe wird in einer Entfernung von 15 bis 20 cm vor die Graukarte gehalten. Er darf nicht direkt vom Licht getroffen werden, und sein eigener Schatten darf nicht auf die Karte fallen. Der hierbei ermittelte Belichtungswert stimmt im allgemeinen mit dem bei der normalen Objektmessung überein.

Bei schwacher Beleuchtung soll man anstelle der grauen Seite des Kartons die weiße Seite (Reflexionsgrad 90%) verwenden. Man muß dann, da diese Seite 5mal mehr Licht reflektiert, von der angegebenen Filmempfindlichkeit 7 DIN abziehen oder die ermittelte Blende um $2^1/_3$ Stufen weiter öffnen.

Wenn die Farben des Objektes hell sind, soll der ermittelte Belichtungswert um eine halbe Blendenstufe vermindert werden. Bei dunklen Farben soll man ebenso den ermittelten Blendenwert um $^1/_2$ Stufe erhöhen.

Bei der Messung mit dem Graukarton bei Tageslicht in der Landschaft ist es nicht erforderlich, daß der Karton genau am Ort des Objektes ist. Der Graukarton muß nur in Richtung der Sonne gehalten werden, und er und das Objekt dürfen nicht im Schatten sein.

Anstelle des Graukartons kann man auch eine Zeitung und anstelle des weißen Kartons mit 90% Reflexionsvermögen einen beliebigen weißen Karton verwenden. Bei der Verwendung des weißen Kartons muß man die Filmempfindlichkeit um 7 DIN herabsetzen. Die Kartons müssen groß genug sein, damit die Photozelle des Belichtungsmessers bei der Messung entsprechend ihrem Meßwinkel nur vom Karton reflektiertes Licht erhält.

Mit dem Graukarton als Hilfsmittel kann auch der Beleuchtungskontrast gemessen werden. Man hält den Karton einmal in den Objektschatten bzw. an die dunkelste Stelle des Motivs und führt in dieser Stellung die Messung durch; dann wird der Karton in das hellste Licht des Objektes gehalten und in dieser Stellung die Messung durchgeführt. Das Verhältnis der beiden Belichtungswerte zueinander ergibt den Beleuchtungskontrast.

Der Beleuchtungskontrast darf bei Umkehrfarbfilmen höchstens im Verhältnis 1:4 stehen. Ist der Kontrast höher, so muß er durch Aufhellung reduziert werden.

c) Vorschlag der Firma Agfa-Gevaert zur Belichtungsmessung [534]

Von der Agfa-Gevaert AG., Leverkusen, wird auf Grund praktischer Erfahrungen folgende Technik der Lichtmessung bei Farbaufnahmen vorgeschlagen:

Messung des Beleuchtungskontrastes: Mit einem Belichtungsmesser mit vorgesetzter Streuscheibe oder noch besser mit einem Luxmeter führt man eine doppelte Lichtmessung durch. Einmal mißt man vom Objekt in Richtung auf die stärkste Lichtquelle und ein zweites Mal vom Objekt in Richtung auf die schwächste Lichtquelle. Das Verhältnis der beiden Meßwerte ergibt den Beleuchtungskontrast. Ist der Beleuchtungskontrast nicht größer als 1:4, so wird ohne Aufhellung gearbeitet, und man braucht nur noch den Belichtungswert ermitteln. Ist der Kontrast jedoch zu groß, so muß er durch Aufhellung auf 1:4 reduziert werden.

Beispiele: Die Meßwerte ergaben in den Schatten eine Beleuchtungsstärke von 500 lx und in den Lichtern von 1800 lx. Beleuchtungskontrast = 500:1800 = 1:3,6.
Mit einem Belichtungsmesser wurden bei der Lichtmessung in den Schatten Blende 11, $^1/_2$ s und in den Lichtern Blende 22, $^1/_2$ s gemessen. Der Beleuchtungsunterschied betrug demnach 2 Blendenwerte oder der Beleuchtungskontrast 1:4.

Ist der Beleuchtungskontrast festgestellt und eventuell, falls erforderlich, korrigiert, so muß noch die notwendige Belichtung ermittelt werden. Dies geschieht durch Lichtmessung in den am stärksten beleuchteten Details, die farbig wiedergegeben werden sollen. Wenn hohe Genauigkeit bei der Belichtungsmessung gefordert wird, dann wird empfohlen, anstelle des üblichen Belichtungsmessers ein Luxmeter zu verwenden. Diese gestatten sehr exakte Messungen, insbesondere auch bei geringen und großen Lichtintensitäten. In Tabelle 19 sind die erforderlichen Belichtungswerte in Abhängigkeit von den Luxzahlen zusammengestellt.

Tabelle 19. *Belichtungswerte in Abhängigkeit von der Beleuchtungsstärke*
Bei Belichtungszeiten über $^1/_2$ s muß der SCHWARZSCHILD-Effekt berücksichtigt werden.

Lux	Blenden									
	2,8	4	5,6	8	11	16	22	32	45	64
64000	$^1/_{2000}$	$^1/_{1000}$	$^1/_{500}$	$^1/_{250}$	$^1/_{125}$	$^1/_{60}$	$^1/_{30}$	$^1/_{15}$	$^1/_8$	$^1/_4$
32000	$^1/_{1000}$	$^1/_{500}$	$^1/_{250}$	$^1/_{125}$	$^1/_{60}$	$^1/_{30}$	$^1/_{15}$	$^1/_8$	$^1/_4$	$^1/_2$
16000	$^1/_{500}$	$^1/_{250}$	$^1/_{125}$	$^1/_{60}$	$^1/_{30}$	$^1/_{15}$	$^1/_8$	$^1/_4$	$^1/_2$	1
8000	$^1/_{250}$	$^1/_{125}$	$^1/_{60}$	$^1/_{30}$	$^1/_{15}$	$^1/_8$	$^1/_4$	$^1/_2$	1	2
4000	$^1/_{125}$	$^1/_{60}$	$^1/_{30}$	$^1/_{15}$	$^1/_8$	$^1/_4$	$^1/_2$	1	2	4
2000	$^1/_{60}$	$^1/_{30}$	$^1/_{15}$	$^1/_8$	$^1/_4$	$^1/_2$	1	2	4	8
1000	$^1/_{30}$	$^1/_{15}$	$^1/_8$	$^1/_4$	$^1/_2$	1	2	4	8	16
500	$^1/_{15}$	$^1/_8$	$^1/_4$	$^1/_2$	1	2	4	8	16	32
250	$^1/_8$	$^1/_4$	$^1/_2$	1	2	4	8	16	32	64

d) Eichung und Kontrolle des Belichtungsmessers

Ein Belichtungsmesser für Farbaufnahmen muß zuverlässig und exakt arbeiten. Wenn eine Neujustierung erforderlich ist, sollte er unverzüglich mit Angabe der Fehler an den Hersteller gesandt werden. Auf alle Fälle sollte der Belichtungsmesser von Zeit zu Zeit geprüft werden.

Zur Testung des Belichtungsmessers wird zunächst die Empfindlichkeit des zu verwendenden Farbaufnahmefilmes eingestellt und dann die Belichtungszeit an einem normalen Motiv gemessen. Mit dem erhaltenen Meßergebnis macht man eine Belichtungsreihe mit je einer halben Blende Unterschied, und zwar so, daß die gemessene Belichtung etwa in der Mitte der Reihe liegt. Alle Einstellungen werden sorgfältig notiert. Der belichtete Testfilm wird normal entwickelt und dann auf die richtige Empfindlichkeitseinstellung geprüft.

Beispiel: Die Belichtungsmessung bei einer Filmempfindlichkeit von 18 DIN ergab als erforderliche Belichtung Blende 8—$^1/_{100}$ s. Die Testaufnahmen ergaben als beste Belichtung Blende 11—$^1/_{100}$ s. Der Belichtungsmesser mißt um einen Blendenwert zu hoch. Man muß künftighin beim gleichen Filmmaterial von 18 DIN Empfindlichkeit am Belichtungsmesser eine Empfindlichkeit von 21 DIN einstellen.

6. Belichtungszeit und Farbwiedergabe (Schwarzschild-Effekt)

Literatur: [534, 538]

Die Belichtung bei der photographischen Aufnahme ist das Produkt aus der Belichtungsintensität und der Belichtungszeit (= Luxsekunden = lxs). Bei einer bestimmten Empfindlichkeit des photographischen Materials wird durch die Einwirkung dieser beiden Faktoren eine bestimmte chemische Umsetzung bzw. bei konstanten Entwicklungsbedingungen eine bestimmte Schwärzung erzeugt. K. Schwarzschild fand im Jahre 1900, daß bei gleichem Produkt aus Lichtintensität und Belichtungszeit die Schwärzung von der Größe der beiden Faktoren abhängig ist. Es ist durchaus nicht gleichgültig, ob bei der Belichtung die Lichtmenge kurz und intensiv oder lang und schwach auf die photographische Schicht einwirkt. Trotz gleicher Gesamtlichtmenge ist bei geringer Intensität und langer Belichtungsdauer die entstandene Schwärzung wesentlich geringer als nach kurzer und intensiver Belichtung. Diese Erscheinung wird nach ihrem Entdecker Schwarzschild-Effekt genannt. Mathematisch ausgedrückt, gilt nach Schwarzschild folgendes Gesetz:

$$\frac{J_1}{J_2}\left(\frac{t_1}{t_2}\right)^p = 1$$

Der Exponent p heißt Schwarzschild-Exponent. Er ist von den Belichtungszeiten t_1 und t_2 abhängig und ist meistens etwas kleiner als 1 (etwa 0,8).

In der Schwarzweiß-Photographie spielt der Schwarzschild-Effekt in der Vergrößerungstechnik und als Ultrakurzzeit-Effekt bei Blitzaufnahmen mit sehr kurzer Belichtungszeit eine Rolle. Bei sehr starken Vergrößerungen tritt infolge der geringen wirksamen Lichtintensität und die dadurch bedingten langen Belichtungszeiten eine Gradationsverflachung ein. Dieser Erscheinung begegnet man am einfachsten durch Verwendung einer härteren Gradation. Der Ultrakurzzeit-Effekt äußert sich ebenfalls in einer Gradationsverflachung. Dieser Fehlererscheinung wirkt man durch Verlängerung der Entwicklungszeit entgegen.

In der Farbphotographie macht sich der Schwarzschild-Effekt in doppelter Hinsicht bemerkbar; einmal tritt durch den geringeren Energiefluß während einer langen Dauer eine verminderte Farbdichte ein und zum zweiten kann infolge der verschiedenen Reaktion der drei Farbschichten eine Farbverschiebung bewirkt werden. Umkehr-Farbfilme für Tageslicht werden neutral abgestimmt für eine Belichtungszeit von $^1/_{50}$ s; Umkehr-Farbfilme für Kunstlicht für eine Belichtungszeit von 0,5 s. Diese Neutralabstimmung gilt mit großer Genauigkeit auch noch bei einer 10- bis 20fach längeren oder kürzeren Belichtungsdauer. Bei Umkehr-Farbfilmen macht sich der Schwarzschild-Effekt erst ab der Belichtungszeit von etwa 2 s bemerkbar.

Abb. 98 gibt Anhaltswerte für die notwendigen Belichtungszeitverlängerungen zum Ausgleich des Empfindlichkeitsverlustes bei verschiedenen Umkehr-Farbfilmfabrikaten.

Zugleich mit diesen erforderlichen Belichtungszeitverlängerungen treten Farbverschiebungen nach Gelb bzw. Gelbgrün auf. Dieser Tendenz der Farbverschiebung kann entgegengewirkt werden durch Verwendung eines zarten Purpurfilters der Dichte 05 (Agfa AK-Filter – 05 –). Liegen die Belichtungszeiten über 50 s, dann dürfte sogar ein Purpurfilter der Dichte 10 erforderlich sein.

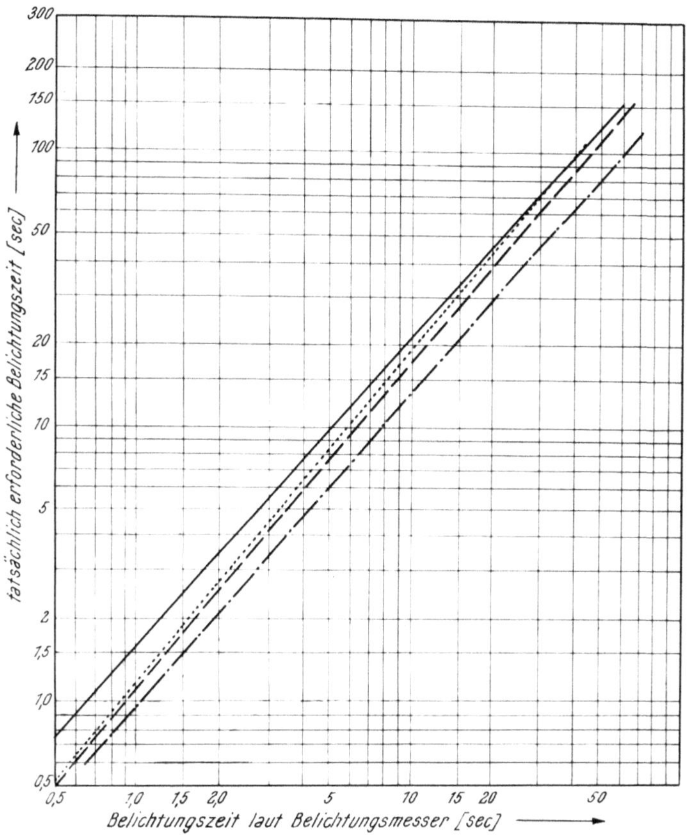

Abb. 98. Belichtungszeiten-Korrektur unter Berücksichtigung des Schwarzschild-Effektes bei verschiedenen Umkehrfarbfilmen

Bei Innenaufnahmen können mitunter gelbgrüne bis blaugrüne Farbverschiebungen schon bei relativ kurzen Belichtungszeiten auftreten. Diese Erscheinung beruht jedoch nicht auf der Auswirkung des Schwarzschild-Effektes. Der Farbstich ist vielmehr auf die Farbtemperatur des Außenlichtes, die Filterwirkung des Fensterglases und die Reflexionsverhältnisse im Innern des Raumes zurückzuführen. Die Verhütung dieses Farbstiches kann durch Verwendung von R-Konversionsfiltern erzielt werden.

Der Ultrakurzzeit-Effekt kann sich auch bei Farbfilmen als Farbstich auswirken. Allerdings bieten fast ohne Ausnahme die im Handel befindlichen Elektronenblitzgeräte ein sehr neutrales, dem mittleren Tageslicht ähnliches Blitzlicht, das erforderlichenfalls fabrikatorisch um die zu erwartende Farbverschiebung korrigiert ist. Der Ultrakurzzeit-Effekt zeigt eine dem Langzeit-Effekt entgegengesetzte Farbverschiebung nach Purpur. Dieser Farbstich läßt sich durch Verwendung heller Gelbgrünfilter vermeiden.

Wenn bei Farbaufnahmen in Innenräumen Langzeitbelichtungen erforderlich sind und zur Aufhellung zusätzlich Elektronenblitzgeräte eingesetzt werden, so ist es unvermeidlich, daß innerhalb der sehr unterschiedlich lang belichteten Bildteile eine entgegengesetzte Farbverschiebung auftritt. Derartige Farbstiche können mit keinen Mitteln beseitigt werden.

Es wird noch darauf hingewiesen, daß Eastman Kodak Co., um Farbverschiebungen durch den Schwarzschild-Effekt zu vermeiden, für Negativ-Farbaufnahmen zwei *Ektacolor*-Farbfilme in den Handel bringt, einen *Ektacolor für Tageslicht Type S* für Kurzzeit-Belichtungen bis $^1/_{10}$ s und einen *Ektacolor für Kunstlicht Type L* für Belichtungszeiten über $^1/_{10}$ s.

7. Belichtung bei Nahaufnahmen

Beträgt die Gegenstandsweite (Abstand des Gegenstandes vom Objektiv) weniger als die achtfache Brennweite des Objektivs, dann ist bei der Aufnahme der effektive Lichtverlust durch die Auszugsverlängerung (Bildweite) zu berücksichtigen. Die gemessene Belichtung muß verlängert werden.

Der Verlängerungsfaktor für die Belichtung kann nach folgender Formel berechnet werden:

$$\text{Verlängerungsfaktor} = \left(\frac{\text{Bildweite b}}{\text{Brennweite f}}\right)^2$$

Beispiel: Anzeige des Belichtungsmessers = f/16, $^1/_{30}$ s; f = 15 cm; b = 30 cm. Wieviel beträgt die tatsächlich erforderliche Belichtung?

$$\text{Verlängerungsfaktor} = \left(\frac{30}{15}\right)^2 = 4$$

Die erforderliche Belichtung beträgt statt Blende f/16 jetzt f/8, $^1/_{30}$ s.

Zur Feststellung der Bildweite mißt man die Verlängerung des Auszugs an der Entfernungsskala und addiert diesen Wert zu der Brennweite. Die Brennweite plus Auszugsverlängerung ist gleich der Bildweite b.

8. Filtertechnik

Literatur: [538, 656 bis 659, 661, 684, 685]

Die in der Schwarzweiß-Photographie üblichen Korrektur- und Kontrastfilter sind für Aufnahmen mit Farbfilmen nicht geeignet. Dagegen gibt es eine Anzahl von anderen Filtern, die für die Aufnahmetechnik in der Farbphotographie sehr wichtig sind.

a) Ultraviolettfilter

Ultraviolett-Sperrfilter, auch Skylight-Filter genannt, haben die Aufgabe, den zu starken Blaugehalt des Lichtes zu absorbieren, um einen zu befürchtenden Blaustich bei Umkehr-Farbfilmen zu verhüten. Derartige Filter sind unbedingt zu empfehlen:

1. Bei Aufnahmen im Schatten und während der Mittagszeit, um das reflektierte Blau des Himmelslichtes zu mildern.

2. Bei trübem Wetter oder bedecktem Himmel, um eine wärmere Farbwiedergabe zu erzielen.

3. Im Hochgebirge bei Aufnahmen über 2000 m, bei Fernsichten, bei Schneeszenen im Sonnenlicht, bei Aufnahmen an der See und bei Luftaufnahmen.

Auch bei Elektronenblitzaufnahmen wirken sich UV-Filter günstig aus.

UV-Filter erfordern keine Verlängerung der Belichtungszeit. Für die Farbphotographie sind nur hochwertige UV-Filter geeignet. Hersteller von UV-Filtern sind u. a.: AGFA-GEVAERT *UV-Filter*, FERRANIA *UV 1*, GEVAERT *Gevacolor UV Spezial*, KODAK *Skylight Filter Nr. 1 A*, ORWO *K 29 C*. Eine versehentliche Verwendung des UV-Filters bei anderen Lichtverhältnissen übt keinen Einfluß auf die Aufnahme aus. Es schadet also nicht, wenn das Filter ständig auf dem Objektiv eventuell zum Schutz verbleibt.

b) Farbkorrekturfilter R 1,5

Tageslicht-Umkehrfarbfilme sind auf eine bestimmte mittlere spektrale Zusammensetzung des Lichtes abgestimmt. Die Zusammensetzung des Tageslichts kann sich jedoch unter dem Einfluß der Witterung stark verändern. Der Umkehrfarbfilm registriert die Änderungen als Blau- oder Rotstich sehr genau, während das menschliche Auge sie infolge der schnellen Anpassung nicht wahrnimmt. Das Farbkorrekturfilter R 1,5 hat die Aufgabe, den leicht auftretenden Blaustich zu unterdrücken. Dieses Filter kann anstelle des UV-Sperrschichtfilters, das für die gleichen Zwecke eingesetzt wird, verwendet werden. Das Filter R 1,5 benötigt keine Verlängerung der Belichtung. Die Zahl 1,5 gibt den Farbtemperatur-Verschiebungswert in Dekamired an. Konversionsfilter mit einem Verschiebungswert von +1,5 werden hergestellt von den Firmen: AGFA *R 1,5*, GEVAERT *CTO-1*, KODAK *Wratten-Nr. 81 A*, ORWO Nr. *K 15*.

c) Graufilter

Graufilter haben die Eigenschaft, die Intensität des einfallenden Lichtes zu vermindern, ohne die Farbwiedergabe zu beeinflussen. Sie sind daher ein sehr geeignetes Mittel, um die Belichtung um einen bestimmten Betrag zu vermindern. Sie können vor allem da eingesetzt werden, wo es wie in der Farbphotographie nicht möglich ist, die Intensität von künstlichen Lichtquellen mit Hilfe von elektrischen Widerständen zu verringern. Die Technik der Lichtschwächung mit Graufiltern kommt hauptsächlich bei Kinefilmaufnahmen und Schmalfilmaufnahmen vor, wenn man für eine Aufnahmeserie, sowohl für Atelier- als auch für Außenaufnahmen, stets die gleiche Filmsorte verwenden möchte. Man wählt dann das Material, das für Innenaufnahmen ausreichend lichtempfindlich ist. Bei Außenaufnahmen kann man dann entweder abblenden oder ein passendes Graufilter vor oder hinter das Objektiv setzen. Graufilter werden auch mit Vorteil bei Szenenüberblendung verwendet. Graufilter für Aufnahmezwecke, die optisch in jeder Hinsicht einwandfrei sein müssen, werden geliefert von den Firmen: AGFA Graufilter-2, 3 und 4 mit Lichtschwächung 2, 3 und 4 Blendenstufen; GEVAERT M 10 bis M 90, wobei jede 10er Stufe die Belichtung um den Faktor 1,3 erhöht; ORWO K 19, K 20, K 20 H, K 21, K 21 H.

d) Polarisationsfilter

Polarisationsfilter sind neutralgrau und lassen in einer Ebene polarisiertes Licht aller Farben durch. Derartige Filter können in der Farbphotographie in folgenden Fällen angewandt werden:

1. Bei Aufnahmen von Gegenständen mit spiegelnder Oberfläche (Bilder, Glas, Keramik, Wasser). Durch Polarisationsfilter können Reflexe auf nichtmetallischen Gegenständen teilweise oder ganz beseitigt werden.

2. Bei Farbaufnahmen wird bei Verwendung von Polarisationsfiltern der Himmel dunkler und die Wolken mit besserer Durchzeichnung wiedergegeben, ohne daß die übrigen Farben beeinflußt werden.

3. Bei Landschafts- und Fernaufnahmen bei dunstiger Atmosphäre geben sie oft bessere Farbwiedergabe als UV-Filter und können an deren Stelle bevorzugt eingesetzt werden.

Polarisationsfilter verlängern die Belichtungszeit um das Zwei- bis Vierfache. Polarisationsfilter sind durch die optische Industrie zu beziehen.

e) Farbkorrekturfilter

Zu den Farbkorrekturfiltern sind die Konversions- und Kompensationsfilter zu rechnen (IV. C. e), f)). Außer zur Angleichung der Farbtemperatur des Aufnahmelichtes an die Sensibilisierung der Farbfilme können Farbkorrekturfilter in folgenden Fällen zur Anwendung empfohlen werden:

1. Zur individuellen Beeinflussung der Farbwiedergabe, um eine besondere Stimmung oder einen Effekt nach persönlichem Geschmack zu erzielen.

2. Zum Ausgleichen von Farbabweichungen infolge geringer Fabrikationsschwankungen.

3. Zum Ausgleich von Farbverschiebungen, die möglicherweise durch den SCHWARZSCHILD-Effekt verursacht sind.

4. Zur Kompensation der starken Rotabsorption des Meerwassers bei Unterwasseraufnahmen. Hierzu sind R-Filter zu verwenden.

f) Handhabung der Filter

Filter sollen in einem staubfreien Behälter an einem kühlen und trockenen Ort aufbewahrt werden. In Glas gefaßte Filter läßt man am besten in der Verpackung, bis man sie wieder verwendet.

Zerkratzte und verschmutzte Filter sollten niemals zur Aufnahme verwendet werden; hierbei treten Schärfeverluste auf. Gelatinefilter faßt man stets nur an den Ecken an. Zum Reinigen der Gelatine- oder Glasfilter von Fingerabdrücken, Fettflecken, Wassertropfen und ähnlichem beseitigt man zunächst mit einem weichen Pinsel den Staub und wischt sie dann mit einem reinen, weichen Tuch oberflächlich ab.

Die zur Herstellung der Filter verwendeten Farbstoffe sind nicht immer völlig lichtbeständig. Man setze deswegen Lichtfilter niemals längere Zeit intensivem Licht (Sonnenlicht) aus. Ebenso sind extreme Temperaturen und Feuchtigkeit zu vermeiden, da dadurch die Veränderung der Farben beschleunigt wird und mechanische Schäden verursacht werden können.

9. Objektiv und Farbwiedergabe

Literatur: [686 bis 693]

Seit der starken Verbreitung der Farbphotographie hat eine Reihe von optischen Firmen besondere Color-Objektive auf den Markt gebracht. Durch diese Maßnahme wird eine Reihe von Fragen aufgeworfen! Sind für Farbaufnahmen besondere Objektive erforderlich? Welche Anforderungen müssen an Objektive für Farbaufnahmen gestellt werden? Sind ältere Objektive für Farbaufnahmen noch verwendungsfähig?

Alle photographischen Objektive sind mit den klassischen Abbildungsfehlern behaftet (Band I, V.):

sphärische Aberration (Öffnungsfehler, Kugelgestaltsfehler),
chromatische Aberration (Farbortsfehler, Fokusdifferenz),
Koma (Öffnungsfehler der außeraxialen Bildstrahlen),
Astigmatismus und Bildfeldwölbung,
Verzeichnung.

Diese Fehler treten einzeln nicht auf, sondern sind wechselseitig voneinander abhängig und müssen bei jedem Objektiv weitgehend beseitigt sein, wenn eine scharfe Abbildung erzeugt werden soll. Jedes Objektiv ist damit zugleich weitgehend farbkorrigiert.

Mit der Farbphotographie hat eine weitere Eigenschaft, die Farbstichfreiheit, große Bedeutung erlangt. Diese Eigenschaft hat mit der Abbildungsleistung der optischen Systeme eigentlich nichts zu tun. Manche hochbrechende Glassorten weisen eine kaum merkbare Eigenfärbung auf, die wie ein leichtes Gelbfilter wirkt. Andere optische Gläser unterscheiden sich durch die verschiedene UV-Durchlässigkeit. In photographischen Objektiven werden daher einzelne Farben in ihrer Durchlässigkeit bevorzugt, so daß Farbaufnahmen einen leichten Farbton erhalten. Dieser Farbton hat nichts mit einem Farbstich zu tun, der auf andere Ursachen zurückzuführen ist (IV. C. a), c), d; 2., 3.). Je nachdem durch ein Objektiv blaue (kalte) oder rote (warme) Farbtöne bevorzugt werden, spricht man von kaltzeichnenden oder warmzeichnenden Objektiven. Vierlinsige Objektive sind meistens Warmzeichner, einfachere Objektive Kaltzeichner. Solche Farbtonunterschiede bei verschiedenen Objektiven können nur festgestellt werden, wenn man Aufnahmen unter völlig gleichen Bedingungen von demselben Objekt macht. Bei neueren Color-Objektiven ist der unterschiedliche Farbcharakter — zumindest innerhalb des Fabrikationsprogrammes eines Herstellers — durch Entspiegelung weitgehend beseitigt.

Grundsätzlich ist ein Objektiv gleichermaßen für Schwarzweiß- und Farbaufnahmen geeignet, wenn es einwandfrei scharfe Bilder liefert. Es kann selbstverständlich vorkommen, daß ein modernes Color-Objektiv einem älteren Objektiv überlegen ist. Diese Erscheinung ist jedoch auf die gesteigerte Abbildungsleistung moderner optischer Systeme zurückzuführen und ist in gleicher Weise bei Schwarzweiß- und Farbaufnahmen bemerkbar. Prinzipiell besteht zwischen einem Color-Objektiv und einem gewöhnlichen Objektiv kein Unterschied. Bei älteren Objektiven muß von Fall zu Fall durch Probeaufnahmen entschieden werden, ob ihr Korrektionszustand ausreichend ist.

Viel wichtiger als der unterschiedliche Farbcharakter bei Objektiven auf die Abbildungsgüte ist ihre Verwendung entsprechend ihrem Bestimmungszweck. Jedes Objektiv kann nur dann seine optimale Leistung abgeben, wenn es seinem vorgesehenen Verwendungszweck entsprechend angewandt wird. Ein Objektiv, das für Objektentfernungen über 1 m bis Unendlich korrigiert ist, muß einem Reproduktionsobjektiv bei extremen Nahaufnahmen unterlegen sein. Ebenso kann ein Objektiv von 15 cm Brennweite für ein Aufnahmeformat von 9×12 cm nur sehr bedingt als Fernobjektiv für eine Kleinbildkamera verwendet werden.

10. Besondere Anwendungen

a) Anaglyphen

Anaglyphen sind Zweifarbenbilder in Blaugrün und Rot, die einem Stereobildpaar entsprechen und etwas versetzt voneinander gedruckt sind. Werden derartige Bilder mit einer Brille betrachtet, die jedes Bild einem Auge zuführt, so entsteht ein plastischer Bildeindruck. Anaglyphenbilder können nach dem *Pinatypie*-Verfahren nach Stereo-Diapositiven oder auch nach Stereo-Negativen durch Kopie auf Mehrschichten-Farbpapieren hergestellt werden. Von der AGFA A.G., Leverkusen, wurde lange Zeit ein besonderes Zweifarben-Anaglyphenpapier hergestellt.

b) Blumenaufnahmen

Blumenaufnahmen, besonders die Farbenpracht von Blumenbeeten und Gartenanlagen, enttäuschen vielfach. Wesentlich dankbarer sind Aufnahmen von einzelnen Blüten oder Pflanzengruppen. Hierbei muß man darauf achten, daß durch Windbewegung keine Unschärfe in das Bild kommt. Die längste zulässige Belichtungszeit für Blumenaufnahmen im Freien beträgt $^1/_{30}$ s. Wichtig ist auch die Beachtung der Schärfentiefe, da jede Unschärfe in einem Farbbild störend wirkt. Der Vorder- und Hintergrund dürfen nicht zu bunt gewählt werden, vor allem sind auch zu starke Farbkontraste mit dem Hauptmotiv zu vermeiden.

Die Bestimmung der erforderlichen Belichtung kann nach der KODAK-Methode oder dem AGFA-Vorschlag (IV. C. 5b) und c)) vorgenommen werden. Eventuell muß eine Beeinflussung des Hintergrundes in Rechnung gestellt werden. Im allgemeinen sind helle Blumen etwas kürzer zu belichten, dunkle Blumen müssen dagegen um eine halbe bis ganze Blende länger belichtet werden.

Bei Aufnahmen im Sonnenlicht werden vom Tageslicht-Umkehrfarbfilm alle Farbabstufungen sehr gut wiedergegeben. Bei trübem Wetter ist ein ganz leichtes R-Filter von Vorteil.

Einige tiefblaue und violette Blütenfarben, wie zum Beispiel Astern und Clematis, werden immer stark rötlich abgebildet. Die Ursache dieser Erscheinung ist darauf zurückzuführen, daß derartige Blumen eine sehr starke Reflexion im langwelligen Spektralbereich aufweisen [625]. Normalerweise registriert das menschliche Auge diese Erscheinung nicht, doch erscheinen manche Blumen mit hoher Rotreflexion bei Kunstlicht rötlicher als bei Tageslicht.

c) Personenaufnahmen

Bei Bildnisaufnahmen im Freien ist zu beachten, daß Umkehrfarbfilme die Farbtöne der Natur viel genauer registrieren als unser Auge. Bei Aufnahmen im Schatten ist die Strahlung des blauen Himmelslichtes besonders wirksam. Es ist deswegen bei derartigen Aufnahmen unbedingt ein UV-Sperrfilter oder das Farbkonversionsfilter R 1,5 zu empfehlen.

Helle Farben im Motiv können durch die Farben der Umgebung übertönt werden. So erhält beispielsweise das Bild durch die Aufnahme unter grünen Bäumen einen grünen Farbstich und das Kind auf dem Schoße der Mutter mit einem roten Kleid wird rotstichig.

Für Bildnisaufnahmen am zweckmäßigsten ist eine seitliche Beleuchtung. Flache Beleuchtung von vorn ist nur zur Unterdrückung von Hautunebenheiten und starken Runzeln angebracht. Bei Gegenlichtaufnahmen kann das Gesicht durch Blitzlicht aufgehellt werden. Der Hintergrund darf nicht zu farbig gewählt werden, sehr ansprechend wirkt ein brauner oder grauer Hintergrund. Bei Kunstlichtaufnahmen richte man sich nach den Grundregeln der Beleuchtungstechnik (IV. C. 3. b).

Bei der Schminktechnik von Personen für Farbaufnahmen beachte man, daß das Make-up für das Auge des Photographen natürlich sein muß. Die Schminke muß bei gleichem Licht aufgetragen werden, bei dem auch die Aufnahmen gemacht werden. Das Auftragen und die Art der Schminke ändern sich je nach dem Typ der aufzunehmenden Person. Ein faltiges Gesicht verträgt mehr Schminke als eine glatte Gesichtshaut. Meistens wählt man eine etwas dunklere Tönung als die Hautfarbe.

d) Nachtaufnahmen

Bei Nachtaufnahmen kann die Belichtung nicht durch Belichtungsmessung bestimmt werden. Man ist daher gezwungen, entweder Versuchsaufnahmen zu machen, oder man muß mehrere Aufnahmen von dem gleichen Objekt mit verschiedenen Zeiten machen.

Für Aufnahmen von Leuchtreklame oder Straßenlaternen ist Tageslicht-Umkehrfarbfilm zu verwenden, damit die gelbe Beleuchtung wirkungsvoll zur Geltung kommt. Bei einer Empfindlichkeit von etwa 17 DIN beträgt die erforderliche Belichtung etwa Blende 4, $^1/_{10}$ bis $^1/_{30}$ s.

Für Schaufensterdekorationen, helle Straßenszenen ist die Verwendung von Kunstlicht-Farbfilm zu empfehlen. Zur Aufnahme einer Straßenszene mit einer Laterne in etwa 3 m Abstand ist eine Belichtung von Blende 4 mit 1 s erforderlich.

Für Feuerwerksaufnahmen ist ebenfalls Kunstlichtfilm am geeignetsten. Man arbeitet bei derartigen Aufnahmen mit offenem Verschluß für die Dauer von mehreren Raketengruppen. Die Blende ist hierbei auf 8 bis 11 einzustellen.

Zur Aufnahme des hellen Nachtpanoramas einer Stadt belichte man bei Kunstlichtfilm von 17 DIN Blende 4 und 1 bis 2 min.

e) Farbaufnahmen von Schneelandschaften [694]

Im Winter bei Aufnahmen von Schneelandschaften sind grundsätzlich zwei ganz verschiedene Gegebenheiten zu beachten und zu berücksichtigen; einmal kann durch die Kälteeinwirkung eine mechanische Störung an der Kamera hervorgerufen werden, und zum zweiten liegen besondere Belichtungsverhältnisse vor.

Das Farbaufnahmematerial dürfte im mitteleuropäischen Raum durch die Kälte kaum eine Schädigung erfahren. Es ist auch nicht zu befürchten, daß die Unterlage durch die Kälte spröde und brüchig wird. In manchen Fällen kann jedoch der Schaltmechanismus in seinem einwandfreien Ablauf gehemmt werden, so daß leicht Überbelichtungen auftreten. Sehr gefährlich ist bei großer Kälte vor allem häufiger und schneller Temperaturwechsel. Wenn man aus der Kälte in die warme Zimmerluft tritt, dann schlägt sich Feuchtigkeit an der kalten Kamera nieder, dringt zum Teil in die Kamera ein und kann an der Kamera Schäden verursachen. Zur Vermeidung derartiger Vorgänge sind Kameras nur allmählich wärmerer Temperatur anzupassen. Vor allem soll man versuchen, die Temperaturanpassung zu verlangsamen, indem man Kameras in den Ledertaschen beläßt oder noch zusätzlich mit einem trockenen Schal oder Kleidungsstück umhüllt.

Bei Schneelandschaften dürfen die mit dem Belichtungsmesser ermittelten Belichtungswerte nicht unmittelbar verwendet werden. Normale Motive enthalten die verschiedensten Helligkeitsanteile, und der Belichtungsmesser bildet einen Mittelwert. Bei Schneelandschaften fehlen die dunklen Töne fast vollständig. Der Schnee ist nahezu so hell wie der Himmel. Der Belichtungsmesser stellt bei einem derartigen Motiv eine zu große Helligkeit fest, so daß die gemessene Belichtung viel zu kurz ist. Neben der motivbedingten Korrektur der Belichtungsmessung bei Schneelandschaften muß das Wiedergabevermögen des Filmes bei niedrigen Helligkeitskontrasten berücksichtigt werden. Negativfarbfilme besitzen einen verhältnismäßig großen Belichtungsspielraum. Sie vertragen eine mehrfache Überbelichtung und auch eine geringe Unterbelichtung. Geringe

Fehlbelichtungen können immer durch den Kopierprozeß ausgeglichen werden. Bei Negativfarbaufnahmen genügt es daher, wenn man die gemessenen Belichtungswerte um etwa 50% verlängert.

Umkehrfarbfilme haben einen sehr geringen Belichtungsspielraum, und zur Erzielung von einwandfreien Farbdias, die unmittelbar als Unikate entstehen, müssen sie möglichst genau und gerade richtig belichtet werden. Im Umkehrdia werden diejenigen Stellen im Motiv, die der mittleren Helligkeit entsprechen, als mittleres Grau wiedergegeben. Die Lichter erscheinen klar transparent und rein weiß, während die Schatten tief schwarz sind. Je geringer der Helligkeitsumfang des Motivs ist, um so genauer werden die Lichter und um so weniger schwarz die Schatten erscheinen. Dies führt dazu, daß die Lichter bei geringem Kontrastumfang verschleiert sind. Eine derartige Verschleierung ist bei Schneelandschaften besonders störend, da wir Schnee als rein weiß kennen. Die Verschleierung der hellsten Details in einem Motiv läßt sich nur dadurch verhindern, daß man reichlich belichtet. Die Belichtung muß um so reichlicher sein, je geringer der Kontrast im Aufnahmeobjekt ist. Bei Schneeaufnahmen im Nebel beträgt der Kontrast vielfach nur noch 1:2. Bei derartigen Aufnahmen ist eine etwa vierfache Belichtung gegenüber dem gemessenen Wert erforderlich. Es gelten allgemein folgende Belichtungsregeln: Negativfarbaufnahmen sind gegenüber den gemessenen Werten reichlich zu belichten. Die Belichtungswerte sind etwa um 50% zu erhöhen. Bei Umkehrfarbaufnahmen von Schneelandschaften bei Sonnenschein sind die gemessenen Werte zu verdoppeln. Bei Aufnahmen ohne Sonne müssen die Belichtungswerte verdreifacht, bei Schneelandschaften und nebeligem Wetter vervierfacht werden.

Die Sonne kann bei Schneelandschaften ein sehr wechselseitiges Farbenspiel hervorrufen. Steht die Sonne tief, so kann der Schnee in gelbrotem Glanz überstrahlt sein, und im Schatten liegende Stellen können die blauen Reflexe des Himmels wiedergeben. Fehlt das direkte Sonnenlicht und wird die Winterlandschaft nur vom blauen Himmelslicht beleuchtet, so werden derartige Aufnahmen auf Umkehrfarbfilm vollkommen blaustichig. Blaues Himmelslicht kann an klaren Tagen eine Farbtemperatur bis zu 25000° K aufweisen. Der Tageslicht-Umkehrfarbfilm ist dagegen auf eine Farbtemperatur von 5500° K abgestimmt. Der Blaufarbstich kann bei derartigen Verhältnissen durch Vorschalten eines rötlichen Konversionsfilters von etwa 15 Dekamired verhindert werden. Durch diese vollständige Beseitigung des Farbstiches würde eine solche Aufnahme mehr oder weniger trostlos grau aussehen. Es ist deswegen zweckmäßig, bei derartigen Aufnahmen nicht den ganzen Farbstich zu beseitigen, sondern nur eine halbe Korrektion mit einem Konversionsfilter von etwa 6 Dekamired durchzuführen. Es ist überhaupt ratsam, von der Verwendung von Konversionsfiltern bei Winteraufnahmen gänzlich abzusehen und dafür grundsätzlich UV-Sperrfilter einzusetzen. Diese verhüten das Auftreten eines leichten Blaustiches, sie erfordern keine Verlängerung der Belichtung und beeinflussen die Farbwiedergabe in keiner Weise nachteilig. Außerdem bieten sie für das Objektiv einen wirksamen mechanischen Schutz. Unentbehrlich bei Schneeaufnahmen ist die zusätzliche Verwendung der Sonnenblende.

f) Farbige Röntgenbilder

Ein besonderes Material zur Herstellung von farbigen Röntgenaufnahmen wurde bereits erwähnt (IV. A. 6. d)). A. Bryce erzielte farbige Röntgenbilder auf folgende Weise [695]: Wird ein Dreischichtenfarbpapier direkt mit Röntgenstrahlen belichtet und farbentwickelt, so entsteht ein blaues Bild. Wird das Papier von der Rückseite unter Zwischenschaltung einer blaufluoreszierenden Folie belichtet, so erhält man ein Purpurbild. Wird die Vorderseite im Kontakt mit einer Verstärkerfolie bestrahlt, so ist das entstandene Bild gelb bis braun.

M. B. FINE empfiehlt zur Erzielung von farbigen Röntgenbildern, Röntgenfilm im Kontakt mit Farbfilmen mit Röntgenstrahlen zu belichten [696]. Durch Variation der Bestrahlungs- und Entwicklungsbedingungen wird erreicht, daß auf den Farbfilmen unterschiedliche Farbtöne auftreten. Durch diese Technik ist nach Ansicht der Erfindung eine bessere Unterscheidung von einzelnen Strukturen möglich.

R. S. MACKAY und C. C. COLLINS empfehlen zur Steigerung des Kontrastes drei farbige Röntgenaufnahmen hintereinander mit verschiedenen Spannungen oder drei Aufnahmen mit gleicher Spannung, aber verschiedenen Masken anzufertigen [697].

G. L. CLARK und R. M. UZNANSKI untersuchten die Einwirkung von Röntgenstrahlen auf KODAK-Farbfilme [698]. Die Farbe auf *Ektachrome*-Filmen ist von der Wellenlänge und der Strahlungsintensität abhängig. Farbmikroradiographien von Metallen und Holzproben zeigen Einzelheiten, die bei den herkömmlichen Methoden nicht zu erkennen sind. Die Verwendung von Farbfilmen hat in der Röntgen-Dosimetrie und Mikroradiographie besondere Vorteile.

L. J. BANANN gibt einen Überblick über die bisher erzielten Ergebnisse in der Color-Röntgenographie [699].

Neben den bisher geschilderten Verfahren der Röntgentechnik mit Farbfilmen sind auch eine Reihe von Methoden bekanntgeworden, die sich mit der Umwandlung von Schwarzweiß-Röntgenaufnahmen in Farbbilder befassen, um dadurch eine Kontraststeigerung und erhöhte Detailerkennbarkeit zu erzielen.

L. AUDOUZE und Y. BRUNEAU geben nach einem französischen Patent folgenden Weg an [700]: Von der Original-Röntgenaufnahme werden auf Schwarzweiß-Planfilm eine Negativ- und eine Positivkopie hergestellt, und diese werden dann nacheinander durch ein Blaugrün- und ein Gelborangefilter auf Farbfilm kopiert. Nach der chromogenen Entwicklung liegt ein blaugelbes Röntgenbild vor. Als Vorteil werden angegeben: erhöhter Kontrast, Erkennbarkeit feinster Details, angenehme Bildwirkung.

Tabelle 20. *Arbeitsgänge zur Herstellung farbiger Röntgenbilder in Blau-Grün-Staffelung*

Arbeitsprozeß	Zeit (min)
Im Dunkeln:	
Röntgenentwicklung ...	5
Zwischenwässerung	1
Fixage	10
Alle folgenden Arbeitsgänge im Hellen:	
Härtung	5
Wässern	5
Partielles Bromieren ...	5
Wässern	10
Blau-Entwicklung	5
Wässern	10
Bromieren	10
Wässern	10
Partielles Fixieren	10
Wässern	5
Gelb-Entwicklung......	5
Wässern	10
Bromieren	5
Wässern	10
Fixieren	5
Wässern	10

B. KANKELWITZ und B. LEIBER wandeln die Dichteunterschiede der Schwarzweiß-Aufnahmen in sinnesphysiologisch wirksamere Farbkontraste durch Farbumentwicklung um [701 bis 703]. Der Röntgenfilm wird genau wie bei einer normalen Aufnahme belichtet und in einem Röntgenentwickler schwarzweiß entwickelt. Das Röntgenbild wird dann rehalogeniert und zunächst in einem Farbentwickler mit einem Blaukupplerzusatz zum Teil blau entwickelt, und zum Schluß folgt eine zweite Farbentwicklung mit einem Gelbfarbkupplerzusatz. Das Bild erscheint dann in den ursprünglich hellen Bereichen blau, in den dunklen grün und dazwischenliegenden Übergängen. Eine andere Entwicklungstechnik führt zu einem Farbgang Gelborange-Rubinrot-Violett-Blau. Die beiden verschiedenen Entwicklungsanweisungen sind in den Tabellen 20 und 21 enthalten.

Tabelle 21. *Arbeitsgänge zur Herstellung farbiger Röntgenbilder in der Farbstaffelung Gelb-Orange-Rubinrot-Violett-Blau*

Arbeitsprozeß	Zeit (min)
Im Dunkeln:	
Röntgenentwicklung . . .	5
Zwischenwässerung	5
Härten	5
Wässern	5
Partielles Bromieren . . .	5
Wässern	10
Purpur-Entwicklung . . .	5
Wässern	10
Chlorieren	10
Wässern	10
Partielles Sulfitbad	5
Wässern	5
Blau-Entwicklung	5
Wässern	10
Chlorieren	10
Wässern	10
Sulfitbad	10
Partielles Fixierbad	5
Die folgenden Arbeitsprozesse können im Hellen ausgeführt werden:	
Diffuse Zwischenbelichtung	5
Gelb-Entwicklung	5
Wässern	10
Bromieren	5
Wässern	10
Fixieren	5
Wässern	10

Rezeptur-Vorschriften für die erforderlichen Bäder:

Farbentwickler

Lösung A

Diäthyl-p-phenylendiaminsulfat	1,1 g
Wasser	100 ml

Lösung B

Natriumsulfit sicc.	2,4 g
Kaliumbromid	1,0 g
Pottasche	50,0 g
Wasser bis auf	900 ml

Lösung C

Gelbkuppler

Benzoylazetanilid	0,75 g
Dioxan	20 ml

Blaukuppler

α-Naphthol	0,75 g
Dioxan	10 ml

Purpurkuppler

1-Phenyl-3-methyl-5-pyrazolon	0,90 g
Alkohol	40 ml

Zur Entwicklung werden die Lösungen A und B gemischt und je nach der gewünschten Farbentwicklung die Farbkupplerlösung C zugesetzt.

Bromierungsbad

Blutlaugensalz, rot	30 g
Kaliumbromid	20 g
Wasser	1000 ml

Natriumsulfitbad

Natriumsulfit sicc.	100 g
Wasser	1000 ml

Chlorierungsbad

Blutlaugensalz, rot	30 g
Natriumchlorid	20 g
Wasser	1000 ml

D. Chemie der chromogenen Entwicklung

1. Die Chemikalien, ihre Eigenschaften und Verwendung

Es werden im folgenden nur die Chemikalien aufgeführt, die für die Farbentwicklung von besonderer Bedeutung sind. (Normal gebräuchliche Chemikalien für die Photographie s. Band V, II.)

a) Farbentwicklersubstanzen

Farbentwicklersubstanzen sind einige hundert bekannt, und laufend wird nach neuen geforscht. Praktisch verwendet werden nur etwa ein halbes Dutzend (MG = Molekülar-Gewicht):

4-Amino-5-[N-äthyl-N-(β-methylsulfonamidoäthyl)-amino]-toluolsesquisulfat monohydrat – 4-Amino-N-äthyl-N-(β-methylsulfonamidoäthyl)-m-toluidinsulfat – *CD 3* (Kodak) – *Entwicklersubstanz 3* (Merck) – *Mydochrome* (May & Baker), MG: 354,5. Rosarote Kristalle. Verwendung: Farbentwicklersubstanz in Kodak-Entwicklern.

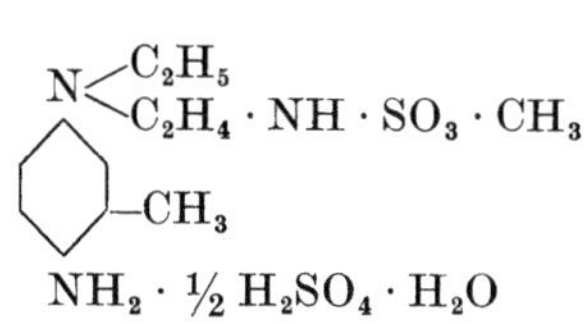

2-Amino-5-diäthylaminotoluolhydrochlorid – 2-Amino-5-diäthylaminotoluolum monohydrochloricum – Diäthylaminotoluol-2-ammoniumchlorid – *CD 2*

(Kodak) – *Tolochrome* (May & Baker) – *Entwicklersubstanz 2* (Merck). $CH_3 \cdot C_6H_3(NH_2) \cdot N(C_2H_5)_2 + HCl$. MG: 214,75. Grauweißes Pulver. Verwendung: Farbentwicklersubstanz in Kodak-Entwicklern.

p-Amino-N, N-diäthylanilinhydrochlorid s. Diäthyl-p-phenylendiaminhydrochlorid.

p-Amino-N, N-diäthylanilinsulfat s. Diäthyl-p-phenylendiaminsulfat.

N-Amino-N, N-diäthylanilinhydrochlorid s. Diäthyl-p-phenylendiaminhydrochlorid.

N-Amino-N, N-diäthylanilinsulfat s. Diäthyl-p-phenylendiaminsulfat.

p-Amino-N-(β-oxyäthyl)-äthylanilinsulfat s. Äthyl-oxyäthyl-p-phenylendiaminsulfat.

Äthyl-oxyäthyl-p-phenylendiaminsulfat – p-Amino-N-(β-oxyäthyl)-äthylanilinsulfat – Hydroxyäthyläthyl-p-phenylendiaminsulfat – Äthyl-oxyäthyl-p-phenylendiamoniumsulfat – *Droxychrome* (May & Baker) – *T 32* (Agfa-Gevaert, Leverkusen) – *Activol X* (Johnson of Hendon) – *S 41* (Ferrania, Mailand). $NH_2 \cdot C_6H_4 \cdot N(C_2H_5)(C_2H_4OH) \cdot H_2SO_4$. MG: 278,3. Weißes Pulver. Verwendung: Farbentwicklersubstanz meistens für Farbpapiere.

Diäthylaminotoluol-2-ammoniumchlorid s. 2-Amino-5-diäthylaminotoluolhydrochlorid.

Diäthyl-p-phenylendiaminhydrochlorid – N, N-Diäthyl-p-phenylendiaminhydrochlorid – Diäthyl-p-phenylendiammoniumhydrochlorid – p-Amino-N, N-diäthylanilinhydrochlorid – N-Amino-N, N-diäthylanilinhydrochlorid – *Activol H* (Johnson of Hendon) – $H_2N\langle\bigcirc\rangle N<^{C_2H_5}_{C_2H_5} + HCl$. MG: 200,72. Weißes kristallines Pulver, leicht löslich in Wasser, löslich in Alkohol, wenig löslich in Äther. Verwendung: Entwicklersubstanz in der Farbphotographie.

Diäthyl-p-phenylendiaminsulfat – N, N-Diäthyl-p-phenylendiaminsulfat – Diäthyl-p-phenylendiammoniumsulfat – p-Amino-N, N-diäthylanilinsulfat – N-Amino-N, N-diäthylanilinsulfat – *Activol S* (Johnson of Hendon) – *TSS* (Agfa-Gevaert) – *Dicolamin* (Ansco). $H_2N\langle\bigcirc\rangle N<^{C_2H_5}_{C_2H_5} + H_2SO_4$. *S 28* (Ferrania, Mailand). MG: 262,34. Weißes, feinkristallines Pulver, löslich in Wasser und Alkohol. Verwendung: Entwicklersubstanz in der Farbphotographie.

Diäthyl-p-phenylendiamin-Schwefeldioxyd – p-Diäthylaminoanilin-Schwefeldioxyd-p-Aminodiäthylanilin-Schwefeldioxyd – N, N-Diäthyl-p-phenylendiaminsulfit – *Activol* (Johnson of Hendon), *Genochrome* (May & Baker). $(C_2H_5)_2NC_6H_4NH_2 \cdot SO_2$. MG: 228,31. F: 120° Zers. Verwendung: Entwicklersubstanz in der Farbphotographie.

Dicolamin s. Diäthyl-p-phenylendiaminsulfat.

Droxychrome s. Äthyl-oxyäthyl-p-phenylendiaminsulfat.

Genochrome s. Diäthyl-p-phenylendiamin-Schwefeldioxyd.

Mydochrome s. 4-Amino-5-[N-äthyl-N-(β-methylsulfonamidoäthyl)-amino]-toluolsesquisulfatmonohydrat.

Tolochrome s. 2-Amino-5-diäthylaminotoluolhydrochlorid.

Im folgenden wird versucht, in chronologischer Reihenfolge eine Zusammenstellung der Patentliteratur der Farbentwicklersubstanzen zu geben. Da die meisten Farbentwicklersubstanzen Derivate des p-Phenylendiamins sind, werden einige Grundpatente der Vorläufer von Farbentwicklersubstanzen mitaufgeführt.

Patentliteratur der Farbentwicklersubstanzen

p-Phenylendiamin	ANDRESEN:	DRP. 46915	1888
p-Toluylendiamin			
(1,4-Dimethyl-2,5-Diaminobenzol)	ANDRESEN:	DRP. 46915	1888
Monomethyl-p-phenylendiamin	HAUFF:	DRP. 69582	1891
Monomethyl-p-phenylendiamin	HAUFF:	E.P. 15434	1891
Dimethyl-p-phenylendiamin	HAUFF:	E.P. 15434	1891
Diaethyl-p-phenylendiamin	HAUFF:	E.P. 15434	1891
Butyl-p-phenylendiamin	HAUFF:	E.P. 15434	1891
4-Amino-2-methyl-diaethylanilin	HAUFF:	E.P. 15434	1891
4-Amino-tetramethylanilin	HAUFF:	E.P. 15434	1891
1,2,4-Triaminobenzol	AGFA:	Br.P. 11872	1893
Triaminotoluol	E. KÖNIG und O. STRÄHLIN		
	J. M. EDER, Jahrb. **21**, 52—55 (1907)		1907
2,4-Diamino-1,3-Xylenol	MERCK:	DRP. 223690	1908
4-Amino-dipropylanilin	R. FISCHER:	U.S.P. 1102028	1914
4-Amino-3-methyl-diaethylanilin	R. FISCHER:	U.S.P. 1102028	1914
2-Chlor-4-methylamino-1-phenol	CHRISTIANSEN: J. Amer. Soc. **1923**, 2192		1923
4-Oxyaethylamino-1-phenol	I. G. FARBENIND.:	DRP. 454839	1926
		U.S.P. 1758892	1930
3-Methyl-4-oxyaethylamino-1-phenol	I. G. FARBENIND.:	DRP. 467818	1927
		U.S.P. 1799568	1930
2-Chlor-4-oxyaethylamino-1-phenol	I. G. FARBENIND.:	U.S.P. 1799568	1927
N-Monoxypropyl- und			
N-Monooxybutyl-4-amino-1-phenol	I. G. FARBENIND.:	DRP. 516030	1930
4-Oxyaethylamino-2-amino-1-phenol	I. G. FARBENIND.:	U.S.P. 1853455	1932
2-Dioxyaethylamino-4-amino-1-phenol	I. G. FARBENIND.:	U.S.P. 1853455	1932
4-Methyl-2-methylamino-1-phenol	I. G. FARBENIND.:	DRP. 534307	1934
		Fr.P. 879640	
o-Methylaminophenole:	I. G. FARBENIND.:	Fr.P. 789616	1935
4-Chlor-2-methylaminophenol,		U.S.P. 2060594	1936
5-Chlor-2-methylaminophenol,			
4,6-Dichlor-2-methylaminophenol,			
4-Methyl-2-methylaminophenol,			
5-Methoxy-2-methylaminophenol,			
5-Dimethylamino-2-methylamino-phenol,			
4-Amino-6-methyl-2-methyl-aminophenol,			
6-Amino-4-methyl-2-methyl-aminophenol			
p-Aminophenole mit Halogen-Substitution am Kern:	I. G. FARBENIND.:	E.P. 467087	1935
2,5-Dijod-4-aminophenol,		Fr.P. 813902	1936
2-Brom-4-aminophenol,			
2-Jod-4-aminophenol,			
2,5-Dichlor-4-aminophenol,			
3-Chlor-4-aminophenol			
Aliphatische und heterozyklische Verbindungen mit den Atomgruppierungen -CO—CNNH$_2$- bzw.			
-COH=CNH$_2$-	I. G. FARBENIND.:	DRP. 646516	1935
		E.P. 459665	
		Fr.P. 807002	
Halogen substituierte p-Aminophenole	I. G. FARBENIND.:	DRP. 742975	1935
		870947	

Tabelle (Fortsetzung)

o-Aminophenole und Substitutionsprodukte in Abwesenheit von Sulfit	I. G. Farbenind.:	Fr.P. 804649	1935
Dimethylaniline	I. G. Farbenind.:	DRP. 824885 887736	1935
Diaethylaniline, Diaethylaminoanilin	I. G. Farbenind.:	DRP. 738080 893012 838547 838695	1935
Diaminometanilsäure und Derivate	I. G. Farbenind.:	DRP. 850385 827901	1935
p-Amino-dimethylanilin, p-Amino-diaethylanilin	I. G. Farbenind.:	DRP. 878890 885197	1935
p-Phenylendiamin-Derivate mit Oxyalkylgruppen am N	I. G. Farbenind.:	DRP. 889549 E.P. 460580 Fr.P. 808377	1936
2-Aminodiaethylanilin	Kodak:	Fr.P. 804472 E.P. 474353	1936
2-Amino-5-diaethylaminophenetol	Kodak:	Fr.P. 804472 E.P. 474353	1936
2,5-Diaminoanisol	Kodak:	Fr.P. 804472 E.P. 474353	1936
3-Brom-4-aminodiaethylanilin	Kodak:	Fr.P. 804472 E.P. 474353	1936
p-Aminophenole mit Substitutionen am Kern: 2,6-Dibrom-4-aminophenol, 5-Aminosalizylsäure, 5-Amino-2-oxytoluol, 2-Methylamino-3-oxytoluol, 5-Amino-5-oxytoluol, 5-Amino-2-oxybenzylalkohol, 2,5-Diaminophenol, 2-Amino-5-diaethylaminophenetol, 3-Diaethylamino-6-aminophenol	Kodak:	Fr.P. 804472	1936
Phenylaminomethylaminometanilsäure		DRP. 874248	1936
p-Aminophenole mit substituierten Halogenatomen am Kern	I. G. Farbenind.:	E.P. 467087 Fr.P. 813902	1936
p-Phenylendiamin-Derivate mit Sulfo- oder Carboxylgruppen oder mehreren Aethylenoxydgruppen in die am Stickstoff substituierte Alkyl- oder Arylgruppe	Agfa:	DP. (DDR) 1611 DRP. 767652 Fr.P. 822269	1936
Heterozyklische stickstoffhaltige Basen, zum Beispiel: Tetrahydrochinoxalin, 5-Aminodihydroxymethyl-indol	I. G. Farbenind.:	DRP. 718343 E.P. 478345 Fr.P. 820865	1936
2-Methyl-4-aminodiaethylanilin	Kodak:	E.P. 478345 Fr. P. 820865	1936
3-Methyl-4-aminodiaethylanilin	Kodak:	Fr.P. 820865	1936

Tabelle (Fortsetzung)

2,6-Chlor-4-phenylendiamin	KODAK:	Fr. P. 820865	1936
N-Methyl-p-phenylendiamin	KODAK:	Fr. P. 820865	1936
N-Aethyl-p-phenylendiamin	KODAK:	Fr. P. 820865	1936
N-Propyl-p-phenylendiamin	KODAK:	Fr. P. 820865	1936
Tetrabenzyl-p-phenylendiamin	KODAK:	Fr. P. 822269	1937
N-Hydroxymethyl-p-phenylendiamin	I. G. FARBENIND.:	E. P. 460580	1937
4-Amino-N-methylanilin-w-sulfosäure	I. G. FARBENIND.:	E. P. 460580	1937
4-Amino-N-aethylanilin-w-sulfosäure	I. G. FARBENIND.:	E. P. 460580	1937
4-Amino-N-benzylanilin-4′-sulfosäure	I. G. FARBENIND.:	E. P. 460580	1937
o- oder p-Dioxyverbindungen mit Substitution eines H-Atoms durch Pyridiniumrest, z. B. Methylhydrochinon-pyridinium-chlorid	I. G. FARBENIND.:	DRP. 743536	1937
p-Phenylendiaminderivate mit Thiosulfosäureester- oder Mercapto-Gruppen mit bathochromen Effekten	I. G. FARBENIND.:	DRP. 723723	1938
p-Phenylendiaminderivate mit nachbehandlungsfähigen Gruppen, z. B. quaterne Stickstoffatome enthaltend	AGFA:	DP (DDR) 5598	1938
p-Phenylendiaminglykokoll	TAYLOR:	E. P. 481681	1938
p-Phenylendiamindiglykokoll	TAYLOR:	E. P. 481681	1938
p-Amino-N-diglykokollanilin	TAYLOR:	E. P. 481681	1938
4,5- und 5,6-Dichlor-2-methylamino-phenol	I. G. FARBENIND.:	DRP. 674810	1939
Monomethyl-p-aminophenol-Reaktionsprodukte mit Schwefelsäure-anhydrid und Aminosulfosäuren	I. G. FARBENIND.:	Belg. P. 445630	1942
p-Phenylendiaminderivate mit positiven Substituenten in beiden Nachbarstellungen zur primären Aminogruppe	I. G. FARBENIND.:	DRP. 749866	1943
p-Phenylendiaminderivate mit Substitution des Oxyessigsäurerestes in o-Stellung zur primären Amino-gruppe	AGFA:	DP (DDR) 7199	1943
p-Phenylendiaminderivate mit Löslichkeit erhöhenden Gruppen in m-Stellung, Verbindung über ein Heteroatom mit Alkyl-, Aralkyl-, arom. oder heterozykl. Rest	AGFA:	DP (DDR) 4272	1944
Kupplungsprodukte aus o- und p-Aminophenolen, 1,2- und 1,4-Amino-Naphtholen mit Azetylaceton, Benzoylaceton, Acyl- und Arylessigestern	GENERAL ANILIN & FILM CORP.:	U.S.P. 2543691	1946
Sulfonamidsubstituierte p-Phenylen-diamine: 4-Amino-N-aethyl-N-(2-(N-methyl-methylsulfonamido)aethyl)anilin, 4-Amino-N-aethyl-N-(2-(N-methyl-methylsulfonamido)aethyl)-3-methylanilin,	KODAK:	U.S.P. 2566571	1947

Tabelle (Fortsetzung)

4-Amino-N-aethyl-N-(2-(N-aethyl-methylsulfonamido)-aethyl)-3-methylanilin, 4-Amino-N-aethyl-N-(2-(N-methyl-methylsulfonamido)aethyl)-m-phenetidin, 4-Amino-N,N-diaethyl-3-(2-(N-methylmethylsulfonamido-aethyl-anilin			
Sulfonamidosubstituierte p-Phenylendiamine wie vorher und: 4-Amino-N-aethyl-N-(2-methyl-sulfonamidoaethyl)-m-anisidin, 4-Amino-3-propoxy-N-propal-N-(2-. . ., 4-Amino-3-methoxy-5-methyl-N-aethyl-N-(2-. . ., 4-Amino-3,5-diaethoxy-N-aethyl-N-(2-methylsulfon-amidoaethyl)-anilin	KODAK:	Fr.P. 980375	1948
Sulfonamidosubstituierte p-Phenylendiamine: 4-Amino-aethyl-N-(N′-methyl-sulfonamidoaethyl)-anilin, . . .)-3-methylanilin, . . .)-m-phenetidin	KODAK:	Fr.P. 972126	1948
Sulfonamidosubstituierte p-Phenylendiamine: 3-(β-Acetamidoaethyl)-4-amino-N,N-diaethylanilin, 4-Amino-N,N-diaethyl-3-(β-methylsulfonamidoaethoxy)-4-amino-N,N-diaethylanilin, 4-Amino-N,N-diaethyl-3-(β-methyl-sulfonamidoaethoxy)-anilin	KODAK:	U.S.P. 2592363 2592364	1948
1-Oxyaryl-2-carbonsäureamide	GENERAL ANILIN & FILM CORP.:	DBP. 906934	1948
2,6-Diaminoaniline als Azin-Farbstoffbildner:	GENERAL ANILIN & FILM CORP.:	U.S.P. 2527379	1948
Diaethyl-p-phenylendiamin-Schwefeldioxyd = Genochrome	MAY & BAKER:	E.P. 658010 Can.P. 492653 Schw.P. 267709	 1948 1947
Azomethin-Entwickler durch Umsetzung von p-Aminophenolen und p-Phenyldiaminen mit aliphatischen oder aromatischen Aldehyden, z. B.: 4-(2′-Sulfobenzalamino)-phenol, 2-Methyl-4-(2′,4′-dioxybenzal-amino)-diäthylanilin	KODAK:	Fr.P. 983022	1948

Tabelle (Fortsetzung)

N-substituierte Aminophenole: N-β-Aminoaethyl-p-aminophenol-sulfat, N-β-Aminopropyl-p-aminophenol-sulfat, N-β-Oxyaethyl-p-aminophenol-sulfat, N-β-Aminoaethyl-o-aminophenol-sulfat, N-(β(β-oxyaethylamino)-aethyl)-p-aminophenolsulfat, N-(β(β'-aminoaethylamino)-aethyl)-p-aminophenolsulfat	KODAK:	U.S.P. 2618657	1948
Halogenierte N-Methyl-p-amino-phenole: 2- und 3-Chlor-N-methyl-p-. . ., 2- und 3-Brom-N-methyl-p-. . .	KODAK:	U.S.P. 2578281	1949
Diaminoaniline als Azin-Farbstoff-bildner: 3-Phenalsulfonamino-4-amino-diaethylanilin, 6-Butylsulfonamino-5-amino-diaethylanilin, 6-Methylsulfonamino-5-amino-benzthiazol, 6-Butylsulfonamino-5-amino-benzoxazol, 1-Aethyl-5-amino-6-benzolsulfon-aminoisoindazol	GENERAL ANILIN & FILM CORP.:	DBP. 827900	1949
N-substituierte 4,6-Diaminometanil-säure	GENERAL ANILIN & FILM CORP.:	U.S.P. 2575027	1949
Derivate der Metanilsäure	GENERAL ANILIN & FILM CORP.:	U.S.P. 2570116	1949
4,6-Diaminometanilsäure	GENERAL ANILIN & FILM CORP.:	U.S.P. 2611785	1949
Derivate der Aminophenole und Phenylendiamine mit aliphatischen oder aromatischen Aldehyden 4-(2'-sulfobenzylamino)-phenol, 2-Methyl-4-(2',4'-dioxybenzyl-amino)-diaethylanilin	KODAK:	Fr.P. 983022	1949
N-β-Methylsulfonaminoaethyl-p-phenylendiamine	KODAK:	U.S.P. 2552240	1949
p-Phenylendiamin-acetamide 4-Amino-N-aethyl-(β-acetamino-aethyl)-anilin, . . .)-m-toluidin, . . .)-m-phenetidin	KODAK:	Fr.P. 980533	1949

Tabelle (Fortsetzung)

Acetamino- und sulfonamino-substituierte p-Phenylendiamine: 3-(β-acetaminoaethyl)-4-amino-N,N-diaethylanilin, 4-Amino-3-(β-methylsulfonamino-aethyl)-N,N-diaethylanilin, 3-(β-acetaminoaethoxy)-4-amino-N,N-diaethylanilin, 4-Amino-3-(β-methylsulfonamino-aethoxy)-N,N-diaethylanilin	KODAK:	U.S.P. 2552241 Fr.P. 1008786	1949
2,5-Dialkyl-p-phenylendiamine 2,5-N′-trimethyl-p-phenylen-diamin, N′-benzyl-2-methyl-5-propylthio-p-phenylendiamin, 5-carboxymethyl-N′-aethyl 2-methyl-p-phenylendiamin, N′-(2-hydroxyaethyl)-2-methoxy-5-methyl-p-phenylendiamin, 2,5-dimethyl-N′-aethyl-p-phenylendiamin	AGFA, VEB WOLFEN:	DP. (DDR) 9040	1950
p-Phenylendiamine mit COOH-Gruppen am Kern: 2-Amino-5-diaethylaminophenyl-Bariumacetat, 2-Amino-5-diaethylamino-Natriumhydrocinnamat, Na-δ-(2-amino-5-diaethylamino-phenyl)-valerat, Ba-β-(2-amino-5-diaethylamino-phenyl)-butyrat	DU PONT:	U.S.P. 2603659	1950
Metanilsäure-Derivate: 4-Phenylamino-6-oxymetanilsäure	GENERAL ANILIN & FILM CORP.:	U.S.P. 2555127	1950
p-Phenylendiamine: N(1)-Aethyl-2,5-dimethyl-p-phenylendiamin, N(1)-Aethyl-2-methyl-p-phenylen-diamin, N(1)-Oxyaethyl-2-methyl-5-methoxy-p-phenylendiamin, N(1)-Isopropyl-2-methyl-5-methoxy-p-phenylendiamin, N(1)-Methyl-2-isopropoxy-5-methyl-p-phenylendiamin,	ADOX FOTOWERKE:	E.P.	1950
N-Alkyl-N-(sulfophenyloxyalkyl)-aniline: p-Amino-N-aethyl-N-[γ-)p-sulfo-phenyloxy)-propyl]-anilin, p-Amino-N-aethyl-N-[4-(p-sulfo-phenyloxy)-butyl]-anilin, p-Amino-N-aethyl-N-[6-(sulfo-phenyloxy)-aethyl]-anilin, p-Amino-N-aethyl-N-[β-(p-sulfo-phenyloxy)-aethyl]-anilin	DU PONT:	U.S.P. 2603656	1951

Tabelle (Fortsetzung)

N-Alkyl-N-(mercaptoalkyl)-aniline und p-phenylendiamine: N-Aethyl-N-(γ-phenylmercapto-propyl)-anilin, N-Aethyl-N-(disulfophenyl-mercaptopropyl)-anilin, N-Aethyl-N-(ε-phenylmercapto-amyl)-anilin, N-Aethyl-N-(ε-(p-sulfophenyl)-mercaptoamyl)-anilin, N-Aethyl-N-(ε-(p-sulfophenyl-mercaptoamyl)-p-phenylendiamin, N-Aethyl-N-(γ-sulfo- bzw. disulfo-phenylmercaptopropyl)-p-phenylendiamin, N-Methyl-N-(γ-sulfophenylmer-captopropyl)-p-phenylendiamin, N-Propyl-N-(γ-sulfo- bzw. disulfo-mercaptopropyl)-p-phenylen-diamin, N-Isopropyl-N-(γ-sulfo- bzw. disulfomercaptopropyl)-p-phenylendiamin, N-Butyl-N-(γ-sulfo- bzw. disulfo-mercaptopropyl)-p-phenylen-diamin	Du Pont:	U.S.P. 2603657	1951
Metanilsäurederivate als Azinfarbstoff-Bildner: 4-(2-hydroxyaethylamino-6-phenylaminometanilsäure, 4-(carboxymethylamino)-6-[4-(2-hydroxyaethoxy)-phenylamino]-metanilsäure	General Anilin & Film Corp.:	U.S.P. 2570116	1951
4,6-Diaminometanilsäure-Derivate	General Anilin & Film Corp.:	U.S.P. 2486440	1951
Sulfonamid-substituierte p-phenylendiamine: 4-Amino-3-aethoxy-N-aethyl-N-(2-(methyl-sulfonamino)aethyl)-anilin, 4-Amino-N-methyl-N-(2-(2-methyl-sulfonamino)aethyl)-m-anisidin, 4-Amino-N-aethyl-N-(2-(methyl-sulfonamino)aethyl)-m-anisidin, 4-Amino-3-propoxy-N-propyl-N-(2-(methylsulfonamino)aethyl)-anilin, 4-Amino-3-methoxy-5-methyl-N-aethyl-N-(2-(methylsulfon-amino)-aethyl)-anilin, 4-Amino-3,5-diaethyloxy-N-(2-(methylsulfonamino)aethyl)-anilin	Kodak:	U.S.P. 2548574	1951

Tabelle (Fortsetzung)

p-Phenylendiamin-Derivate: 4-Amino-N,N-diaethyl-3-dimethylamino-anilinsulfat, 4-Amino-N,N-dimethyl-3-dimethylamino-anilinsulfat, 4-Amino-N,N-dimethyl-3-diaethylamino-anilin, 4-Amino-N,N-diaethyl-3-diaethylamino-anilin	KODAK:	U.S.P. 2652331	1951
N-Methyl-N-(β-methylsulfonaminoaethyl)-p-aminophenol	KODAK:	U.S.P. 2652428	1951
N,N-Ditertiär-butyl-p-phenylendiamin	KODAK:	U.S.P. 2692288	1951
p-Phenylendiamin-Derivate	AGFA, VEB WOLFEN:	DP. (DDR) 9040	1952
Substituierte p-Phenylendiamine	DU PONT:	U.S.P. 2603659	1952
2,4-Diaminoanilin-Derivate	GENERAL ANILIN & FILM CORP.:	U.S.P. 2594917	1952
Kondensationsprodukte der 2,4-Diaminoaniline mit aliphatischen Aldehyden oder Ketocarbonsäuren: 2,4,5-$NH_2(HO_3S)(Ph \cdot NH)C_6H_4 \cdot$ $\cdot NH \cdot CH_2OH + AcCOOH$	GENERAL ANILIN & FILM CORP.:	U.S.P. 2623823	1952
Substituierte p-Phenylendiamine, Umsetzung einer NH_2-Gruppe mit Aldehyden, Ketonen und Bisulfit: $(C_2H_5)_2 \cdot N \cdot C_6H_4 \cdot NH \cdot CH(CH_3) \cdot$ $\cdot SO_3H$	GEVAERT:	Fr.P. 1049864	1952
p-Phenylendiamin-Derivate: 3,4-$X(NH_2)C_6H_3 \cdot N(R)CH_2CH_2$-NHCOR	KODAK:	U.S.P. 2592363	1952
p-Phenylendiamin-Derivate: 3,4-$Y(NH_2)C_6H_3 \cdot NRR'$, 3,4-$MeSO_2NHC_2H_4(NH_2)C_6H_3NEt$	KODAK:	U.S.P. 2592364	1952
N-substituierte Aminoaniline: N-Aethyl-N-(β-phenylaethyl)-anilin, N-Aethyl-N-(β-p-sulfophenylaethyl)-anilin, p-Nitroso-N-aethyl-N-(β-p-sulfophenylaethyl)-anilin, p-Amino-N-aethyl-N-(β-p-sulfophenylaethyl)-anilin, N-Aethyl-N-(γ-phenylpropyl)-anilin, N-Aethyl-N-(γ-p-sulfophenylpropyl)-anilin, p-Nitroso-N-aethyl-N-(γ-p-sulfophenylpropyl)-anilin, p-Amino-N-aethyl-N-(. . . .)-anilin, N-Aethyl-N-(δ-p-sulfophenylbutyl)-anilin, p-Nitroso-N-aethyl-N-(δ-p-. . . .)-anilin, p-Amino-N-aethyl-N-(δ-p-. . . .)-anilin,	DU PONT:	U.S.P. 2716132	1952

Tabelle (Fortsetzung)

N-Aethyl-N-(γ-phenylpropyl)-m-toluidin, p-Nitroso-N-aethyl-N-(γ-p-....)-m-toluidin, p-Amino-N-aethyl-N-(γ-p-....)-m-toluidin, N-Aethyl-N-(γ-phenylpropyl)-m-phenetidin, N-Aethyl-N-(γ-p-sulfophenyl)-m-phenetidin, p-Nitroso-N-aethyl-N-(γ-p-....)-m-phenetidin, p-Amino-N-aethyl-N-(γ-p-....)-m-phenetidin,			
ω-(p-amino-N-aethylanilino)-alkansäuren: $p\text{-}NH_2\cdot C_6H_4\cdot N(C_6H_5)\cdot (CH_2)n\cdot \cdot COOH$, γ-(p-amino-N-aethylanilino)-buttersäure, δ-(p-Amino-N-aethylanilino)-valeriansäure, 11-(p-amino-N-aethylanilino)-hendecansäure	MAYNARD u. RAASCH: J. Amer. Chem. Soc: **75**, 2956 (1953)		1953
2-Arylamino-4-alkylamino-5-amino-benzolsulfosäure und Derivate	Ind. Eng. Chem. **45**, 1726 (1953)		1953
Pyrazolone als Farbentwickler 1-Phenyl-4-amino-pyrazolon-3-carboxylsäure, 3-Phenyl-4-amino-isooxazolone, 1-Phenyl-3-carbaethoxy-4-amino-pyrazolon, 1-Phenyl-4-aminopyrazolon-3-(N-β-hydroxyaethyl)-carboxylamid	AGFA AG, Leverkusen:	E.P. 778657	1954
3-Aminopyrazoline und Derivate: 1-(4′-amino-3′-methoxyphenyl)-3-aminopyrazolindihydrochlorid	AGFA AG, Leverkusen:	DBP. 955026	1954
		E.P. 795476	1955
4,6-diaminometanilsäure als Azinfarbstoff-Bildner	GENERAL ANILIN & FILM CORP.:	U.S.P. 2728669	1954
4-Phthalimido-N,N-diaethylaniline	IMPERIAL CHEMICAL IND. LTD.:	E.P. 775692	1954
		Fr.P. 1131763	1954
		U.S.P. 2911410	1954
Hydrazone als Azomethin- und Indophenolfarbstoff-Bildner	ADOX FOTOWERKE:	DBP. 963297	1954
		DP.(DDR) 12075	1954
		E.P. 790327	1954
		Fr.P. 1131097	1955
Farbentwickler der allgemeinen Formel: Y–Ar–NH–CZ′Z″–COONa (Z′ und Z″ = H, Alkyl, Aryl, (subst. und unsubst.); Y = NRR′)	GEVAERT:	E.P. 783887	1954
		Belg.P. 540868	1954

Tabelle (Fortsetzung)

2-Amino-5-diaethylaminotoluol	KODAK:	U.S.P. 2811555	1955
Hydrazone-Farbentwickler	ADOX FOTOWERKE:	DBP. 1000689	1956
		Zusatz zu DBP. 963297/1954	
p-Phenylendiaminderivate:	AGFA AG,		
4-(N-n-butyl-N-Ω-sulpho-n-butyl-amino)-anilin	Leverkusen:	E.P. 811679	1956
		Oesterr.P. 197684	1956
Pyrazolone mit Substitution des N-Atoms der Methylengruppe durch Alkyl-, Cycloalkyl-, -aryl-, -aralkyl-Gruppen	AGFA AG,		
	Leverkusen:	Belg.P. 560907	1956
p-Phenylendiaminderivate:	IMPERIAL CHEMICAL		
4-Amino-N,N-bis(ω-hydroxy-pentyl)-anilin,	IND. LTD.:	E.P. 807899	1956
		Fr.P. 1176645	1956
4-Amino-3-methyl-N-aethyl-N-(Δ-hydroxybutyl)-anilin			
Amino-pyrazolino-benzimidazole	AGFA AG.:	DAS. 1099349	1958
Farbentwickler mit 2, 3 oder 4 Nitril-Gruppen:	DU PONT:	DAS 1086553	1958
Tetracyanoaethan,		E.P. 875604	1958
1:4-bis(dicyanomethyl)-benzol,		U.S.P. 2047388	1958
1:4-bis-(cyan-(aethoxycarbonyl)-methyl)-benzol		Belg.P. 584131	1959
		Fr.P. 1246965	1959
p-Phenylendiamin-sulfatester und Derivate:	ICI:	Belg.P. 582178	1958
4-Amino-N-aethyl-ω-sulfatohexyl-anilin		E.P. 895422	1958
		Fr.P. 1235785	1959
Isoxazolone	ICI:	E.P. 778089	1958
Tetraza-indene, Pentazaderivate	KODAK:	E.P. 895005	1958
Phenidon-Zusatz zu Farbentwicklern	KODAK:	Fr.P. 1268712	1959
		E.P. 963988	1959
p-Dialkylaminophenylendiamin-2-thiosulfonsäure	ILFORD:	E.P. 872683	1959
p-N-2,3-Dihydroxypropylaminoanilin	AGFA AG.:	Fr.P. 1299899	1960
3-Indazolinone:	KODAK:	U.S.P. 3043694	1960
4-,5-,6- und 7-Amino-3-indazolinon,		E.P. 991934	1960
4-Amino-6-methyl-3-indazolinon			
3-Aminopyrazolo-benzimidazole	AGFA AG.:	DAS. 1158836	1962
2-Methyl-3-aminopyrazolo-benzo-thiadiazindioxid	AGFA AG.:	DAS. 1158837	1962
N-Dialkyl-N-α-sulpho- oder carboxyalkyl-p-phenylendiamine	PAVELLE LTD.:	DAS. 1167182	1962
Sekundäre p-Aminophenole als Zusatz-Farbentwickler	VAUGHN, R. ST.:	DAS. 1177486	1963

b) Farbkupplersubstanzen

Abkürzungen: MG = Molekulargewicht; F. = Schmelzpunkt

Blaukuppler:

α-Naphthol – α-Naphtholum – 1-Hydroxy-naphthalin – Naphthol-(1). $C_{10}H_7OH$. MG: 144,17. Farblose, glänzende, schwach phenolartig riechende Nadeln. Leicht löslich in Alkohol, Äther, wenig löslich in heißem, schwer löslich in kaltem Wasser. F.: 97°C.

Blaugrünkuppler:

2,4-Dichlor-1-naphthol — 2,4-Dichlor-α-naphthol — 2,4-Dichlor-1-hydroxy-naphthalin — 2,4-Dichlor-naphthol(1). $C_{10}H_5(OH)Cl_2$. MG: 213,06. F.: 105 bis 106° C.

Gelbkuppler:

2,5-Dichloracetoacetanilid — Acetoacet-2,5-dichloranilid. $CH_3COCH_2CONHC_6H_3Cl_2$. MG: 246,09. F.: 94 bis 96° C.

o-Chloracetoacetanilid — Acetoacet-2-chloranilid. $ClC_6H_4NHCOCH_2COCH_3$. MG: 211,65. F.: 103 bis 105° C.

Purpurkuppler:

p-Nitrophenylacetonitril — p-Nitrobenzylcyanid. $NO_2C_6H_4CH_2CN$. MG: 162,15. F.: 115 bis 116° C.

Braungelbkuppler:

2-Cyanoacetanilid. $NCCH_2CONHC_6H_5$. MG: 160,18. F.: 201 bis 203° C.

c) Entwicklerzusätze

Abkürzungen: MG = Molekulargewicht; F. = Schmelzpunkt; Kp. = Siedepunkt.

Äthylenglykol — Glykol — Äthandiol-(1,2). $\begin{matrix} CH_2 \cdot OH \\ | \\ CH_2 \cdot OH \end{matrix}$. MG: 62,07. Farb- und geruchlose, süßschmeckende, viskose, brennbare Flüssigkeit. Mischbar mit Wasser, einfachen Alkoholen. F.: −17° C. Kp.: 197 bis 198° C.

Verwendung: In Farbentwicklern, die zugleich Benzylalkohol enthalten, um diesen besser mischbar mit Wasser zu erhalten.

Benzylalkohol — Alcohol benzylicus — Phenylcarbinol — ω-Hydroxytoluol. $C_6H_5 \cdot CH_2 \cdot OH$. MG: 108,13. Farblose, ölige Flüssigkeit; löslich in Wasser, leicht löslich in Alkohol und Äther. F.: −15,3° C. Kp.: 205,5° C.

Verwendung: Zusatz für Farbentwickler, um geschützte Farbkuppler in den Schichten anzulösen.

1,2,3-Benztriazol — Benzotriazol — Aziminobenzol.

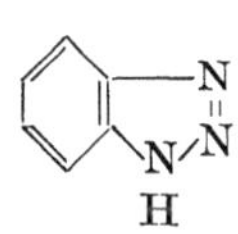

MG: 119,12. Weißes Pulver, wenig löslich in Wasser, löslich in Alkohol. F.: 98,5° C. Kp.: 204° C.

Verwendung: Schleierverhütungsmittel.

Citrazinsäure — 2,6-Dihydroxy-isonicotinsäure — 2,6-Dioxypyridin-4-carbonsäure.

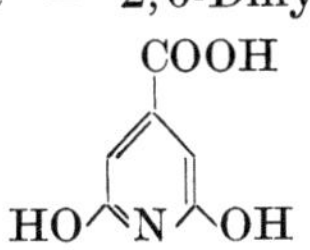

MG: 155,11. F.: 300° C. Blättchen, unlöslich in Alkohol und Äther, schwer löslich in heißem Wasser.

Verwendung: Zusatz zu Farbentwicklern, um Farbkupplung zu steuern.

Hydroxylamin-hydrochlorid — Hydroxylaminum hydrochloricum — Hydroxylammoniumchlorid. $NH_2 \cdot OH + HCl$. MG: 69,50. Farblose, hygroskopische Kristalle. Sehr leicht löslich in Wasser, leicht löslich in Methylalkohol, löslich in Alkohol, unlöslich in Äther. F.: 152° C unter Zersetzung.

Verwendung: Als Konservierungsmittel in Farbentwicklern.

Hydroxylamin-sulfat – Hydroxylaminum sulfuricum – Hydroxylammoniumsulfat. $2\,NH_2 \cdot OH + H_2SO_4$. MG: 164,14. Farblose Kristalle, leicht löslich in Wasser, unlöslich in Alkohol und Methanol. F.: 170° C unter Zersetzung.
Verwendung: Konservierungsmittel in Farbentwicklern.

5(6)-Nitrobenzimidazol.

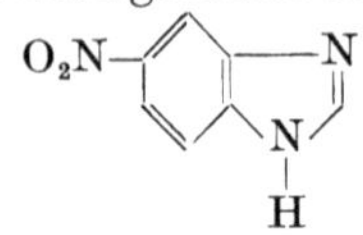

MG: 163,14. Gelbes, feinkristallines Pulver. Löslich in heißem Wasser und Alkohol. F.: 204 bis 206° C.
Nitrat: Leichter löslich in Wasser, Säuren und Alkalien. F.: 223 bis 227° C unter Zersetzung.
Verwendung: Zusatz zu Entwicklern als Antischleiermittel.

d) Chemikalien für verschiedene Verwendungszwecke

Abkürzungen: MG = Molekulargewicht; F. = Schmelzpunkt; Kp. = Siedepunkt

Äthylendiamin – 1,2-Diamino-äthan. $H_2N \cdot CH_2 \cdot CH_2 \cdot NH_2$. MG: 60,10. Farblose, an der Luft rauchende, basische, ätzende Flüssigkeit. Mischbar mit Wasser. p_H einer 25%igen Lösung 12,8. F.: 10,8° C. Kp.: 116,5° C.
Verwendung: Zusatz zu Bleichfixierbädern zur Regulierung des Säuregrades, Zusatz zu Farbentwicklern als Aktivator.

Äthylendiamin-hydrat – 1,2-Diamino-äthan-hydrat. $H_2N \cdot CH_2 \cdot CH_2 \cdot NH_2 + H_2O$. MG: 78,12. Weißes Pulver, leicht löslich in Wasser, löslich in Alkohol. F.: 10 bis 11° C. Kp.: 118 bis 119° C.
Verwendung: Zusatz zu Bleichfixierbädern zur Regulierung des p_H-Wertes, Zusatz zu Farbentwicklern als Aktivator.

Äthylendiamin-tetraessigsäure – EDTA – ÄDTA – *Edathamil* – *Tetracemin* – *Komplexon II* – *Titriplex II* (Merck) – *Trilon BS* (BASF). $(HOOC \cdot CH_2)_2 \cdot N \cdot CH_2 \cdot CH_2 \cdot N \cdot (CH_2 \cdot COOH)_2$. MG: 292,24. Farbloses kristallines Pulver, wenig löslich in Wasser, löslich in Alkalien. Zersetzt sich bei etwa 240° C.
Verwendung: Kalkschutz. Bildet mit den meisten mehrwertigen Metallen wasserlösliche Komplexe (Chelate). Eisenkomplexverbindung dient in der Farbphotographie zur Herstellung von Bleichfixierbädern.

Äthylendiamin-tetraessigsäure, Dinatriumsalz – EDTA-Dinatriumsalz – *Idranal III* – *Komplexon III* – *Chelaplex III* – *Titriplex III* (Merck) – *Trilon BF* (BASF) – *Sequestrene* NA2 (Geigy) – Dinatrium-Versenat (Chemag). $(NaOOC \cdot CH_2)(HOOC \cdot CH_2) \cdot N \cdot CH_2 \cdot CH_2 \cdot N \cdot (CH_2 \cdot COOH)(CH_2 \cdot COONa) \cdot 2\,H_2O$.
MG: 372,25. Weißes Kristallpulver, löslich in Wasser.
Verwendung: Kalkschutzmittel; Eisenkomplexbildner als Bleichfixierbad.

Äthylendiamin-tetraessigsäure, Tetranatriumsalz siehe Tetranatriumäthylendiamintetraacetat.

Tetranatriumäthylendiamintetraacetat – *EDTA-Tetranatriumsalz* – *Trilon B* (BASF) – *Sequestrene NA 4* (Geigy) – *Sequestrene St* (Geigy) – *Versene 50* (Chemag). Weißes kristallines Pulver, leicht hygroskopisch, in Wasser mit alkalischer Reaktion löslich. Verwendung: Kalkschutzmittel in photographischen Bädern, Eisen-Komplexbildner in Bleichfixierbädern.

Äthylendiamin-tetraessigsäure, Eisensalz – *Iron Sequestrone* – *Sequestrol Iron* – Sequestrene H2Fe – (Hersteller: Geigy, Basel; Johnsons of Hendon, London; L. Light & Co., London).
Verwendung: Zur Herstellung von Bleichfixierbädern.

Eisen(III)-chlorid-Hexahydrat – Ferrum sesquichloratum – Ferrichlorid krist. $FeCl_3 + 6H_2O$. MG: 270,32. Gelbe bis grünlichgelbe, hygroskopische Stücke. Sehr leicht in Wasser löslich. Schmilzt bei 37°C im Kristallwasser. Verwendung: Zur Herstellung von Bleichfixierbädern.

Thioharnstoff – Thiocarbamid – Sulfoharnstoff – Sulfocarbamid. $H_2N \cdot CS.NH_2 \cdot$ MG: 76,12. Weiße Kristalle, leicht löslich in Wasser, schwer löslich in Alkohol F.: 181°C.
Verwendung: Zusatz zu Bleichfixierbädern als Beschleuniger.

Thiosemicarbazid – Hydrazin-thiocarbonsäureamid. $H_2N \cdot NH \cdot CS \cdot NH_2$. MG: 91,14. Weißes, kristallines Pulver. Löslich in Wasser und Alkohol. F.: 182 bis 183°C.
Verwendung: Zusatz zu Stopp- und Bleichfixierbädern als Beschleuniger.

2. Die Farbentwickler, ihre Zusammensetzung und die Wirkungsweise der Bestandteile

Farbentwickler bestehen im Prinzip aus den gleichen Bestandteilen wie die Schwarzweißentwickler (Band V, IV. B.) [704], zugleich unterscheiden sie sich von diesen in einigen Punkten sehr wesentlich. Die Bestandteile der Farbentwickler sind:

a) Wasser als Lösungsmittel,
b) Farbentwicklersubstanzen,
c) Konservierungsmittel,
d) Alkalien,
e) Verzögerungs- und Klärmittel,
f) Entkalkungsmittel,
g) Besondere Zusätze.

a) Das Wasser als Lösungsmittel

Das Wasser dient in erster Linie als Lösungsmittel für die Substanzen, doch ist es zugleich eine sehr notwendige Voraussetzung für die chemische Reaktion der Entwicklung. Das Wasser bewirkt, daß die Substanzen in Ionen vorliegen, die allein zu chemischen Reaktionen befähigt sind.

Das Gebrauchswasser enthält je nach seiner Herkunft verschiedene Salze, wie Natriumchlorid, Kaliumchlorid, Natriumsulfat, Magnesium- und Kalziumsulfate und -karbonate und kann auch Schwermetallsalze, wie Eisen, Mangan, enthalten. Der Gehalt an Magnesium- und Kalksalzen bestimmt die Härte des Wassers, die in Härtegraden angegeben wird. Die Einheit der deutschen Härtegrade 1°dH entspricht 10 mg CaO in 1000 ml Wasser. Die Gesamthärte des Wassers setzt sich zusammen aus der Karbonathärte (temporärer Härte) und der permanenten Härte. Die Karbonathärte kann durch Kochen des Wassers beseitigt werden. Wasser bis 8°dH wird als weich bezeichnet, mittelhartes Wasser hat 8 bis 12°dH, und Wasser über 12°dH ist hartes Wasser.

Zum Ansatz von Farbentwicklern ist jedes Gebrauchswasser geeignet, wenn es frei von mechanischen Verunreinigungen ist, nicht gechlort ist und vor allem keine Schwermetallsalze, wie Eisen und Kupfer, enthält. Wasser aus Versorgungsanlagen und Thermen ist für den Ansatz von Farbentwicklern mit Vorsicht zu verwenden, da derartige Anlagen meistens Kupferleitungen enthalten.

Der Härtegrad des verwendeten Wassers ist für den Ansatz von Farbentwicklern ohne Bedeutung, da allen Farbentwicklern meistens Kalkschutzmittel, wie Calgon, Trilon, zugesetzt werden. Diese bilden mit den Kalksalzen Komplexe und verhüten dadurch ihre Ausfällung, so daß keine trüben Lösungen entstehen.

b) Die Farbentwicklersubstanzen

Die Farbentwicklersubstanzen haben die eigentliche Aufgabe, die Silberhalogenide der Schichten entsprechend dem bei der Belichtung entstandenen latenten Bild zu reduzieren und zugleich mit den Farbkupplern in Reaktion zu treten und Farbstoffbilder zu erzeugen.

Als Farbentwicklersubstanzen werden ausschließlich bisher nur Abkömmlinge des p-Phenylendiamins verwendet, bei dem die beiden Wasserstoffatome der einen Aminogruppe durch Alkyle ersetzt sind. Die Struktur und der Aufbau der Farbentwicklersubstanzen beeinflußt die bei der Entwicklung entstehenden Farben in ihrem Ton und in ihrer Dichte sehr wesentlich. Es kommt außerdem hinzu, daß der Farbstoff infolge der Diffusionsmöglichkeit der Entwickleroxydationsprodukte je nach ihrer Struktur an einem anderen Ort in der Schicht entstehen kann und dadurch die Schärfe und die Körnigkeit des Bildes beeinflussen kann [617].

Einige Entwicklersubstanzen sind universell für die Negativ- und Positiv-Farbentwicklung geeignet, andere werden bevorzugt nur für die Negativ- oder Positiventwicklung verwendet. Universell gebräuchlich ist beispielsweise Diäthyl-p-phenylendiaminsulfat; nur für die Negativentwicklung angewandt wird die Farbentwicklersubstanz KODAK *CD-3*; KODAK *CD-2* und Äthyloxyäthyl-p-phenylendiaminsulfat sind hauptsächlich für die Positivfarbentwicklung gebräuchlich. Kombinationen von Farbentwicklersubstanzen werden in der Praxis kaum verwendet.

Alle Farbentwicklersubstanzen sind Salze der basischen Entwicklersubstanz mit einer anorganischen Säure, und zwar bevorzugt der Schwefelsäure. Als anorganische Salzverbindungen besitzen sie gutes Kristallisiervermögen, sind sehr rein herzustellen und zeigen gute Haltbarkeit. Die eigentliche wirksame Entwicklersubstanz ist die Entwicklerbase, die in der Lösung durch Zufügen des Alkalis entsteht. Die Entwicklerbase ist im Gegensatz zu ihrem Salz in Wasser bedeutend schwerer löslich, worauf beim Ansatz Rücksicht genommen werden muß. Versetzt man zu konzentrierte Lösungen der Entwicklersubstanz mit der Alkalilösung, so fällt die schwer lösliche Base aus, trübt zunächst die Lösung und bildet schließlich ölige Tröpfchen. Einmal in dieser Form ausgefallen, ist sie durch Zusatz von Wasser sehr schwer wieder in Lösung zu bringen. Beim Ansatz von Farbentwicklern darf man demnach keine zu hochkonzentrierte Lösung der Farbentwicklersubstanz (über 10 g/l) herstellen und dieser die Alkalilösung zufügen.

Die Farbentwicklerbase wirkt gerbend auf die Gelatineschichten. Noch stärker gerbend wirken die Entwicklersubstanzenoxydationsprodukte, so daß die entwickelten Bildteile am stärksten gegerbt und dadurch am wenigsten quellfähig sind. Der reliefartige Eindruck der Farbbilder ist die Folge dieser Wirkung.

Farbentwicklersubstanzen sind mehr oder weniger alle giftig und haben eine ekzemauslösende Wirkung. Diese Eigenschaft ist darauf zurückzuführen, daß ihre Oxydationsprodukte mit den Eiweißstoffen der Haut unter Bildung von Antigenen in Reaktion treten. Ein Hauptziel der Forschungsabteilungen der Industrie ist darauf gerichtet, Farbentwicklersubstanzen zu synthetisieren, die keine allergische Wirkung haben. Für die Entwicklerpraxis ergibt sich auf Grund der allergischen Eigenschaften der Farbentwickler die grundsätzliche Forderung, bei der Farbentwicklung als Schutzmaßnahme Gummihandschuhe zu tragen.

c) Konservierungsmittel

In der Schwarzweißentwicklung wird als bevorzugtes Konservierungsmittel Natriumsulfit verwendet. Die besondere Wirkung des Natriumsulfits als Konservierungsmittel beruht darauf, daß es nicht nur die Oxydation des Luftsauerstoffes weitgehend verhindert, sondern daß es sich vor allem am Entwicklungsprozeß beteiligt. Unter der Einwirkung von Natriumsulfit wird bei der Entwicklung die Bildung von chinonartigen Oxydationsprodukten der Entwicklersubstanzen verhindert; es entstehen Sulfonate, die ebenfalls Entwicklereigenschaften haben.

In Gegensatz dazu sind bei der Farbentwicklung die Oxydationsprodukte der Entwicklersubstanzen erwünscht, damit die weiteren Reaktionen dieser Produkte mit den Farbkupplern der Schichten stattfinden und dadurch die Farben entstehen können. Große Mengen von Natriumsulfit kann man daher als Konservierungsmittel in Farbentwicklern nicht verwenden [705 bis 707]. Die bei der Entwicklung entstehende Farbdichte ist von der Sulfitkonzentration abhängig, sie verringert sich proportional dem Logarithmus der Sulfitkonzentration [707]. Das Maximum an Luftbeständigkeit eines Farbentwicklers erreicht man bei einem Verhältnis der Entwicklersubstanz zu Sulfit gleich 3:1. Bei Schwarzweißentwicklern beträgt dieses Verhältnis etwa 3:40. Erhöht man die Sulfitmenge, so bleibt der Entwickler zwar länger klar und farblos und erscheint äußerlich demnach haltbarer, in Wirklichkeit läßt sein Entwicklungsvermögen beim Stehen an der Luft rascher nach als bei einem Entwickler mit niedrigerem Sulfitgehalt. Das äußere Erscheinungsbild steht demnach im Widerspruch zu seinem tatsächlichen Zustand. Dieses Verhalten ist darauf zurückzuführen, daß die bei wenig Sulfit stattfindenden Nebenreaktionen unterbleiben, die zu mehr oder weniger stark gefärbten Polymerisationsprodukten der Entwickleroxydationsprodukte führen; es bilden sich dagegen die bei Anwesenheit von größeren Sulfitmengen ungefärbten Entwicklersulfonate. Die Innehaltung der vorgeschriebenen Sulfitmenge ist demnach beim Ansatz eines Farbentwicklers sehr wichtig. Durch eine zu hohe Sulfitmenge wird insbesondere die Bildung des blaugrünen Farbstoffes gehemmt; bei zu hohem Sulfitgehalt wird demnach das Farbbild rotstichig, und bei zu niedrigem Sulfitgehalt ergibt sich ein Farbstich nach Blau.

Farbentwickler sind gegen Luftoxydation besonders empfindlich bei Anwesenheit von Äthylendiamintetraessigsäure oder deren Verbindungen (*Trilone*) und Spuren von Kupfer [708] und von Eisen [709].

In Gegenwart von Natriumsulfit wirkt als Konservierungsmittel bei Farbentwicklern besonders günstig Hydroxylaminhydrochlorid bzw. Hydroxylaminsulfat [710]. Es ist hierbei für die Konservierung besonders wichtig, daß beide Substanzen gleichzeitig anwesend sein müssen; bei zusätzlicher Verwendung von Hydroxylamin muß sogar die Sulfitmenge noch erhöht werden. Man erhält auf diese Weise sehr stabile und äußerst gut konservierte Farbentwickler, die besonders bevorzugt beim Positivprozeß angewandt werden. Für Negativfarbentwickler hält man mit Rücksicht auf volle Ausnutzung der Empfindlichkeit die Natriumsulfitmenge sehr niedrig (etwa 0,7 g/l). Hydroxylaminsalze sind als Konservierungsmittel besonders wirksam im p_H-Bereich von 11,25 bis 11,50 [711]. Die beiden Hydroxylaminsalze sind mengenmäßig gleichanteilig austauschbar.

d) Alkalien

Alkalien haben bei Farbentwicklern zunächst die Aufgabe, aus dem Salz der Entwicklersubstanz die wirksame Entwicklerbase in Freiheit zu setzen und die Entwicklerlösung auf einen bestimmten p_H-Wert (Säuregrad) einzustellen, damit der Entwickler eine bestimmte Rapidität aufweist. Die Entwicklungsgeschwindigkeit sowohl wie die Farbkupplungsreaktionen werden durch die Erhöhung des p_H-Wertes beschleunigt. Gleichzeitig wird auch die Schleierbildung erhöht [712, 713]. Der Beschleunigung ist jedoch eine Grenze gesetzt, da im ätzalkalischen Medium zwar die Beschleunigung der Silberentwicklung eine weitere Steigerung erfährt, die Farbbildung jedoch nicht nur abnimmt, sondern zur Herausbildung unreiner Farbtöne mit starkem Graugehalt führt.

Als Alkalien in Farbentwicklern werden bevorzugt Sodamonohydrat und Pottasche verwendet. Die normale wasserfreie Soda ist weniger zu empfehlen, da ihr Reinheitsgrad sehr unterschiedlich ist. Sodamonohydrat ergibt in Farbentwicklern auch etwas höhere Alkalität und macht bei manchen Entwicklern einen Zusatz von Ätzalkalien zur Erreichung eines bestimmten p_H-Wertes entbehrlich. Soda sicc. und Sodamonohydrat sind mengenmäßig austauschbar im Verhältnis 1:1,17, das heißt, man muß von Sodamonohydrat 17% mehr verwenden als von Soda sicc.

e) Verzögerungs- und Klärmittel

Verzögerungs- und Klärmittel haben die Aufgabe, bei der Entwicklung die Entstehung eines Schleiers zu verhüten. Als derartiges Antischleiermittel ist wie in der Schwarzweißentwicklung bevorzugt Kaliumbromid gebräuchlich. Gelegentlich werden auch die Stabilisatoren Benzotriazol (Benztriazol) und Nitrobenzimidazolnitrat empfohlen und verwendet. Die Klärmittel verhüten die Entstehung eines Silberschleiers. Bei der Farbentwicklung ist dies besonders wichtig, da schon sehr geringe Silberschleier einen kräftigen Farbschleier nach sich ziehen. Die Kaliumbromidmenge ist in Farbentwicklern daher auch verhältnismäßig hoch (etwa 2,5 g/l). Benzotriazol und Nitrobenzimidazolnitrat sind bedeutend wirksamer und werden daher nur in Mengen von etwa 50 mg/l verwendet.

f) Entkalkungsmittel

Entkalkungsmittel dienen dazu, um Ausfällungen der Kalksalze des Wassers durch Sulfit und Karbonate zu verhindern, so daß klare Lösungen entstehen. Außerdem sollen derartige Zusätze verhüten, daß bei der Entwicklung der sogenannte Kalkschleier auf der photographischen Schicht entsteht. Als Entkalkungsmittel ist in der Farbphotographie fast ausschließlich *Calgon pro Photo* gebräuchlich (Zusatz etwa 5 g/l). Als Kalkschutzmittel sind auch Äthylendiamintetraessigsäure und deren Salze bekannt. Diese Verbindungen werden zur Verwendung in Farbentwicklern weniger empfohlen, da sie in hochalkalischen Mediem die Haltbarkeit ungünstig beeinflussen [708, 709].

g) Besondere Zusätze

Als besondere Zusätze in Farbentwicklern für Schichten mit geschützten Farbkupplern sind organische Lösungsmittel erforderlich, die die Aufgabe haben, die geschützten Farbkuppler anzulösen. Als ein derartiges Lösungsmittel wird *Benzylalkohol* verwendet. Da Benzylalkohol sehr leicht ölige Tröpfchen in Farbentwicklern bildet, kann er vorher mit Äthylenglykol vermischt und dann dem Farbentwickler zugesetzt werden.

Die Firma Kodak schreibt ihrem Farbentwickler für *Eastmancolor* einen weiteren Zusatz von *Citrazinsäure* vor. Citrazinsäure wirkt in Farbentwicklern als Kupplungskonkurrent und steuert den Kontrast des Farbbildes [714]. Anstelle von Citrazinsäure kann auch 3,5-Dihydoxybenzoesäure verwendet werden.

In älteren deutschen Patenten werden zur Verhütung der Schleierbildung als Zusatz zu Farbentwicklern *Hydroxylamine* und *organische Hydrazinverbindungen* empfohlen [715].

Zur Erzielung flacherer Gradation bei kräftig arbeitenden Farbentwicklern wurden heterozyklische Basen, aliphatische Di- oder Polyamine (Piperidin, Piperazin, Äthylendiamin, Triäthyltetramin, Triäthyltriamin) patentiert [716].

Die Verwendung von Hydroxylaminen in Verbindung mit aliphatischen Polycarbonsäuren (*Trilonen*) ist ebenfalls Gegenstand eines Patentes [717].

Die Fuji Photo Film Co., Japan, schlägt anstelle von Hydroxylaminhydrochlorid die Verwendung von Hydroxylaminoxalat vor [718]. Dieses Salz ist nicht hygroskopisch und läßt sich mit anderen Substanzen mischen, ohne daß Zersetzung zu befürchten ist.

Zur Verbesserung der Haltbarkeit durch Verminderung der Wirkung des Luftsauerstoffes empfiehlt Kodak in einem Patent den Zusatz von 0,05 bis 2,5 g/l 8-Hydroxychinolin [719] und 1,3-Diamino-2-propanoltetraessigsäure [720].

Nach Patenten von Ilford sollen Tetronsäure-Derivate [721], besonders in Verbindung mit anderen Substanzen [722], die Haltbarkeit erhöhen.

Als besonders wirksame Antischleiermittel in Farbentwicklern wurden von Kodak patentiert: Mercaptotetrazole [723], Mercaptoverbindungen von Heterocyclen mit 4 oder 5 Stickstoffatomen [724] und Benzothiazolderivate [725].

Zur Erzielung von Farbbildern höherer Dichte sind Zusätze von n-Octanol und p-Alkylphenole geeignet [726].

In der Anfangszeit der Farbentwicklungstechnik wurden bereits Zusätze von Schwarzweiß-Entwicklersubstanzen zu Farbentwicklern zur Erhöhung der Farbdichte empfohlen [727]. Derartige Zusätze sind in neuerer Zeit wiederholt aufgegriffen worden [728 bis 731]. Durch Phenidon-Zusatz zu Farbentwicklern werden alle Farbbilder feinkörniger. Phenidon und Metol ergeben Superadditivität. Zur Erklärung der Wirkung wird angenommen [731, 732]: Adsorption von Phenidon am Silberhalogenidkorn, Reduktion des Kornes zu Silber durch Phenidon, das zu einem freien Radikal oxydiert wird und das adsorbiert bleibt, Reduktion des Phenidonoxydationsproduktes durch die Farbentwicklersubstanz an der Kornoberfläche, Diffusion des Entwickleroxydationsproduktes und Kupplung mit den Farbkomponenten.

Von günstiger Wirkung bei der Farbentwicklung sollen Zusätze von p-Aralkylaminophenolen in Verbindung mit Hydrazin, Hydroxylamin, Semikarbazid und ähnlich gebaute Substanzen sein [733].

Zur Beschleunigung der Farbentwicklung sind als Aktivatoren bekannt geworden: Polyäthylenoxyde [734], Polyoxyalkylensulfoester [735, 736].

Zur Verhütung eines Farbschleiers sind Zusätze von quaternen Ammoniumsalzen, zum Beispiel p-Carboxybenzylpicoliniumbromid geeignet [737].

Zur Verbesserung des Farbschleiers, Verfeinerung des Farbkornes und Steuerung der Farbgradation wurden von der Agfa AG., Leverkusen, geschützt: Beta-Naphtholderivate [738], 1-(p-Aminophenyl)-3-aminopyrazoline [739], Polythioäther [740].

3. Das Ansetzen von Farbentwicklern

Das Ansetzen von Farbentwicklern erfolgt am zweckmäßigsten und schnellsten in zwei Teillösungen, von denen die eine die Farbentwicklersubstanz und das Konservierungsmittel, Hydroxylamin, und die andere das Alkali, Natriumsulfit, und die Zusätze an Klärmittel und Entkalkungsmittel enthält.

Für jede Teillösung verwendet man etwa ein Drittel der gesamten Wassermenge. Zur Herstellung der Lösung A, die die Entwicklersubstanz enthält, löst man zunächst in einem Drittel der Gesamtwassermenge das Konservierungsmittel Hydroxylamin. Dieses ist sehr leicht löslich und löst sich auch in kaltem

Wasser sehr schnell. Man fügt dann unter Umrühren die Farbentwicklersubstanz hinzu. Durch Schütteln oder Umrühren wird die Auflösung beschleunigt. Verwendung von warmem Wasser ist nicht erforderlich. In einem zweiten Gefäß mit ebenfalls einem Drittel der Wassermenge stellt man die Lösung B her. Das Wasser kann hierfür eine Temperatur von 30 bis 35°C haben. Unter Umrühren schüttet man das Alkali und anschließend die anderen Bestandteile in das Wasser. Wenn alle Substanzen vollständig gelöst sind, so setzt man die Lösung A der Lösung B zu und füllt mit kaltem Wasser auf das Endvolumen auf.

Farbentwickler für Colormaterialien mit geschützten Farbkupplern (KODAK-Typ) enthalten als Zusatz Benzylalkohol zur Anlösung des Farbkupplers und Reaktionsbeschleunigung. Benzylalkohol mischt sich mit wässerigen Lösungen sehr schwer. Um diesen Übelstand zu beseitigen, werden vielfach Mischlösungen von Benzylalkohol mit Äthylenglykol (1:1 bis 1:4) empfohlen. Am zweckmäßigsten wird Benzylalkohol dem Farbentwickler erst zugesetzt, wenn alle anderen Substanzen aufgelöst sind.

Die einwandfreie und konstante Arbeitsweise eines Farbentwicklers hängt weitgehend von seinem p_H-Wert ab. Beim Selbstansatz von Farbentwicklern nach einer Vorschrift ist unbedingt eine Kontrolle des p_H-Wertes und erforderlichenfalls eine entsprechende Abstimmung vorzunehmen. Zur Messung des p_H-Wertes sind bedingt Indikatorpapiere (MERCK, RIEDEL DE HAEN, KLOZ) geeignet. Einwandfreie p_H-Meßwerte erhält man mit elektrochemischen p_H-Meßgeräten, die in verschiedenen Ausführungen von der einschlägigen Industrie hergestellt werden (BECKMAN, München, KNICK, Berlin). Meistens ist der beim Ansatz erzielte p_H-Wert etwas niedriger als der Sollwert. Eine Erhöhung auf den Sollwert kann man durch Zusatz von Ätzkali oder Ätznatron erzielen. Durch Zusatz von 1 g Ätznatron auf 1 l Entwickler wird der p_H-Wert um etwa 0,2 p_H-Einheiten erhöht. Ist der p_H-Wert von Farbentwicklern zu hoch, so kann er durch Zusatz von Salzsäure gedrückt werden.

Gebrauchsfertig angesetzter Farbentwickler soll vor der Verwendung mindestens 12 Stunden stehen. Nur wenn man diese Vorschrift beachtet, kann man konstante Entwicklungsergebnisse erwarten. Wird frisch angesetzter Entwickler aus Zeitmangel unbedingt benötigt, so setzt man dem frischen Entwickler zum Gebrauch etwa 30% alten gebrauchten Entwickler zu.

Bei einigen Farbentwicklern werden zur Konstanthaltung der Arbeitsweise und zur Ergänzung der Entwicklerverluste besondere Regeneratoren verwendet. Diese Regeneratoren haben meistens erhöhte Mengen an Entwicklersubstanzen und geringere Mengen an Kaliumbromid.

Farbentwickler sind in gut verschlossenen Flaschen aufzubewahren. Derartig aufbewahrte Farbentwickler haben eine Haltbarkeit von etwa 6 Wochen. In 1 l Negativfarbentwickler können etwa 6 Kleinbild- oder Rollfilme entwickelt werden. Ein Farbpapierentwickler hat eine Ergiebigkeit von etwa 1 bis 1,5 m^2/l.

Beim Ansatz von konfektionierten Farbentwicklern beachte man jeweils die Ansatz- und Gebrauchsvorschriften.

4. Der Mechanismus der Farbentwicklung

Die Farbentwicklung, die man als chromogene Entwicklung bezeichnet und die bei Mehrschichtenmaterialien angewandt wird, beruht auf der von R. FISCHER im Jahre 1912 erfundenen Reaktion der oxydativen Farbkupplung [285, 286]. Die chromogene Entwicklung besteht aus zwei Reaktionen. In der ersten Reaktionsstufe wird das Silberhalogenid durch den Entwickler zu metallischem Silber reduziert, und zwar entsprechend dem vorliegenden latenten Bild, und gleichzeitig wird hierbei die Entwicklersubstanz oxydiert. Bei der nachfolgenden zweiten Reaktion bildet das Entwickleroxydationsprodukt mit den in den

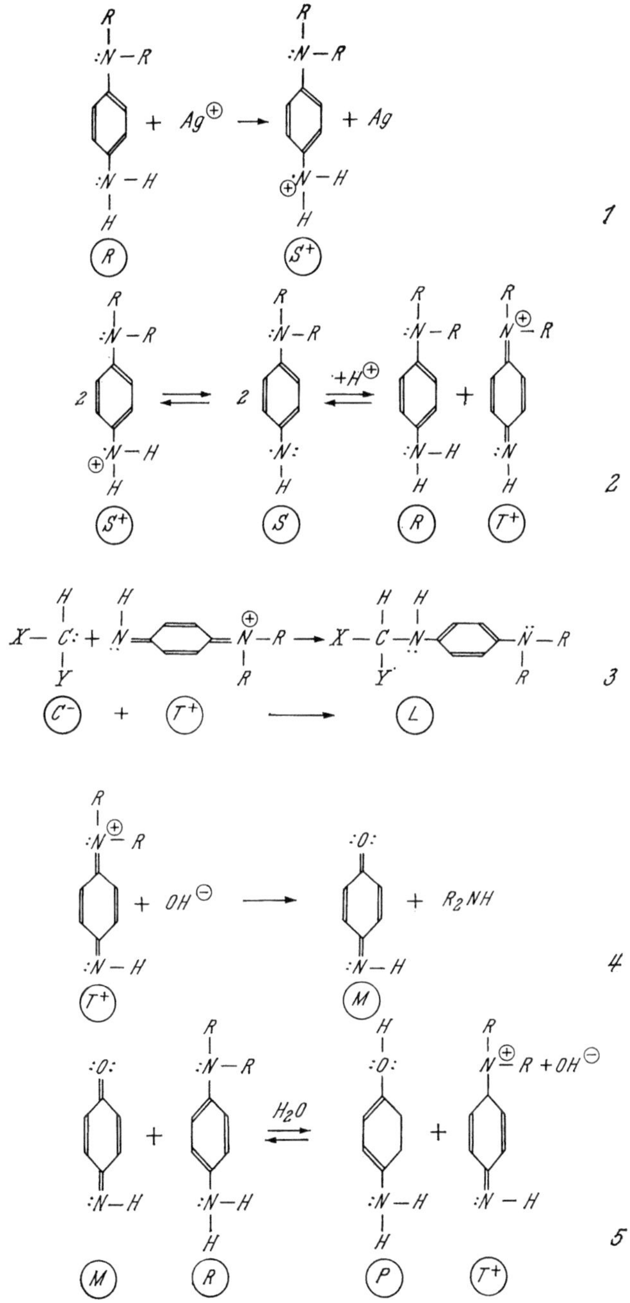

Abb. 99. Reaktionsmechanismus der Farbentwicklung; *R* Diäthyl-p-phenylendiamin, *S* Semichinon, *S*+ Semichinonion, *T*+ Chinondiiminion, *C*− Kupplerion, *H* Leukofarbstoff, *P* p-Aminophenol, *M* Chinonmonoimin

Schichten befindlichen Farbstoffkupplern die Bildfarbstoffe. Bei der Farbentwicklung entsteht daher neben dem Silberbild in jeder Schicht ein Farbstoffbild.

Als Entwicklersubstanzen werden Derivate des p-Phenylendiamins verwendet, wobei die Wasserstoffatome einer Aminogruppe durch Alkyle oder Alkylderivate ersetzt sind. Je nach der kuppelnden Gruppe unterscheidet man folgende Arten von Farbkupplern: Offenkettige Methylenkuppler, cyklische Methylenkuppler, Methinkuppler und Iminkuppler (Imidazolone, Benzisoxazolone).

Die Farbentwicklung erfolgt nach folgender Bruttoreaktionsgleichung:

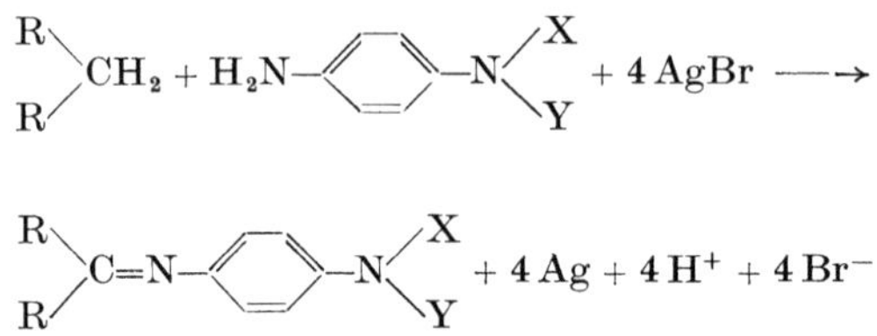

Wie diese Gleichung zeigt, müssen drei Reaktionsteilnehmer vorhanden sein, und vier Moleküle Halogensilber führen zur Bildung eines Farbstoffmoleküls. Diese Tatsache deutet darauf hin, daß der Prozeß nicht in einer Stufe erfolgt, sondern voraussichtlich eine Reihe von Zwischenstufen durchläuft. Es hat sich auch gezeigt, daß die Oxydationsreaktion des Entwicklers und die Kupplungsreaktion zur Farbstoffbildung relativ weit voneinander entfernt stattfinden können. Es muß demnach ein Reaktionsprodukt über eine verhältnismäßig lange Strecke bis zur Kupplungsreaktion diffundieren können. Dies kann nur ein Entwicklungsoxydationsprodukt oder ein Zwischenprodukt sein. Zahlreiche Forschungsarbeiten haben sich mit der Klärung des Mechanismus und der Kinetik der Farbentwicklung befaßt [741 bis 793].

Nach den Ergebnissen dieser Untersuchungen ist die erste Oxydationsstufe des p-Phenylendiamins nach Abgabe eines Elektrons das Semichinondiimin (S) (Abb. 99). Als nächste Oxydationsstufe folgt das Chinondiimin (T) (T = total oxydiert). Bei beiden Oxydationsstufen bleiben die Substituenten am Stickstoff erhalten. Das Chinondiimin (T) ist in alkalischen Lösungen instabil und wird zum unsubstituierten Chinonmonoimin desaminiert, indem es sich mit Hydroxylionen unter Abspaltung der tertiären Aminogruppe umsetzt. Diese Reaktion verläuft so schnell, daß die Halbwertszeit der Chinondiimine nur Bruchteile von Sekunden beträgt. Das Chinonmonoimin ist dagegen relativ stabil, und es bildet sich ein Gleichgewicht aus zwischen Chinonmonoimin und dem überschüssigen p-Phenylendiamin einerseits und p-Aminophenol und Chinondiimin andererseits. Infolge dieses Gleichgewichtes bleibt immer etwas Chinondiimin als dem reaktionsfähigsten Entwickleroxydationsprodukt erhalten. Nur dieses bildet über einen Leukofarbstoff als Zwischenprodukt den Bildfarbstoff.

5. Die Kinetik der Farbentwicklung

Der Mechanismus der Farbentwicklung und insbesondere die Farbstoffbildung können durch die Entwicklerzusammensetzung, ihren p_H-Wert, die Temperatur und die Bewegung weitgehend beeinflußt werden.

Während man bei der Schwarzweißentwicklung bei sogenannten Einmalentwicklern mit geringer Pufferkapazität die Empfindlichkeitsausnutzung durch verlängerte Entwicklungszeit verbessern kann, tritt dieser Effekt bei der Farbentwicklung nicht ein. Das liegt daran, daß bei starker Herabsetzung der Farbentwicklersubstanz-Konzentration die Entwicklung sehr stark verlangsamt wird [794]. Mit Erhöhung der Konzentration der Farbentwicklersubstanz nimmt die Empfindlichkeitsausnutzung zu, und die davon abhängigen Folgereaktionen, die zu höherer Farbdichte und zu größerem Kontrast führen, werden beschleunigt. Diäthyl-p-phenylendiaminsulfat als Farbentwicklersubstanz ergibt höheren Schleier als Äthyloxyäthyl-p-phenylendiaminsulfat. Bei gleicher Konzentration der beiden Entwicklersubstanzen und gleicher Entwicklungsdauer ist die gebildete Farbdichte bei Diäthyl-p-phenylendiaminsulfat größer als bei Äthyloxyäthyl-p-phenylendiaminsulfat. Die letztere Farbentwicklersubstanz arbeitet demnach weniger rapid als die erstere [795]. Die Körnigkeit bei der Farbentwicklung zeigt eine ähnliche Abhängigkeit von der Dichte wie bei der Schwarzweißentwicklung. Das Maximum der Körnigkeit liegt im Gebiet von geringen Dichten und nimmt mit weiterer Zunahme der Dichte wieder ab. Die Körnigkeit wird durch Erhöhung der Temperatur, des p_H-Wertes und der Verlängerung der Entwicklungszeit gesteigert [796]. Die gegenseitige Beeinflussung der einzelnen Schichten bei Mehrschichtfilmen ist sehr stark von der Temperatur abhängig. Die Gradationen der einzelnen Farbschichten sind nur bei einer bestimmten Entwicklungstemperatur und einer Entwicklungszeit gleich. Wird diese Entwicklungstemperatur nicht eingehalten, so kann das Ergebnis nicht durch Variation der Entwicklungszeit korrigiert werden. Erst bei sehr stark verlängerter Entwicklungszeit tritt keine Gradationsabweichung der einzelnen Schichten in Abhängigkeit von der Temperatur mehr auf [797].

Die Diffusion spielt in der Farbentwicklung eine sehr ausschlaggebende Rolle. Die Beeinflussung der Diffusion in photographischen Bädern wurde unter anderem besonders von E. Reckziegel untersucht [798 bis 800]. Diese Untersuchungen geben insbesondere Hinweise über den zweckmäßigen Einsatz von Alkalien in Farbentwicklern. Eine Erhöhung der Alkalikarbonat-Konzentration führt zu keiner stetigen Steigerung der Entwicklungsintensität, sondern nach Erreichung der maximalen Rapidität tritt eine Abnahme ein, die besonders nachteilig auf die unterste blaugrüne Farbschicht ist. Dieses Verhalten wird darauf zurückgeführt, daß das Wasser dem Quellungsvorgang der Gelatine entzogen wird. Die verschiedenen Alkalien sind auch nicht von gleicher Wirksamkeit in Farbentwicklern. In Tabelle 22 sind die Geschwindigkeitskonstanten der Diffusion für verschiedene Alkalien in Abhängigkeit von der Konzentration zusammengestellt [800].

Tabelle 22. *Geschwindigkeitskonstante der Diffusion für verschiedene Alkalien* (nach E. Reckziegel)

Alkalien	0,23 n	1,0 n	1,5 n	2,0 n	2,5 n
NaOH	8,3	8,3	8,1	8,5	8,15
KOH	8,9	9,0	7,7	—	6,81
Na_2CO_3	4,43	5,21	4,30	3,80	3,18
K_2CO_3	4,2	4,7	4,5	4,2	2,2
Borat	4,86	5,61	5,51	3,98	3,41
Phosphat	4,2	2,3	—	—	—

Bei allen Alkalien wird die höchste Rapidität bei der Entwicklung erhalten, wenn sie etwa in 1-normaler Lösung verwendet werden. Die Karbonate diffundieren etwa mit der gleichen Geschwindigkeit. Für Ätzalkalien liegen die Werte etwa doppelt so hoch, und außerdem tritt bei Ätznatron durch Erhöhung der Konzentration keine Geschwindigkeitserniedrigung ein. Ätzalkalien scheiden für die Farbentwicklung in den meisten Fällen aus, da sie die Gelatineschichten zu stark aufquellen, dadurch ihre Festigkeit für die weiteren Arbeitsgänge schädigen und zu hohem Schleier führen.

MICHAILOW untersuchte den Einfluß der Abweichung von der vorgeschriebenen Entwicklung auf die Güte des Farbbildes [801]. Nach seinen Feststellungen lassen sich auch mit anderen Entwicklervorschriften einwandfreie Ergebnisse erzielen. Er schlägt vor, anstelle der giftigen Farbentwicklersubstanz Diäthyl-p-phenylendiaminsulfat die bedeutend weniger giftige Substanz Äthyloxyäthyl-p-phenylendiaminsulfat zu verwenden. Soda ist der Pottasche vorzuziehen, da erstere nicht hygroskopisch ist. Hydroxylaminsalze zur Konservierung empfiehlt er nur in Tank- oder Maschinenentwicklern zu verwenden. Als Antischleiermittel soll Kaliumbromid höchstens bis zu einer Menge von 0,2 g/l und zusätzlich Benzotriazol verwendet werden. Es wird noch besonders auf die Möglichkeit hingewiesen, daß durch Zusatz von Jodsalzen zum Entwickler die Blauempfindlichkeit bei Tageslichtaufnahmen von Kunstlichtfilmen stark verringert werden kann. Durch diesen Kunstgriff in der Entwicklungstechnik hat man die Möglichkeit, Kunstlichtfilme für Tageslichtaufnahmen einzusetzen.

6. Die Unterbrechung der Farbentwicklung

Je nach dem zu verarbeitenden Farbmaterial wird nach der Farbentwicklung die Unterbrechung durchgeführt. Bei dem Negativ- und Umkehrprozeß entsprechend dem *Agfacolor*-Prinzip wird meistens nach der Farbentwicklung etwa 15 min in fließendem Wasser gewässert. Diese Wässerung ist ein Teil der Entwicklung und ist äußerst wichtig zur Erzielung einwandfreier Farbwiedergabe. Ist das Waschwasser sehr weich (unter 7°dH), so ist unbedingt zu empfehlen, nach der Farbentwicklung das Material zunächst etwa 2 min in einem 2%igen Magnesiumsulfatbad zu behandeln. In weichem Wasser quellen die Schichten zu stark auf, und die Entwicklersubstanzen diffundieren zu schnell aus der Schicht, so daß die Nachentwicklung ungenügend erfolgt. Magnesiumsulfatlösungen und ebenso auch Natriumsulfatlösungen verhindern das Aufquellen der Gelatineschichten.

Bei Ferraniacolor-Materialien erfolgt nach der Farbentwicklung meistens nur ein kurzes Abspülen in Wasser und anschließend die Behandlung in einem Härtefixierbad.

Bei der Verarbeitung von Colorpapieren ist die Behandlung ebenfalls je nach dem Fabrikat verschieden. Bei manchen Farbpapieren muß zunächst eine Wässerung und anschließend eine Behandlung in einem mäßig sauren Fixierbad. erfolgen. Andere Fabrikate ergeben bessere Weißen, wenn nach der Entwicklung ohne Abspülen eine sofortige Behandlung in einem Stoppfixierbad vorgenommen wird.

Die Stoppfixierbäder nach der Farbentwicklung haben eine dreifache Aufgabe. Einmal stoppen sie infolge ihres sauren Charakters den Entwicklungs- und zugleich den Farbkupplungsprozeß; zweitens lösen sie das unentwickelte Silberhalogenid aus der Emulsionsschicht, wirken demnach wie ein Fixierbad; als dritte Funktion härten sie die Emulsionsschichten und machen sie dadurch widerstandsfähig gegen mechanische Verletzungen.

Unterbrecherbäder enthalten meistens eine Reihe von Zusätzen, wie Thiosemicarbazid, Kaliumjodid, Weißkupplersubstanzen, die ihre Wirksamkeit erhöhen. Bei der Verarbeitung von Farbpapieren sind diese Zusätze zur Erzielung von klaren Weißen besonders wichtig [303a, 822, 823].

7. Die Bleich- und Bleichfixierbäder

Bei der chromogenen Entwicklung entstehen nebeneinander Silber- und Farbstoffbilder. Das Silberbild verschwärzlicht das Farbbild sehr stark, so daß es aus der Schicht entfernt werden muß. Bei dieser chemischen Reaktion ist Grundbedingung, daß das Farbbild keinesfalls angegriffen werden darf. Man kann die Entfernung des Bildsilbers auf verschiedene Weise durchführen. Einmal kann man das Bildsilber zunächst durch Oxydationsmittel bleichen und anschließend durch ein Fixiermittel aus der Schicht entfernen. Nach einer anderen Methode werden beide Prozesse durch Verwendung geeigneter Substanzen kombiniert. Bäder, die gleichzeitig das Bildsilber bleichen und fixieren, nennt man Bleichfixierbäder.

Bei der Farbentwicklung von Filmmaterialien gebraucht man heute meistens getrennte Bleich- und Fixierbäder, während man für die Farbpapierverarbeitung mit Vorliebe Bleichfixierbäder verwendet.

a) Die Silberbleich- und Fixierbäder

Als Bleichmittel für das Silberbild ist in bevorzugter Weise Kaliumferrizyanid (rotes Blutlaugensalz) geeignet. Diese Substanz wirkt in Lösungen als Oxydationsmittel auf das metallische Silber, und es bildet sich Silberferrozyanid. Wenn man dem Bleichbad Kaliumbromid zusetzt, so entsteht das schwerer lösliche Silberbromid. Nach kurzer Zwischenwässerung nach dem Bleichvorgang kann das gebildete Silbersalz durch ein Fixierbad ausfixiert und zum Schluß durch Wässerung wie bei einem normalen Fixiervorgang ausgewaschen werden. Beim Bleichen des Silberbildes wird gleichzeitig eine vorhandene Gelbfilterschicht entfernt.

Das getrennte Bleichen und Fixieren hat verschiedene Nachteile und kann die Ursache einiger Fehlererscheinungen sein. Durch die verschiedenen Arbeitsgänge ist der Arbeitsaufwand erheblich größer als bei einem kombinierten Bleichfixierbad. Wenn bei der vorangegangenen Unterbrechung der Farbentwicklung und durch die Zwischenwässerung die Farbentwicklersubstanzen nicht restlos aus der Schicht entfernt sind, so werden sie im Bleichbad oxydiert und verursachen durch Kupplung mit den Farbkupplern der Schichten einen mehr oder weniger starken Farbschleier [806]. Bei Colorpapieren werden trotz ausgiebiger Wässerung durch Kaliumferrizyanid die Weißen gelb verfärbt. Diese Fehlererscheinung macht die Verwendung des Kaliumferrizyanid-Bleichbades für den Positivprozeß unmöglich. Bei eisenhaltigem Wasser können infolge Bildung von Berliner Blau durch das Kaliumferrizyanid blaue Flecken und Schleier verursacht werden. Die Oxydationswirkung von Kaliumferrizyanid-Bleichbädern ist so groß, daß sogar Tanks aus nichtrostendem Stahl korrodiert werden. Durch Zusatz von Natriumnitrat (30 g/l) kann diese Wirkung stark verzögert werden [802]. Für Bleichbäder sind nur Gefäße aus Kunststoffen oder mit Gummi ausgekleidete Stahltanks geeignet.

Man hat verschiedentlich versucht, alle diese Nachteile und Fehler durch besondere Zusätze zu den Bleichbädern zu vermeiden. Außerdem hatten derartige Zusätze die Aufgabe, die Bäder zu stabilisieren, haltbarer und ergiebiger zu machen und den Bleichprozeß zu beschleunigen.

Zur Stabilisierung des p_H-Wertes werden angewandt: Borsäure [803]; verschiedene Puffergemische, wie Dinatriumhydrogenphosphat-Zitronensäure, Borsäure, Dinatriumhydrogenphosphat-Phthalsäure-Borsäureanhydrid [804]. Eine Beschleunigung des Bleichvorganges wird durch Zusatz von n-Hexoxyäthanol bei Pufferung im p_H-Bereich von 4 bis 6 erzielt [805].

Ein Zusatz von Formaldehyd zum Bleichbad soll die Farbschleierbildung unterdrücken [806].

KODAK empfiehlt zur Stabilisierung Zusätze von Borax, Borsäureanhydrid und Orthoborsäure [807].

Eine russische Arbeit behandelt eingehend die Ursachen der Verringerung der Haltbarkeit des Bleichbades. Durch Einschleppen von Natriumthiosulfat aus dem Stoppbad finden vielfältige Reaktionen statt, die zur Zerstörung des Kaliumferrizyanidkomplexes und zur Bildung von Berliner Blau und zum Auftreten von freiem Schwefel führen. Gleichzeitig entsteht Schwefelsäure, die den p_H-Wert des Bades verändert. Zugabe von Pottasche und Ammoniak bewirken eine Verzögerung dieser Zersetzung. Für besonders vorteilhaft wird die Verwendung von phosphatgepufferten Bleichbädern gehalten [808].

Eine Reihe von Patenten beinhaltet die Regenerierung der Bleichbäder. ILFORD empfiehlt zur Regenerierung die elektrolytische Oxydation des beim Bleichprozeß gebildeten Kaliumferrozyanid zu Kaliumferrizyanid [809]. Es wird mit einer Spannung von 13 Volt gearbeitet, die Elektroden bestehen aus Kohle und sind durch eine Kationenaustauschmembran verbunden. Ein russischer Autor empfiehlt ebenfalls die elektrochemische Regenerierung [810]. Durch Elektrolyse von Kaliumbromid, das der Lösung zugesetzt wird, entsteht Kaliumbromat, das das gebildete Kaliumferrozyanid wieder in Kaliumferrizyanid oxydiert.

In neuester Zeit scheint eine von KODAK vorgeschlagene Regenerierungstechnik an Bedeutung für die Praxis zu gewinnen [811, 812]. Die Oxydation des gebildeten Kaliumferrozyanid wird durch Zusatz von Kaliumpersulfat bewirkt. Die erforderliche Menge wird durch das Verhältnis von Kaliumferrozyanid zu Kaliumferrizyanid bestimmt.

Die Industrie hat verschiedentlich versucht, andere geeignete Bleichbäder zu schaffen. Die GENERAL ANILIN & FILM CORP. hat als Bleichmittel in Verbindung mit Kaliumbromid patentiert Aryl-p-nitrosamine mit einer tertiären Aminogruppe [813]. KODAK schlug als Bleichmittel p-Sulfophenylchinonnatrium und p-Nitrosophenolnatrium in stark saurer Lösung vor [814]. Ein derartiges Bleichbad ist wegen seines stark sauren Charakters nur für die widerstandsfähigeren geschützten Farbkuppler geeignet. Nach weiteren Patenten sind als Bleichmittel geeignet: Perchlorofluorcarboxylate [815] und Dithioharnstoffverbindungen der allgemeinen Formel $[(H_2N)_2{-}C{-}S{-}S{-}C{-}(NH_2)_2]X$ [816].

Als Bleichbäder für Mehrschichtenfilme mit geschützten Farbkupplern (*Ektacolor*, *Ektachrome* und ähnliche) können auch Bleichbäder auf Kaliumdichromatbasis, wie sie für die Schwarzweiß-Umkehrentwicklung gebräuchlich sind, verwendet werden [817]. Diese Bleichbäder enthalten zusätzlich Kaliumbromid. Als geeignet werden in der Patentschrift auch angeführt: Cersulfat, saure Lösung von Alkalipersulfaten. Derartige Bleichbäder sind sehr stark sauer (p_H unter 3) und sind daher zur Verwendung für Farbschichten mit diffusionsechten Farbkupplern nicht geeignet. Zum Fixieren nach dem Bleichen des Bildsilbers wird meistens eine 20%ige Natriumthiosulfat-Lösung verwendet.

b) Das Bleichfixierbad

Das Bleichfixierbad hat zwei Aufgaben in einem Bad gleichzeitig zu erfüllen. Es bleicht das Silber aus, indem es das Bildsilber zu Silberhalogeniden oxydiert, und löst diese Produkte durch einen gleichzeitig stattfindenden Prozeß aus der Schicht. Zur Erfüllung dieser Aufgabe müssen an das Bleichfixierbad verschiedene Anforderungen gestellt werden [818]: Es darf mit den Resten von Farbentwicklern keinen Farbschleier bilden; das bei der chromogenen Entwicklung entstandene Farbstoffbild darf in keiner Weise verändert werden; das Bleichfixierbad muß einerseits möglichst schnell arbeiten, dagegen dürfen Bleich- und Fixiermittel nur sehr langsam in Reaktion miteinander treten, damit es lange Zeit gebrauchsfähig bleibt und große Ergiebigkeit besitzt.

Das älteste Bleichfixierbad ist der nach seinem Erfinder benannte FARMERsche Abschwächer (E. HOWARD FARMER, 1883). Der FARMERsche Abschwächer besteht aus einer Lösung von Natriumthiosulfat und Kaliumferrizyanid (Band V, XII. 1. d)). Dieses Bleichfixierbad ist leider sehr wenig stabil. Bereits nach einigen Minuten Gebrauchszeit ist es vollständig zersetzt und unwirksam. Das starke Oxydationsmittel Kaliumferrizyanid zerstört das Natriumthiosulfat. Verschiedentlich wurde versucht, durch besondere Zusätze den FARMERschen Abschwächer zu stabilisieren. Nach einem deutschen Patent sollen folgende Bleichbäder haltbar sein [819]:

Vorschriften für stabile Bleichfixierbäder mit Kaliumferrizyanid

I.		II.	
Wasser	900 ml	Wasser	900 ml
Kaliumferrizyanid	50 g	Kaliumferrizyanid	100 g
Ammoniak	55 ml	Äthanolamin, Triäthanolamin oder Äthylendiamin	30 ml
Natriumthiosulfat krist.	100 g	Natriumthiosulfat krist.	200 g
Kaliumbromid	20 g	Kaliumbromid	20 g

Ein anderer bekannter Schwarzweiß-Abschwächer, der BELITZKI-Abschwächer, ist wesentlich haltbarer und besser als Bleichfixierbad geeignet (L. BELITZKI, 1890). Der BELITZKI-Abschwächer besteht aus einer Lösung von Kaliumferrioxalat, Natriumthiosulfat, Natriumsulfit und Oxalsäure (Band V, XIV. D.). Der als Oxydationsmittel bei dem Bleichvorgang wirksame Eisenoxalatkomplex setzt sich nur sehr langsam mit dem Natriumthiosulfat um. Dadurch ist der BELITZKI-Abschwächer wesentlich stabiler als der FARMERsche Abschwächer. Dieser Abschwächer hat jedoch einen anderen Nachteil, der ihn zur Verwendung als Bleichfixierbad bei Farbbildern unmöglich macht. Die Eisenkomplexverbindung ist eine verhältnismäßig lose Verbindung, so daß durch Dissoziation immer Eisenionen vorliegen. Diese treten mit dem Blaugrünkuppler in Reaktion und verursachen einen starken rotvioletten Farbschleier.

Das heute in der Praxis verwendete und bestens bewährte Bleichfixierbad beruht in seiner Wirkung ebenfalls auf einer Eisenkomplexverbindung als Silberoxydationsmittel. Nach einem AGFA-Patent können zur Herstellung von Bleichfixierbädern verwendet werden [820]: Alkali-Eisenkomplexverbindungen mit organischen Polycarbonsäuren, wie Malon-, Äpfel-, Wein-, Fumar-, Diglykol-, Thioglykol-, Äthyleniminopropionsäuren, Äthylendiamintetraessigsäure, Aminotriessigsäure, Äthylen-dithioglykolsäure. In der Praxis wird fast ausschließlich die Eisenkomplexverbindung mit der Äthylendiamintetraessigsäure in Verbindung mit Natriumthiosulfat gebraucht. Zur Herstellung des Bades kann man vom Eisenkomplex (Chelaplex II) ausgehen, oder man kann den Komplex in der Lösung entstehen lassen, indem man die Lösung eines Eisen(III)-Salzes mit der Lösung eines Alkalisalzes der Äthylendiamintetraessigsäure (Trilon BS, Rexensäure) mischt und zum Schluß Natriumthiosulfat zusetzt und dieses ebenfalls in Lösung bringt. Von größter Bedeutung für das einwandfreie Arbeiten des Bleichfixierbades ist die Einstellung des p_H-Wertes. Mit der Erhöhung des

p_H-Wertes bis zum Neutralpunkt nimmt das Oxydationsvermögen stetig ab. Es werden dann wohl noch leicht oxydierbare Silberteile gebleicht, andere Teile, besonders in den hohen Dichten, bleiben jedoch bestehen. Der p_H-Wert des Bleichfixierbades steigt bei seinem Gebrauch an. Diese Erscheinung beruht auf mehreren Ursachen. Einmal bilden sich beim Bleichvorgang Hydroxylionen, zweitens kann der Luftsauerstoff eine allmähliche Oxydation des Natriumthiosulfats bewirken, die ebenfalls zu einer Erhöhung des p_H-Wertes führt. Ein zu niedriger p_H-Wert unter 6,0 kann einen Rückgang des Blaugrün-Bildes bewirken.

Zur Stabilisierung des Bleichfixierbades und zur Beschleunigung des Bleichvorganges sind von der Agfa, Leverkusen, eine Reihe von Zusätzen zum Patent angemeldet worden: Polyäthylenoxyde bzw. deren Kondensationsprodukte mit Alkoholen, Aminen und Fettsäuren [821]; Thioharnstoff, Thioureide, Thiosemicarbazid, Thiobarbitursäure, Thiazol- und Thiodiazolderivate [822]; lösliche Jodide [823]; organische Thioäther, gebildet durch Kondensation von Polyäthylenoxyden mit Thiodiglykol [824]. Die empfohlenen Zusätze von Thioharnstoff und Thiosemicarbazid haben in die Praxis Eingang gefunden und werden heute meistens immer verwendet.

Um bei einem niedrigen p_H-Wert den Rückgang des Blaubildes zu vermeiden, sollen Zusätze von Hydrazin, Hydroxylamin und ähnliche Verbindungen von Nutzen sein [825].

Eine Reihe von Patenten enthält Vorschläge für Bleichfixierbäder unter Verwendung von neuen Grundstoffen.

E. Weyde und E. Trabert schlugen ein Bleichfixierbad vor, das neben Natriumthiosulfat organische Nitroverbindungen, zum Beispiel Dinitrobenzolsulfosäure als Silberoxydationsmittel enthält [826].

Nach einem anderen Agfa-Patent wird die Verwendung von Kobaltkomplexverbindungen organischer Säuren folgender Konstitution vorgeschlagen: $Na[Co(III) \cdot (OOC{-}CH_2)_2{-}N{-}CH_2{-}CH_2{-}N{-}(CH_2{-}COO)_2]$ [827]. Auch die Firma Gevaert, Antwerpen, ließ sich die Verwendung von Kobalt(III)-Amin-Komplexverbindungen für Bleichfixierbäder schützen [828].

Kodak empfiehlt in einem Patent die Verwendung eines besonderen Fixiermittels [829]. Das patentierte Bleichfixierbad besteht aus einem Chinon oder Kaliumferrizyanid als Bleichmittel und Äthylenbisthioglykolsäure als Fixiermittel.

K. I. Jacobson schlägt die Verwendung einer Kupferammoniak-Komplexverbindung mit Ammoniumthiosulfat als Bleichfixierbad vor [830]. In einem weiteren Patent wird die Eisen-Komplexverbindung mit Äthylendiaminhydroxyäthyltriessigsäure in Verbindung mit Natriumthiosulfat, Ammoniumchlorid und Ammoniumrhodanid als geeignet bezeichnet [831].

Bleichfixierbäder haben gegenüber dem getrennten Bleichen und Fixieren den sehr schätzbaren Vorzug, daß sie einen viel geringeren Farbschleier erzeugen [832]. Trotzdem werden Bleichfixierbäder zur Behandlung von Filmmaterialien von den Herstellern im allgemeinen nicht empfohlen, sondern nur für Farbpapiere. Vorschriften zum Selbstansatz der Farbbearbeitungsbäder beinhalten dagegen vielfach auch Bleichfixierbäder für Filmmaterialien.

8. Die Härte- und Stabilisierungsbäder

Die Härtebäder haben die Aufgabe, die Gelatineschichten zu gerben und widerstandsfähig gegen mechanische Verletzungen zu machen. Magnesiumsulfat- und Natriumsulfatbäder werden häufig nach der Farbentwicklung eingeschaltet, um eine zu starke Quellung der Emulsionsschichten in weichem Wasser zu verhindern. Diese Bäder bewirken keine Härtung. Die Härtung erfolgt vielfach in Verbindung mit der Stoppwirkung von essigsaurer Lösung, wie zum Beispiel beim Ferraniacolor-Stoppbad nach der Colornegativentwicklung. Als Härtungssubstanz in saurer Lösung dient ausschließlich Kalialaun oder Aluminiumsulfat. Diese Salze wirken als Härtungsmittel nur in saurer Lösung. Das Optimum der Härtung wird erreicht bei einem p_H-Wert von 4,8, beim isoelektrischen Punkt der Gelatine.

Als Härtungsmittel bei Papieren nach der Wässerung, um sie für die Heißtrocknung geeignet zu machen, dient bevorzugt eine Formalin-Lösung. Formalin wirkt besonders stark härtend in alkalischer Lösung. Deswegen erhalten die Formalin-Härtebäder einen Zusatz von Soda.

Die Härtung der Schichten als Schlußbehandlung hat zugleich eine Folgewirkung; die Bildfarbstoffe werden dadurch haltbarer und widerstandsfähiger gegen atmosphärische Einflüsse. Härtungsbäder bei der Schlußbehandlung werden daher vielfach als Stabilisierungsbäder bezeichnet.

E. Die Technik der Farbfilmentwicklung

Für die verschiedensten Verwendungszwecke gibt es verschiedene Arten von Farbfilmen (Negativ-, Positiv-, Umkehr-, Duplikat-Umkehr-Farbfilme). Alle diese Typen, die zudem noch von verschiedenen Firmen hergestellt werden, haben besondere Eigenschaften und erfordern besondere Verarbeitungsbedingungen. Trotz dieser Unterschiede können alle Filmtypen mit den gleichen Geräten und Maschinen verarbeitet werden. Die Technik muß nur jeweils den geforderten besonderen Arbeitsbedingungen Rechnung tragen.

1. Entwicklung von einzelnen Amateurfilmen

Literatur: [832 bis 834]

Die Dunkelkammer des Coloramateurs kann verhältnismäßig einfach ausgerüstet sein. Die beste Methode zur Entwicklung von einzelnen Kleinbild- und Rollfilmen, wie sie beim Amateur zur Selbstverarbeitung anfallen, ist immer noch die Dosenentwicklung. Im Photohandel werden Entwicklungsdosen in den verschiedensten Ausführungsformen angeboten (Abb. 100). Hersteller sind u. a.: Agfa-Gevaert A.G., Leverkusen (*Rondinax*), Bockemühl, Derschlag/Rheinland (*Jobo*), Kindermann, Ochsenfurt (Stahltanks), O. W. Krause, Berlin (*Combi-Color*), W. Witt, Berlin-Schöneberg (Patterson), A. Sauer, Reutlingen (*Ariosa*). Neben den bewährten Dosen mit Spiraleinsätzen findet man auch immer noch die altherkömmlichen Dosen mit Einspulbändern (*Correx*-Dosen). Bei Verwendung von *Correx*-Bändern ist unbedingt darauf zu achten, daß das Band doppelgeknöpft ist.

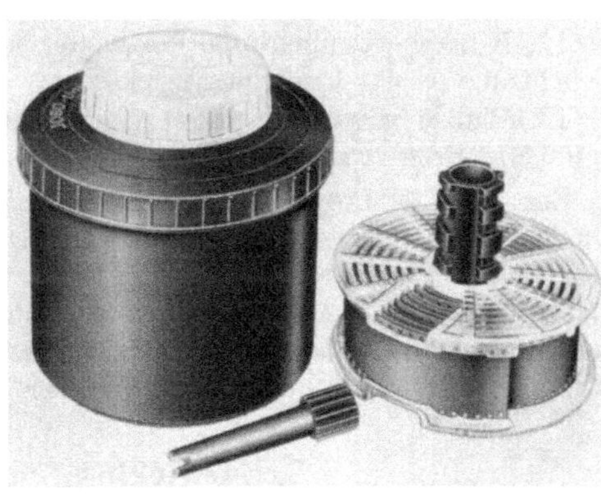

Abb. 100. Entwicklungsdose mit Spiraleinsatz (*Jobo*-Universaltank 160, J. Bockemühl)

Dies ist bei der Farbentwicklung unbedingt erforderlich, damit die Filme mit der Rückschicht nicht aufliegen und der Entwickler zugleich die Entfärbung der Lichthofschutzschicht bewirken kann. Bei der Dosenentwicklung darf man auch nicht gleichzeitig zwei Filme Rücken an Rücken entwickeln, da hierbei die Lichthofschutzschichten nicht entfärbt werden. Sollte es verschiedentlich vorkommen, daß die Lichthofschutzschicht nicht entfärbt wurde, so kann dies nachträglich durch Behandlung mit einer 3- bis 5%igen Sodalösung durchgeführt werden.

Bei den Dosen ist darauf zu achten, daß sie wasserdicht schließen, so daß die Kippentwicklung durchgeführt werden kann. Es ist erwiesen, daß die Kippentwicklung infolge der gleichmäßigen Bewegungstechnik zu den konstantesten Ergebnissen führt. Die Spiralspule soll möglichst aus transparentem Material gefertigt sein, damit die diffuse Belichtung bei der Umkehrentwicklung bei aufgewickeltem Film stattfinden kann. Wird die Farbentwicklung in Dosen ausgeführt, ist unbedingt zu empfehlen, mit mehreren Dosen oder entsprechenden geeigneten Behältern zu arbeiten, von denen jede immer nur für das gleiche Bad benutzt wird. Die Dosen sind dabei so zu kennzeichnen, daß sie auch im Dunkeln nicht verwechselt werden können.

Außer den Entwicklerdosen ist die Anschaffung folgender Geräte als sehr zweckmäßig zu empfehlen:

1. Zwei Stehkolben mit langem Hals aus Glas von 1000 ml Inhalt zum Ansetzen der Bäder und zum Temperieren,
2. je 1 Meßbecher aus Kunststoff (Glas oder Porzellan) 50 ml und 500 ml Inhalt,
3. 6 Weithalsflaschen von 1000 ml Inhalt aus Glas oder Kunststoff mit Schraubverschluß oder Gummistopfen zum Aufbewahren der Farbbäder,
4. Trichter aus Glas oder Kunststoff, Durchmesser etwa 12 cm,
5. Thermometer, geprüft, mit einer Ablesegenauigkeit von $\pm {}^1/_2{}^0$C,
6. Uhr mit Sekundenanzeige,
7. Filmklammern, um die Filme zum Trocknen aufzuhängen,
8. Handtuch, das ausschließlich nur in der Dunkelkammer verwendet wird,
9. Gummi- oder Kunststofftuch zum Schutze des Arbeitsplatzes,
10. Gummihandschuhe,
11. Arbeitskittel oder Plastikschürze,
12. Nitraphotlampe S 500 Watt oder sonstige starke Lichtquelle zur diffusen Belichtung bei der Umkehrentwicklung,
13. Waage, wenn Selbstansätze gemacht werden wollen, mit Wiegegenauigkeit von 0,5 g (Briefwaage).

Zur Ausführung des Farbfilm-Negativ- und Umkehrprozesses ist keine Dunkelkammerbeleuchtung erforderlich. Das Einspulen des Filmes und das Einbringen der beschickten Spule in die Dosen zu den einzelnen Arbeitsprozessen muß und kann im Dunkeln ausgeführt werden. Es ist hierbei unbedingt darauf zu achten, daß kein störender Lichtschimmer vorhanden ist. Für die Farbfilmentwicklung soll unbedingt fließendes Wasser vorhanden sein.

2. Entwicklung von Planfilmen

Literatur: [534]

Die Entwicklung von einzelnen Planfilmen kann wie in Großvaters Zeiten in Schalen ausgeführt werden. Wenn jedoch Wert auf Sauberkeit und Gleichmäßigkeit der Entwicklung gelegt wird, so müssen unbedingt Planfilmtanks verwendet werden (Abb. 101). Derartige Tanks schließen wasserdicht, so daß die Kippentwicklung angewandt werden kann; die Entleerung der Tanks erfolgt schnell und bequem, sie ermöglichen daher die Ausführung der gesamten Naßverarbeitung. Im *Combiplan*-Tank *Modell T* (O. W. KRAUSE, Berlin) lassen sich in 1 l Lösung gleichzeitig 6 Planfilme 9 × 12 cm verarbeiten. Der *Combiplan-Super*-Tank hat ein Fassungsvermögen für 2 l Lösung und gestattet die Entwicklung von 6 Planfilmen 13 × 18 cm. Wer viel Erfahrung in der Entwicklung von Planfilmen hat, weiß, wie schwer es ist, eine größere Fläche gleichmäßiger Helligkeit, zum Beispiel Himmelsfläche im Bild, zu einer gleichmäßigen Schwärzung zu entwickeln. Trotz aller Sorgfalt bilden sich vielfach Flecken und Streifen. Eine einwandfreie Entwicklung von derartigen Aufnahmen ist nur möglich, wenn während der Entwicklung ausreichend bewegt wird. Auf Anregung von W. BEUTLER liefert die Firma HÖHNER, Hamburg, für den *Combiplan*-Tank einen besonderen Kippapparat.

Abb. 101. *Combiplan*-Tank (O. W. KRAUSE, Berlin)

Die Entwicklung von größeren Mengen von Planfilmen kann auch in Kleintank-Anlagen durchgeführt werden. Hierzu werden die Filme in besondere Halterungen eingespannt. Um bei derartigen Anlagen einwandfreie Entwicklungsergebnisse zu erzielen, darf die Entwicklermenge nicht zu klein sein, und es muß für ausreichende Bewegung gesorgt werden.

3. Entwicklungstechnik bei Reportern, Fachphotographen und in Kleinlabors

Zur Entwicklung von anfallenden größeren Filmmengen sind eine Reihe verschiedener Einrichtungen geeignet. In einfachster Weise können diese in sogenannten Etagentanks verarbeitet werden. Die Etagentanks sind große Dosen mit einem Fassungsvermögen von etwa 2 l Entwickler. 3 Roll- oder etwa 5 bis 6 Kleinbildfilme werden auf die entsprechenden Spulen gewickelt, diese zu Etagen zusammengesteckt und dann in der Dose entwickelt (Abb. 102). Bei dieser Art der Entwicklung muß besonders auf die Konstanthaltung der Temperatur und auf die Bewegung geachtet werden. Kippentwicklung ist nicht möglich. Die Bewegung wird meistens durch Drehen und Anheben des Spuleneinsatzes von Hand oder wesentlich besser mit Hilfe eines Motors. Zur Konstanthaltung der Temperatur ist vielfach eine größere Anzahl von Etagentanks zu einer Kleintank-

Abb. 102. *Jobo*-Etagentank „*Reporter*" (J. BOCKEMÜHL, Derschlag)

Anlage zusammengefaßt und in einem gemeinsamen Wassermantelbad zur gleichmäßigen Temperierung aller Bäder untergebracht (Abb. 103). Derartige Anlagen arbeiten sehr wirtschaftlich und benötigen nur wenig Platz. Geeignete Kleintank-

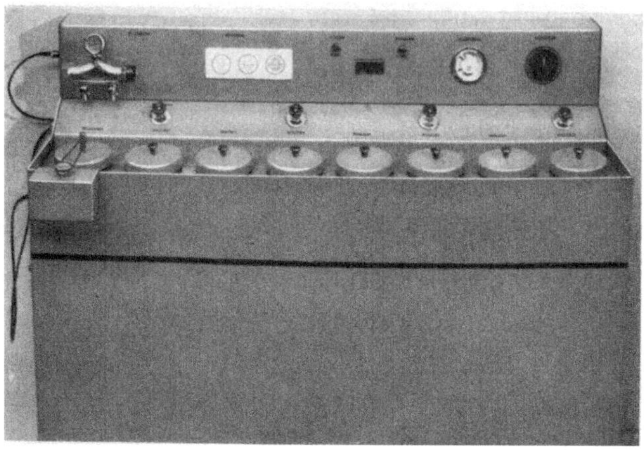

Abb. 103. Kleintankanlage (R. PASCHMANN, Wuppertal-Barmen)

Anlagen für alle gewünschten Farbprozesse stellen die Firmen J. BOCKEMÜHL, Derschlag bei Köln, KINDERMANN GMBH, Ochsenfurt/Main, METEOR APPARATEBAU, Siegen/Westf., R. PASCHMANN, Wuppertal-Barmen, her.

4. Entwicklung von Filmbändern 16 mm, 35 mm und 70 mm

In der Schmalfilmtechnik unter anderem kann häufig die Aufgabe gestellt sein, Filmbänder größerer Längen zu entwickeln. Zur Lösung dieser Aufgabe stehen zwei verschiedene Geräte zur Verfügung: das Spiraleinspul- und Entwicklungsgerät und das Umspulentwicklungsgerät.

Größere Filmlängen können in Spiralen von außen nicht mehr eingeschoben werden. Hierzu muß ein besonderes Einspulgerät verwendet werden, mit Hilfe dessen das Filmband von innen nach außen in die Spule eingezogen wird. Der auf der Spirale aufgewickelte Film kann zur Entwicklung in eine Dose entsprechender Größe eingesetzt werden. Die Firma BOCKEMÜHL, Derschlag, stellt zwei derartige Geräte zur Entwicklung von langen Filmbändern her: *Jobo*-Filmentwicklungsgerät *10 M* für Filmlängen bis zu 10 m und *30 M* für Filmlängen bis 30 m.

Die Umspulentwicklungsgeräte arbeiten nach einem Prinzip, das seit drei Jahrzehnten zur Entwicklung von Fliegerfilmen verwendet wird. Bei der Umspulentwicklung wird das Filmband auf einer Rolle aufgewickelt und an einer zweiten daneben befindlichen Rolle befestigt. In den Behandlungsbädern wird der Film von der einen Rolle auf die andere Rolle umgespult. Dieser Vorgang wiederholt sich fortlaufend während der ganzen Behandlungsdauer. Die Umspulung kann von Hand oder auch mit Hilfe eines Motors vollzogen werden, wobei die Umschaltung der Drehrichtung durch Zug oder Nocken erfolgt. Das HANSEN-Umspulentwicklungsgerät wird von der Firma N. V. OPT. IND. DE OUDE DELFT, Niederlande, in den Handel gebracht. Erfahrungen in den Farbentwicklungsprozessen mit diesem Gerät sind bisher nicht bekannt geworden. Umspulgeräte stellen auch KINDERMANN GMBH., Ochsenfurt, und LUMOPRINT, Hamburg, her.

5. Entwicklungstechnik in Großlabors

In den Großlabors ist die Entwicklungstechnik durch zwei Entwicklungsmethoden gekennzeichnet: a) durch die Großtankentwicklung und b) durch die Maschinenentwicklung.

a) Die Großtankentwicklung

Die Großtankentwicklung ist keine Errungenschaft der letzten Jahre; sie hat sich vielmehr als Zeit und Aufwand sparende Methode auch in der neuesten Zeit der Automatisierung und Rationalisierung erhalten und bewährt. Die Anzahl der Tanks richtet sich nach der Anzahl der Arbeitsgänge, und die Leistung bzw.

Abb. 104. Großtankanlage (METEOR APPARATEBAU, Siegen)

Kapazität einer Anlage wird mitbestimmt von der Tankgröße. Eine leistungsfähige Tankanlage für die Umkehr-Farbentwicklung erfordert etwa 17 Tanks für die Bäder und die Wässerungen. Für die Aufstellung der Tankstrecke ist eine Bodenwanne notwendig, die sowohl aus säurefesten Fliesen oder auch aus Kunststoffplatten hergestellt werden kann. Die Bädertanks für die Erst- und Farbentwicklung sind zur Bewegung mit Stickstoffsprudelung ausgerüstet, alle anderen Tanks können mit Luft besprudelt werden. Alle Bädertanks sollen mit automatischen Umpump- und Temperieranlagen ausgerüstet sein. Die Zweitbelichtung wird zweckmäßigerweise unter Wasser mit Leuchtstoffröhren ausgeführt. Zur Schlußbehandlung ist ein Netzmittelbad vorzusehen, damit Trockenflecken vermieden werden. Anschließend an diese Netzmittelbehandlung muß nochmals kurz abgespült werden, damit die Netzmittelreste von den Halterungen beseitigt werden. Wenn die Bädertanks einen Inhalt von 120 l und die Wassertanks von etwa 50 l haben und es können bei jedem Durchsatz 3 Rahmen mit je 4 Kleinbildfilmen oder 2 Rollfilmen 120 oder 1 Schmalfilm 2×8 mm entwickelt werden, so leistet eine derartige Anlage bei einem 16-Minuten-Tank bei 8stündiger Arbeitszeit

(Tageskapazität) 260 Color-Umkehr-Kleinbildfilme oder 130 Rollfilme oder 66 Schmalfilme. Bei einem Arbeitstakt von 8 min wird die Kapazität auf das Doppelte erhöht. Bei einer Tageskapazität von 260 Umkehr-Kleinbildfarbfilmen sind in der Dunkelkammer drei und für die Sortier- und Büroarbeiten nochmals drei Arbeitskräfte erforderlich. Eine moderne Tankanlage, wie sie von der Firma METEOR APPARATEBAU geliefert wird, zeigt Abb. 104.

b) Die Maschinenentwicklung

Der Mangel an Arbeitskräften und die steigenden Lohn- und Materialkosten haben in den letzten Jahren zu einer immer stärkeren Automatisierung und Mechanisierung der photographischen Technik geführt. Es kommt weiter hinzu,

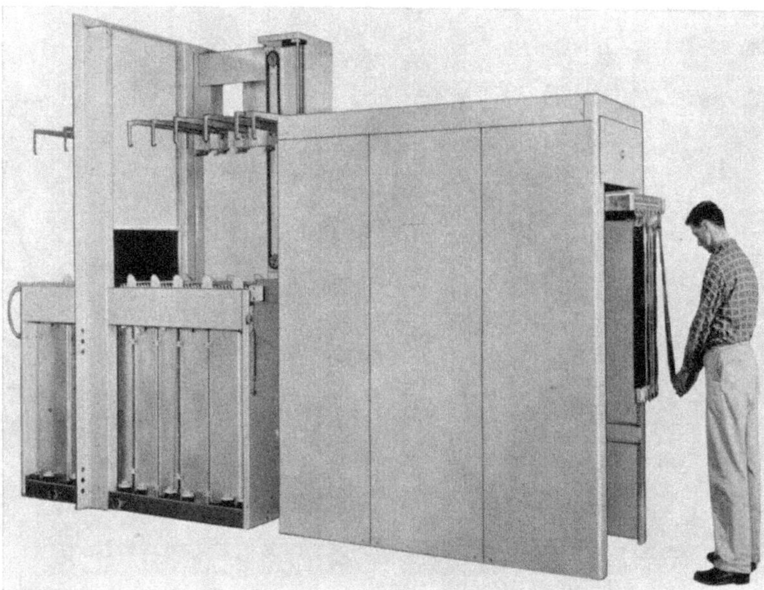

Abb. 105. Colorfilmentwicklungsmaschine Modell 34 (PAKO CORP.)

daß gerade auf dem Gebiet der Farbphotographie eine Vielzahl von Materialien auf dem Markt sind, die mehr oder weniger eine unterschiedliche Verarbeitung erfordern. Der Photohändler, der einstmals alle Arbeiten für den Amateur ausführen konnte, kann heute der erforderlichen Vielseitigkeit der farbphotographischen Technik nicht mehr gerecht werden, da die Investitionen zu groß sind und eine volle wirtschaftliche Ausnutzung nur in einem Großbetrieb gegeben ist. Dies hat zur Gründung von Großkopieranstalten geführt, die voll mechanisiert sind und die alle photographischen Arbeiten für den Photohandel übernehmen. Zur Zeit gibt es in der Bundesrepublik etwa 100 Großkopieranstalten. Bei derartigen Großbetrieben ist die maschinelle, vollautomatisierte Entwicklungstechnik die Voraussetzung für ihre Wirtschaftlichkeit und Leistungsfähigkeit.

Die Maschinenentwicklung arbeitet nach zwei Prinzipien: nach der intermittierenden (Rahmen-Entwicklungstechnik) oder nach dem Durchlaufprinzip.

Die Rahmenentwicklungstechnik: Die Rahmenmaschinen werden bevorzugt zur Entwicklung von konfektionierten Roll- und Kleinbildfilmen verwendet. Die Filme werden an Klammern aufgehängt oder in Rahmen gespannt und dann von einem Transportmechanismus in einstellbaren Intervallen durch die einzelnen Verarbeitungsbäder transportiert. Die Tanks, meistens hintereinander angeordnet, sind temperatur- und bewegungsreguliert. Eine besondere Forderung an eine moderne, leistungsfähige Entwicklungsmaschine ist ihre Anpassungsfähigkeit. Sie muß die Möglichkeit bieten, die Arbeitstakte wahlweise einzustellen und die Verarbeitungsbäder zu vermindern oder zu ergänzen, um sie für andere Verfahren verwendbar zu machen. Rahmen-Farbentwicklungsmaschinen werden u. a. hergestellt von den Firmen: FRIBO, Bonn, HOSTERT, Düsseldorf, KINDERMANN, Ochsenfurt, REFREMA, Roskilde, [Dänemark]. Abb. 105 zeigt die PAKO-Negativfarbfilm-Entwicklungsmaschine Modell 34. Bei einer Entwicklungszeit von 8 min und einer Taktzeit von 2 min leistet sie in einer Stunde 90 Negativ-Farbroll- oder 120 Farbkleinbildfilme.

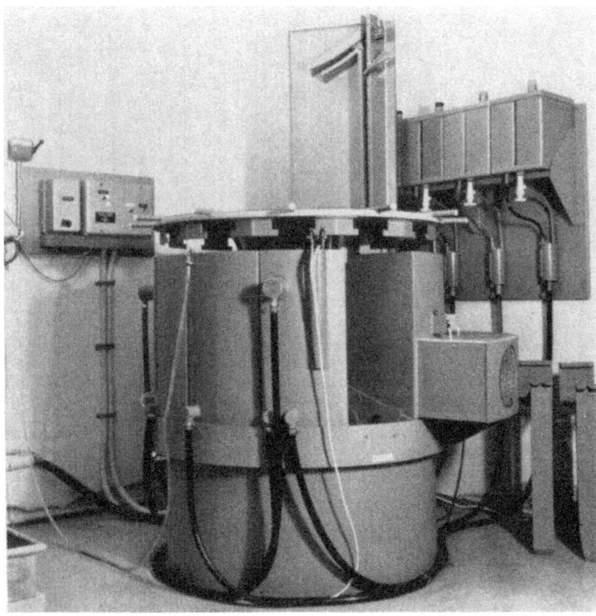

Abb. 106. Rundlauf-Colorentwicklungsmaschine (O. und U. KAMPOVSKY, Kiel)

Besonders billige und platzsparende Rahmenmaschinen sind die Rundlaufmaschinen. Bei diesen Entwicklungsmaschinen sind die Tanks in einem Kreise angeordnet. Ihre Leistungsfähigkeit steht der von anderen Maschinen in keiner Weise nach (Abb. 106).

Entwicklungstechnik mit Durchlaufmaschinen: Durchlaufmaschinen werden zur Entwicklung von Filmbändern mit 9,5, 16, 35, 70 mm Breite verwendet. Der heutige Stand dieser Entwicklungstechnik beruht ausschließlich auf den Erfahrungen und den Forschungsarbeiten der kinetechnischen Filmkopieranstalten [835 bis 838]. In neuerer Zeit werden Durchlaufmaschinen auch in Kopieranstalten zur Verarbeitung von Amateurfilmen in immer stärkerem Maße eingesetzt [839, 840]. Roll- und Kleinbildfilme werden hierfür durch Kleben oder Heften zu einem Band gleicher Breite vereinigt.

Der Transport des Filmes in Durchlaufmaschinen erfolgt gewöhnlich durch Rollen und mit Hilfe eines Blankfilm-Vorspannes und -Nachlaufes. Nach der konventionellen Entwicklungstechnik läuft das Filmband durch die einzelnen Bäder. Die Entwicklungszeit kann einmal durch die Geschwindigkeit des Durchlaufes und zweitens durch Verstellen der Eintauchtiefe in den einzelnen Verarbeitungsbädern gesteuert werden. Die Bäder werden laufend umgepumpt, wobei Regulierung der Temperatur, Konstanthaltung der chemischen Zusammensetzung und die Bewegung der Flüssigkeit erfolgt. Es hat sich gezeigt, daß vor allem bei der Entwicklung keine gleichmäßige Bewegung vorhanden sein darf. Anfangs muß die Intensität der Bewegung sehr stark sein und gegen Ende der Entwicklung immer mehr nachlassen. Vielfach wird zur Steigerung der Bewegung in den ersten Entwicklungsstufen der Entwickler durch Düsen unter der Oberfläche auf den Film gesprüht. Die Bewegung des Entwicklers durch Besprudeln mit Stickstoff ist heute nicht mehr gebräuchlich, da man wirksamere Methoden zur Beschleunigung der Reaktionen kennengelernt hat. Bei verschiedenen Arbeitsprozessen der Farbentwicklung wendet man die Sprühtechnik an. Eine Durchlaufentwicklungsmaschine für Umkehrfarbfilm zeigt die Abb. 107.

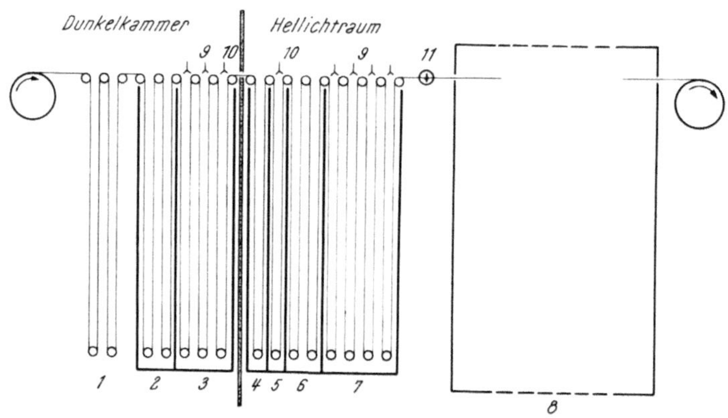

Abb. 107. Durchlauf-Entwicklungsmaschine für Color-Negativfilme (schematisch); *1* Vorratsabwicklung mit Transportausgleich, *2* Negativentwicklung (1 Schleife = 5 min) (2 Schleifen), *3* Wässerung (3 Schleifen = regelbar bis 15 min), *4* Bleichbad (1 Schleife = 5 min), *5* Wässerung (1 Schleife), *6* Fixierbad (2 Schleifen), *7* Wässerung (4 Schleifen), *8* Trocknung, *9* Sprühwässerung, *10* Abstreifer, *11* Absauger. Schleifen sind in der Höhe verstellbar, wodurch die Durchlaufzeit neben der Geschwindigkeit zusätzlich reguliert werden kann

6. Universelle Maschinenentwicklungstechnik

Neuartige Maschinentypen gestatten die Entwicklung aller Filmformate nebeneinander, ermöglichen vor allem auch die Entwicklung von Großformaten, und es können alle Farbprozesse ausgeführt werden. Die Leistung derartiger Maschinen ist sehr vielseitig und mehr auf Qualität als auf Quantität abgestellt. Diese Maschinen universeller Anwendbarkeit arbeiten mit rotierenden Röhren oder Trommeln als Bildträger. Es gibt heute drei Maschinentypen, die nach diesem Prinzip arbeiten: *Color-Automat*, System Gall, der Firma Autopan, Oberaichen bei Stuttgart, *Unitub* der Photo-Union, Bonn und Freudenstadt, und *Metorette* der Meteor Apparatebau, Siegen/Westf.

a) Autopan *Color Automat*, System Gall

Bei dieser Maschine wird das zu entwickelnde Material auf der Außenseite einer großen Trommel befestigt (Abb. 108). Die Trommel ist drehbar in einer Wanne angebracht. Die Vorratsgefäße mit den Arbeitslösungen befinden sich unter der Wanne. Die Steuerung der Arbeitsprozesse erfolgt mit Hilfe einer programmierten Lochkarte. Die Arbeitslösungen werden in die Wanne gepumpt, und die Trommel mit dem Material dreht sich. Ist ein Prozeß abgeschlossen, so wird die Arbeitslösung wieder in das Aufbewahrungsgefäß zurückgepumpt, und es folgt eine Zwischenwässerung. Nach dieser wird das nächste Behandlungsbad in die

Wanne gepumpt und so fortlaufend weiter. Die verschiedensten Verfahren können mit dieser Maschine ausgeführt werden. Der kritische Punkt liegt in der Frage der Sauberkeit und der möglichen Verschleppung von Verarbeitungsbädern.

Abb. 108. *Autopan Color Automat*, System GALL (HEIMERDINGER & STÄBLER OHG, Oberaichen b. Stuttgart)

b) *Unitub*-Entwicklungsmaschine

Auch diese Maschine arbeitet mit rotierenden Rohren (Abb. 109). Die zu entwickelnden Materialien in Formaten werden im Innern der Rohre befestigt; Roll- und Kleinbildfilme werden auf Spiralen gespult und diese in die Rohre eingesetzt. Die Rohre werden nacheinander mit den Verarbeitungslösungen gefüllt, in drehende Bewegung gesetzt und nach Beendigung jedes Arbeitsprozesses durch Schwenken entleert. Es sind nur kleine Mengen von Lösungen erforderlich, wodurch dieses Gerät sehr wirtschaftlich ist. Vielfach wird nach dem Prinzip der Einmalentwicklung gearbeitet, so daß große Konstanz in den Ergebnissen erzielt wird.

Abb. 109. *Unitub* (PHOTO-UNION, Bonn-Freudenstadt)

c) *Metorette* (Meteor Apparatebau, Siegen)

Die Metorette ähnelt weitgehend der Höllmüller-Maschine, ist jedoch wesentlich kleiner (Abb. 110). Eine Trommel mit dem Entwicklungsgut bewegt sich in einer Wanne, in die aus Vorratsgefäßen die Arbeitslösungen nacheinander entsprechend dem Arbeitsprogramm hineingepumpt und wieder abgelassen werden. Es können mit dieser Maschine Planfilme bis 40 × 50 oder Farbpapiere bis 50 × 60 cm bearbeitet werden.

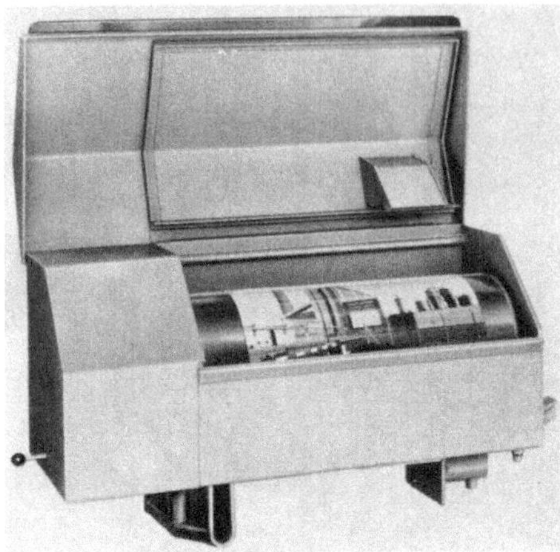

Abb. 110. *Metorette* (Meteor Apparatebau, Siegen)

F. Vorschriften für die Negativfarbfilmverarbeitung

1. Allgemeines

Jedes Farbfilmmaterial hat seine ganz spezifischen Eigenschaften, und der Hersteller eines Farbfilmes hat für sein Material die günstigsten Zusammensetzungen der Verarbeitungsbäder und die Arbeitsbedingungen ermittelt, um optimale Ergebnisse zu erzielen. Wenn man die Verarbeitungsvorschriften der verschiedenen Farbmaterialien betrachtet, so kann man feststellen, daß ein prinzipieller Unterschied in der Verarbeitung zwischen den Farbschichten mit diffusionsechten Farbkupplern nach dem *Agfacolor*-Prinzip und den Farbschichten mit geschützten Farbkupplern nach dem Kodak-Prinzip besteht. Andererseits weisen die Arbeitsvorschriften für Negativfarbfilme nach dem *Agfacolor*-Verfahren große Ähnlichkeit auf, so daß die Möglichkeit einer einheitlichen Verarbeitung gegeben ist [841]. Von verschiedener Seite sind zur Verarbeitung der europäischen Negativfarbfilme einheitliche Vorschriften ausgearbeitet worden [842 bis 853]. Auch verschiedene Filmhersteller haben Verarbeitungsvorschriften für ihre Farbmaterialien bekanntgegeben [59, 523, 527, 849]. Alle diese Vorschriften können zu guten und einwandfreien Ergebnissen beim Selbstansatz führen. Doch sind die angegebenen Arbeitsbedingungen und insbesondere die angegebenen Verarbeitungszeiten nur Hinweise. Man sollte auf keinen Fall Farbentwicklungen durchführen, ohne vorher durch Testreihen die Arbeitsbedingungen für die betreffende Filmsorte festgelegt zu haben. Beim Selbstansatz von Arbeitslösungen für die Farbphotographie aus losen Chemikalien nach Vorschriften genügt es nicht, daß man die Mengen sorgfältigst abwiegt und die Lösungen peinlichst sauber herstellt. Von großem Einfluß auf die Arbeitsweise der Lösungen sind ihre p_H-Werte. Zur Prüfung der p_H-Werte sind im Handel Indikatorpapiere erhältlich (Merck, Riedel de Haen, Kloz, Berlin). Mit derartigen p_H-Papieren kann mit einiger Übung eine Kontrolle des p_H-Wertes ausgeführt werden, das heißt, man kann die Konstanz und Abweichung ermitteln. Die absolute Größe des

p_H-Wertes kann jedoch nur mit elektrometrischen Meßgeräten mit der erforderlichen Genauigkeit festgestellt werden.

2. Besondere Arbeitsanweisungen

Die Farbentwicklung ist eine Reaktion, die nicht bis zu Ende verläuft. Sie wird an einem bestimmten Punkt abgebrochen. Die vorgeschriebenen Entwicklungszeiten gelten unter der Voraussetzung, daß allgemein übliche Motive mit normalem Kontrast vorliegen. Bei der Anfertigung von Reproduktionen, bei flacher Ausleuchtung von Objekten oder bei kontrastarmen Motiven ist eine etwas verlängerte Entwicklungszeit zu empfehlen. Die Verlängerung soll jedoch keinesfalls mehr als 30% betragen, da sonst eine Störung des Farbgleichgewichtes verursacht wird, die sich beim Kopieren nicht beheben läßt.

Von besonderem Einfluß auf das Entwicklungsergebnis sind die Temperatur und die Art der Bewegung. Die Temperatur des Entwicklers muß auf mindestens $\pm {}^1/_2{}^0$C eingehalten werden, und es muß darauf geachtet werden, daß die Temperatur während der Behandlung konstant bleibt. Bei der Dosenentwicklung wird diese Forderung nur erfüllt werden können, wenn die Raumtemperatur der geforderten Temperatur entspricht. Ist dies nicht der Fall, so ist zu empfehlen, die Entwicklerdose in einen größeren Behälter mit temperiertem Wasser zu stellen. Bei der Farbentwicklung ist dafür zu sorgen, daß während der gesamten Dauer ein bestimmter Bewegungsrhythmus eingehalten wird. Bei der Kippentwicklung ist in der ersten Minute die Dose alle 10 s, dann alle 30 s einmal hin- und zurückzukippen. Bei Drehdosen muß entsprechend bewegt werden.

Die Wässerung nach der Farbentwicklung ist bei einigen Filmsorten besonders wichtig. Sie ist zunächst als Nachentwicklung zu werten und trägt zugleich zum Bildaufbau bei. Sodann hat sie die Aufgabe, alle Spuren der Farbentwicklersubstanz aus der Schicht zu entfernen, da diese beim Verschleppen in das Bleichbad Farbschleier verursachen.

Bis zum Bleichvorgang muß die Negativentwicklung bei völliger Dunkelheit verlaufen. Befindet sich der Farbfilm etwa 1 min im Bleichbad, dann kann helles Licht eingeschaltet werden und die Weiterverarbeitung im Hellen erfolgen.

Die Auswässerung des Materials am Schluß der Verarbeitung ist äußerst wichtig für die Haltbarkeit. Je größer der Unterschied der Konzentration der zu entfernenden Stoffe in der Schicht und im Wasserbad ist, um so rascher verläuft die Auswässerung. Voraussetzung für eine gute Auswässerung ist daher steter Wasserwechsel und Wässerung in möglichst kleinen Gefäßen. Sinkt die Wassertemperatur unter 15^{0}C, so muß die Wässerungszeit verlängert werden.

Einer der häufigsten Entwicklungsfehler sind kleine, mehr oder weniger kreisrunde, farblose oder verschieden gefärbte Punkte, die durch Luftbläschen auf der Schicht während der Entwicklung verursacht werden. Bei der Dosenentwicklung entstehen sie bevorzugt, wenn man den Entwickler in die geschlossene Dose mit dem Spuleneinsatz gießt. Wenn irgend möglich, fülle man die Dose mit dem Entwickler und setze den Spiraleinsatz mit dem eingespulten Film im Dunkeln in die Dose. Hierbei kann man die Spirale mehrmals hin- und herbewegen und nach oben und unten ziehen, so daß entstandene Luftbläschen entfernt werden. Auch durch hartes Aufstoßen der gefüllten Dose werden die Luftbläschen beseitigt. Bei der Tankentwicklung hebe man die Entwicklungsrahmen nach dem Einsetzen mehrmals ruckartig heraus und setze sie wieder in den Tank.

Bei Tankentwicklern entsteht häufig beim Stehen über Nacht auf der Oberfläche des Entwicklers eine Oxydationshaut, die meistens sehr schwer festzustellen ist. Man fahre deswegen jeden Morgen vor der Entwicklung mit einem Fließ- oder

Filtrierpapier über die Tankoberfläche, um eine derartige Oxydationshaut zu entfernen.

Die Hauptursache eines Farbschleiers ist die ungenügende Wässerung nach der Farbentwicklung. Dieser Schleier ist fast immer blaugrün.

Bei Überalterung oder ungünstiger Lagerung von Negativfarbfilmen entsteht häufig ein Purpurschleier. Dieser entsteht an der Berührungsstelle der Gelbfilterschicht und der mittleren Purpurfarbschicht. Er wird deswegen als „Berührungsschleier" bezeichnet.

Wird ein Umkehrfarbfilm versehentlich als Negativ entwickelt, so können von einem derartigen Negativ wenigstens brauchbare Schwarzweißkopien angefertigt werden.

Wird ein Negativfarbfilm versehentlich schwarzweiß entwickelt, so ist das Silberbild neben der Farbfilterschicht nur undeutlich zu erkennen. Durch Farbumentwicklung kann man einen derartigen Film retten. Der Film wird zunächst in einem Bleichbad, bestehend aus 100 g Kaliumferrizyanid (rotes Blutlaugensalz) und 20 g Kaliumbromid in 1 l Wasser gelöst, gebleicht, dann mit künstlichem Licht von beiden Seiten einige Minuten belichtet und dann nach guter Wässerung der normalen Negativfarbentwicklung unterworfen.

Ist ein Umkehrfarbfilm versehentlich schwarzweiß zum Negativ entwickelt worden, so sieht ein derartiger Film nahezu undurchsichtig aus, da er neben dem Silberbild noch die Lichthofschutzschicht aus schwarzem Silber und die Gelbfilterschicht enthält. Ein solcher Film wird ebenfalls, wie vorstehend, in einer Lösung von rotem Blutlaugensalz und Kaliumbromid gebleicht, anschließend gut gewässert, mit Kunstlicht bestrahlt, um das Silberbromid entwicklungsfähig zu machen, und dann in normaler Weise negativ farbentwickelt. Man erhält ein negatives Farbbild, von dem man Schwarzweißkopien anfertigen kann.

Wird ein Schwarzweiß-Negativfilm versehentlich farbentwickelt, so erhält man einen vollständig blanken Film.

Wird ein Farbnegativfilm als Umkehrfilm behandelt, so erhält man kein brauchbares Ergebnis.

3. Vorschriftensammlung

a) Verarbeitung von *Agfacolor*-Negativfilmen [833]

α) Vorschriften für die Verarbeitungsbäder

Ac-Filmentwickler S

Lösung A	*Stammansatz*	*Regenerator*
Wasser	400 ml	400 ml
M 19 (Calgon)	2,0 g	2,0 g
Hydroxylaminhydrochlorid (S 55)	1,2 g	1,6 g
Diäthyl-p-phenylendiaminsulfat (TSS)	2,75 g	3,4 g
Lösung B		
Wasser	400 ml	400 ml
Calgon (M 19)	2,0 g	2,0 g
Natriumsulfit sicc.	2,0 g	2,0 g
Pottasche	75,0 g	75,0 g
Kaliumbromid	2,5 g	1,7 g

Lösungen A und B werden zusammengegossen und auf 1 Liter mit Wasser verdünnt. Diese Gebrauchslösung muß etwa 12 Stunden vor dem Gebrauch stehen, wenn man konstante Entwicklungsergebnisse erwarten will.

$p_H = 10,8 - 11,0$

Magnesiumsulfatbad

Wasser	1 l
Magnesiumsulfat krist.	30 g
Agfacolorentwickler S	30 ml

Natriumsulfatbad

Wasser	1 l
Natriumsulfat sicc.	30 g
Kaliumbromid	0,3 g

Das Natriumsulfatbad kann anstelle des Magnesiumsulfatbades verwendet werden.

Ac-Bleichbad

	neu	*N II*
Wasser	750 ml	750 ml
Trilon B (M 23)	1 g	3 g
Kaliumferrizyanid	40 g	50 g
Dinatriumphosphat krist.	10 g	1 g
Monokaliumphosphat krist.	19 g	19 g
Kaliumbromid	15 g	15 g
Wasser bis auf	1 l	1 l
p_H =	6,2±0,1	5,3–5,7

Spez. Gew. = 1,050

Das neue Bleichbad ist auch zur Verarbeitung des *Agfacolor*-Maskenfilmes CN 17 S geeignet. Das alte Bleichbad (N II) entfällt damit.

Ac-Fixierbad

Wasser	750 ml
Natriumthiosulfat krist.	200 g
Wasser bis auf	1 l

p_H = 7,5–7,8

β) *Verarbeitungsanweisungen des Herstellers*

Tabelle 23. *Verarbeitungsdaten für Agfacolor-Negativfilme mit konfektionierten Chemikalien*

Verarbeitungsbad	Verarbeitungsdauer (min)	Temperatur °C	Ergiebigkeit Filme pro l	Haltbarkeit frischer Bäder
1. a) Ac-Filmentwickler S	7 bis 9	20 ± 0,2	6	6 Wochen
1. b) Ac-Negativentwickler F	nach Verdünnung	20	1	nur frisch verwendbar
2. Magnesiumsulfatbad 3%	2	20 ± 0,5	10	6 Wochen
3. Wässerung	15	14 bis 20	—	—
4. Ac-Bleichbad	5	18 bis 20	10	3 Monate
5. Wässerung	5	14 bis 20	—	—
6. Ac-Fixierbad	5	18 bis 20	6	3 Monate
7. Schlußwässerung	10	14 bis 20	—	—
8. Netzmittelbad	0,5	18 bis 20	1	nur frisch verwenden

Bemerkungen: Dem Magnesiumsulfatbad sind 30 ml Farbentwickler S pro l zuzusetzen. Das Magnesiumsulfatbad bewirkt eine erhöhte Empfindlichkeitsausnutzung.
Bei Stickstoffbesprudelung ist anstelle des Magnesiumsulfatbades ein 3%iges Natriumsulfatbad mit Zusatz von 0,3 g/l Kaliumbromid zu verwenden.

Bei Verwendung des Agfa-Negativentwicklers F (Tabelle 24) richtet sich die Entwicklungszeit nach dem Grade der Verdünnung.

Tabelle 24. *Verdünnung und Entwicklungszeiten für Agfacolor-Negativentwickler F*

Verdünnung entsprechend Doseninhalt (ml)	Zeit (min)
300	7
400	$9^1/_2$
500	11
600	12
700	13
Rondinax 60 (300 ml)	7
Rondinax 35 (400 ml)	$9^1/_2$

Eine Kontrolle der p_H-Werte und teilweise der Dichte der Verarbeitungsbäder ermöglicht eine Beurteilung der ordnungsmäßigen Wirksamkeit.

Tabelle 25. *Kontrolle der Agfacolor-Negativfilm-Verarbeitungsbäder*

Verarbeitungsbad	p_H-Wert	Dichte	Befund	Erforderliche Maßnahme
Agfacolor Filmentwickler S (NPS I)	10,8 bis 11,0	uncharakteristisch	in Ordnung	keine
	10,7	uncharakteristisch	brauchbar	Regenerierung erhöhen
	10,6	uncharakteristisch	nur bedingt brauchbar	Neuansatz
	10,5	uncharakteristisch	unbrauchbar	Neuansatz
Agfacolor Zwischenbad (NZW)	10,2 bis 10,5	uncharakteristisch	in Ordnung	keine
	über 10,5	uncharakteristisch	unbrauchbar	Neuansatz
Agfacolor Bleichbad (N II)	5,3 bis 5,7	1,055	in Ordnung	keine
	5,3 bis 5,7	1,045	brauchbar	Regenerierung um 10% erhöhen
	5,3 bis 5,7	1,035	unbrauchbar	Neuansatz

Die Firma Agfa-Gevaert A.G., Leverkusen, hat bisher keine Vorschriften zum Ansatz der Verarbeitungsbäder für *Agfacolor*-Negativfarbfilme bekanntgegeben. Die ehemals veröffentlichten Agfa-Vorschriften entsprechen den heutigen *Orwocolor*-Vorschriften [849].

Im Frühjahr 1966 erschien von der Firma Agfa-Gevaert AG. der Farbnegativfilm mit Farbmaske *Agfacolor Spezial CN 17 S*. Bei diesem Film entsteht die Farbmaske im Bleichbad. Das Bleichbad muß zu diesem Zwecke eine ganz bestimmte Konzentration des Bleichmittels Kaliumferrizyanid enthalten und muß auf einen bestimmten p_H-Wert gepuffert sein (Spez. Gewicht = 1,050; $p_H = 6{,}2 + 0{,}1$). Die Behandlungsdauer bei 20°C beträgt 5 min.

γ) Verarbeitung von Agfacolor-Negativfilmen nach R. J. Finn [846]

Verarbeitungsbäder:

Farbentwickler

Lösung A

Wasser dest.	100 ml
Äthyl-oxyäthyl-p-phenylendiaminsulfat	5,5 g

Lösung B

Wasser dest.	700 ml
Pottasche	75 g
Natriumsulfit sicc.	2 g
Kaliumbromid	2,5 g
Hydroxylaminhydrochlorid	1,2 g

Lösung A wird unter Umrühren Lösung B zugesetzt und auf 1 l mit destilliertem Wasser aufgefüllt. Der Entwickler muß vor Gebrauch 12 Stunden stehen.

Bleichbad

Kaliumferrizyanid	70 g
Kaliumbromid	35 g
Wasser bis auf	1000 ml

Fixierbad

Natriumthiosulfat krist.	200 g
Ammoniumchlorid	50 g
Wasser bis auf	1 l

Härtebad

Formalin 37%ig	20 ml
Wasser bis auf	1 l

Tabelle 26. *Verarbeitungsbedingungen für Agfacolor-Negativfilme nach R. J. Finn*

Verarbeitungsbad	Dauer (min)	Temperatur °C	Ergiebigkeit pro l
1. Farbentwickler	6	18	6 Roll- oder Kleinbildfilme
2. Wässerung	15	18 bis 22	—
3. Bleichbad	5	18 bis 22	10 Roll- oder Kleinbildfilme
4. Wässerung	10	18 bis 22	—
5. Fixierbad	5	18 bis 22	10 Roll- oder Kleinbildfilme
6. Wässerung	20 bis 30	18 bis 22	—
7. Härtebad	5	18 bis 22	10 Roll- oder Kleinbildfilme

δ) Verarbeitung von Agfacolor-Negativfilmen nach S. Horwitz

Verarbeitungsbäder:

Farbentwickler CD-106 für Negativfilme

Lösung A

Wasser	600 ml
Trilon B	2,0 g
Nitrobenzimidazolnitrat	0,017 g
Soda sicc.	65,0 g
Natriumsulfit sicc.	2,0 g
Kaliumbromid	0,5 g
Natriumhydroxid	2,0 g

Lösung B

Wasser	100	ml
Hydroxylaminhydrochlorid	1,0	g
Äthyl-oxyäthyl-p-phenylen-diaminsulfat	5,0	g

Die Lösung B wird in die Lösung A unter Umrühren gegossen. Nach 12 Stunden Stehen ist der Entwickler gebrauchsfertig.

Härtebad H-300

Magnesiumsulfat	30 g
Wasser	1 l

Bleichbad CBH-212

Kaliumferrizyanid	50 g
Kaliumbromid	25 g
Natriumazetat krist.	60 g
Borsäure	5 g
Kalialaun	30 g
Wasser bis auf	1 l

Fixierbad CF-200

Natriumthiosulfat krist.	220 g
Wasser bis auf	1 l

Tabelle 27. *Verarbeitungsbedingungen für Agfacolor-Negativfilme nach S. Horwitz*

Verarbeitungsbad	Dauer (min)	Temperatur °C	Ergiebigkeit Anzahl Roll- oder Kleinbildfilme auf 1 l
1. Farbentwickler CD-106	7	18	5 Rollfilme oder 10 Kleinbildfilme mit 20 Aufnahmen
2. Härtebad H-300	2	14 bis 22	—
3. Wässerung	10	14 bis 22	—
4. Bleichbad CBH-212	5	14 bis 22	12 Rollfilme oder 25 Kleinbildfilme mit 20 Aufnahmen
5. Wässerung	5	14 bis 22	—
6. Fixierbad CF-200	5	14 bis 22	12 Rollfilme
7. Wässerung	15	14 bis 22	—

ε) *Einmalentwickler für Agfacolor-Negativfilme nach W. Beutler* [853]

Verarbeitungsbäder:

Farbentwickler, konzentriert

Lösung A

Wasser (etwa 20° C)	900 ml
Calgon pro Photo	20 g
Nitrobenzimidazolnitrat, 0,1%ige Lösung	100 ml
Natriumsulfit sicc.	1 g
Kaliummetabisulfit	2 g
Kaliumbromid	2 g
Diäthyl-p-phenylendiaminsulfat	8 g

Lösung B

Wasser	1000 ml
Calgon pro Photo	2 g
Pottasche	100 g

Lösung A und Lösung B werden in je 50-ml-Fläschchen abgefüllt und luftdicht verschlossen. Um Verwechslungen zu verhüten, ist es zweckmäßig, für die Lösung A braune und für die Lösung B weiße Fläschchen zu verwenden. Zum Gebrauch werden jeweils 1 Fläschchen A und B verwendet und mit 500 ml Wasser vermischt.

Fixierlösung

Wasser	1000 ml
Natriumthiosulfat krist.	70 g

Arbeitsbedingungen und Arbeitsgänge:

Tabelle 28. *Einmalentwicklungsgang von Agfacolor-Negativfilmen nach W. Beutler*

Verarbeitungsbäder	Verarbeitungs-dauer (min)	Temperatur °C	Bewegung
1. 50 ml A + 50 ml B + 500 ml Wasser	16 bis 20	20	1× je 1/2 min Dose kippen
2. Wässerung alle 2 min Wasserwechsel	10 bis 12	18 bis 20	öfters kippen
3. Fixierbad, neutral	5 bis 7	18 bis 20	1× je 1/2 min Dose kippen
4. Zusatz von 7 bis 10 g rotes Blutlaugensalz zum Fixierbad und darin den Film behandeln	7 bis 10	18 bis 20	1× je 1/2 min Dose kippen
5. Wässerung	20	14 bis 20	

b) Verarbeitung von *Ferraniacolor*-Negativfilmen N 27 [523]

α) *Anweisungen des Herstellers*

Verarbeitungsbäder:

Farbentwickler RC 125 und Regenerator RC 125 I

Lösung A	*RC 125*	*RC 125 I*
Wasser	500 ml	500 ml
Hydroxylaminhydrochlorid	1 g	1,5 g
Diäthyl-p-phenylendiaminsulfat	2,8 g	3,3 g
Lösung B		
Wasser	500 ml	500 ml
Calgon pro Photo	2 g	2 g
Natriumcarbonatmonohydrat	76 g	76 g
Natriumsulfit sicc.	2,5 g	2,5 g
Natriumhydroxid (Ätznatron)	2 g	2 g
Kaliumbromid	1,2 g	0,5 g

Die beiden Teillösungen A und B werden gemischt und müssen vor dem Gebrauch 24 Stunden stehen.
p_H = 11,0 bis 11,2

Stoppfixierbad FC 308

Wasser	1000 ml
Kalialaun	30 g
Natriumazetat sicc.	18 g
Borsäure	5 g
Eisessig	10 ml
Natriumbisulfit (Natriumpyrosulfit)	5 g
Natriumthiosulfat sicc.	160 g

p_H = 4 bis 4,5

Stoppfixierbad FC 322

Wasser	1000 ml
Kalialaun	30 g
Natriumazetat sicc.	32 g
Borsäure	5 g
Natriumhydrogensulfat	20 g
Natriumbisulfit (Natriumpyrosulfit)	5 g
Natriumthiosulfat sicc.	160 g

pH = 4 bis 4,5

Bleichhärtebad VC 212

Wasser	1000 ml
Kaliumferrizyanid	50 g
Kaliumbromid	25 g
Natriumazetat sicc.	36 g
Borsäure	5 g
Kalialaun	30 g

pH = 5,1 bis 5,2

Härtefixierbad F 8

Wasser	1000 ml
Natriumthiosulfat sicc.	150 g
Natriumsulfit sicc.	20 g
Eisessig	15 ml
Borsäure	10 g
Kalialaun	15 g

pH = 4,0 bis 4,5

Fixierbad FC 200

Wasser	1000 ml
Natriumthiosulfat sicc. (oder krist. 200 g)	130 g

Verarbeitungsbedingungen:

Tabelle 29. *Verarbeitungsdaten für Ferraniacolor-Negativfilme*

Verarbeitungsbäder	Verarbeitungsdauer (min)	Temperatur °C	Ergiebigkeit pro l
1. Farbentwickler RC 125	7 bis 9	$20 \pm 1/4$	4 Rollfilme 120 oder 8 Kleinbildfilme von 20 Aufnahmen
2. Wässerung	0,5 bis 2	14 bis 20	—
3. Stoppfixierbad FC 308 oder FC 322	5	20 ± 2	8 Rollfilme oder 16 Kleinbildfilme von 20 Aufnahmen
4. Wässerung	5	14 bis 20	—
5. Bleichhärtebad VC 212	5	20 ± 2	12 Rollfilme oder 24 Kleinbildfilme von 20 Aufnahmen
6. Wässerung	5	14 bis 20	—
7. Fixierbad FC 200	5	20 ± 2	wie VC 212
8. Wässerung	15 bis 20	14 bis 20	—

Bemerkung: Bei der Wässerung nach dem Stoppfixierbad kann helles Licht eingeschaltet werden.

Die FERRANIA-Bäder können auch zur Negativentwicklung von anderen Farbfilmfabrikaten verwendet werden. Hierbei muß das Stoppfixierbad FC 308 oder FC 322 wegfallen, und dafür muß die bei diesen Filmen übliche Wassernachentwicklung von etwa 15 min eingeschaltet werden. *Ferraniacolor*-Kinenegativfilme 16 mm werden unter etwas abweichenden Arbeitsbedingungen der Tabelle 29 entwickelt. Die Entwicklungsdauer im Farbentwickler RC 125 beträgt 4 bis 6 min, und anstelle des Stoppfixierbades FC 308 oder FC 322 wird das Härtefixierbad F 8 von gleicher Dauer eingeschaltet. Alle anderen Arbeitsgänge sind gleich.

β) *Einmalentwickler für Ferraniacolor-Negativfilme N 27 nach W. Beutler* [853]

Verarbeitungsbäder:

Farbentwickler, konzentrierte Lösungen

Lösung A

Wasser (etwa 20° C)	900 ml
Calgon	20 g
Nitrobenzimidazolnitrat, 0,1%ige Lösung	100 ml
Natriumsulfit sicc.	1 g
Kaliummetabisulfit	2 g
Kaliumbromid	2 g
Diäthyl-p-phenylendiaminsulfat	8 g

Lösung wird in 20 Fläschchen (braun) von je 50 ml Inhalt abgefüllt und jedes Fläschchen luftdicht verschlossen.

Lösung B

Wasser	1000 ml
Calgon	2 g
Pottasche	100 g

Lösung wird in 20 Fläschchen (weiß) von je 50 ml Inhalt abgefüllt.

Lösung C

Äthylenglykol	400 ml
Benzylalkohol	100 ml

Stoppbad

Magnesiumsulfat	30 g
Essigsäure 60%	6 bis 10 ml
Wasser bis auf	1000 ml

Fixierbad

Wasser	1000 ml
Trilon B	10 g
Natriumsulfit sicc.	15 g
Natriumthiosulfat krist.	200 g
Formalin	15 ml

Bleichfixierbad (Farmerscher Abschwächer)

Natriumthiosulfat krist.	70 g
Wasser	1000 ml

Kurz vor dem Gebrauch werden etwa 20 g Kaliumferrizyanid zugesetzt.

Verarbeitungsbedingungen und Arbeitsgänge:

Tabelle 30. *Einmalentwicklung von Ferraniacolor-Negativfilmen nach W. Beutler*

Verarbeitungsbäder	Verarbeitungs-dauer (min)	Temperatur °C	Bewegung (Kippen der Dose)
1. 50 ml A + 2 × 50 ml B + 25—30 ml C + 500 ml Wasser	10 bis 12	20	jede 1/2 min einmal
2. Stoppbad	2 bis 3	18 bis 20	jede 1/2 min einmal
3. Wässern	2 bis 3	18 bis 20	alle Minuten Wasser wechseln
4. Fixieren	5	18 bis 20	alle Minuten Wasser wechseln
5. Wässern	5	18 bis 20	alle Minuten Wasser wechseln
6. Bleichfixieren	5	18 bis 20	alle Minuten Wasser wechseln
7. Wässerung	20	14 bis 20	alle 2 min Wasser wechseln oder in fließendem Wasser

c) Verarbeitung von *Gevacolor*-Negativfilmen [850]

α) *Anweisungen des Herstellers*

Tabelle 31. *Verarbeitungsdaten für Gevacolor-Negativfilm mit konfektionierten Chemikalien*

Verarbeitungsbad	Verarbeitungs-dauer (min)	Temperatur °C	Regenerierung pro Rollfilm ml Zulauf	Ergiebigkeit Rollfilme pro l	
				ohne Re-generierung	mit Re-generierung
1. Farbentwickler G 24	9 bis 10,5	20 ± 0,2	50 ml G 24 R	5	20
2. Wässerung	0,5	17 bis 22	—	—	—
3. Härtefixierbad G 367 (früher G 57)	8	17 bis 22	50 ml G 367 R (G 57 R)	5	20
4. Wässerung	15	17 bis 22	—	—	—
5. Bleichbad G 449 (G 46)	5 bis 8	17 bis 22	—	10	10
6. Wässerung	10	17 bis 22	—	—	—
7. Fixierbad G 364 (G 54)	5	17 bis 22	—	10	10
8. Wässerung	20	17 bis 22	—	—	—

Bemerkungen: Nach dem Härtefixierbad kann die Weiterverarbeitung im Hellen erfolgen.

β) *Ältere Verarbeitungsvorschrift für Gevacolor-Negativfilm* [59]

Verarbeitungsbäder:

Farbentwickler G 21

		Reg.
Lösung A		
Gevadiamine (Diäthyl-p-phenylendiaminsulfat)	3 g	4 g
Wasser bis auf	100 ml	100 ml
Lösung B		
Wasser bis auf	900,0 ml	900,0 ml
Hydroxylaminchlorhydrat	1,2 g	3,5 g
Natriumsulfit sicc.	4,0 g	6,0 g
Soda sicc.	50,0 g	50,0 g
Kaliumbromid	0,5 g	—
Calgon pro Photo	1,0 g	2,8 g NaOH

Lösung A und B werden vor Gebrauch unter Rühren gemischt.

Härtefixierbad G 55

Wasser bis auf	1000 ml
Natriumthiosulfat krist.	300 g
Kaliummetabisulfit	12 g
Borax	20 g
Eisessig	12 ml
Kalialaun	15 g

Bleichbad G 41

Wasser bis auf	1000 ml
Kaliumferrizyanid	100 g
Eisessig	15 ml
Natriumhydroxid (Ätznatron)	5 g
Kaliumbromid	15 g

Fixierbad G 54

Wasser bis auf	1000 ml
Natriumthiosulfat krist.	200 g
Natriumsulfit sicc.	10 g
Borax	25 g

Stabilisierungsbad G 60

Wasser bis auf	1000 ml
Soda sicc.	10 g
Formalin 37%ig	12 ml
Calgon pro Photo	1 g

Arbeitsgang:

Tabelle 32. *Verarbeitungsgang des Gevacolor-Negativfilmes nach älterer Vorschrift*

Verarbeitungsbad	Verarbeitungsdauer (min)	Temperatur °C
1. Entwickler G 21	9	20
2. Wässerung	$^1/_2$	
3. Härtefixierbad G 55	5	
4. Wässerung	10	Es kann bei hellem Licht weitergearbeitet werden
5. Bleichbad G 41	6	
6. Wässerung	10	
7. Fixierbad G 54	5	
8. Wässerung	5	
9. Stabilisierungsbad G 60	5	
10. Wässerung	15	

d) Verarbeitung der KODAK-Negativfarbfilme

α) *Anweisungen des Herstellers*

Die KODAK-Farbfilme *Ektacolor Professional, Type S und L, Ektacolor Professional S-Rollfilm, Ektacolor Print-* und *Ektacolor Slide-Filme* sowie *Kodacolor-X*-Filme werden nach dem Color-Prozeß C-22 verarbeitet.

Der konfektionierte Entwicklersatz besteht aus den Chemikalien für Entwickler (Developer), Stoppbad (Stop Bath), Härtebad (Hardener), Bleichbad (Bleach) und Fixierbad (Fixer). Härte-, Bleich- und Fixierbad haben die doppelte Ausnutzung des Entwicklers und Stoppbades. Aus diesem Grunde enthalten die Verarbeitungssätze doppelte Chemikalienmengen für Entwickler und Stoppbad. Beim Ansetzen der Bäder sind die in den Packungen enthaltenen Vorschriften genauestens zu beachten. Die kleinste Einheit des konfektionierten Chemikaliensatzes für den Prozeß C-22 ist zur Herstellung von je 3,8 l Lösungsmengen bestimmt. Teilansätze durch Auswiegen der entsprechenden Chemikalienmengen dürfen nicht hergestellt werden [526].

Bei der Verwendung von Tanks mit 3,8 l Inhalt findet keine Regenerierung statt. Nach dem Durchgang einer bestimmten Filmmenge wird jeweils die Entwicklungszeit um einen bestimmten Betrag verlängert. Bei der Arbeit mit größeren Mengen von Lösungen wird zu den einzelnen Bädern Regenerator zugesetzt, so daß konstante Arbeitsbedingungen und größte Ausnutzungsmöglichkeit gegeben sind.

Tabelle 33. *Prozeß C-22 für* KODAK-*Ektacolor und Kodacolor-X*

Verarbeitungsbad	Temperatur °C	Entwicklungszeiten (min) bzw. Verarbeitungszeit 1.	2.	3.	4.	5.	Kapazität
1. Entwickler ..... *Ektacolor Prof.* 20 Filme 9 × 12 cm	24 ± 0,2	14 min	14 min 45 s	15 min 30 s	16 min 15 s	17 min	100 Filme 9 × 12 cm
Ektacolor Print 5 Filme 18 × 24 cm (Slide 10 m 35 mm)		12 min	12 min 45 s	13 min 30 s	—	—	15 Filme 18 × 24 cm
Ektacolor Prof. S CPS 120		14 min	14 min 45 s	15 min 30 s	16 min 15 s	17 min	25 Filme CPS 120
Kodacolor-X 5 Filme 120/B 2-8		12 min	12 min 45 s	13 min 30 s	14 min 15 s	15 min	25 Filme 120/B 2-8
2. Stoppbad	23 bis 25			4			
3. Härtebad	23 bis 25			4			
Weitere Verarbeitung im Hellen							
4. Wässerung	23 bis 25			4			
5. Bleichbad	23 bis 25			6			
6. Wässerung	23 bis 25			4			
7. Fixierbad	23 bis 25			8			
8. Wässerung	23 bis 25			8			
9. Netzmittel	23 bis 25			1			
10. Trocknung	nicht über 45 °C						

β) *Verarbeitung von Kodak Kodacolor und Ektacolor nach E. Gehret* [855]

Verarbeitungsbäder:

Farbentwickler

Soda sicc.	30,0	g
Borax	30,0	g
Natriumsulfit sicc.	2,5	g
Kaliumbromid	1,5	g
Benzylalkohol	8,5	ml
6-Nitrobenzimidazolnitrat. .	0,02	g
Farbentwicklersubstanz CD-3	7,5	g
Wasser bis auf	1000	ml

pH = 10,2 ± 0,1

Haltbarkeit des Entwicklers: 2 Wochen.

Die Haltbarkeit kann erhöht werden, wenn man eine 20%ige Vorratslösung der CD-3-Substanz herstellt und die erforderliche Menge der Entwicklersubstanz jeweils erst kurz vor Gebrauch dem Entwickler zusetzt.

CD-3 Vorratslösung

Kaliummetabisulfit	5 g
CD-3	20 g
Wasser (30° C)	100 ml

Von dieser Vorratslösung sind auf 1 l Farbentwickler ohne *CD-3* jeweils 35 ml zuzusetzen. Haltbarkeit des Entwicklers: 6 Monate.

Stoppbad

Eisessig	20 ml
Wasser bis auf	1000 ml

pH = 3,8 ± 0,2

Härtebad

Formalin 37%ig	25 ml
Soda sicc.	25 g
Wasser bis auf	1000 ml

pH = 10,8 ± 0,3

Bleichbad

Kaliumferrizyanid	40 g
Kaliumbromid	15 g
Dinatriumhydrogenphosphat sicc.	10 g
Wasser bis auf	1000 ml

pH = 8,8 ± 0,1

Fixierbad

Natriumthiosulfat krist.	200 g
Natriumsulfit sicc.	10 g
Borax	3 g
Borsäure	1 g
Wasser bis auf	1000 ml

pH = 9,0 ± 0,2

Tabelle 34. *Verarbeitungsdaten für Kodak Kodacolor und Ektacolor nach Vorschriften von E. Gehret*

Verarbeitungsbad	Temperatur °C	Verarbeitungszeit (min)	Ergiebigkeit für 1 l Lösung
1. Entwickler			
Kodacolor	24 ± 0,5	12	6 bis 8 Rollfilme
Ektacolor		14	
2. Stoppbad	20 bis 25	4	6 bis 8 Rollfilme
3. Härtebad	20 bis 25	4	12 bis 16 Rollfilme
4. Wässerung	20 bis 25	4	
5. Bleichbad	20 bis 25	6	12 bis 16 Rollfilme
6. Wässerung	20 bis 25	4	
7. Fixierbad	20 bis 25	8	12 bis 16 Rollfilme
8. Wässerung	20 bis 25	8	

Bemerkungen: Nach der Entwicklung eines Roll- oder Kleinbildfilmes ist bei der nächsten Entwicklung die Entwicklungszeit jeweils um 30 bis 45 s zu verlängern.

γ) Einmalentwicklung von Kodak Kodacolor und Ektacolor nach W. Beutler [853]

Verarbeitungsbäder:

Farbentwickler, konzentriert

Lösung A

Wasser (etwa 20° C)	900 ml
Calgon	20 g
Nitrobenzimidazolnitrat, 0,1%ige Lösung	100 ml
Natriumsulfit sicc.	1 g
Kaliummetabisulfit	2 g
Kaliumbromid	2 g
Diaethyl-p-phenylendiaminsulfat	8 g

Die Lösung wird in Fläschchen (braun) von je 50 ml Inhalt abgefüllt und jedes Fläschchen luftdicht verschlossen. Die Lösung ist nahezu unbegrenzt haltbar.

Lösung B, konzentriert

Wasser	1000 ml
Calgon	2 g
Pottasche	100 g

Die Lösung B wird in weiße Fläschchen von je 50 ml Inhalt abgefüllt.

Lösung C

Äthylenglykol	800 ml
Benzylalkohol	200 ml

Lösung ist vor Sonnenlicht geschützt unbegrenzt haltbar.

Zur Entwicklung werden verwendet: 1 Fläschchen A + 1 Fläschchen B + 25 bis 30 ml Lösung C + 500 ml Wasser.

Stoppbad

Magnesiumsulfat	30 g
Essigsäure 60%ig	30 ml
Wasser	1000 ml

Fixierbad

Wasser	1000 ml
Trilon B	10 g
Natriumsulfit sicc.	10 g
Formalin	10 ml
Natriumthiosulfat krist.	200 g

Bleichfixierbad (Farmerscher Abschwächer)

Natriumthiosulfat krist.	100 g
Wasser bis auf	1000 ml

Kurz vor dem Gebrauch werden 8 bis 10 g rotes Blutlaugensalz zugesetzt.

Es kann auch getrennt gebleicht und fixiert werden.

Arbeitsbedingungen und Arbeitsgänge:

Tabelle 35. *Einmalentwicklungsgang von Ektacolor und Kodacolor nach W. Beutler*

Verarbeitungsbäder	Verarbeitungs-dauer (min)	Temperatur °C	Bewegung bei Kippdose
1. Farbentwicklung: 50 ml A + 50 ml B + 25—30 ml C + 500 ml Wasser	26 bis 30	20	je $^1/_2$ min
2. Stoppbad	3 bis 5	18 bis 20	je 1 min
3. Wässerung	3 bis 5	18 bis 20	Wasserwechsel jede Minute einmal
4. Formalin-Fixierbad	5	18 bis 20	je 1 min
5. Wässerung	3 bis 5	18 bis 20	Wasserwechsel jede Minute einmal
6. Bleichen und Fixieren	5	18 bis 20	je 1 min
7. Wässerung	20	14 bis 20	in fließendem Wasser oder alle 2 min Wasserwechsel

e) Verarbeitungsvorschriften für *Eastman-Color*-Negativfilm Type 5250 (Kinefilm) [550]

Verarbeitungsbäder:

Farbentwickler, KODAK *SD-30*

Wasser (21 bis 24°C)	950	ml
Benzylalkohol	3,8	ml
etwa 7 min lang mischen bis zur vollständigen Lösung		
Calgon pro Photo	2,0	g
Natriumsulfit sicc.	2,0	g
Natriumhydroxid (Ätznatron), 10%ige Lösung	5,5	ml
Kodak-Farbentwickler CD-3	5,0	g
Kaliumbromid	1,0	g
(oder Natriumbromid	0,86	g)
Soda monohydrat	50,0	g

$p_H = 10{,}75 \pm 0{,}05$
Spez. Gew. = $1{,}046 \pm 0{,}002$

Vorbad zur Lichthofschutzentfernung, KODAK *PB-2*

Wasser	800	ml
Borax	20,0	ml
Natriumsulfat sicc.	100,0	g
Natriumhydroxid, 10%ige Lösung	10,0	ml
Wasser bis auf	1000	ml

$p_H = 9{,}30 \pm 0{,}1$
Spez. Gew. = $1{,}096 \pm 0{,}004$

Erstes Fixierbad, Stoppbad und zweites Fixierbad, KODAK *F-5*

Wasser (50°C)	600	ml
Natriumthiosulfat krist.	240	g
Natriumsulfit sicc.	15,0	g
Essigsäure 60%ig	22,4	ml

Borsäure	7,5 g
Kalialaun	15,0 g
Wasser bis auf	1000 ml

pH = 4,25 ± 0,25
Spez. Gew. = 1,135 ± 0,005

Dichromat-Bleichbad, KODAK *SR-4a*

Wasser (etwa 21° C)	800 ml
Kaliumbromid	20,0 g
(oder Natriumbromid	17,2 g)
Kaliumdichromat	5,0 g
Kalialaun	40,0 g
Wasser bis auf	1000 ml

pH = 3,1 ± 0,20
(einstellen mit 10%iger Natrium-hydroxid-Lösung oder 7 n Schwefelsäure)
Spez. Gew. = 1,036 ± 0,003

Ferrizyanid-Bleichbad, KODAK *SR-9*

Wasser (etwa 21° C)	800 ml
Kaliumferricyanid	50,0 g
Kaliumbromid	20,0 g
Wasser bis auf	1000 ml

pH = 6,5—7,0
(einstellen mit 10%iger Natrium-hydroxid-Lösung oder 7 n Schwefelsäure)
Spez. Gew. = 1,038 ± 0,004

Stabilisierungsbad, KODAK *S-3*

Wasser (etwa 21° C)	800 ml
Dinatriumphosphat wasserfrei	8,2 g
Eisessig	4,5 g
Wasser bis auf	1000 ml

pH = 5,0 ± 0,20

Tabelle 36. *Behandlungsgang von Eastman-Color-Negativfilm, Type 5250*

Verarbeitungsbad	Temperatur °C	Behandlungs-dauer	Regenerierungs-zulauf
1. Vorbad *PB-2*	21	10 s	3,8 l/300 m
2. Sprühwässerung	21	10 bis 20 s	
3. Farbentwickler *SD-30*	21 ± 0,15	12 min	3,8 l/60 m
4. Sprühwässerung	21	10 bis 20 s	
5. Stoppbad *F-5*	21	4 min	3,8 l/150 m
6. Wässerung	21	4 min	
7. Bleichbad *SR-4a* oder *SR-9*	21	8 min	3,8 l/150 m
8. Wässerung	21	7 min	
9. Zweites Fixierbad *F-5*	21	4 min	3,8 l/400 m
10. Wässerung	21	7 min	
11. Stabilisierungsbad *S-3*	21	1 min	3,8 l/300 m
12. Sprühwässerung	21	1 bis 5 s	
13. Netzmittelbad	21	1 s	
14. Trocknung	21 bis 27	15 bis 20 min	

f) Verarbeitung von *Orwocolor*-Negativfilmen [59, 849]

Verarbeitungsbäder:

Orwocolor 11-Farbentwickler und Regenerator für Kinefilme

Lösung A	*11*	*11 R*
Wasser	400 ml	400 ml
Calgon (Orwo A 901)	2 g	2 g
Hydroxylaminsulfat (S 55)	1,2 g	2 g
Diäthyl-p-phenylendiaminsulfat (T 22)	2,75 g	6 g
Lösung B		
Wasser	400 ml	400 ml
Calgon (Orwo A 901)	2 g	2 g
Pottasche	75 g	75 g
Natriumsulfit sicc.	2 g	2,5 g
Kaliumbromid	2,0 g	—

Die Lösung A wird vor dem Gebrauch zu der Lösung B unter Umrühren gegossen und dann auf 1 l aufgefüllt. $p_H = 10{,}7$ bis 11,0. Die Gebrauchslösung muß vor dem Gebrauch etwa 12 Stunden stehen.

Orwocolor 13-Farbentwickler und Regenerator

Lösung A	*13*	*13 R*
Wasser	400 ml	400 ml
Calgon (Kalkschutz A 901)	2 g	2 g
Hydroxylaminsulfat	1,2 g	2 g
Äthyl-oxyäthyl-p-phenylendiamin-sulfat	6 g	8,7 g
Lösung B		
Wasser	400 ml	400 ml
Calgon (Kalkschutz A 901)	2 g	2 g
Pottasche	75 g	75 g
Natriumsulfit sicc.	2 g	2,5 g
Kaliumbromid	2,5 g	—

Lösung A wird in die Lösung B gegossen und auf 1 l aufgefüllt. $p_H = 10{,}7$ bis 11,0.

Orwocolor 15-Farbentwickler und Regenerator insbesondere für Maskenfilme

Lösung A	*15*	*15 R*
Wasser	400 ml	400 ml
Calgon (Orwo A 901)	3 g	3 g
Hydroxylaminsulfat (S 55)	1,2 g	1,5 g
Diäthyl-p-phenylendiaminsulfat (T 22)	3 g	4,5 g
Lösung B		
Wasser	400 ml	400 ml
Calgon (Orwo A 901)	3 g	3 g
Pottasche	75 g	75 g
Natriumsulfit sicc.	2 g	2,5 g
Kaliumbromid	2,5 g	1,9 g
Nitrobenzimidazolnitrat	0,01 g	0,01 g

Die Lösung A wird vor dem Gebrauch zu der Lösung B unter Umrühren gegossen und dann auf 1 Liter aufgefüllt. $p_H = 10{,}7$ bis 11,0. Die Gebrauchslösung soll vor der Benutzung etwa 12 Stunden stehen.

Orwocolor 201

Magnesiumsulfat	20 g
Wasser	1000 ml

$p_H = 5{,}2$ bis 5,8

Orwocolor 57 — Bleichbad

Kaliumferrizyanid	100 g
Kaliumbromid	15 g
Kaliumdihydrogenphosphat	5,8 g
Dinatriumhydrogenphosphat	4,3 g
Wasser bis auf	1000 ml

$p_H = 6{,}2$ bis 6,4

Orwocolor 59 — Bleichbad für Maskenfilme

Wasser	800 ml
Kaliumdichromat	7 g
Kaliumbromid	20 g
Eisessig	30 ml
Natriumazetat sicc.	4,5 g
Kalialaun	40 g
Wasser bis auf	1 l

$p_H = 3{,}0$ bis 3,3; Ausnutzungsfähigkeit: 12 bis 14 Kleinbild- oder Rollfilme

Orwocolor 71 — Fixierbad

Natriumthiosulfat krist.	200 g
Wasser bis auf	1000 ml

$p_H = 7{,}5$ bis 7,8

Tabelle 37. *Verarbeitungsbedingungen für Orwocolor-Negativfilme*

Verarbeitungsbad	Verarbeitungsdauer (min)			Temperatur °C	Ergiebigkeit ohne Regenerierung	pro Liter mit Regenerierung
	Schale	Dose	Tank			
1. Farbentwickler						
Orwocolor 13	5	4	5	20	7 Rollfilme	11 Rollfilme
Orwocolor 15	7—9	7—9	7—9	20	7 Rollfilme	11 Rollfilme
2. Magnesiumbad						
Orwocolor 201	2	2	2	20	—	—
3. Wässerung	15	25	15	14 bis 22	—	—
4. Bleichbad						
Orwocolor 57	5	5	5	20	12 Rollfilme	—
Orwocolor 59 (bei NC 17 Mask)	7	7	7	20	12 Rollfilme	—
5. Wässerung	5	5	5	14 bis 22	—	
6. Fixierbad						
Orwocolor 71	8	8	8	20	14 Rollfilme	—
7. Wässerung	15	25	15	14 bis 22	—	

Bemerkungen: Befindet sich das Filmmaterial 1 min im Bleichbad, dann kann die Weiterverarbeitung im Hellen erfolgen. Bei der Regenerierung wird pro entwickelten Film 50 ml Regenerator zugegeben.

g) Universal-Vorschriften zur Verarbeitung von Negativfarbfilmen

α) *Verarbeitungsvorschriften nach G. Theilgaard* [832]

Verarbeitungsbäder:

Farbentwickler 24 N-104

Wasser dest.	1000 ml
Genochrome	2,4 g
Kaliumbromid	0,5 g
Hydroxylaminhydrochlorid	1,0 g
Natriumsulfit sicc.	2,0 g
Soda sicc.	40,0 g

Gewöhnliches saures Fixierbad

Wasser	860 ml
Natriumthiosulfat krist.	200 g
Kaliummetabisulfit	20 g

Bleichfixierbäder

	BF. 4226	*BF. 4226 S*	*BF. 225.12*
Wasser	860 ml	860 ml	860 ml
Natriumhydroxid (Ätznatron)	23,5 g	23,5 g	13 g
Trilon BS (EDTA)	42,0 g	42,0 g	22,5 g
Eisen(III)-chlorid krist.	26,0 g	26,0 g	12,0 g
Natriumthiosulfat krist.	160,0 g	160,0 g	200,0 g
Natriumsulfit sicc.	15,0 g	—	—
Kaliummetabisulfit	—	14,0 g	—
Ammoniumchlorid	—	—	50,0 g
Thiocarbamid	—	—	5,0 g
pH	7,0	6,0	—

Das saure Bleichfixierbad BF. 4226 S ergibt bei Papieren klarere Weißen. Das Bleichfixierbad BF. 225.12 arbeitet weniger energisch als die beiden anderen; es ist besonders für Negativfarbfilme geeignet.

Tabelle 38. *Verarbeitungszeiten für Color-Negativfilme nach G. Theilgaard*

Verarbeitungsbad	Color-Negativfilme					
	Agfacolor CN 17	*Ferrania-color N 27*	*Gevacolor N 5*	*Kodacolor*	*Orwocolor*	*Telcolor*
1. Farbentwickler *24 N-104*	7	7	11	16	3	6
2. Wässerung	1	1	1	1	1	1
3. Saures Fixierbad	3	6	3	6	3	6
4. Wässerung	15	15	15	15	15	15
5. Bleichfixierbad *BF. 225.12*	10	10	12	10	10	12
6. Wässerung	20	20	20	20	20	20
Empfindlichkeitsausnutzung (DIN)	17	15	16	15	17	14
Aussehen	rötlich	braun	rötlich	orange	braunrot	gelbgrün

β) *Verarbeitungsvorschriften nach H. Gordon* [842]

Verarbeitungsbäder:

Farbentwickler

Trilon BS	1,5 g
Natriumsulfit sicc.	2,0 g

Äthyl-oxyäthyl-p-phenylendiaminsulfat	4,0 g
Pottasche	75,0 g
Trikaliumphosphat	10,0 g
Kaliumbromid	0,5 bis 2,5 g
Wasser bis auf	1000,0 ml

Bleichfixierbad

Wasser	1000 ml
Eisensalz der Äthylendiamintetraessigsäure (Sequestrol-Iron Complex CP 2)	60 g
Natriumthiosulfat krist.	200 g
Soda sicc.	5 g
Kaliumrhodanid	10 g
Kaliumbromid	30 g

Verarbeitungsbedingungen:

Die Verarbeitungsprozesse stimmen mit denen von THEILGAARD weitgehend überein. Für *Agfacolor* sind 7 min, für *Ferraniacolor* 9 min und für *Telcolor* ebenfalls 9 min Entwicklungszeit angegeben.

h) Einmalentwickler in der Color-Negativtechnik

Versuche, die Color-Negativentwicklung zu vereinfachen, zu verbilligen und ihr dadurch eine weitere Verbreitung besonders in den Amateurkreisen zu schaffen, wurden wohl zuerst von W. BEUTLER unternommen [851 bis 853]. Er hat inzwischen sein Einmal-Entwicklungsverfahren wesentlich verbessert [853]. Nach seiner Arbeitstechnik sind für den Color-Negativprozeß keine Sonderbehandlungen in Lösungen von konfektionierten Packungen erforderlich.

Die Arbeitsanweisungen der Entwicklung von *Agfacolor-*, *Ferraniacolor-* und *Kodacolor*-Negativfilmen sind unter den entsprechenden Filmsorten behandelt.

Auch von der AGFA-GEVAERT A.G., Leverkusen, wird ein Einmalentwickler in flüssiger Form (*Ac-Negativentwickler F*) in den Handel gebracht, der nach Patenten von W. EICHLER, H. SASSMANN und anderen folgende Zusammensetzung hat [854]:

Einmal-Farbentwickler für Agfacolor nach W. EICHLER *und* H. SASSMANN

Lösung A

Diäthyl-p-phenylendiaminsulfat	1,5 g
Hydroxylaminsulfat	1,2 g
Wasser bis auf	50,0 ml

Lösung B

Trilon BS	1,0 g
Pottasche	40,0 g
Kaliumhydrogenkarbonat	2,0 g
Natriumsulfit sicc.	2,0 g
Kaliumbromid	1,3 g
Wasser bis auf	50,0 ml

Vor Gebrauch werden die beiden Lösungen gemischt und mit Wasser auf 1000 ml aufgefüllt. $p_H = 10,4$ bis 10,8. Entwicklungszeit für *Agfacolor*-Negativfilm: 12 min bei 20°C.

G. Vorschriften für die Umkehrfarbfilmentwicklung

1. Allgemeines

Bei der Umkehrfarbentwicklung werden zunächst in den drei Schichten Schwarzweißbilder entwickelt. Das nicht entwickelte Silberbromid ist nach dieser Erstentwicklung bildmäßig positiv abgestuft. Beim zweiten Arbeitsgang macht man dieses positive Bromsilberbild durch vollständige diffuse Durchbelichtung entwicklungsfähig und reduziert es dann in einem Farbentwickler zu Silber, wobei gleichzeitig die farbigen Teilbilder entstehen. Nach dem Ausbleichen des gesamten entwickelten Silbers, das bei der ersten und zweiten Entwicklung entstanden ist, und der anschließenden Fixage bleibt ein positives Farbstoffbild in natürlichen Farben zurück (Abb. 49).

Vom Negativprozeß unterscheidet sich die Umkehrentwicklungstechnik dadurch, daß zunächst ein negatives Silberbild entwickelt wird. Der zweite Teil des Arbeitsprozesses ist weitgehend identisch mit dem Negativprozeß (Abb. 50).

Das Umkehrentwicklungsverfahren ist besonders sorgfältig durchzuführen, da der erhaltene Film ein Unikat darstellt und fast überhaupt nicht zu korrigieren ist.

2. Besondere Anweisungen für die Umkehrtechnik

Zur diffusen Belichtung nach der Erstentwicklung wird am zweckmäßigsten eine 500-Watt-*Nitraphot*-Lampe verwendet. Der Film wird im Abstand von 75 cm von beiden Seiten 1 bis 2 min angestrahlt. Das Herausspulen des Filmes aus der Spirale und das Wiedereinspulen in nassem Zustand bereitet sehr viel Schwierigkeiten. Es ist daher zu empfehlen, bei der Umkehrtechnik Spulen aus transparentem Material zu verwenden, die Filme zur diffusen Belichtung auf den Spulen zu belassen und die Belichtung der Spulen im Wasser durchzuführen. Hierbei kann die Lichtquelle verhältnismäßig nahe an die Wasseroberfläche herangebracht werden, man muß nur darauf achten, daß keine Wasserspritzer auf die Lampenglocke kommen, damit sie nicht zu Bruch geht. Die Belichtung auf diese Weise soll mindestens 5 min betragen, wobei die Spule öfters gedreht wird, damit Schattenbildung vermieden wird.

Bei dem Umkehrprozeß ist die Erstentwicklung verantwortlich für die Gradation und die Empfindlichkeitsausnutzung. Eine Verlängerung der Entwicklungszeit bringt einen Empfindlichkeitsgewinn. Der Kontrast (Steilheit) wird dadurch jedoch kaum erhöht, da der Schleier zunimmt und damit nach der Entfernung des Silbers die Grundschwärzung zurückgeht. Wird die Erstentwicklung zu lange ausgedehnt, so nimmt die Grundschwärzung immer weiter ab und zugleich erhält sie einen Blaustich, da die obere Gelbschicht am stärksten verschleiert und infolgedessen im Farbentwickler am wenigsten Farbstoff gebildet wird.

Durch Verkürzung der Erstentwicklung tritt ein verhältnismäßig hoher Empfindlichkeitsverlust ein. Dieser Verlust kann durch Verlängerung der Farbentwicklung nicht ausgeglichen werden.

Die Dauer der Farbentwicklung hat einen Einfluß auf die Farbsättigung. Verlängerte Farbentwicklung führt zu einer höheren Farbdichte und damit einem geringen Empfindlichkeitsverlust. Verkürzte Farbentwicklung ergibt dünnere Farbbilder.

Die geschilderten Resultate sind weitgehend vom Fabrikat abhängig. Beim *Anscochrome*- und *Superanscochrome*-Film kann durch verlängerte Erst- und Farbentwicklung die Empfindlichkeit um das Doppelte gesteigert werden.

Aufnahmen auf Color-Umkehrfilmen sollen möglichst bald entwickelt werden. Bei ungünstigen Lagerungsverhältnissen, besonders in den Tropen, kann das latente Bild sehr stark zurückgehen. Wenn große Transportwege bis zur nächsten Umkehranstalt vorliegen oder überhaupt eine große Zeitspanne bis zur Verarbeitung zu erwarten ist, dann ist zu empfehlen, selbst die Erstentwicklung, aber nur diese, durchzuführen, anschließend zu wässern und zu trocknen. Die weitere Verarbeitung kann dann ohne Schaden beliebig später zu Ende geführt werden.

3. Fehler bei der Umkehrentwicklung

Jede Änderung der vorgeschriebenen Arbeitsbedingungen kann zu Farbfehlern führen. Ein Farbbild mit blaustichigen Lichtern kann durch ungenügende Erstentwicklung (zu kalter Entwickler, ungenügende Bewegung) hervorgerufen sein. Sind die Schatten blaustichig und dünn, so war die Erstentwicklung zu intensiv (zu hohe Temperatur, zu heftige Bewegung, zu lange Entwicklungsdauer). Bei der Erstentwicklung wurde in der obersten Schicht zu viel Silber reduziert, so daß für die Farbentwicklung zu wenig übrigblieb und dadurch zu wenig gelber Farbstoff gebildet wurde.

Eine zu lange Erstentwicklung führt zu ausgefressenen Lichtern. Zu kurze Erstentwicklung verursacht weiche und eventuell verschleierte Bilder. Ein zu dünnes Farbbild mit zu geringer Grundschwärzung kann durch zu lange Erstentwicklung entstanden sein. Derselbe Fehler kann auch bei ungenügender Farbentwicklung auftreten.

Ein blaugrüner Farbschleier wird durch ungenügende Auswässerung bzw. Entfernung der Farbentwicklersubstanz vor dem Bleichen des Silbers bewirkt. Durch das Bleichbad werden die Reste der Entwicklersubstanz oxydiert, und diese treten mit dem Farbkuppler in Reaktion und bilden vornehmlich in der untersten Schicht den blaugrünen Schleier.

Die Randsignierung bei Farbumkehrfilmen ist kein Kriterium zur Beurteilung der Entwicklung. Von den Filmherstellern kann bei der Lichtsignierung auf Konstanz kein besonderer Wert gelegt werden, außerdem kann die Signierung im Farbton und in der Intensität in verschiedenen Maschinen verschieden ausfallen.

Fehlentwickelte Farbdias können durch verschiedene Methoden verbessert werden. Es gibt einmal besondere Korrekturbäder, die es ermöglichen, einen Farbstich zu beseitigen. Dieser Weg ist jedoch nicht zwangsläufig, und die Wirkung der Behandlung ist schwer abzuschätzen (IV. J. 1. a)). Haben die Umkehrdias bestimmte Farbstiche, so können diese durch Montage zusammen mit Antifarbstichfolien beseitigt werden. Derartige Antifarbstichfolien in sechs verschiedenen Färbungen in je drei verschiedenen Dichten stellt ORWO VEB FILMFABRIK, Wolfen, her. Ein dritter Weg, einwandfreie Farbdias zu erhalten, besteht darin, von den fehlerhaften Farbdias Duplikate auf Duplikat-Umkehrfarbfilm herzustellen. Hierbei kann man jede gewünschte Korrektur vornehmen.

Color-Negativfilme, aus Versehen farbumkehrentwickelt, sind nicht zu gebrauchen und können auch nicht mehr verbessert werden. Schwarzweißnegativfilme sind nach der Farbumkehrentwicklung vollständig blank.

4. Vorschriftensammlung

a) Verarbeitung von *Agfacolor*-Umkehrfilmen

α) Arbeitsanweisungen des Herstellers für konfektionierten Entwicklersatz [534]

Agfacolor-Umkehrfilme für den Amateurbedarf werden einschließlich der Entwicklungskosten geliefert. Die belichteten Filme müssen an lizenzierte bzw.

firmeneigene Umkehranstalten zur Bearbeitung eingesandt werden. *Agfacolor-Umkehr-Planfilme* werden dagegen ohne Verarbeitungskosten in den Handel gebracht, und hierfür liefert die AGFA einen besonderen Umkehrsatz zur Selbstverarbeitung. Der *Agfacolor*-Umkehrsatz (Kurzbezeichnung *CU-Satz*) wird in Packungen für 1 l und 10 l hergestellt. Der *CU*-Satz besteht aus folgenden Bäderchemikalien: Erstentwickler (*CU I*), Stoppbad (*CU II*), Farbentwickler (*CU III*), Bleichbad (*CU V*) und Fixierbad (*CU VI*). Früher war noch ein Härtebad (*CU IV*) erforderlich; heute entfällt dieses.

Tabelle 39. *Arbeitsgänge und Arbeitszeiten für Agfacolor-Umkehr-Planfilmentwicklung*

Verarbeitungsbad	Temperatur °C	Verarbeitungszeit (min)	Ergiebigkeit pro l
1. Erstentwickler *CU I*	20 ± 0,5	17 bis 19[1]	30 Blatt 9 × 12 cm
2. Wässerung	14 bis 20	Sekunden	—
3. Stoppbad *CU II*	18 bis 20	4	60 Blatt 9 × 12 cm
4. Wässerung	14 bis 20	10	—
	Weiterverarbeitung im Hellen!		
5. Zweitbelichtung	500 Watt — 1 m Abstand — von jeder Seite 1/2 min		
6. Farbentwickler *CU III*	20 ± 0,5	14	30 Blatt 9 × 12 cm
7. Wässerung	14 bis 20	20	—
8. Bleichbad *CU V*	18 bis 20	5	60 Blatt 9 × 12 cm
9. Wässerung	14 bis 20	5	—
10. Fixierbad *CU VI*	18 bis 20	5	60 Blatt 9 × 12 cm
11. Wässerung	14 bis 20	10	—
12. Stabilisierung	18 bis 20	1	60 Blatt 9 × 12 cm

[1] 17 min ist die Entwicklungszeit beim ersten Film 9 × 12 cm bei 1 l Entwickler. Nach der Entwicklung von jeweils 6 Filmen 9 × 12 cm muß die Entwicklungszeit für die nächsten 6 Filme um 1/2 min verlängert werden. Bei anderen Formaten muß entsprechend verfahren werden.

β) *Verarbeitungsvorschrift für Agfacolor CUT-18 (CT-18) nach C. L. Thomson* [856]

C. L. THOMSON hat auch Vorschriften für *Agfacolor CUK-20* (*CK-20*) bekanntgegeben [857].

Verarbeitungsbäder:

Erstentwickler

Metol	2 g
Natriumsulfit sicc.	25 g
Soda sicc.	25 g
Hydrochinon	4 g
Kaliumrhodanid	2 g
Kaliumbromid	2 g
Kaliumjodid, 0,1%ige Lösung	5 ml
Johnsons „142"	5 ml
Wasser bis auf	1000 ml

Stoppbad

Eisessig	20 ml
Wasser bis auf	1000 ml

Farbentwickler

Natriumsulfit sicc.	3 g
Genochrome	6 g
Kaliumbromid	1 g
Soda sicc.	50 g
Wasser bis auf	1000 ml

Bleichbad (einfaches)

Kaliumferrizyanid	30 g
Kaliumbromid	15 g
Wasser bis auf	1000 ml

Bleichhärter (anstelle des einfachen zu verwenden)

Natriumazetat sicc.	20 g
Kalialaun	30 g
Borax	10 g
Kaliumferrizyanid	30 g
Kaliumbromid	15 g
Wasser bis auf	1000 ml

Fixierbad

Natriumthiosulfat krist.	200 g
Borax	10 g
Wasser bis auf	1000 ml

Tabelle 40. *Verarbeitungsgang von Agfacolor CUT-18 nach C. L. Thomson*

Verarbeitungsbad	Temperatur °C	Verarbeitungsdauer (min)
1. Erstentwickler	20 ± 0,5	17
2. Stoppbad	14 bis 22	3
3. Wässerung	14 bis 22	7
4. Zweitbelichtung		
5. Farbentwickler	20 ± 1	17
6. Stoppbad	18 bis 22	3
7. Wässerung	14 bis 22	7
8. Bleichbad	18 bis 20	7
9. Wässerung	14 bis 22	1
10. Fixierbad	18 bis 22	3
11. Wässerung	14 bis 22	10

b) Verarbeitung von Ansco *Anscochrome*- und *Superanscochrome*-Filmen

α) *Vorschriften des Herstellers*

Verarbeitungsbäder:

Erstentwickler für Anscochrome-Aufnahmefilme und Duplikatfilme (für *Anscochrome Printon* besondere Vorschrift)

	Stammansatz	*Regenerator*
Wasser	750,0 ml	750,0 ml
EDTA (*Trilon BS*)	0,8 g	0,8 g
Metol	3,0 g	3,5 g
Natriumsulfit sicc.	50,0 g	52,0 g
Hydrochinon	6,0 g	8,5 g

Sodamonohydrat	45,0 g	50,0 g
Natriumthiozyanat	2,0 g	2,3 g
Kaliumjodid, 0,1%ige Lösung	6,0 ml	—
Natriumbromid	1,72 g	—
Ansco DA-6	0,00005 g	—
Wasser bis auf	1000 ml	1000 ml

Farbentwickler für Anscochrome-Aufnahmefilme
(für *Anscochrome*-Duplikatfilme und *Anscochrome Printon* besondere Vorschriften)

	Stammansatz	*Regenerator*
Wasser	750,0 ml	750,0 ml
EDTA (*Trilon BS*)	0,8 g	0,8 g
Ansco Dicolamine S-5 (Diäthyl-p-phenylendiaminsulfat)	5,0 g	5,6 g
Sodamonohydrat	120,0 g	135,0 g
Ansco DA-3	2,8 g	3,2 g
Natriumbromid	0,86 g	0,52 g
Wasser bis auf	1000 ml	1000 ml

Stoppbad, Ansco *858*
(verwendbar auch für *Duplikat* und *Printon*)

Natriumazetat krist.	50 g
(oder sicc.	30 g)
Eisessig 98/100%	5 ml
Wasser bis auf	1000 ml
pH = 4,9 ± 0,1	

Stoppbad Regenerator, Ansco *860-R*

Eisessig 98/100%	60 ml
Wasser bis auf	1000 ml

Bleichbad, Ansco *716-1 und* Ansco *716-1 R*
(verwendbar auch für *Duplikat* und *Printon*)

	Ansco *716-1*	Ansco *716-1 R*
Kaliumferrizyanid	50,0 g	50,0 g
Kaliumferrozyanid	5,0 g	—
Natriumbromid	15,0 g	30,0 g
Dinatriumhydrogenphosphat krist.	27,8 g	52,6 g
Zitronensäure	8,7 g	12,8 g
Formalin, 37%ig	15,0 ml	30,0 ml
Wasser bis auf	1000 ml	1000 ml
pH	4,70 ± 0,1	4,3 ± 0,1

Fixierbad, Ansco *800-B und* Ansco *800-BR*
(verwendbar auch für *Duplikat* und *Printon*)

	Ansco *800-B*	Ansco *800-BR*
Natriumthiosulfat krist.	200,0 g	235,5 g
Natriumsulfit sicc.	4,0 g	6,0 g
Borax	2,0 g	3,5 g
Borsäure	3,0 g	2,0 g
Wasser bis auf	1000 ml	1000 ml
pH	8,0 ± 0,1	8,2 ± 0,1

Härtebad, ANSCO *901 und* ANSCO *901-R*
(verwendbar auch für *Duplikat* und *Printon*)

	ANSCO *901*	ANSCO *901-R*
Kaliumchromalaun	30,0 g	32,0 g
Wasser bis auf	1000 ml	1000 ml
pH	3,5 ± 0,2	3,5 ± 0,2

Tabelle 41. *Arbeitsgang und Verarbeitungszeiten für Anscochrome- und Superanscochrome-Filme*

Verarbeitungsbad	Temperatur °C	Verarbeitungsdauer (min)
1. Erstentwickler	27	8,5 (ständige Bewegung die ersten 3 min)
2. Stoppbad, *Ansco 858*	27	2 (erste Minute ständig bewegen)
3. Wässerung	27	2,5
4. Zweitbelichtung	500 Watt — Abstand 1 m — Belichtung je 1 min auf jeder Seite	
5. Farbentwickler	27	10 (Bewegung jede Minute einmal)
6. Stoppbad, *Ansco 858*	27	2 (erste Minute ständig bewegen)
7. Wässerung	—	5 —
8. Bleichbad, *Ansco 716-1*	27	3,5 —
9. Wässerung	—	2,5 —
10. Fixierbad, *Ansco 800-B*	27	2,5 (ständige Bewegung)
11. Wässerung	—	4 —
12. Härtebad, *Ansco 901*	27	1 (ständige Bewegung)
13. Wässerung	—	0,5
14. Netzmittelbad	27	0,5
15. Trocknung		

β) *Verarbeitungsvorschriften für Anscochrome und Superanscochrome nach P. Monachesi* [858]

Verarbeitungsbäder:

Erstentwickler

Wasser (etwa 35 bis 40°C)	700,0 ml
Calgon pro Photo	2,0 g
Natriumsulfit sicc.	50,0 g
Hydrochinon	6,0 g
Soda sicc.	30,0 g
Phenidon	0,2 g
Kaliumrhodanid	2,0 g
Kaliumbromid	4,0 g
Antischleierlösung	40,0 ml
Wasser bis auf	1000 ml

Antischleierlösung

Wasser (40 bis 50°C)	1000 ml
Calgon	0,5 g
Soda sicc.	10 g
Nitrobenzimidazolnitrat	0,5 g

Stopphärtebad

Natriumazetat krist.	60 g
Eisessig 98/100%	10 ml
Kalialaun	30 g
Wasser bis auf	1000 ml

Farbentwickler

Lösung A

Wasser (35 bis 40 °C)	700 ml
Natriumbisulfit	2 g
Trinatriumphosphat krist.	10 g
Soda sicc.	70 g
Kaliumbromid	2 g

Lösung B

Wasser (kalt)	100 ml
Hydroxylaminhydrochlorid	2 g
Genochrome	6 g

Lösung B wird unter Rühren Lösung A zugesetzt und auf 1000 ml aufgefüllt.

Bleichbad

Wasser (35 bis 40 °C)	700 ml
Kaliumferrizyanid	60 g
Dinatriumhydrogenphosphat krist.	12 g
Natriumbisulfit	5 g
Kaliumbromid	15 g
Wasser bis auf	1000 ml

Fixierbad

Natriumthiosulfat krist.	200 g
Wasser bis auf	1000 ml

Tabelle 42. *Arbeitsgang und Verarbeitungszeiten für Anscochrome- und Superanscochrome-Filme nach P. Monachesi*

Verarbeitungsbad	Temperatur °C	Verarbeitungsdauer (min)
1. Erstentwickler	$20 \pm 0{,}2$	15 (30 s ständig, dann jede Minute 10 s Bewegung)
2. Wässerung	16 bis 24	1
3. Stopphärtebad	16 bis 24	5 (Dauerbewegung in der ersten Minute)
4. Wässerung	16 bis 24	5
5. Zweitbelichtung		
6. Farbentwickler	$20 \pm 0{,}2$	20 (Bewegung wie bei Erstentwicklung)
7. Wässerung	16 bis 24	2 —
8. Stopphärtebad	16 bis 24	3 (Dauerbewegung in der ersten Minute)
9. Wässerung	16 bis 24	5
10. Bleichbad	16 bis 24	5 (Dauerbewegung in der ersten Minute)
11. Wässerung	16 bis 24	5 —
12. Fixierbad	16 bis 24	4 (Bewegung in der ersten Minute)
13. Wässerung	16 bis 24	20 —
14. Netzmittelbad	16 bis 24	1
15. Trocknung		

γ) *Verarbeitungsvorschriften für Anscochrome- und Superanscochrome-Filme nach E. Gehret* [859]

Verarbeitungsbäder:

Erstentwickler

Wasser	700 ml
Metol	3,5 g
Natriumsulfit sicc.	40,0 g
Hydrochinon	7,0 g
Soda sicc.	34,0 g
Natriumrhodanid	2,0 g
Kaliumbromid	2,0 g
6-Nitrobenzimidazolnitrat	0,03 g
Wasser bis auf	1000 ml
pH = 9,9	

Stoppbad

Eisessig 98/100%	10 ml
Natriumazetat krist.	20 g
Wasser bis auf	1000 ml
pH = 4,2 bis 4,8	

Härtebad

Chromalaun	30 g
Wasser bis auf	1000 ml
pH = 3,5 ± 0,2	

Farbentwickler

Äthyl-oxyäthyl-p-phenylen-diaminsulfat	5,0 g
Beta-Phenyläthylamin	2,5 g
Soda sicc.	100,0 g
Natriumsulfit sicc.	5,0 g
Kaliumbromid	1,0 g
Wasser bis auf	1000 ml
pH = 10,8 bis 11,2	

Bleichbad

Kaliumferrizyanid	80,0 g
Kaliumbromid	20,0 g
Dinatriumhydrogen-phosphat sicc.	20,0 g
Kalium- oder Natrium-hydrogensulfat	12,0 g
Wasser bis auf	1000 ml
pH = 5,0 bis 6,0	

Fixierbad

Natriumthiosulfat crist.	200,0 g
Natriumsulfit sicc.	10,0 g
Wasser bis auf	1000 ml
pH = 7,2 bis 8,0	

Tabelle 43. *Arbeitsgang und Verarbeitungszeiten für Anscochrome- und Superanscochrome-Filme nach E. Gehret*

Verarbeitungsbad	Temperatur °C	Verarbeitungsdauer (min)	Ergiebigkeit Anzahl Rollfilme pro l	Haltbarkeit frisch	Haltbarkeit gebraucht
1. Erstentwickler	20 ± 0,2	16	8 bis 10	4 bis 5 Monate	1 bis 2 Monate
2. Wässerung....	16 bis 24	0,5	—	—	—
3. Stoppbad	16 bis 24	1	4 bis 6	1 Jahr	2 bis 3 Monate
4. Härtebad	16 bis 24	4	8 bis 10	3 bis 4 Monate	1 bis 2 Monate
5. Wässerung....	16 bis 24	5	—	—	—
6. Zweitbelichtung	250 Watt — Abstand 1 m — jede Seite 1,5 min				
7. Farbentwickler	20 ± 0,5	14	4 bis 6	3 Wochen	1 bis 2 Wochen
8. Wässerung....	16 bis 24	0,5	—	—	—
9. Stoppbad	16 bis 24	1	—	—	—
10. Härtebad	16 bis 24	4	—	—	—
11. Wässerung....	16 bis 24	5	—	—	—
12. Bleichbad	20	3 bis 5	10 bis 12	6 Monate	6 Monate
13. Wässerung....	16 bis 24	3	—	—	—
14. Fixierbad.....	16 bis 24	4	6 bis 8	3 Monate	3 Monate
15. Wässerung....	16 bis 24	10	—	—	—

Bemerkungen: Entwicklungszeiten für *Superanscochrome* bei Belichtungsindex 100 ASA. Bei Belichtung von 200 ASA muß die Erstentwicklung auf 23 min und die Farbentwicklung auf 16 min verlängert werden.

Anstelle von 6-Nitrobenzimidazolnitrat als Antischleiermittel im Erstentwickler kann auch Kaliumjodid verwendet werden wie in der Original-Vorschrift. Kaliumjodid hemmt die Wirkung der Rhodanide in der obersten Gelbschicht [860]. Beta-Phenyläthylamin wirkt als Entwicklungsbeschleuniger [861].

c) Verarbeitung von *Ferraniacolor*-Umkehrfilmen

Ferrania stellt zwei verschiedene Typen von Color-Umkehrfilmen her: einen *Ferraniacolor*-Umkehrfilm mit 15 DIN und *Ferraniacolor*-Umkehrfilm *Dia 28* mit 18 DIN. Beide Filme gibt es als Tageslicht- und als Kunstlichtfilme. Der *Ferraniacolor*-Umkehrfilm 15 DIN ist zur Selbstverarbeitung des Verbrauchers bestimmt; er wird ohne Entwicklungskosten geliefert, und die Ferrania bringt zur Verarbeitung einen besonderen Entwicklersatz in den Handel. Der *Ferraniacolor Dia 28* ist einschließlich der Entwicklungskosten im Handel und muß zur Verarbeitung an firmeneigene Umkehranstalten eingeschickt werden.

α) *Vorschriften des Herstellers zur Verarbeitung des Ferraniacolor 15 DIN* [523, 862]

Verarbeitungsbäder:

Erstentwickler RC 109 und Regenerator RC 109 I

	RC 109	*RC 109 I*
Wasser	750 ml	750 ml
Calgon pro Photo	2,0 g	2,0 g
Amidol *(Ferrania S-12)*	5,0 g	5,5 g
Natriumsulfit sicc.	50,0 g	50,0 g
Kaliumbromid	1,0 g	0,5 g
Wasser bis auf	1000 ml	1000 ml

$p_H = 7{,}2$ bis $7{,}5$

Haltbarkeit des frischen Ansatzes in luftdicht verschlossener Flasche 6 Tage.

Es werden folgende weitere Bäder wie bei der *Ferraniacolor*-Negativentwicklung benötigt: *Farbentwickler RC 125*, *Bleichhärtebad VC 212*, *Fixierbad FC 200* (IV. F. 3. b)).

Arbeitsgänge und Bedingungen:

Tabelle 44. *Verarbeitungsbedingungen für Ferraniacolor-Umkehrfilme 15 DIN für Tages- (LD) und Kunstlicht (LA)*

Verarbeitungsbad	Temperatur °C	Verarbeitungsdauer (min)	Ergiebigkeit pro l
1. Erstentwickler RC 109	18 ± 0,2	14	3 Rollfilme
		(12 bis 16 Duplikatfilm)	3 Rollfilme
2. Wässerung	14 bis 18	15	—
3. Zweitbelichtung:	1,5 min jede Seite mit 1200 bis 1300 Lux		
4. Farbentwickler *RC 125*	18 ± 0,2	8	3 Rollfilme
		(6 bis 8 Duplikatfilm)	3 Rollfilme
5. Wässerung	14 bis 18	15	—
6. Bleichhärter *VC 212*	16 bis 18	10	12 Rollfilme
7. Wässerung	14 bis 18	5	—
8. Fixierbad *FC 200*	16 bis 18	5 bis 8	12 Rollfilme
9. Wässerung	14 bis 18	15 bis 20	—
10. Netzmittelbad	—	2	
11. Trocknung	nicht über 35°C		

β) *Vorschriften des Herstellers zur Verarbeitung des Ferraniacolor DIA 28* [523]

Verarbeitungsbäder:

Erstentwickler RC 131 und Regenerator RC 131 I

	RC 131	*RC 131 I*
Wasser	750,0 ml	750,0 ml
Calgon pro Photo	2,0 g	2,0 g
Natriumsulfit sicc.	40,0 g	40,0 g
Hydrochinon	5,0 g	5,0 g
Phenidon	0,8 g	0,8 g
Borax	5,0 g	5,0 g
Kaliumbromid	2,5 g	1,5 g
Kaliumrhodanid	0,8 g	1,0 g
Natriumhydroxid (Ätznatron)	0,8 g	1,2 g
Wasser bis auf	1000 ml	1000 ml
pH	9,5 ± 0,1	9,6

Stopphärtebad VC 233

Wasser	1000 ml
Natriumazetat wasserfrei	30 g
Kalialaun	30 g
Natriumpyrosulfit (Natriumbisulfit)	5 g
Natriumbisulfat (Natriumhydrogensulfat)	30 g

pH = 4,0 bis 4,2

Es werden außerdem noch die Verarbeitungsbäder wie bei der *Ferraniacolor*-Negativentwicklung benötigt: *Farbentwickler RC 125, Bleichhärtebad VC 212* und *Fixierbad FC 200* (IV. F. 3. b)).

Arbeitsgänge und Arbeitsbedingungen:

Tabelle 45. *Verarbeitungsbedingungen für Ferraniacolor DIA 28*

Verarbeitungsbad	Temperatur °C	Verarbeitungsdauer (min)	Ergiebigkeit pro l
1. Erstentwickler *RC 131*	$20 \pm 0{,}2$	14	7 Rollfilme oder entspr.
2. Wässerung	14 bis 22	1	—
3. Stopphärtebad *VC 233*	20 ± 2	5	7 Rollfilme oder entspr.
4. Wässerung	14 bis 22	5	—
5. Zweitbelichtung:	1 bis 2 min von beiden Seiten — 500 W — 1 m		
6. Farbentwickler *RC 125*	$20 \pm 0{,}2$	11	3 bis 4 Rollfilme
7. Wässerung	14 bis 22	1 bis 3	—
8. Stopphärtebad *VC 233*	18 bis 22	5	7 Rollfilme
9. Wässerung	14 bis 22	5	—
10. Bleichhärtebad *VC 212*	18 bis 22	5	12 Rollfilme oder entspr.
11. Wässerung	14 bis 22	5	—
12. Fixierbad *FC 200*	18 bis 22	5	12 Rollfilme oder entspr.
13. Wässerung	14 bis 22	15 bis 20	—
14. Netzmittelbad	18 bis 22	1	—
15. Trocknung	35°C nicht überschreiten		

Tabelle 46. *Verarbeitungsbedingungen für Ferraniacolor-Umkehrfilme für Tages- und Kunstlicht 16 — 9,5 — 2 × 8 mm*

Verarbeitungsbad	Temperatur °C	Verarbeitungsdauer (min)	Ergiebigkeit pro l
1. Erstentwickler *RC 131*	$20 \pm 0{,}2$	10 bis 15	30 m
2. Wässerung	14 bis 22	1 bis 2	—
3. Stopphärtebad *VC 233*	18 bis 22	5	30 m
4. Wässerung	14 bis 22	5	—
5. Zweitbelichtung		5	—
6. Farbentwickler *RC 125*	$20 \pm 0{,}2$	8 bis 10	12 m
7. Wässerung	14 bis 22	1 bis 2	—
8. Stopphärtebad *VC 233*	18 bis 22	5	30 m
9. Wässerung	14 bis 22	5	—
10. Bleichhärtebad *VC 212*	18 bis 22	10	50 m
11. Wässerung	14 bis 22	2	—
12. Fixierbad *FC 200*	18 bis 22	5 bis 10	30 m
13. Wässerung	14 bis 22	15 bis 20	—
14. Trocknung	möglichst 35°C nicht überschreiten		

d) Verarbeitung von *Gevacolor*-Umkehrfilmen R 5

Der *Gevacolor*-Umkehrfilm *R 5* wird einschließlich mit Entwicklungskosten geliefert. Zur Umkehrentwicklung muß er an lizenzierte oder firmeneigene

Umkehranstalten eingesandt werden. Original-Vorschriften des Herstellers sind bisher nicht bekanntgegeben worden.

Vorschrift nach C. L. THOMSON [863].

Verarbeitungsbäder:

Erstentwickler

Metol	1,5 g
Natriumsulfit sicc.	25,0 g
Hydrochinon	4,5 g
Soda sicc.	31,5 g
Kaliumbromid	2,0 g
Kaliumjodid, 0,1%ige Lösung	5,0 ml
Kaliumrhodanid	1,0 g
Wasser bis auf	1000 ml

Stoppbad

1%ige Essigsäure

Farbentwickler

Genochrome	3,0 g
Soda sicc.	44,5 g
Kaliumbromid	2,5 g
Wasser bis auf	1000 ml

Bleichhärtebad

Natriumazetat sicc.	30,0 g
Kalialaun	30,0 g
Borax	10,0 g
Kaliumferrizyanid	30,0 g
Kaliumbromid	15,0 g
Wasser bis auf	1000 ml

Fixierbad

Natriumthiosulfat krist.	200 g
Wasser bis auf	1000 ml

Stabilisierungsbad

Formalin 37%	50 ml
Wasser bis auf	1000 ml

Tabelle 47. *Verarbeitungsbedingungen für Gevacolor-Umkehrfilm R 5 nach C. L. Thomson*

Verarbeitungsbad	Temperatur °C	Verarbeitungs-dauer (min)
1. Erstentwickler	20 ± 0,2	11
2. Stoppbad	16 bis 20	3
3. Wässerung	14 bis 18	7
4. Zweitbelichtung		
5. Farbentwickler	20 ± 0,2	11
6. Stoppbad	16 bis 20	3
7. Wässerung	14 bis 18	7
8. Bleichhärtebad	16 bis 20	7
9. Wässerung	14 bis 20	2
10. Fixierbad	16 bis 20	3
11. Wässerung	14 bis 20	10
12. Stabilisierungsbad	16 bis 20	3
13. Trocknung		

e) Verarbeitung von *Telcolor*-Umkehrfilmen

Vorschrift nach E. GEHRET [864].

Verarbeitungsbäder:

Erstentwickler

Hydrochinon	6,0 g
Phenidon	0,25 g
Natriumsulfit sicc.	40,0 g
Soda sicc.	40,0 g
Kaliumbromid	2,0 g
Natriumrhodanid	2,0 g
Kaliumjodid	0,01 g
6-Nitrobenzimidazolnitrat	0,03 g
Wasser bis auf	1000 ml
pH = 9,9	

Stoppbad

Eisessig 98/100%	10 ml
Natriumazetat krist.	20 g
Wasser bis auf	1000 ml

Härtebad

Chromalaun	30 g
Wasser bis auf	1000 ml
pH = 3,5 ± 0,2	

Farbentwickler

Pottasche	70,0 g
Natriumsulfit sicc.	2,0 g
Kaliumbromid	2,0 g
Hydroxylaminhydrochlorid	1,4 g
Diäthyl-p-phenylendiamin-sulfat	3,6 g
Wasser bis auf	1000 ml

Bleichbad

Kaliumferrizyanid	60 g
Kaliumbromid	15 g
Dinatriumhydrogenphosphat krist.	10 g
Mononatriumdihydrogen-phosphat sicc.	4 g
Wasser bis auf	1000 ml
pH = 5,1 bis 6,0	

Es kann auch mit sehr guten Ergebnissen das FERRANIA-Bleichhärtebad *VC 212* verwendet werden (IV. F. 3. b)).

Fixierbad

Natriumthiosulfat krist.	200 g
Natriumsulfit sicc.	10 g
Wasser bis auf	1000 ml
pH = 7 bis 8	

Stabilisierungsbad

Formalin 37%	6 ml
Netzmittelzusatz	
Wasser bis auf	1000 ml

Verarbeitungsbedingungen:

Tabelle 48. *Verarbeitungsbedingungen für Telcolor-Umkehrfilme nach E. Gehret*

Verarbeitungsbad	Temperatur °C	Verarbeitungs-dauer (min)	Ergiebigkeit pro l	Haltbarkeit
1. Erstentwickler	20 ± 0,5	10	6 Filme	3 Monate
2. Wässerung	14 bis 20	1	—	
3. Stoppbad	14 bis 20	2	6 Filme	1 Jahr
4. Wässerung	14 bis 20	5	—	—
5. Zweitbelichtung ...	2 × 1 min, 500 Watt, 50 cm Abstand			
6. Farbentwickler	18 bis 21	9	6 Filme	2 bis 3 Wochen
7. Wässerung	14 bis 20	1	—	—
8. Stoppbad	14 bis 20	1	—	—
9. Wässerung	14 bis 20	5	—	—
10. Bleichbad	14 bis 20	4	8 bis 10 Filme	6 Monate
11. Wässerung	14 bis 20	1	—	—
12. Fixierbad	14 bis 20	4	6 Filme	4 bis 6 Monate
13. Wässerung	14 bis 20	10	—	—
14. Stabilisierungsbad .	14 bis 20	1	6 Filme	—
15. Trocknung				

f) Verarbeitung von *Orwocolor*-Umkehrfilmen

Vorschriften nach Orwo VEB Filmfabrik, *Wolfen* [59, 834, 849].

Verarbeitungsbäder:

Erstentwickler, Orwocolor 09 und Regenerator 09 R

	Orwocolor 09	*Regenerator 09 R*
Calgon pro Photo oder Orwo-Kalkschutz *A 901*	2 g	2 g
Natriumsulfit sicc.	50 g	80 g
Amidol (Orwo *A 140*)	5 g	10 g
Kaliumbromid	2 g	—
Wasser bis auf	1000 ml	1000 ml
pH	7,2 bis 7,4	7,2 bis 7,4

Härtebad, Orwocolor 205

Natriumazetat wasserfrei	60 g
Aluminiumsulfat	20 g
(oder Kalialaun	30 g)
Wasser bis auf	1000 ml
pH = 5,4 bis 5,8	

Die anderen Bäder sind identisch mit den Bädern für *Orwocolor*-Negativentwicklung: *Orwocolor 201, Farbentwickler Orwocolor 13, Bleichbad Orwocolor 57, Fixierbad Orwocolor 71* (IV. F. 3. d)).

Verarbeitungsbedingungen:

Tabelle 49. *Arbeitsbedingungen für Orwocolor-Umkehrfilme*

Verarbeitungsbad	Temperatur °C	Verarbeitungsdauer (min)		Ergiebigkeit pro l	
		Dose	Tank	mit Regenerierung	ohne Regenerierung
1. Erstentwicklung	18 ± 0,2	32	15 bis 20	8 Filme	3 bis 4 Filme
2. Magnesiumbad *Orwocolor 201*	18 bis 20	2	2 bis 3	—	—
3. Wässerung	14 bis 20	25	25	—	—
4. Zweitbelichtung	500 Watt, 75 cm Abstand, 3 bis 5 min				
5. Farbentwickler *Orwocolor 13*	18 ± 0,2	10	10 bis 14	12 Filme	7 bis 8 Filme
6. Wässerung	14 bis 20	25	25	—	—
7. Bleichbad *Orwocolor 57*	18 bis 20	5	5	—	12 Filme
8. Wässerung	14 bis 20	10	10	—	—
9. Fixierbad *Orwocolor 71*	18 bis 20	5	5	—	15 Filme
10. Wässerung	14 bis 20	5	5	—	—
11. Härtebad *Orwocolor 205*	14 bis 20	5	5	—	10 Filme
12. Wässerung	14 bis 20	25	25	—	—
13. Trocknung					

Bemerkungen: Nach der Farbentwicklung (Bad Nr. 5) kann bei weichem Wasser ebenfalls ein Magnesiumsulfatbad von 2 min Dauer eingeschaltet werden. Die Regenerierung erfolgt in der Weise, daß beim Erstentwickler nach dem Durchgang von 1 Rollfilm oder entsprechend anderer Filmmenge 40 ml Regenerator und beim Farbentwickler 50 ml Regenerator zugesetzt wird.

g) Verarbeitung der Color-Umkehrfilme nach G. Theilgaard [832]

Verarbeitungsbäder:

Erstentwickler

	A-5010	*A-5020*	*MQ-2522*	*MQ-3722*
Wasser bis auf	1000 ml	1000 ml	1000 ml	1000 ml
Metol	—	—	2 g	3 g
Natriumsulfit sicc.	50 g	50 g	30 g	50 g
Hydrochinon	—	—	5 g	7 g
Amidol	5 g	5 g	—	—
Kaliumbromid	1 g	2 g	2 g	2 g
Natriumrhodanid	—	—	2 g	2 g
Soda sicc.	—	—	25 g	40 g

Bemerkungen: Die Nummernbezifferung gibt Aufschluß über die Zusammensetzung.

Härtebäder

Chromalaun	30 g	Kalialaun	50 g
Wasser bis auf	1000 ml	Wasser bis auf	1000 ml

Farbentwickler

	3N-207 sehr warm	*3N-157* warm	*3N-125* mittel	*3N-93* kalt	*3N-62* sehr kalt	*4N-75*	*5N-50*
Wasser bis auf	je 1000 ml						
Genochrome	3,0 g	3,0 g	3,0 g	3,0 g	3,0 g	4,0 g	5,0 g
Kaliumbromid	0,5 g	0,5 g	0,5 g	0,5 g	0,5 g	1,0 g	1,0 g

Hydroxylaminchlorhydrat ..	1,0 g	1,0 g	1,0 g	1,0 g	1,0 g	1,0 g	1,0 g
Natriumsulfit sicc.	2,0 g	2,0 g	2,0 g	2,0 g	2,0 g	2,0 g	2,0 g
Soda sicc.	100,0 g	75,0 g	60,0 g	45,0 g	30,0 g	48,0 g	40,0 g

Bleichbad 6015

Kaliumferrizyanid	60 g
Kaliumbromid	15 g
Wasser bis auf	1000 ml

Fixierbad

Natriumthiosulfat krist.	200 g
Wasser bis auf	1000 ml

Verarbeitungsbedingungen:

Tabelle 50. *Verarbeitungsbedingungen für verschiedene Color-Umkehrfilme nach G. Theilgaard*

Arbeitsgang	Verarbeitungsbäder und -zeiten bei 20°C für				
	Agfacolor CT 18	*Ferraniacolor* 15 DIN	*Telcolor* Umkehr	*Orwocolor* Umkehr *Ultra T*	*Anscochrome*
1. Erstentwickler	*MQ-2522* 12 min	*A-5010* 13 min	*A-5020* 17 min	*A-5020* 26 min	*MQ-3722* 15 min
2. Wässerung ...	2 min	2 min	2 min	2 min	2 min
3. Härtebad	Chromalaun 2 min	Kalialaun 2 min	Chromalaun 2 min	Chromalaun 2 min	Chromalaun 2 min
4. Wässerung ...	12 min	12 min	12 min	12 min	12 min
5. Zweitbelichtung....	Auf der Spirale von jeder Seite je 2 bis 3 min, 250 W, Abstand 50 cm				
6. Farbentwickler	*5N-50* 15 min	*3N-157* 4 bis 5 min	*3N-157* 11 min	*3N-157* 11 min	*4N-75* 15 min
7. Wässerung ...	20 min	20 min	20 min	20 min	20 min
8. Bleichbad	*6015* 5 min	*6015* 5 min	*6015* 5 min	*6015* 5 min	*6015* 5 min
9. Wässerung ...	2 min	2 min	2 min	2 min	2 min
10. Fixierbad	5 min	5 min	5 min	5 min	5 min
11. Wässerung ...	15 min	15 min	15 min	15 min	15 min

h) Verarbeitung von KODAK-*Ektachrome*-Farbfilmen

Bei den KODAK-Umkehrfarbfilmen *Ektachrome*, verschiedene Typen, sind die Kosten für die Entwicklung im Kaufpreis nicht eingeschlossen. Die verschiedenen Typen erfordern verschiedene Arbeitsprozesse.

Nach dem Prozeß *E-2* werden verarbeitet: KODAK *Ektachrome-X Film*, 19 DIN, lieferbar als Roll- und Kleinbildfilm und Meterware; Tageslichtfilm;

High Speed Ektachrome Film, für Tageslicht 23 DIN, für Kunstlicht 22 DIN, lieferbar als Roll- und Kleinbildfilm;

Ektachrome Reversal Print Film 35 mm (Duplikatfilm).

Zur Verarbeitung nach dem Prozeß *E-3* sind bestimmt:

Ektachrome Professional Rollfilm, Tageslichttype, 18 DIN;

Ektachrome Planfilme, für Tageslicht 18 DIN, für Kunstlicht 16 DIN.

Die gewerblichen 16-mm-Farbfilme *Ektachrome Commercial*, *Ektachrome ER*, *Ektachrome MS* erfordern eine spezielle Verarbeitung in Kinefilmbetrieben (Prozeß *ECO-1*) [871].

α) *Vorschriften des Herstellers für die Prozesse E-2 und E-3* [538]

Der Verarbeitungsablauf ist bei beiden Prozessen gleich. Auch in der chemischen Zusammensetzung der frisch angesetzten Bäder besteht zunächst für die beiden Entwicklungsprozesse kein Unterschied. Da jedoch die Entwicklerlösungen durch die verschiedenen *Ektachrome*-Filme chemisch verändert werden, sind für die Prozesse *E-2* und *E-3* verschiedene Bäder erforderlich. Bei getrennten Erst- und Farbentwicklern können gegebenenfalls die übrigen Bäder für beide Prozesse gemeinsam verwendet werden.

Kodak liefert zur Ausführung der Prozesse *E-2* und *E-3* die erforderlichen Chemikalien in Entwicklersätzen verschiedener Größe, die jeweils nur für die bestimmten Prozesse zu verwenden sind.

Die Verarbeitungsgänge und Verarbeitungszeiten stimmen mit denen von E. Gehret ausgearbeiteten Vorschriften bei Selbstansatz der Lösungen überein, so daß auf diese im nächsten Abschnitt verwiesen wird.

β) *Vorschriften für den Selbstansatz für die Prozesse E-2 und E-3 nach E. Gehret* [868, 869]

Vorschriften zur Verarbeitung der *Ektachrome*-Filme und zum Selbstansatz der erforderlichen Lösungen sind wiederholt ausgearbeitet worden [865 bis 870]. Den neuesten Typen der *Ektachrome*-Filme trägt die Vorschrift von E. Gehret Rechnung [869].

Verarbeitungsbäder:

E-2 Erstentwickler

Wasser (etwa 35 bis 40°C)	750	ml
Metol	3,5	g
Natriumsulfit sicc.	40,0	g
Hydrochinon	7,0	g
Soda sicc.	34,0	g
Natriumrhodanid	2,0	g
Kaliumbromid	2,0	g
Kaliumjodid	0,01	g
6-Nitrobenzimidazolnitrat, 2%ig	15,0	ml
Wasser bis auf	1000	ml

$p_H = 9{,}9$

E-3 Erstentwickler

Wasser (35 bis 40°C)	750	ml
Hydrochinon	6,0	g
Phenidon	0,25	g
Natriumsulfit sicc.	40,0	g
Soda sicc.	40,0	g
Kaliumbromid	2,0	g
Natriumrhodanid	2,1	g
6-Nitrobenzimidazolnitrat, 2%ig	15,0	ml
Calgon	2,0	g
Wasser bis auf	1000	ml

$p_H = 9{,}9$ bis $10{,}0$

Stopphärtebad, entspricht KODAK *SB-3*

Chromalaun	30 g
Wasser bis auf	1000 ml

pH = 3,5 ± 0,2

Farbentwickler

Wasser (25 bis 30° C)	750 ml
Calgon	2,0 g
Trinatriumphosphat krist.	40,0 g
Natriumhydroxid	5,6 g
Natriumsulfit sicc.	2,0 g
Benzylalkohol	5,0 g
Äthylendiaminsulfat	2,0 g
Kaliumjodid	0,01 g
Citracinsäure	1,5 g
Entwicklersubstanz CD-3	10,5 g
Wasser bis auf	1000 ml

pH = 11,5 ± 0,1

Farbentwickler, KODAK *SD-35*

Originalvorschrift für E-2 zum Vergleich

Benzylalkohol	6,0 ml
Calgon	2,0 g
Natriumsulfit sicc.	5,0 g
Trinatriumphosphat krist.	40,0 g
Kaliumbromid	0,25 g
Kaliumjodid	0,01 g
Natriumhydroxid	6,5 g
Entwicklersubstanz CD-3	11,33 g
Äthylendiaminsulfat	7,8 g
Citracinsäure	1,5 g
Wasser bis auf	1000 ml

pH = 11,57 ± 0,06

Klärbad

Kaliummetabisulfit	20 g
Wasser bis auf	1000 ml

pH = 4,6 ± 0,2

Bleichbad

Kaliumferrizyanid	80,0 g
Kaliumbromid	20,0 g
Dinatriumhydrogenphosphat sicc.	10,0 g
Soda sicc.	3,0 g
Wasser bis auf	1000 ml

pH = 9,9 ± 0,2

Fixierbad

Natriumthiosulfat krist.	160,0 g
Kaliummetabisulfit	10,0 g
Mononatriumhydrogenphosphat sicc.	4,5 g
Wasser bis auf	1000 ml

pH = 4,6 ± 0,2

Stabilisierungsbad

Wasser	1000 ml
Formalin, 37%ig	6 ml
Netzmittelzusatz	

Arbeitsgänge und Arbeitsbedingungen:

Tabelle 51. *Entwicklungsprozesse E-2 und E-3 für Ektachrome-Filme nach E. Gehret*

E-2: *Ektachrome-X, Ektachrome High Speed*; E-3: *Ektachrome Professional, Ektachrome Sheet Film*

Verarbeitungsbad	Temperatur °C	Verarbeitungsdauer (min)
1. Erstentwickler	24 ± 0,2	10
2. Wässerung	23 bis 25	1
3. Stopphärtebad	23 bis 25	3
4. Wässerung	23 bis 25	3
5. Zweitbelichtung	Weiterarbeit im Hellen	
6. Farbentwicklung	23 bis 25	15
7. Wässerung	23 bis 25	5
8. Klärbad	23 bis 25	5
9. Wässerung	23 bis 25	1
10. Bleichbad	23 bis 25	8
11. Wässerung	23 bis 25	1
12. Fixierbad	23 bis 25	6
13. Wässerung	23 bis 25	8
14. Stabilisierungsbad	23 bis 25	1
15. Trocknung	40 bis 43	—

γ) *Entwicklungsprozeß ECO-1 für Ektachrome Commercial Film 16 mm*

Verarbeitungsbäder:

Erstentwickler	*Stammansatz*	*Regenerator*
Wasser	800 ml	800 ml
Natriumtetraphosphat	0,6 g	0,6 g
Natriumbisulfit	3,8 g	2,5 g
Metol	4,65 g	5,0 g
Natriumsulfit sicc.	45,7 g	46,8 g
Hydrochinon	3,0 g	4,4 g
Soda wasserfrei	50,0 g	50,0 g
Natriumbromid	2,0 g	—
Natriumrhodanid	1,8 g	1,8 g
Kaliumjodid, 0,1%ige Lösung	4,0 ml	—
Hydrochinonmonosulfonat	2,5 g	—
Wasser bis auf	1000 ml	1000 ml
p_H bei 27°C	9,72	9,82
Spez. Gew. bei 27°C	1,118	1,114

Farbentwickler	*Stammansatz*	*Regenerator*
Wasser	800 ml	800 ml
Natriumtetraphosphat	5,0 g	5,0 g
Benzylalkohol	4,15 ml	4,75 ml
Natriumsulfit sicc.	5,2 g	5,5 g
Trinatriumphosphat krist.	40,0 g	40,0 g
Natriumbromid	0,6 g	—
Kaliumjodid, 0,1%ige Lösung	10,0 ml	—
Natriumhydroxid	2,0 g	4,11 g
Citracinsäure	2,56 g	2,87 g

Äthylendiamin	2,50 g	2,50 g
Entwicklersubstanz CD-3	11,3 g	13,0 g
Natriumaluminat 75%	6,7 g	7,8 g
Wasser bis auf	1000 ml	1000 ml
p_H bei 27°C	11,50	11,75
Spez. Gew. bei 27°C	1,039	1,041

Erstes und zweites Härtebad	*Stammansatz*	*Regenerator*
Kaliumchromalaun	30,0 g	34,0 g
Wasser bis auf	1000 ml	1000 ml
p_H bei 27°C	3,50	3,20
Spez. Gew. bei 27°C	1,015	1,017

Stabilisierungsbad	*Stammansatz*	*Regenerator*
Wasser	800 ml	800 ml
Formaldehyd, 37 Gew.-%	5,5 ml	6,0 ml
Wasser bis auf	1000 ml	1000 ml

Bleichbad	*Stammansatz*	*Regenerator*
Natriumbromid	36,0 g	43,0 g
Kaliumferrizyanid	110,0 g	145,0 g
Wasser bis auf	1000 ml	1000 ml

Fixierbad	*Stammansatz*	*Regenerator*
Wasser	800 ml	800 ml
Natriumthiosulfat krist.	180,0 g	200,0 g
Natriumsulfit sicc.	9,0 g	10,0 g
Natriumtetraphosphat	0,9 g	1,0 g
Wasser bis auf	1000 ml	1000 ml

Verarbeitungsgang:

Tabelle 52. *Verarbeitungsbedingungen beim Prozeß ECO-1 (Maschinenleistung 1000 m pro Stunde)*

Verarbeitungsbad	Verarbeitungsdauer bei Temperatur 25° C ± 0,2° bei Erstentwicklung, sonst ± 1° C	Umlauf l pro min	Zulauf Regenerator pro min	Einlauf in Tank
1. Erstentwickler	5 min 50 s	20	410 ml	oben
2. Wässerung	1 min 36 s	—	3 l	oben
3. Erstes Härtebad	1 min 36 s	—	125 ml	unten
4. Wässerung	1 min 36 s	—	3 l	oben
5. Zweitbelichtung	weißes Licht durch die Unterlage			
6. Farbentwickler	5 min 36 s	30	450 ml	oben
7. Wässerung	48 s	—	3 l	unten
8. Zweites Härtebad	1 min 36 s	—	125 ml	unten
9. Wässerung	1 min 36 s	—	3 l	oben
10. Bleichbad	1 min 36 s	—	180 ml	unten
11. Fixierbad	1 min 36 s	7	200 ml	unten
12. Wässerung	2 min 24 s	—	3 l	unten
13. Stabilisierungsbad	48 s	—	90 ml	unten
14. Trocknung				

i) Verarbeitung von PERUTZ-*Color*-Umkehrfilm *C 18*

Vorschrift nach E. GEHRET [872]

Verarbeitungsbäder:

Erstentwickler

Wasser	800	ml
Metol	3,5	g
Natriumsulfit sicc.	40,0	g
Hydrochinon	7,0	g
Soda sicc.	34,0	g
Kaliumbromid	2,0	g
Natriumrhodanid	2,0	g
Kaliumjodid	0,01	g
(oder 0,1%ige Lösung 10 ml)		
6-Nitrobenzimidazolnitrat, 0,2%ige Lösung	15,0	ml
Wasser bis auf	1000	ml

$p_H = 9{,}9$

Stopphärtebad

Chromalaun	30,0	g
Wasser bis auf	1000	ml

$p_H = 3{,}5 \pm 0{,}2$

Farbentwickler

Wasser	700	ml
Benzylalkohol	5,0	ml
Trinatriumphosphat krist.	40,0	g
Natriumhydroxid	5,6	g
Natriumsulfit sicc.	3,0	g
Äthylendiaminsulfat	6,0	g
Kaliumjodid	0,01	g
Entwicklersubstanz CD-3	10,0	g
Wasser bis auf	1000	ml

$p_H = 11{,}5 \pm 0{,}1$

Klärbad

Kaliummetabisulfit	20,0	g
Wasser bis auf	1000	ml

$p_H = 4{,}6 \pm 0{,}2$

Bleichbad

Kaliumferrizyanid	80,0	g
Kaliumbromid	20,0	g
Dinatriumhydrogenphosphat sicc.	20,0	g
Kalium- oder Natriumhydrogensulfat	12,0	g

$p_H = 5{,}5$ bis $6{,}0$

Fixierbad

Natriumthiosulfat krist.	160,0	g
Kaliummetabisulfit	10,0	g
Mononatriumdihydrogenphosphat sicc.	4,5	g
Wasser bis auf	1000	ml

$p_H = 4{,}6 \pm 0{,}2$

Stabilisierungsbad

Formaldehyd, 37%ige Lösung 6,0 ml
Netzmittelzusatz
Wasser bis auf............. 1000 ml

Verarbeitungsbedingungen:

Tabelle 53. *Verarbeitungsbedingungen für Perutz-Color C 18 nach E. Gehret*

Verarbeitungsbad	Temperatur °C	Verarbeitungs-dauer (min)	Ergiebigkeit pro l	Haltbarkeit, ungebraucht, Luftabschluß
1. Erstentwickler.....	20 ± 0,2	14	8 Filme	3 Monate
2. Wässerung........	18 bis 20	1	—	—
3. Stopphärtebad	18 bis 20	3	10 bis 12 Filme	2 Monate
4. Wässerung........	18 bis 22	5	—	—
5. Zweitbelichtung ...	2 × 1 min bei 500 Watt und 50 cm Abstand			
6. Farbentwickler	20 bis 24	12	8 Filme	10 Tage
7. Wässerung........	18 bis 22	4	—	—
8. Klärbad	18 bis 22	3	12 bis 15 Filme	6 Monate
9. Wässerung........	18 bis 22	1	—	—
10. Bleichbad	18 bis 22	4	10 bis 12 Filme	6 Monate
11. Wässerung........	18 bis 22	2	—	—
12. Fixierbad.........	18 bis 22	4	8 bis 10 Filme	5 Monate
13. Wässerung........	18 bis 22	10	—	—
14. Stabilisierungsbad .		1	—	—
15. Trocknung				

Bemerkung: Bewegung jeweils die ersten 15 s ununterbrochen, dann alle 0,5 min 5 s bewegen.

H. Vorschriften für die Verarbeitung von Color-Umkehrduplikat-, Positivkopier- und Zwischennegativfilmen

1. Bestimmungszweck der Materialien

Der *Color-Umkehrduplikatfilm* dient zur Herstellung von Duplikaten von Umkehrfarbdias. Der *Color-Zwischennegativfilm* wird verwendet, um Zwischennegative von Umkehrfarbdias herzustellen, von denen dann wie von normalen Farbnegativen positive Farbaufsichtsbilder angefertigt werden können. Prinzipiell kann man auch von Zwischennegativen wieder Farbdiapositive herstellen, doch ist ihre Qualität nicht so gut wie die der direkten Umkehrduplikate. Der *Color-Positivkopierfilm* (*Copy*-Film, *Slide*-Film, *Print*-Film) ist zur Herstellung von Farbdiapositiven von Farbnegativen bestimmt.

2. Die Verarbeitungstechnik

Literatur: [873 bis 877]

Bei der Verwendung des Umkehrduplikat- und des Zwischennegativfilmes dient als Vorlage immer ein Farbdiapositiv. Wird der Positivkopierfilm zum Gebrauch eingesetzt, so liegt ein Farbnegativ als Vorlage vor. Die Verfahrenstechnik ist bei allen drei Materialien die gleiche. Es können im Prinzip Kontaktverfahren, optische Kopierverfahren und reproduktionstechnische Verfahren angewendet werden.

a) Kontaktverfahren

Zur Ausübung des Kontaktverfahrens besteht der einfachste Weg darin, Kopiergeräte wie LEITZ „*Eldia*" in Verbindung mit einem Vergrößerungsgerät zu verwenden. Das Kopiergerät „*Eldia*" dient zur Aufnahme des Diafilmes, der Vorlage, und des Umkehrduplikatmaterials. Das Vergrößerungsgerät hat die Aufgabe der Belichtung und der Farbsteuerung zu übernehmen. Zu diesem Zwecke muß das Vergrößerungsgerät mit einer Filterschublade zur Aufnahme von subtraktiven Farbfiltern ausgerüstet sein. Die Farbfilter werden in der gleichen Weise wie die Kopierfilter beim Positivprozeß zur Herstellung von Papierbildern verwendet (IV. L. 3. und 4.). Die Lichthelligkeit kann durch die Blende des Vergrößerungsobjektivs und die Belichtungszeit durch eine Schaltuhr gesteuert werden.

b) Optische Kopierverfahren

Die Technik des optischen Kopierens kann mit einem Vergrößerungsapparat ausgeführt werden, der eine Abbildungsmöglichkeit in Originalgröße gestattet. Hierzu muß der Objektivauszug eventuell durch Zwischenringe stark vergrößert werden können, damit diese Möglichkeit gegeben ist. Das Vergrößerungsgerät muß mit einer Filterschublade versehen sein, damit subtraktive Farbfilter zur Farbsteuerung eingelegt werden können wie beim Positivprozeß (IV. L. 3. und 4.). Man kann selbstverständlich auch mit additiven Farbfiltern und entsprechender Belichtungssteuerung der Einzelfilter arbeiten. Die Arbeitstechnik ist im übrigen übereinstimmend wie bei der Vergrößerungstechnik. Das zu reproduzierende Farbdia kommt in die Negativbildbühne des Vergrößerungsgerätes und das Farbmaterial, auf das die Duplizierung vorgenommen werden soll, kommt auf die Kopierfläche. Bei Anwendung der optischen Kopiertechnik kann der Abbildungsmaßstab nach Belieben gewählt werden.

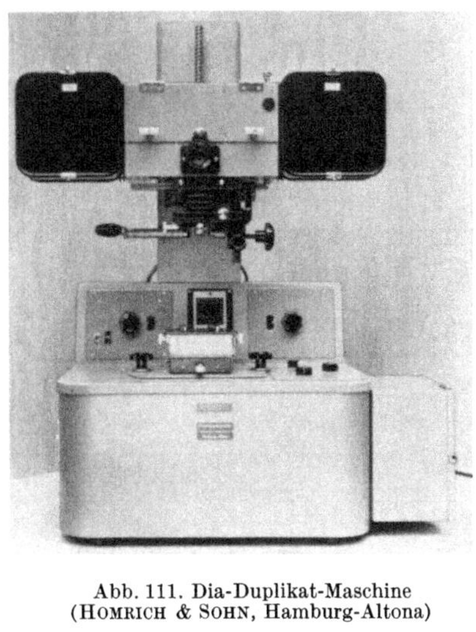

Abb. 111. Dia-Duplikat-Maschine (HOMRICH & SOHN, Hamburg-Altona)

Zur Herstellung von Großserien nach dem Prinzip des optischen Kopierens ist die Verwendung einer besonderen Diapositiv-Kassette 35 mm mit einem Filmfassungsvermögen von 60 m (Hersteller: FERD. HOMRICH & SOHN, Hamburg-Altona) empfehlenswert.

Ein perfektes Handelsgerät zum optischen Kopieren ist die Dia-Duplikat-Maschine (Hersteller: FERD. HOMRICH & SOHN, Hamburg-Altona), die die Herstellung von Kleinbilddias und vergrößerten Dias bis 9 × 12 cm gestattet und weitgehend automatisch gesteuert wird (Abb. 111).

c) Repro-Kleinbildtechnik

Bei der Anwendung der Reproduktionstechnik zur Herstellung von Duplikaten von Farbdiapositiven oder von Farbdiapositiven von Farbnegativen oder auch von Zwischennegativen von Diapositivvorlagen wird die Vorlage zweckentsprechend durchleuchtet und dann mit einer geeigneten Kamera, beschickt mit dem Material, auf das die Duplizierung erfolgen soll, photographiert. Der Beleuchtungskasten für die Vorlage kann in einfacher Form aus einem lichtdichten Kasten mit einer Opallampe und einer Mattscheibe bestehen, der oben durch eine Glasplatte abgeschlossen ist. Das auf diese Glasplatte gelegte Diapositiv muß gleichmäßig diffus beleuchtet sein. Seine Ränder werden in geeigneter Weise abgedeckt, damit kein störendes Nebenlicht in das Objektiv dringt. Anstelle der Opallampenbeleuchtung kann auch mit besonderem Vorteil ein Blitzröhrengerät verwendet werden, dessen Auslösung mit der Kamera gekuppelt ist.

Die Kamera zur Aufnahme der durchleuchteten Vorlage muß so angeordnet sein, daß ihre optische Achse senkrecht auf der Vorlage steht und sie sich parallel verschieben läßt.

Besonders geeignet zur Kleinbild-Reprotechnik sind Kleinbildkameras mit den vorgesehenen Reproduktionsgeräten (zum Beispiel LEITZ-*Reprovit*) oder mit besonderen Diakopiervorsätzen (zum Beispiel IHAGEE-*Exakta Varex* oder *Novoflex-Dia-Kopiergerät*).

Eine besondere Art der Reprotechnik wird zur Verbesserung von Colordias in einer amerikanischen Zeitschrift empfohlen [876]. Das Dia wird auf einen Schirm projiziert und das Schirmbild photographiert. Hierbei lassen sich Ausschnitte betonen, Retuschearbeiten durchführen und auch durch Verwendung von Schirmen mit besonderer Struktur eigenartige Effekte erzeugen.

3. Vorschriftensammlung

a) Verarbeitung der *Agfacolor*-Positivfilme S und M

Der *Agfacolor*-Positivfilm *M* dient zum Kopieren von maskierten Negativfilmen, während der Positivfilm *S* für unmaskierte Filme verwendet wird.

Verarbeitungsbäder:

Vom Hersteller werden folgende Verarbeitungsbäder in den Handel gebracht:

Ac-Farbentwickler S (*NPS*) (identisch mit *Ac-Farbentwickler S* für *Agfacolor*-Negativfilme (IV. F. 3. a)).

Ac-Stoppfixierbad (*PPa II*) (Es darf nicht das Stoppfixierbad (*PPa II/K*) für die Kurzverarbeitung von Papieren verwendet werden.)

Ac-Bleichfixierbad (*PPa III*) (Es darf nicht das Bleichfixierbad *K* (*PPa III/K*), das für die Kurzverarbeitung der Color-Papiere bestimmt ist, verwendet werden.)

Ac-Spezialnachbad (*PS IV*).

Vorschriften für die Verarbeitungsbäder:

Ac-Farbentwickler S (NPS)

Lösung A	*Gebrauchsbad*	*Regenerator*
Wasser	400 ml	400 ml
M 19	2,0 g	2,0 g
S 55	1,2 g	1,6 g
TSS	2,75 g	3,4 g
Lösung B		
Wasser	400 ml	400 ml
M 19	2,0 g	2,0 g
Natriumsulfit sicc.	2,0 g	2,0 g
Pottasche	75,0 g	75,0 g
Kaliumbromid	2,5 g	1,7 g

Lösungen A und B werden zusammengegossen und mit Wasser auf das Endvolumen von 1 Liter aufgefüllt. Die Gebrauchslösung muß mindestens 12 Stunden vor Gebrauch stehen.

$p_H = 10{,}8 - 11{,}0$

Ac-Stoppfixierbad (PPa II)

Wasser	750 ml
Natriumbisulfat sicc.	20 g
Natriumazetat sicc.	50 g
Natriumthiosulfat krist.	160 g
Wasser bis auf	1 l

$p_H = 5{,}0 - 5{,}2$

Ac-Bleichfixierbad (PPa III)

Wasser	750 ml
Ac 107	36,0 g
M 23	40,0 g
Trilon BS	8,0 g
Natriumsulfit sicc.	2,5 g
Dinatriumphosphat krist.	15,0 g
Thiosemicarbazid	0,5 g
Natriumthiosulfat krist.	200 g
Wasser bis auf	1 l

$p_H = 6{,}3 - 6{,}5$

Ac-Nachbad (PS IV)

Wasser	750 ml
M 19	2 g
Natriumazetat sicc.	20 g
Natriumsulfit sicc.	4 g
Kaliumpersulfat	50 g
Wasser bis auf	1 l

$p_H = 10{,}0 - 10{,}2$

Chiffrierte Chemikalien:

Ac 107	= Eisenkomplex der Äthylendiamintetraessigsäure
M 19	= Calgon
M 23	= Trilon B
TSS	= Farbentwicklersubstanz Diäthyl-p-phenylendiaminsulfat
S 55	= Hydroxylaminhydrochlorid

Verarbeitungsbedingungen:

Die Verarbeitungsbedingungen für beide *Agfacolor*-Positivfilme *S* und *M* sind die gleichen. Der Positivfilm *S* kann beim Dunkelkammerlicht mit Agfa-Schutzfilter *166*, 15 Watt-Lampe im Abstand von 75 cm, verarbeitet werden. Für die Verarbeitung des *Agfacolor*-Positivfilmes *M* ist eine Dunkelkammerbeleuchtung mit Agfa-Schutzfilter *166 M*, 15 Watt, Abstand mindestens 75 cm, vorgeschrieben.

Tabelle 54. *Verarbeitungsbedingungen für Agfacolor-Positivfilme S und M*

Verarbeitungsbad	Temperatur °C	Verarbeitungsdauer (min)	Haltbarkeit unbenutzt	Ergiebigkeit ohne Regenerierung	Regenerierung pro m (35 mm)
1. Farbentwickler... $p_H = 10{,}8$ bis 11,0	20 ± 0,2	8 bis 10	6 Wochen	10 m bis 35 mm 20 Bl. 9/12	30 bis 40 ml *RNPS*
2. Kurzes Spülen ...	14 bis 20	0,1 (nicht länger)	—	—	—
3. *Ac*-Stoppfixierbad $p_H = 5{,}0$ bis 5,6	18 bis 20	8	3 Monate	20 m bis 35 mm 40 Bl. 9/12	50 bis 75 ml *PPa II*
4. Wässerung	14 bis 20	2	—	—	—
5. *Ac*-Bleichfixierbad $p_H = 6{,}4$ bis 6,6	18 bis 20	8	3 Monate	20 m bis 35 mm 40 Bl. 9/12	50 ml *PPa III*
6. Wässerung	14 bis 20	5	—	—	—
7. *Ac*-Spezialnachbad $p_H = 10{,}2$ bis 10,4	18 bis 20	5	1 Monat	20 m bis 35 mm 40 Bl. 9/12	50 ml *PS IV*
8. Schlußwässerung .	14 bis 20	10	—	—	—
9. Formalinbad..... 15 ml pro l	18 bis 20	1	3 Monate	20 m bis 35 mm 40 Bl. 9/12	35 ml

b) Verarbeitung der *Agfacolor*-Zwischennegativfilme ZN

Verarbeitungsbäder:

Ac-Farbentwickler S (*NPS 1*) (Identisch mit dem Farbentwickler *S* für *Agfacolor*-Negativfilme (IV. F. 3. a)).

Ac-Bleichbad (*NP II*) (Identisch mit Bleichbad für Negativfilme).

Ac-Fixierbad (*NP III*) (Identisch mit Fixierbad für Negativfilme).

Verarbeitungsbedingungen:

Die Verarbeitung des *Agfacolor-ZN*-Filmes muß beim Dunkelkammerlicht mit Schutzfilter *170*, 15 Watt-Lampe, Abstand mindestens 75 cm, oder bei völliger Dunkelheit erfolgen.

Tabelle 55. *Verarbeitung von Agfacolor-ZN-Filmen*

Verarbeitungsbad	Temperatur °C	Verarbeitungsdauer (min)
1. *Ac*-Farbentwickler ..	20 ± 0,2	5 bis 8
2. Magnesiumbad 3% ..	18 bis 20	2
3. Wässerung	14 bis 20	15
4. *Ac*-Bleichbad	18 bis 20	5
5. Wässerung	14 bis 20	5
6. *Ac*-Fixierbad	18 bis 20	5
7. Wässerung	14 bis 20	10

c) Verarbeitung von Ansco *Anscochrome*-Duplikatfilmen

Verarbeitungsbäder:

Erstentwickler ist übereinstimmend mit dem Erstentwickler für *Anscochrome*- und *Superanscochrome*-Filme (IV. G. 4. b)).

Farbentwickler für Duplikatfilme

	Stammentwickler	*Regenerator*
Wasser	750 ml	750 ml
EDTA	0,8 g	0,8 g
Natriumsulfit sicc.	2,5 g	2,6 g
Ansco Dicolamine S-5 (Diäthyl-p-phenylendiaminsulfat)	6,9 g	11,0 g
Natriumcarbonat-monohydrat	100,0 g	120,0 g
Hydroxylaminhydrochlorid	1,0 g	1,1 g
Natriumbromid	0,86 g	0,43 g
Wasser bis auf	1000 ml	1000 ml

Stoppbad, Ansco *858*
Bleichbad, Ansco *716-1*
Härtebad, Ansco *901*
Fixierbad, Ansco *800-B*
} sind gleich wie bei der Verarbeitung von *Anscochrome*- und *Superanscochrome*-Filmen (IV. G. 4. b)).

Verarbeitungsbedingungen:

Tabelle 56. *Verarbeitungsbedingungen für Anscochrome-Duplikatfilme*

Verarbeitungsbad	Temperatur °C	Verarbeitungs-dauer (min)
1. Erstentwickler, Ansco *858*	20	12
2. Stoppbad, Ansco *858*	20	2
3. Härtebad, Ansco *901*	20	4
4. Wässerung		5
5. Zweitbelichtung und Weiterverarbeitung im Hellen		
6. Farbentwickler	20	14
7. Stoppbad, Ansco *868*	16 bis 22	2
8. Härtebad, Ansco *901*	16 bis 22	4
9. Wässerung	14 bis 22	5
10. Bleichbad, Ansco *716-1*	16 bis 22	5
11. Wässerung	14 bis 22	5
12. Fixierbad, Ansco *800-B*	16 bis 22	4
13. Wässerung	14 bis 22	5
14. Stabilisierungswässern	20 bis 24	5
15. Trocknung, maximal	35	

d) Verarbeitung von *Ferraniacolor*-Duplikatfilmen [523]

Verarbeitungsbäder:

Alle Bäder sind identisch mit den Bädern für *Ferraniacolor*-Umkehrfilm-Verarbeitung.

Es werden folgende Verarbeitungsbäder benötigt: *Erstentwickler RC 109*, *Farbentwickler RC 125*, *Bleichbad VC 212*, *Fixierbad FC 200* (IV. G. 4. c)).

Verarbeitungsbedingungen:

Tabelle 57. *Verarbeitungsbedingungen für Ferraniacolor-Duplikatfilme 16 mm, 35 mm und Planfilme*

Verarbeitungsbad	Temperatur °C	Verarbeitungsdauer (min)
1. Erstentwickler *RC 109*	$18 \pm 0{,}2$	12 bis 16
2. Wässerung	14 bis 18	15
3. Zweitbelichtung	2×2 min mit etwa 1200 Lux	
4. Farbentwicklung *RC 125*	$18 \pm 0{,}2$	6 bis 8
5. Wässerung	14 bis 18	15
6. Bleichhärtebad *VC 212*	16 bis 18	10
7. Wässerung	14 bis 18	5
8. Fixierbad *FC 200*	16 bis 18	5 bis 8
9. Wässerung	14 bis 18	15 bis 20
10. Netzmittel		2
11. Trocknung		

e) Verarbeitung von *Ferraniacolor*-Positivfilmen [523]

Verarbeitungsbäder:

Es sind folgende Bäder erforderlich: *Farbentwickler RC 125*, *Stoppfixierhärtebad FC 208* oder *FC 222* oder *FC 308* oder *FC 322*, *Bleichhärtebad VC 212*, *Fixierbad FC 200*. Alle diese Bäder mit Ausnahme von *FC 208* und *FC 222* sind die gleichen, wie sie für die *Ferraniacolor*-Negativfilmverarbeitung verwendet werden (IV. F. 3. b)).

Stoppfixierhärtebad FC 208 und *FC 222*

	FC 208	*FC 222*
Kalialaun	30,0 g	30,0 g
Natriumazetat sicc.	18,0 g	32,0 g
Natriumhydrogensulfat	—	20,0 g
Eisessig 98/100%	10,0 ml	—
Natriumpyrosulfit	5,0 g	5,0 g
Natriumthiosulfat krist.	250,0 g	250,0 g
Wasser bis auf	1000 ml	1000 ml
pH	4,0 bis 4,5	4,0 bis 4,5

Haltbarkeit: unbenutzt nahezu unbegrenzt

Ergiebigkeit: 8 Rollfilme oder 32 Planfilme 9/12 oder entsprechende andere Mengen pro l

Verarbeitungsbedingungen:

Tabelle 58. *Verarbeitungsbedingungen für Ferraniacolor-Positivfilme 35 mm und Planfilme*

Verarbeitungsbad	Temperatur °C	Verarbeitungsdauer (min) für	
		35 mm	Planfilme
1. Farbentwickler *RC 125*	18 ± 0,2	8 bis 10	7 bis 10
2. Wässerung	14 bis 20	5	5
3. Stoppfixierhärtebad *FC 208, FC 222*	16 bis 20	5	5
4. Wässerung	14 bis 20	5	5
5. Bleichhärtebad *VC 212*	16 bis 20	5	5
6. Wässerung	14 bis 20	5	5
7. Fixierbad *FC 200*	16 bis 20	5	5
8. Wässerung	14 bis 20	5	5
9. Trocknung, maximal	35		

Bemerkung: Verbrauchtes Stoppfixierhärtebad kann zu einer Verfärbung der Lichthofschutzschicht und Fleckenbildung führen. Arbeitsgang in frischem Bad wiederholen!

f) Verarbeitung von *Gevacolor*-Copyfilmen (Positivfilmen)

Verarbeitungsbäder:

Zur Verarbeitung des GEVAERT *Gevacolor-Copyfilmes* werden die gleichen Bäder wie für den *Gevacolor*-Negativfilm *N 5* verwendet. Nach den Vorschriften des Herstellers sind folgende Bäder erforderlich: *Farbentwickler G 24, Härtebad G 367, Bleichbad G 446* und *Fixierbad G 364* (IV. F. 3. c)). Das Bleichbad *G 446* muß für *Gevacolor Copyfilm* mit 2 Teilen Wasser verdünnt werden.

Verarbeitungsbedingungen:

Tabelle 59. *Verarbeitungsbedingungen für Gevacolor-Copy-Filme*

Verarbeitungsbad	Temperatur °C	Verarbeitungsdauer (min)
1. Farbentwickler *G 24*	20 ± 0,2	7 bis 9
2. Wässerung	17 bis 22	0,5
3. Härtebad *G 367*	17 bis 22	8
4. Wässerung	17 bis 22	15
5. Bleichbad *G 446*	17 bis 22	5 bis 8
6. Wässerung	17 bis 22	10
7. Fixierbad *G 364*	17 bis 22	5
8. Wässerung	17 bis 22	20
9. Trocknung, maximal	30	

g) Verarbeitung von *Gevacolor*-Internegative-Film

Kopierbedingungen:

Das Kopierlicht zur Verarbeitung des *Gevacolor-Internegative*-Filmes muß auf die Farbtemperatur von 3200° K abgestimmt sein. Bei Verwendung des

Elektronenblitzes muß ein Korrekturfilter *CTO 12* vorgeschaltet werden. Optimale Belichtungszeit muß jeweils ermittelt werden. Reichliche Belichtung erhöht den Kontrast.

Verarbeitungsbäder:

Übereinstimmend wie beim *Gevacolor*-Negativfilm und *Gevacolor-Copy*-Film.

Verarbeitungsbedingungen:

Übereinstimmend wie bei den *Gevacolor*-Negativ- und *Copy*-Filmen (Tabellen 31 und 59). Die Entwicklungszeit im Farbentwickler *G 24* beträgt jedoch nur 6 min.

h) Verarbeitung von *Orwocolor*-Umkehrkopierfilmen UD 1 [849]

Verarbeitungsbäder:

Es sind die gleichen Bäder wie für den Umkehraufnahmefilm erforderlich: *Erstentwickler Orwocolor 09, Magnesiumzwischenbad Orwocolor 201, Farbentwickler Orwocolor 13, Bleichbad Orwocolor 57, Fixierbad Orwocolor 71, Härtebad Orwocolor 205* (IV. G. 4. e) und IV. F. 3. d)).

Verarbeitungsbedingungen:

Tabelle 60. *Verarbeitungsbedingungen für Orwocolor-Umkehrkopierfilme UD 1*

Verarbeitungsbad	Temperatur °C	Verarbeitungsdauer (min)
1. Erstentwickler *09*	18 ± 0,2	15 bis 20
2. Magnesiumbad *201*	16 bis 22	2 bis 3
3. Wässerung	14 bis 22	25
4. Zweitbelichtung	Weiterverarbeitung im Hellen	
5. Farbentwicklung *13*	18 ± 0,2	10 bis 14
6. Magnesiumsulfatbad *201*	16 bis 22	2 bis 3
7. Wässerung	14 bis 22	25
8. Bleichbad *57*	16 bis 22	5
9. Wässerung	14 bis 22	10
10. Fixierbad *71*	16 bis 22	5
11. Wässerung	14 bis 22	5
12. Härtebad *205*	16 bis 22	5
13. Schlußwässerung	14 bis 22	25
14. Trocknung		

Bemerkungen: Die Magnesiumsulfatbäder (Arbeitsgänge 2 und 6) können bei hartem Wasser wegfallen.

i) Verarbeitung von *Orwocolor*-Positivfilmen

Verarbeitungsbäder:

Farbentwickler Orwocolor 13
Magnesiumbad Orwocolor 201
Bleichbad Orwocolor 57
Fixierbad Orwocolor 71

Diese Bäder sind die gleichen wie für die *Orwocolor*-Negativ-Entwicklung (IV. F. 3. d)).

Zusätzlich wird ein Stoppfixierhärtebad benötigt, *Orwocolor 35*.

Stopphärtefixierbad Orwocolor 35

Natriumsulfit sicc.	7,5 g
Natriumazetat sicc.	15,0 g
Eisessig 98/100%	25,0 ml
Kalialaun	25,0 ml
Natriumthiosulfat krist.	200,0 g
Wasser bis auf	1000 ml

$p_H = 4{,}0$ bis 4,2

Verarbeitungsbedingungen:

Tabelle 61. *Verarbeitungsbedingungen für Orwocolor-Positivfilme (nicht für Kinepositivfilme)*

Verarbeitungsbad	Temperatur °C	Verarbeitungsdauer (min)			Ergiebigkeit pro l	
		Schale	Dose	Tank	35 mm	Planfilm 9/12
1. Farbentwickler *13*	18 ± 0,2	8 bis 11	8	8 bis 11	10 m	30 Blatt
2. Magnesiumbad *201* ...	16 bis 20	2 bis 3	2	2 bis 3	—	—
3. Wässerung	14 bis 20	0,5	0,5	0,5	—	—
4. Stopphärtefixierbad *35*	16 bis 20	5	5	5	20 m	60 Blatt
5. Wässerung	14 bis 20	15	15	15	—	—
6. Bleichbad *57*	16 bis 20	5	5	5	20 m	60 Blatt
7. Wässerung	14 bis 20	5	5	5	—	—
8. Fixierbad *71*	16 bis 20	5	5	5	20 m	60 Blatt
9. Wässerung	14 bis 20	15	25	15	—	—
10. Trocknung						

k) Verarbeitung von KODAK-Umkehrduplikatfilmen

α) *Kodak Ektachrome Reversal Print Film 35 mm* [527]

Verwendungszweck: Herstellung von Duplikaten von Umkehrdiapositiven auf *Kodachrome-* und *Ektachrome-*Filmen.

Verarbeitungsprozeß: E-2 (IV. G. 4. g)).

β) *Kodak Ektachrome Duplikatfilm Type 7386 (16 mm) und Type 5386 (35 mm)*

Verwendungszweck: Herstellung von Duplikaten von Umkehrdiapositiven auf *Ektachrome ER* und *Ektachrome MS*, bedingt auch von Farbdiapositiven auf *Ektachrome Commercial* Film.

Verarbeitungsprozeß: ME-2a.

γ) *Eastman Duplikat Color Umkehrfilm Type 7387 (16 mm) und Type 5269 (35 mm)*

Verwendungszweck: Speziell zur Herstellung von Duplikaten von Umkehrdiapositiven auf *Ektachrome Commercial* Film und *Ektachrome ER*, *Kodachrome* Film-Type.

Verarbeitung: Nur in der KODAK-Entwicklungsanstalt, Stuttgart.

l) Verarbeitung von KODAK-Zwischennegativfilm EASTMAN-*Color Internegative* Film Type 7270 (16 mm) und Type 5270 (35 mm)

Verwendungszweck: Herstellung von Zwischennegativen nach Umkehraufnahmen auf *Ektachrome Commercial* Film.

Verarbeitungsprozeß [550, 875]:

Verarbeitungsbäder:

Vorbad zur Entfernung der Lichthofschutzschicht, KODAK *PB-2*

Wasser	800 ml
Borax	20,0 g
Natriumsulfat sicc.	100,0 g
Natriumhydroxid, 10%ige Lösung	10,0 ml
Wasser bis auf	1000 ml

p_H (21°C) = 9,30 ± 0,1
Spez. Gew. = 1,096 ± 0,04

Farbentwickler, KODAK *SD-31*

Wasser (21 bis 24°C)	800 ml
Calgon	2,0 g
Natriumsulfit sicc.	4,0 g
Kodak-Farbentwickler-Substanz *CD-2*	3,0 g
Natriumcarbonat-monohydrat	20,0 g
Kaliumbromid	2,0 g
Wasser bis auf	1000 ml

p_H (21°C) = 10,65 ± 0,05
Spez. Gew. = 1,023 ± 0,003

Stopp- und Fixierbad, KODAK *F-5*

Wasser (etwa 50°C)	600 ml
Natriumthiosulfat krist.	240,0 g
Natriumsulfit sicc.	15,0 g
Essigsäure 60%ig	22,4 ml
Borsäure	7,5 g
Kalialaun	15,0 g
Wasser bis auf	1000 ml

p_H (21°C) = 4,25 ± 0,25
Spez. Gew. = 1,135 ± 0,003

Dichromatbleichbad, KODAK *SR-4a*

Wasser (21°C)	800 ml
Kaliumbromid	20,0 g
Kaliumdichromat	5,0 g
Kalialaun	40,0 g
Wasser bis auf	1000 ml

p_H = 3,1 ± 0,20 (Einstellen mit 10%iger NaOH oder 7 n H_2SO_4)
Spez. Gew. = 1,036 ± 0,003

Stabilisierungsbad, KODAK *S-3*

Wasser (21°C)	800 ml
Dinatriumhydrogenphosphat sicc.	8,2 g
Eisessig	4,5 ml
Wasser bis auf	1000 ml

p_H (21°C) = 5,0 ± 0,20

(p_H-Wert ist zu überwachen, da seine Einhaltung sehr wichtig ist.)

Verarbeitungsbedingungen:

Tabelle 62. *Verarbeitungsbedingungen für Eastman-Color Internegative Film Type 5270 und Type 7270*

Verarbeitungsbad	Temperatur °C	Verarbeitungsdauer (s, min)
1. Vorbad, *Kodak PB-2*	20 bis 22	10 s
2. Wässerung	18 bis 23	20 s
3. Farbentwickler, *Kodak SD-31*	21 ± 0,1	6 min
4. Wässerung	18 bis 23	20 s
5. Fixierbad, *Kodak F-5*	20 bis 22	4 min
6. Wässerung	18 bis 23	4 min
7. Bleichbad, *Kodak SR-4a*	20 bis 22	8 min
8. Wässerung	18 bis 23	4 min
9. Fixierbad, *Kodak F-5*	20 bis 22	4 min
10. Wässerung	18 bis 23	7 min
11. Stabilisierungsbad, *Kodak S-3*	20 bis 22	1 min
12. Wässerung	18 bis 23	5 s
13. Netzmittelbad	18 bis 23	1 s
14. Trocknung		15 bis 20 min

m) Verarbeitung von KODAK-*Color*-Positivfilmen

α) *Ektacolor Print-Film (Planfilm) und Ektacolor Slide-Film (35 mm)*

Verwendungszweck: Herstellung von Farbdiapositiven von Negativen auf *Kodacolor-* und *Ektacolor*-Filmen.

Verarbeitungsprozeß: C-22 (IV. F. 3. h)).

Verarbeitungsvorschrift nach E. GEHRET [855, 878].

Verarbeitungsbäder (übereinstimmend mit den Bädern für *Kodacolor* und *Ektacolor*):

Farbentwickler

Wasser	800	ml
Calgon	2,0	g
Benzylalkohol	8,5	ml
Natriumsulfit sicc.	2,5	g
Soda sicc.	30,0	g
Borax	30,0	g
Kaliumbromid	1,5	g
6-Nitrobenzimidazolnitrat	0,02	g
Entwicklersubstanz *CD-3*	7,5	g
Wasser bis auf	1000	ml

pH = 10,2 ± 0,1

Stoppbad

Eisessig 98/100%	20 ml
Wasser bis auf	1000 ml

pH = 3,8 ± 0,2

Härtebad

Formalin, 37%ige Lösung	25 ml
Soda sicc.	25 g
Wasser bis auf	1000 ml

pH = 10,8 ± 0,3

Bleichbad

Kaliumferrizyanid . . . . 40 g
Kaliumbromid . . . . 15 g
Dinatriumhydrogen-
phosphat sicc. . . . . 10 g
Wasser bis auf . . . . 1000 ml

$p_H = 7{,}8 \pm 0{,}1$

Fixierbad

Natriumthiosulfat krist. . . . . . . 200 g
Natriumsulfit sicc. . . . . 10 g
Borax . . . . 3 g
Borsäure . . . . 1 g
Wasser bis auf . . . . 1000 ml

$p_H = 9{,}0 \pm 0{,}2$

Verarbeitungsbedingungen:

Tabelle 63. *Verarbeitungsbedingungen für Ektacolor Print-Filme nach der Vorschrift von E. Gehret*

Verarbeitungsbad	Temperatur °C	Verarbeitungs-dauer (min)	Ergiebigkeit Anzahl 13 × 18cm pro l
1. Farbentwickler	24,5 ± 0,2	14	15 bis 18
2. Stoppbad	20 bis 25	4	15 bis 18
3. Härtebad	20 bis 25	4	30 bis 36
4. Wässerung	20 bis 25	4	—
5. Bleichbad	20 bis 25	6	30 bis 36
6. Wässerung	20 bis 25	4	—
7. Fixierbad	20 bis 25	8	30 bis 36
8. Wässerung	20 bis 25	8	—

β) *Eastman-Color-Positivfilm Type 7385 und Type 5385*

Verwendungszweck: Herstellung von Farbdiapositiven nach *Eastman-Color-Negativen* und nach Zwischennegativen von *Ektachrome Commercial.*

Verarbeitungsbäder [550]:

Vorbad, Kodak *PB-2*
Farbentwickler, Kodak *SD-31*
Fixierbad, Kodak *F-5*

} Diese Bäder sind die gleichen wie zur Verarbeitung von Kodak-Zwischennegativfilm, Eastman-Color Internegative Film (IV. H. 3. l)).

Dichromat-Bleichbad, Kodak *SR-4a*

Stabilisierungsbad, Kodak *S-1a* [840]

Formaldehyd, etwa
37%ige Lösung . . . . 10 bis 20 ml
Netzmittelzusatz
Wasser bis auf . . . . 1000 ml

Tonspur-Entwickler, Kodak *SD-43*

Lösung A

Wasser (50 bis 60°C) . . . . 250 ml
Verdickungsmittel *DX-840-33* . 2 g
(Amid-ammoniumsalz des Copolymerisats aus Äthylen und Maleinsäure-

anhydrid. Produkt der MONSANTO CHEMICAL Co., Springfield 2, Mass., USA)
Hexylenglykol .... 10 ml

Lösung B

Wasser .... 600 ml
Natriumhydroxid .... 80 g
Natriumsulfit sicc. .... 60 g
Hydrochinon .... 60 g

Zum Gebrauch werden Lösung A und B gemischt, dann wird zugesetzt

Äthylendiamin .... 15 ml
Wasser bis auf...............1000 ml

Haltbarkeit des Entwicklers: gut verschlossen 5 Tage.

Verarbeitungsbedingungen [550]:

Tabelle 64. *Verarbeitungsbedingungen für Eastman-Color-Positivfilm*

Verarbeitungsbad	Temperatur °C	Verarbeitungsdauer
1. Vorbad, *Kodak PB-2*	20 bis 22	10 s
2. Sprühwässerung	18 bis 22	20 s
3. Farbentwickler, *Kodak SD-31*	$21 \pm 0{,}1$	14 min
4. Sprühwässerung	18 bis 22	20 s
5. Fixierbad, *Kodak F-5*	20 bis 22	4 min
6. Wässerung	18 bis 22	4 min
7. Bleichbad, *Kodak SR-4a*	20 bis 22	8 min
8. Wässerung	18 bis 22	2 min
9. Entwicklung der Tonspur, *Kodak SD-43*	20 bis 22	20 s
10. Wässerung: Typ *5385*	18 bis 22	2 min
Typ *7385*	18 bis 22	30 s
11. Fixierbad, *Kodak F-5*	20 bis 22	4 min
12. Wässerung	18 bis 22	8 min
13. Stabilisierungsbad, *Kodak S-1a*		10 s
14. Trocknung		15 bis 20 min

I. Die Nachbehandlung von Farbfilmen und ihre Aufmachung

1. Nachbehandlungsbäder zur Farbkorrektur

a) Korrekturbäder für Farbfilme vom Typ *Agfacolor* [59]

Gelbabschwächer Orwocolor 1051

Cholsaures Natrium .... 50 g
Wasser bis auf...............1000 ml

Gelbabschwächer (nach AGFA *Leverkusen)*

Cholsaures Natrium .... 25 g
Soda sicc.................... 50 g
Wasser bis auf...............1000 ml
Behandlungsdauer: 2 bis 10 min. Die Wirkung kann verfolgt werden.

Purpurabschwächer Orwocolor 1052

Lösung I

Meta-Aminobenzoesäure-chlorhydrat	20 g
Wasser bis auf	1000 ml

Lösung II

Borax	20 g
Wasser bis auf	1000 ml

Die Filme werden zuerst in Lösung I behandelt. Behandlungsdauer: 2 bis 8 min. Hierbei werden die Filme purpurrot.

Nach kurzer Zwischenwässerung von 1 min Dauer werden die Filme in die Lösung II gebracht. Hierbei erscheinen alle Farben wieder. Behandlungsdauer: etwa 5 min.

Blaugrünabschwächer Orwocolor 1053

Natriumsuperoxid	5 g
Wasser bis auf	1000 ml

Blaugrünabschwächer (nach AGFA, *Leverkusen)*

Soda sicc.	4 g
Acetessiganilid	8 g
Wasser bis auf	1000 ml

Behandlungsdauer: 1 bis 8 min. Vorsicht beim Arbeiten mit Natriumsuperoxid. Kann sich beim Bespritzen mit Wasser explosivartig entzünden.

b) Korrekturbäder für *Anscochrome*-Filme und *Printon*

Vorhärtebad zur Vorbehandlung

Wasser kalt	750 ml
Calgon	1 g
Formalin, 37%ige Lösung	10 g
Soda-monohydrat	6 g
Wasser bis auf	1000 ml

Behandlungsdauer: 3 min bei 20°C.

Gelbabschwächer

Lösung A

Cloro	30 ml
Wasser bis auf	1000 ml

Lösung B

Eisessig 98/100%	10 ml
Wasser bis auf	1000 ml

Lösung C

Natriumsulfat sicc.	100 g
Wasser bis auf	1000 ml

Zum Gebrauch werden gemischt: 4 Teile A + 1 Teil B + 25 bis 45 Teile C.

Behandlungsdauer: 3 bis 5 min bei 20°C. Durch Verminderung des Zusatzes des Teiles C wird die Abschwächung beschleunigt.

Purpurabschwächer

Lösung I

Salzsäure chemisch rein konz.	5 bis 30 ml
Wasser bis auf	1000 ml
Natriumsulfat sicc.	100 g

Lösung II

Calgon	1,0 g
Soda-monohydrat	37,5 g
Natriumsulfat sicc.	100,0 g
Natriumhydroxid (Ätznatron)	0,5 g
Wasser bis auf	1000 ml

Behandlung: Farbfilme werden zunächst in Lösung I behandelt; es wird das Purpurbild abgeschwächt, und das blaugrüne Bild verschwindet vollständig. Behandlungsdauer: 3 bis 5 min. Je höher der Zusatz an Salzsäure ist, um so stärker ist die Abschwächung. Anschließend wird der Film kurz (1 min) abgespült und dann im Bad II zur Neutralisierung nachbehandelt. Behandlung in Lösung II etwa 1 bis 3 min. Zum Schluß wird 5 min gewässert.

Blaugrünabschwächer

Lösung A

Wasserstoffsuperoxid, 3%ige Lösung

Lösung B

Calgon	1,0 g
Soda-monohydrat	37,5 g
Natriumsulfat sicc.	100,0 g
Natriumhydroxid	0,5 g
Wasser bis auf	1000 ml

Zum Gebrauch werden 25 bis 50 ml der Lösung A auf 1000 ml der Lösung B hinzugefügt. Behandlungsdauer: 3 bis 5 min bei 20°C. Bei höherer Konzentration an Wasserstoffsuperoxid arbeitet die Gebrauchslösung schneller. Die Gebrauchslösung ist nur etwa 4 Stunden haltbar.

c) Korrekturbäder für *Kodachrome*-Diapositive [880]

Gelbabschwächer

Natriumhypochlorid, 5%ige Lösung	10 ml
Essigsäure, 60%ige Lösung	7 ml
Wasser bis auf	1000 ml

Behandlungsdauer: 1 bis 3 min. Die Wirkung kann beobachtet werden.

Purpurabschwächer

Soda sicc.	1 g
Natriumdithionit (Natriumhydrosulfit)	5 g
Äthylenglykol	660 ml
Wasser bis auf	1000 ml

Behandlungsdauer: 0,5 bis 4 min. Die Wirkung kann verfolgt werden. Nach der Abschwächung wird der Film sofort in ein Essigsäurebad, 0,2%ig, zur Unterbrechung gebracht.

Blaugrünabschwächer

Natriumsulfit sicc.	15 g
Natriumpyrosulfit	15 g
Methanol	400 ml
Wasser bis auf	1000 ml

Behandlungsdauer: 0,5 bis 2 min. Die Abschwächung kann beobachtet werden.

d) Korrekturbäder für *Ektachrome*-Diapositive [880]

Gelbabschwächer

Natriumdichromat	5 g
Natriumhydrogensulfat	20 g
Natriumsulfat sicc.	100 g
Wasser bis auf	1000 ml

Behandlungsdauer: 2 bis 3 min.

Purpurabschwächer

Zinnchlorid	10 g
Wasser bis auf	1000 ml

Behandlungsdauer: bis 15 min.

Blaugrünabschwächer

Natriumdithionit (Natriumhydrosulfit)	20 g
Natriumacetat sicc.	45 g
Wasser bis auf	1000 ml

Behandlungsdauer: 2 bis 3 min.

2. Negativretusche

Negativplanfilme lassen sich mit den üblichen Schwarzweiß-Retuschierstiften bedingt retuschieren. Retuschierlacke sind hierbei mit Vorsicht zu gebrauchen. Vor allem soll man sich vor der Verwendung überzeugen, ob durch diese die Farben nicht verändert werden. Farbretusche kann mit den „*Colorama*"-Farbstiften der Firma Faber ausgeführt werden. Die Wirkung der Retusche in den Gegenfarben muß in den einzelnen Arbeitsstadien durch Probekopien auf dem Farbpapier überprüft werden. Schaberetusche kann an Farbnegativen nicht vorgenommen werden.

Die Negativretusche sollte bevorzugt in den Fällen angewandt werden, wo von dem betreffenden Farbnegativ eine größere Anzahl Positivkopien hergestellt werden müssen. Auf diese Weise kann ein Teil der Positivretusche eingespart werden.

3. Retusche bei Farbdiapositiven

Bei Farbdiapositiven größerer Formate kann eine Retusche sowohl mit Farbstiften wie auch mit Wasserfarben ausgeführt werden. Die Arbeit kann auf der Schichtseite oder auf der Unterlage oder auch erforderlichenfalls beidseitig erfolgen. Mit Farbstiften wird man arbeiten, wenn es sich um kleinere Flächen, wie Korrekturen bei Porträts, Hautfehler, Falten, Lippen, handelt.

Zum besseren Haften der Farbstiftretusche ist es vielfach empfehlenswert, die zu bearbeitende Stelle mit einem geeigneten Retuschierlack ganz dünn zu behandeln. Man überzeuge sich jedoch vorher davon, daß der betreffende Lack keine Einwirkung auf die Farben der Schichten hat. Nach dem Trocknen des Lackes beginnt man die Retusche mit sehr feinen Strichen von Farbstiften. Geeignete Farbstifte bringt die Firma Faber unter dem Namen „*Colorama*" in den Handel. Soll die Retusche wieder entfernt werden, so ist dies mit einem mit Terpentin getränkten Leinenlappen möglich.

Bei der Retusche mit Wasserfarben beachte man die Vorschriften des Herstellers. Zum Anrühren der Farben benutzt man Wasser und setzt diesem etwas Netzmittel oder noch besser Gummiarabikum zu. Auf einem unbrauchbaren Filmstück prüfe man vor der Arbeit die Eignung der Farbe und besonders auch ihre Deckkraft. Der Auftrag der Farbe kann mit einem Pinsel oder durch Spritzen vorgenommen werden. Fehlaufgetragene Farbe kann durch längeres Wässern wieder entfernt werden.

4. Lagerung und Aufbewahrung von Negativfarbfilmen

Alle Farbstoffe können sich mit der Zeit verändern. Die Zersetzung der Farbstoffe wird besonders durch Feuchtigkeit, Licht und Wärme beschleunigt. Color-Negativfilme sollten daher stets kühl und trocken und vor Lichteinwirkung geschützt aufbewahrt werden. Roll- und Kleinbildfilme sollten niemals unzerschnitten aufgerollt aufbewahrt werden. Bei häufiger Benutzung derartiger Filmrollen entstehen Kratzer, Schrammen, Scheuerstellen und andere Beschädigungen. Am zweckmäßigsten schneidet man Kleinbildfilme in 6er-Streifen und Rollfilme in 3er-Streifen und bewahrt diese in den transparenten Pergamintaschen auf. Zu kurze Streifen und Einzelbilder besonders von Kleinbildfilmen sollten vermieden werden, da diese Schwierigkeiten und zusätzliche Arbeit verursachen, wenn sie zum Vergrößern in die Negativbühne eingelegt werden müssen.

5. Aufmachung von Farbdiapositiven

Farbdiapositive sind für die Projektion bestimmt. Farbumkehrdias, die in den Umkehranstalten verarbeitet werden, werden heute vielfach, in Papp- oder Kunststoff-Rähmchen gefaßt, als sogenannte „Slides" projektionsfertig geliefert.

Zum Selbstrahmen der Umkehrdias sind im Handel für das Kleinbildformat und auch für das Mittelformat bis 7×7 cm Rähmchen in den verschiedensten Ausführungen im Handel. Sehr einfach ist die Rahmung mit den Metall- und Wechselrahmen, bei denen jede Kleberei entfällt. Derartig gefaßte Dias sind nicht luftdicht abgeschlossen, so daß bei Aufbewahrung in feuchter Luft Schädigungen verursacht werden können.

Völlige luftdichte Rahmung ist mit zwei im erforderlichen Format zugeschnittenen Glasplatten möglich, zwischen die das Diapositiv, montiert auf einer Papiermaske, gebracht wird. Die Glasscheiben werden dann mit u-förmigen Papierstreifen umklebt. Materialien für diese Zwecke sind in vorbereiteter Form im Handel in den verschiedensten Ausführungen erhältlich. Über die Technik der Aufmachung von Diapositiven unterrichtet eingehend die einschlägige Fachliteratur [543].

Wenn die Farbdiapositive beim Rahmen nicht vollständig trocken sind, dann können bei der Projektion Newtonsche Ringe durch die Bildung von Kondenswasser infolge der Wärme auftreten, und die Gelatineschicht kann sogar am Glas festkleben. Newtonsche Ringe können auch entstehen, wenn sich zwischen der Filmunterlage und dem Glas ein Luftpolster bildet, dessen Stärke in der Größenordnung der Lichtwellenlängen liegt. Die Lichtstrahlen werden dann an diesen Stellen hin- und herreflektiert, und es entstehen Interferenzen. Diese Interferenzerscheinung äußert sich in einer teilweisen Auslöschung einzelner Teile des Spektrums, und es entstehen dadurch farbige Ringe. Die Newtonschen Ringe, verursacht durch ein Luftpolster, können vermieden werden, wenn man zwischen die Glasplatte und die Filmunterlage eine dünne Papiermaske legt. Es gibt heute auch im Handel Diapositivdeckgläser, die mit einer Anti-Newton-Schicht versehen sind (Fabrikate: „*newlo*", „*NORING*", „*Pregla*").

Bei der Verwendung von Papiereinlegemasken bei der Diaverglasung sollen diese stets so eingelegt werden, daß die weiße oder silbergraue Seite bei der Projektion der Lichtquelle zugekehrt ist.

Zur Kennzeichnung der richtigen Projektionslage soll das Dia entsprechend der DIN 108 so geklebt sein, daß das aufrechtstehende, seitenrichtige, dem Betrachter zugekehrte Bild an der unteren Seite einen schwarzen Umrandungsstreifen trägt und die drei anderen Seiten mit weißen Streifen umklebt sind. Bei der Projektion muß die U-förmige, weiße Umklebung als „U" lesbar der Lichtquelle zugekehrt sein. Zulässig ist auch noch die früher ausschließlich gebräuchliche Beschriftung und Lagekennzeichnung: Wenn das Bild vor dem Beschauer seitenrichtig und aufrecht steht, so muß der weiße Beschriftungsstreifen entlang der unteren Kante angebracht sein. Bei der Projektion muß dieser Streifen dann der Lichtquelle zugekehrt und oben liegen.

6. Großfarbdiapositive

Literatur: [523, 881]

Großformatige Werbediapositive kommen am besten bei der Anbringung auf Lichtkästen zur Wirkung, wobei auf eine gute Farbwiedergabe und Ausleuchtung besonders geachtet werden muß.

Die Lichtkästen werden am zweckmäßigsten mit Leuchtstofflampen (zum Beispiel Typ Sylvania *Cool White Super de Luxe*) oder mit Lampen ausgestattet, die bei der Aufnahme und Abstimmung der Diapositive Verwendung gefunden haben. Die Lampen sollen im Kasten in einer Entfernung von etwa 30 cm angebracht sein und auch vom Farbfilm mindestens den gleichen Abstand haben. Am Lichtkasten ist durch Luftlöcher an den Seiten und oben und unten für gute Luftzirkulation zu sorgen, damit die Wärmestauung auf ein Mindestmaß beschränkt bleibt.

Zwischen den Lampen und dem Farbdiapositiv muß eine Opalscheibe oder eine transparente Mattfolie angebracht sein, damit eine gleichmäßige Ausleuchtung bewirkt wird. Als Mattfolie ist der Ferrania-„*Opalina*"-Film geeignet. Diese *Opalina*-Folie kann im Kontakt mit dem Großdia oder auch mit einem Zwischenraum montiert werden. Zur Montage des Filmes und der Folie im Kontakt wird die *Opalina*-Folie nach dem Dia zugeschnitten und mit ihm durch einen Klebestreifen am Rand verbunden. Hierbei ist es zweckmäßig, die Ränder mit einem festen Einfaßband zu verstärken, das möglichst wärme- und feuchtigkeitsbeständig ist. An dem verstärkten Rand werden im Abstand von etwa 10 cm Ösen angebracht, durch die man ein Elastikband zieht, mit dem der Film mit der Folie im Lichtkasten aufgehängt wird.

Muß die *Opalina*-Folie aus mehreren Stücken zusammengesetzt und zusammengeklebt werden, so verwendet man den Spezialkleber Ferrania *K 53* und das Spezialklebeband für *Ferraniacolor*-Positivplanfilme. Das Klebeband soll mit der Seite angebracht werden, die sich beim Anhauchen beschlägt.

Bei besonders großen Farbdias ist es zu empfehlen, hinter oder vor dem Film ein Netz aus farblosem *Nylon* zu spannen, damit kein Durchbiegen stattfinden kann.

Zum Zusammensetzen von großen Farbdiapositiven aus mehreren Bahnen verwendet man den *Ferraniacolor*-Kleber und das Klebeband für *Ferraniacolor*-Positivplanfilme.

Bevor man mit der Montage beginnt, müssen die Kopien oder Duplikatfilme mindestens 12 Stunden in einem nicht zu trockenen Raum bei etwa 60 bis 70%

relativer Luftfeuchte klimatisiert werden. Man beschneidet dann die Ränder der Bahnen so, daß sie Stoß an Stoß genau zusammenpassen. Diese und die folgende Arbeit ist am besten auf einem großen Tisch mit Ansaugevorrichtung auszuführen. Die angepaßten Teile werden nunmehr auf der Schichtseite mit den durchsichtigen Klebestreifen verbunden. Diese Maßnahme hat den Zweck, einmal die Filme zusammenzuhalten und außerdem zu verhüten, daß der Kleber, der anschließend auf der Rückseite aufgetragen wird, durch die Spalten treten und die Farben fleckenartig beschädigen. An den beiden äußersten Enden der Klebelinie befestigt man ein Stück Abfallfilm mit dem Klebestreifen, damit der Kleber bei Beginn der Klebearbeit nicht unter den Film auf die Schichtseite dringt und das Farbbild beschädigt. Nach Beendigung der Klebearbeit können diese Hilfsfilme wieder entfernt werden. Auf der Seite der Filmunterlage wird anschließend das eigentliche Kleben ausgeführt. Man befeuchtet zunächst das Klebeband auf der Seite mit Kleber, die an den feuchten Lippen haftet und beim Anhauchen sich nicht beschlägt, legt dieses Klebeband auf die Klebestelle des Planfilmes und bringt es mit Hilfe einer Hartgummiwalze zu innigem Kontakt. Es dürfen hierbei keine Falten entstehen und Luftblasen miteingeschlossen werden. Nach dem Kleben muß man etwa 15 min warten, bevor der Film weiter bewegt werden darf. Der Planfilm soll möglichst einige Stunden nicht aufgerollt werden, damit die Klebestelle trocknen und richtig hart werden kann. Das auf der Schichtseite angebrachte Hilfsklebeband kann nach 12 Stunden durch sorgfältiges Abziehen entfernt werden. Bei der Klebetechnik ist äußerst wichtig, daß der Kleber auf keinen Fall mit der Emulsionsseite in Berührung kommt!

7. Übertragung von Farbdiapositiven auf Glas

Für manche Fälle ist es erforderlich, daß Farbbilder auf Filmunterlagen auf Glasplatten übertragen werden. Dies kann auf folgende Weise ausgeführt werden: Eine saubere, gut gereinigte Glasplatte wird zunächst mit einer Lösung von gleichen Teilen Alkohol und Äther mit einem Wattebausch abgerieben. Man verteilt dann auf der Platte eine etwa 3%ige Gelatinelösung gleichmäßig und legt auf diese Schicht das zu übertragende Diapositiv mit der Schichtseite. Mit einer Hartgummiwalze wird das Diapositiv gleichmäßig festgepreßt, wobei man darauf achtet, daß keine Luftblasen mit eingeschlossen sind. Mit Hilfe von Filtrierpapier wird der Überschuß der wässerigen Gelatinelösung entfernt. Man läßt die Glasplatte mit dem Diapositiv in waagrechter Lage so lange ruhig liegen, bis die Schichtseite des Diapositivs angetrocknet ist. Wenn die Filmunterlage keine Rückschicht aus Gelatine besitzt (z. B. Normalfilm, Kleinbildfilm), so legt man die Platte mit dem Diapositiv in Methylenchlorid (Dichlormethan) und wartet, bis die Unterlage aufquillt und sich abzulösen beginnt. Durch leichtes Anheben der Filmunterlage und Hin- und Herbewegen kann man diese dann entfernen. Besitzt der Diapositivfilm eine Rückschicht aus Gelatine, wie zum Beispiel Planfilme und Rollfilme, so muß diese Schicht durch Abreiben mit einem in Ammoniak getauchten Wattebausch behandelt werden. Die Gelatineschicht quillt durch diese Behandlung sehr schnell auf und kann mit Hilfe einer Rasierklinge oder eines Radiermessers entfernt werden. Anschließend folgt die weitere Behandlung mit Methylenchlorid. Nach der Entfernung der Unterlage des Diapositivs haftet das Farbbild fest auf der Glasunterlage. Man läßt die Haftschicht mit der Bildschicht gut trocknen, bedeckt sie dann zum Schutze mit einer zweiten Glasplatte und faßt die Ränder der beiden Platten mit U-Klebestreifen, wie bei Diapositiven üblich, ein.

8. Schutzbeschichtung von Farbdiapositiven und Farbbildern

Farbstoffe zersetzen sich allmählich durch Luft-, Licht-, Wärme- und Feuchtigkeitseinwirkung. Farbbilder bleichen als Folge davon aus und werden fleckig [882 bis 884]. Man kann diese Zersetzungsprozesse sehr wesentlich verlangsamen, indem man Farbbilder, sowohl Diapositive wie auch Papierbilder, mit einem Speziallack schutzbeschichtet. Geeignete Lacke, sogenannte Lichtschutzlacke, werden von verschiedenen Firmen hergestellt und in den Handel gebracht (z. B. Agfa-Gevaert, Tetenal Photowerk). Lichtschutzlacke sind Lacke meistens auf Kunststoffbasis mit einem Gehalt einer UV absorbierenden Substanz. Die Wirkung des Lackes ist sehr vielseitig. Einmal wird durch die UV absorbierende Schicht das schädliche kurzwellige Licht zurückgehalten, so daß keine oder eine wesentlich geringere Zersetzung durch Lichteinwirkung stattfinden kann. Die Lackschicht bildet außerdem einen sehr guten Schutz gegen Feuchtigkeits- und Lufteinwirkung.

Der Lichtschutzlack kann durch Tauchen, durch Bestreichen mit einem Pinsel oder durch Spritzen aufgetragen werden. Den besten Erfolg erzielt man, wenn beide Seiten, die Schichtseite und die Schichtträgerseite, lackiert werden. Die Behandlung kann mehrmals wiederholt werden, um eine möglichst starke und widerstandsfähige Schicht zu erzielen. Das Lackieren ist in staubfreien und gut durchlüfteten Räumen ohne offenes Feuer durchzuführen, da die Lösungsmittel leicht verdunsten und brennbar sind. Wird die Schutzbeschichtung durch Tauchen oder Baden ausgeführt, so muß diese in Gefäßen aus Glas, Porzellan oder Metall vorgenommen werden; Kunststoff-Gefäße sind hierzu nicht geeignet, da sie von den Lacklösungsmitteln meistens angelöst werden. Ist der Lack durch Verdunstung dickflüssig geworden, so kann er mit dafür handelsüblichen Verdünnungen wieder auf die richtige streich- oder spritzfähige Konsistenz gebracht werden.

9. Nachbehandlung von fehlentwickelten Farbfilmen

Schwarzweiß-Negativfilme, aus Versehen in einem Farbentwickler (Negativ oder Umkehr) behandelt, sind vollkommen blank ohne jedes Bild, da das Silberbild ausgebleicht wurde und kein Farbbild vorhanden war.

Wird ein Farbnegativfilm in einem Schwarzweißentwickler entwickelt, so erhält man ein Silberbild neben einem dichten Gelbschleier. Man bleicht das Silberbild in einem Bad von 80 g Kaliumferrizyanid und 20 g Kaliumbromid in 1 l Wasser zunächst aus, belichtet beide Seiten mit Kunstlicht etwa 1 min mit 500 Watt im Abstand von etwa 1 m und führt dann den normalen Farbentwicklungsprozeß für Negativfilme durch. Man erhält auf diese Weise ein negatives Farbbild. Dieses Farbbild wird wohl keine einwandfreien Farbkopien ergeben, aber man kann davon wenigstens Schwarzweißkopien herstellen.

Wird ein Color-Umkehrfilm zu einem Schwarzweißnegativ entwickelt, so ist der Film nahezu undurchsichtig wegen der Silberlichthofschutzschicht, und man sieht nur ein schwaches Silberbild. Man verfährt mit einem derartig fehlentwickelten Film wie beim vorstehenden Negativfilm. Der Film wird zunächst in einem Bleichbad (80 g Kaliumferrizyanid und 20 g Kaliumbromid in 1 l Wasser) gebleicht, anschließend gewässert, dann mit Kunstlicht auf beiden Seiten kräftig belichtet und dann dem normalen Negativfarbentwicklungsprozeß unterworfen. Man erhält negative Farbbilder, von denen wenigstens Schwarzweißbilder hergestellt werden können.

Ein Umkehrfarbfilm, der versehentlich als Negativfarbfilm entwickelt wurde, liefert brauchbare Schwarzweißkopien. Farbrichtige Farbbilder können von ihm nicht erzielt werden.

Wird ein Farbnegativfilm versehentlich als Farbumkehrfilm entwickelt, so ist das Ergebnis unbrauchbar und kann auch nicht verbessert werden.

K. Die Technik des Farbpositivlabors

1. Die Positivdunkelkammer des Amateurs

Die Einrichtung einer Dunkelkammer zur Herstellung von Farbpapierbildern von Farbnegativen ist nicht wesentlich umfangreicher als die einer Schwarzweißdunkelkammer.

a) Allgemeine Einrichtung und Beleuchtung

Zur Herstellung von Farbpapierbildern ist ein gut verdunkelbarer Raum erforderlich, der sich im Winter möglichst beheizen läßt. Um gleichmäßige, reproduzierbare Ergebnisse zu erzielen, muß die Verarbeitung bei einer vorgeschriebenen Temperatur, meistens 20° C, erfolgen. Wenn der Arbeitsraum diese Temperatur aufweist, dann läßt sich die Temperatur der Bäder ohne großen Aufwand leicht konstant halten. Das Vorhandensein von fließendem Wasser in der Dunkelkammer ist nicht unbedingt erforderlich. Es muß jedoch dann eine Möglichkeit gegeben sein, die erforderlichen Wässerungen der Papiere bei Tageslicht auszuführen. In der Farbpositivdunkelkammer müssen zwei Arbeitsplätze eingerichtet werden, ein Trockenarbeitsplatz zur Aufstellung eines Vergrößerungsgerätes und zur Ablage der Papiere und Kopierfilter und ein Naßarbeitsplatz zur Aufstellung von mindestens zwei oder drei Entwicklungsschalen.

Die Beleuchtung der Dunkelkammer erfolgt am zweckmäßigsten mit einer oder eventuell auch zwei Dunkelkammerlampen mit den AGFA-Dunkelkammerfiltern *166* oder *166 M* im Abstand von 75 cm von den Arbeitsplätzen und ausgerüstet mit 15-Watt-Lampen.

b) Geräteausrüstung

Folgende Geräte sind für die Herstellung von Farbpapierbildern erforderlich:

1. Ein Vergrößerungsgerät mit Filterschubladen. Die Anschaffung eines Kontaktkopiergerätes lohnt sich nicht, selbst wenn man zunächst die Absicht hat, nur Kontaktkopien herzustellen. Die erforderliche Farbsteuerung bei einem Kontaktkopiergerät ist wesentlich umständlicher als beim Vergrößerungsgerät. Außerdem kann man auch mit einem Vergrößerungsgerät Kopien im Maßstab 1:1 herstellen, oder man verwendet zur Herstellung einen Kopierrahmen, den man auf das Grundbrett des Vergrößerungsgerätes legt, und das Gerät selbst dient nur zur Belichtung und zur Farbsteuerung. Als letztes Gegenargument ist noch anzuführen, daß von der photographischen Industrie keine Kontaktfarbpapiere, sondern nur hochempfindliche Vergrößerungspapiere hergestellt werden.

Das Vergrößerungsgerät muß mit einer Filterschublade ausgerüstet sein, die es ermöglicht, Farbfilter zwischen Kondensor und Lichtquelle einzulegen. Die Farbfilter dürfen keinesfalls in den Abbildungsstrahlengang eingeschaltet werden, da hierdurch Unschärfen hervorgerufen werden.

2. Ein Satz Farbkopierfilter zur Steuerung der Farbabstimmung des Bildes. Kopierfilter in verschiedenen Größen liefern die Firmen AGFA-GEVAERT, KODAK und ORWO. Die AGFA-GEVAERT A.G. stellt billige Filterfolien für den Amateurgebrauch her. Ein Satz Folienkopierfilter besteht aus 24 Folien in verschiedenen Farbdichten für Gelb, Purpur und Blaugrün und zwei Deckgläsern. Statt des subtraktiven Filterzusatzes kann man auch drei additive Farbfilter (AGFA *Nr. 552*

[Blau], *Nr. 54* [Grün] und *Nr. 45* [Rot]) verwenden. Diese können beim Arbeiten ebenfalls in die Filterschublade gelegt werden, oder man verwendet sie in einem selbstgebauten Filterschlitten vor dem Objektiv.

3. Ein Vergrößerungsrahmen zum Planhalten der Papiere und zur Randabdeckung.
4. Eine Belichtungsschaltuhr.
5. Eine Schere zum Schneiden von Probestreifen.
6. Sechs Schalen aus Kunststoff oder Porzellan. Eine davon sollte mit hohen Seitenwänden versehen sein, damit darin eine größere Menge von Papieren gewässert werden kann. Die Schalen sind ihrem Verwendungszweck entsprechend zu beschriften und nur für diese Bäder zu verwenden.
7. Vier Flaschen zum Aufbewahren der Verarbeitungsbäder.
8. Ein paar Gummihandschuhe.
9. Eine Trockenpresse mit Hochglanzfolien, wenn man beabsichtigt, die Bilder mit Hochglanz zu versehen.
10. Eine Abquetschvorrichtung.

Nicht unbedingt erforderlich sind die folgenden Geräte. Ihre Anschaffung ist jedoch empfehlenswert, wenn sehr häufig Farbvergrößerungen hergestellt werden.

11. Spannungskonstanthalter (*Typ AKO 15* für 150 Watt Ausgangsleistung, Hersteller: Firma Wenzel, Wiesbaden-Bieberich).
12. Lichtquelle mit ageslichtähnlichem Charakter zur Beurteilung der Farbwiedergabe, wenn vielfach abends bei Kunstlicht gearbeitet wird. Geeignet sind Leuchtstoffröhren Osram *HNT* oder Philips Tageslichtröhren oder Osram *H.W.A. 300* oder Philips *ML 160*.
13. Belichtungsmesser für Vergrößerungsgeräte (zum Beispiel *Majosix* der Firma Gossen, Erlangen).

2. Das Farbpositivlabor eines mittleren Betriebes

a) Allgemeine Einrichtung und Beleuchtung

Für die Farbpositivdunkelkammer eines mittleren Fachhändlers oder eines Photographen ist kein besonders großer Raum erforderlich, es muß nur die Möglichkeit der Schaffung von zwei Arbeitsplätzen, und zwar eines Trockenarbeitsplatzes und eines Naßplatzes, gegeben sein. Beide Plätze sollen möglichst so zueinander liegen, daß der Naßarbeitsplatz vom Trockenarbeitsplatz ohne weite Wege in erreichbarer Nähe ist. Zugleich muß dabei darauf geachtet werden, daß bei der Naßarbeit der Trockenplatz nicht bespritzt wird. Die Farbpositivdunkelkammer soll im Winter möglichst heizbar sein, damit die Temperaturen der Verarbeitungsbäder leicht konstant gehalten werden können. Die Forderung nach Vorhandensein von fließendem Wasser ist bedingt durch die jeweilige Art der Verarbeitungstechnik. Sollen nur kleinere Mengen von Farbpapieren verarbeitet werden, so kann diese Arbeit in Schalen ausgeführt werden. In diesem Fall ist ein Anschluß für fließendes Wasser nicht unbedingt erforderlich, wenn die Möglichkeit für eine ausreichende Wässerung in einem Tageslichtraum gegeben ist. Wasseranschluß ist dagegen erforderlich, wenn kleine Tank- und Maschinenanlagen zur Entwicklung verwendet werden sollen.

Der Trockenarbeitsplatz dient zur Aufstellung des Vergrößerungsgerätes, zur Aufbewahrung der Farbpapiere und eventuell zur Aufstellung eines Farbsteuergerätes.

Es ist zweckmäßig, die beiden Arbeitsplätze ausreichend hell und trotzdem schleiersicher zu beleuchten. Geeignete Dunkelkammerlampen, ausgerüstet mit

15-Watt-Birnen und den erforderlichen Dunkelkammerfiltern, sind mindestens im Abstand von 75 cm anzubringen. Als Dunkelkammerfilter sind geeignet: AGFA *Nr. 166* oder *166 M*, FERRANIA 60, GEVAERT *X 592* und ORWO *166*. Eine besonders helle Beleuchtung ergeben Natriumdampflampen in Verbindung mit dem GEVAERT-Filter *Gevinax D 2* oder die Quecksilberlampe OSRAM *H.Q.A. 300* oder PHILIPS *H.P. 80* in Verbindung mit den genannten Dunkelkammerfiltern.

b) Geräte für die Kopiertechnik

α) Geräte mit Steuerung der Farbfilter und der Belichtung von Hand

Grundsätzlich können zur Herstellung von Farbpapierbildern alle Vergrößerungsgeräte verwendet werden, bei denen eine Einrichtung zur Steuerung der spektralen Zusammensetzung des Kopierlichtes gegeben ist. Hierfür ist meistens zwischen Lichtquelle und Kondensor eine Filterschublade eingebaut. Bei dieser Anordnung werden an die Filter bezüglich ihrer optischen Qualität keine besonderen Anforderungen gestellt.

Als Kopierfilter werden bevorzugt Glasfilter in den subtraktiven Grundfarben Gelb, Purpur und Blaugrün in verschiedenen Farbdichten verwendet. Ein Satz Kopierfilter besteht aus 33 Filtern in den Farbdichten 0,05, 0,10, 0,20, 0,30, 0,40, 0,50 bis 1,0 jeder Grundfarbe. Die Filter werden entsprechend den Dichten mit den ganzen Zahlen 5, 10, 20, 30 bis 100 bzw. 99 bezeichnet. Anstelle des subtraktiven Filtersatzes können auch nur drei Filter in den additiven Grundfarben Blau, Grün und Rot verwendet werden, zum Beispiel AGFA *Nr. 552, Nr. 54, Nr. 45.* Die Arbeitstechnik mit den beiden Filtersätzen ist selbstverständlich verschieden, und man unterscheidet die subtraktive und die additive Filterung (IV. L. 3. und 4). Bei der additiven Filterung muß man auf die Konstanthaltung der Lampenspannung und auf eine exakt arbeitende Belichtungsschaltuhr besonders achten. Schwankungen der Netzspannung wirken sich als Helligkeitsschwankungen sehr stark aus und bewirken keine konstante Belichtung. Es ist daher zu empfehlen, die Speisung der Vergrößerungslampe über einen Spannungskonstanthalter zu betreiben (Hersteller: WENZEL, Wiesbaden-Bieberich; *Type AKO 15* für 150 oder 250 Watt Ausgangsspannung). Die mechanischen Belichtungsschaltuhren arbeiten für die additive Filtertechnik meistens zu ungenau und inkonstant. Es wird daher empfohlen, elektronisch gesteuerte Uhren, möglichst mit logarithmischer Zeitabstufung, zu verwenden, zum Beispiel AGFA-*Sekarat*-Uhr.

Mit Geräten, bei denen die Belichtungs- und Farbsteuerung von Hand ausgeführt wird, können nur geringe Mengen von Farbkopien hergestellt werden; auch dürfte der Ausschuß verhältnismäßig groß sein, da die Farbfilterung für jedes vorliegende Negativ rein subjektiv vorgenommen werden muß. Leistungsfähiger in qualitativer wie quantitativer Hinsicht sind automatisch gesteuerte Vergrößerungsgeräte.

β) Vergrößerungsgeräte mit automatischer Steuerung der Farbe des Kopierlichtes und der Belichtungszeit

Bei der Herstellung von Farbbildern bereiten zwei Faktoren wesentliche Schwierigkeiten, einmal die Ermittlung der erforderlichen Zusammensetzung des Kopierlichtes und zum zweiten die Feststellung der richtigen Belichtungszeit. Beide Werte können sich von Negativ zu Negativ ändern. Die photographische Industrie stellt eine Reihe von Geräten her, die diese beiden Arbeiten übernehmen und die in Verbindung mit handelsüblichen Vergrößerungsgeräten verwendet werden können.

Elektronische Belichtungskassette *C 30* (Hersteller: Howaldtwerke, Kiel) (Abb. 112)

Die elektronische Belichtungskassette *C 30* der Howaldtwerke, Kiel, besteht aus der eigentlichen Kassette, die an die Stelle eines Vergrößerungsrahmens tritt, und aus einem besonderen Farbfilterkopf, der beim Vergrößerungsgerät zwischen Lampenhaus und Kondensor gesetzt wird. Im Filterkopf sind die additiven Farbfilter Blau, Grün und Rot angeordnet und werden von der Belichtungskassette aus elektronisch gesteuert. Die Messung der Teilfarbdichten erfolgt über eine Photozelle mit Multiplier im Boden der Kassette (Durchlichtmeßverfahren). Die Kassette ist verwendbar für Farbvergrößerungen 7 × 10 cm bis 24 × 30 cm. Mit einem Testfarbnegativ werden einmal die erforderlichen Belichtungen mit den drei Farbfiltern zur Erzielung einer optimalen Farbkopie ermittelt. Die optimale Filtersteuerung wird dann bei jedem anderen Negativ, das kopiert werden soll, automatisch ausgeführt. Es können an der Kassette außerdem zusätzliche Korrekturen des Kopierlichtes vorgenommen werden.

Abb. 112. Farbsteuerungs- und Belichtungskassette C 30 (Howaldtwerke, Kiel)

Eine ähnliche Farbvergrößerungskassette wird auch von der Firma Heckenreiner & Co, München, unter dem Namen „*Heco*" in den Handel gebracht.

Agfa *Colormat* (Abb. 113)

Der Agfa *Colormat* besteht aus vier Einzelgeräten: Vergrößerungsgerät *Varioskop 60*, Farbaufsatz, Steuergerät und *Variomat V*. Diese Colorvergrößerungseinheit arbeitet nach dem additiven Prinzip. Im Farbaufsatz sind drei Farbfilter in den Grundfarben Blau, Grün und Rot schwenkbar angeordnet. Diese werden beim Belichtungsvorgang elektromagnetisch nacheinander automatisch eingeschaltet. Die Dauer der drei Teilbelichtungen wird von den entsprechenden Farbdichten des Colornegativs bestimmt und außerdem von dem im Steuergerät beim Eichvorgang gespeicherten Korrekturwerten beeinflußt. Im Agfa *Variomat V* erfolgt die automatische Regelung der Belichtungszeit [885]. Das Steuergerät des *Colormat* ermöglicht die Eichung der Farbpapieremulsionen

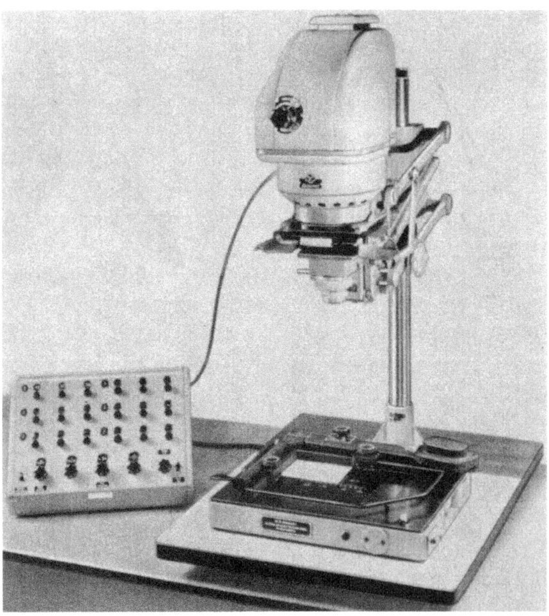

Abb. 113. Agfa *Colormat* (Agfa-Gevaert AG, Leverkusen)

unter Berücksichtigung der Eigenschaften der Farbnegative. Bei der Eichung eines Colorpapieres müssen die richtige Gesamtbelichtung, die Summe aller drei Teilbelichtungen (Belichtungssumme) und die Farbwerte der Empfindlichkeiten der drei Einzelschichten des Farbpapieres festgehalten werden. Am *Colormat*-Steuergerät können die Eichdaten von sechs verschiedenen Farbpapieren gespeichert werden.

Mafi *Color-Servomat* (Abb. 114)

Der Mafi *Color-Servomat* dient dazu, um ein vorhandenes Vergrößerungsgerät in einen vielseitigen Colorprinter für die Verarbeitung von Rollenpapieren umzuwandeln. Er besteht aus folgenden Teilen:

1. Schrankunterbau,
2. Elektronik,
3. Mechanik.

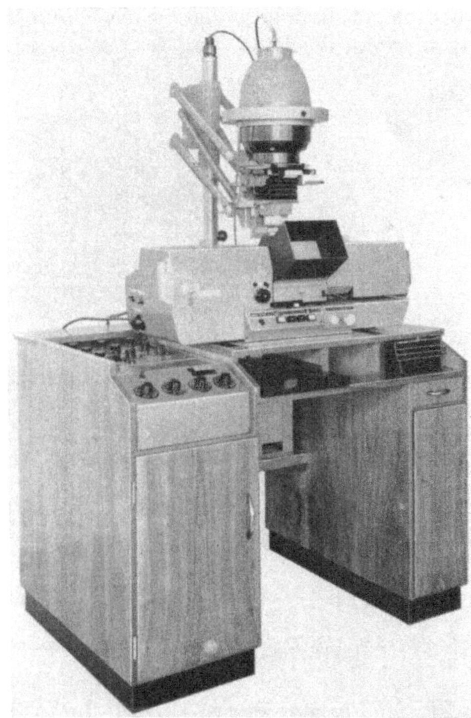

Abb. 114. *Mafi Color-Servomat* (Photo-Union, Bonn-Freudenstadt)

Der Schrankunterbau ist eine Holzkonstruktion und bietet Platz für die Elektronik, das Vergrößerungsgerät und die Mechanik. In den abschließbaren Fächern können die Colorpapiere untergebracht werden. Die Elektronik steuert die Belichtung und die Farbkorrektur und gibt die Impulse an den automatischen Filterkopf, der auf das Vergrößerungsgerät aufgesetzt wird, weiter. Die Mechanik nimmt die Papierrolle auf, sorgt für den Weitertransport des Papieres und beherbergt die Meßzelle zur Steuerung der Belichtung. Der Mafi *Color-Servomat* arbeitet vollautomatisch nach dem additiven Verfahren. Die Belichtung der Farben Blau, Grün und Rot erfolgt nacheinander. Die Belichtung wird so gesteuert, daß die Gesamtdichte und die einzelnen Farbdichten richtig sind. Verschiedene Grundsteuerungen können eingetestet und in Speichern festgelegt werden. Die durchschnittliche Gesamtbelichtungszeit beträgt etwa 5 s. Das Negativ kann besonders gut beurteilt werden, da es vergrößert auf eine Mattscheibe projiziert wird.

c) Die Entwicklungstechnik eines mittleren Betriebes

α) *Schalenentwicklung*

Bei geringem Arbeitsanfall zur Herstellung von Farbvergrößerungen kann ihre Verarbeitung prinzipiell in Schalen ausgeführt werden. In der Dunkelkammer müssen die Entwicklung, die Zwischenwässerung und die Stoppfixage erfolgen. Die weiteren Arbeitsgänge, das Bleichfixieren, die Stabilisierung und die erforderlichen Zwischen- und Schlußwässerungen können im Tageslichtraum vorgenommen werden. Bei dieser einfachen Arbeitstechnik ist besonders auf Konstanthaltung der Temperatur des Farbentwicklers Sorge zu tragen. Wenn die Wassertemperatur unter 14° C absinkt, ist die Anbringung eines Warmwasserboilers mit Mischbatterie für Kalt- und Warmwasser zu empfehlen.

Die Leistungsfähigkeit einer derartigen Entwicklungseinrichtung kann nicht besonders groß sein, auch ist die Erzielung von konstanten Ergebnissen mit erheblichen Schwierigkeiten verbunden. Leistungsfähiger in quantitativer und qualitativer Hinsicht wird ein Betrieb durch Inbetriebnahme einer Entwicklungsanlage.

β) *Tank- und Maschinenentwicklung*

Für die Farbpapierentwicklung in einem mittleren Betrieb kommen Kleintankanlagen und besondere Entwicklungsmaschinen in Frage. Bei Kleintankanlagen erfolgt die Halterung der Papiere in Körben (Abb. 115). Geeignete Anlagen

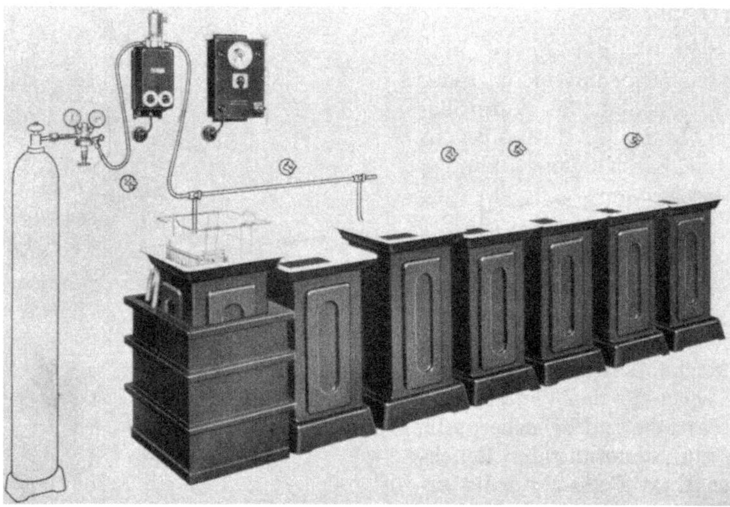

Abb. 115. Kleintankanlage für Colorpapier-Entwicklung (METEOR APPARATEBAU, Siegen)

liefern die Firmen: PHOTO-UNION, Bonn-Freudenstadt, KINDERMANN, Ochsenfurt, METEOR, Siegen/Westf., PASCHMANN, Wuppertal-Barmen. Für die Papierverarbeitung in kleineren Betrieben sind besonders die AUTOPAN-Entwicklungsmaschine (Abb. 108), die *Unitub* von der PHOTO-UNION (Abb. 109) und die *Metorette* von METEOR (Abb. 110) geeignet. Diese Geräte sind auch zu empfehlen, wenn Sonderentwicklungen durchgeführt werden sollen.

Zur Schnellverarbeitung von *Ektacolor*-Papier liefert KODAK den *Rapid Processor 16-K*. Dieses Schnellentwicklungsgerät liefert in 8 min ein fertig entwickeltes und fixiertes Farbbild. Das Gerät arbeitet bei 37° C mit einem 5-Bäder-Prozeß (KODAK *CP-5*). Das belichtete *Ektacolor*-Papier wird auf einer rotierenden Metalltrommel angebracht. Durch die Rotation zieht sich ein dünner Flüssigkeitsmantel um die Trommel, und auf diesem schwimmt praktisch das Farbpapier. In die flache Schale, in die die Trommel mit dem Farbpapier eintaucht, kommt jeweils nur soviel Behandlungsflüssigkeit (250 ml), wie für die eine Charge erforderlich ist. Nach jedem Arbeitsprozeß wird die verbrauchte Lösung weggegossen, und es strömt die nächste Behandlungslösung in die Schale. Nach der Bearbeitung der Papiere im Gerät müssen sie anschließend noch getrocknet werden.

d) Vollautomatisches Kopier- und Entwicklungsgerät zur Herstellung von Farbpapierbildern

Die Firma PAVELLE CORP., USA, stellt den *Daylight Color Printer Processor P-100* her, der in 3 bis 5 min von jedem Negativ ein fertiges Farbbild in den Größen 6 × 9 cm und 9 × 9 cm herstellt [886, 887]. Das Bild muß anschließend nur noch gewässert und getrocknet werden. Das Gerät arbeitet mit völlig automatischer Filterbestimmung und Belichtungsmessung. Es ist bisher nicht bekanntgeworden, ob in Deutschland ein derartiges Gerät bereits im Betrieb ist.

3. Das Großlabor

a) Allgemeine Einrichtung und Beleuchtung

Die Positivdunkelkammer eines Großlabors hat mit der gewohnten Anlage einer Dunkelkammer keine Ähnlichkeit mehr. Sie ist mehr oder weniger ein Maschinenraum, in dem eine Vielzahl von Kopiermaschinen möglichst platzsparend aufgestellt sind. Für die Massenproduktion ist alles mechanisiert und automatisiert. Für die Kopierleistung von sechs Kopiermaschinen muß eine Entwicklungsmaschine zur Verarbeitung zur Verfügung stehen. Mit fünf bis sechs Colorprintern und einer entsprechend leistungsfähigen Entwicklungsmaschine leistet ein Betrieb täglich bei 8 Stunden Arbeitszeit etwa 10000 Bilder. Die Entwicklungsmaschine ist zweckmäßig so aufgestellt, daß sich nur ihr Dunkelteil in der Dunkelkammer befindet. Neben diesem automatisierten Betrieb muß eine Großkopieranstalt daneben immer mehr handwerksmäßig wie bei kleineren oder mittleren Betrieben Farbvergrößerungen in den von der Kundschaft geforderten Größen herstellen können. Eine Großkopieranstalt wird deswegen immer auch neben der Großdunkelkammer eine normale Dunkelkammer eingerichtet haben, die wie ein mittlerer Fachbetrieb ausgerüstet ist.

Die Beleuchtung des Positivmaschinenraumes muß hell und trotzdem schleiersicher sein. Zur Allgemeinbeleuchtung wird die Verwendung von Quecksilberdampflampen OSRAM *H.Q.A. 300* oder PHILIPS *H.P. 80* in Verbindung mit den Dunkelkammerfiltern AGFA *Nr. 166* oder FERRANIA *60* wegen ihrer Helligkeit für besonders günstig gehalten. Viele Colorprinter erfordern überhaupt keine Aufstellung in einer Dunkelkammer. In diesem Fall stehen in der Dunkelkammer neben den Dunkelkammermaschinen nur die Dunkelteile der Papierentwicklungsmaschinen und außerdem dient sie zum Einlegen der Papiere in die Kassetten und zu ihrer Entnahme. Zur Steigerung der Leistung ist man stets bemüht, soweit es irgendwie möglich ist, photographische Arbeitsprozesse bei Tageslicht auszuführen.

b) Die Kopiertechnik

Die Colorkopiertechnik im Großbetrieb stellt hohe Anforderungen an die qualitative und quantitative Leistung. Diese Forderungen können nur von Geräten erfüllt werden, die mit einem gewissen elektronischen und optischen Aufwand ausgerüstet sind. Der sogenannte Kopierautomat muß beste elektronische und optische Eigenschaften mit großer Bildleistung vereinigen und die menschliche Arbeit auf ein Mindestmaß reduzieren.

α) Arbeitsweise der Kopierautomaten

Bei den Kopierautomaten werden mit Hilfe von Photozellen die Farbdichten der zu kopierenden Negative gemessen, und elektronische Steuergeräte führen die

Steuerung von Farbfiltern zur erforderlichen Veränderung des Kopierlichtes durch und belichten den gemessenen Farbdichten entsprechend [888 bis 896]. Kopierautomaten können nach dem subtraktiven oder additiven Prinzip arbeiten. Die additive Methode ermöglicht die Herstellung von sehr einfach zu bedienenden und sehr fein regulierbaren Vorrichtungen zur Steuerung des Kopierlichtes. Lange Zeit waren daher additiv arbeitende Kopierautomaten vorherrschend. Bei derartigen Geräten erfolgen die drei Teilbelichtungen nacheinander, so daß ihre Schnelligkeit begrenzt ist. In neuerer Zeit ist man deswegen bemüht, subtraktiv arbeitende Kopiermaschinen, die eine erhöhte Leistung ermöglichen, zu schaffen.

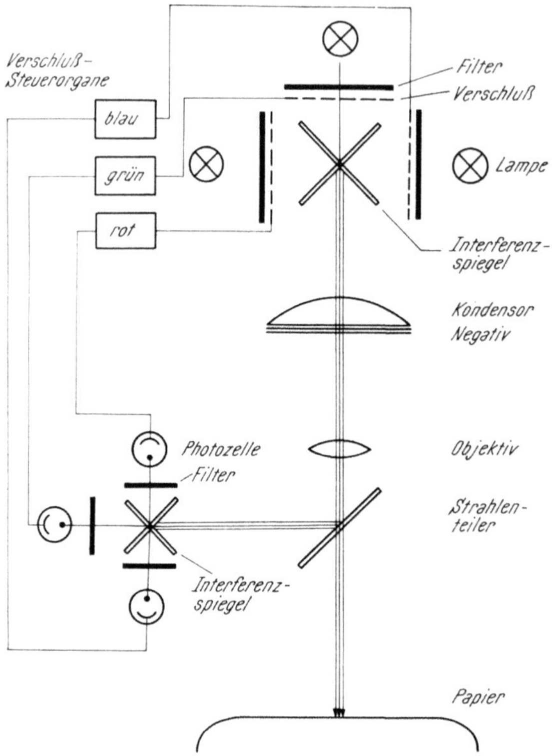

Abb. 116. Additives Prinzip der Farbbelichtungssteuerung mit drei Lichtquellen

In den Abb. 116 bis 118 sind einige besonders verschiedene Systeme der Farbsteuerung skizziert dargestellt. Abb. 116 zeigt das additive Prinzip der Farbbelichtungssteuerung mit drei Lichtquellen und drei Photozellen.

Die Strahlen von drei Lichtquellen, vor die jeweils ein Farbfilter Blau, Grün und Rot geschaltet ist, werden durch Interferenzspiegel zu einem Strahlengang vereinigt. Die Bildstrahlen des Mischlichtes werden durch einen Strahlenteiler seitlich auf teildurchlässige Spiegel abgelenkt. Diese Spiegel mit den Farbfiltern Blau, Grün und Rot bewirken, daß jede der vorhandenen drei Photozellen oder besser Multiplier nur ein Farblicht Blau, Grün oder Rot erhält. Da im Multiplier bei Belichtung ein Strom fließt und dieser Strom der Lichtintensität proportional ist, erfolgt je nach dem Anteil der Farben an dem Licht die Aufladung der Kondensatoren. Bei hoher Intensität der Blaustrahlung wird der Blaukondensator sehr schnell zu seiner Sollspannung aufgeladen. Ist diese erreicht, dann wird der Verschluß vor der Lampe mit dem Blaufilter geschlossen, so daß keine weitere Blaustrahlung im Strahlengang mehr vorhanden ist. Die weitere Belichtung erfolgt mit den beiden anderen Farbanteilen Grün und Rot, bis ihr Soll erreicht ist. Ist der Sollwert der Aufladung eines Kondensators durch den Farblichtstrom erreicht, dann wird der Verschluß geschlossen. Nachdem alle drei Verschlüsse vor den drei Lichtquellen geschlossen sind, wird der Weitertransport des Papieres in Gang gesetzt und die Elektronik wieder in Ausgangsstellung für die nächste Belichtung gebracht. Abb. 117 veranschaulicht das subtraktive Prinzip der Farbbelichtungssteuerung. Es wird mit einer Lichtquelle gearbeitet. Vor dem Objektiv befinden sich ein Verschluß und die subtraktiven Farbfilter Gelb, Purpur und Blaugrün. Zwischen Objektiv und Papier ist ein halbdurchlässiger Spiegel angebracht, der einen Teil des Lichtes zur Meß- und Steuereinrichtung leitet. Die Meßeinrichtung besteht aus einem Multiplier (Photozelle). Um diesen rotiert ein Zylinder mit einer Drehzahl von 1800 Umdrehungen pro Minute, in dem drei Fenster mit den Farbfiltern Blau, Grün und Rot angebracht sind. Auf der Antriebsachse des Zylinders sitzen drei Schaltnocken so, daß jedesmal wenn ein Farbfilter dem Lichtstrahl den Weg zum Multiplier freigegeben hat, dann auch über den betreffenden Schaltnocken der Steuerkanal des betreffenden Filters angeschlossen ist. Nach dem Auslösen des Kopiervorganges öffnet sich der Verschluß, und es wird mit weißem Licht belichtet. Durch den Multiplier werden die drei Filterkanäle aufgeladen. Ist nur einer der Kanäle aufgeladen, so betätigt die Elektronik einen Schwenkmagneten, und das betreffende Filter wird in den Strahlengang geschaltet. Ist zum Beispiel der Blaukanal zuerst aufgeladen, so wird das Gelbfilter vorgeschaltet, und es wird weiter mit Gelblicht (Grün + Rot) belichtet. Ist der Grünkanal voll aufgeladen, dann wird das Purpurfilter eingeschwenkt, und es wird weiter nur Rot belichtet. Ist auch der Rotkanal aufgeladen, dann schaltet sich das Blau grünfilter ein, und zugleich wird der Verschluß geschlossen. Beim Schließen des Verschlusses wird der Transport des Papieres in Gang gebracht und werden die Farbfilter wieder ausgeschwenkt.

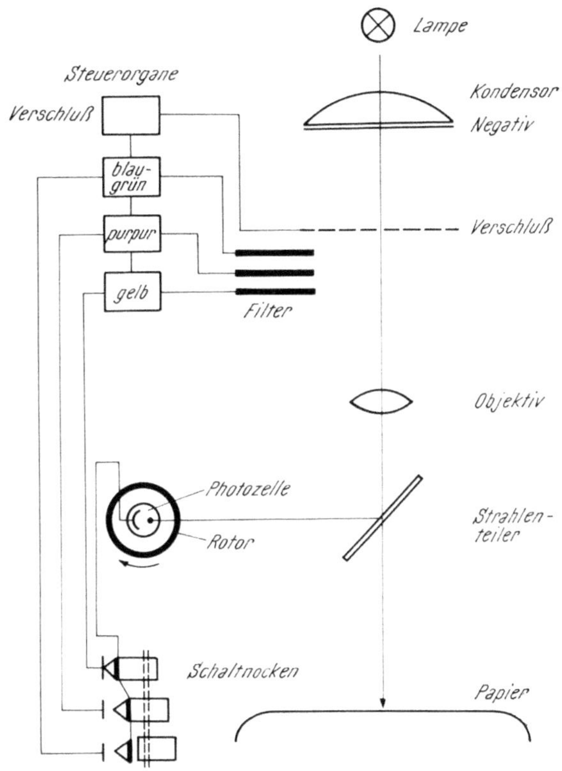

Abb. 117. Subtraktive Farbbelichtungssteuerung

Das Prinzip der Farbbelichtungssteuerung mit einer Lampe und mit Filterrotor kann auch zur additiven Arbeitsweise benutzt werden. In diesem Fall werden vor dem Objektiv schwenkbar die additiven Farbfilter Blau, Grün und Rot angebracht. Zu Beginn der Kopierbelichtung ist das blaue Farbfilter eingeschaltet, und es wird solange belichtet, bis der Blaukanal über Rotor und Multiplier aufgeladen ist. Dann schwenkt das Grünfilter ein, und zugleich wird das Blaufilter ausgeschwenkt. Ist der Grünkanal aufgeladen, dann schwenkt das Rotfilter ein und das Grünfilter aus. Es ist jeweils nur ein Filter im Strahlengang, und die einzelnen Teilbelichtungen erfolgen nacheinander.

Nach einem neuen Prinzip arbeitet die spektrale Lichtmessung beim GRETAG *Color Printer ec 2* (Abb. 118). Ein kleiner Hohlspiegel rotiert 50mal durch den Strahlengang, wobei er kurzzeitig das Licht der Filterbelichtungen (blau, grün, rot) ablenkt und auf eine Photozelle wirft. Zwischendurch wird das Licht einer Referenzlampe (Kontrollampe) auf die Photozelle gespiegelt, so daß eine Vergleichsmessung der Einzeldichten ermöglicht wird und eine entsprechende Steuerung der Belichtungszeit erfolgt. Mit dieser Art der Lichtmessung wird erreicht, daß keine störenden Teile in den Strahlengang zu liegen kommen und daß

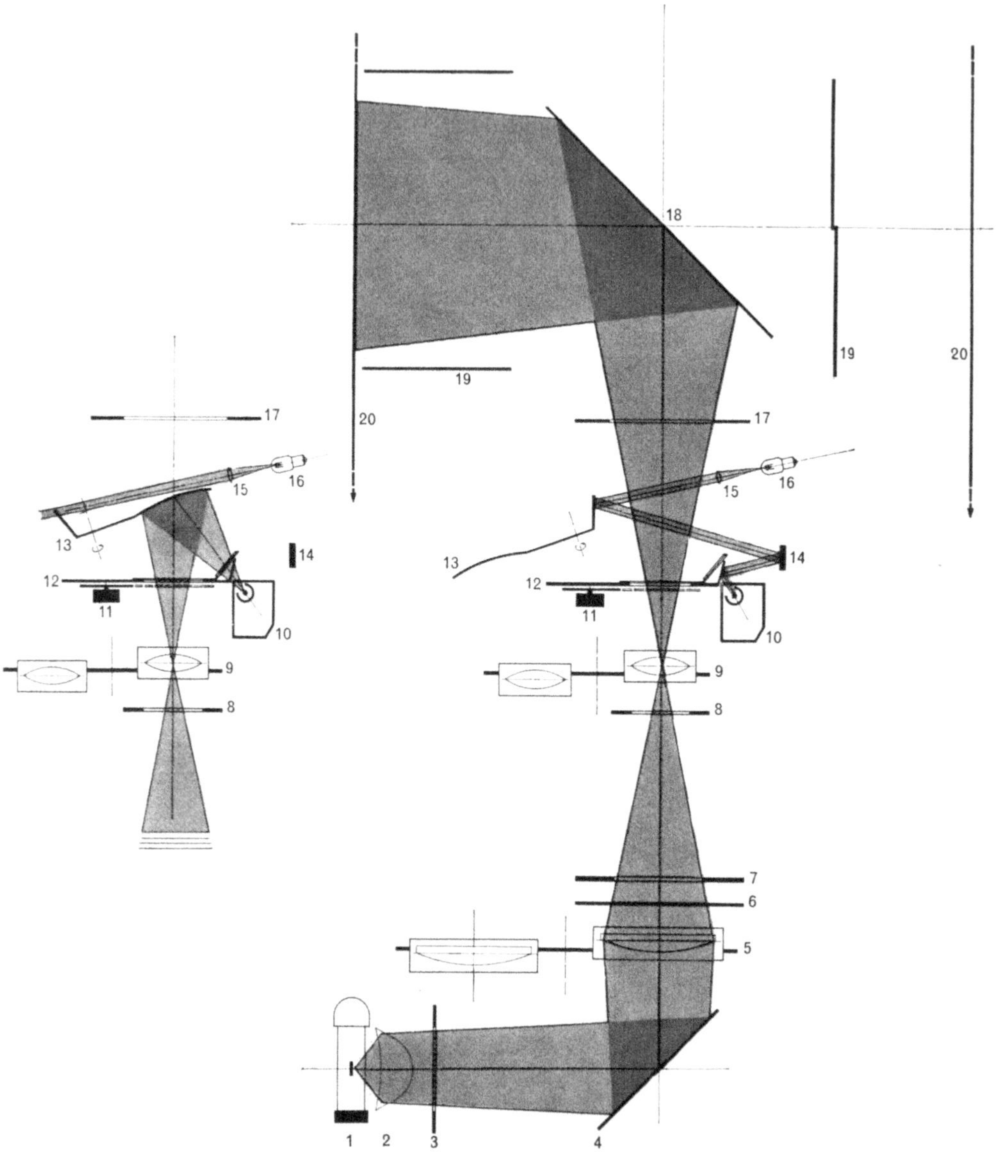

Abb. 118. Additive Farbbelichtungssteuerung beim GRETAG Color Printer (CIBA PHOTOCHEMIE, Freiburg/Schweiz); *1* Lampe 500 W oder 1000 W, *2* Kondensor, *3* Wärmeschutzfilter, *4* Umlenkspiegel, *5* Kondensor-Revolver, *6* Streuscheibe, *7* Negativebene, *8* Blende, *9* Objektiv-Revolver, *10* Photozelle, *11* Verschluß, *12* Filterrad, *13* Spiegelrad, *14* Umlenkspiegel, *15* Referenzlampen-Kondensor, *16* Referenz-Glühlampe, *17* Blende, *18* Papierwahlspiegel, *19* Papierkassetten-Verschluß, *20* Papierebene

eine maximale Intensität des Meßlichtes zur Verfügung steht, so daß nur eine einfache Photozelle als Meßelement und kein Multiplier erforderlich ist. Die 50mal erfolgte Messung in der Sekunde schaltet unvermeidliche Schwankungen der

Empfindlichkeit der Meßzelle aus. Der GRETAG *Color Printer* arbeitet gleichzeitig mit zwei Rollen Colorpapieren, die nebeneinander benutzt werden können. Er leistet 500 Großkopien pro Stunde.

β) *Typen von Colorkopierautomaten*

AGFA *Colormator N* (Abb. 119)

Der AGFA *Colormator N* ist eine automatische Vergrößerungsmaschine zur Herstellung von farbigen Vergrößerungen auf Rollenpapieren. Es können Farb-

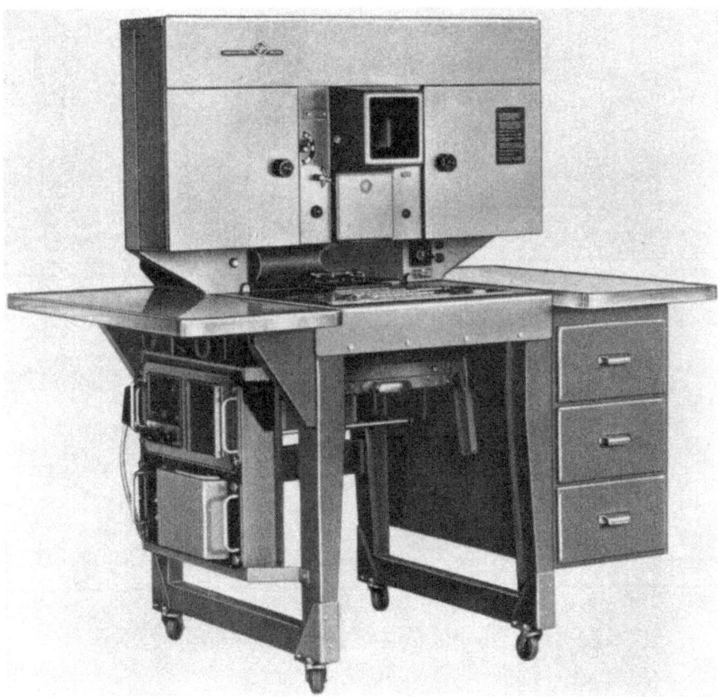

Abb. 119. AGFA *Colormator N* (AGFA-GEVAERT AG, Leverkusen)

negative in den Formaten 24 × 24 mm bis 6 × 9 cm zur Verwendung kommen. Belichtung, Papiertransport und alle anderen Funktionen werden automatisch durch Druck auf eine Taste ausgelöst. Die Belichtung erfolgt gleichzeitig mit den additiven Farbfiltern Blau, Grün und Rot. Die Dauer der drei Einzelbelichtungen wird elektronisch gesteuert, wobei Farbstiche des Negativs ausgeglichen werden. Die belichteten Farbkopien können wahlweise zur Verarbeitung von Hand einzeln abgeschnitten oder zur Weiterverarbeitung in einer Entwicklungsmaschine auf eine Rolle aufgewickelt werden.

MÜLLERSOHN-*Colorautomat* (Abb. 120)

Der MÜLLERSOHN-*Colorautomat* ist eine vollautomatisch arbeitende Rollenvergrößerungsmaschine nach dem additiven Verfahren. Es können Rollenpapiere von 76 mm und 89 mm Breite und Negativvorlagen von 24 × 24 mm bis 6 × 9 cm wendet werden.

PAKO CORP., Minneapolis, USA (Deutsche Vertretung: 3 M COMP., Düsseldorf): *Pakotronic Color Printer* (Abb. 121)

Die *Pakotronic* ist eine automatische Vergrößerungsmaschine für Farbnegative vom Kleinbildformat bis zum Format 6,5 × 11 cm. Es können Farbpapiere in Rollen von 63,5 mm bis 127 mm Breite verwendet werden. Der Vergrößerungsmaßstab ist kontinuierlich einstellbar von 1:1 bis 5:1. Das größtmögliche Format für Vergrößerungen beträgt etwa 13 × 18 cm. Das Gerät kann zum Betrieb im Tageslichtraum aufgestellt werden. Leistung des Gerätes etwa 700 Bilder pro Stunde.

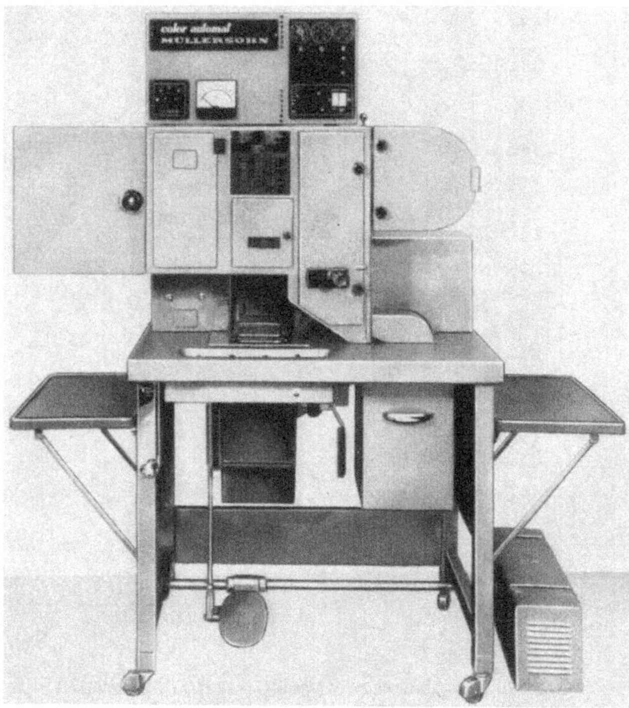

Abb. 120. MÜLLERSOHN-*Colorautomat* (MÜLLERSOHN, Bielefeld)

PAKOLOR LTD., England: *Colortron Rollhead Enprinter* (Abb. 122)

Das *Colortron* ist ebenfalls eine automatische Colorvergrößerungsmaschine nach dem additiven Prinzip [896]. Bei diesem Gerät wird zur Messung und zur Farbsteuerung das vom projizierten Bild reflektierte Licht verwendet. Es können Negative vom Kleinbild bis zum Format 6 × 9 cm verarbeitet werden. Die Belichtung des Rollenpapieres von 76 mm oder 89 mm Breite erfolgt im Rückenteil des Tisches. Der Betrieb des Gerätes kann bei Tageslicht ausgeführt werden, doch muß der Raum zum Auswechseln des Papieres verdunkelbar sein oder der Rückenteil des Tisches muß in einer Dunkelkammer untergebracht sein. Das *Colortron* kann auch zur Verarbeitung von Colorumkehrpapieren verwendet werden, da es mit einer einschaltbaren Randbelichtungsautomatik ausgestattet ist.

KODAK *Roll Paper Color Printer, Type IV C* und *Type IV R*

Diese Automaten zur Herstellung von Farbbildern nach Farbnegativen (*Type IV C*) und nach Umkehrdiapositiven (*Type IV R*) sind bisher in Deutschland nicht bekannt geworden.

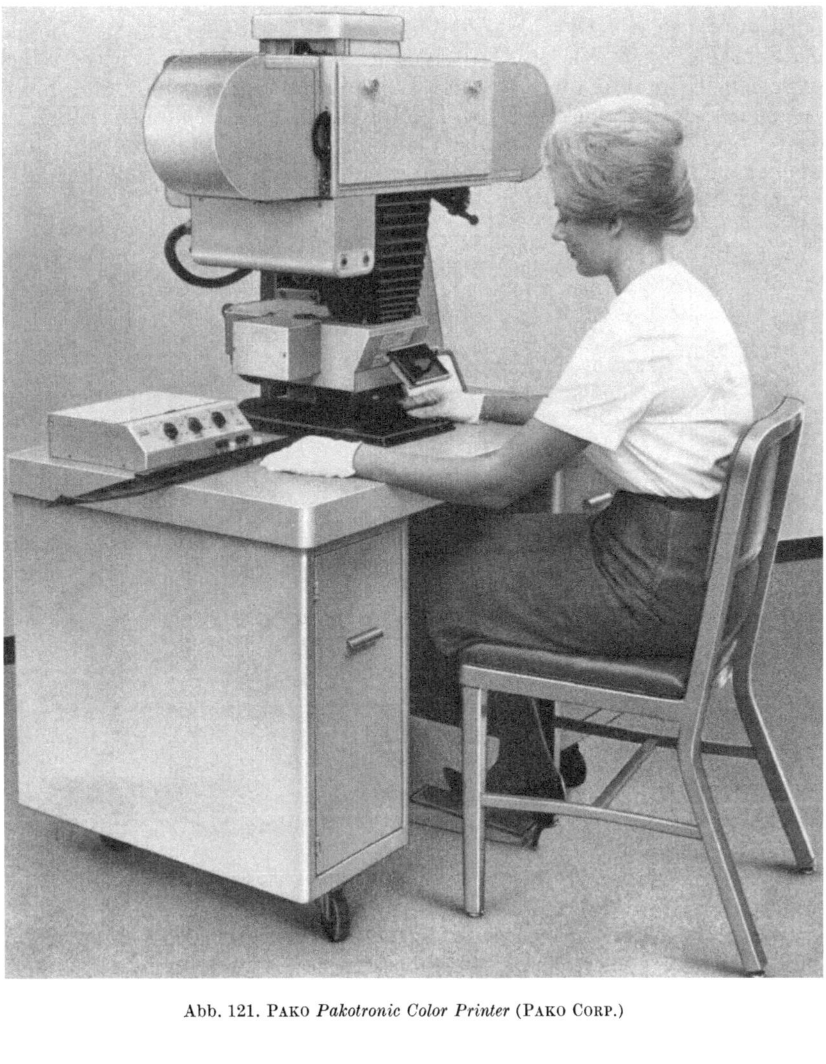

Abb. 121. PAKO *Pakotronic Color Printer* (PAKO CORP.)

c) Die Entwicklungstechnik im Großlabor

Die Massenproduktion von Farbkopien, die von Color-Vergrößerungsautomaten erzeugt wird, kann nur wirtschaftlich in ebenfalls weitgehend automatisch arbeitenden Entwicklungsmaschinen verarbeitet werden.

Alle Firmen, die sich mit der Kopiertechnik befassen, haben in ihrem Lieferprogramm zugleich auch geeignete Entwicklungsmaschinen.

α) *Entwicklungsmaschinen für Formatpapiere*

Agfacolor Papierentwicklungsmaschine *Labomat K* (Hersteller: AGFA-GEVAERT A. G.)

Der *Agfacolor Labomat K* besteht aus 12 Tanks, durch die eine endlose Kette zum Transport der Einzelbilder läuft. Sechs Tanks dienen zur Aufnahme der Verarbeitungsbäder, die anderen Tanks sind Wässerungstanks. Das belichtete Colorpapier wird in die Klammern der Transportkette eingehängt, alle anschließenden Vorgänge, der Durchlauf durch die einzelnen Bäder, erfolgt automatisch. Nach dem Verlassen des letzten Behandlungsbades wird das Papier selbsttätig abgeworfen. Es muß dann von einem Laboranten aufgenommen und durch eine Trockenmaschine geschickt werden. Die Durchlaufzeit durch die Maschine beträgt etwa 65 bis 75 min und die Stundenleistung bis zu 1000 Blatt, wenn an jeder Klammer zugleich zwei Blatt befestigt werden. Zum Betrieb sind ein Laborant und eine Hilfskraft erforderlich.

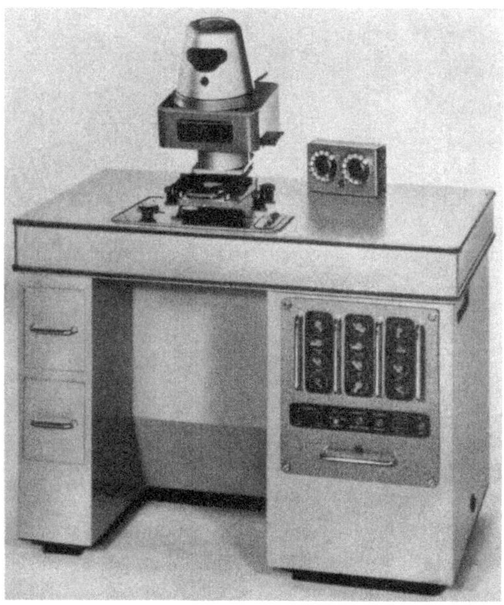

Abb. 122. *Colortron Rollhead Printer* (PAKOLOR LTD., Epsom, England)

Colorpapierentwicklungsmaschine für Formate (Hersteller: W. HOSTERT & SÖHNE, Düsseldorf-Eller)

Eine Entwicklungsmaschine für Formatpapiere stellt auch die Firma W. HOSTERT & SÖHNE, Düsseldorf, her. Den Dunkelkammerteil dieser Maschine mit der Papiereinlage zeigt Abb. 123. Einzelbilder werden an einem Papierhalter angeklammert, und diese werden dann in die Tragglieder der beiden Kunststoffketten eingesteckt. In der Abbildung läuft eine breite Papierbahn in die Maschine ein, während an einem Papierhalter Einzelblätter angeklammert wurden. Nach dem Anklammern wird der Ladetisch zur Befestigung der Halterung an den Transportketten hochgeklappt. Nach dem Durchgang der Bilder durch die Maschine müssen Einzelbilder zur getrennten Trocknung ausgeklammert werden; Papierrollen können auf eine Steckachse aufgewickelt werden.

β) *Entwicklungsmaschinen für Rollenpapiere*

AGFA *Labomator N 475*

Zum Transport der Papierbahnen dienen endlose Kunststoffbänder, die durch die Verarbeitungsbäder laufen und an die mit Spezialklammern der Anfang der Bahnen befestigt wird. Die Verarbeitungsbäder werden automatisch temperiert, umgepumpt und regeneriert. Es können gleichzeitig vier Bahnen durch die Maschine laufen. Die Transportgeschwindigkeit beträgt 75 cm pro Minute, das ergibt eine Stundenleistung von etwa 1800 Farbbildern 7 × 10 cm.

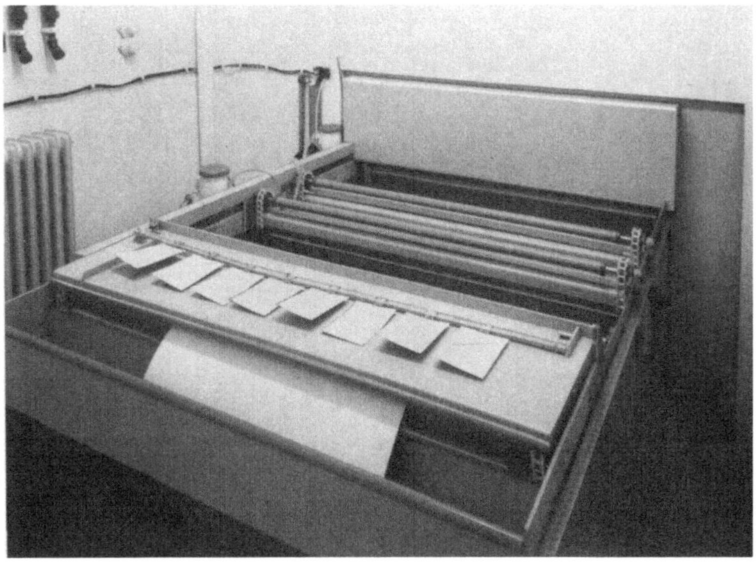

Abb. 123. Colorpapierentwicklungsmaschine für Formate, Dunkelkammerteil mit Papiereinlage (W. HOSTERT & SÖHNE, Düsseldorf)

MÜLLERSOHN Entwicklungsmaschine *Process 22* mit Trockenmaschine *Transit 60*

Die MÜLLERSOHN-Colorpapierentwicklungsmaschine ist mit acht Tanks ausgerüstet. Der Papiertransport erfolgt mit Hilfe von zwei endlosen Kunststoffbändern, an die der Anfang der Papierrollen befestigt wird. Die Geschwindigkeit der Maschine ist stufenlos regelbar. Der normale Papiervorschub beträgt 40 cm pro Minute. Bei Normalbetrieb mit zwei Papierbahnen leistet die Maschine bei Normaltemperatur der Bäder maximal 48 m in der Stunde, das heißt etwa 500 Bilder 7 × 10 cm pro Stunde. Die Trockenmaschine ist mit der Entwicklungsmaschine gekoppelt und ist für Hochglanz- und Matt-Trocknung geeignet.

PAKO-*Pakopak Color Prosser and Dryer*
(Deutsche Vertretung: 3 M COMP., Düsseldorf)

Die PAKO-*Pakopak* ist eine Rollenentwicklungsmaschine, gekoppelt mit einer Trockenmaschine (Abb. 124). Es können gleichzeitig vier Papierrollen entwickelt werden. Der Transport der Rollen wird von zwei Kunststoffbändern besorgt, an die der Anfang der Rollen mit Klammern befestigt wird. Es werden drei verschiedene PAKOPAK-Modelle hergestellt, die sich durch ihre verschiedene Leistung unterscheiden. *Modell 4* hat eine Transportgeschwindigkeit pro Bahn bei normalen Verarbeitungsbedingungen von 40 cm pro Minute. Die Stundenleistung dieses Modells beträgt 100 m pro Stunde oder 1000 Bilder 7 × 10 cm. *Modell 5* leistet über das Doppelte. Die Transportgeschwindigkeit einer Bahn beträgt 100 cm pro Minute oder insgesamt 240 m pro Stunde oder 2400 Bilder pro Stunde.

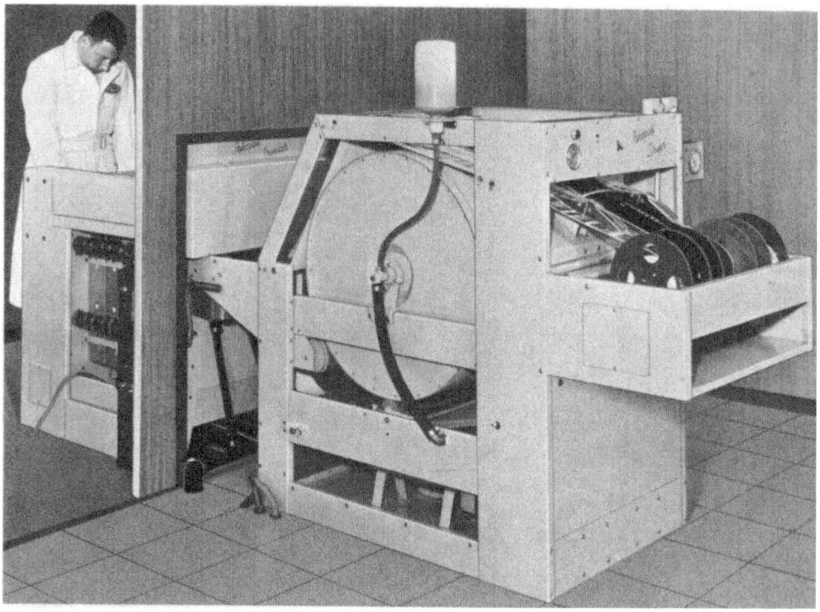

Abb. 124. PAKO-*Pakopak Color Prosser and Dryer* (PAKO CORP.)

L. Die Herstellung von Farbbildern nach negativen Vorlagen

1. Allgemeines zum Farbpositivprozeß

Beim Schwarzweiß-Positivprozeß hängt die Entstehung eines einwandfreien Bildes im wesentlichen nur von der richtigen Wahl der Papiergradation und der richtigen Belichtung ab. Zur Verarbeitung sind Entwicklung, Unterbrechung, Fixierung und Wässerung erforderlich. Alle diese Arbeitsgänge können Verarbeitungsfehler verursachen, der Bildcharakter wird jedoch nur von der Entwicklung bestimmt.

Der Farbpositivprozeß besteht aus den Arbeitsgängen: Farbentwicklung, Kurzwässerung, Stoppfixierbad, Zwischenwässerung, Bleichfixierbad, Wässerung und Stabilisierung. Jeder einzelne Arbeitsgang kann das Farbbild beeinflussen, und es sind daher viele Fehlermöglichkeiten gegeben. Bei der Herstellung des positiven Farbbildes entfällt die Wahl der Papiergradation meistens, da die Farbpapiere nur in einer Gradation geliefert werden. Zu der Forderung der richtigen Kopierbelichtung tritt jedoch die zusätzliche und äußerst wichtige Bedingung der richtigen Abstimmung der Farben. Wenn man ein Farbpapier entsprechend der normalen Technik in einem Vergrößerungsgerät belichtet, dieses der Verarbeitungsvorschrift entsprechend entwickelt, so wird man beinahe in allen Fällen ein so stark farbstichiges Bild erhalten, daß andere Farben gar nicht zur Geltung kommen. Dieser Farbstich ist darauf zurückzuführen, daß eine oder zwei der lichtempfindlichen Schichten des Papieres in bezug auf die andere zu reichlich belichtet sind. Wird nur eine Schicht überbelichtet, so erhält man einen einfachen Farbstich, zum Beispiel ein ausgesprochen gelbes, blaugrünes oder purpurnes Bild. Werden zwei Schichten stärker belichtet als die dritte, so entsteht ein zusammengesetzter Farbstich, ein Überwiegen von Purpur und Blaugrün = Blau oder Gelb und Blaugrün = Grün oder Gelb und Purpur = Rot. Diese Fehlererscheinungen, die Störung des Farbgleichgewichtes, werden durch verschiedene Faktoren verursacht:

Art, Lagerung und Alter der Color-Negativschicht, spektrale Zusammensetzung des Aufnahmelichtes (Farbtemperatur), spektrale Transparenz der Aufnahme- und Vergrößerungsobjektive, spektrale Empfindlichkeit der einzelnen Schichten des Farbpapieres, spektrale Zusammensetzung des Kopierlichtes, Verarbeitungsbedingungen des Negativs und des Positivs.

Zur Beseitigung der Störung des Farbgleichgewichtes, des Farbstiches, muß man die spektrale Zusammensetzung des Kopierlichtes verändern und den gegebenen Verhältnissen anpassen. Dies geschieht üblicherweise durch Zwischenschaltung von Farbfiltern in den Strahlengang.

Man unterscheidet grundsätzlich zwei Arten der Farbkopiertechnik: die subtraktive und die additive Methode. Bei dem subtraktiven Farbkopierverfahren werden Farbfilter in den Grundfarben Gelb, Purpur und Blaugrün verschiedener Dichte in den Strahlengang zwischen Lichtquelle und Kondensor eingeschaltet. Bei dem additiven Farbkopierprinzip werden die drei Farbfilter in den additiven Grundfarben Blau, Grün und Rot verwendet. Es werden drei Belichtungen nacheinander mit den Farbfiltern ausgeführt, wobei die Belichtungszeiten verändert werden können. Man kann auch mit drei Lichtquellen unter Vorschaltung der additiven Farbfilter arbeiten und dieses gefilterte Licht, auf dem Farbpapier vereinigt, zur Abbildung bringen. Nach dem letzteren Prinzip mit drei Lichtquellen arbeitet man bevorzugt in der Kinefilmkopiertechnik, da hierbei die Leistung der Kopiermaschinen wesentlich höher ist.

2. Hinweise zur Beurteilung von Farbkopien

Die Beurteilung von Farbkopien bezüglich der Farbwiedergabe ist nicht sehr einfach und erfordert einige Erfahrung. Es kommt außerdem hinzu, daß der Geschmack und die Fähigkeit, Farben zu sehen, individuelle Eigenschaften sind. Es werden daher von verschiedenen Personen der Farbton eines Bildes und die erforderlichen Maßnahmen zu seiner Beeinflussung immer verschieden beurteilt. Es sollte daher die Beurteilung eines Farbbildes stets von der gleichen Person ausgeführt werden.

Probekopien, die zur Ermittlung der richtigen Filterung hergestellt werden, müssen richtig belichtet sein. Die Bilder müssen zur Beurteilung die richtige Farbdichte haben und dürfen nicht zu hell und nicht zu dunkel sein.

Die Beurteilung der endgültigen Farbwiedergabe ist nur nach guter Auswässerung und in trockenem Zustand möglich. Viele Farbpapiere verändern ihren Farbton in Abhängigkeit von der Wässerungsdauer. Meistens trocknen die Papiere dunkler auf als sie in nassem Zustand erscheinen.

Für den endgültigen Gesamteindruck eines Farbbildes ist die richtige Farbdichte entscheidender als eine vollendete Ausfilterung.

Die Beurteilung eines Farbbildes muß unbedingt bei Tageslicht erfolgen. Ist dies nicht möglich, so soll wenigstens tageslichtähnliches Licht verwendet werden.

Geeignet sind hierzu Leuchtstoffröhrenlampen (Type *HNT*) oder Mischlichtlampen Osram *HWA 300* oder Philips *ML 160* [832]. Die Intensität der Lichtquellen muß so groß sein, daß auch die Schatten im Bild ausreichend beurteilt werden können.

3. Die subtraktive Kopierfiltertechnik

Literatur: [59, 301, 523, 527, 832, 833, 850, 897 bis 900]

a) Die Kopierfilter

Zur subtraktiven Filterung des Kopierlichtes wird meistens ein Satz Farbfilter, bestehend aus 33 Farbfiltern in den Farben Gelb, Purpur und Blaugrün, verwendet. Jede Farbreihe ist in den Dichten 0,05, 0,10, 0,20, 0,30, 0,40 bis 1,00 abgestuft und ist entsprechend der Dichten mit den Zahlen 5, 10, 20, 30, 40 bis 99 (anstelle von 100) gekennzeichnet. Diese Farbdichteabstufungen sind so gewählt, damit die drei Farbfilter Gelb, Purpur und Blaugrün der gleichen Dichte zusammen jeweils ein neutralgraues Filter ergeben. Drei Farbfilter der Dichten 1,00 (99) ergeben ein Graufilter mit der Schwärzung 1,0. Farbfilter der gleichen Farbe können beliebig kombiniert werden. Hierbei summieren sich ihre Farbdichten. Die Filter der Reihen Purpur und Blaugrün erfordern je 10er-Stufe eine Belichtungszeitverlängerung um jeweils 10%. Alle Gelbfilter besitzen den Belichtungsfaktor 1, das heißt, es ist keine Belichtungszeitverlängerung erforderlich.

Die Kennzeichnung der einzelnen Filter erfolgt nach einem Zahlensystem, nach dem man jeweils sowohl die Farbdichten wie auch die Farben selbst erkennen kann. Es besteht aus zweistelligen Zahlengruppen, von denen zwei Gruppen 00 lauten und die dritte Gruppe die Farbdichte des betreffenden Filters bezeichnet. Die erste Gruppe der zweistelligen Zahl ist für das Gelbfilter bestimmt, die zweite Gruppe bezieht sich auf das Purpurfilter, und die dritte Gruppe ist für das Blaugrünfilter vorbehalten. Ein Gelbfilter von der Dichte 10 wird nach diesem System 10 00 00 oder auch 10 – – geschrieben. Ein Purpurfilter der Dichte 10 hat die Bezeichnung 00 10 00 oder – 10 – und ein Blaugrünfilter der Dichte 10 00 00 10 oder – – 10. Wenn mehrere Filter kombiniert werden, so addiert man die Kennummern. Eine Filterkombination mit den Kennummern 00 10 30 bedeutet eine Kombination des Purpurfilters mit der Dichte 10 (– 10 –) mit einem Blaugrünfilter der Dichte 30 (– – 30). Zur Unterscheidung der verschiedenen Farbfilter sind bei den Gelbfiltern die Dichtezahlen links oben, bei den Purpurfiltern in der Mitte oben und bei den Blaugrünfiltern rechts oben angebracht.

Kopierfiltersätze werden von den meisten Filmfabriken in verschiedenen Größen hergestellt und geliefert. Neben dem normalen Glaskopierfiltersatz liefert die Agfa-Gevaert A. G., Leverkusen, einen billigen Folienfiltersatz für Amateure.

b) Das Prinzip der subtraktiven Filterung

Schaltet man in den Strahlengang bei der Kopiertechnik ein Gelbfilter (Abb. 125), so absorbiert dieses seiner Dichte entsprechend die blauen Strahlen. In der blauempfindlichen Schicht des Positivpapieres wird daher entsprechend weniger Silber entwickelt, und es wird ebenfalls weniger gelber Farbstoff durch Kupplung entstehen. Die Kopie zeigt daher vorwiegend die Farben Purpur und Blaugrün, wodurch das Bild einen sehr starken Blaustich aufweisen wird.

Wird ein Purpurfilter in den Strahlengang beim Kopierprozeß geschaltet, so wird von diesem das grüne Spektralgebiet absorbiert. Als Folge davon spricht bei der Entwicklung die grünempfindliche Schicht des Papieres zuwenig an, so daß die Farben des Bildes im wesentlichen aus Gelb und Blaugrün gebildet werden, das heißt, das Bild ist stark grünstichig, komplementär zu Purpur. Ein blaugrünes Farbfilter im Strahlengang beim Kopierprozeß absorbiert die roten Strahlen. In der rotempfindlichen Schicht entsteht daher keines oder ein zu dünnes blaugrünes Farbstoffbild. Es überwiegen in der Kopie die Farben Gelb und Purpur, und das Bild ist daher rotstichig, komplementär zu Blaugrün.

Werden zwei subtraktive Farbfilter in den Strahlengang geschaltet, so wird nur in einer Schicht entsprechend der noch wirksamen spektralen Lichtintensität ein Farbstoffbild entstehen können. Gelb- und Purpurfilter wirken zusammen wie ein Rotfilter (gemeinsame Farbe Rot); es entsteht ein blaugrünes Farbstoffbild. Bei der Filterkombination Gelb und Blaugrün kommt nur grünes Licht zur Wirkung, und in der grünempfindlichen Schicht entsteht ein Purpurbild. Wird Blaugrün und Purpur kombiniert, so erhält man nur blaues Licht als wirksames Spektralgebiet, und in der blauempfindlichen Schicht entsteht ein gelbes Bild.

Kombiniert man drei Farbfilter gleicher Dichte Gelb, Purpur und Blaugrün, so erhält man ein Graufilter. Man kombiniert daher die drei Filterfarben nie gemeinsam, da diese stets von einem Grauwert überlagert werden, der nur die Belichtungszeit verlängert. Um eine Kombination von drei Filterfarben auf zwei zu reduzieren, muß der niedrigste Filterwert, der sogenannte Grauwert, von jeder Filterfarbe abgezogen werden.

Beispiel

Gegebene Filterkombination	20	50	70
Grauwert	20	20	20
Zu verwendende Filterkombination ..	—	30	50

c) Die Praxis der Kopierfiltertechnik

α) Die 5 Filterregeln

Wenn man bei der Herstellung der ersten Probekopie zunächst keine Filterung ausführt, so kann man kein Positiv mit annähernd richtiger Farbwiedergabe erwarten. Man kann sich daher die Herstellung einer derartigen sogenannten Nullkopie ersparen. Man geht bei der ersten Probekopie zweckmäßiger von der sogenannten Basiskorrektur aus. Die Basiskorrektur, oder auch Grundzahl genannt, ist diejenige Filterkombination, mit der der Hersteller unter Verwendung einer Standard-Lichtquelle auf dem betreffenden Papier von einem Schwarzweiß-Negativ eine neutralgraue Kopie erhalten hat. Diese Grundzahl ist auf der Packung neben der Emulsionsnummer aufgedruckt.

Man legt die Filterkombination der Grundzahl in die Filterschublade des Vergrößerungsapparates ein und ergänzt diese mit Klarglasscheiben auf insgesamt vier Stück. Wenn man künftighin immer vier Filterscheiben, bestehend aus Filtern allein oder in Verbindung mit Klarglasscheiben, hat, dann ist die Belichtungszeitverlängerung durch die Absorption des Glases ausgeschaltet und braucht nicht berücksichtigt zu werden. Man belichtet dann Probestreifen mit zunehmenden Zeiten und stellt eine Belichtungsreihe her. Die Probestreifen werden entsprechend dem vorgeschriebenen Entwicklungsgang bearbeitet. Wenn eine dieser Probebelichtungen die richtige Belichtungszeit enthält, so kann die Beurteilung der Farbwiedergabe bzw. des Farbstiches vorgenommen werden. Zeigt keiner der Probestreifen die richtige Farbdichte, so muß die

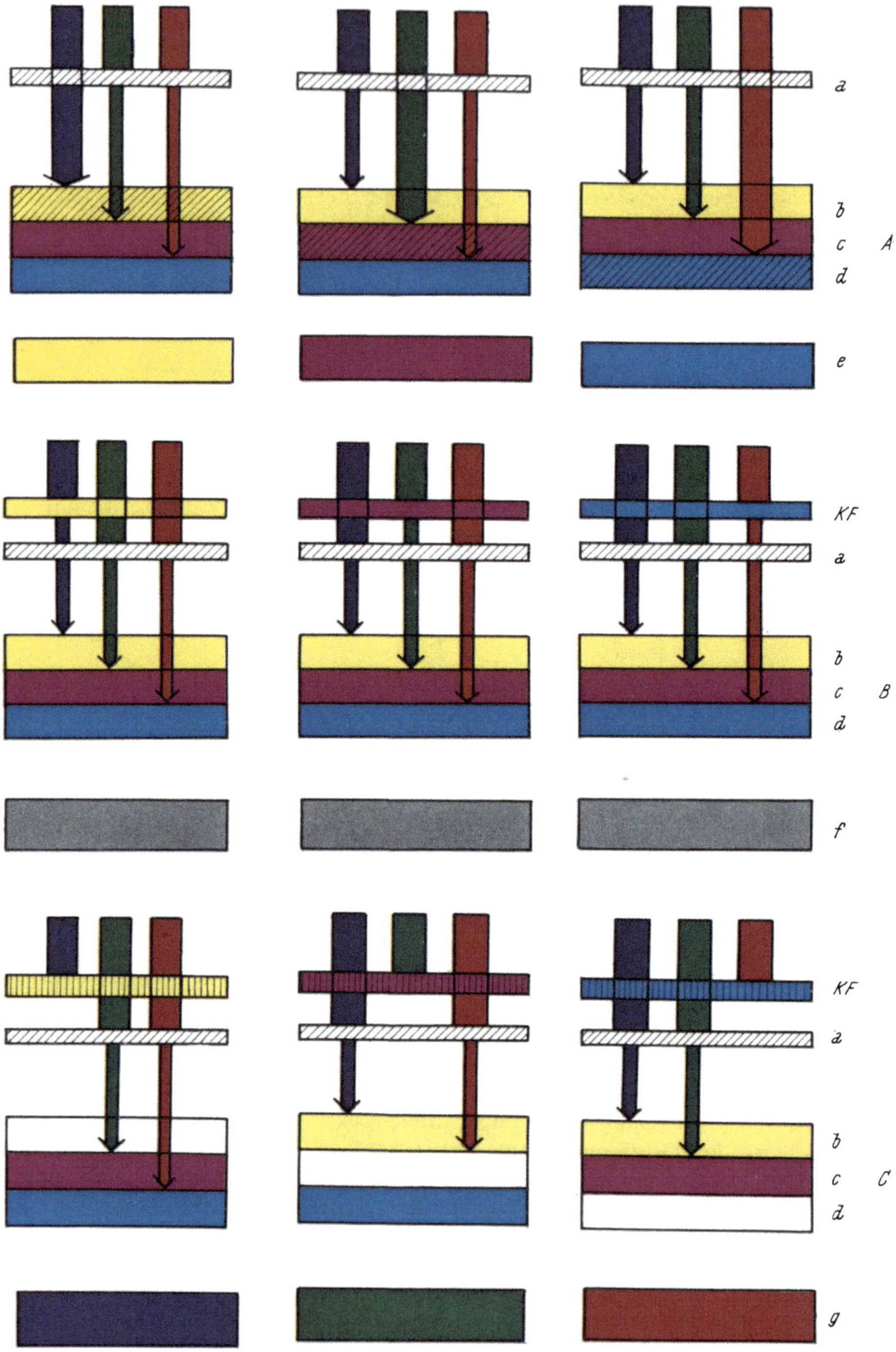

Abb. 125 A – C. Prinzip und Wirkungsweise der subtraktiven Farbenfilterung; *A* Ursache des Farbstiches (Gelb, Purpur, Blaugrün): *a* Negativ, *b* blauempfindliche Gelbschicht, *c* grünempfindliche Purpurschicht, *d* rotempfindliche Blaugrünschicht, *e* Art des Farbstiches; *B* Korrektur des Farbstiches in *A*: *KF* Kopierfilter, *a*, *b*, *c*, *d* wie in *A*, *f* Ergebnis der Filterung: kein Farbstich; *C* Wirkung einer Überfilterung: *KF* Kopierfilter, *a*, *b*, *c*, *d* wie in *A*, *g* Art des Farbstiches

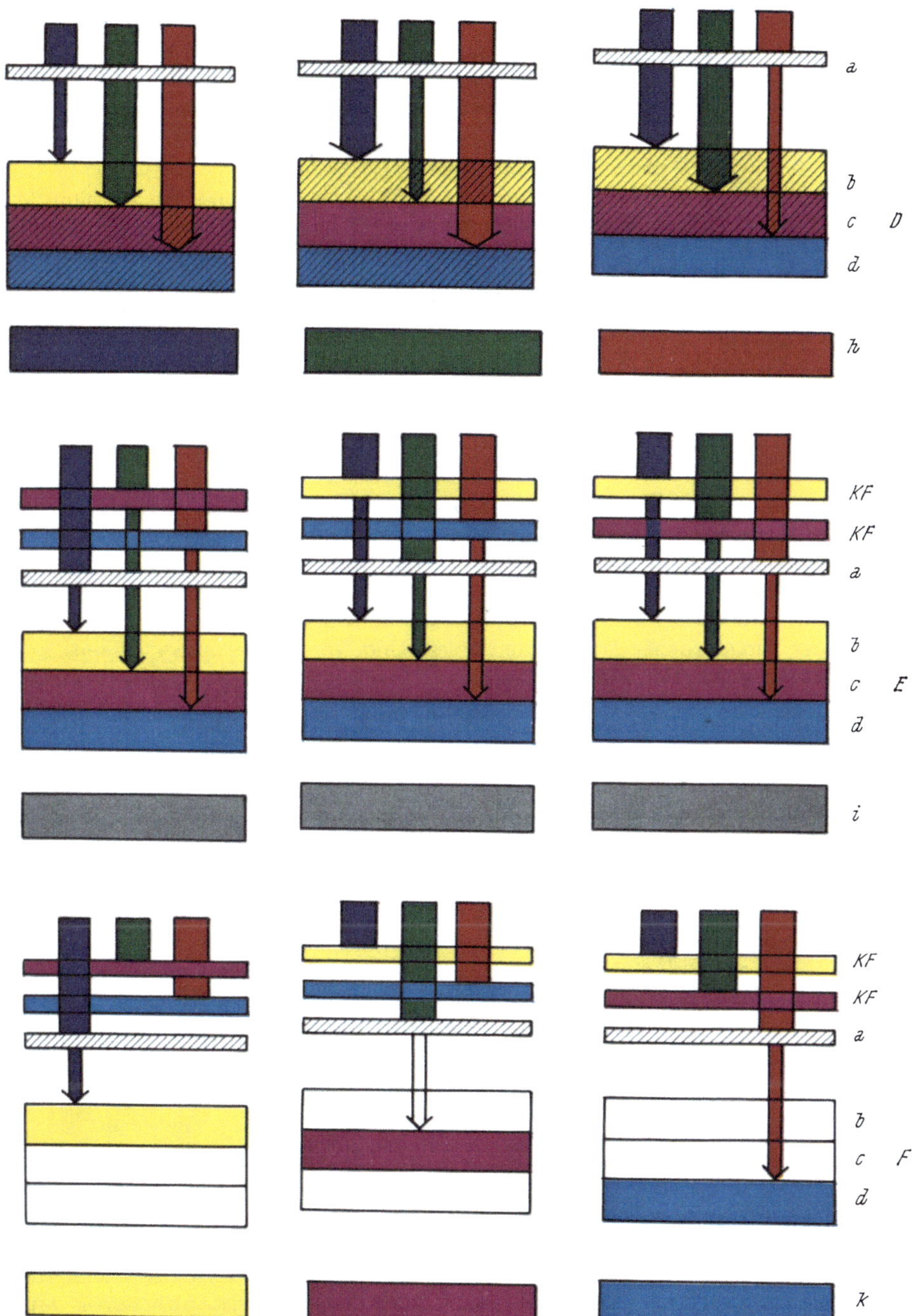

Abb. 125 D – F. Prinzip und Wirkungsweise der subtraktiven Farbfilterung; *D* Ursache eines blauen, grünen und roten Farbstiches: *a*, *b*, *c*, *d* wie in *A*, *h* Art des Farbstiches; *E* Korrektur des Farbstiches in *D*: *KF* Kopierfilter, *a*, *b*, *c*, *d* wie in *A*, *i* Ergebnis der Filterung: kein Farbstich; *F* Wirkung einer Überfilterung: *KF* Kopierfilter, *a*, *b*, *c*, *d* wie in *A*, *k* Art des Farbstiches

Probebelichtungsreihe zur Ermittlung der richtigen Belichtungszeit wiederholt werden. Die Bestimmung der richtigen Belichtungszeit kann mit Hilfe von geeigneten Belichtungsmessern (zum Beispiel *Majosix*; Hersteller: GOSSEN, Erlangen) sehr vereinfacht werden.

Zur Beseitigung des Farbstiches bei Vorliegen der richtigen Belichtungszeit sind fünf Filterregeln eine sehr wertvolle Hilfe [833].

Filterregel 1. Ein Farbstich wird durch Filter der gleichen Farbe aufgehoben.

In Tabelle 65 sind die erforderlichen Filterungen zur Beseitigung von bestimmten Farbstichen zusammengestellt.

Tabelle 65. *Farbstich und erforderliche subtraktive Filterung*

Farbstich des Bildes	Erforderliche Filterung	
	Zusatzfilter	Minderung der Filter
Gelb	Gelb	Purpur + Blaugrün
Purpur	Purpur	Gelb + Blaugrün
Blaugrün	Blaugrün	Gelb + Purpur
Grün	Purpur + Blaugrün	Gelb
Blau	Gelb + Blaugrün	Purpur
Rot	Gelb + Purpur	Blaugrün

Filterregel 2. Durch Kombination von zwei subtraktiven Filtern können Filter zusammengestellt werden, die nicht im Filtersatz enthalten sind (Tabelle 65).

Filterregel 3. Kombinationen von drei Filtern werden bei der subtraktiven Filterung nicht verwendet. Derartige Kombinationen enthalten einen Grauwert, der von jedem Filter in Abzug gebracht werden muß.

Diese Regel basiert auf der Tatsache, daß drei subtraktive Farbfilter verschiedener Farbe jedoch gleicher Dichte ein neutrales Grau ergeben. Eine Kombination 20 20 20 ist ein Graufilter der Schwärzung 0,20. Wenn demnach drei Filter verschiedener Dichte kombiniert sind, so entspricht der gemeinsame Grauwert der geringsten Farbdichte.

Beispiel:

Ausgangsfilterkombination	40	10	60
Grauwert	10	10	10
Endfilterung	30	—	50

Filterregel 4. Die Farbdichte der Filter zur Beseitigung des Farbstiches muß der Stärke des Farbstiches entsprechen.

Bleibt bei der Anfertigung von Probebildern der Farbstich trotz Erhöhung der Farbdichte eines Filters bestehen, so war die verwendete Farbdichte immer noch zu niedrig und muß noch mehr erhöht werden. Man kommt meistens schneller zu einem Endergebnis der richtigen Filterung, wenn man gleich mehrere Proben mit verschiedenen Filterkombinationen ausführt. Ist zum Beispiel der Farbstich gelbgrün, kann man die folgenden Filterungen vornehmen:

Grundzahl	20 50 —		
Versuchsfilterungen	40 50 —	40 50 20	40 50 40
	60 50 —	60 50 20	60 50 40
	80 50 —	80 50 20	80 50 40

Man notiere auf der Rückseite jeder Probekopie unbedingt die Filterung und möglichst auch die Belichtungszeit.

Ein wertvolles Hilfsmittel zur Ermittlung der richtigen Filterung bietet die Farbstichkorrekturtafel (Abb. 126). Ein großes Sechseck ist wabenartig aus vielen kleinen Sechsecken aufgebaut. Jedes kleine Sechseck bedeutet eine Bildkopie mit einem bestimmten Farbstich. In der Mitte liegt das Farbbild mit vollkommenem Farbgleichgewicht ohne jeden Farbstich. In den sechs Ecken liegen die Bilder mit bestimmten, äußerst starken Farbstichen. Der Farbstich nimmt jeweils von innen nach außen zu. Gegenüberstehende Farbbilder haben komplementäre Farbstiche. In jedem einzelnen Farbbild ist die Filterung angegeben, die zur Beseitigung des Farbstiches erforderlich ist. Hat die Probekopie

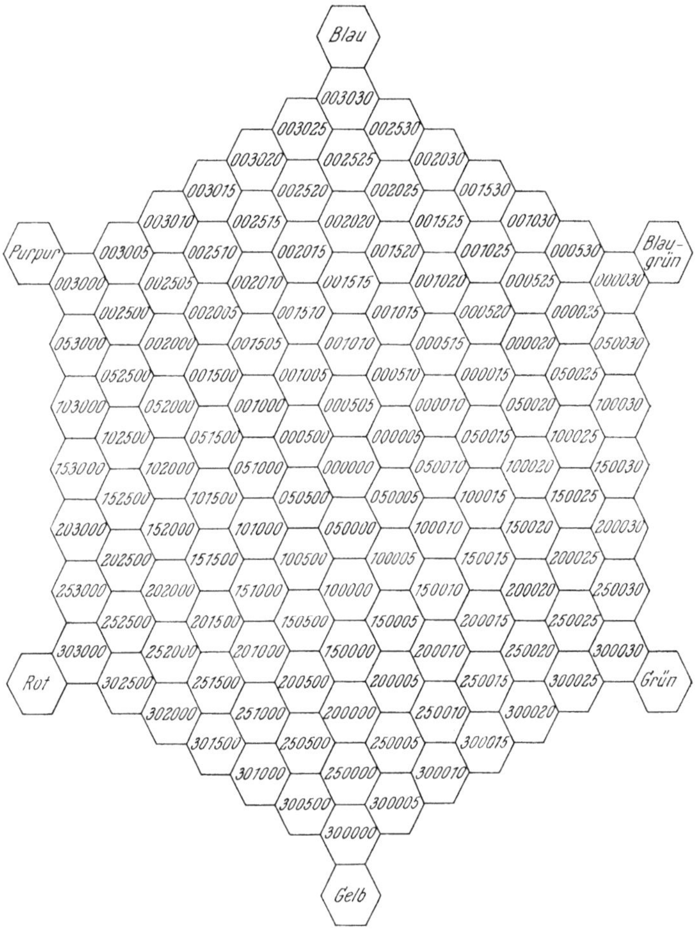

Abb. 126. Farbstich-Korrekturtafel

beispielsweise einen gelbgrünen Farbstich, so wird man je nach der Stärke des Farbstiches zunächst die Filterung 30 00 15 oder bei einem schwächeren Farbstich 20 00 10 versuchen.

Filterregel 5. Purpur- und Blaugrün-Filter verlängern die Belichtungszeit entsprechend ihrer Farbdichte.

Die Belichtungszeitverlängerung bei den Purpur- und Blaugrün-Filtern beträgt je 10er-Stufe jeweils 10%. Bei den Gelbfiltern ist keine Belichtungszeitverlängerung erforderlich.

In Tabelle 66 sind die Verlängerungsfaktoren für die *Ferraniacolor*-Kopierfilter enthalten. Die Belichtungszeit bei Zwischenschaltung von Filtern wird errechnet, indem man die Belichtungszeit ohne Filter multipliziert mit dem Verlängerungsfaktor für die Glasdichte und dem Faktor der Farbdichte eines jeden Filters.

Jede Firma, die Farbkopierfilter herstellt, liefert dazu auch besondere Belichtungstabellen, aus denen die Verlängerungsfaktoren für alle Filterungen zu entnehmen sind. Die Verlängerungsfaktoren für verschiedene Filterfabrikate können sehr verschieden sein.

Tabelle 66. *Verlängerungsfaktoren für Ferraniacolor-Kopierfilter*

Farbdichte der Filter	Gelbfilter	Purpurfilter	Blaugrünfilter
05	1	1	1
10	1	1,05	1,1
20	1	1,10	1,2
30	1	1,15	1,3
40	1	1,20	1,4
50	1	1,25	1,6
60	1	1,30	1,7
70	1	1,35	1,9
80	1	1,45	2,1
90	1	1,55	2,3
100 (99)	1	1,60	2,5

Verlängerungsfaktor für Glasdichte jedes Filters = 1,2

Berechnung der Belichtungszeiten bei verschiedener Filterung:

1. Beispiel

Belichtungszeit ohne Filter	15 s
Filterung	00 50 30
Filterfaktor für Purpurfilter 50 ..	1,25
Filterfaktor für Blaugrün 30.....	1,3
Glasdichte für 1 Filter	1,2
Neue Belichtungszeit	$15 \cdot 1{,}25 \cdot 1{,}2 \cdot 1{,}3 \cdot 1{,}2 = 35{,}1$ s

2. Beispiel

Ursprüngliche Filterung	00 30 40
Belichtungszeit	20 s
Neue Filterung	00 60 90
Filterkorrektur	00 30 50
Neue Belichtungszeit	$20 \cdot 1{,}15 \cdot 1{,}2 \cdot 1{,}6 \cdot 1{,}2 = 53$ s
(+ 2 zusätzliche Filter)..........	53 s

Wenn die Filterschublade ursprünglich mit zwei Filtern und zwei leeren Glasscheiben bestückt war und zur neuen Filterung anstelle der leeren Glasscheiben nunmehr zusätzlich zwei Farbfilter eingelegt wurden, dann entfallen in der Rechnung die beiden Faktoren 1,2. Die neue Belichtungszeit ist dann: $20 \cdot 1{,}15 \cdot 1{,}6 = 36{,}8$ s.

β) *Die Negativkorrektur und das Umsteigen*

Es ist üblich, die Filterwerte auf der Rückseite jeder Kopie mit einem weichen Bleistift zu vermerken. Hierbei wird immer die Reihenfolge Gelb, Purpur, Blaugrün eingehalten. Diese Gesamtfilterung ergibt sich aus der Summe der Grundzahl des Papieres und der Negativkorrektur. Man erhält also demnach den Filterwert für ein vorliegendes Farbnegativ, indem man von der Gesamtfilterung die Grundzahl abzieht. Die so erhaltene Negativkorrektur entspricht dem Farbcharakter des Negativs unter den verwendeten Kopierbedingungen. Man sollte diese Zahl auf der Negativtasche jeweils notieren, damit man bei später herzustellenden Kopien nicht mehr zahlreiche Proben anfertigen muß. Wird zum Filterwert der Negativkorrektur eines bestimmten Negativs die Grundzahl für das verwendete Papier hinzugezählt, so erhält man wieder die Gesamtfilterung, die sehr nahe der optimalen Filterung entsprechen dürfte.

Ebenso kann es vorkommen, daß während der Positivarbeiten die gerade verwendete Papiersorte mit einer bestimmten Grundzahl ausgeht und man eine neue Packung mit einer anderen Grundzahl angreifen muß. Bei diesem sogenannten Umsteigen ist die Negativkorrektur ebenfalls ein wichtiges Zwischenglied. Zur Errechnung der neuen Gesamtfilterung zieht man die Grundzahl des alten Papieres von der bisherigen Gesamtfilterung ab. Zu dieser Negativ-Korrektur addiert man dann die Grundzahl des neuen Papieres und erhält damit die neue Gesamtfilterung.

1. Beispiel

Bisherige Gesamtfilterung	50	40	—
Grundzahl des bisherigen Papieres	30	—	—
Negativ-Korrektur	20	40	—
Grundzahl des neuen Papieres	20	20	—
Neue Gesamtfilterung	40	60	—

2. Beispiel

Bisherige Gesamtfilterung	50	40	—
Grundzahl des bisherigen Papieres	10	10	—
Negativ-Korrektur	40	30	—
Neue Grundzahl	—	10	20
Neue Gesamtfilterung	40	40	20
Grauwert	20	20	20
Neue Gesamtfilterung	20	20	—

3. Beispiel

Bisherige Filterung	—	60	60
Grundzahl des bisherigen Papieres	20	20	—

In diesem Fall kann die bisherige Grundzahl nicht direkt abgezogen werden. Man muß einen genügend großen Grauwert zunächst dazu addieren, damit dann die Subtraktion erfolgen kann.

Bisherige Filterung	—	60	60
Grauwert	20	20	20
	20	80	80
Grundzahl des bisherigen Papieres	20	20	—
Negativ-Korrektur	—	60	80
Grundzahl des neuen Papieres	30	40	—
	30	100	80
Grauwert	30	30	30
Neue Gesamtfilterung	—	70	50

Bei Veränderung des Vergrößerungsmaßstabes ändert sich nicht nur die Belichtungszeit, sondern auch die Filterung. Dies muß beachtet werden, wenn man Ausschnittvergrößerungen herstellt oder aus sonstigen Gründen den Vergrößerungsmaßstab ändert.

γ) *Hilfsmittel für die Filtertechnik*

Zur *Ermittlung der Belichtungszeit* können Belichtungsmesser für die Vergrößerungstechnik wertvolle Dienste leisten (*Majosix*, Hersteller: GOSSEN, Erlangen).

Verschiedentlich sind zur leichteren Bestimmung der erforderlichen Belichtungszeit in Abhängigkeit von der Filterung Rechenscheiben und Rechenschieber zur Selbstanfertigung beschrieben worden [59]. In Abb. 127 wird ebenfalls die Konstruktion eines einfachen Rechenschiebers zum Selbstbau angegeben.

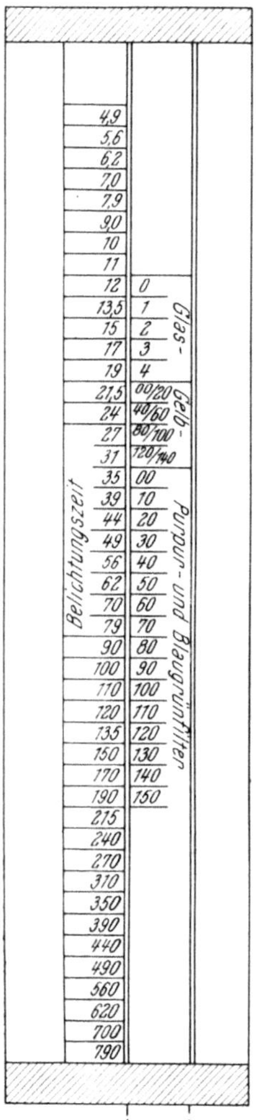

Abb. 127. Kopierfilter-Rechenschieber

Auf Millimeterpapier oder kariertes Schreibpapier zeichnet man die Lineatur und die Zahlenwerte der Abb. 127. Die Größe der einzelnen Stufen der Belichtungszeiten wie der rechten Filterreihe wählt man 0,5 cm, die Breite der Stufen macht man jeweils etwa 1,5 cm. Man klebt dann die Skizze auf eine Pappe und schneidet die Zahlenreihe der Filter entlang der Doppellinien aus. Dieser schmale Pappstreifen ergibt den Schieber unseres Rechenschiebers. Man klebt nun das ganze übriggebliebene Teil auf eine Pappe, wobei der Raum für den Schieber ausgespart wird. Oben und unten wird dann noch ein Querstreifen von Pappe aufgeklebt (schraffierter Teil in der Abbildung), der dazu dient, um den Schieber festzuhalten. Den Schieber kann man nunmehr in dem ausgesparten Teil, wo er früher vor dem Ausschneiden saß, hin- und herschieben.

Die Handhabung des Filterrechners geht folgendermaßen vor sich:

1. Man stellt zunächst die Anzahl der verwendeten Glasfilter über die bisher als richtig festgestellte Belichtungszeit.

2. Man liest dann bei *einer* der beabsichtigten neuen Filterung die entsprechende Belichtungszeit ab und stellt

3. über dieser gefundenen Belichtungszeit die alte Filterung der gleichen Farbe ein.

4. Es wird dann für die neue Filterung der zweiten Farbe die Belichtungszeit festgehalten.

5. Über der Belichtungszeit, die nach 4. ermittelt wurde, wird die alte Filterung der zweiten Farbe eingestellt.

6. Bei der Anzahlstelle der Glasfilter, die bei der neuen Filterung verwendet werden, wird die gegenüberstehende Belichtungszeit, die für die neue Filterung gilt, abgelesen.

Die sechs Operationen werden ausgeführt, wenn zwei Filterfarben verwendet werden. Die Reihenfolge der Ausführung ist beliebig. Wenn nur eine Kopierfilterfarbe benötigt wird, dann entfallen die Operationen 4. und 5. Bei Verwendung von Filterfolien ist die Anzahl Glasfilter gleich Null einzusetzen.

Rechenbeispiel 1:

Bisherige Filterung	40 20 00 (Glasfilter 2)
Richtige Belichtungszeit	12 s
Neue Filterung (versuchsweise)	80 40 00 (Glasfilter 3)
erforderliche Belichtungszeit	?

1. Schieber auf Glasfilter 2 gegenüber 12 s stellen;
2. Gelb 80 (neue Filterung) steht gegenüber 21,5;
3. auf Belichtungszeit 21,5 alte Gelbfilterung 40 einstellen;
4. neue Purpurfilterung steht gegenüber 49;
5. auf Belichtungszahl 49 alte Purpurfilterung 20 einstellen;
6. bei Glasfilter 3 die neue Belichtungszeit ablesen; 19 s.

Die Belichtungszeit für die neue Filterung beträgt 19 s.

Rechenbeispiel 2:

Bisherige Filterung	00 20 20 (Glasfilter 2)
Richtige Belichtungszeit	9 s
Neue Filterung	00 40 50 (Glasfilter 2)
erforderliche Belichtungszeit	?

1. Schieber auf Glasfilter 2 gegenüber 9 einstellen;
2. Purpur 40 steht gegenüber 31;
3. auf Belichtungszeit 31 alte Purpurfilterung 20 einstellen;
4. neue Blaugrünfilterung steht gegenüber 44;
5. auf Belichtungszeit 44 die alte Blaugrünfilterung 20 einstellen;

Bei Glasfilter 2 die neue Belichtungszeit ablesen; 15 s.
Die Belichtungszeit für die neue Filterung beträgt 15 s.

Rechenbeispiel 3:

Wenn nur ein Kopierfilter verändert wird und die Anzahl der Glasfilter konstant bleibt, dann stellt man die bisherige Filterzahl über die dazugehörige Belichtungszeit und liest die Belichtungszeit neben der neuen Filterdichte ab.

Bisherige Filterung	00 20 00 (Glasfilter 1)
Belichtungszeit	7 s
Neue Filterung	00 50 00 (Glasfilter 1)
erforderliche Belichtungszeit für neue Filterung	?

1. Einstellung 7 — 20;
2. Ablesen ? — 50; 10 s.

Die Belichtungszeit für die neue Filterung beträgt 10 s.

Die *erforderliche Farbkorrektur* kann annäherungsweise mit sogenannten Mosaikfiltern bestimmt werden (Hersteller: AGFA-GEVAERT A.G., Leverkusen, und ORWO, VEB FILMFABRIK, Wolfen). Diese Mosaikfilter bestehen aus Streifen von Filterfolien steigender Dichte, die kreuz und quer verlaufen. Wird ein Farbpapier durch ein derartiges Mosaikfilter, das auf dem Papier im Vergrößerungsgerät liegt, belichtet und entwickelt, so erhält man eine Vielzahl von Bildausschnitten mit verschiedenen Farbstichen bis zur optimalen Filterung. In jedem Bildausschnitt ist zugleich die verwendete Filterung einkopiert. Aus diesen Ausschnittbildern kann man dann die erforderliche Filterung auswählen. Mosaikfilter als Farbkorrektur-Hilfsmittel haben den Nachteil, daß die Farbfelder verhältnismäßig klein sind und daß die Ausschnitte von verschiedenen Bildteilen stammen. Es kann außerdem noch hinzukommen, daß die richtige Filterung auf ein farblich wenig definiertes Detail fällt und daß die einzelnen Bildausschnitte ganz verschieden hell sind. In neuerer Zeit sind wohl aus diesen Gründen Mosaikfilter mehr und mehr außer Gebrauch gekommen.

Die Konstruktion eines Filtersuchers zum Selbstbau hat G. THEILGAARD beschrieben [832].

4. Die additive Kopierfiltertechnik

a) Das Prinzip der additiven Methode

Bei der additiven Farbsteuerung werden die einzelnen Schichten des Farbpapieres sozusagen einzeln mit monochromatischem Licht belichtet. Dies kann gleichzeitig oder nacheinander erfolgen. Als Farbfilter werden Filter in den additiven Grundfarben Blau, Grün und Rot verwendet. Die Belichtung unter dem Blaufilter erzeugt das Gelbbild, das grüngefilterte Licht wirkt auf die grünempfindliche Schicht, so daß dort das Purpurbild entsteht, und die Rotstrahlung erzeugt in der rotempfindlichen Schicht das Blaugrünbild. Die neutrale Abstimmung eines Bildes wird hierbei durch unterschiedliche Belichtung hinter den entsprechenden Filtern und nicht wie bei der subtraktiven Technik durch unterschiedliche Farbdichten bewirkt.

Die additive Filtertechnik kann auf verschiedene Weise erzielt werden. Man kann von drei Lichtquellen ausgehen, diese drei Strahlengänge verschieden filtern, anschließend wieder vereinigen und mit diesem Mischlicht die Bildbelichtung ausführen (Abb. 116). Einfacher ist der Weg mit einer Lichtquelle. In diesem Fall werden die drei Teilbelichtungen nacheinander ausgeführt, wobei jede Belichtung mit einem der drei additiven Filter erfolgt. Bei der additiven Belichtung mit Mischlicht können die Intensitäten der drei Lichtquellen durch Widerstände variiert werden. Die mit dieser Einschaltung von Intensitätsänderungen verbundenen Farbtemperaturänderungen wirken sich hierbei nicht aus, da die verwendeten Farbfilter sehr stark selektiv wirken und daher nur einen ganz engen Spektralbereich durchlassen. Die additive Methode ermöglicht die Herstellung von sehr einfach zu bedienenden und sehr fein regulierbaren Vorrichtungen zur Steuerung des Kopierlichtes (IV. K. 3. b) α)). Durch die Verwendung von Farbfiltern mit enger spektraler Transparenz bei der additiven Farbsteuerung werden die Farben wesentlich reiner als bei der subtraktiven Methode erhalten. Gelb wird bei dem subtraktiven Prinzip vielfach stark verweißlicht, also zu hell, und Rot, Grün und Blau dagegen verschwärzlicht wiedergegeben. Bei additiver Filterung werden diese Farben klarer und reiner. Ein weiterer Vorteil der additiven Filterung ist die Tatsache, daß das Farbgleichgewicht durch relativ große Belichtungsunterschiede leicht und genauer ausgeglichen werden kann. Die subtraktiven Farbfilter sind in ihrer Dichte logarithmisch abgestuft, bei der additiven Filterung erfolgt die Belichtung dagegen in einer arithmetischen Skala. In Tabelle 67 sind die subtraktiven Farbdichten in entsprechende Verlängerungs- bzw. Verkürzungsfaktoren nach dem additiven Prinzip umgerechnet.

Tabelle 67. *Gegenüberstellung der subtraktiven Farbdichten und additiven Belichtungsfaktoren*

Subtraktive Filterung: Farbdichten	10	20	30	40	50	60	70	80	90	100
Additive Filterung:										
Verlängerungsfaktor ...	1,3	1,6	2,0	2,5	3,2	4,0	5,0	6,3	8,0	10,0
Verkürzungsfaktor	0,8	0,6	0,5	0,4	0,3	0,25	0,2	0,16	0,13	0,10

Eine Verringerung der Kopierfilterdichte um 1,00 (100 oder 99) entspricht einer Verkürzung der Belichtungszeit auf $^1/_{10}$. Wird die Filterdichte um die Dichte 1,0 erhöht, so muß die Belichtungszeit auf das 10fache erhöht werden.

b) Die Praxis der additiven Filterung

α) Die additiven Kopierfilter

Zur additiven Filterung sind die Farbfilter AGFA Nr. *352* (Blau), *Nr. 54* (Grün) und *Nr. 45* (Rot) und der GEVAERT Gevacolor-Filtersatz *B 478a*, *G 527a*, *R 678* geeignet.

Wird die additive Filterung gewählt, so können die Filter im Prinzip nacheinander in die Filterschublade gelegt und jeweils die Teilbelichtungen ausgeführt werden. Diese Technik ist jedoch nicht nur umständlich, sie kann auch Unschärfen durch Verwacklungen verursachen. Viel zweckmäßiger ist es, man fertigt einen Filterschlitten mit den additiven Filterfolien an und befestigt diesen auf dem Objektiv. Eine derartige Vorrichtung dürfte unschwer herzustellen sein. Filterfolien im Abbildungsstrahlengang können, ohne Fehler zu verursachen, bedenkenlos verwendet werden. Ungeeignet sind dagegen normale Farbgläser; diese können nur zwischen Lichtquelle und Kondensor eingeschaltet werden. Glasfilter im Abbildungsstrahlengang müssen planparallel geschliffen und optisch einwandfrei, ohne Keilfehler sein.

Für die additive Filtertechnik gelten sinngemäß die gleichen Regeln wie für die subtraktive Methode.

β) Bestimmung der Teilbelichtungszeiten

Zur Ermittlung der richtigen Belichtungszeit kann man mit Vorteil einen Belichtungsmesser für Vergrößerungen benutzen (zum Beispiel *Majosix*, Hersteller: GOSSEN, Erlangen). Mit diesem wird unter Vorschaltung des Grünfilters die erforderliche Belichtungszeit gemessen. Bei der nunmehr anzufertigenden Nullkopie belichtet man nacheinander hinter jedem Farbfilter die gemessene Zeit. Wird zum Beispiel hinter dem Grünfilter eine Belichtungszeit von 4 s ermittelt, so belichtet man zunächst hinter dem Blaufilter 4 s, schaltet nach Entfernung des Blaufilters das Grünfilter ein und belichtet wieder 4 s. Darnach wird das Grünfilter entfernt, das Rotfilter vorgeschaltet und wieder 4 s belichtet. Es empfiehlt sich, die Reihenfolge der Belichtungen stets in gleicher Weise auszuführen und auch die Beschriftung auf der Rückseite des Papieres in der gleichen Reihenfolge vorzunehmen, damit keine Verwechslungen auftreten können.

Tabelle 68. *Korrektur von Farbstichen beim additiven Farbkopierverfahren*

Farbstich	Kopierbelichtungsdauer (– vermindern; + verlängern)		
	Blau	Grün	Rot
Blau	+	–	–
Grün	–	+	–
Rot	–	–	+
Gelb	–	+	+
Purpur	+	–	+
Blaugrün	+	+	–

Die Nullkopie muß nach der Verarbeitung zunächst die richtige Farbdichte aufweisen, erst dann kann mit der Korrektur des Farbstiches begonnen werden. Ist dies nicht der Fall, so muß die Gesamtbelichtung entsprechend geändert werden. Bei richtiger Gesamtbelichtung erfolgt die Beseitigung von Farbstichen in der gleichen Weise wie beim subtraktiven Verfahren. In Tabelle 68 sind die Maßnahmen zur Korrektur von Farbstichen zusammengestellt.

Wenn die Gesamtbelichtungsdauer einmal als richtig ermittelt ist, dann muß diese Quersumme bei den folgenden Korrekturen stets beibehalten werden. Wird es beispielsweise erforderlich, zur Beseitigung eines Blaustiches die Blaubelichtung zu verlängern, so müssen um den gleichen Betrag die Grün- und Rotbelichtungen anteilig vermindert werden, so daß die Quersumme, die Totalbelichtung, erhalten bleibt.

1. Beispiel

Gesamtbelichtung: 4 s Blau + 4 s Grün + 4 s Rot = 12 s.
Verlängerung von Blau um 2 s:
Neue Teilbelichtungen: 6 s Blau + 3 s Grün + 3 s Rot = 12 s.

2. Beispiel

Gesamtbelichtung: 5 Blau + 3 Grün + 4 Rot = 12 s. Es soll Grün um 2 s verlängert werden. Welche neuen Teilbelichtungen sind erforderlich?

2 s Erhöhungen müssen auf 5 s Blau + 4 s Rot = 9 Teile anteilig verrechnet werden. Für 1 s Anteil beträgt die Verkürzung $^2/_9$ s. Für 5 s Blau demnach $5 \cdot {}^2/_9$ s = 1,1; für 4 s Rot = $4 \cdot {}^2/_9$ s = 0,9 s.

Neue Belichtungszeiten: 3,9 s Blau + 5 s Grün + 3,1 s Rot = 12 s.

Eine sehr elegante und bewährte Methode zur Bestimmung der Teilbelichtungen empfiehlt G. THEILGAARD [832]. Er verwendet den Belichtungsbestimmer der Firma KODAK, die *Enlarging Exposure Scale*. Dieser Probebelichter besteht aus zehn transparenten Schwärzungsstreifen, die in einem Kreis angeordnet sind. Diese entsprechen praktisch einem Stufenkeil mit einem Dichteanstieg von einer halben Blende. Wenn man unter diesem Stufenkreis ein Papier 60 s belichtet, dann erhält man zehn radial angeordnete Schwärzungsstreifen mit den Belichtungszeiten von 2, 3, 4, 6, 8, 12, 16, 24, 32, 48 s. Zur Ausführung der Testbelichtung befestigt man zunächst dicht unter dem Objektiv ein Stück matte Zelluloidfolie oder *Astralon*-Zeichenfilm. Diese matte Folie hat die Aufgabe, das Licht so stark zu zerstreuen, daß auf dem Grundbrett keine scharfe Abbildung entsteht, sondern nur eine vollständig gleichmäßige Mischung aller Bildteile. Nachdem diese Maßnahme getroffen ist, belichtet man unter dem KODAK-Belichtungsbestimmer mit jedem Filter ein Probeblatt, wobei die Belichtungszeit jeweils 20 s beträgt. Die Dauer der Belichtung ist von der Dichte des Diffusors vor dem Objektiv abhängig. Nach der Entwicklung und dem Stoppfixieren dieser drei Teilbilder liegen Probestreifen als gleichmäßig abgestufte, farbige Felder ohne Bildeinzelheiten vor. In jedem Teilbild sucht man jeweils das erste Feld heraus, das einen deutlich bemerkbaren Farbton aufweist. Die auf der KODAK-Skala angegebene Sekundenzahl für dieses Feld entspricht dann der für das betreffende Filter notwendigen Belichtungszeit. Nach THEILGAARD ist es empfehlenswert, die Probeblätter nicht mit dem Bleichfixierbad zu behandeln, da eine Beurteilung der Probestreifen besser möglich ist, wenn das Bildsilber nicht entfernt ist. Nach Ermittlung der erforderlichen Teilbelichtungen stellt man mit den gefundenen Werten eine Nullkopie her. Diese Nullkopie muß selbstverständlich den vollständigen

Tabelle 69. *Additive und subtraktive Filtertechnik in Vergleichswerten*

Belichtungszeiten bei additiver Filterung (s)	Farbdichten der subtraktiven Filter		
	Gelb	Purpur	Blaugrün
2	180	210	140
2,5	170	200	130
3	160	190	120
4	150	180	110
5	140	170	100
6	130	160	90
7,5	120	150	80
10	110	140	70
12	100	130	60
15	90	120	50
19	80	110	40
24	70	100	30
30	60	90	20
38	50	80	10
48	40	70	00

Verarbeitungsprozeß durchmachen. Die Beseitigung eines noch vorhandenen Farbstiches erfolgt nach den Regeln der subtraktiven Filtertechnik, wobei die Gesamtbelichtungszeit bei richtiger Belichtung konstant gehalten werden muß.

Vielfach ist es erforderlich, Belichtungszeiten nach der additiven Methode in Farbdichten der subtraktiven Technik umzurechnen. Die Tabelle 69 gibt Aufschluß über das Verhältnis dieser zwei Filtersysteme.

Anwendungsbeispiel 1. Es sind folgende additiven Belichtungszeiten gegeben:

10 s Blau + 5 s Grün + 6 s Rot.

Welche subtraktiven Filter entsprechen diesen Belichtungszeiten?

Man liest in der Tabelle die diesen Zeiten entsprechenden Farbdichten ab. Man erhält:

10 s Blau = 110 Gelb
5 s Grün = 170 Purpur
6 s Rot = 90 Blaugrün

Subtraktiver Filtersatz:	110	170	90
— Grauwert:	90	90	90
Subtraktive Filterung:	20	80	00

Belichtungszeit = längste additive Belichtungszeit = 10 s

Anwendungsbeispiel 2. Es liegt folgende subtraktive Filterung vor:

— 50 40; Belichtungszeit = 19 s

Welche additiven Teilbelichtungen müssen verwendet werden, um das gleiche Ergebnis zu erzielen?

Subtraktive Filterung:	00	50	40
+ Grauwert:	40	40	40
	40	90	80

Nach der Tabelle:

40 Gelb = 48
90 Purpur = 30
80 Blaugrün = 7,5

Verhältnis der Belichtungszeiten: 48:30:7,5 = 6,3:4:1

Da die Belichtungszeit bei der subtraktiven Filterung 19 s betrug, muß diese Zeit der längsten Belichtungszeit bei der additiven Filterung entsprechen. Demnach sind die additiven Belichtungszeiten, da $3 \cdot 6{,}3 = 19$ beträgt:

19 s Blau + 12 s Grün + 3 s Rot

5. Vorschriften zur Farbpapierverarbeitung

a) Verarbeitung der *Agfacolor*-Papiere nach Anweisung des Herstellers

α) *Vorschriften für die Verarbeitungsbäder*

Agfacolor Farbentwickler Pa 60

Lösung A		*Lösung B*	
Wasser	400 ml	Wasser	400 ml
M 19	2,0 g	M 29	2,0 g
S 55	4,0 g	Natriumsulfit sicc.	4,0 g
Ac 60	6,0 g	Pottasche	100,0 g
		Kaliumbromid	1,0 g

Lösung A und B werden zusammengegossen und mit Wasser auf 1 Liter aufgefüllt. Vor dem Gebrauch muß der gebrauchsfertige Entwickler etwa 12 Stunden stehen. $p_H = 10{,}8 - 11{,}0$

Agfacolor Farbentwickler Pa 60 *Regenerator*

Lösung A

Wasser	400 ml
M 19	2,0 g
S 55	8,0 g
Ac 60	9,0 g

Lösung B

Wasser	400 ml
M 19	2,0 g
Natriumsulfit sicc.	6,0 g
Pottasche	110,0 g
Kaliumbromid	0,8 g
Ätznatron	3,0 g

Beide Lösungen werden zusammengegossen und auf 1 Liter aufgefüllt.
$p_H = 10{,}8 - 11{,}0$

Agfacolor Stoppfixierbad K

	Gebrauchsbad	*Regenerator*
Wasser	750 ml	750 ml
M 19	2,0 g	2,0 g
Borax	30,0 g	20,0 g
Monokaliumphosphat krist.	25,0 g	30,0 g
Natriumsulfit sicc.	8,0 g	10,0 g
Thiosemicarbazid*	2,0 g	3,0 g
Ac 452	0,5 g	0,8 g
Natriumthiosulfat krist.	200,0 g	250,0 g

*Thiosemicarbazid wird in neuester Zeit ersetzt durch Zusatz von 0,8 g Kaliumjodid.

$p_H = 7{,}1 - 7{,}3$

Agfacolor Bleichfixierbad K

Wasser	750 ml
M 23	25 g
Borax	30 g
Monokaliumphosphat krist.	15 g
Ac 107	30 g
Natriumsulfit sicc.	2 g
Thiosemicarbazid*	3 g
Ac 452	1,5 g
Natriumthiosulfat krist.	290 g

*Anstelle von Thiosemicarbazid wird in neuester Zeit 0,5 g Kaliumjodid verwendet.

$p_H = 7{,}4 - 7{,}6$

Agfacolor Härtebad 60

Wasser	750 ml
M 23	15 g
Soda sicc.	50 g
Formalin 30%	50 ml
Wasser bis auf	1 l

$p_H = 10{,}8 - 11{,}2$

Agfacolor Pufferbad

	Gebrauchsbad	*Regenerator*
Wasser	750 ml	750 ml
M 23	5 g	5 g
Kaliumpersulfat	10 g	15 g
Monokaliumphosphat krist.	40 g	80 g
Dinatriumphosphat krist.	12 g	15 g
Wasser bis auf	1 l	1 l

$p_H = 5{,}9 - 6{,}1$

Agfacolor Pufferbad, härtend

	Gebrauchsbad	*Regenerator*
Wasser	750 ml	750 ml
Aluminiumsulfat krist.	20 g	40 g
Natriumazetat sicc.	50 g	50 g
Kaliumpersulfat	10 g	15 g
Wasser bis auf	1 l	1 l

$p_H = 5{,}2 - 5{,}4$

Agfacolor Lichtschutzbad

Wasser	1000 ml
M 23	0,25 g
Ac 92	1,0 g
Natriumazetat sicc.	3,0 g

$p_H = 6{,}5 - 7{,}5$

Agfacolor Stabilisierungsbad

Wasser	1000 ml
M 23	0,25 g
Ac 92	1,0 g
Natriumazetat sicc.	3,0 g
Formalin 30%	80 ml

$p_H = 6{,}5 - 7{,}5$

Chiffrierte Chemikalienbezeichnungen:

Ac 60 = Farbentwicklersubstanz

Ac 92 = Weißtöner Leukophor

Ac 107 = Eisen-Äthylendiamintetraessigsäure-Komplex = Sequestrol-Eisen-Komplex (GEIGY, Basel)

Ac 452 = Weißkuppler

M 19 = Calgon pro Photo

M 23 = Trilon B

M 29 = Trilon BS

S 55 = Hydroxylaminchlorhydrat

β) *Eigenschaften der Bäder und ihre Kontrolle*

Tabelle 70. *Agfacolor-Papierverarbeitungsbäder und ihre Kontrolle*

Verarbeitungsbad	pH-Wert	Spez. Gew.	Befund	Erforderliche Maßnahme
Agfacolor Papierentwickler *Pa I/60*	10,8 bis 11,0	nicht charakteristisch	in Ordnung	keine
	10,7		brauchbar	Regenerierung etwas erhöhen
	10,6		bedingt brauchbar	eventuell Regenerierung erhöhen oder Neuansatz
	10,5		unbrauchbar	Neuansatz

Tabelle 70 (Fortsetzung)

Verarbeitungsbad	pH-Wert	Spez. Gew.	Befund	Erforderliche Maßnahme
Agfacolor Stoppfixierbad *PPa II/K*	7,1 bis 7,3	1,090 bis 1,120	in Ordnung	keine
	über 7,3	1,090 bis 1,120	bedingt brauchbar	p_H-Wert erniedrigen durch Zusatz von Monokalium-dihydrogenphosphat
	über 7,3	1,070 bis 1,090	bedingt brauchbar	Regenerierung um 10% erhöhen
	über 7,3	unter 1,065	unbrauchbar	Neuansatz
	unter 7,0	über 1,120	bedingt brauchbar	Erhöhung des p_H-Wertes durch Zusatz von Trinatriumphosphat
	unter 7,0	1,090 bis 1,120	bedingt brauchbar	p_H-Wert erhöhen, Zusatz Trinatrium-phosphat
	unter 7,0	unter 1,090	unbrauchbar	Neuansatz
Agfacolor Bleichfixierbad *K* *PPa III/K*	7,4 bis 7,6	1,130 bis 1,190	in Ordnung	keine
	7,4 bis 7,6	1,090 bis 1,130	bedingt brauchbar	Regenerierung erhöhen
	7,4 bis 7,6	unter 1,090	unbrauchbar	Neuansatz
	unter 7,4	1,130 bis 1,190	bedingt brauchbar	Erhöhung des p_H-Wertes durch Zusatz von Trinatriumphosphat
	über 7,6	1,130 bis 1,190	bedingt brauchbar	Erniedrigung des p_H-Wertes durch Zusatz von Monokalium-dihydrogenphosphat
Agfacolor Stabilisierungsbad *Pa VI S*	6,5 bis 7,5	uncharak-teristisch	in Ordnung	keine
	über 7,5		bedingt brauchbar	p_H erniedrigen durch Zusatz von Essig-säure 1%
	6,0 bis 6,5	uncharak-teristisch	bedingt brauchbar	p_H-Wert erhöhen durch Zusatz von Soda sicc.
	unter 6,0		unbrauchbar	Neuansatz

Die in Tabelle 70 aufgeführten Bäder dienen für die Kurzverarbeitung.

Für die normale Verarbeitung (Langzeitverfahren) sind zusätzlich noch erforderlich:

Ac-Härtebad 60
p_H = 10,8 bis 11,2
Spez. Gew. 1,060 bis 1,030

Ac-Pufferbad
p_H = 5,2 bis 5,4
Spez. Gew. = uncharakteristisch

Anstelle des *Ac-Stabilisierungsbades* kann auch das *Ac-Lichtschutzbad* verwendet werden.

γ) *Verarbeitungsbedingungen der Agfacolor-Papiere*

Tabelle 71. *Kurzverarbeitungsgang der Agfacolor-Papiere*

Verarbeitungsbad	Temperatur °C	Verarbeitung-dauer (min)	Haltbarkeit	Ergiebigkeit pro l
1. Ac-Papierentwickler *Pa I/60*	20 ± 0,5	5 (4 bis 7)	4 Wochen	50 Blatt 9 × 13 cm
2. Wässerung	14 bis 20	2,5	—	—
3. Stoppfixierbad *PPa II/K*	20 ± 2	5	3 Monate	100 Blatt 9 × 13 cm
4. Ac-Bleichfixierbad *PPa III/K*	20 ± 2	5	3 Monate	150 Blatt 9 × 13 cm
5. Wässerung	14 bis 20	10	—	—
6. Stabilisierungsbad *Pa VI S* *mit Formalin*	20 ± 2	2,5 bis 5	3 Monate	150 Blatt 9 × 13 cm

Tabelle 72. *Normalverarbeitungsgang der Agfacolor-Papiere*

Verarbeitungsbad	Temperatur °C	Verarbeitungs-dauer (min)	Haltbarkeit	Ergiebigkeit pro l
1. Ac-Papierentwickler *Pa I/60*	20 ± 0,5	5 (4 bis 7)	4 Wochen	50 Blatt 9 × 13 cm
2. Wässerung	14 bis 20	5	—	—
3. Ac-Bleichfixierbad *PPa III/K*	20 ± 2	8	3 Monate	150 Blatt 9 × 13 cm
4. Wässerung	14 bis 20	10	—	—
5. Ac-Härtebad 60 *Pa III/60*	20 ± 2	5	3 Monate	150 Blatt 9 × 13 cm
6. Wässerung	14 bis 20	5	—	—
7. Ac-Pufferbad *Pa IV*	20 ± 2	5	1 Monat	150 Blatt 9 × 13 cm
8. Wässerung	14 bis 20	5	—	—
9. Ac-Lichtschutzbad *Pa VI*	20 ± 2	5	3 Monate	150 Blatt 9 × 13 cm

b) Verarbeitung der *Agfacolor*-Papiere nach J. Meech [847]

α) *Vorschriften für die Verarbeitungsbäder*

Farbentwickler

Genochrome	3,0 g
Natriumsulfit sicc.	4,0 g
Soda sicc.	45,0 g
Kaliumbromid	0,5 g
Wasser bis auf	1000 ml

Der Entwickler muß vor dem Gebrauch 24 Stunden stehen.

Stoppfixierbad

Natriumthiosulfat krist.	300 g
Kaliummetabisulfit	10 g
Essigsäure 98/100%	10 ml
Borax	20 g
Kalialaun	10 g
Wasser bis auf	1000 ml

Bleichfixierbad

Sequestrol-Eisen-Komplex (*Geigy*, Basel)	60 g
Soda sicc.	20 g
Thiocarbamid	5 g
Ammoniumchlorid	60 g
Natriumthiosulfat krist.	220 g
Wasser bis auf	1000 ml

Stabilisierungsbad

Soda sicc.	30 g
Formaldehyd, 37 bis 40%ig	10 ml
Wasser bis auf	1000 ml

β) *Verarbeitungsbedingungen*

Tabelle 73. *Verarbeitungsgang der Agfacolor-Papiere nach J. Meech*

Verarbeitungsbad	Temperatur °C	Verarbeitungsdauer (min)
1. Farbentwickler	20 ± 0,5	5
2. Wässerung	14 bis 22	1
3. Stoppfixierbad	18 bis 22	5
4. Wässerung	14 bis 22	5
5. Bleichfixierbad	18 bis 22	8
6. Wässerung	14 bis 22	10
7. Stabilisierung	18 bis 22	5
8. Schlußwässerung	14 bis 22	10

c) Verarbeitung der *Agfacolor*-Papiere nach S. Horwitz [848]

α) *Vorschriften für die Verarbeitungsbäder*

Farbpapierentwickler, CD-107

Lösung A

Wasser (30 bis 40° C)	600 ml
Trilon B	2,0 g
Pottasche	84,0 g
Kaliumbromid	1,0 g
Natriumsulfit sicc.	1,0 g

Lösung B

Wasser	100 ml
Hydroxylaminhydrochlorid	2,0 g
N-Aethyl-oxyaethyl-p-phenylendiaminsulfat	4,5 g

Setze Lösung B unter Umrühren der Lösung A zu und verdünne auf 1000 ml mit Wasser. Gebrauchslösung muß 24 Stunden stehen.

Farbpapierstoppbad, CSB-1

Natriumthiosulfat krist.	200 g
Kaliummetabisulfit	15 g
Wasser bis auf	1000 ml

Bleichfixierbad, CBF-2

Wasser	800 ml
Soda sicc.	10 g
Kaliumbromid	30 g
Natriumzitrat	30 g
Natriumrhodanid	10 g
Eisenkomplex der Äthylendiamintetraessigsäure	60 g
Natriumthiosulfat krist.	220 g
Wasser bis auf	1000 ml

Stabilisierungsbad, CSW-3

Formalin, 40%ig	20 ml
Tinopal BV oder *Uvitex RS*	3 g
Soda sicc.	5 g
Wasser bis auf	1000 ml

β) *Verarbeitungsbedingungen*

Tabelle 74. *Verarbeitungsgang der Agfacolor-Papiere nach S. Horwitz*

Verarbeitungsbad	Temperatur °C	Verarbeitungs-dauer (min)	Ergiebigkeit pro l
1. Farbentwickler *CD*-107	18 bis 20	4	50 Blatt 9 × 13 cm
2. Wässerung	14 bis 22	2	—
3. Stoppbad *CSB-1*	15 bis 22	2	100 Blatt 9 × 13 cm
Weiterverarbeitung im Hellen			
4. Wässerung	14 bis 22	3	—
5. Bleichfixierbad	15 bis 22	8	150 Blatt 9 × 12 cm
6. Wässerung	14 bis 22	20	—
7. Stabilisierungsbad *CSW-3*	15 bis 22	5	150 Blatt 9 × 12 cm

d) Verarbeitung der *Agfacolor*-Papiere nach E. Ch. Gehret [901]

α) *Vorschriften für die Verarbeitungsbäder*

Farbentwickler

Hydroxylaminsulfat	4,0 g
Natriumsulfit sicc.	4,5 g
Pottasche	100,0 g
Kaliumbromid	1,0 g
Calgon pro Photo	2,0 g
Wasser bis auf	1000 ml

Vor Gebrauch die Farbentwicklersubstanz zufügen!

Äthyl-oxyäthyl-p-phenylendiaminsulfat	7,5 g
oder	
Kodak Farbentwicklersubstanz *CD-3*	10,0 g

$p_H = 10,8$ bis $11,0$

Bleichfixierbad

EDTA-Eisen(III)-salz (*Geigy*)	50,0 g
Soda sicc.	2,5 g
Natriumthiosulfat krist.	200,0 g

oder

(Ammoniumthiosulfat	120,0 g)
Natriumsulfit sicc.	10,0 g
Wasser bis auf	1000 ml

$p_H = 6,2$ bis 6,4

Härtebad

Trilon B (EDTA Nr. 4)	10 g
Soda sicc.	50 g
Formalin 30%ig	50 ml
Wasser bis auf	1000 ml

Pufferbad

Weinsäure	10 g
Borax	25 g
Wasser bis auf	1000 ml

$p_H = 5,7$ bis 6,1

Stabilisator

Weißtöner (*Tinopal WG* [GEIGY], *Leucophore WS* [SANDOZ], *Ultraphor WT* [BASF])	14 g
Wasser bis auf	1000 ml

Haltbarkeit und Ergiebigkeit der Bäder (pro l):

Farbentwickler ohne Entwicklersubstanz:	4 Monate;	40 Blatt 9 × 13 cm
Bleichfixierbad:	4 Monate;	120 Blatt 9 × 13 cm
Härtebad:	1 Jahr;	80 Blatt 9 × 13 cm
Pufferbad:	1 Jahr;	160 Blatt 9 × 13 cm
Stabilisator:	1 Jahr;	80 Blatt 9 × 13 cm

β) *Verarbeitungsbedingungen*

Tabelle 75. *Verarbeitungsgang der Agfacolor-Papiere nach Vorschriften von E. Ch. Gehret*

Verarbeitungsbad	Temperatur °C	Verarbeitungs-dauer (min)
1. Farbentwickler	20 ± 0,5	5 (4 bis 7)
2. Wässerung ...	14 bis 20	5
3. Bleichfixierbad	18 bis 20	8
4. Wässerung ...	14 bis 20	10
5. Härtebad	18 bis 20	5
6. Wässerung ...	14 bis 20	5
7. Pufferbad	18 bis 20	5
8. Wässerung ...	14 bis 20	5
9. Stabilisator ...	18 bis 20	5
10. Trocknung		

e) *Agfacolor*-Papierverarbeitung nach W. Beutler [853]

Positivfarbentwickler, konzentriert

Wasser	800 ml
Calgon pro Photo	5 g
Nitrobenzimidazolnitrat, 0,1%ige Lösung	200 ml
Natriumsulfit sicc.	20 g
Kaliumbromid	5 g
Diäthyl-p-phenylendiaminsulfat	50 g

$p_H = 4,5$

Die konzentrierte Lösung wird in braune Fläschchen von 50 ml Inhalt abgefüllt.

Gebrauchsentwickler

Wasser	950 ml
Hydroxylaminsulfat	1 g
Positivfarbentwickler, konz.	50 ml
Pottasche	85 g

Entwicklungsgang:

1. Farbentwicklung	3 min, 20°C
2. Wässerung	3 min
3. Ammoniumthiosulfatbad 10%	3 min
4. Wässerung	3 min
5. Bleichfixierbad nach Theilgaard	5 min
6. Wässerung	20 min
7. Lichtschutzbad	

f) Verarbeitung der *Ferraniacolor*-Papiere nach Anweisung des Herstellers [523]

α) *Verarbeitungsbäder*

Es werden folgende Verarbeitungsbäder benötigt:

Farbentwickler RC 304 A,

Stoppfixierbad VC 319,

Bleichfixierbad VC 204 oder

für getrenntes Bleichen und Fixieren die beiden Bäder

Bleichbad BC 204 und *Fixierbad FC 204*

Stabilisierungsbad VC 211/A

Lichtschutzbad A 177

Das Lichtschutzbad *A 177* wird zum Gebrauch dem Stabilisierungsbad zugesetzt.

β) *Verarbeitungsbedingungen*

Tabelle 76. *Verarbeitungsprozeß der Ferraniacolor-Papiere*

Verarbeitungsbad	Temperatur °C	Verarbeitungsdauer (min)
1. Farbentwickler *RC 307 A*	20 ± 0,5	5
2. Wässerung	14 bis 22	0,5
3. Stoppfixierbad *VC 319*	18 bis 22	5
Weiterverarbeitung im Hellen!		
4. Wässerung	14 bis 22	5
5. Bleichfixierbad *VC 204*	18 bis 22	5
6. Wässerung	14 bis 22	15
7. Stabilisierung mit Lichtschutz	18 bis 22	5

g) Verarbeitung der *Gevacolor*-Papiere nach Anweisung des Herstellers

α) *Verarbeitungsbäder*

Zur Verarbeitung der Gevacolor-Papiere bringt die Firma GEVAERT, Antwerpen, folgende konfektionierte Bäder in den Handel:

Farbentwickler G. 21
Stoppfixierbad G. 56
Bleichfixierbad G. 70
Härtebad G. 61

β) *Verarbeitungsbedingungen*

Tabelle 77. *Verarbeitungsgang der Gevacolor-Papiere*

Verarbeitungsbad	Temperatur °C	Verarbeitungsdauer (min)
1. Farbentwickler *G. 21*	20 ± 0,5	5
2. Wässerung	17 bis 22	0,5
3. Stoppfixierbad *G. 56*	17 bis 22	5
4. Wässerung	17 bis 22	10
5. Bleichfixierbad *G. 70*	17 bis 22	5
6. Wässerung	17 bis 22	10
7. Härtebad *G. 61*	17 bis 22	5
8. Hochglanztrocknung	unter 80	—

h) Verarbeitung der *Gevacolor*-Papiere nach Angaben von O. Watter [59]

α) *Vorschriften für die Verarbeitungsbäder*

Farbentwickler G. 21 und *Regenerator G. 21 R*

	G. 21	*G. 21 R*
Lösung A		
Wasser (30 bis 35°C)	100 ml	200 ml
Gevadiamine		
(Diäthyl-p-phenylendiaminsulfat)	3,0 g	4 g
Hydroxylaminchlorhydrat	1,2 g	3,5 g
Lösung B		
Wasser (30 bis 35°C)	900 ml	800 ml
Natriumsulfit sicc.	4,0 g	6,0 g
Soda sicc.	50,0 g	50,0 g
Kaliumbromid	0,5 g	—
Calgon	1,0 g	1,0 g
Ätznatron	—	2,75 g

Die Lösungen A und B werden 12 Stunden vor Gebrauch unter Rühren gemischt.

Stopp- und Härtefixierbad G. 55

Wasser	700 ml
Natriumthiosulfat krist.	300 g
Kaliummetabisulfit	12 g
Eisessig 98/100%	12 ml
Borax	20 g
Kalialaun	15 g
Wasser bis auf	1000 ml

Bleichbad G. 42

Kaliumferrizyanid	25 g
Natriumazetat sicc.	5 g
Eisessig 98/100%	10 ml
Kaliumbromid	15 g
Wasser bis auf	1000 ml

Fixierbad G. 54

Natriumthiosulfat krist.	200 g
Natriumsulfit sicc.	10 g
Borax	25 g
Wasser bis auf	1000 ml

β) *Verarbeitungsbedingungen*

Tabelle 78. *Verarbeitungsbedingungen nach Angaben von O. Watter*

Verarbeitungsbad	Temperatur °C	Verarbeitungs-dauer (min)
1. Farbentwickler *G. 21* .	20 ± 0,5	4
2. Wässerung	14 bis 22	0,5
3. Stopphärtefixierbad ..	17 bis 22	5
4. Wässerung		10
5. Bleichbad *G. 42*	17 bis 22	5
6. Wässerung		10
7. Fixierbad *G. 54*	17 bis 22	5
8. Wässerung		10

i) Verarbeitung von KODAK-*Ektacolor*-Professional-Papier nach Angaben des Herstellers (Prozeß P-122) [526]

α) *Verarbeitungsbäder*

KODAK-*Ektacolor*-Papier wird nach dem *Prozeß P-122* verarbeitet. Nur zur Verarbeitung in dem Entwicklungsgerät KODAK *Rapid Color Processor* Modell *16-K* wird der Prozeß *CP-5* angewandt.

Der *Prozeß P-122* besteht aus folgenden Verarbeitungsbädern:

Entwickler (Developer)

Stoppbad verbesserte Type (Stop Bath Improved Type)

Erstes Härtefixierbad (First Hardener-Fixer)

Bleichbad (Bleach)

Formalin-Fixierbad (Formalin-Fixer)

Pufferbad verbesserte Type (Buffer Improbes Type)

Für den *Schnellverarbeitungsprozeß CP-5* sind folgende Bäder erforderlich:

Entwickler CP-5 (Developer *CP-5*)

Stoppfixierbad CP-5 (Stop-Fixer *CP-5*)

Bleichbad CP-5 (Bleach *CP-5*)

Formalin-Fixierbad CP-5 (Formalin Fixer *CP-5*)

Stabilisierungsbad CP-5 (Stabilizer *CP-5*)

β) Verarbeitungsbedingungen

Tabelle 79. *Arbeitsablauf des Kodak-Prozesses P-122*

Verarbeitungsbad	Prozeß 1			Prozeß 2		
	Temperatur °C	Dauer (min)	Summe der Zeiten	Temperatur °C	Dauer (min)	Summe der Zeiten
1. Entwickler........	30 ± 0,2	7	7	24 ± 0,2	12	12
2. Stoppbad.........	29 bis 31	1	8	23 bis 25	2	14
3. Erstes Fixierbad...	29 bis 31	1	9	23 bis 25	2	16
	Weiterverarbeitung im Hellen!					
4. Wässerung	29 bis 31	2	11	23 bis 25	2	18
5. Bleichbad	29 bis 31	2	13	23 bis 25	4	22
6. Wässerung	29 bis 31	2	15	23 bis 25	2	24
7. Formalin-Fixierbad	29 bis 31	2	17	23 bis 25	3	27
8. Wässerung	29 bis 31	4	21	23 bis 25	8	35
9. Pufferbad.........	29 bis 31	2	23	23 bis 25	3	38
10. Trocknung	nicht über 80°C			nicht über 80°C		

Tabelle 80. *Arbeitsgang des Prozesses CP-5*

Verarbeitungsbad	Temperatur °C	Verarbeitungsdauer (min)
1. Entwickler *CP-5* ...	38 ± 0,2	2,5
2. Wässerung (fließend)	37 bis 39	0,5
3. Stoppfixierbad *CP-5*	37 bis 39	0,5
Weiterarbeit bei hellem Licht!		
4. Wässerung (fließend)	37 bis 39	0,5
5. Bleichbad *CP-5*	37 bis 39	1
6. Wässerung (fließend)	37 bis 39	0,5
7. Formalin-Fixierbad .	37 bis 39	0,5
8. Wässerung (fließend)	37 bis 39	0,5
9. Stabilisierungsbad ..	37 bis 39	0,5
10. Trocknung	unter 80	

Der Verarbeitungsprozeß *P-122* wurde im Jahre 1965 weiter verbessert und durch den 5-Bäderprozeß *Ektaprint C* abgelöst.

k) Verarbeitung von Kodak-*Ektacolor*-Papier nach Angaben von E. Ch. Gehret entsprechend dem Prozeß Ektaprint C

E. Gehret [902] und E. Ch. Gehret [903] haben Verarbeitungsvorschriften zur Ausübung des *Kodak-Prozeß P-122* ausgearbeitet, und E. Ch. Gehret hat diese später für den *Prozeß Ektaprint C* modifiziert [903a].

α) Vorschriften für die Verarbeitungsbäder

Farbentwickler (für Methode A und B)

Wasser	750	ml
Trinatriumphosphat krist. .	15,0	g
Natriummetaborat krist. ..	10,0	g
Natriumsulfit sicc.	1,0	g
Hydroxylaminsulfat	2,0	g

Kaliumbromid	0,5 g
6-Nitrobenzimidazolnitrat	0,04 g
Benzylalkohol, 40%ig*	45,0 ml
Kaliumhydroxid	1,2 g
CD-3	8,5 g
Wasser bis auf	1000 ml

pH = 9,9 - 10,0

* Benzylalkohol, 40%ig

Benzylalkohol	40 ml
Äthylenglykol	40 ml
Wasser	20 ml

Stoppfixierbad (für Methode A und B)

Ammoniumthiosulfat	120 g
Kaliummetabisulfit	20 g
Essigsäure 98/100%	10 ml
Wasser bis auf	1000 ml

pH = 4,2 - 4,6

Wird anstelle von Ammoniumthiosulfat 200 g Natriumthiosulfat krist. verwendet, so muß die Behandlungsdauer verdoppelt werden.

Bleichbad (für Methode A)

Kaliumnitrat	25,0 g
Kaliumferrozyanid	5,0 g
Kaliumferrizyanid	25,0 g
Borsäure	5,0 g
Borax	2,5 g
Wasser bis auf	1000 m

pH = 7,1 - 7,3

Härtefixierbad (für Methode A)

Ammoniumthiosulfat	120,0 g
Natriumsulfit sicc.	5,0 g
Borsäure	2,5 g
Formalin, 35 - 40%ig	40,0 ml
Wasser bis auf	1000 ml

pH = 9,3 - 9,7

Pufferbad (für Methode A)

Zinksulfat krist.	10 g
Weinsäure	10 g
Borsäure	30 g
Wasser bis auf	1000 ml

pH = 4,3 - 4,7

Bleichfixierbad (für Methode B)

Äthylendiamintetraazetat-Eisenkomplex (Sequestrene CP 2, GEIGY)	50 g
Trilon BS (EDTA)	5 g
Soda sicc.	3 g
Ammoniumthiosulfat	120 g
Natriumsulfat sicc.	10 g
Kaliumjodid	1 g
Wasser bis auf	1000 ml

pH = 6,3 - 6,5

Pufferhärtebad (für Methode B)

Weinsäure	10 g
Natriummetaborat	20 g
Formalin, 35–40%ig	30 ml
Trilon BS (EDTA)	6 g
Wasser bis auf	1000 ml

p_H = 5,8–6,3

β) Verarbeitungsbedingungen

Tabelle 81. *Verarbeitungsgang von Ektacolor-Papieren Prozeß Ektaprint C nach E. Ch. Gehret*

Methode A			Methode B		
Verarbeitungsbad	Temperatur (°C)	Dauer (min)	Verarbeitungsbad	Temperatur (°C)	Dauer (min)
1. Farbentwickler	29,5 ± 0,25	7	1. Farbentwickler	29,5 ± 0,25	7
2. Stoppfixierbad	28–31	1	2. Stoppfixierbad	29–31	1
3. Wässerung	28–31	1	3. Wässerung	28–31	1
4. Bleichbad	28–31	2	4. Bleichfixierbad	28–31	2
5. Wässerung	28–31	2	5. Wässerung	28–31	4
6. Härtefixierbad	28–31	2	6. Pufferhärtebad	28–31	2
7. Wässerung	28–31	4	7. Spülen	28–31	½
8. Pufferbad	28–31	2	8. Trocknen	unter 85	
9. Trocknen	unter 85				
Gesamtdauer		21	Gesamtdauer		17 ½

l) Verarbeitung von *Orwocolor*-Papieren nach Angaben des Herstellers [849, 904]

α) Vorschriften für die Verarbeitungsbäder

Farbentwickler Orwocolor 112

Lösung A	*C 112*	*C 112 Reg.*
Wasser	400 ml	400 ml
ORWO-Kalkschutz *A 901* (*Calgon pro Photo*)	2 g	2 g
Hydroxylaminsulfat	2 g	2 g
Äthyl-oxyäthyl-p-phenylendiaminsulfat	4,5 g	5 g
Lösung B		
Wasser	400 ml	400 ml
ORWO-Kalkschutz *A 901* (*Calgon pro Photo*)	2 g	2 g
Pottasche	75 g	75 g
Natriumsulfit sicc.	0,5 g	1 g
Kaliumbromid	0,5 g	0,25 g

Lösung A wird unter Umrühren Lösung B zugesetzt und dann mit Wasser auf 1 l aufgefüllt.

p_H = 10,6 bis 10,8

Stopphärtefixierbad Orwocolor C 35

Natriumthiosulfat krist.	200 g
Natriumsulfit sicc.	7,5 g
Natriumazetat sicc.	15 g

Eisessig 98/100%	25 ml
Kalialaun	25 g
Wasser bis auf	1000 ml

pH = 4,0 bis 4,5

Bleichfixierbad Orwocolor C 166

Wasser	500 ml
Eisen(III)-chlorid krist.	25 g
(*oder* Eisen(III)-sulfat sicc.	37 g)
*Syntron B**	200 ml
Natriumsulfit sicc.	10 g
Kaliumbromid	20 g
Natriumthiosulfat krist.	200 g
Eisessig 98/100%	8 bis 10 ml

pH = 7,4 bis 7,6

* *Syntron B* ist ein Produkt der ČSSR (entspricht einer 50%igen Lösung von *Trilon B*)

Bleichfixierbad Orwocolor C 168

Pottasche	30 g
Äthylendiamintetraessigsäure-Dinatrium	55 g
Eisen(III)-chlorid krist.	25 g
Natriumthiosulfat krist.	120 g
Kaliumbromid	20 g
Wasser bis auf	1000 ml

pH = 7,0 bis 7,2

Härtebad Orwocolor C 184

ORWO-Kalkschutz *A 901* (*Calgon pro Photo*)	8 g
Natriumsulfat sicc.	150 g
Soda sicc.	20 g
Formalin 35%ig	25 ml
Wasser bis auf	1000 ml

pH = 10,1 bis 10,3

β) *Verarbeitungsbedingungen*

Tabelle 82. *Arbeitsgang der Orwocolor-Papiere*

Verarbeitungsbad	Temperatur °C	Verarbeitungs-dauer (min)	Ergiebigkeit pro l
1. Farbentwickler *C 112*	20 ± 0,5	5	50 Blatt 9 × 13 cm
2. Wässerung		0,5 bis 0,75	—
3. Stoppfixierbad *C 35*	16 bis 22	5	100 Blatt 9 × 13 cm
4. Bleichfixierbad *C 168*	18 bis 22	10	150 Blatt 9 × 13 cm
5. Wässerung	16 bis 22	10	—
6. Härtebad *C 184*	16 bis 22	5	200 Blatt 9 × 13 cm
7. Wässerung	16 bis 22	5	—
8. Lichtschutzbad	16 bis 22	5	150 Blatt 9 × 13 cm

m) Verarbeitung der Farbpapiere nach Anweisungen von G. Theilgaard

α) *Vorschriften für die Verarbeitungsbäder*

Farbentwickler 24 N-104

Wasser, dest.	1000 ml
Genochrome	2,4 g
Kaliumbromid	0,5 g
Hydroxylaminhydrochlorid	1,0 g
Natriumsulfit sicc.	2,0 g
Soda wasserfrei	40,0 g

Stoppfixierbad

Wasser	860 ml
Natriumthiosulfat krist.	200 g
Kaliummetabisulfit	20 g

Bleichfixierbäder

	BF. 4226	*BF. 4226 S*	*BF. 225.12*
Wasser	860 ml	860 ml	860 ml
Natriumhydroxid	23,5 g	23,5 g	13,0 g
EDTA	42,0 g	42,0 g	22,5 g
Eisen(III)-chlorid krist.	26,0 g	26,0 g	12,0 g
Natriumthiosulfat krist.	160,0 g	160,0 g	200,0 g
Natriumsulfit sicc.	15,0 g	—	—
Kaliummetabisulfit	—	14,0 g	—
Ammoniumchlorid	—	—	50,0 g
Thiocarbamid	—	—	5,0 g
pH-Werte	7,0	6,0	—

Lichtschutzbad

Wasser	1000 ml
Uvitex RS (Ciba) oder *Leucophor*	4 g
Formalin 40%ig	10 ml

β) *Verarbeitungsbedingungen*

G. Theilgaard unterscheidet normal entwickelnde Papiere (*Telcolor*, *Ferraniacolor*, *Gevacolor*) und langsam entwickelnde Papiere (*Pakolor*, *Synthacolor*). Das *Agfacolor* liegt in seiner Arbeitsweise in der Mitte von beiden.

Tabelle 83. *Verarbeitungsgang der Farbpapiere nach G. Theilgaard*

Verarbeitungsbad	Temperatur °C	Normal arbeitende Papiere, Entwicklungszeit (min)	langsam arbeitende Papiere, Entwicklungszeit (min)
1. Farbentwickler	20 ± 0,5	3 bis 3,5	5 bis 6,5
2. Wässerung	14 bis 20	0,2	0,2
3. Stoppfixierbad	14 bis 20	2 bis 3	4
4. Wässerung	14 bis 20	2 bis 5	5 bis 12
5. Bleichfixierbad	14 bis 20	5	5
6. Wässerung	14 bis 20	20	20
7. Lichtschutzbad		5	5
8. Trocknung			

6. Nachbehandlung der Farbpapiere

a) Lichtschutzbehandlung

Die Bildfarbstoffe der Colorpapiere sind nur beschränkt haltbar, insbesondere bleichen die Farben aus, wenn Farbbilder längere Zeit der Einwirkung von Tageslicht ausgesetzt werden. Man kann die Lichtbeständigkeit durch zwei Maßnahmen sehr wesentlich erhöhen, einmal durch Behandlung mit Weißtönern oder optischen Aufhellern und zweitens durch Beschichtung mit Lichtschutzlacken. Die Behandlung der Papiere mit Weißtönern erfolgt vor der Trocknung in nassem Zustand, meistens in Verbindung mit dem Formalin-Härtebad. Die Schutzlackierung wird am trockenen, fertigen Bild ausgeführt.

α) *Optische Aufheller oder Weißtöner* [905]

Optische Aufheller oder Weißtöner sind Substanzen, die den im Tageslicht und auch in den meisten Leuchtstoffröhren enthaltenen Anteil an Ultraviolett-Strahlung in sichtbare Strahlung umwandeln und dadurch das Weiß des Papieres erhöhen und leuchtender machen und außerdem durch Absorption der schädlichen Strahlung die Zersetzung der Bildfarbstoffe weitgehend verhindern.

Die optischen Aufheller wurden etwa um das Jahr 1925 in der Textil- und Schreibwarenindustrie verwendet. In der Photographie haben sie erst etwa seit 1960 Eingang gefunden. Optische Aufheller sind organische Verbindungen und gehören bevorzugt der Klasse der Azole, Benzidine, Cumarine und des Stilbens an. Besonders groß ist die Anzahl der Patente mit den Abkömmlingen der 4,4'-Diaminostilben-2,2'-disulfonsäure.

Optische Bleicher des Handels sind:

Blankophor R, *B*, *G* extra hochkonz., *BP* extra hochkonz. (Bayer-Werke, Leverkusen)
Du Pont *Paper White BN*, *BP* (Du Pont de Nemours, New York)
Pontamine White BT, *BTS*, *BR*, *2GT*, *GL* (Du Pont de Nemours, New York)
Uvitex RS, *RBS*, *RT*, *GS*, *P*, *BT* (Ciba A.G., Basel)
Leucophor BS, *B*, *BB*, *R*, *RS*, *WS* (Sandoz, Basel)
Tinopal 2B, *BV*, *2BP*, *RSP*, *GS*, *BVA*, *4BMT*, *SP*, *SPA*, *BVS*, *4BM*, *WG* (Geigy, Basel)
Ultraphor WT (BASF)
Lumisol BI (G. Zimmerli, Aarburg, Schweiz)

β) *Lichtschutzlacke*

Lichtschutzlacke sind Lacke, die Ultraviolett-Absorptionsmittel oder auch sogenannte optische Aufheller enthalten. Diese Lacke können auf das trockene photographische Material mit dem Pinsel oder durch Spritzen oder durch Tauchen aufgetragen werden. Bei Farbpapieren ist es empfehlenswert, das Auftragen des Lackes auf beiden Seiten zu machen. Dadurch wird nicht nur Schutz der Emulsionsschicht gegen Licht- und Wärmeeinwirkung und gegen mechanische Beschädigungen bewirkt, es wird zugleich auch erreicht, daß Luft- und Feuchtigkeitseinwirkung von der Rückseite her verhindert wird.

Es gibt im Handel Lichtschutzlacke, matt und glänzend. Die glänzenden Lacke verändern die Oberfläche des getrockneten Bildes nicht, der Glanz bzw. der Hochglanz bleibt erhalten. Mit Hilfe des Lichtschutzlackes „matt“ kann man der Bildoberfläche ein seidig-mattes Aussehen verleihen, welches sich besonders für bestimmte Motive, wie Porträts, gut eignet.

Mißglückte Beschichtung mit Lichtschutzlacken kann durch Abreiben mit einem in Äthylazetat getauchten Leinenläppchen entfernt werden.

b) Trocknung von Colorbildern

Colorbilder können kalt mit matter und glänzender Oberfläche an der Luft und auch heiß mit Hilfe von Trockenpressen oder Trockentrommeln glänzend und hochglänzend getrocknet werden.

Zur kalten Trocknung mit natürlicher glänzender Oberfläche werden die Bilder oberflächlich mit einem Viskoseschwamm vom anhaftenden Wasser befreit und dann mit der Schicht auf ein sauberes Handtuch gelegt. Nach dem Trocknen zieht man die Bilder vorsichtig über einer Tischkante glatt.

Zur Matttrocknung werden die Bilder mit der Schichtseite auf eine Spezial-Mattglasscheibe (Lieferer: FOTO-WÖLTJE, Oldenburg i. O.) gequetscht und darnach an der Luft getrocknet, bis sie abfallen.

Zur Heißtrocknung von Farbbildern muß als letztes Behandlungsbad nach der Wässerung ein härtendes Formalinbad eingeschaltet werden. Diesem Formalinbad kann gleichzeitig der Weißtöner zugesetzt werden. Das Formalin-Härtebad ermöglicht eine Trocknung der Schicht bei Temperaturen bis 80°C. Die Farbbilder werden mit der Schichtseite auf die mit einem geeigneten Hochglanzmittel gereinigte Hochglanzplatte gelegt und blasenfrei mit einem Rollenquetscher unter gleichmäßigem Druck in einer Richtung auf die Platte gequetscht. Die mit den Bildern belegte Platte kommt dann in die Trockenpresse, bis sie von selbst abspringen. Zu frühes Öffnen der Presse kann sogenannten Muschelbruch verursachen. Bei der Trocknung entweichen die Formalindämpfe, die sich sehr lästig bemerkbar machen können. Man muß daher die Trocknung in gut gelüfteten Räumen ausführen. Bei der Trocknung ist weiter darauf zu achten, daß die Presse nicht zu heiß wird. Durch zu große Hitze kann schlechter Hochglanz mit matten Punkten und Flecken entstehen, auch können einzelne Teile der Emulsion durch Schmelzen eine flockige und grobkörnige Struktur erhalten. Man schalte deswegen die Presse zeitweise aus, besonders wenn sie längere Zeit nicht mit Bildern zum Trocknen beschickt wird.

c) Retusche von Farbbildern

Farbbilder können wie Schwarzweißbilder ausgefleckt und retuschiert werden. Für die Farbretusche sind besonders geeignet:

Pelikan Photofarben für Hochglanzpapiere Sorte 116 und Verdünnungsmittel (Hersteller: GÜNTHER WAGNER, Hannover).

Nr. 1 (karmin), *Nr. 3* (goldgelb), *Nr. 13* (ultramarin).

Für luftgetrocknete Bilder eignen sich folgende Farben:

Nr. 1 (karmin), *Nr. 18* (orange), *Nr. 6* (preußischblau).

Retuschierfarben für Positiv-Retusche (Hersteller: FARBWERKE HOECHST, Frankfurt/M.).

K 209 (himmelblau), *K 215* (violett), *209* (goldgelb).

Die Farbtöne kann man auf einer weißen Porzellanplatte oder auf einer Untertasse mischen. Der Pinsel darf nur wenig angefeuchtet werden, da sonst der Farbton an der retuschierten Stelle nach Rot verschoben wird und außerdem die Retuschewirkung schwer beurteilt werden kann. Man kann auch auf den Farbbildern Bleistiftretusche ausführen. Hierzu muß man die trockene Schicht mit *Mattolein* oder *Retuschin* für Graphit annahmefähig machen. Bei Verwendung von Retuschiermitteln überzeuge man sich zuerst, ob derartige Mittel nicht die Bildfarbstoffe verändern. Ein geeignetes Retuschiermittel erhält man durch Auflösen von 1 bis 2 g Dammarharz in 100 ml Tetrachlorkohlenstoff [832]. Bei Farbbildern, bei denen die Blaugrünschicht oben liegt, kann auch Schaberetusche ausgeführt werden. Hierbei werden die Bildstellen immer heller und müssen durch farbige Retusche der Umgebung angeglichen werden.

d) Farbstichkorrekturbäder

Gelbabschwächer

Wasser .... 50 ml
Spiritus...................... 50 ml
Schwefelsäure konz. .... 1 bis 5 Tropfen

Behandlungsdauer: 1 bis 5 min. Der Abschwächungsvorgang kann beobachtet werden.

Blaugrünabschwächer

Wasser .... 50 ml
Spiritus...................... 50 ml
Natriumhydroxid .... 0,5 bis 1 g

Behandlungsdauer: 1 bis 5 min. Die Wirkung des Abschwächers kann verfolgt werden.

Nach der Behandlung ist etwa 20 min zu wässern.

e) Aufziehen von Farbbildern

Das Aufziehen von Farbbildern erfolgt am einfachsten und sichersten mit Hilfe von Trockenklebefolien (Hersteller: Hilsdorf, Bingen/Rh.). Diese Folien werden in der Größe des Bildes zugeschnitten, zwischen Farbphoto und Karton gelegt und dann mit Hilfe eines nicht zu heißen Bügeleisens entsprechend der Gebrauchsanleitung zum Schmelzen gebracht, so daß das Bild ohne Wellen und Falten festklebt.

M. Die Herstellung von Umkehrfarbbildern

1. Verarbeitungstechnik

a) Kopiertechnik

Zur Herstellung von Farbaufsichtsbildern von Farbdiapositiven nach dem Umkehrverfahren eignen sich im allgemeinen nur gute Farbdias. Diese müssen möglichst richtig belichtet, nicht zu hell und nicht zu dunkel und farbstichfrei sein. Sie dürfen außerdem keinen zu hohen Kontrast aufweisen.

Die Belichtung der Umkehrfarbpapiere kann in jedem Farbvergrößerungsgerät für das Negativ-Positiv-Verfahren vorgenommen werden. Wenn Farbkopien mit weißem Rand erwünscht sind, dann muß eine zusätzliche Einrichtung zur Randbelichtung vorhanden sein. Verschiedene Color-Printer des Handels sind mit derartigen Einrichtungen ausgerüstet (Kodak *Roll Paper Color Printer, Type IV R* und *Model IR*, Kodak *Autofocus Enlarger, Model E*; Pakolor *Colortron*).

Die Farbkorrektur kann sowohl nach dem additiven wie auch nach dem subtraktiven Prinzip erfolgen. Im Gegensatz zum Negativ-Positiv-Verfahren gilt folgende grundsätzliche *Filterregel:*

Zum Ausgleich eines Farbstiches ist beim Umkehrpapier die Filterdichte der gleichen Farbe zu verringern oder die Filterdichte der komplementären Farbe zu erhöhen.

Tabelle 84. *Farbdichtekorrekturen zur Beseitigung von Farbstichen bei Umkehrfarbkopien*

Farbstich	Verringerung der Filterdichte	Erhöhung der Filterdichte
Gelb	Gelb	Blau *oder* Blaugrün + Purpur
Purpur	Purpur	Grün *oder* Blaugrün + Gelb
Blaugrün	Blaugrün	Rot *oder* Gelb + Purpur
Blau	Blau *oder* Blaugrün + Purpur	Gelb
Grün	Grün *oder* Blaugrün + Gelb	Purpur
Rot	Rot *oder* Gelb + Purpur	Blaugrün

Sinngemäß sind sonst die Anweisungen der Filtertechnik beim Negativ-Positiv-Verfahren anzuwenden. Um mit möglichst wenig Filterung die erforderliche Korrektur zu erreichen, sollte immer die einfachste Filterkombination gewählt werden. Eine Änderung der Filterung verursacht fast immer zugleich eine Änderung der Belichtungszeiten. Bei hohen Vergrößerungen, starken Ausschnittvergrößerungen oder sehr dichten Dias, wenn eine starke Verlängerung der Belichtungszeit erforderlich ist, wird infolge des SCHWARZSCHILD-Effektes eine Verschiebung des Bildtones nach Grün eintreten.

b) Entwicklungstechnik

Die Entwicklung der Umkehrfarbpapiere kann in Maschinen oder in Tankanlagen durchgeführt werden. Gute und gleichmäßige Entwicklungsergebnisse sind nur zu erwarten, wenn bei der Entwicklung eine sorgfältige und gut abgestimmte Regenerierung der Bäder erfolgt, täglich größere Mengen entwickelt werden und gut geschultes Personal zur Verfügung steht.

Von der AGFA-GEVAERT A. G., Leverkusen, werden zur Umkehrfarbentwicklung der *FCU*-Papiere folgende Maschinentypen empfohlen:

Labomat KU. Mit Hilfe eines Umbausatzes wird die *Labomat K* für die *Agfacolor* Negativ-Positiv-Verarbeitung für die Umkehrkopie umgerüstet. Leistung: 140 Bilder 9 × 13 cm pro Stunde.

Labomat K 24 U. Spezielle Entwicklungsmaschine für *Agfacolor CT*-Kopie mit automatischer Regenerierung. Leistung: 240 Bilder 9 × 13 cm pro Stunde.

Zur Entwicklung von Umkehrfarbpapieren sind ganz besonders die Universal-Entwicklungsmaschinen (*Color-Automat* oder *Universal-Processor* der Firma AUTOPAN, Oberaichen bei Stuttgart; *Unitub* der Firma UNION GMBH, Bonn-Freudenstadt; *Metorette* der Firma METEOR, Siegen/Westf.) geeignet.

Umkehrfarbbilder können auch in Tankanlagen entwickelt werden. Nach Angaben der AGFA-GEVAERT A.G., Leverkusen, sind hierbei folgende Forderungen zu erfüllen:

1. Die Umkehrbilder dürfen keinesfalls zu stark gerollt werden, damit kein Bruch der Schicht eintritt. Zur Vermeidung derartiger Schädigungen sind Korbeinsätze für das nächstgrößere Format zu verwenden.

2. Im Erstentwickler muß mit Hilfe einer geeigneten Sprudeleinrichtung für gleichmäßige Entwicklung gesorgt werden. Bewegung von Hand oder Umpumpung des Entwicklers sind nicht ausreichend.

3. Erstentwickler und Farbentwickler müssen automatisch temperiert werden. Die Temperatur soll mit Toleranzen von ±0,2°C eingehalten werden.

4. Die erste Wässerung muß sehr intensiv und gleichmäßig sein. Stark gerichtete Wasserstrudel sind zu vermeiden, da sie zu ungleichen Ergebnissen führen. Die Wassertemperatur darf nicht unter 14°C absinken.

5. Es muß eine gleichmäßige, konstant diffuse Zweitbelichtung gewährleistet sein. Die Mindestbeleuchtungsstärke beträgt 2500 Lux. Diese Beleuchtungsstärke wird erzielt von 3 Leuchtstoffröhren 20 Watt im Abstand von 50 cm oder 1 *Nitraphot*-Lampe 500 Watt im Abstand von 50 cm. Kopien bis zur *WPK* können in transparenten Korbeinsätzen belichtet werden. Hierbei muß das Licht diffus von beiden Seiten auf die Kopien fallen. Größere Bilder sind in Papierrahmen ebenfalls möglichst unter Wasser zu belichten.

Für die Entwicklung von Umkehrfarbkopien stellen auch die Firmen KINDERMANN, Ochsenfurt, und KAMPOVSKY, Kiel, geeignete Anlagen her.

2. Vorschriften und Verarbeitungsbedingungen

a) Agfacolor-Umkehrfarbpapierverarbeitung

α) *Erforderliche Verarbeitungsbäder*

Ac-Erstentwickler (UPa I)
Ac-Farbpapierentwickler (Pa I/60)
Ac-Stoppbad (UPa II)
Ac-Bleichfixierbad (PPa III/K)
Ac-Stabilisierungsbad (Pa VI oder Pa VI S)
mit Formalin-Zusatz (80 ml 30%ig/l)

Alle Bäder mit Ausnahme vom Erstentwickler (*UPa I*) und dem Stoppbad (*UPa II*) sind die gleichen wie für die normalen *Agfacolor*-Papiere.

Das Stoppbad (*UPa II*) kann nicht durch das normale Stoppfixierbad ersetzt werden.

β) *Verarbeitungsbedingungen*

Tabelle 85. *Verarbeitungsgang des Agfacolor-Umkehrpapieres*

Verarbeitungsbad	Temperatur °C	Verarbeitungsdauer (min)	Haltbarkeit frischer Bäder	Ergiebigkeit ohne Regenerierung pro l
1. *Ac*-Erstentwickler *UPa I*	20 ± 0,2	6	2 Wochen	30 Blatt 9 × 13 cm
2. Wässerung	14 bis 20	15	—	—
3. Zweitbelichtung	—	1	—	—
4. *Ac*-Papierentwickler *Pa I/60*	20 ± 0,5	8	4 Wochen	50 Blatt 9 × 13 cm
5. *Ac*-Stoppbad *UPa II*	18 bis 20	5	3 Monate	100 Blatt 9 × 13 cm
6. *Ac*-Bleichfixierbad *PPa III/K*	18 bis 20	10 bis 12	3 Monate	150 Blatt 9 × 13 cm
7. Wässerung	14 bis 20	10	—	—
8. *Ac*-Stabilisierungsbad mit Formalin *Pa VI S*	18 bis 20	2,5	3 Monate	150 Blatt 9 × 13 cm

b) Verarbeitungsprozeß von ANSCO *Printon* (*Anscochrome*-Type)

α) *Vorschriften für die Verarbeitungsbäder*

Erstentwickler Nr. 503 und Regenerator Nr. 503-R

	503	*503-R*
Wasser	800 ml	800 ml
EDTA	0,8 g	0,8 g
Phenidon	0,5 g	0,55 g

Natriumsulfit sicc.	70,0 g	80,0 g
Hydrochinon	9,0 g	15,0 g
Sodamonohydrat	45,0 g	45,0 g
Natriumbromid	1,72 g	—
DA-6	0,2 mg	0,2 mg
Kaliumjodid	25,0 g	—
Natriumrhodanid	2,7 g	2,8 g
Natriumhydroxid	1,3 g	3,2 g
Wasser bis auf	1000 ml	1000 ml

Farbentwickler Nr. 655 und Regenerator Nr. 655-R

	655	*655-R*
Wasser	800 ml	800 ml
EDTA	0,8 g	0,8 g
Natriumsulfit sicc.	30,0 g	37,0 g
Dicolamine S-5	2,0 g	4,2 g
DA-3	1,5 g	2,3 g
Sodamonohydrat	100,0 g	120,0 g
Natriumbromid	0,86 g	0,43 g
Natriumhydroxid	—	1,3 g
Wasser bis auf	1000 ml	1000 ml
pH	10,90 ± 0,05	11,3 ± 0,05

Stoppbad Nr. 858 und Regenerator Nr. 860-R

	858	*860-R*
Natriumazetat sicc.	30,0 g	—
Eisessig 98/100%	5,0 ml	60,0 ml
Wasser bis auf	1000 ml	1000 ml
pH	4,9 ± 0,1	

Bleichbad Nr. 716-1 und Regenerator Nr. 716-1R

	716-1	*716-1 R*
Wasser	800 ml	800 ml
Kaliumferrizyanid	50,0 g	50,0 g
Kaliumferrozyanid	5,0 g	—
Dinatriumhydrogenphosphat krist.	27,0 g	52,6 g
Natriumbromid	15,0 g	30,0 g
Zitronensäure	9,0 g	12,8 g
Formalin, 37%ig	15,0 ml	30,0 ml
Wasser bis auf	1000 ml	1000 ml
pH	4,7 ± 0,1	4,3 ± 0,1

Fixierbad Nr. 800-B und Regenerator Nr. 800-BR

	800-B	*800-BR*
Wasser	800 ml	800 ml
Natriumthiosulfat krist.	200,0 g	235,5 g
Natriumsulfit sicc.	4,0 g	6,0 g
Borax	2,0 g	3,5 g
Borsäure	3,0 g	2,0 g
Wasser bis auf	1000 ml	1000 ml
pH	8,0 ± 0,1	8,2 ± 0,1

Härtebad Nr. 901 und Regenerator Nr. 901-R

	901	*901-R*
Chromalaun	30,0 g	32,0 g
Wasser bis auf	1000 ml	1000 ml
pH	3,5 ± 0,2	3,5 ± 0,2

β) Verarbeitungsbedingungen

Tabelle 86. *Verarbeitungsgang von Ansco Printon*

Verarbeitungsbad	Verarbeitungsbad (min) 20° C	24° C
1. Erstentwickler *Nr. 503*	14	9,5
2. Stoppbad *Nr. 858*	2	2
3. Wässerung	5	5
4. Zweitbelichtung	1	1
5. Farbentwickler *Nr. 655*	15	10
6. Stoppbad *Nr. 858*	1	1
7. Härtebad *Nr. 901*	3	3
8. Wässerung	5	5
9. Bleichbad *Nr. 716-1*	6	5
10. Wässerung	5	5
11. Fixierbad *Nr. 800-B*	5	4
12. Wässerung	10	10
13. Netzmittelbad	2	2
14. Trocknung		

c) Prozeß P-111 für KODAK-*Ektachrome*-Papier

α) Verarbeitungsbäder für den Entwicklungsprozeß Kodak P-111

Erstentwickler P-111 (First Developer)
Stoppbad P-111 (First Stop Bath)
Farbentwickler P-111 (Color Developer)
Stopphärtebad P-111 (Hardener Stop Bath)
Bleichbad P-111 (Bleach Bath)
Härtefixierbad P-111 (Hardener-Fixing Bath)
Stabilisierungsbad P-111 (Stabilizing Bath)

β) Arbeitsbedingungen des Prozesses P-111

Tabelle 87. *Kodak-Entwicklungsprozeß P-111*

Verarbeitungsbad	Temperatur °C	Verarbeitungs-dauer (min)	Bemerkungen
1. Vorbenetzung	23 bis 25	3	1 min bewegen, 2 min abtropfen lassen
2. Erstentwickler	24 ± 0,2	6	—
3. Stoppbad	23 bis 25	4	—
	Weiterarbeit im Hellen!		
4. Wässerung	23 bis 25	12	fließend Wasser, 10 l pro min
5. Zweitbelichtung	15 s von jeder Seite, Abstand 30 cm		
6. Farbentwickler	23 bis 25	8	
7. Stopphärtebad	23 bis 25	8	
8. Wässerung	23 bis 25	3	fließend Wasser, 10 l pro min
9. Bleichbad	23 bis 25	8	—
10. Wässerung	23 bis 25	6	fließend Wasser
11. Härtefixierbad	23 bis 25	7	
12. Wässerung	23 bis 25	10	fließend Wasser
13. Stabilisierungsbad	23 bis 25	1	35 ml Formalin auf 1 l Wasser
14. Abspülen	23 bis 25	0,2	fließend Wasser
15. Trocknung	nicht über 80° C		

d) Verarbeitung des KODAK-*Ektachrome*-Papieres nach E. Ch. Gehret [906]

α) *Verarbeitungsbäder*

Erstentwickler

Wasser	800	ml
Metol	6,0	g
Natriumsulfit sicc.	10,0	g
Hydrochinon	3,0	g
Kaliumbromid	2,0	g
Natriumhydroxid	2,0	g
Natriummetaborat oder Kodalk	8,0	g
6-Nitrobenzimidazolnitrat	0,03	g
Kaliumjodid	0,01	g
Wasser bis auf	1000	ml

pH = 9,6 bis 9,8

Stoppbad

Natriumsulfit sicc.	10	g
Eisessig 98/100%	25	ml
Wasser bis auf	1000	ml

pH = 4,2 bis 4,5

Farbentwickler

Wasser	800	ml
Soda sicc.	30,0	g
Kaliumbromid	0,5	g
Natriumsulfit sicc.	2,0	g
Äthylendiaminsulfat	6,0	g
Natriumhydroxid	0,3	g
Benzylalkohol, 40%ig	25,0	ml
Hydroxylaminhydrochlorid	2,0	g
6-Nitrobenzimidazolnitrat	0,04	g
Wasser bis auf	1000	ml
Vor dem Gebrauch die Entwicklersubstanz zusetzen!		
KODAK *CD-3*	10,0	g

pH = 9,7 bis 9,9

Stopphärtebad

Eisessig 98/100%	20	ml
Natriumazetat krist.	20	g
Kalialaun	15	g
Borsäure	7	g
Kaliummetabisulfit	15	g
Wasser bis auf	1000	ml

pH = 4,5 bis 4,8

Bleichbad

Kaliumferrizyanid	20	g
Kaliumbromid	8	g
Kalium- oder Natriumnitrat	25	g
Borsäure	5	g
Borax	1	g
Wasser bis auf	1000	ml

pH = 6,8 ± 0,2

Härtefixierbad

Natriumthiosulfat krist.	160,0 g
(*oder* Ammoniumthiosulfat ..	90,0 g)
Natriumsulfit sicc.	15,0 g
Borsäure	7,6 g
Weinsäure	4,0 g
Kalialaun	15,0 g

Nach Lösung der Substanzen in 800 ml Wasser wird zugesetzt:

Zinksulfat krist.	7,0 g
Wasser bis auf	1000 ml

$p_H = 4{,}8 \pm 0{,}1$

Stabilisierungsbad

Formalin 37%ig	10 ml
Netzmittel	
Wasser bis auf	1000 ml

β) *Verarbeitungsbedingungen*

Tabelle 88. *Verarbeitungsgang des Kodak-Ektachrome-Papieres nach E. Ch. Gehret*

Verarbeitungsbad	Temperatur °C	Verarbeitungsdauer (min)	Haltbarkeit
1a. Vorbenetzung	23 bis 25	1	—
1b. Abtropfen		2	—
2. Erstentwickler	24 ± 0,2	6	3 bis 4 Monate
3. Stoppbad	20 bis 25	4	6 bis 8 Monate
4. Wässerung	20 bis 25	12	—
5. Diffuse Zweitbelichtung	500 Watt, Abstand 50 cm		
6. Farbentwickler	20 bis 25	8	4 bis 6 Monate
7. Stopphärtebad	20 bis 25	8	4 bis 6 Monate
8. Wässerung	20 bis 25	3	—
9. Bleichbad	20 bis 25	8	6 bis 8 Monate
10. Wässerung	20 bis 25	6	—
11. Härtefixierbad	20 bis 25	7	4 bis 6 Monate
12. Wässerung	20 bis 25	10	—
13. Stabilisierungsbad	20 bis 25	1	8 bis 12 Monate
14. Abspülen in Wasser		0,5	—
15. Trocknung	nicht über 70°C		

N. Fehler, ihre Ursachen und Abhilfe

1. Negativ-Farbfilmverarbeitung (Agfacolor-Typ, unmaskiert)

Zu dünne Negative:

Unterbelichtung —	Länger belichten;
zu kalter Entwickler —	vorgeschriebene Temperatur einhalten;
verbrauchter Entwickler —	Neuansatz des Entwicklers, Verbrauch beachten.

Zu dichte Negative:

Überbelichtung —	Kürzer belichten, Belichtungsmesser überprüfen;
zu warmer Entwickler — zu lange entwickelt —	Temperaturen messen und einstellen; richtige Entwicklungszeit einhalten.

Zu harte Negative:

Zu hohe Kontraste im Motiv —	Schatten aufhellen, keinen zu starken Kontrast wählen;
zu hohe Entwicklertemperatur — oder zu lange entwickelt —	Temperatur und Zeit einhalten.

Zu flaue Negative:

Geringer Motivkontrast —	Bessere Aufnahmebedingungen wählen;
zu kalter Entwickler — oder zu kurz entwickelt —	Temperatur des Entwicklers und Entwicklungszeit einhalten;
verbrauchter Entwickler —	Neuansatz des Entwicklers, Ergiebigkeit beachten.

Völlig geschwärzter Film ohne Bild:

Film erhielt Fremdlicht —	Film nur bei völliger Dunkelheit behandeln.

Völlig transparenter Film ohne Bild:

Bei vorhandener Randsignierung wurde der Film nicht belichtet; ohne Randsignierung auf dem Film wurde er irrtümlich fixiert oder in Schwarzweißentwickler entwickelt.

Streifen und Schlieren in gleichmäßig hellen Flächen, bei Kleinbildfilmen von der Perforation ausgehend:

Ungenügende oder zu gleichmäßige Bewegung im Entwickler oder Zwischenbad —	Gute, ungleichmäßige Bewegung erforderlich;
nicht genügende Wässerung nach dem Zwischenbad —	auf gute Bewegung auch bei der Wässerung achten und Wasser häufig wechseln.

Helle, durchsichtige Flecken:

Luftbläschen auf der Schicht während der Entwicklung —	Film beim Einsetzen in den Entwickler ruckartig bewegen, kräftiges Aufsetzen der Dose;
Waschwasser ist zu weich —	Magnesiumsulfatbad nach der Entwicklung verwenden.

Größere, helle, durchsichtige Flecken:

Fixierbadspritzer auf der Schicht vor der Entwicklung —	Sauberes Arbeiten.

Kleine Blasen auf der Emulsionsoberfläche:

Zu warmer Entwickler oder zu warmes Bleichbad —	Temperatur beachten, Thermometer überprüfen;
zu kaltes Waschwasser —	Temperatur des Waschwassers beachten.

Kraterförmige, kleine Blasen mit Schweif:

Ungelöste Chemikalienteilchen in den Lösungen —	Bäder eventuell filtrieren; Filme in Trilon B-Lösung baden und nachwässern.

Blasenförmige Schichtablösung:

Zu warmer Entwickler oder zu warmes Bleichbad —	Temperatur der Bäder beachten, Thermometer kontrollieren;
zu scharfer Wasserstrahl auf die Filmkante nach zu warmem Bleichbad —	Wasserstrahl weicher einstellen und nicht auf die Filmkante richten.

Runzelkorn der Emulsionsschicht:

Zu große Temperaturunterschiede der Bäder —	Temperaturen der Bäder möglichst gleich einstellen;
zu warme Bäder —	Temperaturen der Bäder kontrollieren.

Milchiges Aussehen der Schicht:

Ungenügendes Fixieren —	Fixieren nochmals wiederholen.

Hellrote, rotbraune oder purpurfarbige Verfärbung des ganzen Filmes:

Überlagertes oder ungünstig gelagertes Material —	Filme kühl und trocken lagern;
ungenügende Wässerung nach der Farbentwicklung oder nach dem Zwischenbad —	in fließendem Wasser wässern und Wässerungszeiten einhalten;
Entwickler mit Bleichbad verunreinigt —	Dosen immer nur für gleiche Bäder verwenden, sauber arbeiten;
zu warmes Bleichbad —	Temperatur der Bäder beachten;
Fehler beim Ansatz des Entwicklers —	Entwickler wegschütten und neuen Entwickler verwenden.

Rosarote Verfärbung des ganzen Filmes:

Entwickler mit Fixierbad verunreinigt —	Sauber arbeiten, Dosen nur immer für die gleichen Bäder verwenden;
Fehler beim Ansatz des Entwicklers —	Ansatzvorschrift beachten.

Grüne Verfärbung des ganzen Filmes:

Belichtung des Filmes mit rotem Dunkelkammerlicht —	Im Dunkeln arbeiten oder AGFA-Dunkelkammerfilter *Nr. 170* verwenden.

Violette Verfärbung des ganzen Filmes:

Belichtung mit Dunkelkammerfilter *Nr. 166* (für Colorpapier) —	Im Dunkeln arbeiten.

Blaue Verfärbung des ganzen Filmes:

Belichtung des Filmes mit gelbem Licht —	Im Dunkeln arbeiten.

Blauviolette Flecken:

Fixierbadspritzer vor der Entwicklung, die nur auf die oberste Schicht einwirkten —	Sorgfältig und sauber arbeiten.

Unregelmäßige gelbe Flecken:

Film nicht vollständig ausgebleicht — Bleichen, Fixieren und Wässern nochmals wiederholen.

Graugrüne, in der Durchsicht wenig wahrnehmbare Flecken:

Nicht ausgebleichte und nicht ausfixierte Teile — Bleichen, Fixieren und Wässern wiederholen. In den Bädern Film bewegen.

Grüne Flecken auf der Rückseite:

Lichthofschutzschicht wurde nicht entfernt; Film lag auf — Film in 3%iger Sodalösung behandeln und gut wässern.

Braune Flecken:

Ungenügendes Bleichen — Bleichen und Fixieren sowie Wässern wiederholen.

Rotbraune Flecken:

Bleichbadspritzer auf der Schicht vor der Entwicklung — Sorgfältiger arbeiten;

Ungenügende Wässerung nach dem Zwischenbad — auf ausreichende Wässerung achten und Filme auch beim Wässern bewegen.

Weiße Flecken auf der Rückseite:

Kalkschleier; zu kalkhaltiges Wasser und zu wenig Kalkschutz im Entwickler — In *Trilon B*-Lösung (0,2%) baden und nachwässern. *Calgon*-Zusatz im Entwickler erhöhen.

Weiße Trocknungsstreifen:

Zu geringe Bewegung im Härtefixierbad, Bildung von Aluminiumhydroxid — Starke Bewegung im Härtefixierbad in der ersten Minute.

2. Umkehr-Farbfilmverarbeitung (Agfacolor-Typ)

Film vollkommen oder teilweise schwarz, ohne Bild:
Randsignierung vorhanden:

Film wurde nicht belichtet; Transport- oder Verschlußfehler in der Kamera; Objektivdeckel bei Aufnahme nicht entfernt — Kamera überprüfen; Filme auf Verwechslung durchsehen.

Randsignierung nicht vorhanden:

Es wurde als Erst- und Zweitentwickler Farbentwickler verwendet. Sorgfältiger arbeiten.

Film vollkommen oder teilweise klar transparent oder teilweise einfarbig gelbrot ohne Bild:

Fremdlichteinfall; geöffnete Kamera bei eingelegtem Film; beschädigte Patrone; schlechte Verpackung des Filmes; Kleinbildfilm zurückgespult bei offenem Verschluß —

Film wurde vor oder während der Erstentwicklung belichtet — Verarbeitungsgang genau beachten.

fehlende Zweitbelichtung —

Farbentwicklung nicht ausgeführt —

Verarbeitungsbäder verwechselt —

Negatives Farbbild:

Verwechslung von Erst- und Farbentwickler —	Verarbeitungsgang genau beachten.

Bild zu hell, ausgefressene Lichter, Farben flau und verweißlicht:

Normale Grundschwärze:

Überbelichtung —	Belichtungsmesser kontrollieren; kürzer belichten.

Verringerte Grundschwärze:

Zu lange Erstentwicklung — zu warmer Erstentwickler — zu starke Bewegung im Erstentwickler — zu kurze Farbentwicklung — zu kalter Farbentwickler — verbrauchter Farbentwickler — ungenügendes Stoppen — ungenügende Zweitbelichtung —	Verarbeitungsvorschriften genau beachten; Temperaturen der Bäder mit einwandfreiem Thermometer messen.

Bild zu dunkel und zu dicht, Farben verschwärzlicht:

Normale Grundschwärze:

Unterbelichtung —	Belichtungsmesser überprüfen; länger belichten.

Zu hohe Grundschwärze:

zu kurze Erstentwicklung — zu kalter Erstentwickler — verbrauchter Erstentwickler — ungenügende Bewegung im Erstentwickler —	Verarbeitungsvorschriften genauestens beachten.

Stark farbstichige Bilder mit verminderter, grüner Grundschwärze:

zu helles, nicht einwandfreies Dunkelkammerfilter — ungünstig gelagerte Filme —	Colorfilme möglichst bis zur Zweitbelichtung ganz im Dunkeln verarbeiten; Filme kühl und trocken lagern.

Stark blaugrün- oder violettstichige Bilder mit normaler Grundschwärze:

Kunstlichtfilm für Tageslichtaufnahmen verwendet und kein richtiges Farbtemperaturkorrekturfilter verwendet —	Lichtfarbe auf 3200^0K korrigieren;

Stark gelbrote Diapositive mit normaler Grundschwärze:

Tageslichtfilm für Kunstlichtaufnahmen verwendet —	Lichtfarbe auf 5500^0K korrigieren.
Aufnahmen bei tiefstehender Sonne —	keine Korrektur empfehlenswert, da Stimmung verlorengeht.

Diapositive mit teils richtigen, teils unrichtigen Farben:

Aufnahmen bei Mischlicht (Tages- und Kunstlicht) — Reflexe von farbigen Objekten oder vom Himmel —	Mischlicht ist bei Aufnahmen unbedingt zu vermeiden.

Seitenverkehrte, grüne und zu dichte Bilder bei normaler Grundschwärze:

Filme seitenverkehrt in die Kamera eingelegt —	Schichtseite muß bei der Aufnahme dem Objektiv zugekehrt sein.

Stark rotstichige Bilder bei normaler Grundschwärze:

Rot- oder Orangefilter bei der Aufnahme verwendet —	Aufnahmen sorgfältig vorbereiten.

Stark rotstichige Bilder und verringerte, rötliche Grundschwärze:

Einwirkung von rotem Dunkelkammerlicht —	Bis zur Zweitbelichtung Filme im Dunkeln verarbeiten.

Stark gelb-, gelbgrünstichige Bilder bei normaler Grundschwärze:

Gelb- oder Gelbgrünfilter bei der Aufnahme verwendet —	Aufnahme sorgfältig vorbereiten.

Gelber Farbstich:

Zu hoher p_H-Wert des Farbentwicklers —	p_H-Werte der Entwickler richtig einstellen;
Gelbfilter bei der Aufnahme —	für Farbaufnahmen nur Farbtemperatur-Korrekturfilter verwenden.

Blaustich und Fehlen von Kontrasten:

Zu niedriger p_H-Wert des Farbentwicklers —	Auf p_H-Werte der Bäder achten beim Ansatz.

Blaustich und verringerte Grundschwärze:

Film unsachgemäß gelagert —	Filme kühl und trocken aufbewahren;
Laufzeit des Filmes überschritten —	überlagerte Filme für wertvolle Aufnahmen nicht mehr verwenden.

Runde oder vieleckige, helle Flecken im Bild, oft in der Bildmitte:

Lichtreflexe im Objektiv; Aufnahme bei Gegenlicht ohne Sonnenblende —	Bei Farbaufnahmen grundsätzlich Sonnenblende benutzen.

Schwache rötliche Schlieren oder Flecken:

Ungenügende Bewegung im Erstentwickler —	Auf genügende Bewegung in allen Bädern achten.

Rote Flecken auf dem Diapositiv:

Farbentwicklerspritzer während der Zweitbelichtung —	Sorgfältig und sauber arbeiten;
Farbentwickler durch Fixierbad verunreinigt —	immer dieselben Dosen für die gleichen Bäder verwenden.
Spritzer von sauren Lösungen auf dem Film —	
Rostteilchen im Wasser —	

Rötliche Ringe auf dem Diapositiv:

Wassertropfen auf dem Film während der Zweitbelichtung —	Film vor Zweitbelichtung vorsichtig abstreifen.

Unregelmäßige rötliche Farbverschiebungen oder Querstreifen:

Ungenügende Zweitbelichtung von der Rückseite des Filmes —	Beide Seiten des Filmes diffus belichten.

Hoher Farbschleier, Lichter rosastichig:

Ungenügende Zwischenwässerung nach der Farbentwicklung —	In fließendem Wasser wässern; bei stehender Wässerung häufig Wasser wechseln; Bewegung während der Wässerung.

Bild erscheint in reflektiertem Licht auf der Emulsionsseite bräunlich oder bräunliche Flecken:

Unvollständig gebleicht — zu kurze Zeit gebleicht — verbrauchtes Bleichbad —	Bleichen wiederholen, anschließend Fixieren und Wässern.

Milchig-trübes Aussehen des Filmes:

Ungenügende Fixierung —	Fixieren und Wässerung wiederholen.

Farbige Längsstreifen, Schrammen und Kratzer:

Fremdkörper in der Kamera, an der Patrone, am Kassettenschieber —	Kamera reinigen und nur einwandfreie Patronen verwenden.

Dunkle, kreisförmige Flecken:

Luftblasen auf dem Film bei der Erstentwicklung —	Film beim Einbringen in den Entwickler ruckartig bewegen. Bei der Dosenentwicklung Spule hin- und herbewegen und Dose mehrmals hart aufsetzen.

Runzelkorn; Bläschen auf der Schicht; Schichtablösungen:

Zu warme Bäder — zu hohe Temperaturunterschiede zwischen Bäder und Waschwasser —	Vorgeschriebene Temperaturen der Verarbeitung einhalten;
zu kurzer Lampenabstand bei der Zweitbelichtung —	Zweitbelichtung möglichst unter Wasser ausführen.

Weißer Belag oder Flecken auf der Schicht oder Rückseite:

Film ungenügend gewässert —	nochmals wässern;
zu hartes Wasser bei der Wässerung —	Film vor dem Trocknen mit Netzmittel behandeln.

3. Farbpapierverarbeitung (Agfacolor-Typ)

Kraftloses Bild:

Unterbelichtetes Negativ —	Nur von guten, einwandfreien Negativen kann man gute Farbkopien erwarten;
unterbelichtete Kopie —	Kopie länger belichten;
zu kurz entwickelt —	vorgeschriebene Zeit entwickeln;
Entwickler zu kalt —	Temperatur der Bäder prüfen und entsprechend einstellen;
Entwickler verbraucht —	Neuansatz des Entwicklers.

Zu dunkles Bild:

Überbelichtung der Kopie —	Kopie kürzer belichten;
Entwickler zu warm —	Entwicklertemperatur von 20⁰C einhalten.

Violettschleier:

Zu helles Dunkelkammerlicht —	Dunkelkammerfilter Agfa *Nr. 166* verwenden;
Bleichfixierbad zu warm —	Temperatur der Bäder kontrollieren und einstellen;
Stoppfixierbad verbraucht —	Stoppbad häufig auf p_H prüfen und erneuern, wenn erforderlich.

Blaugrünschleier:

Falsches Dunkelkammerlicht, Filter *Nr. 107* oder *Nr. 112* oder *Nr. 113* —	Für Farbpositivarbeiten Filter Agfa *Nr. 166* verwenden;
Bleichfixierbad oder Stoppfixierbad im Entwickler —	für jedes Bad immer die gleichen Schalen verwenden und Schalen bezeichnen.

Blauschleier:

Zu lange Wässerung nach der Farbentwicklung —	Nur kurze Wässerung einschalten und dann in das Stoppfixierbad unter Bewegung bringen;
Stoppfixierbad erschöpft —	Bäder häufig prüfen und erforderlichenfalls erneuern;
Wässerungsschalen verunreinigt —	keine gemeinsame Schale für alle Wässerungen verwenden.

Rotschleier:

Eisenhaltiges Wasser —	Bilder in 20%iger *Trilon B*-Lösung behandeln, anschließend wässern und nochmals stabilisieren.

Schmutzig-roter Schleier:

Bleichfixierbad erschöpft —	Neuansatz des Bleichfixierbades; Kopien nochmals nachbehandeln.

Schmutzige Farben mit bräunlichen Schatten:

Erschöpftes Bleichfixierbad —	Neuansatz des Bleichfixierbades;
Bleichfixierbad zu kalt — zu kurze Behandlung im Bleichfixierbad —	Behandlung im Bleichfixierbad und nachfolgende Prozesse wiederholen.

Starker Gelbschleier am Bildrand oder über das ganze Bild:

Entwickler verunreinigt mit Stabilisierungsbad —	Verschleppung von Stabilisierungsbad durch Transportkörbe und Ketten. Geräte häufig reinigen;
Verunreinigung des Farbentwicklers mit Bleichfixierbad —	sorgfältig und sauber arbeiten; auch für die verschiedenen Wässerungen getrennte Schalen verwenden;
Papiere zu feucht gelagert —	Papiere bis zum Verbrauch in der Verpackung belassen.

Rote oder gelbe Flecken:

Wasserspritzer auf dem Bild vor der Entwicklung —	Sorgfältig und sauber arbeiten.

Grau-grüne Flecken:

Bild mit Fixiernatronspuren verunreinigt —	Hände gründlich waschen, sauber arbeiten.

Farbige Ringe, sogenannte Newtonsche Ringe:

Luftkissen zwischen Filmrückseite und Andruckglasplatte — Maske aus *Cellophan* zwischen Glasplatte und Film legen oder Anti-Newton-Scheibe benutzen.

Rote Punkte bei Agfacolor-Papieren, blaugrüne Punkte bei anderen Fabrikaten; in der Mitte der Punkte kleine Teilchen erkennbar:

Rostteilchen im Wasser — Wasser filtern, Hahnei verwenden oder Leinentuch um Wasserhahn legen;

Rostteilchen auf der Hochglanzplatte — Hochglanzplatte sorgfältig reinigen.

Rote Striche bei Agfacolor-Papieren, blaugrüne Striche bei anderen Fabrikaten:

Kratzer auf der Hochglanzplatte oder durch sonstige Gegenstände Verletzungen der Schichtoberfläche — Bilder in den Bädern von Hand bewegen; neue Hochglanzplatte verwenden.

Dunkelbraune Flecken:

Bilder lagen im Bleichfixierbad aufeinander — Bilder im Bleichfixierbad bewegen.

Streifen mit gelber, rissiger Struktur:

Papier wurde vor der Entwicklung geknickt — Papiere niemals zu stark biegen und knicken.

Blaugrüne Punkte:

Verunreinigungen aus dem Leitungswasser — Vor den Wasserhahn ein Filter (Hahnei) setzen oder Hahn mit Tuch umwickeln.

Grauschleier:

Bleichfixierbad erschöpft — Neues Bleichfixierbad verwenden;

zu kurze Wässerung — für ausreichende Wässerung sorgen.

Verschiedene Dichte der Bilder eines Negatives trotz gleicher Belichtung:

Lampenspannung schwankt — Spannungskonstanthalter verwenden;

Wackelkontakt im Stromkreis — Kontakte nachprüfen, Lampe festschrauben;

Ungleichmäßige Entwicklung — Entwicklungstemperatur, Zeit und Art der Bewegung gleichmäßig ausführen.

Schlierig verlaufende Bildkonturen, Anschmelzen der Emulsionsschicht:

Zu hohe Trocknungstemperatur — Trockentemperatur darf nicht über 80°C betragen;

ungenügende Formalin-Härtung — Formalin-Zusatz zu niedrig.

Runzelkorn der Schicht:

Härtung nicht ausreichend — Formalin-Zusatz erhöhen oder Bad ganz erneuern;

zu hohe Trocknungstemperatur — Trockentemperatur darf nicht über 80°C betragen.

Blasenbildung:

Verarbeitungsbäder zu warm — Bilder nach der Entwicklung in 3%igem Magnesiumsulfatbad 2 bis 3 min zusätzlich behandeln.

Schichtablösungen:

Das Wasser ist zu weich —	Magnesiumsulfatbad verwenden (3%ig); die Temperatur aller Bäder auf 20°C einstellen und nicht zu lange wässern.

Kratzer:

Verletzungen der nassen Schicht durch scharfe Gegenstände —	Bilder in den Bädern von Hand bewegen; sorgfältiges Arbeiten.

Große, meistens scharf begrenzte, weiße Flecken auf den Bildern:

Bilder klebten beim Entwickeln zusammen —	Bilder während der Entwicklung bewegen.

Helle Punkte auf den Bildern:

Staub auf den Negativen —	Negative sauberhalten;
Chemikalienstaub auf den Papieren vor der Entwicklung —	Bäder niemals in der Dunkelkammer ansetzen und Tische sauberhalten.

Dunkle Punkte auf den Bildern:

Entwicklersubstanz in Pulverform auf den Papieren —	Bäder nicht in der Dunkelkammer ansetzen; Tische sauberhalten.

4. Verarbeitungsprozesse E-2 und E-3 für Ektachrome-Filme [538]

Filme sehr dunkel, fast undurchsichtig:

Bleich- oder Fixierbad ausgelassen —	Bleichprozeß und Fortsetzungen nochmals wiederholen;

Dunkelgrünes, schwaches Negativbild:

Erstentwickler mit Farbentwickler vertauscht —	Gebrauchsanweisung genau beachten und sorgfältig arbeiten.

Bild im ganzen zu dunkel:

Erstentwicklung ungenügend; zu kurz, zu niedrige Temperatur, zu wenig bewegt, Entwickler verbraucht —	Neuansatz des Entwicklers, wenn erschöpft; Temperatur prüfen und einstellen; Gebrauchsanweisung genau beachten.

Dunkelbraunes Bild, sichtbar im reflektierten Licht auf der Rückseite:

Ungenügend gebleicht und fixiert — erschöpfte Bäder oder zu kurze Einwirkungszeiten —	Arbeitsgänge vom Bleichprozeß an nochmals wiederholen, Bleichbad und Fixierbad eventuell erneuern.

Bild im ganzen zu hell:

Überentwicklung im Erstentwickler — zu lange entwickelt, zu warmer Entwickler, zu starke Bewegung bei der Entwicklung, zu starke Regenerierung —	Gebrauchsvorschrift genau einhalten; Erstentwickler prüfen und erforderlichenfalls neu ansetzen;
Verschleierung durch Licht —	Filme nur im Dunkeln verarbeiten; sorgfältig bei Aufnahmen handhaben.

Bild im ganzen zu hell und gelblich-rot:

Erstentwickler mit Farbentwickler verunreinigt —	Sauber und sorgfältig arbeiten.

Bild im ganzen zu hell, hohe Blaugrün-Grundschwärze:

Farbentwickler mit Erstentwickler-Regenerator verunreinigt —	Sauber arbeiten und Verwechslungen ausschließen.

Bilder verschieden dicht von einer Entwicklung zur anderen:

Unregelmäßige Erstentwicklung durch verschiedene Zeiten, Temperaturschwankungen, verschiedenartige Bewegung, ungleichmäßige Regenerierung —	Konstante Bedingungen für den Arbeitsprozeß schaffen.

Rotstichige Bilder:

Falsches, rotes Dunkelkammerlicht —	Möglichst bei völliger Dunkelheit entwickeln bis zur Zweitbelichtung;
Härtebad ausgelassen — Härtebad von zu langer Dauer — zu langes Abtropfen vor der Farbentwicklung — Farbentwickler nicht richtig angesetzt — nach dem Farbentwickler direkt in das Bleichbad getaucht —	Gebrauchsvorschriften genau beachten und nach einem genauen Arbeitsplan arbeiten.

Spitzlichter stark purpurstichig:

Klärbad ausgelassen —	Arbeitsanweisung beachten.

Spitzlichter schwach purpurstichig:

Wässerung nach der Farbentwicklung nicht ausreichend —	Gebrauchsanweisung genau beachten.

Bilder bläulich-purpurstichig:

Erschöpfte Lösungen — Farbentwickler nicht genügend regeneriert —	Durchsatz und Ergiebigkeit der Bäder berücksichtigen.

Bilder gelbstichig:

Falsches Licht bei der Erstentwicklung —	Möglichst ganz im Dunkeln arbeiten;
Wässerung nach dem Erstentwickler mit Bleichbad verunreinigt — Wässerung nach dem Farbentwickler mit Bleichbad verunreinigt —	für die verschiedenen Wässerungen verschiedene Schalen verwenden; sorgfältig arbeiten.

Bilder sehr stark gelbstichig:

Film durch Schichtträger belichtet —	Auf richtiges Einlegen des Filmes in die Kamera achten;
Verschleierung durch Belichtung von der Rückseite —	Film bei völliger Dunkelheit verarbeiten;
Film nach der Farbentwicklung kurz (5 s) in das Bleichbad getaucht —	sorgfältig arbeiten nach einem Plan.

Bilder grünstichig mit ganz grüner Grundschwärze:

Zweitbelichtung ausgelassen oder ungenügend —	Belichtung von beiden Seiten ausführen.

Film vollkommen grünstichig:

Falsches, grünes Dunkelkammerlicht —	Bis zur Zweitbelichtung möglichst im Dunkeln arbeiten;
Erstentwickler oder Farbentwickler mit anderen Bädern verunreinigt —	sauber arbeiten und dafür sorgen, daß keine Verunreinigungen vorkommen können.

Bilder gelbgrünstichig:

Verschleierung durch gelbgrünes Dunkelkammerlicht —	Bis zur Zweitbelichtung möglichst im Dunkeln arbeiten;
Farbentwickler zu stark regeneriert —	Regenerierung nach Durchsatz durchführen.

Bilder bläulichgrünstichig:

Erstentwickler mit Fixierbad verunreinigt —	Sauber arbeiten.

Bilder blaustichig:

Verunreinigung des Erstentwicklers mit Netzmittel —	Sauber arbeiten und Verunreinigungen vermeiden;
Wässerung nach dem Erstentwickler nicht ausgeführt —	genau nach Plan und Anweisung arbeiten.

Stark rote, orange oder blaue Flecken:

Film vor der Erstentwicklung mit Fixierbad bespritzt —	Sauber und sorgfältig arbeiten.

Schaum und Schmutz auf dem Film:

Verschmutztes Härte- oder Stabilisierungsbad —	Bäder bei Verschmutzung erneuern;
Filme in der ersten Wässerung und im Härtebad nicht bewegt —	Bewegung der Filme in allen Bädern durchführen.

Blaue Flecken:

Chemische Verunreinigung —	Chemikalienstaub und Eisenverbindungen sind von Filmen und vor allem dem Bleichbad fernzuhalten.

Runzelkorn, Schichtablösungen:

Zu weiches Wasser —	Nach der Erstentwicklung und Farbentwicklung ein Magnesiumsulfatbad einschalten;
Wassertemperatur zu hoch oder Wässerung zu lang —	möglichst nicht über 20°C wässern und nicht zu lange ausdehnen.

Besondere Fehler beim Prozeß E-3

Wolkige Purpurflecken oder Streifen:

Ungleichmäßige und ungenügende Bewegung im Erst- oder Farbentwickler —	Bewegung verstärken;
Filmrahmen hängen zu dicht —	Filme bei der Entwicklung nicht zu dicht hängen.

Purpurstreifen am Rand:

Film liegt auf dem Entwicklungsrahmen auf und entwickelt ungenügend —	Film umdrehen, damit die Schicht nicht aufliegt, Nocken zwischen Rahmen und Film setzen.

Rötlich-gelber Farbstich (bei Film Type B):

Überentwicklung im Erstentwickler — Zeit, Temperatur und Bewegung beachten und nicht überregenerieren.

Grünlich-gelber Farbstich (bei Tageslichtfilm):

Unterentwicklung im Erstentwickler — Zeit, Temperatur und Bewegung beachten.

Grünlich-gelbe Randmarkierung:

Ungleichmäßige und ungenügende Bewegung im Erstentwickler oder ungenügende Wässerung nach dem Härtebad — In den Bädern für ausreichende Bewegung Sorge tragen.

Purpur-blauer Farbstich (bei Tageslichtfilm):

Überentwicklung im Erstentwickler — Zeit, Temperatur und Bewegung kontrollieren und beachten.

Grünlich-blauer Farbstich (bei Film Type B):

Unterentwicklung im Erstentwickler — Zeit, Temperatur und Bewegung kontrollieren und beachten.

5. Kodak Ektacolor-Verarbeitung, Prozeß P-122 [526]

Bilder zu dunkel:

Überentwicklung — Überbelichtung —

Bilder zu hell:

Unterbelichtung—Unterentwicklung—

Spitzlichter rosastichig:

Unterentwicklung —

Purpurfarbige Schatten:

Bäder nur gelegentlich verwendet — Nach längerem Stehen tritt diese Erscheinung immer auf. Bei einem anschließenden zweiten Durchgang arbeiten die Bäder wieder normal.

Blaue Schatten:

Verdünntes, erschöpftes Bleichbad — Neuansatz des Bleichbades und Ergiebigkeit beachten.

Rote Kratzer:

Schicht mit hartem Gegenstand verletzt — Bewegung der Bilder nur von Hand.

Blaugrüne oder blaue Streifen:

Verschleierung durch rotes Licht — Knick im Papier vor der Entwicklung— Dunkelkammerlicht überprüfen; KODAK *Wratten Filter Series 10* verwenden. Papier sorgfältig behandeln.

Gelbgrüne oder blaue Streifen am Rand:

Flüssigkeitsspiegel im Entwicklertank zu niedrig — Entwickler-Regenerator nachfüllen.

Braune Streifen:	
Vorbelichtung durch weißes Licht —	Papier vor Vorbelichtung schützen.
Braune oder schwarze poröse Stellen:	
Schlamm oder Rückstände vom Entwicklertank —	Tanks entleeren, säubern und neu beschicken.
Siebähnliches Muster:	
Ungenügende Bewegung bei Verwendung von Entwicklerkörben —	Für ausreichende Bewegung sorgen;
Entwicklerkorb nicht genügend gereinigt und getrocknet vor der Verwendung —	Entwicklerkörbe vor jeder erneuten Verwendung gut reinigen und trocknen;
ungenügende Wässerung —	Wässerung nach Zeit entsprechend Vorschrift;
Bilder zur Behandlung im Pufferbad im Korb gelassen —	Behandlung im Pufferbad darf nicht im Korb erfolgen;
Ausfällungen im Pufferbad —	Bad neu ansetzen.
Kleine Vertiefungen im Bild:	
Ungleichmäßige Trocknung —	Bilder nochmals kurz in Wasser einweichen und dann wieder trocknen.
Schaumähnliche Rückstände, Schlieren:	
Niederschläge im Pufferbad durch Verunreinigung mit Bleichbad —	Pufferbad erneuern;
ungenügende Wässerung nach dem Bleichbad —	Wässerung nach dem Bleichen unter Bewegung ausführen;
Hochglanzfolie unsauber —	Hochglanzfolie säubern und mit Netzmittel abreiben.
Rauhe, blasige Schicht:	
Gelatine in Verbindung mit Schaum in den Lösungen —	Schaumige Bäder erneuern.
Helle Streifen auf der Schicht:	
Drucksensibilisierung durch Beschriftung der Rückseite —	Nur mit weichem Blei ohne Druck beschriften.
Purpurflecken:	
Pufferbad durch Formalin-Fixierbad verunreinigt —	Nach dem Formalin-Fixierbad gut wässern;
ungleichmäßige Behandlung im Pufferbad und große Hitze beim Trocknen —	Bilder im Pufferbad gut bewegen und keine Hitze über 80^0C beim Trocknen anwenden.
Rote Flecken:	
Schlechte Wässerung vor dem Bleichbad —	Auf ausreichende Wässerung in fließendem Wasser achten.
Blaue Flecken auf der Rückseite:	
Verunreinigung durch Eisenverbindungen —	Kein Wasser verwenden, das Eisen enthält;
schlechte Wässerung nach dem Bleichbad —	kommt hauptsächlich vor, wenn Bilder Rücken an Rücken verarbeitet werden;
ungenügende Behandlung im Formalin-Fixierbad —	auf Bewegung in allen Bädern achten.

Blaue und blaugrüne Flecken:	
Verbrauchtes Formalin-Fixierbad —	Bad erneuern;
ungenügende Bewegung im Formalin-Fixierbad —	Bilder immer gut bewegen.
Purpurne Punkte auf den Bildern:	
Fixierbad auf die Bilder gegen Ende des Prozesses gespritzt —	Sauber und sorgfältig arbeiten.
Rötliche Punkte auf den Bildern:	
Fixierbadspritzer auf den Bildern gegen Ende des Prozesses —	Sauber und sorgfältig arbeiten;
Eisen- oder Rost-Rückstände im Waschwasser —	Waschwasser muß unbedingt eisenfrei sein;
narbige Oberfläche der Hochglanzfolie	neue Hochglanzfolie verwenden;
oder des Hochglanzzylinders —	Zylinder muß ausgewechselt oder neu verchromt werden.
Braune, blaue, grüne und blaugrüne Punkte auf den Bildern:	
Chemikalienstaub auf den Bildern vor oder während der Verarbeitung —	Bäder nicht in der Nähe von Farbpapieren ansetzen.
Weiße Punkte auf den Bildern:	
Wasserspritzer auf die Bilder vor oder während der Verarbeitung —	Auf trockene Papiere vor allem Wasserspritzer vermeiden;
Luftblasen auf der Schicht während der Entwicklung —	auf Luftblasen-Entstehung achten. Zur Verhütung Bilder in den Bädern gut bewegen.
Purpurne, rote oder rosafarbige Kornstruktur:	
Entwickler in das Bleichbad verschleppt —	Sauber und sorgfältig arbeiten;
ungenügende Bewegung im Stopp- oder Fixierbad —	Bilder in allen Bädern gut bewegen;
verbrauchtes Stopp- oder Fixierbad —	Bäder erneuern, auf Durchsatz achten;
ungenügende Wässerung —	Wasserdurchsatz erhöhen; besonders gut vor dem Bleichbad wässern.
Blaugrüne Kornstruktur:	
Entwickler durch Fixierbad verunreinigt —	Entwickler erneuern.
Gelbe Kornstruktur:	
Stoppbad durch Formalin-Fixierbad verunreinigt —	Stoppbad erneuern.

O. Die Betriebskontrolle der farbphotographischen Arbeitsprozesse [907]

1. Allgemeines

Die farbphotographischen Verfahren sind verhältnismäßig kompliziert, und geringe Abweichungen der Arbeitsbedingungen und kleine Veränderungen in der Zusammensetzung der Bäder können zu schwerwiegenden Mißerfolgen führen, sehr viel Ausschuß erzeugen und die Wirtschaftlichkeit des Betriebes in Frage stellen. Es kommt weiter hinzu, daß die Anforderungen bezüglich Schnelligkeit und Qualität der Ausführung ständig gesteigert werden. Größere photographische Betriebe können diese Forderungen an die qualitative und quantitative Leistungsfähigkeit nur erfüllen, wenn eine dauernde Betriebskontrolle durchgeführt wird. Unter dieser Betriebskontrolle versteht man alle Prüfungsmaßnahmen, die dazu unternommen werden, um ein gleichmäßiges photographisches Ergebnis auf die wirtschaftlichste Weise zu erzielen. Eine derartige Betriebsüberwachung ist sehr stark von den jeweiligen Arbeitsbedingungen abhängig und wird von Betrieb zu Betrieb ganz verschieden sein. In manchen Betrieben wird es erforderlich sein, die Kontrollen täglich laufend durchzuführen, in anderen wird nur eine gelegentliche Prüfung erforderlich und zweckmäßig sein.

Bei jedem photographischen Prozeß sind zur Erzielung optimaler Ergebnisse die einzuhaltenden physikalischen Bedingungen vorgeschrieben; sie erfahren jedoch immer eine auf die betreffenden Emulsionscharakteristiken und die spezifischen maschinellen Voraussetzungen abgestimmte Modifizierung. Bei der Festlegung der physikalischen Bedingungen und bei der Umschreibung der photographischen Eigenschaften in sensitometrische Zahlenwerte muß man mit gewissen Schwankungen um die Sollwerte rechnen. Die Kenntnis dieser Toleranzgrenzen, innerhalb der ein Qualitätserzeugnis gewährleistet wird, ist von großer Wichtigkeit.

Die Betriebskontrolle besteht aus drei Teilen:

die mechanische Kontrolle über die Einhaltung der physikalischen Verarbeitungsbedingungen,

die sensitometrische Kontrolle und

die chemische Kontrolle über die Beschaffenheit der einzelnen Verarbeitungsbäder.

2. Die mechanische Kontrolle der Verarbeitungsbedingungen

Die Verarbeitungsbedingungen sind abhängig von der Art des zu verarbeitenden Materialtypes und von der mechanischen Ausrüstung. Aus Erfahrung ist bekannt, daß die Verarbeitung der gleichen Emulsion in gleichen Verarbeitungsbädern, jedoch in zwei verschiedenen Maschinen unter gleichen Arbeitsbedingungen vielfach zu ganz unterschiedlichen Ergebnissen führen kann. Die Verarbeitungsbedingungen müssen daher jeweils dem individuellen Charakter der Maschine angepaßt werden.

Die mechanische Kontrolle erstreckt sich auf die Überwachung der folgenden Vorgänge:

Konstanz der vorgeschriebenen Temperaturen der Verarbeitungsbäder,
Konstanz der vorgeschriebenen Verarbeitungszeiten in den einzelnen Bädern,
Regenerierung und Umpumpsysteme,
Bäder-Verschleppung und -Verunreinigung,
mechanische Daten und sensitometrisches Ergebnis mit den Zusammenhängen,
mechanische Sauberkeit der Produkte,
einwandfreie Trocknungstechnik.

3. Die sensitometrische Kontrolle

Die sensitometrische Kontrolle gibt Aufschluß über den augenblicklichen Zustand der Behandlungsbäder in Verbindung mit den festgelegten physikalischen Arbeitsbedingungen. Sie sollte in doppelter Weise ausgeführt werden, einmal in der Entwicklung und Auswertung von Keilstreifen und außerdem in der Entwicklung von Testbildern.

Die sensitometrische Kontrolle muß routinemäßig täglich zwei- bis dreimal durchgeführt werden. Bei jedem Arbeitsbeginn muß das sensitometrische Prüfungsergebnis von der vorhergehenden letzten Entwicklung vorliegen. Wird irgend eine Veränderung der physikalischen Arbeitsbedingungen vorgenommen oder erfolgt ein chemischer Eingriff in ein Verarbeitungsbad, dann muß unbedingt eine erneute sensitometrische Kontrolle durchgeführt werden, bevor die eigentliche Entwicklungsarbeit beginnt. Die sensitometrische Kontrolle ist auch unerläßlich bei jedem längeren Stillstand der Maschine und als Hilfe bei der Ausarbeitung einer Anpassung. Die sensitometrische Kontrolle *allein* ist jedoch für den störungsfreien Betrieb einer Entwicklungsanlage nicht ausreichend. Es muß zusätzlich die mechanische und die chemische Kontrolle ausgeführt werden. Der sensitometrische Kontrollstreifen ist das Ergebnis einer Vielzahl von chemischen und physikalischen Auswirkungen. Vereinzelt können Zustände eintreten, bei denen zwei veränderliche Faktoren stark von ihrem ursprünglichen Zustand abgewichen sind und bei ihrer einzelnen Einwirkung die Bildqualität ungünstig beeinflussen würden, jedoch bei gleichzeitiger Einwirkung einen ausgleichenden Einfluß haben und daher die Qualität des Bildes nicht beeinträchtigen.

Die sensitometrische Meßtechnik ist bereits früher ausführlich beschrieben worden (IV. B. 1. und 2.).

4. Die chemische Kontrolle

Die chemische Kontrolle hat die Aufgabe, die chemische Zusammensetzung der einzelnen Bäder durch Analyse festzustellen und auf Grund dieser Ergebnisse in Verbindung mit der sensitometrischen Kontrolle das Gleichgewicht in den Verarbeitungsbedingungen zur Erhaltung und Erreichung des Qualitätsstandards herzustellen. Die chemische Kontrolltechnik ist ein sehr wertvolles Hilfsmittel:

zur Lokalisierung der Ursachen von Qualitätsabweichungen,
zur schnellen Verwirklichung einer einwandfrei arbeitenden Regenerierung,
zur Konstanthaltung der Leistungsfähigkeit der einzelnen Bäder,
zur Erhöhung der Ausnutzungsfähigkeit der Verarbeitungsbäder,
zur Steigerung der Wirtschaftlichkeit des Betriebes.

Bei der Auswertung der Analysenergebnisse muß mit größter Vorsicht vorgegangen werden. Die chemische Analyse hat nicht die Aufgabe, ein genaues Bild der augenblicklichen photographischen Wirksamkeit der einzelnen Bäder zu vermitteln — dazu dient die sensitometrische Kontrolle —, als vielmehr die Kontinuität einer genügenden Entwicklungskapazität zu gewährleisten. Die Zustandsdeutung wird besonders dadurch erschwert, daß das Analysenergebnis eines Entwicklers sofort nach dem Frischansatz ohne Benutzung kaum die Mengen der gelösten Substanzen mit großer Genauigkeit angibt. Ursache dieser Erscheinung ist das Auftreten eines Gleichgewichtszustandes infolge Luftoxydation, Absorption von atmosphärischen Gasen, Einfluß von gelösten Bestandteilen, Unreinheiten, Umsetzung von Chemikalien und anderen Einflüssen. Diese Gleichgewichtseinstellung wird als eine Art Reifungs- und Alterungsprozeß betrachtet, wonach der Entwickler schließlich einen mehr oder weniger stabilen Zustand erreicht. Infolge dieses Alterungsvorganges bei Entwicklern ist es grundsätzlich sehr schwierig, einen „Standardentwickler“ herzustellen, der über längere Zeiträume seine ursprüngliche Zusammensetzung behält [908].

Eine weitere Gleichgewichtsverschiebung tritt bei Entwicklungsmaschinen nach Ingebrauchnahme der Entwicklerlösung auf unter dem Einfluß des

Entwicklungsvorganges, dem Verbrauch von Chemikalien, dem Zufluß von Regenerator, der Entwickler-Verschleppung, der Luftoxydation und der Diffusion von Substanzen aus der Emulsion.

Die Ergebnisse der chemischen Analyse müssen daher immer unter Berücksichtigung des Gleichgewichtszustandes und der Fehlergrenzen gedeutet werden.

Die Häufigkeit der erforderlichen chemischen Analyse der einzelnen Bäder ist von Betrieb zu Betrieb verschieden. Bei der Aufstellung eines Analysenplanes sind folgende Gesichtspunkte zu berücksichtigen:

die kritischen Chemikalien in den wichtigsten Bädern müssen häufiger analysiert werden als die weniger einflußreichen Bestandteile,

je größer die Konzentrationsunterschiede zwischen Stammansatz und Regeneratorlösung sind, um so intensiver muß die Überwachung erfolgen,

je größer die Schwankungen in der Grundschwärzung, in der Empfindlichkeitsausnutzung und im Kontrast sind, desto größere Mengen an Nebenprodukten entstehen und desto häufiger sind Analysen erforderlich,

je stabiler die Zusammensetzung eines Bades über längere Zeiträume bleibt, um so weniger häufig ist eine analytische Überwachung erforderlich.

Die Häufigkeit der analytischen Kontrolle kann durch vorbeugende Maßnahmen stark vermindert werden; solche sind zum Beispiel:

sorgfältige Auswahl der verwendeten Chemikalien,
Standardisierung der Ansatz- und Behandlungstechnik der Bäder,
periodische Reinigung der Maschinen,
Vermeidung von längeren Unterbrechungen.

Über die Analysenmethodik der photographischen Verarbeitungsbäder sind zahlreiche Veröffentlichungen erschienen. Fast alle Firmen, die photographische Materialien herstellen, haben besondere analytische Arbeitsvorschriften zur Überwachung der Verarbeitungsbäder bekanntgegeben [909 bis 915]. Eine kritische Übersicht über die wichtigsten Verfahren in neuester Zeit gaben S. Creyе und L. Roosens heraus [907].

V. Der heutige Stand der Farbphotographie und Ausblick

Die heutige farbphotographische Technik ist durch vier verschiedene in der Praxis bewährte Verfahren gekennzeichnet:

Das Mehrschichtenverfahren mit chromogener Entwicklung (*Agfacolor*, *Kodacolor*, *Ektacolor*),
das Silberfarbbleichverfahren (*Cilchrome Print*-Prozeß),
Farbentwicklungsverfahren mit kontrollierter Diffusion (*Polacolor*-Verfahren),
Elektrofarbphotographie (*Electrocolor*-Prozeß).

Das Mehrschichtenverfahren mit chromogener Entwicklung

Das heute verbreitetste Farbverfahren ist das Mehrschichtenverfahren mit chromogener Entwicklung in den verschiedensten Formen. Dieses Verfahren hat etwa vor 30 Jahren in der photographischen Technik Eingang gefunden. Nach einer anfänglich kriegsbedingten Entwicklungshemmung bis zum Jahre 1945 hat es in Fach- und Amateurkreisen ständig an Verbreitung zugenommen. In manchen Ländern überwiegt heute, insbesondere bei den Negativ-Positivcolorverfahren und der Color-Schmalfilmtechnik, das farbige Bild. Trotzdem ist ein Ende der Schwarzweiß-Photographie keinesfalls zu erwarten. Diese Prognose stützt sich auf verschiedene Gegebenheiten: Einmal sind die photographischen Prozesse verhältnismäßig umständlich und erfordern besondere Kenntnisse und zweitens ist das Farbbild beträchtlich teurer als das Schwarzweißbild. Der hohe Preis des Farbbildes ist neben den hohen Herstellungskosten vor allem durch die hohen Materialkosten mitbedingt. Die heutigen Mehrschichtenfilme bestehen aus einer Vielzahl von übereinander gegossenen Schichten, die einen hohen Material- und Arbeitsaufwand erfordern. In Fachzeitschriften und in der Patentliteratur wurde verschiedentlich die Herstellung eines Einschicht-Farbfilmes vorgeschlagen. Es wird in diesem Zusammenhang die berechtigte Frage gestellt: Haben wir ein derartiges Material zu erwarten und was kann es uns bringen?

Der Einschicht-Farbfilm [916]

Bereits im Patent von R. Fischer aus dem Jahre 1911 wurde die Möglichkeit des Einschicht-Farbfilmes erwähnt [285]. Beim normalen Mehrschichten-Farbfilm, wie er heute verwendet wird, befinden sich drei spektral verschieden empfindliche Emulsionen übereinander, und in ihnen bilden sich nach der Belichtung bei der Entwicklung Farbstoffbilder in komplementären Farben. Einschicht-Farbfilme bestehen aus nur einer Emulsionsschicht. In dieser befindet sich eine mehr oder minder große Zahl von gleich farbenempfindlichen Halogensilberkörnern, von denen ein Teil zugleich den Blaugrün-Kuppler, ein anderer Teil den Purpur-Kuppler und ein dritter Teil den Gelb-Kuppler enthält. Man bezeichnet derartige Verbände als „Pakete" und nennt die Emulsionsschichten „Paketemulsionen".

Die einzelnen Pakete in der Emulsion sollen so beschaffen sein, daß das bei der Entwicklung entstehende Oxydationsprodukt eine ausreichende Menge der Farbkupplerkomponenten vorfindet, damit erstere nicht zu benachbarten Paketen hinüberdiffundieren können und dort Farbverfälschungen verursachen. Die Pakete müssen durch ein Bindemittel räumlich getrennt sein. Die Pakete, die aus Halogensilber, Bindemittel und Farbkuppler bestehen, müssen ähnlich wie das Farbraster in der Kornrasterplatte (III. B. 1. d) α)) unregelmäßig, das heißt statistisch verteilt sein und dürfen, bedingt durch die Erkennbarkeit des Paketes als Farbkorn, eine bestimmte Größe nicht überschreiten. Nach der Patentliteratur dürfte ein Durchmesser von 0,002 mm die Grenze des Erreichbaren darstellen [916]. Photographische Schwarzweiß-Emulsionen mit Bromsilberkörnern von der Größe 0,002 mm rechnet man bereits zu den grobkörnigen Schichten. Man kann daraus schließen, daß Pakete mit einem derartigen Durchmesser für Aufsichtsfarbbilder gerade ausreichen, für Kleinbildfilme jedoch bezüglich ihrer Leistungsfähigkeit nicht mehr genügen dürften. Wenn man ein normales Dreischichtenfarbmaterial der heutigen Form in eine Paketemulsion umwandeln würde, indem jede der drei Schichten in Pakete aufgeteilt ist, so würde diese Einschichtemulsion beinahe die doppelte Stärke des Dreischichtenfilmes aufweisen. Erst bei Herabsetzung der Menge des Bindemittels kann die Schichtdicke des Mehrschichtenfilmes unterschritten werden. Eine derartige Maßnahme wäre jedoch unbedingt erforderlich, um einen Schärfeverlust durch die Dicke der Schicht infolge des Diffusionslichthofes zu vermeiden. Selbst wenn alle günstigen Voraussetzungen für einen Einschicht-Farbfilm in idealer Weise gegeben sind, dürften wir in Beziehung auf die photographischen Eigenschaften, wie Farbwiedergabe,

Empfindlichkeit, Schärfe, Körnigkeit, in keiner Weise eine Verbesserung erwarten.

Bereits bei der Ausarbeitung der Mehrschichtenverfahren ist der Gedanke des Einschicht-Farbfilmes immer wieder aufgetreten [917 bis 919] und vor allem in den fünfziger Jahren von den Firmen KODAK [920 bis 924], GENERAL ANILIN & FILM CORP. [926] und anderen [925] verfolgt worden. Seitdem ist es sehr still um den Einschicht-Farbfilm geworden, und es ist anzunehmen, daß die fabrikationstechnischen Schwierigkeiten zu seiner Verwirklichung sehr erheblich sind. Es dürfte auch zu erwarten sein, daß besondere Fortschritte in der Emulsionstechnik zugleich auch dem Mehrschichtenmaterial zugute kommen würden.

Bei den Verfahren mit chromogener Entwicklung werden wir voraussichtlich kaum prinzipielle Änderungen zu erwarten haben. Die Mehrschichtenfilme werden von der Industrie qualitätsmäßig in jeder Hinsicht weiter verbessert werden, wobei in erster Linie bei Negativ-Farbfilmen an die Verwendung der Maskentechnik zu denken ist. Besonders zu erwarten sind auch einfachere Verfahren der Verarbeitung; ein erster Schritt hierzu sind die Kurzverarbeitungsprozesse bei der Verarbeitung von Colorpapieren.

Das Silberfarbbleichverfahren

Als Wiedergabeverfahren mit besten Zukunftsaussichten ist das Silberfarbbleichverfahren anzusehen. Die Firma CIBA AG, Fribourg/Schweiz, hat uns in den letzten Jahren den *Cilchrome-Print*-Prozeß beschert und das *Cibacolor*-Verfahren in Aussicht gestellt (III. B. 3. a) β)). Leider ist es inzwischen um diese Verfahren verhältnismäßig ruhig geworden; anscheinend sind noch grundlegende Schwierigkeiten zu überwinden.

Bei den Farbentwicklungsverfahren entstehen die Farbstoffe bei der Verarbeitung. Bei dem Silberfarbbleichverfahren werden den Schichten bereits bei der Fabrikation intensive, lichtechte Farbstoffe einverleibt, und bei der Verarbeitung zerstört das entwickelte Silber an den unerwünschten Stellen die überschüssigen Mengen. Die Silberfarbbleichbilder sind vollständig lichtecht, wärme-, feuchtigkeits- und säurebeständig und unbegrenzt haltbar.

Im Zusammenhang mit dem Silberfarbbleichverfahren hat die Firma CIBA zugleich ein neues Verfahren zur Verbesserung der Qualität von farbigen Aufsichtsbildern ausgearbeitet. Diesem sogenannten *Telcolux*-Verfahren liegt ein optisches Prinzip zugrunde [927]. Das Aufsichtsbild erleidet gegenüber dem projizierten Bild eine wesentliche Verschlechterung in seiner Brillanz und Farbqualität. Der Brillanzverlust wird im wesentlichen durch die Verminderung des Helligkeitsumfanges verursacht. Diapositive können einen Helligkeitsumfang von 1:300 wiedergeben, während Aufsichtsbilder durch die Oberflächenreflexion nur einen Helligkeitsumfang von 1:25 bis 1:40 aufweisen. Im Aufsichtsbild erscheint eine helle Schneepartie im Verhältnis zum Bildschatten etwa 10mal dunkler als im entsprechenden projizierten Bild.

Bei Aufsichtsfarbbildern erfährt die Farbwiedergabe infolge der diffus streuenden Barytageunterlage und infolge der Totalreflexion der Bildanteile an der Grenzfläche Gelatine—Luft eine Qualitätseinbuße in doppelter Hinsicht:

Schleierdichten werden um einen Faktor 3 bis 4 verstärkt und verschlechtern dadurch die Wiedergabe der Bildweißen,

die Leuchtkraft (Sättigung) erleidet durch Änderung ihrer spektralen Remission einen beträchtlichen Abbau, wodurch eine Verschwärzlichung bewirkt wird.

Die CIBA stellte fest, daß kaltgewalzte Aluminiumfolien unter Beachtung bestimmter Herstellungsvorschriften ein für die angestrebten Ziele ideales Material bilden. Anstelle der diffusen Streuung bei der üblichen Barytschicht tritt bei Aluminiumfolien die Reflexion nur in einem beschränkten Raumwinkel ein, wodurch jede Totalreflexion aufgehoben wird. Aufsichtsbilder nach dem *Telcolux*-Verfahren zeichnen sich demnach durch erhöhte Brillanz, klarere Weißen, hohe Leuchtkraft und Reinheit der Farben aus.

Es ist zu erwarten, daß das Silberfarbbleichverfahren als Wiedergabeverfahren zur Herstellung von Farbdias und Farbbildern der Farbphotographie eine neue Richtung weisen und zur weiteren Popularisierung des Farbbildes beitragen wird. Zunächst sind keine Anzeichen dafür vorhanden, daß Silberfarbbleichschichten als Aufnahmematerial Verwendung finden können; dazu reichen die zur Zeit möglichen Empfindlichkeiten nicht aus.

Farbentwicklungsverfahren mit kontrollierter Diffusion

Eine der großartigsten und genialsten Erfindungen der letzten Jahre auf dem Gebiet der Farbphotographie ist das *Polacolor*-Verfahren (III. B. 3. o) α)).

Die POLAROID-GESELLSCHAFT, die dieses Verfahren in jahrzehntelanger Forschungsarbeit geschaffen hat und auf den Markt bringt, macht alle Anstrengungen zur weiteren Verbreitung. Es ist selbstverständlich, daß das *Polacolor*-Verfahren für bestimmte Zwecke, wo es vor allem mehr auf Schnelligkeit als auf Qualität ankommt, seine Berechtigung hat und unschätzbare Vorteile bietet. Es sind sicherlich auf dem Gebiet der Farbdiffusionsverfahren noch einige Verbesserungen zu erfahren, es ist jedoch nicht zu erwarten, daß das *Polacolor*- oder ähnliche Verfahren eine allgemeine Bedeutung erlangen werden.

Elektrofarbphotographie

Das jüngste farbphotographische Verfahren ist der *Electrocolor*-Prozeß der MINNESOTA MINING AND MANUFACTURING COMP. (1965) (III. B. 5.). Mit der Einführung dieses Verfahrens in die photographische Praxis beginnt ein neues Zeitalter der Photographie und im besonderen der Farbphotographie. Zum erstenmal erfolgt der Aufbau eines Halbtonfarbbildes nicht über ein Silberbild. Als Grundlage des Prozesses dienen photoelektrische Erscheinungen, und die Bildherstellung erfolgt auf physikalischem Wege. Einzelheiten über das Verfahren sind zur Zeit noch nicht bekanntgeworden. Der Gesamtprozeß soll 5 min dauern, zwangsläufig verlaufen und zu haltbaren Farbbildern von der üblichen Qualität führen. Das Verfahren hat außer seinem Einfluß auf die Weiterentwicklung der Farbphotographie auch eine besondere wirtschaftliche Bedeutung, da es kein Silber mehr benötigt, das allmählich Mangelware wird.

Literaturverzeichnis

I. Geschichte der Farbphotographie

1. Wall, E. J.: The History of Three-Color Photography. Boston 1925.
2. Eder, J. M.: Geschichte der Photographie. In: Handbuch der Photographie. Hrsg. v. J. M. Eder. I. Bd., 1. T., 1. und 2. Hälfte. 4. Aufl. Halle (Saale) 1932.
3. Heymer, G.: Die neuere Entwicklung der Farbenphotographie. In: Handbuch der wissenschaftlichen und angewandten Photographie, Ergänzungswerk. Hrsg. v. K. Michel. I. Bd., S. 337—463. Wien: Springer. 1943.
4. Cornwell-Clyne, A.: Colour Cinematography. London 1951.
5. Baier, W.: Quellendarstellungen zur Geschichte der Photographie. Halle (Saale): Fotokino Verlag. 1964.

II. Farbenlehre

A. Licht und Farbe

6. Newton, I.: A New Theory about Light and Colours. Phil. Trans. Roy. Soc. London 1672.
7. Young, T.: On the Theory of Light and Colours. Phil. Trans. Roy. Soc. London **92**, 12 (1802).
8. Goethe, J. W. von: Zur Farbenlehre I., II., III. (1810).
9. Maxwell, J. C.: On the Theory of Compound Colours and Relation of the Colours of the Spectrum. Proc. Trans. Roy. Soc. London **10**, 404, 484 (1860).
10. Helmholtz, H. von: Handbuch der physiologischen Optik. Leipzig: Voss. 1866.
11. Abney, W. de W.: Researches in Colour Vision and the Trichromatic Theory. London 1913.
12. Bergmans, J.: Kleine Farbenlehre. Philips' Techn. Bibliothek 1959.
13. Bouma, P. J.: Farbe und Farbwahrnehmung. Philips' Techn. Bibliothek 1951.
14. Evans, R. M.: An Introduction to Colour. New York: J. Wiley and Sons. London: Chapman and Hall. 1948.
15. Hardy, A. C.: Handbook of Colormetry. Cambridge (Mass.) 1936.
16. Hunt, R. W. G.: The Reproduction of Colour. London: The Fountain Press. 1957.
17. Judd, D. B.: Colour in Business, Science and Industry. New York: J. Wiley and Sons. London: Chapman and Hall. 1952.
18. Klein, A. B.: Colour Cinematography. London 1936.
19. König, A.: Physiologische Optik. In: Handbuch der Experimentalphysik. Hrsg. v. M. Wien und F. Harms. 20. Bd., 1. Teil. Leipzig 1929.
20. Kries, J. von: Die Gesichtsempfindungen. In: Handbuch der Physiologie des Menschen. Hrsg. v. Nagel. Braunschweig 1905.
21. Kühn, A. B.: Farbenunterscheidungsvermögen der Tiere. In: Handbuch der Physiologie. Hrsg. v. Bethe. 12. Bd. 1929.
22. Le Grand, Y.: Lumière et Couleurs, Optique Physiologique. II. T. Ed. de la „Revue d'Optique". Paris 1949.
23. — Colour and Vision. London: Chapman and Hall. 1957.
24. Munsell, A. H.: Atlas of the Munsell Color System. Boston (Mass.): Wadsworth-Howland. 1915.
25. Munsell Color Comp. Inc.: The Munsell Book of Color. Library and Pocket editions. Baltimore.

26. MURRAY, H. D.: Colour in Theory and Practice. London: Chapman and Hall. 1952.
27. OSTWALD, W.: Die Farbenfibel. Leipzig 1916.
28. — Der Farbenatlas. Leipzig 1917.
Der Farbennormatlas. Leipzig 1920.
29. — Die Farbenlehre I. Math. Farbenlehre. Leipzig 1918.
Die Farbenlehre II. Physikalische Farbenlehre. Leipzig 1919.
30. HICKETHIER, A.: Ein-mal-eins der Farbe. Ravensburg: O. Maier. 1963.
31. RICHTER, M.: Grundriß der Farbenlehre der Gegenwart. Dresden und Leipzig 1940.
32. RÖSCH, S.: Darstellung der Farbenlehre für die Zwecke der Mineralogie. Fortschr. d. Mineral., Kristallogr., Petrogr. **13**, 73—234 (1929).
33. SCHMIDT, R., und A. KOCHS: Farbfilmtechnik. Berlin: M. Hesses Verlag. 1943.
34. SCHOBER, H.: Bericht über Farbenlehre und Farbenmessung. Physik. Z. **38**, 514—555 (1937).
35. SCHULTZE, W.: Farbenphotographie und Farbenfilm. Berlin-Göttingen-Heidelberg: Springer. 1953.
36. STUDNITZ, G. VON: Die physiologischen Grundlagen des Farbensehens. In: Film und Farbe. Berlin: M. Hesses Verlag. 1943.
37. HÜBL, A. VON: Die Lichtfilter. 3. Aufl. Halle (Saale) 1927.
38. WENZEL, F.: Agfa Lichtfilter. Halle (Saale): Fotokino. 1957.

B. Physiologie der Lichtempfindung und des Farbensehens

39. BARGMANN, W.: Histologie und mikroskopische Anatomie des Menschen. 3. Aufl. Stuttgart: G. Thieme. 1959.
40. STUDNITZ, G. VON: Physiologie des Sehens. Leipzig 1952.
41. SCHOBER, H.: Physiologisch-optische Probleme bei der Bildbetrachtung. Kinotechnik **11**, Nr. 6 (1957).
42. MANSFELD, S.: Das Auge und die Kamera. Bild und Ton **17**, 277—278, 298—303 (1964).
43. NEUMANN, H.: Netzhautfunktion und Aufnahmeschicht. Bild und Ton **17**, 268—271, 275, 276 (1964).
44. PESCHEL, M.: Über die Anforderungen an das Auge in Film- und Fernsehbetrieben. Bild und Ton **17**, 279—281 (1964).
45. LAND, E. H.: Color Vision and Natural Image. Proc. Nat. Acad. Sci. **45**, 115—119, 636—644 (1959).
Experiments in Color Vision. Sci. Amer. **200**, 84—99 (1959).
46. RICHTER, M.: Neue Technik der Farbreproduktion oder neue Theorie des Farbensehens. Photo-Technik und -Wirtschaft **10**, 559—560 (1959); Kinotechnik **14**, 17—18 (1960).
47. WILSON, M. H., und R. W. BROCKLEBANK: Two-Color Projection Phenomena. J. Phot. Sci. **8**, 141—150 (1960).
48. MÜLLER, R.: Ein neues Zweifarbenverfahren. Kinotechnik **15**, 17—19 (1961).
49. ŠMOK, J.: Betrachtung zur Farbentheorie von Land. Kinotechnik **15**, 362—367 (1961).

III. Die farbphotographischen Verfahren

A. Systematik der Verfahren

50. WALL, E. J.: Practical Color Photography. Boston 1922.
51. WHEELER, O.: Colour Photography. London-New York 1928.
52. GREBE, L., A. VON HÜBL, E. J. WALL: Farbenphotographie. In: Handbuch der wissenschaftlichen und angewandten Photographie. Hrsg. von A. Hay. 8. Bd. Wien: Springer. 1929.
53. KÖNIG, E.: Die Praxis der Farbenphotographie. 5. Aufl. Neubearb. von K. Jacobsohn. Berlin: Union Verlagsges. 1930.
54. EGGERT, J., und G. HEYMER: Der Stand der Farbenphotographie. Agfa Veröff., Wolfen **5**, 7—28 (1937).

55. WENDT, B.: Die wichtigsten Verfahren zur Herstellung farbiger Aufsichtsbilder. Agfa Veröff., Wolfen **5**, 48–57 (1937).
56. LÜHRIG, F.: Chemie farbenphotographischer Verfahren. Ergeb. der angew. physik. Chemie **5**, 290–315 (1938).
57. SPENCER, D. A.: Colour Photography in Practice. Pitman 1952.
58. EVANS, R. M., W. T. HANSON, W. L. BREWER: Principles of Colour Photography. London: Chapman and Hall. 1953.

B. Die verschiedenen farbphotographischen Verfahren, ihre Grundlagen und Technik

59. WATTER, O.: Farben-Foto-Praxis. Halle (Saale): Fotokino. 1958.
60. HANSEN, K.: Eine neue Kamera für die Dreifarbenphotographie. Phot. Ind. **30**, 98 (1932).
61. – Eine neue Kamera für Dreifarbenphotographie. Phot. Ind. **30**, 290 (1932).
62. COOTE, I. H.: Single Mirror One-Shot Colour Camera. Phot. Ind. **30**, 290 (1932).
63. – The Klein Three-Colour One-Exposure Camera. Brit. J. Phot. Col.-Suppl. **28**, 11 (1934).
64. KASPAR: Neue Möglichkeiten auf dem Gebiete der Farbenphotographie. Gebrauchsphotogr. (Atelier) **43**, 13 (1936).
65. SMITH, G. A., und C. URBAN: Kinemacolor-System. E. P. 26671/1906.
66. DUBRAY, J. Y.: The Morgana Process. J. Soc. Mot. Pict. Engrs. **21**, 403 (1933).
67. PANDER, H.: Ein neuer deutscher Farbenfilm. Filmtechnik **2**, 284, 285 (1926).
68. LEHMANN, E.: Die Farbensynthese in der Kinematographie. Phot. Ind. **30**, 1097 (1932); Kinotechnik **20**, 143 (1938).
69. FLADRICH, C.: Die additiven Farbfilmverfahren. Film und Bild 1936, 362–369, 390–398.
Die subtraktiven Farbfilmverfahren. Film und Bild 1937, 222–226, 247–254, 279–282, 313–323, 348–350.
70. EGGERT, J.: Kurzer Überblick über den Stand der Farbenkinematographie. Bericht über VIII. Intern. Kongreß f. wiss. und angew. Photographie. 214–222. Leipzig: J. A. Barth. 1932.
71. N. N.: Raycol Colour Cinematography. Brit. J. Phot. Col.-Suppl. **24**, 43 (1930).
72. N. N.: The Cinecolor Additive process. Brit. J. Phot. Col.-Suppl. **28**, 48 (1934).
73. SPENCER, D. A.: The Present Position of Colour Photography. Photogr. J. **77**, 84 (1937).
74. BREWSTER, P. D.: Three Color Subtractive Cinematography. J. Soc. Mot. Pict. Engrs. **16**, 49 (1931); A. P. 1752477.
75. MEBES, A.: Farbenphotographie mit Farbrasterplatten. Bunzlau in Schlesien: L. Fernbach. 1911.
76. THOMSON, L.: Colour Transparencies. London und New York: The Focal Press.
77. N. N.: A Screen-Plate colourfilm. Brit. J. Phot. Col.-Suppl. **25**, 36 (1931).
78. SCHÄFFER, CL. und K. ACKERMANN: Untersuchungen über die Leistungsfähigkeit der Agfa-Farbenplatte. Z. f. techn. Physik **8**, 2 (1927).
79. BILTZ, M.: Farbentreue photographische Wiedergabe durch Farbrasterplatten und -filme. Agfa Veröff. Wolfen **3**, 170–187 (1933).
80. HEYMER, G.: Auflösungsvermögen und Farbwiedergabe in der Farbrasterphotographie. Agfa Veröff., Wolfen **3**, 188–207 (1933).
81. LUMIÈRE, A. und L.: Herstellung von Kornrasterplatten. DRP 172851/1904; DRP 182099/1904.
82. HOLLEBEN, K. VON: Farbenphotographie mit Agfacolor-Ultra-Filmen und Agfacolorplatten. Harzburg: Heering. 1935.
83. CHRISTENSEN, J. H.: DRP 224465/1908; DRP 403590/1923.
84. WIELAND, M.: DRP 343759/1918.
85. HÜBL, A. VON: Die Theorie und Praxis der Farbenphotographie mit Autochrom- und anderen Rasterfarbenplatten. Halle (Saale): W. Knapp. 1909.
86. FINLAY, C.: The Finlay Colour Process. Brit. J. Phot. **70**, 76 (1930).
87. BELCHER, E. A.: Progress in Finlay Colour Processes. Brit. J. Phot. Col.-Suppl. **26**, 9 (1932).

88. Colemann, A.: Improvements in the Finlaycolour Processes. Brit. J. Phot. Col.-Suppl. **26**, 9 (1932).
89. Baker, T. T.: The Spicer-Dufay Colorfilm Processes. Photogr. J. **72**, 109 (1932); E. P. 217557/1932.
90. Renwick, F. F.: The Dufaycolor Process. Brit. J. Phot. **75**, 28 (1935); Die Kinotechnik **17**, 55—57 (1935).
91. Harrison, G. B. und D. A. Spencer: Negative-Positive Processing of Dufayfilm. Photogr. J. **77**, 250 (1937).
92. Baker, T. T.: Negative-Positive Technic with the Dufaycolor Process. J. Soc. Mot. Pict. Engrs. **31**, 240—247 (1938).
93. Ahriman (R. E. Liesegang): Von der zukünftigen Photographie. Ein neues Prinzip der Farbenphotographie. Phot. Archiv **37**, 250 (1896).
94. Szczepanik, J.: E. P. 7729/1899.
95. Berthon, R.: Linsenrasterfilm-Verfahren. DRP 223236/1908; Fr. P. 399762/1908; E. P. 10611/1909.
96. Keller-Dorian, A., und R. Berthon: Herstellung von Linsenrasterfilmen. E. P. 24698/1914.
97. Capstaff, I. G., und M. W. Seymour: The Kodacolor Process für Amateur Color Cinematography. Trans. Soc. Mot. Pict. Eng. **88**, 940—947 (1928).
98. Mees, C. F. K.: Motion Pictures in Natural Colors. Camera Craft **35**, 303—305 (1928).
99. Gilks, A. G.: Kodacolor Comes Indoor. Amer. Cinematogr. **14**, 23 (1933).
100. Heymer, G.: Das Afgacolorverfahren für 16 mm-Film. Phot. Ind. **30**, 1199—1202 (1932).
101. Weil, F.: The Optical-Photographic Principles of the Agfacolor Process. J. Soc. Mot. Pict. Engrs. **20**, Nr. 4 (1933).
102. — Das Agfacolor-Verfahren in der Kleinbild-Photographie. Agfa Veröff., Wolfen **3**, 208—220 (1933).
103. Heymer, G.: Zur Vorgeschichte des Linsenrasterfilmes. Phot. Ind. **31**, 529 (1933).
104. — Eigenschaften und Anwendungsmöglichkeiten des Linsenrasterfilmes. Z. f. wiss. u. angew. Phot. **34**, 105—118 (1935).
105. — Wesen und Anwendungen des Linsenrasters. Agfa Veröff., Wolfen **4**, 151—175 (1935).
106. — Farbaufnahmen nach dem Linsenrasterverfahren auf Agfacolorfilm. Kino-Amateur **8**, 170—173, 194—197 (1935).
107. N. N.: Ein neuer Linsenrasterfilm und eine neue Bildwand. Film für Alle **10**, 244 (1936).
108. N. N.: Der neue deutsche Perutz-Siemens-Farbenfilm. Phot. Ind. **34**, 843 (1936).
109. Gretener, E.: Kurzer Überblick über Physik und Technik des Berthon-Siemens-Farbfilmverfahrens. Z. f. techn. Physik **18**, 90—98 (1937).
110. Capstaff, I. G., O. E. Miller, L. S. Wilder: The Projection of Lenticularcolor-Films. J. Soc. Mot. Pict. Engrs. **28**, 123 (1937).
111. Klughardt, A.: Die optischen Grundlagen für die Form des Linsenrasterfilmes in der Farbenphotographie. Phot. Ind. **36**, 576, 610 (1938).
112. Räntsch, K.: Einiges zur Optik der Farbenverfahren. Ergeb. der angew. physik. Chemie **5**, 316—335 (1938).
113. Friedman, J. S.: History of Color Photographs. Boston 1945, 224—272.
114. Hess, H.: DRP 247923/1911.
115. Sauve, A. de: F. P. 402650/1908.
116. Keller-Dorian, A.: F. P. 521533/1920.
117. Piller, E.: DRP 486048/1929; 493064/1928; 584226/1930; 568182/1931.
118. Mente, O.: Tagesfragen. Atelier d. Photogr. **39**, 9 (1932).
119. Hannecke, P.: Farbenphotographie mit Dreifilmpacks. Phot. Rundschau u. Mitt. **67**, 371 (1930).
120. Mente, O.: Colour Snapshots. Atelier d. Photogr. **36**, 62 (1929).
121. N. N.: How Colour Snapshots are Made. Brit. J. Phot. **76**, 273 (1929).
122. Biehler, A. von: Über die Agfa-Bipack-Kinematographie. Agfa Veröff., Wolfen **3**, 221—233 (1933).

123. N. N.: Die Aufnahmetechnik der Bipackverfahren. Phot. Ind. **31**, 573, 1203 (1933).
124. Brown, H. C.: Bipack photography. Intern. Photogr. vom 8. Nov. 1936, 12
125. Pohlmann, G.: Das Ufacolor-Verfahren. Kinotechnik 19, 125 (1937).
126. Ball, J. A.: The Technicolor Process of Three-Color Cinematography. J. Soc. Mot. Pict. Engrs. **25**, 127–138 (1935).
127. Heymer, G.: Der Linsenraster-Zweipack. Agfa Veröff., Wolfen **5**, 37–47 (1937).
128. Eggert, J., und G. Heymer: Das Agfa Pantachromverfahren. Agfa Veröff., Wolfen **6**, 46–64 (1939).
129. Limmer, F.: Das Ausbleichverfahren. Halle (Saale): W. Knapp. 1911.
130. Mutter, E.: Die Ausbleichverfahren der Farbenphotographie und der Ciba Cilchrome-Print-Prozeß. MFM (monatl. fototechn. Mitt.) **12**, 516–519 (1964).
131. Polgar, A.: Photochemie des Ausbleichprozesses. Zeitschr. f. wiss. Photogr. **46**, 188 (1951).
132. Liesegang, R. E.: 132. Lichtempfindliche Farbstoffe. Phot. Archiv **30**, 328 (1889); **34**, 321, 337 (1893).
133. Sczcepanik, J.: DRP 146785, 148293, 149627, 221069, 264207/1903; E. P. 3196/1903; Eders Jahrb. d. Phot. **18**, 415 (1904).
134. Meister Lucius und Brüning: DRP 160722, 171671, 175459; Eders Jahrb. d. Phot. **19**, 342 (1905); **20**, 591 (1906).
135. Sprague, R. H., und W. P. Hamilton u. a.: Halogensilberfreies Kopiermaterial für das Farbenausbleichverfahren. DAS 1152608/1961 (Horizone Incorp.).
136. Heymer, G.: Farbfilm nach dem Silberbleichverfahren. Agfa Veröff., Wolfen **4**, 177–186 (1933).
137. Schinzel, K.: Österr. P. 42478/1908; Brit. J. Phot. **52**, 608 (1905).
138. Schweitzer, G. P. J.: F. P. 476213/1914.
139. — F. P. 609638/1925.
140. Christensen, J. H.: DRP 327591/1918; Dän. P. 25029/1918.
141. Luther, R., und K. von Holleben: DRP 396485/1923.
142. Crabtree, J. I.: A Method of Producing Reversed Dye Images. Abd. Sc. Publ. Eastman Kodak **4** 198–201 (1919/20).
143. Lüppo-Cramer, H.: Die Grundlagen der photographischen Negativverfahren. In: Handbuch der Photographie. Hrsg. von J. M. Eder, II. Bd. 1. Teil, 3. Aufl., Halle (Saale): W. Knapp. 1927.
144. Gaspar, B.: Neuere Verfahren zur Herstellung von subtraktiven Mehrfarbenbildern (Gasparcolor-Verfahren). Zeitschr. f. wiss. Photogr. **34**, 119 (1935); DRP. 617932/1929.
145. Dreyfuss, P. D., G. Gaspar, G. B. Linden: E. P. 705171/1955; U. S. P. 3053655/1955 (Minnesota Mining and Manufacturing Corp., Minnesota USA).
146. Ciba A.G., Fribourg/Schweiz (Erfinder: Anderau, W., Dreyfuss, P., Böhl, H., Mory, R., Wartburg, R. von, u. a.). Belg. P. 579274/1958, 585274/1958, 591042/1960, 591759/1960, 592770/1960,601095/1961, 601692/1961, 601752/1961, 605768/1961, 606364/1961, 610997/1961, 611898/1961, 613069/1962, 613940/1962, 618241/1962, 622121/1962. DAS 1051635/1958, 1077531/1958, 1083124/1958, 1089266/1959, 1091429/1959, 1097270/1960, 1104333/1960, 1121469/1961, 1125279/1960, 1128743/1961, 1129826/1961, 1137626/1961, 1138316/1961, 1138318/1961, 1138317/1961, 1139378/1961, 1140078/1961, 1145487/1961, 1148868/1961, 1154345/1961, 1154346/1961, 1154348/1961, 1156311/1963, 1161135/1962. DP (DDR) 22702/1959 (Ausschließungspatent), 24856/1959. DBP 962663/1956 (Geigy), 1089266/1959, 1091429/1959, 1145487/1963. E. P. 873054/1959, 879596/1958, 899758/1960, 914876/1960, 918087/1960, 923265/1960, 939009/1961. F. P. 1205587/1957 (Geigy), 1224564/1959, 1225137/1959, 1261090/1960, 1264712/1959, 1270806/1960, 1304536/1961, 1311546/1961, 1311685/1962. Österr. P. 216884/1959, 219411/1960, 220954/1960.
147. Wartburg, R. von: Das Cilchrome-Print-Verfahren der CIBA. Camera (Luzern) 31–41, (1964).
148. N. N.: Lichtechte Farbphotos auf Cilchrome-Print. Photo-Technik und -Wirtschaft **15**, 308–309 (1964).

149. Gehret, E. Ch.: The Cilchrome colour Print process. Brit. J. Phot. **111**, 480–481 (1964).
150. Sedlaczek, E.: Die Tonungsverfahren mit Entwicklungspapieren. 2. Aufl. Halle (Saale): W. Knapp. 1923.
151. Agfa: Kine Handbuch I., II., III., IV. Teil.
152. Lühr, F., und G. Hübner: Rezepte. VEB Filmfabrik Agfa Wolfen, 4. Aufl. 1960. ORWO Rezepte. VEB Filmfabrik Wolfen 1964.
153. Eder, J. M.: Das Pigmentverfahren, Öl-, Bromöl- und Gummidruck. In: Handbuch der Photographie, Hrsg. von J. M. Eder, IV. Bd. 2. Teil, 4. Aufl. Halle (Saale): W. Knapp. (1926).
154. Traube, A.: DRP 187289/1905, 188164/1906; E. P. 10258/1907; U. S. P. 1093503.
155. – E. P. 147005/1916, 147103/1916, 163336, 163337; F. P.491927; Österr. P. 87807/1916; kein DRP!
156. Christensen, J. H.: DRP 319459/1918; E. P. 132846/1918.
157. Potter, R. S.: The Chromatone Process. Inern. Photogr. **8**, 14, Heft Nr. 7 (1936).
158. N. N. A New Material for Color Photography. The camera (New York) **54**, 38 (1937).
159. Crespinel, W. T.: History of Bi-pack Photography. Intern. Photogr. **18**, Heft 12, 5 (1946).
160. Boyle, J. W., und B. Berg: Studio Production with Two-color Bipack Motion Picture Film. J. Soc. Mot. Pict. Engrs. **48**, 111–116 (1947).
161. Brewster, P. D.: E. P. 100098/1917.
162. Cinecolor U. S. A.: E. P. 447412, 466290, 473993, 506450, 522549, 532870, 535812, 538555, 538556.
163. Crespinel, W. T.: As to Cinemacolor. Amer. Cinematogr. **14**, 355 (1933/34).
164. Holm, W. R., und J. W. Kaylor: 1000-Foot Bipack Magazine and Adapter. J. Soc. Mot. Pict. Tel. Engrs. **53**, 58 (1949).
165. Fox, D.: Ninety Million Feet of Color Photography Set as Colorcraft Yearly Output. Ex. Herald World **98**, 26 (1930); Ref. Kinotechnik **18**, 385 (1936).
166. Dassonville, M. L. J.: E. P. 377411, 379558.
167. Fernstrom, R.: Das Dunningcolor-Verfahren. Intern. Photogr. **8**, 14 (Nov. 1936); Ref. Kinotechnik **18**, 385 (1936).
168. Hamburger, A.: E. P. 203358/1922.
169. N. N. Report of the Color Comittee. J. Soc. Mot. Pict. Engrs. **15**, 721 (1930).
170. Doren Kelley, W. van: E. P. 129638/1923, 130603, 160137, 228887, 333931; U. S. P. 1259411, 1278161.
171. Multicolor: E. P. 339323/1929, 339971/1929, 340238/1929, 360819/1930, 376514/1931, 384334/1931.
172. Russell, M.: The Multicolor Process. J. Soc. Mot. Pict. Engrs. **18**, Nr. 1, 5 (1931).
173. Hamburger, A.: E. P. 28722/1912, 20880/1911, 123786/1919, 123787/1919, 136595/1918, 203358/1922, 237941/1922, 261054.
174. Horst, L.: Sirius-Verfahren. E. P. 283548/1927, 341477.
175. Specht, K. von: Sirius Farbenfilm (Vortragsreferat). Filmtechnik **6**, 19 (1930).
176. Stenger, E.: Die Kopierverfahren. In: Handbuch der Photographie, begr. von H. W. Vogel, hrsg. von E. Lehmann, II. Bd., 3. Teil. Berlin: Union Deutsche Verlagsges. 1926.
177. Talbot Fox: E. P. 565/1852; Brit. J. Phot. **52**, 846 (1905).
178. Suchow, G.: Die chemischen Wirkungen des Lichtes. Darmstadt 1832.
179. Ponton Mungo: Edinb. new philos. Journ. (1839) 169.
180. Poitevin, A. L.: E. P. 2815/1855.
181. Swan, J. W.: E. P. 503/1864; Brit. J. Phot. **52**, 146 (1905).
182. Johnson, J. R.: E. P. 336/1869; Brit. J. Phot. **16**, 155, 241 (1869); **17**, 350 (1870).
183. Ducos du Hauron, L.: Les couleurs en Photographie et en particulier l'Héliochromie au Charbon. Paris 1870.
L'Héliochromie, Méthode perfectionnée pour la formation et la superposition des trois monochromes constitutifs des héliochromes à la gelatine. Paris 1875.
184. Lumière, A. und L.: F. P. 245948/1895; E. P. 7188/1895.
185. – La photographie des couleurs. Lyon 1901.

186. Spörl, H.: Der Pigmentdruck. Leipzig 1919.
187. Zaepernick, H.: Der Pigmentdruck. Halle (Saale): W. Knapp. 1923.
188. Marion, A.: Phot. J. **20**, 242 (1873); Phot. J. **47**, 709 (1900).
189. Manly, Th.: E. P. 10026/1898; Ozotype. London 1900; Lessons in Ozotype. London 1901.
190. Strasser, E.: DRP 160729/1903.
191. — DRP 161386/1903.
192. Manly, Th.: E. P. 17007/1905; DRP 215220/1906.
193. Neue Photographische Ges., Berlin: DRP 215521/1906.
194. Triepel, W.: DRP 217290/1908.
195. Stuart, C. F.: Multicolor Bromoil Transfer. Amateur Photogr. (1912), 415.
196. Piper, C. W.: Farbige Papierbilder nach dem Raydexprozeß. Brit. J. Phot. **61**, Suppl. 5; Eders Jahrb. d. Phot. **28**, 382 (1914).
197. Farmer, H. F.: Brit. J. Phot. **66**, 583 (1919).
198. Murray, H. D., und D. A. Spencer: E. P. 357548/1930; DRP 557697/1931; Brit. J. Phot. **79**, 8 (1932).
199. Gaedicke, J.: Der Gummidruck. Berlin 1898.
200. Hofmeister, Th.: Der Gummidruck. Halle 1898.
201. Renger-Patsch, R.: Der Gummidruck. Berlin 1903.
202. Miethe, A.: Dreifarbengummidruck. Atelier d. Photogr. **11**, 29—31, 33—35 (1904).
203. Kosel, H. Cl.: Die Technik des Kombinations- und Dreifarbengummidruckes. Wien 1906.
204. Kühn, H.: Die Technik der Lichtbildnerei. Halle (Saale): W. Knapp. 1921.
205. Leiber, F.: Eine neue Modifikation des Dreifarbengummidruckes. Phot. Rundschau **49**, 39 (1912).
206. Herzog, J.: DRP 626682/1929.
207. Jakobsohn, K.: Das Duxochromverfahren nach Dr. Herzog — ein Fortschritt auf dem Gebiet der Farbenphotographie. Phot. Ind. **27**, 1289 (1929).
208. Freytag, H.: Papierbilder nach Farbdias. Phot. Rundschau u. Mitt. **75**, 166 (1938).
209. Opfermann, H. C.: Herstellung photographischer Bilder nach dem Duxochromverfahren. Erlangen: Palm und Enke. 1943.
210. Mayländer, R.: Das farbige Papierbild. Fotopost **9**, 127—128 (1956).
211. Blecher, G.: DRP 362600/1921, 425096/1924, 439375/1925; Oesterr. P. 109710/1925.
212. N. N.: A Factory for Photographs in Natural Colours. Brit. J. Phot. **61** (1914), Col. Suppl. **8**, 9.
213. Coppin, F. W., und D. A. Spencer: Phot. J. **88**B, 78 (1918).
214. Edwards, E.: E. P. 1362/1875; U. S. P. 150946/1874.
215. — und H. J. Hadden: E. P. 3453/1875.
216. Cros, Ch.: Hydrotypie und unmittelbare Polychromie. DRP 139396/1880; Phot. Wochenbl. **8**, 176 (1881); Brit. J. Phot. **29**, 281 (1882).
217. Farbwerke Hoechst A.G.: Pina-Handbuch. 3. Aufl. 1926.
218. Didier, L.: F. P. 337054/1903; U. S. P. 885453/1908.
219. Farbwerke Hoechst vorm. Meister Lucius und Brüning: DRP 176693/1905.
220. Uvachrom, A. G., München: DRP 519881/1929.
221. Traube, A.: Farbenphotographie auf Papier. Phot. Ind. **27**, 188, 559, 736, 1343 (1929).
222. — Verfahren zur Herstellung von Dreifarbenphotographien nach dem Absaugprinzip. Phot. Korr. **67**, 30 (1931).
223. Wolter, K.: Die Uvatypie und ihre naturfarbigen Papierbilder. Camera (Luzern) **9**, 185 (1931).
224. Warnerke, L.: Über Gelatine-Emulsionspapier. Phot. Mitt. **18**, 65, 98, 235 (1882).
225. Koppmann, G.: DRP 309193/1916.
226. — DRP 358093/1919.
227. — Neuartige Gelatinereliefs und deren Anwendung. Phot. Rundschau **59**, 144 (1922).
228. Farmer, E. H.: Eine bemerkenswerte Eigenschaft von Silber und Gelatine. Eders Jahrb. d. Phot. **8**, 67—69 (1894); Brit. J. Phot. **41**, 742 (1894).

229. Rawlins, G. E. H.: Hydrotype-Methode. Amateur Photogr. (1903), 246; Eders Jahrb. d. Phot. **18**, 534 (1904).
230. Capstaff, I. G.: E. P. 13429/1915; 13430/1915; DRP 279802/1915; 312752/1915.
231. Seymour, M. W., und A. Clair: Color Photography, Color Printing with Eastman Wash-Off Relief Film. Amer. Photogr. **30**, 208—212 (1936).
232. Eastman Kodak Comp.: Color Printing with Eastman Wash-Off Relief Film. Rochester, N. Y. 1936.
233. — Kodak Dye Transfer-Verfahren. Arbeitsanweisung.
234. N. N.: Dye Transfer Process. Amer. Photogr. **44**, 13 (1950).
235. Ziffer-Teschenbruck, M. von: Farbenphotos auf Papier nach dem Colorprintverfahren. Wien o. J.
236. Lierg, F.: DRP 362600/1921; 425096/1924; 434434/1924; 439375/1925; 504142/1928.
237. — Jasmatzi, A.: DRP 585262/1929.
238. — Wolff, Jasmatzi, A.: DRP 626682/1929; 654830/1929.
239. Kelley, William van Doren: Imbibition Coloring of Motion Picture Films. J. Soc. Mot. Pict. Engrs. **10**, 238 (1926).
240. Troland, L. T.: Some Psychological Aspects of Natural Color Motion Pictures. J. Soc. Mot. Pict. Engrs. **11**, Nr. 32 (1927).
241. N. N.: Der gegenwärtige Stand des Technicolor-Farbfilm-Verfahrens. Phot. Ind. **28**, 569 (1930).
242. Ball, J. A.: The Technicolor Process of Three-Color Cinematography. J. Soc. Mot. Pict. Engrs. **25**, 127—138 (1935).
243. Stull, W.: Explanation of the trichrome Technicolor. Amer. Cinematogr. **16**, 8 (1935).
244. Kalmus, H.: Technicolor Adventures in Cinemaland. J. Soc. Mot. Pict. Engrs. **31**, 122 (1949).
245. Hoch, W.: Technicolor Cinematography. J. Soc. Mot. Pict. Engrs. **39**, 96 (1942).
246. Housler, J.: Technicolor Photography under Water. Amer. Cinematogr. **30**, 122 (1949).
247. Hanson, W. T., und F. A. Rechey: Three-Color subtractive Photography. J. Soc. Mot. Pict. Engrs. **52**, 119 (1949).
248. Petersen, F. W.: Farbenkinematographie. Das Technicolor-Farbfilmverfahren. Film-Technikum **1**, 108 (1950).
249. — Technicolor stellt ihr Farbverfahren grundlegend um. Bild und Ton **4**, 151 (1951).
250. Happé, L. B. K.: Der Technicolor-Prozeß. Brit. Cinematogr. **35**, 4—9 (1959).
251. — Fortschritte in der Technicolor-Kopiertechnik. Brit. Cinematogr. **37**, 112—116 (1960).
252. Imus, H. und J. W. Schmit: Optisches Kopieren von nassen Technicolor-Negativen. J. Soc. Mot. Pict. Tel. Engrs. **69**, 545—547 (1960).
253. Pohl, W. E.: Die Herstellung von 8-mm-Kopien bei Technicolor. J. Soc. Mot. Pict. Tel. Engrs. **70**, 606—607 (1961).
254. Bennetto, J. W.: E. P. 28290/1897.
255. Fuhrmann, F.: Der Öldruck. Halle (Saale): W. Knapp. 1910.
256. — Die Praxis des Öldruckes. Atelier d. Photogr. **18**, 30—34 (1911).
257. Switzkowski, J.: Mehrfacher Öldruck und Dreifarbenöldruck. Phot. Chronik (1911), 65.
258. Mebes, A.: Der Bromöldruck. Berlin 1914.
259. Steissler, A.: Öldruck, Bromöldruck und verwandte Verfahren. Leipzig 1919.
260. Ebel, H., und A. Ranft: Bromöldruck und Umdruck. Berlin 1922.
261. Mariot, E.: Oleographie. Phot. Korr. **18**, 79 (1866).
262. Edwards, E.: E. P. 3543/1869.
263. Albert, A.: Die verschiedenen Methoden des Lichtdruckes. Halle (Saale): W. Knapp. 1900.
264. Wall, E. J.: Modifikation des Rawlins'schen Öldruckes. Phot. News (1907), 299.
265. Piper, C. W.: Bromoil Process. Phot. News (1907), 150, 222.

266. EASTMAN KODAK: Flexichrome-Verfahren. Anleitung. Sonderdruck.
267. SCHINZEL, K. und L.: Dreischichten-Farbenphotographie durch Mehrfarbenentwicklung. Lichtbild **11**, 172 (1936); **12**, 3 (1936).
268. — Dreischichten-Farbenphotographie durch gleichzeitige Farbentwicklung. Lichtbild **12**, 19, 35 (1936).
269. — Dreischichten-Farbenphotographie durch indirekte Farbenkupplung. Lichtbild **12**, 51, 68 (1936); **12**, 103 (1937).
270. — Zur Geschichte der Dreischichten-Farbenphotographie. Lichtbild **12**, 121 (1937); **13**, 6 (1937).
271. — Chlorsilberschichten für Farbenphotographie und Tonfilm. Lichtbild **12**, 185 (1937).
272. MCADAM, D. L.: Subtractive Color Mixture and Color Reproduction. J. opt. Soc. Amer. **28**, 466—480 (1938).
273. FRIESER, H., und R. REUTER: Zur Theorie der Farbenphotographie. Zeitschr. f. techn. Physik **19**, 77—85 (1938).
274. MEYER, K.: Die farbenphotographischen subtraktiven Mehrschichtenverfahren. Ergebn. d. angew. physikal. Chemie **6**, 367—432 (1940).
275. WEIZSÄCKER, R.: Die apparativen Hilfsmittel der Dreifarbenphotographie. Phot. Ind. **38**, 543 (1940).
276. SCHNEIDER, W., und R. SPERLING: Die farbenphotographischen subtraktiven Mehrschichtenverfahren. In: Fortschritte der Photographie. III. Band. Hrsg. von E. Stenger und H. Staude, 180—224, Leipzig 1944.
277. MANNES, L. D., und L. GODOWSKY JR.: The Kodachrome Process for Amateur Cinematography in Natural Colors. J. Soc. Mot. Pict. Engrs. **25**, 65—68 (1935).
278. BUSCH, L.: Kodachrome. Kinotechnik **17**, 407—410 (1935).
279. EGGERT, J., und G. HEYMER: Der Stand der Farbenphotographie. Naturw. **43**, 689—699 (1937).
280. SOCHER, H., und E. VON OVEN: Zum Stand der Farbenphotographie. Angew. Chemie **50**, 209 (1937).
281. BERGER, H.: Zwanzig Jahre Agfacolor-Photographie — ein Rückblick und ein Ausblick. Mitt. a. d. Forschungslab. d. Agfa **1**, 165—169 (1955).
282. MEYER, K.: Zur Geschichte des Agfacolorverfahrens I—VII. Bild und Ton **13**, 6—8, 37—39, 68—70, 105—109, 140—142, 166—168, 205—206 (1960).
283. — 25 Jahre Agfacolorverfahren. Agfa Veröff., Wolfen **9**, 1—6 (1961).
284. HOMOLKA, B.: Untersuchungen über das Solarisationsphänomen — wirkliche und scheinbare Solarisation. Eders Jahrb. f. Phot. **21**, 58—61 (1907).
Indoxyl und Thioindoxyl als Entwicklersubstanzen für das latente Lichtbild. Phot. Chronik (1907), 206; ref. Eders Jahrb. f. Phot. **21**, 359—363 (1907).
285. FISCHER, R.: DRP 253335/1912; E. P. 2562/1913; U. S. P. 1102028/1914; DRP 257160/1911; F. P. 454792/1911; Österr. P. A 8572/1911.
286. — und H. SIEGRIST: Über die Bildung von Farbstoffen durch Oxydation mittels belichteten Halogensilbers. Phot. Korr. **50**, 18—22, 208 (1914).
287. MANNES, L. D., und L. GODOWSKY JR.: DRP 484901/1930; E. P. 440032/1930; E. P. 616941/1930; U. S. P. 1980941/1927.
288. — — E. P. 500721/1937; 507841/1937.
289. SEYMOUR, M. W.: U. S. P. 1897866/1931.
290. MARTINEZ, M.: U. S. P. 2269185/1937.
291. JELLEY, E. E., und P. W. VITTUM: U. S. P. 2322027/1938.
292. EGGERT, J., A. FRÖHLICH und B. WENDT: Substantive Azokupplungskomponenten. DRP 735261/1934.
293. WILMANNS, G., W. SCHNEIDER und A. BRODERSEN: Substantive Farbkuppler zur Bildung von Azomethin- und Chiniminfarbstoffen. DRP 746135/1935.
294. — Q. KUMETAT, A. FRÖHLICH, W. SCHNEIDER, A. BRODERSEN: Lange Kohlenwasserstoffketten. DRP 725872/1935; DRP 733407/1935; F. P. 810401/1953.
295. EGGERT, J.: Agfacolor-Neu. Film f. Alle **11**, 65 (1937).
296. — Über das neue Agfacolorverfahren. Forsch. u. Fortschr. **13**, 72 (1937).
297. SCHNEIDER, W., und G. WILMANNS: Agfacolor-Neu. Agfa Veröff., Wolfen **5**, 29—36 (1937).

298. Forrest, J. L., und F. M. Wing: Das neue Agfacolor-Verfahren. J. Soc. Mot. Pict. Engrs. **29**, 248—257 (1937).
299. Beck, H.: Agfacolor — Der deutsche Farbenfilm. Kinotechnik **22**, 151—154 (1940).
300. Schneider, W.: Die Farbenphotographie. Europ. Studienmappen. T. H. München 1944.
301. Berger, H.: Agfacolor. 5. Aufl. Wuppertal: W. Girardet. 1950.
302. Lobel, L., und R. Auvillain: Der Fortschritt der Kodachrome-Farbenphotographie auf Mehrschichtenfilm. Bull. Soc. franç. Photogr. Cinématogr. [3] **24**, 173—182 (1937).
303. Pelz, W.: Farbkuppler. Mitt. a. d. Forschungslab. d. Agfa **3**, 111—175 (1961).
303a. Püschel, W.: Zur Chemie der Weißkuppler. Mitt. a. d. Forschungslab. d. Agfa, Leverkusen **4**, 352—367 (1964).
303b. Mittag, R., und H. Pietrzok: Beitrag zur Chemie der Gelbkuppler. Veröff. wissenschaftl. Photo-Labor., Wolfen **10**, 283—300 (1965).
304. Taylor, J. H., und D. W. Woodward: U. S. P. 2828205/1953 (Du Pont de Nemours & Comp.).
305. De Witt Overmann, J.: U. S. P. 2828205/1953 (Du Pont de Nemours & Comp.).
306. Jennings, A. B., W. A. Stanton, und J. P. Weiss: Synthetic Color-Forming Binders for Photographic Emulsions. J. Soc. Mot. Pict. Tel. Engers. **55**, 343 (1950).
307. McQueen, D. M., und D. W. Woodward: Synthetic Color-Forming Photographic Colloids. J. Amer. Chem. Soc. **73**, 4930 (1951).
308. Land, E. H., E. R. Blout u. a.: Austr. P. 232700/1958.
309. — und H. G. Rogers: Belg. P. 534933/1957.
310. — Belg. P. 554934/1957.
311. Green, M., und H. G. Rogers: Belg. P. 568344/1958.
312. Inter. Polaroid: Belg. P. 569080/1957.
313. Simon, M. S., H. G. Rogers und M. Green: Belg. P. 571336/1958.
314. Blout, E. R., und H. C. Haas: Belg. P. 573503/1958.
315. Intern. Polaroid: Belg. P. 582641/1959.
316. — Belg. P. 586251/1960.
317. — Belg. P. 592285/1960.
318. — Belg. P. 592286/1960.
319. — Belg. P. 592287/1960.
320. — Belg. P. 592288/1960.
321. Ryan, W. H.: Belg. P. 594120/1960.
322. Haas, H. C.: Belg. P. 607371/1961.
323. Rogers, H. G.: Belg. P. 614693/1262.
324. Land, E. H., und M. M. Morse: Belg. P. 614795/1962.
325. Green, M., und Ph. Moore: Belg. P. 621310/1962.
326. Intern. Polaroid: DAS 1047620/1956.
327. Rogers, H. G., und E. H. Land: DAS 1066092/1955.
328. Blout, E. R., S. G. Cohen u. a.: DAS 1111936/1958.
329. Rogers, H. G., und M. S. Simon: DAS 1111938/1960.
330. Land, E. H.: DAS 1112767/1959.
331. Green, M., und H. G. Rogers: DAS 1114706/1958.
332. Goulston, A. B., und M. S. Simon: DAS 1115532/1959.
333. — DAS 1116532/1960.
334. Blout, E. R., und H. G. Rogers: DAS 1129371/1958.
335. Haas, H. C.: DAS 1133977/1960.
336. — DAS 1138319/1961.
337. Land, E. H., E. R. Blout, S. G. Cohen und M. Green: DAS 1138630/1958.
338. Rogers, H. G., und H. W. Lutes: DAS 1149249 /1962.
339. Land, E. H., und H. G. Rogers: DAS 1151176/1957.
340. — E. P. 804972/1954.
341. — E. P. 804973/1954.
342. Ryan, W. H., und V. K. Walworth: E. P. 814891/1956.
343. Intern. Polaroid: E. P. 853478/1956.

344. INTERN. POLAROID: E. P. 853479/1956.
345. — E. P. 853480/1956.
346. — E. P. 853481/1956.
347. — E. P. 860233/1958.
348. ROGERS, H. G., E. H. LAND, M. S. SIMON, S. H. MERVIS, E. R. BLOUT und S. G. COHEN: E. P. 893575/1957.
349. GREEN, M.: E. P. 898706/1957.
350. INTERN. POLAROID: F. P. 1185401/1957.
351. — F. P. 1185402/1957.
352. — F. P. 1190524/1957.
353. LAND, E. H.: F. P. 1192238/1957.
354. — F. P. 1210863/1957.
355. MERVIS, S. H., H. G. ROGERS u. a.: F. P. 1214867/1957.
356. BLOUT, E. R., H. C. HAAS und H. G. ROGERS: F. P. 1217185/1957.
357. GLOUSTON, A. B., und M. S. SIMON: F. P. 1248727/1959.
358. INTERN. POLAROID: Kanad. P. 490461/1953.
359. LAND, E. H.: Kanad. P. 587279/1956.
360. ROGERS, H. G.: Kanad. P. 609057/1958.
361. — U. S. P. 2909430/1958.
362. LAND, E. H.: U. S. P. 2966408/1957.
363. — U. S. P. 2968554/1954.
364. ROGERS, H. G.: U. S. P. 2983606/1958.
365. HAAS, H. C.: U. S. P. 2992104/1958.
366. CORLEY, R. S., und M. GREEN: U. S. P. 2992105/1958.
367. BLOUT, E. R., R. S. CORLEY, und M. S. SIMON: U. S. P. 2992106/1958.
368. LAND, E. H.: U. S. P. 2997390/1956.
369. BLOUT, E. R., H. C. HAAS, und H. G. ROGERS: U. S. P. 3003872/1957.
370. ROGERS, H. G.: U. S. P. 3015561/1957.
371. — U. S. P. 3039869/1957.
372. HAAS, H. C.: U. S. P. 3044873/1958.
373. — U. S. P. 3061428/1958.
374. ROGERS, H. G.: U. S. P. 3061453/1959.
375. — U. S. P. 3065074/1958.
376. HAAS, H. C.: U. S. P. 3069263/1958.
377. — U. S. P. 3069264/1958.
378. ROGERS, H. G., und H. W. LUTES: U. S. P. 3077400/1962.
379. GOULSTON, A. B., und M. S. SIMON: U. S. P. 3081167/1959.
380. LAND, E. H.: U. S. P. 3084890/1955.
381. ROGERS, H. G.: U. S. P. 3087817/1956.
382. GREEN, M.: U. S. P. 3141772/1963.
383. DOWNES, B.: Progress Report on Polaroid Color Film. Popular Photogr. **46**, 40 (1960).
384. CRAWLEY, G. W.: Polacolor. Brit. J. Phot. **110**, 76—80, 443—446 (1963).
385. WHITEMORE, K. E.: Belg. P. 570272/1958 (Kodak Soc. Anonyme).
386. — und P. M. MADER: Belg. P. 578470/1958 (Kodak S. A.).
387. — Belg. P. 603747/1961 (Kodak S. A.).
388. — und P. M. MADER: DAS 1095115/1958 (Kodak S. A.).
389. — DAS 1105716/1959 (Kodak).
390. — F. P. 1293709/1961 (Kodak).
391. WILLIAMS, J., und K. E. WHITEMORE: Belg. P. 585686/1959 (Kodak).
392. BARR, C. R., J. WILLIAMS u. a.: Belg. P. 619300/1962 (Kodak).
393. — — Belg. P. 619301/1962 (Kodak).
394. BARNES, J. R., V. E. BISONETTE und P. G. GILMAN: DAS 1101954/1959 (Kodak).
395. WHITEMORE, K. E., und P. M. MADER: E. P. 840731/1956 (Kodak).
396. WILLIAMS, J.: E. P. 900093/1958 (Kodak).
397. KNOWLES, J. D., und G. I. P. LEVENSON: E. P. 900091/1958 (Kodak).
398. WHITEMORE, K. E., und P. M. MADER: E. P. 904364/1959 (Kodak).
399. — — E. P. 904365/1959 (Kodak).

400. Schwerin, A. K., und D. M. Dumers: Belg. P. 591182/1960 (General Anilin & Film Corp.).
401. Cros, Ch.: Solution générale du Problème de la Photographie des Couleurs. Paris 1869.
402. Donisthorpe, W.: Brit. J. Phot. **22**, 479 (1875).
403. Drac, M. J.: DRP 181919/1904; E. P. 1008/1904, 9449/1905; Belg. P. 175130; F. P. 341645/1904; Kanad. P. 93040; U. S. P. 905802/1904; Brit. J. Phot. **53**, 21 (1906); **54**, 87, 111 (1907); Eders Jahrb. d. Phot. **20**, 429–432 (1906).
404. Moelants, L.: DRP 268391/1912; Belg. P. 235823, 245166; Belg. P. 245167, 246082/1912; E. P. 9313/1912; F. P. 442776/1912; Brit. J. Phot. **60**, 385 (1913); Eders Jahrb. d. Phot. **27**, 261–262 (1913).
405. Bruignac, D. de: F. P. 369357/1907.
406. Lanchester, F. M.: E. P. 16548/1896; Brit. J. Phot. **43** (1896), Supp. 63; **51**, 7 (1904).
407. Rheinberg, J.: La Photographie des couleurs par dispersion spectrale prismatique La Photographie des couleurs **1**, 65–68 (1906).
408. – und E. Rheinberg: Die Mikrospektralmethode der Farhenphotographie mittels prismatischer Dispersion. (1912); Phot. J. **62**, 62 (1912); Brit. J. Phot. **95** (1912), Col. Phot. Suppl. **6**, 19, 24.
409. Rheinberg, E., und J. Rheinberg: Le procédé de photographie des couleurs par dispersion prismatique. Paris: Ch. Mendel. 1912.
410. Jourdain, P. E. B.: The Application of the Diffraction-Grating to Photochromy. Brit. J. Phot. **46**, 232 (1899).
411. Cheron, A. F.: F. P. 364526/1906; Bull. Soc. franç. Phot. [2] **22**, 468 (1906); Brit. J. Phot. **53**, 904 (1906); Eders Jahrb. d. Phot. **21**, 135–141 (1907).
412. – La photographie des couleurs par dispersion spectrale prismatique. La Photographie des Couleurs **1**, 89–96 (1906).
413. – Appareil pour le procédé par dispersion prismatique. La Photographie des Couleurs **2**, 161–164 (1907).
414. – Perfectionnements au procédé par dispersion spectrale. La Photographie des Couleurs **2**, 82–87 (1907).
415. Raymond, M.: Photography in Colour by Prismatic Dispersion. Brit. J. Phot. **54** (1907), Col. Phot. Suppl. **1**, 5, 18; Phot. Revue **19**, 51 (1907); Eders Jahrb. d. Phot. **21**, 141, 415 (1907).
416. Urban, F.: Prismatic Dispersion Colour Photography. E. P. 8723/1907; Belg. P. 199391; F. P. 376616; Österr. P. 44368; Brit. J. Phot. **54**, 869 (1907).
417. Frauenfelder, P. G., und L. R. Frauenfelder: U. S. P. 747961/1903; Brit. J. Phot. **58** (1911), Col. Phot. Suppl. **5**, 16.
418. Doglibert, F.: Brit. J. Phot. **58** (1911), Col. Phot. Suppl. **5**, 16; Eders Jahrb. d. Phot. **26**, 373 (1912).
419. Wood, R. W.: DRP 140907/1899; E. P. 4601/1899; U. S. P. 755983; Brit. J. Phot. **46**, 299, 232, 357, 420 (1899); Bull. Soc. franç. Phot. [2] **15**, 267 (1899); Eders Jahrb. d. Phot. **14**, 558 (1900); **19**, 213 (1905); **21**, 134 (1907).
420. Pfaundler, L.: Über Farbenphotographie mittels Beugungsgitter. Eders Jahrb. d. Phot. **15**, 177–187 (1901).
421. Torpe, T.: E. P. 11466/1899; Brit. J. Phot. **47**, 327 (1900); Eders Jahrb. d. Phot. **16**, 229 (1902).
422. – Grating Films and their Application to Colour Photography. Manchester Memoirs **44**, 514 (1900).
423. Ives, F. E.: U. S. P. 666423/1901.
424. Ives, H. E.: U. S. P. 817569/1906, 839853/1907, 839369/1908; E. P. 6825/1906; Brit. J. Phot. **53**, 609, 853 (1906); **54**, 54, 89 (1907).
425. Clay, R. S.: A Suggestion for a New Method of Photography in Colour. Brit. J. Phot. **68** (1921, Col. Phot. Suppl. **14**, 9.
426. Branfill, J. A. C.: Brit. J. Phot. **44**, 142 (1897).
427. Giesecke, W.: DRP 117598/1899.
428. Szczepanik, J.: E. P. 7729/1899; Brit. J. Phot. **47**, 329 (1900).
429. Ives, F. E.: U. S. P. 648748/1900.

430. LASSUS SAINT-GÉNIES, J. DE: F. P. 459566/1813; Eders Jahrb. d. Phot. **29**, 146 (1915).
431. CLARKE, E. R.: E. P. 10690/1902.
432. ZENKER, W.: Lehrbuch der Photochromie. Neuhrsg. v. B. SCHWABE. Braunschweig: Vieweg & Sohn. 1912.
433. HERSCHEL, J.: Phil. Trans. **130**, 28 (1840).
434. HUNT, R.: Researches on Light. 1844; 2. ed. 1854.
435. BECQUEREL, A. E.: Ann. de Chim. et de Phys. ser. 3, **22**, 451 (1848); **25**, 447 (1851);
436. — La Lumière et ses Effets **2**, 209—234 (1868).
437. NIEPCE DE SAINT-VICTOR, C. F. A.: Héliochromie. Gravure héliographique. Notes et Procédés divers. Paris 1855.
438. — Extrait d'un Mémoire sur une relation existant entre la couleur de certaine colorés avec les images héliographique colorées par la lumière. Compt. rend. **32**, 832 (1951); **34**, 215 (1852); **35**, 694 (1853); **54**, 281 (1862); **56**, 90 (1863).
439. HILL, L. L.: Eine Abhandlung über die Heliochromie oder über die Herstellung naturfarbiger Lichtbilder. Dinglers Journal **120**, 466 (1852); **129**, 78 (1861).
440. POITEVIN, A. L.: Action simultanée de la lumière et des sels oxygénés sur le souschlorure d'argent violet: application à l'obtention par la photographie des couleurs naturelles sur papier. Compt. rend. **61**, 1111 (1865).
441. — Phot. Mitt. **4**, 11 (1867); Bull. Soc. franç. Phot. **12**, 13, 318 (1866).
442. SIMPSON, G. W.: Phot. Mitt. **4**, 24 (1867); Phot. News **20**, 73 (1866).
443. SAINT-FLORENT, E. DE: Note sur la Photographie en Couleurs sur Papier. Bull. Soc. franç. Phot. **19**, 228 (1873); **20**, 72, 103 (1874); **28**, 17 (1882); [2] **6**, 229 (1890); [2] **8**, 664 (1892); [2] **12**, 252 (1896); Brit. J. Phot. **20**, 511, 579, 587 (1873); Phot. Archiv **31**, 146, 327 (1890); **32**, 307 (1891); Phot. Rundschau **11**, 215 (1897); Phot. Wochenbl. **16**, 142, 222 (1890).
444. VALLOT, E.: Phot. News **44**, 449 (1890); Eders Jahrb. d. Phot. **5**, 540 (1891).
445. LIESEGANG, R. E.: Heliochromie. Phot. Archiv **31**, 147 (1890); Eders Jahrb. d. Phot. **5**, 540 (1891).
446. — Die Heliochromie. Das Problem der Photographie in natürlichen Farben. Eine Zusammenstellung der hierauf bezüglichen Arbeiten von BECQUEREL, NIEPCE und POITEVIN. Düsseldorf 1884.
447. VERESS, F.: Heliochromie. Eders Jahrb. d. Phot. **5**, 538 (1891); **6**, 332 (1892); Phot. Archiv **33** 206 (1892); Eders Jahrb. d. Phot. **7**, 434 (1893).
448. GOTHARD, E. VON: Über die neuen Fortschritte der Heliochromie. Phot. Archiv **31**, 140 (1890); **33**, 206 (1892); Phot. Korr. **27**, 149 (1890); Eders Jahrb. d. Phot. **5**, 46—50 (1891).
449. GAEDICKE, J.: Über Photographie der Farben. Phot. Wochenbl. **16**, 142 (1890).
450. KOPP, R.: E. P. 20600/1891; Brit. J. Phot. **39**, 114 (1892); Eders Jahrb. d. Phot. **6**, 337 (1892); **7**, 432—434 (1893).
451. VALENTA, E.: Über die Herstellung von Photochromien nach KOPP's und LIPPMANN's Methode. Phot. Korr. **29** (1892); Eders Jahrb. d. Phot. **7**, 434—437 (1893).
452. — Über die Herstellung von photographischen Platten für Photochromie. Phot. Korr. **29**, 432 (1892); **30**, 577 (1893); **31**, 169 (1894); Eders Jahrb. d. Phot. **9**, 504—506 (1895).
453. KITZ, A.: Beitrag zur Photographie in den natürlichen Farben. Eders Jahrb. d. Phot. **8**, 142—143 (1894).
454. VALENTA, E.: Die Photographie in natürlichen Farben unter besonderer Berücksichtigung des Lippmannschen Verfahrens. Halle (Saale): W. Knapp. 1894; 2. Aufl. 1912.
455. ZENKER, W.: Die Entstehung der Farben in der Photochromie. Eders Jahrb. d. Phot. **5**, 294—303 (1891).
456. LEA, M. CAREY: Kolloidales Silber und die Photohaloide. Übers. v. H. LÜPPO-CRAMER. Halle (Saale): W. Knapp. 1907; 2. Aufl. 1920.
457. — On Red and Purple Chloride, Bromide and Iodide of Silver. On Heliochromy and on the Latent Photographic Image. Amer. J. of Science **33**, 394 (1887); Brit. J. Phot. **34**, 330, 345, 472, 486 (1887).

458. WIENER, O.: Farbenphotographie durch Körperfarben und mechanische Anpassung in der Natur. Wiedemanns Ann. d. Physik und Chemie **40**, 203 (1890); **55**, 225 (1895); Phot. Mitt. **32**, 206 (1895); Phot. Rundschau **9**, 257 (1895).
459. — Über Farbenphotographie. Leipzig 1909.
460. KRONE, H.: Darstellung der natürlichen Farben durch Photographie. 1894.
461. HEYER, F.: Untersuchungen über das hypothetische Silbersubchlorid. Inaug.-Diss. Leipzig 1902.
462. LÜPPO-CRAMER, H.: Photographische Probleme. Halle (Saale): W. Knapp. 1907.
463. — Die Grundlagen der photographischen Negativverfahren. In: Ausführl. Handbuch der Photographie. Hrsg. v. J. M. Eder, 2. Band, 1. Teil, 3. Aufl. Halle (Saale): W. Knapp. 1927.
464. WEIGERT, F.: Zur Photochemie der Silberverbindungen. Phot. Korr. **59**, 49 (1922). Sitzungsber. d. Preuß. Akademie d. Wiss. (1921), 641.
465. — Zur Theorie der Strahlungsumformung I. Zeitschr. f. physikal. Chemie **101**, 414—537 (1922).
466. — Zur Theorie der Strahlungsumformung II. Zeitschr. f. physikal. Chemie **106**, 407 (1923); Chem. Zentralbl. **1**, 459 (1924).
467. LÜPPO-CRAMER, H.: Neue Untersuchungen zur Theorie der photographischen Vorgänge. Phot. Korr. **47**, 271—278 (1910).
468. SCHAUM, K.: Kolloidchemie und Photographie. Koll. Zeitschr. **31**, 259 (1922).
469. WEIGERT, F.: Die Mizellartheorie des latenten Bildes. Phot. Korr. **70**, 41 (1934).
470. LIPPMANN, G.: Die Photographie in natürlichen Farben. Compt. rend. **112**, 274 (1891); Bull. Soc. franç. Phot. [2] **7**, 74 (1891); Brit. J. Phot. **38**, 121 (1891); Eders Jahrb. d. Phot. **6**, 325—330 (1892); Eders Jahrb. d. Phot. **7**, 321—322 (1893).
471. — Über die Theorie der Photographie der einfachen und zusammengesetzten Farben mittels der Methode der Interferenzen. Compt. rend. **118**, 92 (1894); Zeitschr. f. physikal. Chemie (1894), 710.
472. LUMIÈRE, A., und L. LUMIÈRE: Photographie in natürlichen Farben nach Lippmann. Bull. Soc. franç. Phot. [2] **9**, 249 (1893); Phot. Mitt. **30**, 122 (1893).
473. EDER, J. M.: Die Photographie mit dem Kollodiumverfahren. In: Ausführliches Handbuch der Photographie. Hrsg. v. J. M. Eder. 2. Band, 2. Teil, 3. Aufl. Halle (Saale): W. Knapp. 1927.
474. WENTZEL, F.: Die photographischen Kopierverfahren mit Silbersalzen (Positiv-Prozeß) und die photographischen Roh- und Barytpapiere. In: Ausführliches Handbuch der Photographie. Hrsg. v. J. M. Eder. 4. Band, 1. Teil, 3. Aufl. Halle (Saale): W. Knapp. 1928.
475. KRONE, H.: Über das Problem in natürlichen Farben zu photographieren. Dresden: Krone's Kunstverlag. 1893.
476. — Einige Erfahrungs-Notizen über farbiges Photographieren von Spektren nach Lippmann's Methode. Eders Jahrb. d. Phot. **7**, 428—432 (1893).
477. ZENKER, W.: Über die Entstehung der Farben im Lippmann'schen Spektrum. Eders Jahrb. d. Phot. **7**, 114—121 (1893).
478. VOGEL, H. W.: Über die Photographie in natürlichen Farben. Eders Jahrb. d. Phot. **7**, 285—287 (1893).
479. NIEWENGLOWSKI, G. H.: Die neuesten Fortschritte der Chromophotographie und die Theorie der Lippmann'schen Versuche. Eders Jahrb. d. Phot. **8**, 73—82 (1894).
480. — und A. ERAULT: La photographie directe des couleurs par procédé de G. Lippmann. Paris 1895.
481. DAVANNE, B.: Rapport sur les titres de G. Lippmann au Grand Prix de 12000 francs. Paris 1895.
482. BERTHIER, A.: Manuel de Photochromie Interférentielle. Paris 1895.
483. NEUHAUSS, R.: Nachweis der dünnen Zenkerschen Blättchen in den nach Lippmann's Verfahren aufgenommenen Farbbildern. Ann. d. Physik und Chemie **65**, 164—172 (1898).
484. — Die Photographie in natürlichen Farben. Eders Jahrb. d. Phot. **9** 186—192 (1895); **10**, 20—23 (1896).
485. — Die Farbenphotographie nach Lippmann. Halle (Saale): W. Knapp. 1898.

486. Neuhauss, R.: Neuere Untersuchungen über Lippmann's Farbenverfahren. Eders Jahrb. d. Phot. **12**, 179—193 (1898); **13**, 70—74 (1899); **14**, 178—193 (1900).
487. Lüppo-Cramer, H.: Untersuchungen über das Lippmann'sche Farbenverfahren. Eders Jahrb. d. Phot. **15**, 23—37 (1901).
488. Berget, A.: Photographie der Coeleurs par la Méthode Interférentielle de M. Lippmann. Paris 1901.
489. Lehmann, H.: Beiträge zur Theorie und Praxis der direkten Farbenphotographie nach Lippmann's Methode. Freiburg i. Br.: C. Troemer. 1906.
490. — Über die direkten Verfahren der Farbenphotographie nach Lippmann und Lumière. Phys. Zeitschr. **9**, 847 (1907).
491. — Interferenzfarbenphotographie mit Metallspiegel. Phys. Zeitschr. **11**, Nr. 20 (1909).
492. — Die Praxis der Interferenz-Farbenphotographie. Phot. Rundschau **23** (1909).
493. Jeuffrain, L.: Notes sur le Procédé Lippmann. La Photographie des Couleurs (Paris) **2**, 95—96, 110—112 (1907).
494. Cajal, R. R. y: Chromomicrographie par la méthode interférentielle. La Photographie des Couleurs (Paris) **2**, 97—101, 116—121 (1907).
495. Rothe, E.: Sur la photographie interférentielle. La Photographie des Couleurs (Paris) **1**, 97—108 (1906).
496. Nodon, A.: La Photographie des Couleurs. La Photographie des Couleurs (Paris) **2**, 138, 158 (1907).
497. Clerc, L. P.: Les Reproductions Polychromes Photomécaniques. Paris 1919.
498. Ives, H. E.: Experimentaluntersuchung über Lippmann's Farbenphotographie. Astrophys. J. **27**, 325 (1908); Brit. J. Phot. **55**, 942, 965, 979 (1908); **56** (1909), Col. Phot. Suppl. 3, 7; Zeitschr. f. wiss. Photogr. **6**, 373 (1908); Phot. Mitt. **46**, 14 (1909); Phot. Wochenbl. **35**, 34 (1909); Eders Jahrb. d. Phot. **23**, 322 (1909).
499. Liesegang, R. E.: Über ein Badeverfahren zur Herstellung von Lippmann-Platten. Kolloid. Zeitschr. **17**, 157 (1916); Phot. Rundschau **24**, 198 (1915); Phot. J. of Amer. **63**, 36 (1916).
500. Lehmann, H.: Über die Herstellung sogenannter „kornloser" Platten für das Interferenz-Farbenverfahren von Prof. Lippmann. Phot. Ind. **23**, 1013 (1925); Amer. Phot. **20**, 271 (1926).
501. Cajal, R. R. y: Die Struktur der Lippmannschen Photochromien. Zeitschr. f. wiss. Photogr. **5**, 213 (1907); Brit. J. Phot. **54**, 691 (1907).
502. Lehmann, H.: Über die Abstimmung der Lippmann-Platte. Eders Jahrb. d. Phot. **22**, 157—164 (1908).
503. Glenn, W. E.: J. Opt. Soc. Amer. **48**, 841—843 (1958).
504. — Thermoplastic Recording. J. appl. Phys. **30**, 1870—1873 (1959); J. Soc. Mot. Pict. Tel. Engrs. **69**, 577—580 (1960).
505. Atorf, A.: Thermoplastisches Aufzeichnungsverfahren für elektrische Signale. Kino-Technik **14**, 224—227, H. 8 (1960).
506. Kirsch, W.: Die Xerographie — ein photophysikalisches Bildaufzeichnungsverfahren. Bild und Ton **14**, 171—175, 201—203 (1961).
507. Mutter, E.: Kompendium der Photographie, III. Band. Die Positivverfahren, ihre Technik und Anwendung. Berlin: Verlag für Radio, Photo, Kinotechnik. 1963.
508. Helwich, O.: Reprographie. I. Internationaler Kongreß, Köln 1963. Darmstadt: Dr. O. Helwich. 1964.
509. Köllner, H.: Farbige Möglichkeiten der Xerographie. Bild und Ton **15**, 34—38 (1962).
510. Kucera, T. J.: Colour Electrophotography. Perspective **4**, 133—143 (1962).
511. Jacob, C. W.: U. S. P. 2752833/1950, 2808328/1950.
512. Kodak: Fr. P. 1188943/1956, 1196819/1956.
513. Agfa A.G.: DAS 1090093/1958.
514. RCA: DAS 1044613/1956; U. S. P. 3060019/1958, 3060020/1958; Fr. P. 1228380/1958; DAS 1089265/1958; Belg. P. 589632/1959, 589633/1959.
515. Oriental Phot. Ind. Co.: Jap. P. 38-24194/1961.

516. Kodak: U. S. P. 3057787/1960; Belg. P. 599197/1961, 644383/1964.
517. Parker, D. J., und F. C. Myers: An Electrostatic Color Map Printer. J. Soc. Mot. Pict. Tel. Engrs. **69**, 744—748 (1960).
518. Kaprelian, E. K.: U. S. P. 2986466/1955, 2940847/1957.
519. National Cash Register Comp.: U. S. P. 2714074, 2730456, 2730457, 2800457.
520. Minnesota Mining Manufacturing Comp., USA: Fr. P. 1323819/1962.
521. Halloid Xerox Inc., USA: U. S. P. 2962374/1956, 2962375/1956, 2962376/1958, 3013890/1958, 3043686/1958, 3057720/1959, 3057275/1958.
522. N. N.: Electrocolor — Neues Verfahren der 3 M Company. MFM (Monatl. Fototechn. Mitt.) **14**, 76 (1966).
522a. Mannheim, L. A.: Farbstoffe und Farbbilder. MFM (Monatl. Fototechn. Mitt.) **14**, 173—174 (1966).

IV. Die Praxis der Farbphotographie mit Mehrschichtenfilmen und chromogener Entwicklung

A. Die Farbschichten des Handels, ihre Eigenschaften und Verwendung

523. Ferrania S.p.A., Mailand: Ferraniacolor. Empfindliche Produkte für Fotografie und Schmalfilm. Eigenverlag 1963.
524. Kodak A.G., Stuttgart: Filmfibel. Eigenverlag.
525. Mees, C. E. K.: Direct Processes for Making Photographic Prints in Color. J. Franklin Inst. **233**, 1, 41—50 (1942).
526. Kodak A.G., Stuttgart: Ektacolor. Eigenverlag.
527. Lühr, F., A. Nürnberg und H. Schrader: Agfacolor-Materialien und Verarbeitung. Halle: Fotokino Verlag. 1958.
527a. Ronicke, K.: Orwocolor Labor-Handbuch. VEB Filmfabrik Wolfen.
528. Beulig, G.: Agfacolor-Aufnahme- und Kopiermaterialien. Farbfotokurs Heft 6. Halle: Fotokino Verlag. 1959.
529. Clever, A.: Kann der Agfacolor-Negativfilm für alle Lichtarten benutzt werden? Kinetechn. Mitt. VEB Filmfabrik Wolfen, Heft 4 (1963).
530. Beulig, G.: Ein neues Orwocolor-Aufnahmematerial: Negativ-Rollfilm NK 16. Bild u. Ton **17**, 223, 224 (1964).
531. Koshofer, G., und K. Hübner: A Historical List of the World's Chromogenic Processed Colour Films. Brit. J. Phot. **112**, 780—786, No. 5486 (1965). — Die Farbfilme des Weltmarktes von 1935 bis 1965. MFM **14**, 31—35, 77—79, 133 (1966).
532. Clever, A.: Der Agfacolor-Negativfilm Typ 432. Kinetechn. Mitt. VEB Filmfabrik Wolfen, Heft 5,13—18 (1963).
533. Naumann, H., und G. Lentsch.: farbdiapraxis. 8. Aufl. Hamburg: Drei Mohren Verlag. 1963.
534. Agfa A.G., Leverkusen: Agfacolor Umkehr-Planfilm. Leitfaden für Aufnahme und Selbstverarbeitung. 2. Aufl. 1963.
535. Ansco, Bringhamton, New York: Bessere Farbaufnahmen mit Anscochrome. 1958.
536. Cushman, G. W.: Der empfindlichste Farbfilm der Welt wird geprüft. Amer. Cinematogr. **39**, 237—238 (1958).
537. — Dynachrome. A New Color Reversal Film, Makes Its Debut. Phot. Trade News **24**, 23, 25 (1960).
538. Kodak A.G., Stuttgart: Ektachrome. Selbstverlag 1964.
539. Weizsäcker, R.: Ein Farbfilm für das letzte Licht. Foto-Prisma **10**, 664—665 (1959).
540. Gordon, M.: Versuche mit neuen Kodak Ektachrome Filmen. Ind. Phot. **8**, 55—58 (1959).
541. Würstlin, K.: Neues Farbaufnahmematerial für den 16 mm-Berufsfilm. Film-Kinotechnik Berlin **13**, 85—87 (1959).
542. Kodak A.G., Stuttgart: Filmtechnik. 16 mm-Farbfilm-Fibel. Selbstverlag.

543. GROET, N. H., H. J. MURRAY u. andere: Zwei hochempfindliche Farbfilme und ein Umkehrkopierfilm für Kinezwecke. J. Soc. Mot. Pict. Tel. Engrs. **69**, 815—817 (1960).
544. HANSON, W. T.: Color Negative and Color Positive Films for Motion Picture Use. J. Soc. Mot. Picts. Engrs. **58**, 223—238 (1952).
545. — Improved Color Films for Color Motion Picture Production. J. Soc. Mot. Pict. Tel. Engrs. **61**, 667—701 (1953).
546. CRAIG, G. J.: Eastman Colour Films for Professional Motion Picture Work. Brit. Kinematogr. **22**, 146—158 (1953).
547. ANDERSON, C. R., und C. A. HORTON: An Intermediate Positive-Internegative System for Color Motion Picture Photography. J. Soc. Mot. Pict. Tel. Engrs. **60**, 217 (1953).
548. KISNER, W. I.: A New Color Negative Film for better Picture Quality. J. Soc. Mot. Pict. Tel. Engrs. **71**, 776—779 (1962).
549. SIMMONS, N. L.: New Eastman Color Materials open vast Horizons of Motion Picture Quality. Intern. Photogr. **34**, 12—13 (1962).
550. KODAK A.G., Stuttgart: Eastman Kine-Filme. Eigenverlag.
551. JORDANSKIJ, A. N., und I. M. KILINSKIJ: Neue vollständige Serie von Farbkinefilmen. Techn. Kino i Televid., Moskva **5**, 4—13 (1961).
552. VILENSKIJ, J. B., und A. N. JORDANSKIJ: Einige Fragen der Verbesserung der Farbwiedergabe und der Schärfe in farbigen Positivfilmen. Uspechi nauč. Fotogr., Moskva **8**, 13—20 (1962).
553. MEUSSEN, L. A.: The Gevacolor Positive Film Type 953. J. Coc. Mot. Pict. Tel. Engrs. **73**, 18—24 (1964).
554. JORDANSKIJ, A. N.: Spectrozonal Photography and Spectrozonal Films. Trudy Lab. Aerometod. Akad. Nauk SSSR **7**, 25 (1959); Ref.: Photogr. Abstr., London **41**, 173 (1961).
555. MEYER, K.: Spektrozonalphotographie. Bild und Ton **14**, 326—327, 330 (1961).
556. TARKINGTON, R. G., und A. L. SOREM: Color and False-Color Films for Aerial Photography. Photogram. Eng. **22**, 88—95 (1963).
557. DANIN, P.: DRP 437507/1926.
558. BERGERHOFF, W.: Farbige Röntgenbilder. Röntgenbl. **13**, 380—381 (1960).
559. AGFA A.G., Leverkusen: Belg. P. 527156/1954, 614897/1962; DAS 1135754/1961; E. P. 842222/1957, 935050/1961; Fr. P. 1183244/1956.
560. EICHLER, W.: Chromogen entwickelnde Photomaterialien für Röntgen- und Gammastrahlen. Wissenschaftl. Photographie. Ergebnisse der Intern. Konf. für Photogr. Köln 1956. Hrsg. von O. Helwich, Darmstadt 1958, 596—598.
561. POMEROY, F. A., und M. E. WELCH: A Two-Color Photographic Paper and Rapid Process. Phot. Sci. Engng. **7**, 161—164 (1963).
562. SENGER, N.: Fortschritte auf dem Gebiet des Agfacolor-Verfahrens. Film und Farbe. Schriftreihe der Reichsfilmkammer **9**, 11—14 (1943).
563. CLEVER, A.: Die Verwendung von Filmen in den Tropen. Bild und Ton **10**, 34 (1957).
564. KODAK A.G., Stuttgart: Photographie in den Tropen. Eigenverlag.

B. Die Farbfilmsensitometrie

565. HEYMER, G., und D. SUNDHOFF: Über die Messung der Gradation von Farbfilmen. Agfa Veröff. Wolfen **5**, 62—76 (1937).
566. — Der Agfacolor-Film in Entwicklungs- und Kopieranstalt. Film und Farbe. Schriftreihe der Reichsfilmkammer **9**, 25—34 (1943).
567. OVERHAGE, C. F. J.: Principle of Color Sensitometry. Soc. Mot. Pict. Tel. Engrs. Inc. 1950.
568. BEHRENDT, W.: Farbfilmsensitometrie. Agfa Veröff. Wolfen **7**, 8—31 (1951).
569. GROSSMANN, W.: Vergleichende Untersuchungen über einige Eigenschaften von Mehrschichten-Farbfilmen. Diss. Univ. Zürich 1955. — Die Sensitometrie von Farbfilmen. Farbe **5**, 7—22 (1956).
570. DIN 4512/61; ASA PH2.5-1960; ISO Recommendation R 6/Okt. 1955.

571. ASA: American Standard for the Sensitometric Exposure of Daylight-Type Color Film. PH2.11-1958.
572. — American Standard Methode for Determining Speed of Reversal Color Films for Still Photography. PH2.21-1961.
573. BEHRENDT, W.: Der objektive Farbdichtemesser für die Farbfilmsensitometrie. Agfa Veröff., Wolfen **7**, 32—36 (1951).
574. EVANS, R. M.: A Color Densitometer for Subtractive Process. J. Soc. Mot. Pict. Engrs. **31**, 194—201 (1938).
575. SWEET, M. H.: A Inproved Photomultiplier Tube Color Densitometer. J. Soc. Mot. Pict. Tel. Engrs. **51**, 35—62 (1950).
576. BEULIG, G.: Ein neues Kurzzeitsensitometer für Farbfilm. Agfa Veröff., Wolfen **8**, 255—258 (1954).
577. THIELS, A.: Ein kurvenzeichnendes Farbdensitometer. Wiss. Phot. Ergebnisse der Intern. Konferenz f. Phot. Köln 1956. Hrsg. O. Helwich, Darmstadt 1956, 530—534.
578. WHITE, W. E., und C. A. MORRISON: An Analytical Recording Densitometer. Phot. Sci. Engng. **2**, 164—169 (1959).
579. LEIBER, F.: Zur Sensitometrie der Dreischichtfarbenfilme. Phot. Ind. **35**, 403 (1937).
580. SCHNEIDER, W., und H. BERGER: Zur Sensitometrie des Agfacolor-Verfahrens. Zeitschr. f. wiss. Photogr. **42**, 43 (1943).
581. BEHRENDT, W.: Die praktische Empfindlichkeit von Agfacolor-Filmen. Photo-Technik u. -Wirtschaft **6**, 476 (1955).
582. — Farbensensitometrie und Farbwiedergabe. Wiss. Phot. Ergebnisse der Intern. Konf. f. Phot. Köln 1956. Hrsg. O. Helwich, Darmstadt 1958, 518—521.
583. GOROKHOVSKIJ, YU. N.: Grundlegende Studien zur Sensitometrie von Mehrschichtenfarbfilmen. Zeitschr. f. wiss. Photogr. **51**, 17—58 (1956).
584. — Quelques problèmes de sensitometrie des materieaux photographiques à couches multiples. Wiss. Phot. Ergebnisse der Intern. Konf. f. Phot. Köln 1956. Hrsg. O. Helwich, Darmstadt 1958, 526—529.
585. BARANOW, G. S., N. S. OWETSCHKIS, E. D. KATZENELLENBOGEN und L. K. KRUPENIN: Sensitometrie der farbenphotographischen Materialien und Prozesse. Wiss. Phot. Ergebnisse der Intern. Konf. f. Phot. Köln 1956. Hrsg. O. Helwich, Darmstadt 1958, 522—525.
586. VIFANSKIJ, YU. K., YU. N. GOROKHOVSKIJ und I. N. KONYUSHKOVA: Studien zur Sensitometrie von Mehrschichtenfarbmaterialien. Uspechi nauč. Fotogr., Moskva **5**, 127—144 (1957).
587. HORNSBY, K. M.: Sensitometry in Practice. 10. Colour Materials. Brit. J. Phot. **104**, 82—84, 100—102, 107 (1957).
588. BOJE, W.: Schärfe und Feinkörnigkeit im Farbfoto. Leica (Frankfurt/M.) **5**, 210—211 (1959).
589. MÜLLER, R.: Zur Sensitometrie von Farbfilmen. Mitt. a. d. Forschungslab. Agfa, Leverkusen **3**, 176—181 (1961).
590. KILINSKIJ, I. M., J. B. VILENSKIJ und A. N. JORDANSKIJ: Belichtungsspielraum, Auflösungsvermögen und Farbwiedergabe bei Colornegativkinefilmen. Uspechi nauč. Fotogr., Moskva **8**, 3—12 (1962).
591. RÖSCH, S.: Farbfilmprüfungen. Optik **8**, 444—448 (1951); Kinotechnik **8**, 148—149 (1954).
592. — Die Messung der Farbwiedergabe. Eigenschaften von Kleinbild-Farbfilmen. Phot. Korr. **95**, 7—13, 28—30 (1959).
593. — Exakte Beurteilung der Farbwiedergabe durch den photographischen Farbfilm. Umschau (**1959**), 724—727.
594. STIMSON, A.: Measuring and Judging Photographic Exposure of Color Film for Automatic Exposure Controlled Cameras. Phot. Sci. Engng. **4**, 203—207 (1960).
595. WOODBURY, W. W.: Two Psychophysical Methodes for Evaluating the Quality of Projected Color Slides. Phot. Sci. Engng. **4**, 69—73 (1960).
596. HANSEN, G. und M. RICHTER: Die spektrale Empfindlichkeit von Farbfilmen. Phot. Korr. **96**, 3—9 (1960).

597. DIETZEL, K.: Vorschläge zur Bestimmung der charakteristischen Daten von Farbumkehrfilmen. Photo-Technik u. -Wirtschaft **12**, 474—477 (1961).
598. BEHRENDT, W.: Die optimale Gradation von Farbumkehrfilmen. Photo-Technik u. -Wirtschaft **13**, 382—386 (1962).
— Die optimale Gradation und die optimale Belichtung von Farbumkehrfilmen. Mitt. a. d. Forschungslab. d. Agfa-Gevaert **4**, 231—238 (1964).
599. BACHURIKHINA, S. A., und K. I. MARKHILEVICH: Kritische Bemerkungen zum Empfindlichkeitskriterium für Umkehrfilme nach dem Vorschlag von S. S. Gilev und L. V. Kiseleva. Tekh. Kino i Televid. **6**, 57—58 (1962). Antwort: l. c. **6**, 58—59 (1962).
600. SCHUMANN, G. W.: Optimized H. & D. Curves for Reversal Films. Phot. Sci. Engng. **6**, 146—155 (1963).
601. WOODBURY, W. W., und C. J. BARTLESON: Psychophysical Methodes for Evaluating the Quality of Color Transparencies. I. Phot. Sci. Engng. **6**, 10—14 (1962); II. Phot. Sci. Engng. **6**, 15—18 (1962).
602. RÖSCH, S.: Der Belichtungsspielraum von Kleinbild-Farbfilmen. Phot. Korr. **95**, 67—71 (1959).
603. SPENCER, D. A., und I. B. CURRENT: Speed Rating of Reversible Color Films. Phot. Sci. Engng. **4**, 65—68 (1960).
604. RÖSCH, S.: Prüfungen von Farbfilmen auf Auflösungsvermögen und Farbwiedergabe. Wiss. Phot. Ergebnisse der Intern. Konf. f. Phot. Köln 1956. Hrsg. von O. Helwich, Darmstadt 1958, S. 658—666.
605. EGGERT, J., und W. GROSSMANN: Das Auflösungsvermögen von Dreischichten-Farbfilmen. Naturw. **39**, 132 (1952).
606. GROSSMANN, W.: Relation between Resolving Power and Sharpness of Colour Photographs. Proc. Roy. Phot. Soc. Centenary Intern. Confer. on the Science and Applications of Photography, London 1953, p. 19—25.
607. — Schärfe und Auflösungsvermögen von Farbaufnahmen. Umschau 1954, S. 199.
608. ASHTON, G., und C. L. TOMSON: Resolving Power Measurements on Colour Film. Brit. J. Phot. **101**, 361—363 (1954).
609. FURUYA, K., F. UENO und N. IIDA: Studies of Factors that Depend on the Granularity of Color Images Formed by Color Development. Konishiroku Rev. **6**, 1—11 (1955).
610. GROSSMANN, W.: Das Auflösungsvermögen von Farbfilmen und die Schärfe von Farbphotographien. Farbe **5**, 89—112 (1956).
611. STULTZ, K. F., und D. A. KOCH: Role of Chromaticity Difference in Color Graininess Judgments. J. Opt. Soc. Amer. **46**, 832—837 (1956).
612. KILINSKIJ, I. M., J. B. VILENSKIJ und S. A. BOGARD: Structure of Color Films and the Sharpness of the Photographic Image. Zhur. nauč. i Priklad. Fotogr. i Kinematogr. **2**, 198—201 (1957).
613. — und A. N. JORDANSKIJ: Einfluß der Gelbfilterschicht auf das Auflösungsvermögen und die effektive Empfindlichkeit von Negativfarbfilmen. Tekh. kino i televid. **4**, 90 (1960).
614. OOUE, S.: Graininess and Granularity of Photographic Materials. III. Granularity of Color Film. J. Appl. Phys. (Japan) **29**, 685—691 (1960).
615. KORNDORF, V. A. und I. A. CHERNYI: Auflösungsvermögen einiger Schwarzweiß- und Farbmaterialien in Abhängigkeit von der Objektivapertur. Tr. in-tov. Kom-ta Standortov, Mer i Ismerit. **56**, 118—123 (1961).
616. BARRO, M. I., und Yu. N. GOROKHOVSKIJ: Abhängigkeit des Auflösungsvermögens mehrschichtiger Farbfilme von der Aufeinanderfolge der Schichtanordnung. Uspechi nauč. Fotogr., Moskva **8**, 21—28 (1962).
617. BERTY, I.: Der Einfluß der Zusammensetzung der Farbentwickler auf die Bildschärfe. Kép- és Hangtechnika, Budapest (1963), 164—171.
618. ZWICK, D.: Colour granularity and graininess. J. Phot. Sci., London **11**, 169—275 (1963).
619. HEILAND, W., und G. VIETH: Messung des Callier-Quotienten von Farbumkehrfilmen. Phot. Korr. **100**, 3—6 (1964).

619a. SCHULTZE, W.: Rechnerische Bestimmung der Farbwiedergabe in der subtraktiven Farbenphotographie unter verschiedenen Bedingungen. Agfa Veröff., Wolfen **7**, 64—108 (1951).
620. HÖRMANN, H., und W. SCHULTZE: Die Anwendung objektiver Prüfmethoden auf den subtraktiven Farbenfilm unter besonderer Berücksichtigung des Agfacolor-Verfahrens. Agfa Veröff., Wolfen **7**, 109—115 (1951).
621. HELLMIG, E.: Beitrag zur mathematischen Behandlung der subtraktiven Farbwiedergabeverfahren. Agfa Veröff., Wolfen **7**, 116—131, 132—155 (1951).
622. SCHULTZE, W., und H. HÖRMANN: Die Darstellung der mit den Agfacolor-Positiv-Farbstoffen ermischbaren Farben. Agfa Veröff., Wolfen **7**, 156—161 (1951).
623. RICHTER, M.: Untersuchungen zur Aufstellung eines empfindungsgemäßen gleichabständigen Farbsystems. Agfa Veröff., Wolfen (1951), 169—188.
624. HEYMER, G.: Die Agfa Farbentafel für Farbenphotographie. Agfa Veröff., Wolfen **6**, 225—229 (1939).
625. MEYER, K.: Zur Frage der farbenphotographischen Wiedergabe blauer Blütenfarbe. Agfa Veröff., Wolfen **8**, 102—106 (1954).
625a. FIERKE, S. S. (KODAK PATHÉ): U.S.P. 2571698; Fr.P. 983020.
625b. HANSON, W. T. JR., und P. W. VITTUM: Colored Dye-Forming Couplers in Subtractive Color Photography. Kodak Publ. **29**, 197—202 (1947); Nr. 1106; PSA-Journal **13**, 94—96 (1947).
625c. GASPAR, B.: E.P. 523179/1938.
626. MILLER, T. H.: Masking—A Technique for Improving the Quality of Color Reproduction. J. Soc. Mot. Pict. Tel. Engrs. **52**, 133—155 (1949).
627. HANSON, W. T. JR.: Color Correction with Colored Couplers. J. Opt. Soc. Amer. **40**, 166—171 (1950).
627a. BEHRENDT, W.: Photographische Maskenverfahren. Phot. Korr. **90**, Nr. 1075/76 (1954).
628. ZEH, W., A. CLEVER und O. WATTER: Das Silbermasken-Einentwicklungsverfahren für den Agfacolor-Kinenegativfilm. Bild u. Ton **3**, 315 (1950); Agfa Veröff., Wolfen **8**, 89—101 (1954).
629. HANSON, W. T. JR., und W. L. BREWER: Subtractive Color Photography. The Role of Masks. J. Opt. Soc. Amer. **44**, 129—134 (1954).
629a. WATTER, O.: Die Anwendung von Masken. Verbesserung der Farbwiedergabe. Die Fotografie **9**, 118—124 (1955).
630. TOBIAS, P. E.: Color Correction Process. J. Opt. Soc. Amer. **45**, 535—538 (1955).
631. HELMIG, E.: Farbverbesserungen im Agfacolor-Negativ-Positiv-Verfahren durch farbige Masken. Mitt. Forschungslab. Agfa, Leverkusen **1**, 199—238 (1955).
632. — Die Farbverbesserung im subtraktiven Farbnegativ-Positiv-Verfahren durch farbige Masken. Wiss. Phot. Ergebnisse der Intern. Konf. f. Phot. Köln 1956. Hrsg. O. Helwich, 675—677, Darmstadt 1958.
633. — Farbmaskierung und Trennungssysteme. Brit. J. Phot. **103**, 516—517 (1956).
634. PRIOLEAUD, J.: Theorie und Praxis der Masken für die Reproduktion von Farbbildern. Schweiz. Photo-Rundschau, Bern , **23**, 503—507 (1958).
635. LACHNER, F.: Farbnegativ und Positiv mit Korrektur. Phot. Korr. **97**, 7—11 (1961).
636. BÖCKLY, E., K. LÖFFLER, W. PELZ, W. PÜSCHEL und H. SCHELLENBERGER: Die automatische Maskierung von Farbnegativen mit Hilfe neuartiger Maskenkuppler. Mitt. Forschungslab. Agfa, Leverkusen **3**, 100—110 (1961).
636a. SENDE, W.-D.: Farbphotographische Maskierungsverfahren. Eine Literaturübersicht. Veröff. wissenschaftl. Photo-Labor., Wolfen **10**, 237—275 (1965).
637. AGFA AG., Leverkusen: Belg. P. 536088, 560907, 562523/1957, 572118/1958, 574421/1959, 591299/1960, 615101/1962, 621240/1962; DAS 840797, 950617, 956018, 1030181/1955, 1003584/1955, 1034022/1955, 1069471/1954, 1083125/1955, 1083584/1955, 1140815/1961, 1142757/1961, 1150275/1957; E. P. 739202, 755458/1954, 765280/1954, 795064/1954, 800262/1954, 811311/1955, 822125/1957, 831407/1958; Fr. P. 1080179/1957, 1120007/1957, 1127437/1957, 1188165/1958, 1195079/1958, 1220915/1959; Oesterr. P. 202446/1957, 206748/1954, 213237/1955; Sc. P. 344304/1956, 352909/1957; Schweiz. P. 333209/1955, 333552/1955, 340706/1955; U.S.P. 2884325/1955.

637a. Du Pont: E. P. 665657, 714 012; U. S. P. 2633422, 2697662.
638. Ferrania S. p. A., Mailand: Belg. P. 507220; DAS 1132799/1961, 1154718/1962; Fr. P. 1296104/1961.
639. General Anilin and Film Corp. (Ansco): Belg. P. 466820; Can. P. 442047, 459288; DAS 945804, 968377; E. P. 602881, 637852, 637865, 637879, 646367, 701039; Fr. P. 913208, 927604, 947318, 1020511; Schweiz. P. 286881, 287583; U. S. P. 2357388, 2431966/1947, 2464798, 2552355, 2629657, 2704709, 2733143, 2768862/1953.
639a. N. N.: Der neue Gevacolor N 5 Mask Film. MFM (Monatl. Fototechn. Mitt.) **14**, 217 (1964).
640. Gevaert Photo-Prod., Mortsel-Antwerpen: Belg. P. 563474, 597617/1960, 601938/1961, 602250/1961, 634930/1961; DAS 1061617/1957, 1063900/1957, 1086552/1960, 1111939/1959, 1113138/1960, 1119666/1960, 1140455/1960, 1157482/1960, 1161138/1963; E. P. 685061, 885258/1958, 898493; Fr. P. 1080041, 1138704, 1189880/1956, 1207922, 1208980/1958, 1220915/1959, 1234144/1959, 1287364/1959; U. S. P. 2823998/1950, 2908570/1953, 3012884, 3013879, 3018879/1960.
640a. Ilford Ltd., London: E. P. 643706, 648791/1964; U. S. P. 2595768.
641. Imperial Chemical Industries: Austr. P. 147848; DAS 824885, 838547, 895407, 930972, 1017027; E. P. 645170, 651054, 651059; 673091, 685608, 690399, 698046, 723171; Fr. P. 992005, 1019194, 1022926, 1048915, 1050450, 1087565, 1127836, 1152106; Schweiz. P. 283075; U. S. P. 2663637, 2663638, 2688538, 2688540, 2688541, 2805158, 2998312/1956, 2895158/1952.
642. Kodak: Belg. P. 476359, 476360, 476361, 540231, 575182/1959; Can. P. 442047, 488155, 493141; Dän. P. 75455; DAS 837958, 848154, 902582, 924966, 945804, 964655, 968641, 1008574; E. P. 586211, 598657, 599377, 602881, 617247, 627814, 637852, 739913, 745545, 783730; Fr. P. 913208, 950284, 950286, 950288, 1085984, 1089955, 1146556, 1192229/1957; Schweiz. P. 286881, 287249, 345532; U. S. P. 2428054, 2431966, 2434272, 2449966, 2455169, 2455170, 2453661, 2464798, 2518739, 2521908, 2629657, 2657134, 2704711, 2725291, 2725292, 2803329, 2808329, 2852370, 2860974, 2860975.
643. Polaroid Corp.: DAS 1131990/1960.
644. Pons, H. L. M.: Fr. P. 1232482/1959.
645. N. N.: Fr. P. 1216628/1958.
645a. VEB Filmfabrik Wolfen: DP (DDR) 9197; DP (DDR) 12942.
645b. Sende, W.-D., und J. Tamm: Der Orwocolor-Negativ-Film NC 17 Mask. VEB Filmfabrik Wolfen.
646. Albert, E.: DRP. 101379/1897, 116538/1898.

C. Aufnahmetechnik

647. Naumann, H.: Max Planck, der Farbfilm und das Dekamired. Foto-Prisma (1956), 256.
648. Beulig, G.: Farbtemperatur und Farbenphotographie. VEB Filmfabrik Wolfen.
649. Setzekorn, H.: Farbenphotographie und Messung des Aufnahmelichtes. Photo-Technik und Wirtschaft **8**, 168 (1957).
650. Brauer, E.: Die Farbtemperatur. Bild und Ton **10**, 184 (1959).
651. Wakefield, G. L.: Colour Temp. and Mired Values. Amer. Phot. **111**, 54 (1956).
652. Brauer, E.: Die Farbtemperatur, das Mired-System und die Konversionsfilter. Bild und Ton **14**, 35–38 (1961).
653. Guntermann, S.: Über die Farbtemperatur und ihre Toleranzen bei Farbaufnahmen. Bild und Ton **12**, 170–172 (1959).
654. Taylor, J. H.: The Colour of Daylight. Trans. Inst. Engr. Shipbuild Scot. **25**, 156 (1930).
655. Mohr, U.: Rezepte, Formeln und Tabellen für Foto und Film. Seebruck: Heering. 1963.
656. Agfa-Gevaert AG., Leverkusen: Lichtfilter für Aufnahme und Verarbeitung in der Schwarzweiß- und Agfacolor-Photographie. Eigenverlag.

657. Gevaert-Agfa AG., Mortsel-Antwerpen: Filter. Prinzip, Gebrauch, Sorten. Eigenverlag.
658. Kodak AG., Stuttgart-Wangen: Kodak Wratten Filter. Eigenverlag.
659. Orwo, VEB Filmfabrik Wolfen: Lichtfilter für Schwarzweiß- und Orwocolor-Fotografie. Eigenverlag.
660. Spitzing, G.: Jodlicht. Eine Revolution im Aufnahmelampen-Bau. Photo-Technik und -Wirtschaft **14**, 64–65 (1963).
661. Müller, E.: Farbkonstanz und Filterung im Umkehrverfahren. Photo-Technik und -Wirtschaft **11**, 111–112 (1960).
662. Kocher, G.: Leuchtstofflampen i. d. Farbenphotogr. Foto-Prisma (1959), 471–472.
663. Spitzing, G.: Aufnahmetechnik/Licht. MFM (Monatl. Fototechn. Mitt.) **12**, 25, 26, 113, 114, 157, 158 (1964).
664. — Steuerung des Beleuchtungsverhältnisses von Haupt- und Zusatzlicht bei Verwendung von Blitzlampen. Photo-Presse (1960), 13.
665. Weise, H.: Farbblitz-Technik. Foto-Magazin (1956), 146–151.
666. Mohr, U.: Blitzprobleme in der Farbenphotographie. Photo-Technik und -Wirtschaft **9**, 324–328 (1958).
667. Kocher, G.: Blitzlampen auch in der Farbenphotographie universell. Photo-Technik und -Wirtschaft **10**, 462–466 (1959).
668. Spitzing, G.: Der entfesselte Blitz als Gestaltungsfaktor. Photo-Technik und Wirtschaft **11**, 316–320 (1960).
669. Meyer, Ch.: Die jüngste Entwicklung auf dem Gebiet der Entladungsblitzröhren. Philips techn. Rdsch., Eindhoven **22**, 289–303 (1960/61).
670. Spitzing, G.: Blitzen — aber indirekt. Photo-Technik und -Wirtschaft **13**, 442–444 (1962).
671. Lang, W., und G. Kocher: Messung der Leitzahl bei Blitzaufnahmen. Techn.-wissenschaftl. Abhandlungen d. Osram-Ges., Berlin **7**, 337 (1958).
672. Breuer, U.: Elektronenblitzgeräte der Saison 1965/66. Eine Übersicht über das Angebot des deutschen Marktes. Photo-Technik und -Wirtschaft **16**, 435–437 (1965).
673. Stenger, E.: Die ersten Belichtungsmesser. Phot. Korr. **62**, 22–23 (1926); Phot. Ind. **24**, 1326–1331 (1926).
674. Seager, D. W.: Table of General Rules for Exposure of the Plate in the Camera, in Taking Exterior News. In: Daguerre, L. J. M.: Practical Description of the Daguerreotype, translated by J. S. Memes. Reprinted in Amer. Repertory of Arts, Sci. and Manufact. Nr. 2, New York 1840, 130–131.
675. Freytag, H.: Photo-Effekt als Grundlage elektrischer Belichtungsmesser. Photo-Technik und -Wirtschaft **6**, 101–103 (1955).
676. Setzekorn, H.: Das Problem der zuverlässigen Belichtungsbestimmung. Photo-Technik und -Wirtschaft **5**, 577–578 (1954).
677. — Aktuelle Fragen der elektrischen Belichtungsmessung. Photo-Technik und -Wirtschaft **6**, 105–107 (1955).
678. Wightman, E. P.: Photographic Exposure Guides and Meters. Phot. Sci. Engng. **2**, 14–31 (1958).
679. Dinkelacker, W.: Die richtige Belichtung bestimmt das gute Bild. Photo-Technik und -Wirtschaft **9**, 332–334 (1958).
680. Häfner, W.: Belichtungssicherheit bei Farb-Umkehrfilm. Leica-Fotogr., Frankfurt/M. **11**, 128–130 (1959).
681. Roda, S.: Die Belichtungsmessung. MFM moderne Fototechnik **13**, 107 (1965).
682. Försterling, H.: Über den Umgang mit Belichtungsmessern. MFM moderne Fototechnik **13**, 104–106 (1965).
683. Spitzing, G.: Belichtungsmessung in Ausnahmesituationen. MFM moderne Fototechnik **13**, 101–103 (1965).
684. Beulig, G.: Die Bedeutung von Filtern bei Agfacolor-Aufnahmen. Die Fotografie **11**, 136–137 (1957).
685. Kühl, H.: Zur Vergütung von Photo-Filtern. Phot. Korr. **91**, 36–41 (1955).
686. Messerschmidt, W.: Untersuchungen über die Farbdurchlässigkeit verschiedener Objektive. Die Fotografie **11**, 138 (1957).

687. Zöllner, H.: Einfluß der Objektive auf die Farbwiedergabe. Die Fotografie **11**, 18 (1957).
688. Pollack, H., und H. Zöllner: Die Eigenfärbung photographischer Objektive. Photo-Technik und -Wirtschaft **9**, 192–193 (1958).
689. Reuther, R., und W. Reitzenstein: Die spektrale Durchlässigkeit photographischer Objektive und ihr Einfluß auf die Farbwiedergabe beim Agfacolor-Umkehrfilm für Tageslicht. Phot. Korr. **95**, 35–42 (1959).
690. Zöllner, H.: Farbkorrektion — Farbortkorrektion. MFM monatl. fototechn. mitt. **7**, 156–157 (1959).
691. Schaefer, K. D.: Farbphotographie und Bildfehler-Korrektur. Photo-Technik und -Wirtschaft **11**, 312–316 (1960).
692. Williams, F. C., und F. Grum: Color-Balance and Camera Lens Color. Phot. Sci. Engng. **4**, 113–114 (1960).
693. Jochmann, G.: Moderne Meyer-Objektive für die Farbenphotographie. Die Fotografie **14**, 5–6 (1960).
694. Beulig, G.: Auch im Winter gute Farbaufnahmen. Bild und Ton **18**, 59–61 (1965).
695. Bryce, A.: Experimental Colour Radiography. Brit. J. Radiol. **28**, 552–553 (1955).
696. Fine, B. M.: Verfahren zur Herstellung farbiger Röntgenaufnahmen. U. S. P. 2931904/1960.
697. Mackay, R. S., und C. C. Collins: Radiographies en couleurs et accroissement du contrast. J. Biol. Photogr. Assoc. **25**, 114–118 (1957); Ref.: Sci. et Ind. photogr., Paris **29**, 390 (1958).
698. Clark, G. L., und R. M. Uznanski: Dosimetrie für Röntgenstrahlen und Mikroradiographie durch Kontakt mit Hilfe von Farbfilmen. Science (Washington) **130**, 390 (1959); Ref.: Sci. et Ind. photogr., Paris **30**, 453 (1959).
699. Banann, L. J.: Direct Color Roentgenography; The Theory and Facts of Color Roentgenography. Amer. J. Roentgenol., Radium Therapy and Nuclear Med. **79**, 333–341 (1958).
700. Audouze, L., und Y. Bruneau: Verfahren zur Herstellung farbiger Röntgenaufnahmen. F. P. 1283925/1960; Zusatz P. F. P. 78988/1961.
701. Kankelwitz, B., und B. Leiber: Farbentwicklung zur Erhöhung des Kontrastes bei Röntgenaufnahmen. DAS 1076490/1960; DWP 19529, 24474/1960.
702. — W. Krug und E. Lau: Kontrastkontrolle des photographischen Bildes durch Farbumentwicklung. Monatsber. Deutsch., Akad. Wiss. Berlin **2**, 718–719 (1960).
703. Angerstein, W., W. Krug und A. Rakow: Eine Methode zur Erzeugung farbiger Röntgenbilder. Fortschr. Rö-Str. u. Nuklearmed. **100**, 257–263 (1964).

D. Chemie der chromogenen Entwicklung

704. Mutter, E.: Die heutige Chemie und Technik der photographischen Entwicklung. In: Hundert Jahre photographische Gesellschaft in Wien 1861–1865, hrsg. von R. Zahlknecht und O. Helwich. Wien–Darmstadt: O. Helwich. 1961., 28–39.
705. Meyer, K., und W. Brune: Beiträge zur Farbentwicklung. II. Über das Verhalten sulfithaltiger Farbentwickler gegenüber Luftsauerstoff. Zeitschr. f. wiss. Photogr. **46**, 135–143 (1951). III. Über das Verhalten hydroxylaminhaltiger Entwickler. Zeitschr. f. wiss. Photogr. **46**, 169–179 (1951).
706. — Zur Kenntnis der Farbentwicklung. I. Über den Oxydationsschutz der Farbentwickler. Bild und Ton **7**, 69–72 (1954). II. Über die Ursachen der Bildung eines Farbschleiers bei Agfacolor-Filmen. Bild und Ton **7**, 198–201, 288–290 (1954). III. Zur Frage der Vereinfachung der Entwicklung von Agfacolor-Materialien. Bild und Ton **9**, 90–92 (1956).
707. Uspenskij, V. I. u. a.: Über den Einfluß von Sulfit auf die Aktivität der Farbkomponenten und die Farbstoffausbeute bei der Farbentwicklung. Ž. nauč. i. prikl. Fotogr. i Kinematogr., Moskva **6**, 358–362 (1961).

708. MEYER, K., und I. ROTH: Beiträge zur Farbentwicklung. Wirkung von Kupferspuren auf die Autoxydation von Farbentwicklern und Hydrochinonlösungen, die Sulfit enthalten. Zeitschr. f. wiss. Photogr. **49**, 10—16 (1954).
709. MADER, P. M.: The Chemistry of Color Developers: Effect of Ethylendiamintetraacetic Acid and Iron on the Loss of Developing Agent and Sulfite from Aerated Solutions. Phot. Sci. Engng. **3**, 49—56 (1959).
710. BRUNE, W., und E. RIEGER: Dosierung von Hydroxylamin in Farbentwicklern. Zeitschr. f. wiss. Photogr. **46**, 179—181 (1952).
711. MASON, L. F. A.: Farbentwicklerzusammensetzung. E. P. 805174/1956 (Ilford).
712. FAERMAN, G. P., und N. N. SHISHKINA: Die Rolle des Alkali in Farbentwicklern. Ref.: Chem. Abstr. **49**, 3700 (1955). Sc. et Ind. Phot. **26**, 265 (1955).
713. VŽESINSKIJ, A., und N. I. KIRILLOV: Untersuchung des Entwicklungsprozesses von Farbnegativfilm in Entwicklern mit verschiedenem p_H. Ž. nauč. i. prikl. Fotogr. i Kinematogr., Moskva **7**, 5—19 (1962).
714. SALMINEN, I. F.: E. P. 1149695/1955 (Kodak & Co.).
715. — Zusatz von leicht oxydierbaren Verbindungen zu Farbentwicklern zur Verhütung des Schleiers. DRP 743262/1938.
716. — Zusätze zu Farbentwicklern. DRP 757130/1939.
717. — Zusatz von Hydroxylaminchlorhydrat zu Farbentwicklern, besonders in Verbindung mit Polycarbonsäuren zur Erhöhung der Haltbarkeit. DP (DDR) 6990/1943.
718. ASAI, T., A. OGAWA u. a.: Color Developer. Jap. P. 38-14345/1961 (Fuji Photo Film Co.).
719. HENN, R. W., und J. I. CRABTREE: Developers Containing 8-Hydroxyquinolines. U. S. P. 2691588/1952 (Kodak Co.).
720. KRIDEL, D. J.: Stabilizers for Color Developers. U. S. P. 2875049/1956 (Kodak Co.).
721. MUHR, H., und A. J. AXFORD: Stabilisation of Photographic Developers. E. P. 782304/1955; Fr. P. 1205498/1958 (Ilford Ltd.).
722. MASON, L. F. A.: Colour Photography. U. S. P. 2923627/1958 (Ilford Ltd.).
723. SMITH, E. A.: Processing Multilayer Color Film. E. P. 711025/1952 (Kodak Co.).
724. SPATH, C. M.: Neuer Farbentwickler und neues photographisches Behandlungsverfahren. Belg. P. 570978/1958 (Kodak Soc. Anonyme).
725. YAGER, B. C., C. M. SPATH und J. A. SCHWAN: Reduction of Color Fog by Benzothiazolium Salts. Fr. P. 1264116/1959 (Kodak Co.).
726. WEISSBERGER, A.: Improvements in Colour Photography. E. P. 834186/1958; U. S. P. 2945761/1957 (Kodak Co.).
727. — Zusatz eines Schwarzweiß-Entwicklers zu Farbentwicklern zur Verstärkung des Silberbildes. DRP 759046/1940.
728. MIKHAILOV, V. YA.: Wirkung der Entwicklungsbedingungen auf die Farbempfindlichkeit und das Farbgleichgewicht in Negativfarbfilmen. Ž. nauč. prikl. Fotogr. i Kinematogr., Moskva **1**, 29—38 (1956).
729. KIRILLOV, N. I., und N. J. KIRILLOVA: Über die Möglichkeit, die Empfindlichkeit von Negativfarbfilmen durch die Behandlungstechnik zu steigern. Ž. nauč. prikl. Fotogr. i Kinematogr., Moskva **3**, 39—41 (1958); Ref. Chem. Zentralbl. **131**, 1382 (1960).
730. MADER, P. M., und E. WHITEMORE: Verfahren zur Farbentwicklung von Halogensilberemulsionsschichten. DAS 1131992/1961; Fr. P. 1268712/1960; U. S. P. 2865747/1955 (Kodak Co.).
731. OGUCHI, M., SH. SATO und A. HORIKOSHI: Superadditivität von SW-Entwicklersubstanzen in Farbentwicklern. Bull. Soc. Sci. Photogr., Japan **11**, 16—22 (1961).
732. MASON, L. F. A.: The Superadditivity of Phenidone and Metol with Colour Developing Agents. J. Phot. Sci., London **11**, 136—139 (1963).
733. BARD, C. C., und D. S. THOMAS: Neuer Entwickler. Belg. P. 613239/1962 (Kodak Soc. Anonyme).
734. SCHWAN, J. A., und C. M. SPATH: Farbenphotographischer Prozeß und Entwickler. E. P. 859632/1958; U. S. P. 2950970/1957 (Kodak Co.).

735. SCHWAN, J. A., und P. S. CHIESA: Ein neuer Entwickler für die Farbenphotographie, welcher polymere Schwefelsäureester enthält. Belg. P. 615409/1962 (Kodak Co.).
736. GRAHAM, J. L., und A. G. MILIKAN: Polyethylene Glycol in Color Film Development. Fr. P. 1209925/1957 (Kodak-Pathé).
737. WILLEMS, J. F., und J. M. NYS: Fog Prevention in Color Development. E. P. 886269/1957 (Gevaert N. V.).
738. PÜSCHEL, W.: Verfahren zur Verbesserung der Farbwiedergabe in farbenphotographischen Materialien. DAS 1099350/1959; E. P. 907274/1960 (Agfa AG).
739. WAHL, O., R. MERSCH und W. PÜSCHEL: Farbentwickler. DAS 1013966/1954; E. P. 1133988/1955; U. S. P. 1892713/1955 (Agfa AG).
740. BRACHEL, A., E. RECKZIEGEL und M. HEILMANN: Farbentwicklung photographischer Halogensilber-Emulsionsschichten durch Umkehrentwicklung. Belg. P. 602319/1961; DAS 1111506/1960 (Agfa AG).
741. FLANNERY, F. E., und R. B. COLLINS: Chromogene Entwicklung: Masse des gebildeten Silbers und des Farbstoffes im Bilde. Phot. J. **86**, 86–90 (1946). Ref.: Sc. et Ind. Phot. **18**, 40 (1947).
742. MERCKX, R.: Sur le développement chromogène en présence de formateurs de colorants. Sc. et Ind. Phot. **20**, 1–11 (1949); **21**, 84–86 (1950).
743. MEYER, K., und H. ULBRICHT: Über die Entstehung von Diäthyl-p-phenylendiaminsulfosäure bei der Oxydation sulfithaltiger Farbentwickler. Zeitschr. f. wiss. Phot. **45**, 222–226 (1950).
744. BRUNE, W., und U. KRONACHER: Beiträge zur Farbentwicklung. IX. Über das Verhalten sulfithaltiger Farbentwickler gegenüber bindemittelfreien Silbersalzen in Anwesenheit einer farbbildenden Komponente. Zeitschr. f. wiss. Photogr. **48**, 145–158 (1953). X. Über das Verhalten sulfithaltiger Farbentwickler gegenüber Emulsionsbromsilber in Anwesenheit einer farbbildenden Komponente. Zeitschr. f. wiss. Photogr. **48**, 163–170 (1953).
745. MEYER, K.: XI. Über die Adsorption von Farbentwicklersubstanz an Gelatine. Zeitschr. f. wiss. Photogr. **48**, 232–242 (1953); Agfa Veröff., Wolfen **8**, 169–178 (1954).
746. — und L. ROTH: XII. Über den Einfluß von Kupferspuren auf die Autoxydation sulfithaltiger Farbentwickler- und Hydrochinon-Lösungen. Agfa Veröff., Wolfen **8**, 179–184 (1954). XIII. Über die Autoxydation von Farbentwicklern bei Gegenwart eines diffusionsfesten Komponenten. Zeitschr. f. wiss. Photogr. **50**, 57–63 (1955).
747. BRUNE, W.: XIV. Adsorption von Entwicklersubstanz an Gelatine. Zeitschr. f. wiss. Phot. **50**, 1–12 (1955).
748. — und U. KRONACHER: XV. Verwendung von Semichinonen als Entwicklersubstanz. Zeitschr. f. wiss. Phot. **50**, 78–95 (1955).
749. TOMADA, Y.: Études sur le développment chromogène: III. Influance du copulant sur le potentiel de réduction du révaleteur. Ref.: Sc. et Ind. Phot. **25**, 279 (1954).
750. — und M. KAWASAKI: IV. Comparaison de divers formules de révelateurs. Ref.: Sc. et Ind. Phot. **25**, 279–280 (1954).
751. HENNIG, S., und W. DAUM: Chemie der chromogenen Entwicklung. Liebig's Ann. **595**, 131–159 (1955).
752. BAUER, K. H.: Zur Konstitution der N,N-Diäthyl-p-phenylendiaminsulfosäuren. Agfa Veröff., Wolfen **9**, 162–167 (1961); J. prakt. Chem. **6**, 65–71 (1958).
753. BARCHET, H.-M.: Möglichkeiten und Mechanismus der farbigen Entwicklung von Filmen. Bild und Ton **15**, 290–292 (1962).
754. EGGERS, J.: Beitrag zur Aufklärung des Mechanismus der chromogenen Entwicklung durch Untersuchung der Reaktionskinetik. Wissenschaftliche Photographie. Intern. Konf. Köln 1956. Hrsg. von O. Helwich, Darmstadt 1958, 471–476.
755. — und H. FRIESER: Reaktionen der chromogenen Entwicklung. Zeitschr. Elektrochemie **60**, 372–376 (1956).
756. — Chromogene Entwicklung: Mechanismus der oxydativen Farbkupplung. Zeitschr. Elektrochemie **61**, 1210–1215 (1957).

757. EGGERS, J.: Über den Reaktionsmechanismus und die Kinetik der Farbkupplung. Mitt. a. d. Forschungslab. Agfa, Leverkusen–München **2**, 181–197 (1958).
758. – Über den Mechanismus und die Kinetik der oxydativen Farbkupplung. Phot. Korr. **95**, 115–124, 131–134 (1959).
759. – Chemie der photographischen Farbentwicklung. Chimia, Zürich **15**, 499–512 (1961).
760. – Über die Folgereaktionen bei der Oxydation von p-Amino-N-dialkylanilinen. Mitt. a. d. Forschungslab. Agfa, Leverkusen–München **3**, 73–80 (1961).
761. – Modellversuche zur Aufklärung des Mechanismus und der Kinetik der Farbkupplung von p-Amino-N-dialkylanilinen. In: Hundert Jahre photographische Gesellschaft in Wien 1861–1865, hrsg. von R. Zahlknecht und O. Helwich, Wien–Darmstadt: O. Helwich. 1961, 40–46.
762. – Messung der relativen Kupplungsgeschwindigkeiten durch Simultankupplung von zwei Komponenten mit dem Farbentwickler. Mitt. a. d. Forschungslab. Agfa, Leverkusen–München **3**, 81–87 (1961).
763. SCHRANZ, K.-W., und W. PÜSCHEL: 4,4'-Bis-dialkylamine-azobenzole. Ein Beitrag zur oxydativen Kupplung der p-Phenylendiamine. Mitt. a. d. Forschungslab. Agfa, Leverkusen–München **4**, 368–375 (1965).
764. THIRTLE, J. R.: Properties of p-Phenylendiamine Color-Developing Agents. Phot. Sci. and Technique **3**, 66–68 (1956).
765. TONG, L. K. J., und M. C. GLESMANN: Semiquinone Formation of Partially Oxidized p-Phenylendiamines. Phot. Sci. Engng. **8**, 319–325 (1964).
766. – – und M. CAROLYN: The Mechanism of Dye Formation in Color Photography: II. Salt Effects on Deamination Rate of Oxidized p-Phenylendiamines. J. Amer. Chem. Soc. **78**, 5827–5829 (1956). III. Oxidative Condensation with p-Phenylendiamines in Aqueous Solutions. J. Amer. Chem. Soc. **79**, 583–592 (1956). IV. Condensation in Aqueous Solutions. J. Amer. Chem. Soc. **79**, 592–595 (1956). V. The Effect of a Nonionic Surfactant on the Ionization of Couplers. J. Amer. Chem. Soc. **79**, 4305–4310 (1957). VI. Effets d'un agent tensioactif sur la vitesse de la copulation. J. Amer. Chem. Soc. **79**, 4311–4313 (1957); Ref.: Sc. et Ind. Phot. **29**, 62–63 (1958).
767. – – und R. L. BENT: VII. Intermediate Bases in the Deamination of Quinone diimines. J. Amer. Chem. Soc. **28**, 1988–1996 (1960).
768. VITTUM, P. W., und A. WEISSBERGER: The Chemistry of Dye-Forming Development. Proc. Roy. Phot. Soc. Centenary Intern. Confer., London **1953.** Hrsg. R. S. Schultze, London 1955, 297.
769. – – Recent Advances in the Chemistry of Dye-Forming Development. Wissenschaftliche Photographie. Inern. Konfer. Köln 1956. Hrsg. von O. Helwich, Darmstadt 1958, 459–470. Sc. et Ind. Phot. **28**, 37–38 (1957). J. Phot. Sci. London **6**, 157–169 (1958).
770. – Chemistry and Colour Photography. J. Soc. Mot. Pict. Tel. Engrs. **71**, 937–941 (1962).
771. ABRAMOVA, T. V., und V. S. CHELTSOV: Die Beziehung zwischen den fundamentalen sensitometrischen Eigenschaften von photographischen Emulsionen bei der Farbentwicklung. Trudy Vsesoyuz nauč. Issled. Kinefotoinst. (1959), 33–42.
772. ALEKSANDROV, I. V.: Etudes sur la formation de colorants aziniques dans le développment chromogène: I. Relation entre la réactivité des p-Phenylendiamines et leurs structures dans le révélateur. Ž. nauč. prikl. Fotogr. i Kinematogr. Moskva **2**, 191–196 (1957); Ref.: Sc. et Ind. phot. **28**, 457 (1957).
773. – J. S. ABRADUSKIN u. a.: Untersuchung der Bildung von Azinfarbstoffen bei der Farbentwicklung. II. Die Reaktionsfähigkeit der Derivate des 3-Aminophenols unter Farbentwicklungsbedingungen. Ž. nauč. i prikl. Fotogr., Moskva **9**, 102–108 (1964).
774. CARTORIJSKI, B. A., und V. S. CHELTSOV: Über die Charakterisierung der photographischen Aktivität der diffundierenden Komponenten der Farbentwicklung. Ž. nauč. prikl. Fotogr. i Kinematogr., Moskva **3**, 427–429 (1958).
775. – – Ein Index der photographischen Aktivität von Farbkupplern bei der Farbentwicklung. Trudy Vsesoyuz. nauč. Issled. Kinofotoinst. (1959), 16–23.

776. CHELTSOV, V. S., A. N. JORDANSKIJ, S. A. BONGARD und T. G. TKACHENKO: Beziehung zwischen der optischen Dichte des Silbers und der Farbstoffdichte bei der Farbentwicklung. Wissenschaftliche Photographie. Intern. Konferenz Köln 1956. Hrsg. von O. Helwich, Darmstadt, 1958, S. 485–493.
777. — und S. A. BONGARD: Développment chromogène des émulsion à trois couches superposées. Ref.: Sc. et Ind. Phot. **32**, 19–20 (1961).
778. KHEYNMANN, A. S., und V. S. CHELTSOV: Eine Studie über den Prozeß der Farbentwicklung. Trudy Vsesoyuz. nauč. Issled. Kinofotoinst. (1959), 5–15.
779. LEVKOJEFF, I. I., B. S. PORTNAJA, I. A. SOLOWJOWA, N. S. SPASSOKUKOTZKI und N. F. TURITZINA: Über die Abhängigkeit der Farbe und der Struktur einiger sich bei der Farbentwicklung bildender Farbstoffe. Wissenschaftliche Photographie. Intern. Konf. Köln 1956. Hrsg. von O. Helwich, Darmstadt 1958, S. 477–484.
780. NATANSON, S. V., E. V. LIFTSHITS und I. I. LEVKOJEFF: Ursache der Abnahme der Empfindlichkeitswirkung von Farbstoffen durch die Anwesenheit von diffusionsechten Farbkupplern. Ž. nauč. i prikl. Fotogr. i Kinematorgr., Moskva **1**, 174–182 (1956).
781. SHARLANDZHIEV, S. P., und V. S. CELTSOV: Caractéristique de réactivité de copulants non diffusibles et activation d'énergie du développment chromogène. Ž. nauč. prikl. Fotogr. i. Kinematogr., Moskva **3**, 117–119 (1958); Ref.: Sc. et Ind. Phot. **29**, 374 (1958); Trudy Vsesoyuz. nauč. Issled Kinofotoinst. (1959), 24–32; Ref.: Sc. et Ind. Phot. **31**, 402 (1960).
782. — Studien über die Kinetik des Farbentwicklungsprozesses. Izvest. nauč. Issled. Kinofotoinst., Sofia (1953), 35–52; (1961), 7–23.
783. SHARLANDZHIEV, ST.: Kinetik und Stabilität oxydierter Derivate des p-Phenylendiamin. Mitt. d. bulg. wiss. Forschungsinst. für Kinematographie und Radio, Sofia **3**, 5–12 (1961/62).
784. USPENSKIJ, V. I., und N. I. RODIONOVA: Die Abhängigkeit des Gradationskoeffizienten des Farbbildes vom Logarithmus der Konzentration der nichtdiffundierenden Komponenten. Ž. nauč. i prikl. Fotogr. i Kinematogr., Moskva **4**, 285–288 (1958).
785. — — Über Besonderheiten der Kinetik der Farbentwicklung. Ž. nauč. i prikl. Fotogr. i Kinematogr., Moskva **6**, 125–129 (1961).
786. — — Veränderung des Kontrastfaktors bei schwachen Konzentrationen des Kupplers. Ž. nauč. i prikl. Fotogr. i Kinematogr., Moskva **5**, 419–423 (1960).
787. VLČEK, B.: Elektrochemische Studien über die Farbstoffkupplung. Zeitschr. f. wiss. Phot. **51**, 175–185 (1956).
788. VILENSKY, J. B., und S. A. BONGARD: Quantitative Ratios in the Reaction Forming Blue Dye during Color Development. J. Appl. Chem. U. S. S. R. **25**, 75–79, (1953).
789. HISHIKI, Y., und K. TAKI: Etude sur les adjuvants introduits dans les émulsions photographiques. I. Influence des coupleurs sur l'adsorption des colorants cyanines. M. sur les halogénures d'argent. Reports Inst. phys. et chem. Res., Japan **35**, 276–286 (1959); Ref.: Sc. et Ind. Phot. **31**, 392 (1960).
790. MADER, P. M.: Formation of Quinoxalone Dye in the Color Photographic Coupling Reaction. J. Organic Chemistry, Baltimore **27**, 2217–2220 (1962).
791. SCHMIDT, W. A., V. TULAJIN, V. A. SPRUNG, R. C. GUNTHER, R. F. COLES und D. E. SARGENT: Reaktion der chromogenen Entwicklung. Industr. Engng. Chem. **45**, 1726–1729 (1953); Ref.: Sc. et Ind. Phot. **24**, 508 (1953).
792. VEELEN, G. VAN: Gegenseitiges Verhalten von Schwarzweiß- und Farbentwicklungssubstanzen, welche in Schichten die Farbkuppler enthalten. Wissenschaftliche Photographie. Intern. Konf. Köln 1956. Hrsg. von O. Helwich, Darmstadt (1958) 498–503.
793. BENT, R. L., G. H. BROWN, M. C. GLESMANN, D. P. HARNISH, C. G. TREMMEL und A. WEISSGERBER: Correlation of Some Physical and Chemical Properties of Substituted p-Phenylendiamines and Their Dye Derivates. Phot. Sci. Engng. **8**, 125–137 (1964).

794. Gorokhovskij, Yu. N.: Über den Einfluß der Farbentwicklungsbedingungen auf die Empfindlichkeit von Mehrschichtenfilmen. Usp. nauč. Fotogr., Moskva **8**, 72–78 (1962).
795. Veidenbakh, V. A., und E. A. Karpovich: Einfluß der Entwicklerkonzentration auf die Farbentwicklung. Ref.: Chem. Abstr. **49**, 3699–3700 (1955); Sc. et Ind. Phot. **26**, 264–265 (1955).
796. Furuya, K., F. Ueno und N. Iida: Einfluß der Entwicklungsbedingungen auf die Körnigkeit des Farbbildes bei chromogener Entwicklung. Konishiroku Rev. **6**, 111–121; Ref.: Sc. et Ind. Phot. **27**, 198 (1956).
797. Gorokhovskij, Yu. N.: La cinétique du développment chromogène des films à couches multiples en fonction de la température. Wissenschaftliche Photographie. Intern. Konf. Köln 1956. Hrsg. von O. Helwich, S. 494–497, Darmstadt 1958.
798. Thiels, A.: Kolorimetrische Folgerungen aus der Diffusion bei der chromogenen Entwicklung von Mehrschichtenfilmen. Zeitschr. f. wiss. Phot. **47**, 106–118 (1952). Ref.: Sc. et Ind. Phot. **23**, 451–453 (1952).
799. Pontius, B. B., M. I. Kaplan und B. M. Husny: Einfluß eines Puffers und eines Elektrolyten auf die Diffusion eines Farbstoffes in die Gelatine. J. phys. Chem. **60**, 9–12 (1956); Ref.: Sc. et Ind. Phot. **27**, 242, 243 (1956).
800. Reckziegel, E.: Die Diffusion photographischer Bäder in Mehrschichtenfilmen. Mitt. a. d. Forschungslab. Agfa, Leverkusen-München **1**, 239–255 (1955).
801. Michailov, V. Ya.: Die Abweichungen vom Farbphotographischen Musterprozeß und ihr Einfluß auf die Güte des Farbbildes. Usp. nauč. Fotogr., Moskva **8**, 88–91 (1962).
802. Beswick, G. E.: Improved Color Photographic Process. E. P. 802275/1955 (Imperial Chemical Industries Ltd.).
803. Welliver, L. G.: Stabilisierung von photographischen Bleichpulvern, die ein Alkaliferrizyanid enthalten. Belg. P. 567236/1958 (General Aniline & Film Corp.).
804. – Stabilisierung von Bleichbädern. U. S. P. 2943934/1957 (General Aniline & Film Corp.).
805. Johnson, C. E.: Verfahren zum Entfernen des Silbers aus entwickelten Farbfilmen und Bleichbad für die Verarbeitung von Farbfilmen. DAS 1105719/1960 (General Aniline & Film Corp.); U. S. P. 3042520/1959 (General Aniline & Film Corp.).
806. – Bleichbäder für Color-Prozeß. E. P. 752923/1954; Fr. P. 1120985/1954 (Ilford).
807. Kridel, D. J.: Photographic Bleach Composition. U. S. P. 2843482/1956 (Kodak Comp.).
808. Kirillow, N. I., A. M. Vojcechovskaja u. a.: Untersuchung der Beständigkeit der in den NIFKI-Prozessen benutzten Bleichbäder. Usp. nauč. Fotogr., Moskva **7**, 230–235 (1960).
809. Russell, G.: Verbesserte Regenerierung von Bleichbädern. E. P. 801106/1956 (Ilford Ltd.).
890. Maistrovoi, R. M.: Die Regenerierung von erschöpften Bleichbädern. Tekh. Kino Televid. **5**, 34–38 (1961).
811. West, L. E., und B. A. Hutchins: Regenerierung von Bleichbädern. E. P. 778559/1955; U. S. P. 2944895/1955 (Kodak Comp.).
812. Hutchins, B. A., und L. E. West: The Preparation of Regeneration of a Silver Bleach Solution by Oxidizing Ferrocyanide with Persulfate. J. Soc. Mot. Pict. Tel. Engrs. **66**, 764–768 (1957).
813. – Silberbleichbäder. U. S. P. 2705201/1954 (General Aniline & Film Corp.)
814. – Bleichbad für Silberbilder in Gegenwart von Farbstoffbildnern. U. S. P. 2625477/1951 (Kodak Comp.).
815. Hanford, W. E.: Perchlorofluorocarboxylate Surfactants for Bleach Baths. U. S. P. 2904515/1955 (Minnesota Maining & Manufacturing, U. S. A.).
816. Bruenner, R. S.: Method of Dissolving Finely Divided Metals. U. S. P. 3034893/1959 (United States of America, Secretary of Army).
817. Yutzy, H. C., W. G. Lowe und J. A. Schwan: Colour Development Processing. E. P. 851221/1956 (Kodak Comp.).

818. HEILMANN, M.: Über das Agfacolor-Bleichfixierbad. Mitt. a. d. Forschungslab. Agfa, Leverkusen-München **1**, 256—261 (1955).
819. — Stabiles Color-Bleichfixierbad. DP (DDR) 23348/1962.
820. — Abschwächer und Bleichfixierbäder zur Entfernung von Silber aus farbentwickelten Bildern. DP (DDR) 4497/1944, ausgelegt 1954; DBP 866605/1954 (Bayer, Leverkusen).
821. — Prozeß zum Bleichen und Fixieren von photographischen Silberbildern. Belg. P. 528764/1953; E. P. 746567/1953; Fr. P. 1100559/1954 (Agfa, Leverkusen).
822. HEILMANN, H.: Verfahren zum Bleichfixieren von photographischen Bildern. Sc. P. 336257/1954 (Agfa, Leverkusen).
823. MORCHER, B., K. FRANK und M. HEILMANN: Bleichfixierbad. Belg. P. 601636/1961; DAS 1127715/1960 (Agfa, Leverkusen).
824. HEILMANN, M., H. BRACHEL und H. HOLTSCHMIDT: Fixage und Bleichen photographischer Silberbilder. DAS 1146363/1960; Belg. P. 604974/1961; E. P. 933008/1960; Fr. P. 1292118/1961 (Agfa, Leverkusen).
825. MECKL, H., und H. HAESELER: Silberbleichfixierbäder mit reduzierenden Substanzen. DAS 1155980/1962 (Agfa, Leverkusen).
826. WEYDE, E., und E. TRABERT: Bleichfixierbad. DAS 3712 (Agfa).
827. — Abschwächer und Bleichfixierbäder. DBP 954475/1952 (Agfa, Leverkusen).
828. WILLEMS, J. F.: Bleichfixierprozeß für Farbbilder. DBP 934512/1954; E. P. 777635/1954 (Gevaert).
829. MADER, P. M.: Removing Silver and Silver Halide from Photographic Elements. E. P. 765053/1954; U. S. P. 2748000/1954 (Kodak Comp.).
830. JACOBSON, K. I.: Bleach-Fix Baths. E. P. 774194/1954 (Photo-Chemical Co. Ltd.).
831. — Bleach-Fix Bath. E. P. 774545/1954 (Photo-Chemical Co. Ltd.).

E. Die Technik der Farbfilmentwicklung

832. THEILGAARD, G.: Farbenfilme selbst bearbeitet. Seebruck: Hering. 1960.
833. AGFA A. G.: Agfacolor-Fibel. Leitfaden zur praktischen Verarbeitung der Agfacolor Negativ-Positiv-Materialien für den Amateur. 2. Aufl. 1963.
834. WATTER, O.: Farbenphotographie. In: Handbuch der Fototechnik, S. 581—654. Hrsg. von G. Teicher. Halle: VEB Fotokinoverlag. 1962.
835. CRABTREE, J. I.: The Motion-Picture Laboratory. J. Soc. Mot. Pict. Tel. Engrs. **64**, 13 (1955).
836. WÜRSTLIN, K.: Filmverarbeitung in amerikanischen Kopieranstalten. Kino-Technik **13**, 26 (1959).
837. TURNER, J. R.: Photographic Processing Equipment. J. Soc. Mot. Pict. Tel. Engrs. **68**, 211—221 (1959).
838. KÖLLNER, H.: Moderne Entwicklungsmaschinen. Bild und Ton **14**, 331—336, 361—365 (1961).
839. HARCOURT, W. M., und F. P. GLOYNES: An Ektachrome Processing Plant. Brit. Kinematogr., London **34**, 137—138 (1959).
840. MILDNER, H.: Kodacolor-Verarbeitung im Großlabor. Photo-Technik und -Wirtschaft **14**, 314—316 (1963).

F. Vorschriften für die Negativfarbfilmverarbeitung

841. JACOBSON, K. I.: The Prospects of Uniform Colour Processing. Perspective **2**, 35 bis 39 (1960).
842. GORDON, H.: Universal Developing Method for European Colour Negative Films. Brit. J. Phot. **101**, 558—559 (1954); Schweiz. Photo-Rundschau **19**, 395—397 (1954). Universal Developer for Colour Negatives and Colour Prints. Brit. J. Phot. **103**, 2—3 (1956).
843. HEIN, P.: Möglichkeiten zur Selbstverarbeitung von Farbmaterial. Photo-Technik und -Wirtschaft **10**, 206—208 (1959).
844. GEHRET, E.: Processing European Colour Negative Materials. Brit. J. Phot. **107**, 122 (1960).
845. JOTTER, W.: Farbig mit Film und Papier in eigener Regie. Fotopost **13**, 448—450 (1960).

846. FINN, R. J.: Processing Agfacolor Negative Film and Paper. Substitute Formulae. Brit. J. Phot. **103**, 455—457 (1956).
847. MEECH, J.: Agfacolor Negative-Positive. Brit. J. Phot. **107**, 58—59 (1960).
848. HORWITZ, S.: Improved Processing of Agfacolor Negatives and Prints. Brit. J. Phot. **107**, 212—213 (1960).
849. LÜHR, F., und G. HÜBNER: ORWO-Rezepte. Vorschriften zur Behandlung photographischer Materialien. VEB Filmfabrik, Wolfen.
850. KNAPP, D., F. KRÜGER und K.-H. ANDREE: Farbfilm-Dunkelkammer-Praxis. Landsberg/Lech: E. G. Vockrodt. 1959.
851. BEUTLER, W.: Vereinfachte und wesentlich verbilligte Color-Negativ-Entwicklung. Foto-Prisma (1958), 526—527; Photo-Presse **13**, 6—8 (1958).
852. — Colorfin, ein neuer Weg zur Farbentwicklung. Photo-Technik und -Wirtschaft **10**, 225—227 (1959); Foto-Prisma (1959), 92—93.
853. — Meine Praxis beim Color-Negativ-Positiv-Verfahren. Leica-Fotografie (1965), 115ff.
854. EICHLER, W., und H. SASSMANN: Farbentwickler in hoher Konzentration. Belg. P. 583020/1959; E. P. 900103/1959; DAS 1072097/1958 (Agfa, Leverkusen).

G. Vorschriften für die Umkehrfarbfilmverarbeitung

855. GEHRET, E.: Processing Kodacolor and Ektacolor Films. Brit. J. Phot. **106**, 86—87 (1959).
856. THOMSON, C. L.: User-processing Agfacolor Reversal Film Type CUT-18. Brit. J. Phot. **104**, 654—655 (1957).
857. — Processing Agfacolor CK-20. Brit. J. Phot. **108**, 98—99 (1961).
858. MONACHESI, P.: P. Q. for Reversal Colour Materials. Brit. J. Phot. **104**, 398 (1957).
859. GEHRET, E.: Processing Anscochrome and Superanscochrome. Brit. J. Phot. **105**, 662—663 (1958).
860. — Kaliumjodid im Entwickler. U. S. P. 2553498/1947 (General Anilin & Film Corp.); C. A. (1954), 6647.
861. — Beta-Phenylamin und Beta-Phenylaminchlorhydrat als Entwicklerbeschleuniger. DBP 876506/1949 (General Anilin & Film Corp.).
862. CAGNA, T.: Variabli e Controllo del Trattamento della Pellicola invertibile Ferranicaolor Luce Diurna. Ferrania (Milano) **13**, 41—43 (1959).
863. THOMSON, C. L.: User-Processing Gevacolor R 5 Reversal Film. Brit. J. Phot. **103**, 50—51 (1956).
864. GEHRET, E.: Processing Telcolor Reversal Film. Brit. J. Phot. **107**, 346—347 (1960).
865. THOMSON, C. L.: Substitute Formulae for Ektachrome Processing. Br. J. Almanac (1951), 170—171.
866. — Experimental Formulae for E-2 Processing of Ektachrome. Brit. J. Phot. **104**, 724—725 (1957); Ref.: Sc. et Ind. Phot. **29**, 113 (1958).
867. MILIKAN, A. G., und N. H. GROET: The Process Ektachrome E-2. Phot. Sci. and Techn. **3**, 60—64 (1955); Ref.: Sc. et Ind. Phot. **27**, 368 (1956).
868. GEHRET, E.: The Processing of Kodak Ektachrome E. 1 and E. 2 Reversal Films. Brit. J. Phot. **105**, 148—150, 178—179 (1958).
869. — Processing Ektachrome E-2; EH; E-3. Brit. J. Phot. **107**, 2—3 (1960).
870. THOMSON, C. L.: Revised Substitute Formulae for Ektachrome E-2. Brit. J. Phot. **107**, 14 (1960); Ref. Sc. et Ind. Phot. **31**, 271 (1960).
871. GROET, N. H., M. LIBERMAN und F. RICHEY: Film Ektachrome Commercial für gewerbliche Kinematographie in 16 mm. J. Soc. Mot. Pict. Engrs. **68**, 8—10 (1959).
872. GEHRET, E.: Processing Perutz Color C 18. Brit. J. Phot. **110**, 836—837 (1963).

H. Vorschriften für die Verarbeitung von Color-Umkehrduplikat-, Positivkopier- und Zwischennegativfilmen

873. POLDY, J.: Duplikate von Farb-Diapositiven. Photo-Magazin **5**, 13—14 (1958).
874. ARNDT, K. H.: Das Farbdiapositiv vom Farbnegativ. Foto-Prisma (1960), 483—485.

875. Griffin, W. D., und E. Irish: Copy Magic. Phot. Soc. Amer. J. **30**, 17–23 (1964).
876. Myerly, R.: Copying Technique for Improving Color Slides. Phot. Soc. Amer. J. **25**, 26–30 (1959).
877. Gale, R. O., und W. I. Kisner: Technique in Color Duplication. J. Soc. Mot. Pict. Tel. Engrs. **64**, 874 (1960).
878. Gehret, E.: Processing Ektacolor Print Film. Brit. J. Phot. **106**, 394 (1959); Processing Eastmancolor Print Film Type 5382. Brit. J. Phot. **106**, 550–551 (1959).
879. Horowitz, P., und W. R. Weller: Some Considerations of Eastman Color Print Film Eye Stability. J. Soc. Mot. Pict. Tel. Engrs. **67**, 401 (1958).

I. Die Nachbehandlung von Farbfilmen und ihre Aufmachung

880. Jotter, W.: Verbesserung von Farbaufnahmen durch Farbkorrekturmittel. Fotopost **10**, 537–562 (1957).
881. De Mitri, C.: Die Reklame-Farbkopie auf Ferraniacolor-Positiv-Planfilm. Ferrania (Milano) **13**, 12–16 (1959).
882. Meyer, K.: Zur altersbedingten Veränderung der Farbwerte von Farbfotos. Bild und Ton **8**, 158–159 (1955).
883. De Mitri, C.: Konservierung der Farbe von photographischen Farbbildern. J. Phot. Sci. **8**, 220–223 (1960).
884. Ganguin, K. O.: Stability of Dyes of Color Photographic Materials. J. Phot. Sci. **9**, 172–179 (1961).

K. Die Technik des Farbpositivlabors

885. Biedermann, F., und R. Wick: Messung und Regelung der Belichtungszeit bei Dunkelkammergeräten. Mitt. a. d. Forschungslab. Agfa, Leverkusen-München **1**, 274–288 (1955).
886. — Revolutionary Colour Print Process. Br. J. Phot. **109**, 759 (1962).
887. Hirsch, E.: Komplettes Farblabor auf dem Schreibtisch. Foto-Magazin **9**, 8–9 (1962).
888. Genta, H.: Copie d'images en couleurs par triple pose sur pellicules à émulsions superposées. J. Soc. Sci. Phot. Japan. **18**, 30–39 (1955); Ref.: Sc. et Ind. Phot. **27**, 157–158 (1956).
889. Allen, G. S.: Electronic Scanning Methodes for Colour Printing. J. Phot. Sci. **6**, 125–139 (1958).
890. Hunt, R. W. G.: A Colour Enlarger with a Simple Monitoring Decice. J. Phot. Sci. **8**, 186–189 (1960).
891. — Contrôle de la pente dans le tirage en couleurs. J. Phot. Sci. **8**, 212–219 (1960); ref. Sci. et Ind. Phot. **32**, 280–281 (1961).
892. Neale, D. M., und R. R. Robinson: The Bulk Production of Colour Prints. J. Phot. Sci. **8**, 33–37 (1960).
893. Calkin, R. B., und R. W. G. Hunt: Systèmes de filtrage et de controle pour le tirage en couleurs. Phot. Sci. Engng. 5, 366–373 (1961); ref. Sci. et Ind. Phot. **33**, 265 (1962).
894. Versters, F., und R. Anrijs: Optimum Conditions in Automatic Colour Printing. J. Phot. Sci. **10**, 357–363 (1962).

L. Die Herstellung von Farbbildern nach negativen Vorlagen

895. Hunt, R. W. G.: Printing Colour Negatives. J. Phot. Sci. **11**, 109–120 (1963).
896. Jacobson, K. I.: Universal Processing and Printing of Color Film. Phot. J. **101**, 76–78 (1961).
897. Watter, O.: Wege zur Vorbestimmung von Kopierfiltern für den Agfacolor-Kopierprozeß. Agfa Veröff., Wolfen **8**, 207–223 (1954).
898. Lautenschläger, F.: Das leidige Kopierfilter. Foto-Prisma (1957), 437, 440.
899. White, R. L., und R. C. Lovick: Glass Filters for Color Printing. J. Soc. Mot. Pict. Tel. Engrs. **67**, 29–31 (1958).

900. Speer, H.: Subtraktive und additive Filterung. Foto-Prisma (1958), 190—193.
901. Gehret, E. Ch.: Processing Agfacolor Paper. Brit. J. Phot. **109**, 673 (1962).
902. Gehret, E.: Processing Kodak Colour Print Paper Type C. Brit. J. Phot. **106**, 98, 394 (1959).
903. Gehret, E. Ch.: Joint Processing for Ektacolor-Kodacolor. Brit. J. Phot. **109**, 648—649 (1962).
903a — Processing Ektacolor Professional Paper, Process Ektaprint C. Brit. J. Phot. **113**, 588—589 (1966).
904. Reinelt, O., und K. Ronicke: Verarbeitung von Orwocolor-Papier Spezial. VEB Filmfabrik Wolfen.
905. Roosens, L.: Die Anwendung optischer Aufhellungsmittel in der photographischen Industrie. Phot. Korr. **94**, 3—11, 19—26 (1958).

M. Die Herstellung von Umkehrfarbbildern

906. Gehret, E. Ch.: Ektachrome Colour Reversal Paper and its Processing. Brit. J. Phot. **111**, 722—723 (1964).

O. Die Betriebskontrolle der farbphotographischen Arbeitsprozesse

907. Creye, S., und L. Roosens: Die chemische Analyse photographischer Verarbeitungsbäder. Phot. Korr. **100**, 130—135, 147—155, 193—202 (1964); Phot. Korr. **101**, 74—80 (1965).
908. West, L. E.: Standards of Unstable Materials for Checking Color Film Processing. Anal. Chem. **29**, 1562 (1961).
909. Bates, J. E., and I. V. Runyan: Processing Control Procedures for Ansco Color Film. J. Soc. Mot. Pict. Engrs. **53**, 3—25 (1949).
910. Brunner, A. H. Jr., P. B. Means und R. H. Zappert: Analysis of Developers and Bleach for Ansco Color Film. J. Soc. Mot. Pict. Engrs. **53**, 25—35 (1949).
911. Agfa Photofabrik AG.: Vorschriften für die analytische Überwachung der Agfa Verarbeitungsbäder. Agfa AG., Leverkusen 1960.
912. Gevaert Photoproducten N. V.: Verarbeitung und Behandlung von Fachkinofilmen (Broschüre 21.1098). Antwerpen 1961.
913. Kodak AG.: Analytische Reagenzien und Methoden für die Entwicklungskontrolle von Eastman Kine-Film. Kodak AG., Stuttgart 1961.
914. Kisner, W. I.: Control Techniques in Film Processing. Soc. Mot. Pict. Tel. Engrs., New York 1960.
915. Pollakowski, G., und E. Sträting: Kritischer Vergleich verschiedener Analysenverfahren für Phenidon in photographischen Entwicklern. Bild und Ton **17**, 172—175 (1964).

V. Der heutige Stand der Farbphotographie und Ausblick

916. Meyer, K.: Über Einschicht-Farbfilm. Bild und Ton **16**, 266—268 (1963).
917. Wendt, B.: DRP 735/1936 (Agfa); DP (DDR) 1265/1936.
918. Martinez, M.: U. S. P. 2884877/1941 (Kodak).
919. Godowski, L.: U. S. P. 2548526/1946 (Kodak).
920. Papadakis, S.: E. P. 734932/1952.
921. Godowsky, L., und J. J. Duane: E. P. 798512/1955 (Kodak).
922. Kampen, J. H. van, und J. W. Gates: E. P. 798513/1955 (Kodak).
923. Kenyon, W. O., und L. M. Minsk: U. S. P. 2852383/1955 (Kodak).
924. Wilson, R. B., und W. F. Knechel: E. P. 800444/1956 (Kodak).
925. Tulagin und Jackson: DAS 1055950/1957.
926 Schwerin, A. K., und D. M. Dumers: DAS 1081313/1958 (General Anilin & Film Corp.).
927. Williams, F. C., F. R. Clapper und J. A. C. Yule: Multiple Internal Reflections. J. Opt. Soc. Amer. **43**, 595—603 (1953).

Namenverzeichnis

Sachverzeichnis

Die wissenschaftliche und angewandte Photographie

Erneuerung und Fortführung des Hay- v. Rohrschen Handbuchs der wissenschaftlichen und angewandten Photographie

durch

Kurt Michel
Aalen/Württemberg

Weitergeführt von

Josef Stüper
Stuttgart

Springer-Verlag / Wien · New York

Bisher erschienen:

Band I: **Das photographische Objektiv**
Von Dr. **Johannes Flügge,** R. Winkel G. m. b. H., Optische Werke Göttingen
Mit 196 teils farbigen Textabbildungen. XIII, 373 Seiten. Gr.-8°. 1955

Band II: **Die photographische Kamera**
Von Prof. Dr. **Josef Stüper,** Maichingen/Württemberg
Mit 681 teils farbigen Textabbildungen. XIX, 530 Seiten. Gr.-8°. 1962

Band III: **Die kinematographische Kamera**
Von Dipl.-Ing. Dr.-Ing. **Harald Weise,** Köln
Mit 521 Textabbildungen. XVI, 472 Seiten. Gr.-8°. 1955

Band V: **Die Technik der Negativ- und Positivverfahren**
Von Dr. **Edwin Mutter,** Hamburg
Mit 91 Textabbildungen. XX, 396 Seiten. Gr.-8°. 1955

Band X: **Die Mikrophotographie**
Von Dr. **Kurt Michel,** Aalen/Württemberg
Zweite Auflage
Mit 550 teils farbigen Textabbildungen. XXXII, 734 Seiten. Gr.-8°. 1962

Weitere Bände befinden sich in Vorbereitung:

Theorie des photographischen Schwarz-Weiß-Prozesses in normalen Halogensilberemulsionen — Die Laufbildprojektionsgeräte — Stehbildwerfer und Vergrößerungsapparate — Photogrammetrie — Sensitometrie — Kurzzeitphotographie — Astrophotographie — Gestaltung und Perspektive des photographischen Bildes

GPSR Compliance

The European Union's (EU) General Product Safety Regulation (GPSR) is a set of rules that requires consumer products to be safe and our obligations to ensure this.

If you have any concerns about our products, you can contact us on ProductSafety@springernature.com

In case Publisher is established outside the EU, the EU authorized representative is:

Springer Nature Customer Service Center GmbH
Europaplatz 3
69115 Heidelberg, Germany

Batch number: 10584556

Printed by Printforce, the Netherlands